ISBN 978-1-332-48618-2
PIBN 10400167

1 MONTH OF
FREE
READING

at

www.ForgottenBooks.com

By purchasing this book you are
eligible for one month membership to
ForgottenBooks.com, giving you
unlimited access to our entire
collection of over 1,000,000 titles via
our web site and mobile apps.

To claim your free month visit:
www.forgottenbooks.com/free400167

English
Français
Deutsche
Italiano
Español
Português

www.forgottenbooks.com

Mythology Photography **Fiction**
Fishing Christianity **Art** Cooking
Essays Buddhism Freemasonry
Medicine **Biology** Music **Ancient**
Egypt Evolution Carpentry Physics
Dance Geology **Mathematics** Fitness
Shakespeare **Folklore** Yoga Marketing
Confidence Immortality Biographies
Poetry **Psychology** Witchcraft
Electronics Chemistry History **Law**
Accounting **Philosophy** Anthropology
Alchemy Drama Quantum Mechanics
Atheism Sexual Health **Ancient History**
Entrepreneurship Languages Sport
Paleontology Needlework Islam
Metaphysics Investment Archaeology
Parenting Statistics Criminology
Motivational

CAMILLE FLAMMARION

LES

ERRES DU CIEL

VOYAGE ASTRONOMIQUE

SUR

LES AUTRES MONDES

ET

DESCRIPTION DES CONDITIONS ACTUELLES DE LA VIE

SUR LES DIVERSES PLANÈTES DU SYSTÈME SOLAIRE

OUVRAGE ILLUSTRÉ

De Photographies célestes, Vues télescopiques, Cartes et nombreuses Figures

PAR P. FOUCHÉ, NOTTY, BLANADET. HELLÉ, ETC., ETC.

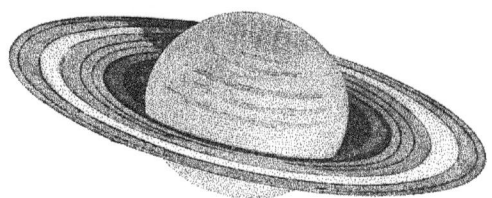

PARIS

C. MARPON ET E. FLAMMARION

ÉDITEURS

26, RUE RACINE, PRÈS L'ODÉON

1884

LIVRE PREMIER

NOTRE VOISINE LA PLANETE MARS

♂

GÉOGRAPHIE DE MARS

LES TERRES DU CIEL

★

LIVRE PREMIER

NOTRE VOISINE LA PLANÈTE MARS

CHAPITRE PREMIER

Voyage interplanétaire : du globe terrestre au globe de Mars

Pendant les douces soirées d'été, en cette heure charmante où la dernière note de l'oiseau qui s'endort reste suspendue dans les bois, où les caresses de l'atmosphère parfumée glissent comme un frisson à travers le feuillage, où les gloires éteintes du crépuscule ont déjà fait place aux mystères de la nuit, nous aimons à rêver en contemplant la transformation magique du grand spectacle de la Nature, en assistant à cette glorieuse arrivée des étoiles qui s'allument une à une dans les vastes cieux, tandis que le Silence étend lentement ses ailes sur le monde. Jamais l'âme n'est moins seule qu'en ces instants de solitude. Nulle parole n'est plus éloquente que ce profond recueillement. Notre pensée s'élève d'elle-même vers ces lointaines lumières ; elle se sent en communication latente avec ces mondes inaccessibles. Mars aux rayons ardents, Vénus à la lumière argentée, Jupiter majestueux, Saturne plus calme, nous apparaissent, non plus comme des points brillants attachés à la voûte céleste, mais comme des globes énormes, roulant avec nous dans l'abîme éternel, et nous savons que l'éclat dont ils resplendissent n'est que le reflet de la lumière solaire qui les inonde ; nous savons que la Terre brille de loin comme ces autres planètes, et que, par exemple, elle éclaire la Lune comme la Lune nous éclaire ; nous savons que ces autres mondes sont matériels, lourds, obscurs par eux-mêmes ; que, si le Soleil s'éteignait, nous ne les verrions plus ; que toute l'illumination solaire que chaque planète reçoit est condensée en un point, à cause de l'éloignement qui nous en sépare ; nous savons qu'ils gravitent comme nous autour du foyer radieux, à des distances diverses ; qu'ils tournent sur eux-mêmes, ont des jours et des nuits, des saisons, des calendriers spéciaux ; et nous savons aussi que la Terre est un astre du Ciel. Mais cette contemplation ne tarde pas à laisser en nous un certain sentiment de vague mélancolie, parce que nous nous croyons étrangers à ces mondes où règne une solitude apparente et qui ne peuvent faire naître l'impression immédiate par laquelle la vie nous rattache à la Terre. Ils planent là-haut comme des séjours inaccessibles, et parcourent loin de nous le cycle de leurs destinées inconnues ; ils attirent nos pensées comme un abîme, mais ils gardent le mot de leur énigme indéchiffrable. Contemplateurs obscurs d'un univers si grand et si mystérieux, nous sentons en nous le besoin de peupler ces îles célestes, et, sur ces plages désespérément désertes et silencieuses, nous cherchons des regards qui répondent aux nôtres.

Il devait être réservé à l'Astronomie du XIX\ siècle de donner un corps aux vagues aspirations des philosophes du passé, et de répondre à l'heureuse divination des Pythagore, des Anaxagore, des Xénophane, des Lucrèce, des Plutarque, des Origène, des Cusa, des Bruno, des Galilée, des Kepler, des Montaigne, des Cyrano, des Kircher, des Fontenelle, des Huygens, de tous ces penseurs qui, dans les temps passés, et à des degrés divers, se sont élevés dans la haute contemplation de la Vérité. A ces noms illustres devaient se joindre au siècle dernier ceux des philosophes de la nature : Buffon, Kant, Voltaire, Bailly, d'Alembert, Herschel, Lalande, Laplace ; glorieuse phalange continuée en notre siècle par d'éminents esprits, parmi lesquels nous ne pouvons nous empêcher de signaler les sympathiques figures de sir John Herschel, François Arago, David Brewster et Jean Reynaud. Oui ! c'est à l'Astronomie de notre époque qu'il était réservé de couronner le lent et grandiose édifice des siècles, par cette doctrine sublime de la Pluralité des Mondes, qui répand dans l'infini les splendeurs de la vie et de la pensée, et qui donne un but rationnel à l'existence de l'Univers.

Le moment est venu de faire un voyage astronomique sur tous ces mondes extra-terrestres, de réunir en une même synthèse l'ensemble des documents fournis par les merveilleux progrès de la science contemporaine, et d'exposer en une description spéciale l'état actuel de nos connaissances sur ces autres « terres du Ciel » qui gravitent en même temps que la nôtre, bercées dans l'ondoyante cadence de l'attraction universelle. Déjà nous avons esquissé les grandes lignes du tableau général de la création. Dans notre *Astronomie populaire*, nous avons exposé l'ensemble des théories de la science sur l'Univers, expliqué les mouvements, les lois, les forces, qui animent et régissent l'organisation des systèmes suspendus dans l'espace. Dans le Supplément de cet ouvrage, dans *les Étoiles et les Curiosités du Ciel*, nous avons fait connaître les étoiles, soleils de l'infini, nous avons décrit les constellations, étudié leur histoire, exposé en un mot les faits de « l'Astronomie sidérale ». Aujourd'hui notre but est de nous occuper spécialement des PLANÈTES, de donner une exposition descriptive de *l'Astronomie planétaire*, de développer sous les yeux de nos lecteurs tout ce que nous savons actuellement sur ces différents mondes qui nous environnent, qui appartiennent comme nous à la grande famille du Soleil, et qui se présentent à nous comme autant de terres inconnues à découvrir, comme autant de pays mystérieux à visiter.

L'Astronomie est à la fois la science de l'univers matériel et la science de l'univers vivant, la science des mondes et la science des êtres, la science de l'espace et la science du temps, la science de l'infini et la science de l'éternité. Déchirant le voile antique qui nous cachait les splendeurs de la création universelle, elle nous montre dans l'immensité qui s'étend sans bornes tout autour de la Terre, elle nous montre les mondes succédant aux mondes, les soleils succédant aux soleils, les univers succédant aux univers, et l'espace sans fin peuplé d'astres sans nombre développant jusqu'au delà des derniers horizons que la pensée puisse concevoir les séries indéfinies des créations simultanées et successives. L'évidence est là dans sa vertigineuse grandeur. Ni les timidités des âmes craintives, ni les sophismes des esprits légers, ni les négations de ceux qui ne veulent point voir, n'empêchent la Nature d'être et de rester ce qu'elle est. Le globe que nous habitons ne constitue pas à lui seul la création entière, mais au contraire il n'en est qu'une partie infiniment petite et un rouage presque insignifiant. A côté de lui voguent dans l'espace des mondes habités comme lui. Des millions de systèmes planétaires analogues au nôtre planent dans l'immensité profonde. Les étoiles ne sont pas fixes ni inaltérables; elles marchent, elles volent à travers les cieux avec une vitesse inimaginable; elles s'associent en systèmes stellaires; elles sont accompagnées de planètes qui les dérangent dans leur cours, chacune d'elles est un soleil, répandant comme le nôtre les radiations fécondes qui sèment la vie dans toutes les régions de l'Univers. Et la Terre n'est qu'un point obscur perdu dans la multitude; et l'humanité terrestre n'est qu'une des familles innombrables qui habitent les célestes séjours; et il n'y a d'autre ciel que l'espace vide dans le sein duquel se meuvent les mondes; et nous sommes actuellement dans le ciel, aussi complètement que si nous habitions Jupiter ou Sirius; et toutes les idées qui ont eu cours jusqu'ici sur la Création, sur la Terre, sur le Ciel, sur la situation de l'homme dans la nature et sur nos destinées doivent aujourd'hui subir une transformation radicale et absolue. Le soleil de l'Astronomie brille sur nos têtes! La nuit est finie. Il fait jour!

... Examinant avec soin la planète rapprochée, l'astronome distingue et dessine les continents, les rivages, les îles de la géographie de Mars . . .

Sans doute, il n'y a qu'un très petit nombre d'hommes, et même d'astronomes, qui s'aperçoivent de cette révolution calme et pacifique, commencée il y a bientôt trois siècles par Galilée, et qui marche à grands pas vers son terme. On vit encore aujourd'hui comme si le firmament de Josué était toujours fermement établi sur nos têtes; et l'on ne sent pas que l'Astronomie, en calculant les distances des astres, en prédisant leurs mouvements, en découvrant leur constitution physique et chimique, a jeté un lien de secrète sympathie entre la Terre et ses sœurs de l'infini. Ce n'est plus seulement des masses des corps célestes qu'elle s'occupe aujourd'hui, la science des Copernic, des Kepler et des Newton; mais c'est encore des conditions dans lesquelles la vie doit se trouver à leur surface. Faisant éclater en morceaux la sphère qui l'étouffait ici-bas, la vie s'est tout d'un coup répandue dans le ciel; en agrandissant l'Univers, l'Astronomie a agrandi en même temps la sphère de la vie. Ce ne sont plus des blocs inertes roulant inutilement dans l'espace que la science pèse aujourd'hui; ce n'est plus un désert infini se déroulant en silence dans la nuit étoilée que le doigt d'Uranie nous montre à travers l'immensité; c'est la vie, LA VIE universelle, éternelle, agitant les atomes sur tous les globes, palpitant dans les ondulations de la lumière, rayonnant autour de tous les soleils, s'infiltrant dans les atmosphères tièdes et lumineuses, faisant entendre ses chants divins sur toutes les sphères, et vibrant à travers l'infini dans les accords multipliés d'une harmonie immense et inextinguible !

Si donc, dans l'ensemble de toutes les sciences, quelque sujet est particulièrement digne d'être étudié par nous, c'est sans contredit celui qui nous occupe ici, car cette étude n'est autre que l'étude intégrale de l'Univers. La synthèse astronomique embrasse tout; en dehors d'elle il n'y a rien; à côté d'elle il y a... l'erreur. Où sommes-nous? Sur quoi marchons-nous ? En quel lieu vivons-nous? Qu'est-ce que la Terre? Quelle place occupons-nous dans l'infini ? D'où venons-nous et où allons-nous? — Qui pourrait nous répondre, si l'Astronomie se taisait ?

Quel que soit le sentiment que chacun de nous garde en sa conscience sur le problème de la vie actuelle et sur celui de l'immortalité, l'Astronomie se place au-dessus de toutes les autres sciences par son intérêt direct, par son importance et par sa grandeur.

Cette thèse, je l'ai soutenue avec l'ardeur d'une conviction innée dès la première œuvre que j'ai osé publier sur cette science sublime, lorsqu'il y a bientôt un quart de siècle j'écrivis *la Pluralité des mondes habités*. Depuis vingt-cinq ans, des progrès tout à fait inattendus ont illustré l'Astronomie physique. La thèse proposée dans « la Pluralité des mondes habités » peut maintenant être grandement développée et absolument confirmée. Tel est le but de ce livre-ci. Nous ne considérons plus seulement aujourd'hui la doctrine de l'existence de la vie en dehors de la Terre dans son caractère général et philosophique, mais nous pouvons pénétrer dans les détails, prendre les preuves en mains, nous arrêter sur chaque planète, et constater les témoignages irrécusables de l'existence de la vie à leur surface. Ce livre est donc, répétons-le, un traité descriptif d'*Astronomie planétaire*. On y essaye, pour la première fois, une description détaillée de chacune des planètes qui accompagnent la Terre dans le système solaire, un exposé aussi complet que possible de leur état climatologique, météorologique, et même géographique, c'est-à-dire de leur situation organique comme SÉJOURS D'HABITATION.

Le progrès accompli en ces dernières années par l'Astronomie est en effet considérable, et à cet égard les tendances de la science ont véritablement changé de face. Alors, il faut bien le dire, les savants qui partageaient mes convictions et mes espérances n'étaient qu'en faible minorité : l'Astronomie *mathématique* dominait et éclipsait si complètement l'Astronomie *physique*, que celle-ci semblait végéter comme la violette à l'ombre au pied du grand chêne ; le ciel n'était qu'une page de chiffres, et les aspirations de l'âme humaine vers les mondes célestes, qui commençaient à se révéler, étaient taxées de rêveries et d'inutilités. Aujourd'hui, l'esprit scientifique a subi la plus complète métamorphose. Le parfum de la violette a fait arrêter l'observateur dans sa marche jusqu'alors indifférente, et l'Astronomie physique a doucement *attiré* l'attention sympathique du penseur. Des astronomes habiles se sont révélés ; une nouvelle science, l'analyse spectrale, est née, comme Minerve, tout armée pour d'étonnantes conquêtes ; des instruments nouveaux ont été inventés subitement ; des observatoires exclusivement consacrés à l'Astronomie physique ont été fondés en France, en Angleterre, en Italie, en Allemagne, en Autriche, en Belgique, en

Amérique, sur le globe tout entier ; de puissantes lunettes et d'immenses télescopes ont été construits, et un grand nombre d'observateurs se sont mis à étudier avec persévérance la constitution physique du Soleil, de la Lune, des planètes, des comètes et des étoiles. Grâce aux progrès accomplis, l'astronome se consacre aujourd'hui fructueusement à la plus intéressante des études : examinant avec soin la planète rapprochée, il distingue les détails caractéristiques des autres mondes ; il dessine les continents, les rivages, les îles de la géographie de Mars ;... ce n'est pas sans émotion que nous avons

. . La Terre est l'une des plus petites planètes de notre système . . .

reçu l'année dernière la carte géographique des singuliers canaux nouvellement découverts sur cette patrie voisine.

Quelles énigmes tiennent en réserve ces points d'interrogation suspendus sur nos têtes ? Au sein du recueillement profond et du calme silence des nuits étoilées, notre pensée curieuse s'envole vers ces îles de lumière pour leur demander leurs secrets. Nous croyons qu'elles nous voient, qu'elles nous entendent ; et nous les prenons à témoin de nos serments. Mais l'Astronomie nous a fait connaître leurs distances, nous a montré en elles des soleils et des planètes, et nous a appris que ces planètes sont des terres analogues à la nôtre.

Oui, des TERRES, vastes, immenses, formées de matériaux lourds et obscurs ; des terres dont le sol est composé d'argile comme le nôtre, et dont les terrains, variés comme ceux de notre propre

... Nous les prenons à témoin de nos serments...

globe, e forment des montagnes et des vallées, des plateaux et des plaines, qui servent de berceaux aux paysages qui s'y succèdent de siècle en siècle. Ces terres sont lourdes comme la nôtre, et roulent comme elle, dans l'espace indéfini qui n'a ni haut, ni bas, ni direction, ni mesure. Elles ne sont douées d'aucune lumière propre, et ne paraissent brillantes que parce que le Soleil les éclaire comme il éclaire la Terre, et que l'éloignement rapetissant leur disque, toute la lumière de midi qui les inonde est-condensée en un seul point.

De même la Terre brille de loin dans l'espace, présente des phases comme la Lune. Mercure, Vénus, Mars, nous en offrent, et plane, brillante étoile, dans le ciel des autres mondes.

Quelles choses, quels êtres, les forces de la féconde Nature ont-elles enfantés sur ces mondes différents du nôtre?... Ici, dans tel état de température, de lumière, d'air, d'humidité, de combinaisons chimiques, de densité, de pesanteur, de temps, de jours, d'années, la nature a produit les choses et les êtres qui nous environnent, en modifiant d'ailleurs ses œuvres et ses spectacles suivant les siècles et suivant les conditions changeantes de la planète elle-même. Qu'est-ce que ces mêmes forces ont enfanté sur les autres terres du ciel? Au milieu des conditions si variées qui distinguent Mercure de Neptune, Saturne de la Terre, Mars d'Uranus ou Jupiter de Vénus, quels éléments auront prédominé sur l'une et sur l'autre? A quelles formes bizarres, à quels êtres fantastiques, les expansions de la puissance créatrice n'auront-elles pas donné naissance? Quel est l'aspect organique de ces mondes? La Vénus hottentote est monstrueuse pour nous, et pourtant, entre l'Europe et l'Afrique, il n'y a qu'une simple différence de latitude. Quelle n'est pas la variété, la bizarrerie, l'incohérence apparente des formes vivantes appartenant aux différents globes de notre système! Et si nous nous transportions de notre famille solaire dans celles de Sirius, de Véga, d'Aldébaran, d'Antarès, ou de Castor, combien notre voyage ne serait-il pas incomparablement plus prodigieux et plus fantastique que tous ceux du Dante, de l'Arioste, du Tasse, de Milton et de Swift réunis !

Là brille un autre soleil, là descend du ciel une autre lumière, là souffle un air qui n'est point terrestre; là fleurissent des plantes qui ne sont point des plantes, là coulent des eaux qui ne sont pas des eaux ; là reposent des paysages, des lacs, des forêts, des mers, que nos yeux n'ont point vus, et qu'ils ne pourraient point reconnaître. Et pourtant le télescope y conduit nos regards terrestres ; et pourtant nos âmes s'y transportent, malgré les millions et les milliards de lieues qui nous en séparent ; et pourtant l'analyse spectrale découvre la constitution chimique des matériaux qui composent ces mondes perdus dans l'infini !

Qu'est-ce que la Terre ? Une planète du système solaire, et l'une des plus médiocres : un habitant de Jupiter ou de Saturne ne la regarderait qu'avec dédain, et, d'ailleurs, vue de ces mondes gigantesques, qui gravitent à 155 et 318 millions de lieues de notre orbite,

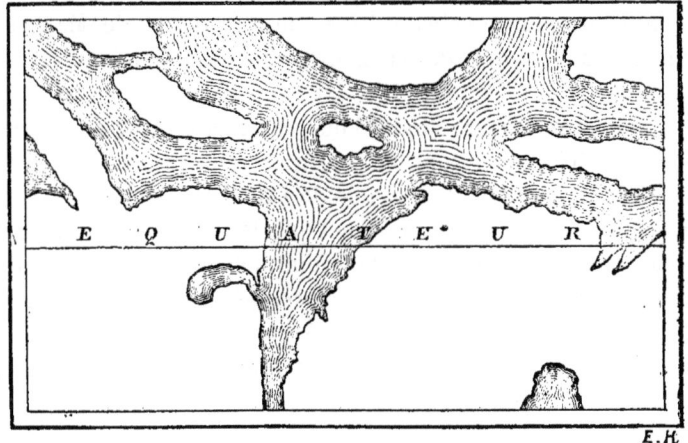

E. H.

Les autres planètes sont des terres, variées comme notre globe, montrant des continents et des mers. . .
(FRAGMENT DE LA GÉOGRAPHIE DE MARS : RÉGIONS ÉQUATORIALES)

notre île flottante n'est qu'un point. Qu'est-ce que tout notre système planétaire, y compris la Terre et ses destinées ? C'est un chapitre, un feuillet, une page du grand livre de l'Univers : des millions et des millions de soleils plus magnifiques et plus riches que le nôtre remplissent l'immensité. Et qu'est-ce que tout cet ensemble d'étoiles, tout l'univers que nous connaissons, au milieu de l'infini ? C'est un nid perdu dans une forêt, une fourmillière dans une campagne. Cherchez la Terre : vous ne la trouvez plus.

L'antique erreur de l'immobilité de la Terre supposée fixe au centre du monde s'est perpétuée, mille fois plus extravagante, dans cette causalité finale mal entendue dont la prétention est de s'obstitiner à placer notre globe au premier rang des corps célestes. Notre planète n'a reçu de la nature aucun privilège spécial. Nous nous imaginons naïvement que, parce que nous sommes ici, notre pays doit être supérieur en essence à toutes les autres contrées de l'Univers : c'est là un patriotisme de clocher, enfantin, puéril, sans excuses. Si demain matin nul de nous ne se réveillait, et si les quinze cent millions d'humains qui s'agitent en ce moment tout autour de notre mondicule s'endormaient du dernier sommeil, cette fin du monde terrestre, cette disparition de la race humaine, n'apporterait pas la plus légère perturbation dans le cours des cieux ; elle passerait inaperçue dans l'inexorable mouvement des choses, et, sans contredit, chez nos plus proches voisins, les habitants de Mars et de Vénus... les valeurs de la Bourse n'en baisseraient pas d'un centime !

On rencontre encore aujourd'hui certains esprits, et même des esprits éclairés, qui, tout en reconnaissant que la Terre est un astre insignifiant dans l'ensemble de l'Univers, s'imaginent néanmoins que la vie n'existe qu'ici, et que les millions de milliards de mondes qui peuvent graviter dans l'immensité infinie doivent être inhabités, *parce qu'ils ne nous ressemblent pas,* parce qu'ils ne sont pas identiques à notre fourmillière !

Le bon vieux Plutarque raisonnait mieux mille ans avant l'invention du télescope et du microscope. « Si nous ne pouvions approcher de la mer, dit-il dans son intéressant petit Traité sur la Lune (DE FACIE IN ORBE LUNÆ), et si, la voyant seulement de loin, nous savions que l'eau en est amère et salée, nous prendrions pour un visionnaire, nous contant des fables dénuées de toute vraisemblance, celui qui viendrait nous assurer qu'elle est habitée par toutes sortes d'animaux qui vivent dans ce lourd élément aussi confortablement que nous dans l'air léger. Telle est précisément notre situation d'esprit lorsque nous soutenons que la Lune n'est pas habitée parce qu'elle ne nous ressemble pas. S'il y a là des habitants, il ne doivent pas admettre à leur tour que la Terre puisse être peuplée, enveloppée comme elle l'est de brouillards, de nuages et de lourdes vapeurs, et ils croient sans doute que c'est là l'enfer. »

A notre époque scientifique, les raisonnements contre lesquels s'élève Plutarque sont moins excusables que de son temps : la Science

Vue de Mars, dès le coucher du soleil. la Terre brille dans le ciel comme une étoile . . .

tout entière s'élève de toutes parts pour en proclamer l'insuffisance.

Il y a quelques années encore, les naturalistes à courte vue ne déclaraient-ils pas que la vie est impossible au fond des mers, parce que la pression y est si énorme qu'elle écraserait les êtres ; parce que, en cette perpétuelle obscurité, l'assimilation du carbone est interdite, et pour cent autres bonnes petites raisons. Des savants moins sûrs d'eux-mêmes, et plus curieux, ont l'idée de vérifier : on jette la sonde, et l'on ramène... des merveilles ! des êtres si délicats, si frêles, si ravissants, que, sous cette effroyable pression, ils ressemblent à des papillons se jouant au milieu des fleurs ! Il n'y a pas de lumière : ils en fabriquent ! et sont phosphorescents. Le monde de la mer est déjà tout différent du nôtre. Jamais un démenti plus formel n'a été donné aux esprits étroits qui ne veulent pas — ou ne peuvent pas — élargir le cercle de l'observation immédiate, et qui s'imaginent, selon la parole de saint Augustin, enfermer l'océan dans une coquille de noix.

Notre planète nous apparaît comme une coupe trop étroite pour contenir la vie, laquelle se manifeste dans toutes les conditions imaginables et inimaginables, et se développe, à ses propres détriments, en vie parasitaire multipliée. Le sol, les eaux, les airs, tout est plein d'êtres, d'embryons, de germes, de fécondité. La vie déborde littéralement de toutes parts, et elle transforme ses manifestations suivant les temps et suivant les lieux. Il y eut une époque sur la Terre où le sol, l'atmosphère, la température, les climats, les conditions organiques générales, étaient bien différents de ce qui existe aujourd'hui. Alors les êtres vivants étaient aussi tout différents de ce qu'ils sont. Ressuscitez le monde informe des iguanodons, des ichthyosaures, des plésiosaures, de l'archéoptérix, du ptérodactyle, et voyez quelle singulière figure feraient ces monstres antédiluviens dépaysés sur nos continents pacifiques, au milieu de nos calmes paysages illuminés de la transparente lumière d'un ciel d'azur ! Enfants du globe primitif, ces colosses à la puissante armure respiraient une atmosphère mortelle pour nous, les échos retentissaient de leurs rugissements, et les flots agités des mers vomissaient les monstrueuses épaves de leurs titanesques combats ; les témoins comme les acteurs étaient appropriés à la scène sauvage des siècles primordiaux. Au milieu de ces commotions violentes, la douce sensitive fût morte de frayeur, le rossignol eût senti les perles de sa voix étouffées dans sa gorge, et jamais Ève n'eût osé s'asseoir, nonchalante et rêveuse, sur la mousse des bosquets en fleurs. La Terre actuelle est une planète toute différente de la Terre de l'époque houillère. La nature, puissante et féconde, produit des œuvres adaptées aux milieux changeants, et organisées pour ainsi dire par ces milieux eux-mêmes. Si nous pouvions renaître dans un million d'années, non seulement nous chercherions en vain les nations qui existent actuellement, car il n'y aura plus alors ni Français, ni Anglais, ni Allemands, ni Espagnols, ni Italiens, ni Européens, ni Américains ; mais encore, nous ne reconnaîtrions même pas notre type humain actuel dans nos successeurs sur la scène du monde. De siècle en siècle, d'âge en âge, tout se transforme, tout se métamorphose.

Pour juger sainement, il faut nous affranchir de tout préjugé terrestre, avoir l'esprit dégagé des choses immédiates, oublier notre berceau, et arriver devant le concert des mondes comme si nous descendions de Saturne, d'Uranus, ou d'une province quelconque du Ciel.

Si notre esprit développé par les nobles contemplations de la Science veut embrasser l'Univers sous son véritable aspect, nous devons songer d'une part, que la Terre où nous sommes et l'humanité qui l'habite ne sont pas le type de la création, et, d'autre part, que notre époque n'a pas l'importance spéciale que nous lui attribuons, — et il y a encore ici un préjugé inné dont il est difficile de s'affranchir. Nous oublions, en effet, le passé et l'avenir pour le présent qui nous intéresse personnellement, et lorsque notre pensée s'envole vers les sphères célestes pour les peupler d'êtres variés disséminant la vie sur toutes les plages de l'infini, nous avons une tendance à appliquer nos raisonnements à l'époque actuelle. C'est encore là un jugement à courte vue. Dans l'éternité, notre époque passe comme une ombre transitoire, de même que dans l'infini l'étendue de notre patrie terrestre disparaît comme une goutte d'eau au sein de l'océan. La Terre a été pendant des millions d'années sans être habitée, et le jour viendra où la dernière famille humaine s'étant endormie dans les glaces du refroidissement définitif, le globe terrestre roulera dans l'espace comme un sépulcre sans épita-

phe et sans histoire. Avant l'existence du premier homme sur la
Terre, les étoiles brillaient au Ciel comme aujourd'hui, et déjà,
depuis bien des siècles de siècles, les soleils radieux de l'immensité
sans bornes illuminaient et régissaient les humanités sidérales
gravitant dans leur rayonnement. Après le dernier soupir du dernier
homme, les mondes continueront de circuler dans la joyeuse et
féconde lumière des soleils de l'avenir. Lors donc que nous saluons
la vie universelle dans l'infini, nous devons associer à cette idée celle
de la vie s'étendant le long des âges passés et futurs, et c'est seulement éclairée par cette double lumière que notre contemplation de
la nature peut être adéquate à la réalité. Ainsi, dans notre propre
système planétaire, tandis que Mars et Vénus se présentent à nous
comme actuellement habitables, Jupiter nous apparaît comme
arrivant seulement à la genèse des époques primordiales de la vie,
et la Lune, au contraire, comme atteignant déjà sans doute les
derniers jours de son histoire. Ici des nébuleuses sont en formation,
là des mondes s'écroulent dans la décadence et l'agonie.

Dans la description des autres mondes que nous entreprenons
aujourd'hui, nous suivrons un ordre plutôt naturel que technique. Comme il ne s'agit pas ici d'un traité de cosmographie, nous
ne nous astreindrons pas à commencer notre étude par le Soleil,
centre, foyer du système du monde, et à décrire les planètes dans
l'ordre de leurs distances à cet astre illuminateur. Notre voyage sera
plus pittoresque. Nous commencerons, tout naturellement, par la
terre céleste que sa proximité et sa situation favorable pour nos
observations nous ont fait le mieux connaître, par *notre voisine
la planète Mars*, dont nous connaissons déjà la physiologie générale, les saisons, les climats, la météorologie, la géographie même ;
— sur laquelle nous observons des continents et des mers analogues à ceux qui diversifient la géographie terrestre ; — sur laquelle
nous distinguons même les embouchures des grands fleuves, les
rivages méditerranéens où voltigent les nuages ; — sur laquelle
nous pourrions déjà choisir les pays qu'il est le plus agréable d'habiter à cause de la pureté de leur ciel et de la tranquillité de leur
atmosphère, — sur laquelle bientôt peut-être nous reconnaî-
trons des traces indiscutables de civilisation ;... oui, nous commencerons notre voyage par cette patrie voisine que le télescope

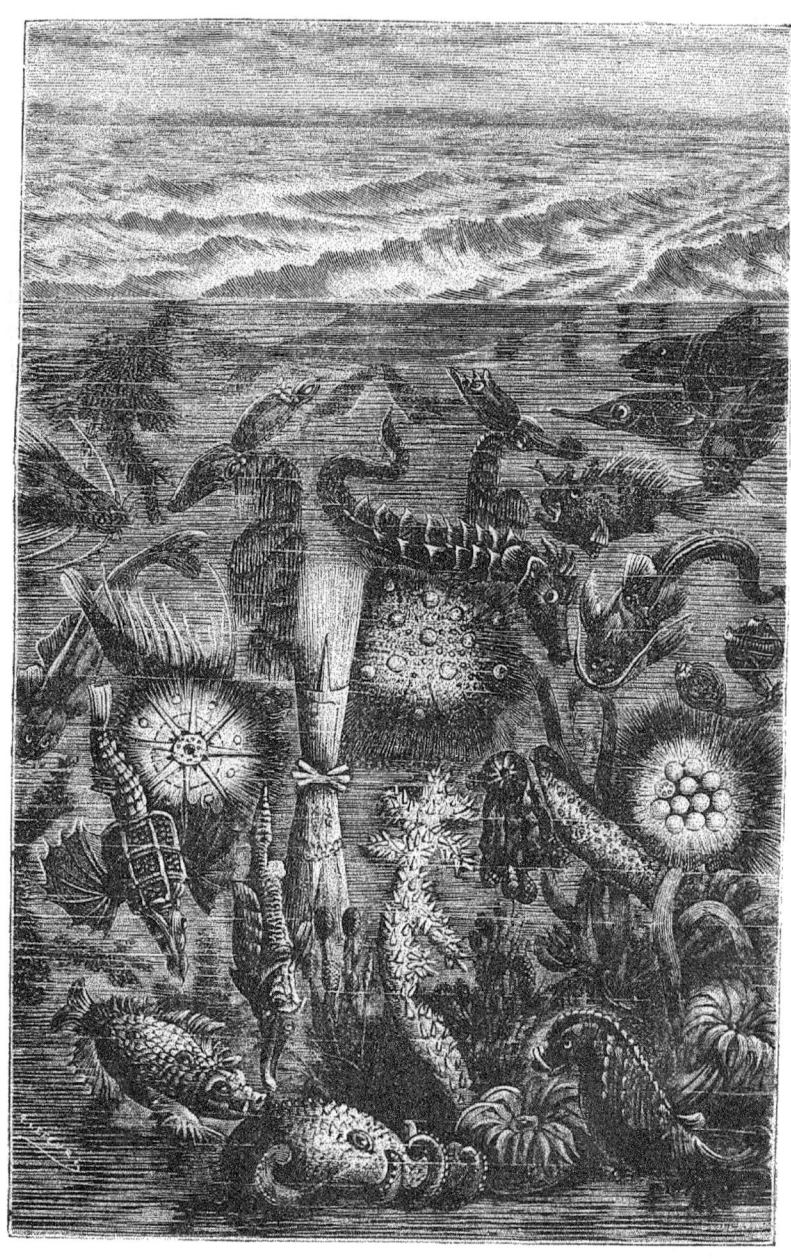

Le monde de la mer est déjà tout différent du nôtre....

met aujourd'hui à la portée de notre main et qui, la première, vient nous prouver que la doctrine de la pluralité des mondes n'est ni une chimère ni une utopie, mais qu'elle est l'expression de l'une des plus grandioses, des plus magnifiques vérités enseignées par la Nature.

Mais en même temps que ce voyage sera pittoresque, il doit être instructif et laisser dans nos esprits des notions scientifiques précises. Aussi ne décrirons-nous aucune planète sans faire connaître tout d'abord sa position dans le système du monde, sans tracer le plan de notre voyage uranographique. Il importe pour nous de ne pas imiter

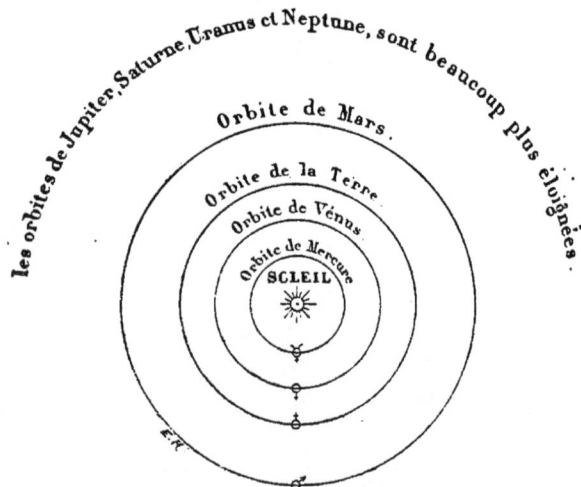

Fig. 8. — Plan du système solaire pour les planètes les plus proches du Soleil.
(Échelle : 1ᵐᵐ = 2 millions de lieues.)

ces voyageurs indifférents qui vont, par exemple, visiter l'Italie sans cartes et qui, lorsqu'ils s'arrêtent à Milan, à Venise, à Florence, à Rome, à Naples, ne savent même pas où ils sont et perdent ainsi volontairement les trois quarts des jouissances intellectuelles qui accompagnent un voyage bien compris dans son ensemble et dans ses détails. Aussi, avant même de nous arrêter sur la planète que nous allons visiter, devons-nous commencer par nous rendre exactement compte de sa situation relativement à l'île céleste que nous habitons.

Tout le monde sait que la Terre où nous sommes est la troisième des planètes qui circulent autour du Soleil; que sa distance à cet astre est, en moyenne, de 148 millions de kilomètres ou 37 millions de lieues, et qu'elle parcourt sa révolution annuelle autour de lui en 365 jours, 6 heures. (Voyez plus haut le petit plan (fig. 8), tracé à l'échelle de 1 millimètre pour 2 millions de lieues.)

La planète Mars est la quatrième planète. Elle vient immédiatement après nous dans l'ordre des distances à l'astre illuminateur, et circule également autour de cet astre, à la distance moyenne de 225 millions de kilomètres ou de 56 millions de lieues, en une révolution annuelle qu'elle emploie 687 jours à accomplir.

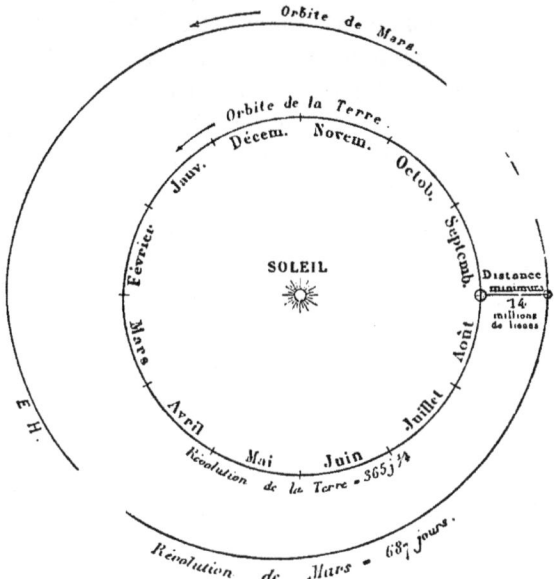

Fig. 9. — Rapports entre l'orbite de Mars et celle de la Terre,

Il en résulte qu'entre la route suivie par la Terre autour du Soleil et la route suivie par Mars, il y a une distance moyenne de 77 millions de kilomètres, ou 19 millions de lieues.

Remarquons maintenant que les orbites décrites autour du Soleil par Mars comme par la Terre ne sont pas tout à fait circulaires. Elles sont un peu ovales, ou pour mieux dire, elliptiques, de sorte que l'intervalle qui les sépare varie sensiblement d'un point à un autre. Cet intervalle, qui est en moyenne de 19 millions de lieues, est, en certains points, diminué jusqu'à 14, c'est-à-dire à 56 millions de kilomè-

tres. (On se rendra bien compte de cet état de choses par l'examen de
notre fig. 9).

La planète Mars se trouve donc de temps en temps à cette distance
relativement faible — astronomiquement parlant — Et comme alors
précisément la Terre passe entre elle et le Soleil, nous la voyons
éclairée en plein et brillant dans le ciel de minuit avec l'éclat
d'une magnifique étoile de première grandeur. Elle n'a par elle-
même aucune lumière. Mais elle est illuminée par le Soleil, et
comme sa surface entière éclairée est rapetissée par la distance à la
dimension d'un simple point, toute cette lumière reçue du Soleil
est par cela même condensée en un point minuscule, de sorte que la
planète brille pour nous à l'œil nu comme une étoile.

Mais si nous l'observons à l'aide d'un instrument d'optique, ce
point lumineux devient un disque de dimensions sensibles qui
d'abord, pour nous servir d'une expression familière, ressemblera à
un pain à cacheter. Si nous employons un instrument plus puissant,
les dimensions augmenteront en proportion du pouvoir amplifiant
du télescope. La vivacité de l'éclat lumineux de la planète diminue
dans la même proportion. Si l'instrument est assez puissant, on remarque d'abord des taches blanches marquant juste la place des pôles ;
ensuite on distingue des taches grises sur un fond jaune, et l'éclairement général de ces aspects géographiques ne paraît pas supérieur
à celui des paysages terrestres éclairés par une belle journée d'été.

Mais abordons sans tarder sur cette patrie voisine. Nous avons dit
qu'aux époques de ses plus faibles distances, elle passe à 56 millions
de kilomètres d'ici. Un train express qui court à la vitesse régulière
de 1 kilomètre par minute, emploierait par conséquent 56 millions
de minutes pour y arriver. Ce serait un peu long, car en partant
aujourd'hui nous n'arriverions que dans 1095 ans... Nous serions
tous trop âgés pour jouir du voyage. — Un boulet de canon vole plus
vite : supposons-nous emportés vers Mars avec sa vitesse de 500
mètres par seconde ou 30000 mètres par minute. Cette vitesse étant
trente fois plus rapide que la précédente, nous arriverions dans
36 ans. C'est encore trop long. — Choisissons plutôt la vitesse d'un
rayon de lumière : 300000 kilomètres par seconde ! Voilà Mars qui
brille dans le ciel, bien reconnaisable à la coloration rougeâtre de sa
lumière. Partons !... En trois minutes nous sommes arrivés.

CHAPITRE II

♂

Les analogies de Mars avec la Terre. — La géographie de Mars.

En abordant sur ce nouveau monde, la première impression ressentie par notre âme n'est pas une impression étrangère à celle que
les spectacles de la nature terrestre nous imposent. Nous nous
trouvons transportés sur un globe singulièrement analogue au
nôtre. Les bords de la mer y reçoivent comme ici la plainte éternelle
des flots qui se brisent en s'éteignant sur le rivage ; car là, comme
ici, le souffle des vents ride la surface de l'eau et donne naissance
aux vagues qui se succèdent et retombent. Si le ciel est pur et l'atmosphère calme, le miroir des eaux reflète comme ici le soleil éblouissant et le ciel lumineux ; et sans la coloration spéciale et la forme
étrange des plantes, nous pourrions nous imaginer facilement nous
retrouver sur les bords de la Méditerranée ou devant un lac de la
douce Helvétie. Les Alpes couronnées de neiges perpétuelles ne
manquent pas à l'analogie du tableau ; ni les montagnes ; ni les
vallées ; ni les cascades argentées ; ni le bruit lointain du vent dans
les campagnes ; ni la tiède chaleur du soleil printanier ; ni la succession lente des heures du jour ; ni le bonheur de se sentir vivre au
sein d'une nature calme et bienveillante. Le villageois européen qui,
jeté par le flot de l'émigration sur les rives de l'Australie, se réveille
un beau jour au milieu d'un pays inconnu, où le sol, les arbres,
les animaux, les saisons, le cours du Soleil et de la Lune, sont d'un
aspect tout différent de ce qu'il a vu jusqu'alors dans son pays

natal, n'est pas moins surpris ni moins dépaysé que nous ne le
sommes en arrivant sur la planète Mars. Se transporter de la Terre
sur Mars, c'est simplement changer de latitude.

Lorsque nous considérons avec attention ce monde voisin, nous
ne pouvons nous empêcher d'être tout d'abord frappés par certaines
analogies remarquables qui nous font immédiatement songer à
notre propre habitation terrestre. Et d'abord, cette planète se
montre à nous environnée d'une *atmosphère* assez épaisse pour
absorber une grande quantité de lumière, rendre ses aspects géographiques invisibles pour nous lorsqu'ils arrivent aux bords du disque,
et atténuer considérablement l'intensité de la coloration rougeâtre
de ses continents. Cette atmosphère contient comme la nôtre de la
vapeur d'*eau* en suspension : l'analyse spectrale le démontre d'une
part, et d'autre part les *neiges polaires* que nous apercevons d'ici,
et qui varient d'étendue suivant les saisons, ne pourraient ni se
former, ni se fondre, ni s'évaporer, si l'eau ne remplissait pas sur
cette planète un rôle analogue à celui qu'elle joue dans notre propre
météorologie.

Le partage de la surface du sol en régions claires et foncées conduit, d'autre part encore, à conclure que les régions sombres nous
représentent des étendues d'eau qui absorbent la lumière, tandis
que les continents la réfléchissent. Ces étendues d'eau sont, comme
nous le verrons plus loin, variables elles-mêmes, suivant les saisons.

Quant à ces *saisons*, elles ont précisément la même intensité que
les nôtres, car l'inclinaison de l'axe de rotation du globe de Mars
est à peu près la même que celle de notre propre planète. L'année,
toutefois, y étant près de deux fois plus longue que la nôtre (elle
dure 687 jours terrestres), les saisons y sont également près de deux
fois plus longues et durent près de six mois chacune; toutefois elles
sont plus inégales qu'ici. Le jour martien est un peu plus long que
le jour terrestre; la durée précise de la rotation de la planète autour
de son axe est aujourd'hui connue à moins d'une seconde près : elle
est de 24 heures 37 minutes 23 secondes.

Il y a beaucoup moins de nuages sur Mars que sur la Terre. Il
s'en forme fort rarement dans les régions équatoriales, et c'est
surtout vers les régions polaires qu'ils se condensent. Toutefois,

l'apparition, la disparition, le déplacement, sur certaines contrées, et parfois même jusqu'à l'équateur, de taches blanches rivalisant d'éclat avec les neiges polaires, signalent la formation de brouillards et de nuages qui nous apparaissent vus d'en haut, comme lorsque nous les observons en ballon, d'une éclatante blancheur, parce que leur surface supérieure réfléchit la lumière solaire avec autant d'intensité que la neige fraîchement tombée.

Ces nuages comme les nôtres, se résolvent en pluies, qui donnent naissance à des sources, à des rivières et à des fleuves.

Les *neiges* polaires varient considérablement d'étendue suivant les saisons. Toutes les observations s'accordent pour établir qu'elles atteignent leur maximum après l'hiver de l'hémisphère auquel elles appartiennent, et leur minimum après l'été. La variation d'étendue est plus grande au pôle sud qu'au pôle nord, ce qui concorde avec l'effet de l'excentricité de l'orbite, qui donne à l'hémisphère austral des saisons plus marquées qu'à l'hémisphère boréal. C'est ce qui arrive aussi pour notre propre globe.

De même que sur notre planète, le centre du froid ne coïncide pas avec le pôle géographique, mais en est éloigné de 5° à 6°. Pendant les observations de 1877 et 1879, le pôle sud est resté plusieurs semaines complétement découvert. Comme sur la Terre aussi, ces régions polaires sont occupées par des mers.

Ce sont là les principales analogies que la planète Mars présente avec le monde que nous habitons. Pour tout esprit impartial, affranchi des préjugés terrestres dont nous parlions tout à l'heure, la logique rationnelle va un peu plus loin que les yeux : notre pensée pénétrante devine, sent, perçoit que les forces de la nature n'ont pu rester inactives, n'ont pu être frappées dans leur œuvre par un miracle permanent de stérilisation. Là comme ici, en effet, il y a des jours et des nuits, des matins et des soirs, des rayons de soleil et des ombres, des heures lumineuses et des jours couverts, des nuages et des pluies, des terres et des eaux, des printemps et des hivers, des tempêtes et des calmes, des paysages gracieux et des steppes improductives. Là comme ici le vent mugit dans les falaises, souffle à travers les bois, glisse sur l'onduleuse prairie ; là comme ici l'arc-en-ciel succède à l'orage, les parfums des fleurs imprègnent l'atmosphère, et sans doute aussi, là comme ici, le printemps peuple les bois de nids et de chansons. N'est-il pas naturel de songer à ces heures charmantes du soir dont nous parlions dès la première page de cet ouvrage, heures qui répandent la rêverie sur Mars comme sur la Terre! De là, nous brillons au Ciel comme Vénus brille pour nous. N'est-il pas naturel de nous demander s'il y a là des êtres qui nous contemplent, des humains, des frères qui peut-être connaissent mieux notre patrie que nous ne connaissons la leur, des intelligences douées de facultés analogues ou supérieures aux nôtres?... Comment regarder ces continents et ces mers sans penser aux habitants? Comment ne pas songer à ces rivages, à ces embouchures, à ces havres, à ces plaines, à ces campagnes, et ne pas imaginer qu'il puisse exister là aussi des oasis, des hameaux solitaires, des villages paisibles, des cités populeuses, des capitales glorieuses, des travaux industriels, des œuvres d'art et tous les produits d'une civilisation séculaire? Sans doute, certainement même, les formes des êtres vivants ne doivent point ressembler à celles des enfants de notre planète. Mais, sous des manifestations différentes des manifestations terrestres, la perpétuelle adolescente, la divine Nature, jeune et intarissable mère des êtres et des choses, a donné le jour à des productions vivantes dont l'organisation est adaptée aux conditions vitales inhérentes à ce séjour.

Avant d'entrer dans les détails de la constitution physique spéciale de ce monde voisin, étudions d'abord sa *géographie*, au point où les dernières découvertes télescopiques nous conduisent aujourd'hui.

On peut se demander d'abord de quelle grandeur apparente se présente à nous le globe de Mars. En ses époques de plus grand rapprochement, il peut atteindre un diamètre de 30″. Comparativement à la pleine lune, dont le disque mesure 31′24″, c'est un diamètre 63 fois moindre. (En représentant la Lune par un disque de 63 centimètres de largeur, Mars serait figuré par un disque de 1 centimètre.) Il en résulte qu'une lunette grossissant seulement 63 fois, nous montre le globe de Mars de la même grosseur que nous voyons la Lune à l'œil nu. C'est déjà suffisant pour distinguer ses neiges polaires, aux époques d'excellente visibilité.

Un télescope armé d'un grossissement dix fois plus fort, ou de 630 fois, montre Mars dix fois plus large en diamètre, ou cent fois plus étendu en surface, que nous ne voyons la Lune à l'œil nu. La plupart des grands instruments dont on s'est servi pour l'étude de cette planète supportent des grossissements de cet ordre-là. On a même employé parfois des oculaires amplifiant 1000 et 1200 fois l'image de l'astre. Avec ces pouvoirs amplificateurs, les mers, les continents, les golfes, les configurations géographiques, en général, sont parfaitement visibles. Mais ce que les observateurs recherchent le plus, ce n'est pas tant l'agrandissement que *la netteté* des images.

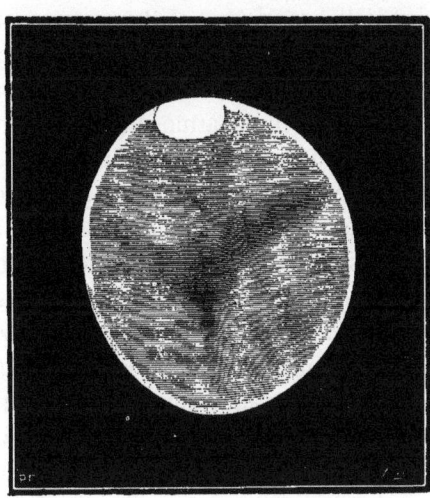

Fig. 10. — Aspect télescopique de la planète Mars, dans un instrument de moyenne puissance.
(EPOQUE DE PHASE MARQUÉE).

Aussi est-il important d'appliquer à cette étude des lunettes ou des télescopes de 20 à 25 centimètres de diamètre *au moins*.

On peut se former une idée de l'aspect de la planète dans un instrument de moyenne puissance par la gravure ci-dessus (*fig.* 10), qui reproduit l'un des dessins que j'ai pris pendant la période particulièrement favorable de l'année 1877. L'instrument employé est un télescope Foucault de 20 centimètres armé d'un grossissement de 240 fois; l'observation est du 30 juillet 1877, à 11ʰ du soir, un mois environ avant que la planète passât juste derrière nous relativement au Soleil, ce qui fait qu'elle n'est pas tout à fait ronde et montre une *phase* sensible. On remarque dès le premier coup d'œil une énorme tache blanche ovale : c'est la calotte polaire neigeuse; en août, septembre, octobre, elle a beaucoup diminué de grandeur par suite de la fonte des neiges. On distingue ensuite, descendant le long du méridien central, une tache grise triangulaire : c'est une mer à laquelle on a donné le nom de « mer du Sablier ». Les autres configurations sont plus indécises (¹).

Pour que l'observation de Mars puisse fournir de bons résultats, deux conditions sont requises, en outre de sa proximité relative à l'époque de son opposition. Il faut que l'atmosphère de la Terre soit pure dans le lieu de l'observation, et il faut aussi que l'atmosphère de Mars ne soit pas chargée. En d'autres termes, il faut que *le temps soit au beau* pour les habitants de cette planète comme pour nous. En effet, Mars est entouré d'une atmosphère aérienne, qui de temps en temps se couvre de nuages aussi bien que la nôtre. Or, ces nuages, en se répandant au-dessus des continents et des mers, forment un voile blanc qui nous les cache, totalement ou partiellement. L'étude de la surface de Mars est dans ce cas difficile ou même impossible. Il serait aussi stérile de chercher à distinguer cette surface quand le ciel de Mars est *couvert*, que de chercher à distinguer les villages, rivières, routes ou chemins de fer de la France lorsqu'on la traverse en ballon au-dessus d'une opaque couche de nuages (ce qui m'est, pour ma part, arrivé plusieurs fois). On voit par là que l'observation de cette planète n'est pas aussi facile qu'on le supposerait à première vue.

Néanmoins, après la Lune, c'est Mars qui est le mieux connu de tous les astres. Aucune planète ne peut lui être comparée sous ce rapport. Jupiter, la plus grosse, Saturne, la plus curieuse, toutes deux beaucoup plus importantes que lui et plus faciles à observer dans leur ensemble à cause de leurs dimensions, sont enveloppées d'une atmosphère constamment chargée de nuages, de sorte que nous ne voyons presque jamais leur surface. Uranus et Neptune ne sont que des points brillants. Mercure est presque toujours éclipsé, comme les courtisans, dans le rayonnement du Soleil. Vénus, Vénus

(¹) La petitesse de Mars, l'exiguïté des détails de sa surface, et les voiles qui troublent souvent son atmosphère, font que l'étude de cette planète est moins accessible que celle de Jupiter, de la Lune, des taches solaires, de certaines étoiles doubles et de certaines nébuleuses, aux instruments de moyenne puissance. Ce n'est qu'en des circonstances atmosphériques très rares que l'on peut obtenir des résultats satisfaisants à l'aide de la lunette classique de 11 centimètres : il faut au moins une lunette de 15 ou 16 centimètres ou un télescope de 20. Un bon objectif de 25 donne des résultats excellents.

seule, pourrait être comparée à Mars : elle est aussi grosse que la
Terre, et par conséquent deux fois plus large que Mars en diamètre;
elle est plus voisine de nous et peut même s'approcher à moins de
10 millions de lieues d'ici. Mais elle a un défaut, c'est de graviter
entre le Soleil et nous, de sorte qu'à sa plus grande proximité, nous
ne voyons que son hémisphère obscur, bordé d'un mince croissant
(ou pour mieux dire, nous ne le voyons pas). Il en résulte que sa surface est plus difficile à observer que celle de Mars. Ainsi c'est Mars
qui l'emporte, et c'est, de toute la famille du Soleil, le personnage
avec lequel nous pouvons entrer en relation la plus intime.

Remarquons, à ce propos, que la Terre est pour Mars dans le même
cas que Vénus pour nous. Nous connaîtrons plus tôt la géographie
de Mars qu'il ne connaîtra la nôtre, et tandis que nous sommes si
peu avancés sur celle de Vénus, sans doute les astronomes de Vénus
connaissent maintenant parfaitement la géographie de notre pays
céleste.

Mais entrons tout de suite ici dans quelques détails.

Parmi les nombreux dessins de cette planète qui ont été faits par un
grand nombre d'astronomes, signalons d'abord ceux de Beer et Mädler.

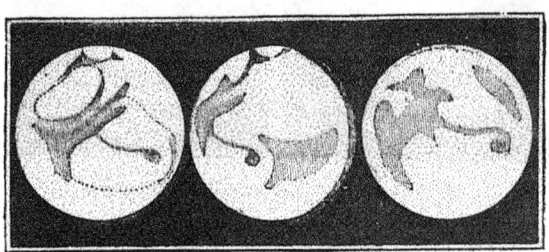

Fig. 11. — Aspects de Mars les 11 septembre et 20 octobre 1830,
et le 16 décembre 1832.

Nous avons reproduit sur notre figure 11 trois de leurs dessins, faits en
d'excellentes conditions atmosphériques, le 14 septembre 1830. le 20 octobre de la même année, et le 16 décembre 1832. Le point principal de ces
dessins sur lequel nous appelons l'attention, c'est la petite tache arrondie
qui, reliée à une plus grande par un ruban contourné, ressemble un peu à
un serpent. Nous aurons tout à l'heure à nous occuper spécialement de
cette tache.

Pendant l'opposition (¹) de 1858, le P. Secchi a fait à Rome, en des conditions éminemment favorables aussi, un grand nombre de dessins dont
nous reproduisons huit fac-simile, sur nos fig. 67 et 68. Les quatre de la
figure 12 sont des 5, 6, 7 et 10 juin. Les neiges polaires y sont bien marquées; la mer qui entoure le pôle supérieur y est nettement visible, ainsi
que la Manche qui en descend et que les continents qui s'étendent à l'est
et à l'ouest. Les dessins de la fig. 13 sont des 13, 14, 17 et 18 juin; ils
présentent d'autres mers et d'autres continents. Remarquons surtout, sur
les deux supérieures, la mer foncée qui descend en s'amincissant et finit

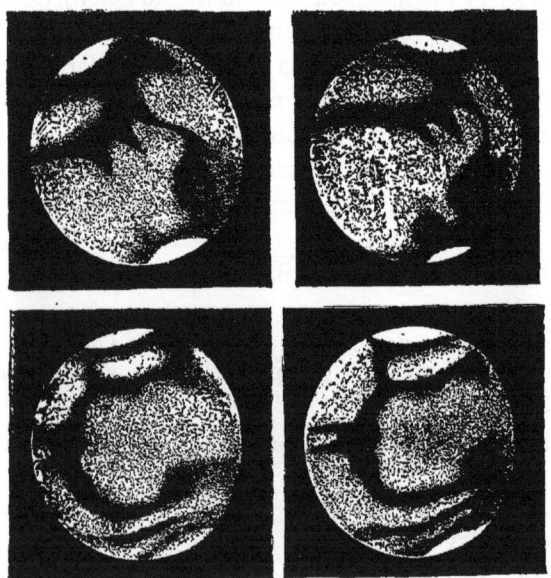

Fig. 12. — Aspects de Mars les 5, 6, 7 et 10 juin 1858.

par une bifurcation dirigée vers l'est : l'astronome romain l'avait appellée
l'*Atlantique* de Mars.

Nous avons également reproduit les importants dessins faits en 1862
et 1864 par Kaiser, directeur de l'Observatoire de Leyde. Notre figure 14
représente ses vues télescopiques des 31 octobre, 23 novembre, 10 et

(¹) Une planète est dite en *opposition* avec la Terre lorsqu'elle passe derrière nous
relativement au Soleil, la Terre se trouvant entre elle et le Soleil, et la planète étant
par conséquent ainsi diamétralement opposée au Soleil. Il est clair que cette situation
est la plus favorable pour nos observations. — Se souvenir de la signification de ce
terme, car il sera souvent employé dans les pages suivantes.

14 décembre 1862. Sur la première, remarquons la tache en forme de serpent (c'est la même que celle de Mädler); sur la deuxième, une tache en
forme d'œil, qui dans le même temps était attentivement dessinée en
Angleterre par Lockyer; sur la troisième, une tache en forme de V, et sur
la quatrième la tache qui longe parallèlement la grande mer. — Signalons
enfin les quatre dessins de notre figure 15, faits également par Kaiser, les
19 et 22 novembre, 18 et 19 décembre 1864. — Nous discuterons tout à
l'heure ces différents tracés.

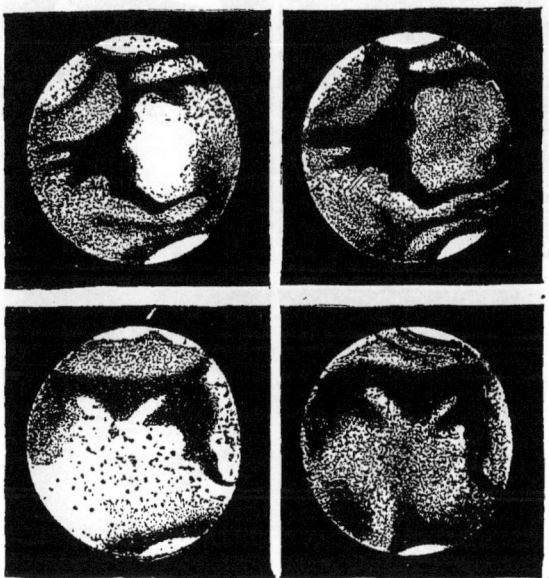

Fig. 13. — Aspects de Mars les 13. 14, 17 et 18 juin 1858.

A ces observations, qui nous permettent de conserver ici les principaux dessins obtenus pendant ces anciennes oppositions de la planète, ajoutons celles qui ont été faites pendant l'opposition de 1877,
la dernière et la meilleure de toutes au point de vue des résultats
conquis. Parmi une quantité considérable de croquis dont nous
avons la collection sous les yeux, dessinés par les meilleurs observateurs de l'Europe et de l'Amérique, nous reproduisons (*fig.* 16)
quatre fort belles vues dues à l'astronome anglais Green, qui s'était
rendu exprès sous le climat si favorable de l'île de Madère pour étu-

dier la planète à l'aide d'un excellent télescope de 33 centimètres de
diamètre, installé sur une montagne élevée à 660 mètres au-dessus
du niveau de la mer, et armé de grossissements variant de 200 à
400 fois, donnant des images extrêmement nettes. Ces quatre dessins

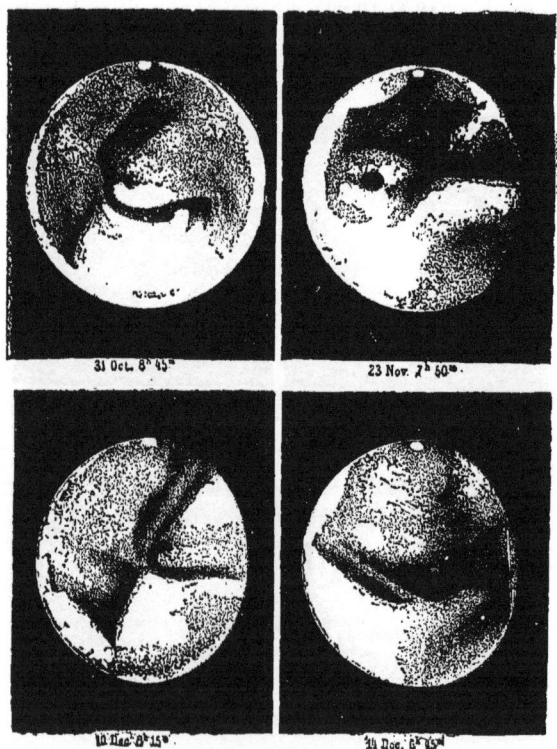

Fig. 14. — Aspects de Mars les 31 octobre, 23 novembre,
10 et 14 décembre 1862.

montrent quatre faces de la planète prises à 90 degrés ou à angle
droit l'une de l'autre, et représentent à eux quatre l'ensemble total
du globe de Mars.

Sans multiplier outre mesure ces dessins, quelque intéressants
qu'ils soient en eux-mêmes, remarquons que par leur comparaison
respective, nous pouvons arriver aujourd'hui à nous former une idée
fort exacte de l'état géographique de la planète. Ceux qu'on a
obtenus depuis dix ans suffiraient, à eux seuls, pour permettre de

construire une carte de ce globe voisin. Mais nous sommes plus riches, et les anciens dessins ne doivent pas toujours être dédaignés. Depuis longtemps déjà, une attraction spéciale pour ce monde, frère du nôtre, m'avait conduit à en étudier tout particulièrement les aspects, et dès la seconde édition de *La Pluralité des Mondes* (1864), j'avais publié en frontispice une comparaison de l'aspect géographique de Mars avec celui de la Terre. Depuis cette époque,

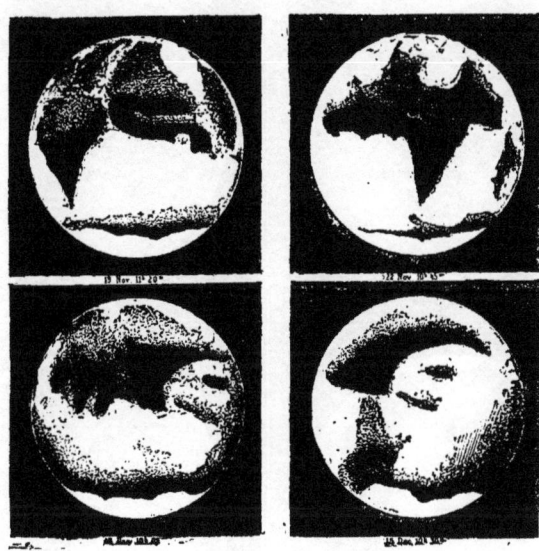

Fig. 15. — Aspects de Mars les 19 et 22 novembre,
18 et 19 décembre 1864.

je suis parvenu à réunir plus de 2500 dessins de cette planète, dont les premiers sont vénérables, âgés de prés de deux siècles et demi, et remontent au règne de Louis XIII, à l'année 1636.

Le premier astronome qui ait observé des taches sur la planète Mars est Fontana, à Naples, en 1636 et en 1638. Dans ces dessins, très rudimentaires (voy. p. 35), on voit, en 1636, Mars sous la forme d'un disque rond avec une tache sombre au milieu, et en 1638, une phase très marquée. Les taches de Mars ont été observées aussi, en 1640, à Rome, par Zucchi; en 1644, à Naples, par Bartoli; en 1656, 1659, etc., à Leyde, par Huygens; en 1666, à Londres, par Hooke; en 1666 aussi, à Bologne, par Cassini, et en 1670 par le même à l'Obser-

vatoire de Paris, dès les premiers mois de sa fondation. A l'insu de
Cassini, Huygens avait déjà beaucoup étudié ces taches en 1659 et
découvert, par leur déplacement, la rotation diurne de la planète. Ces observations furent continuées à l'Observatoire de

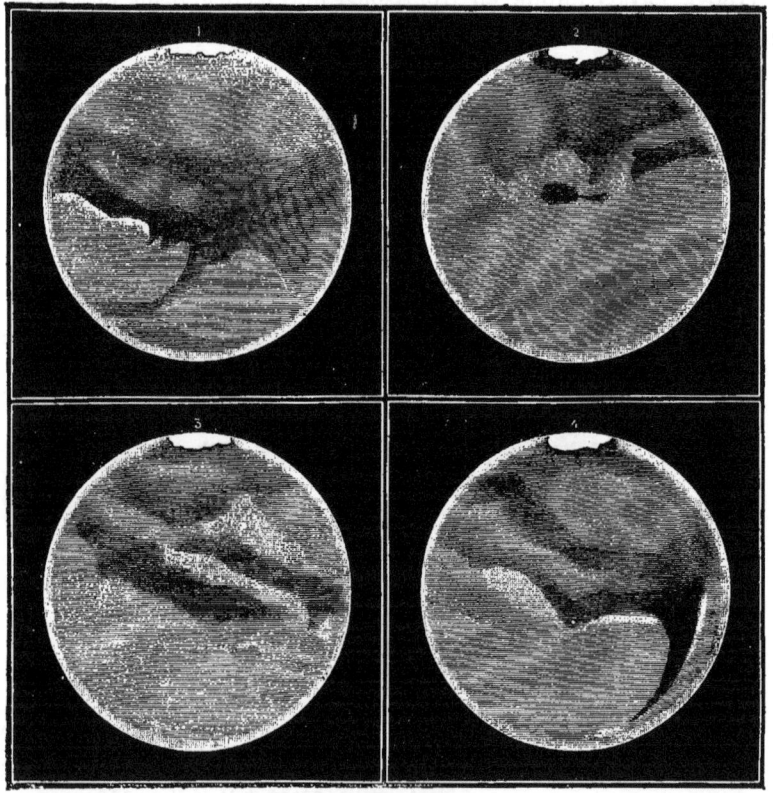

Fig. 16.
Aspects de Mars les 1er, 29, 18 et 15 septembre 1877, représentant l'ensemble de la planète.

Paris, principalement par Maraldi, neveu de Cassini, qui fit une
étude spéciale de la planète en 1704 et 1719. Elles se faisaient
à l'aide des grands objectifs de Campani, que l'on tenait à la main,
soit sur le haut de la tour orientale de l'Observatoire, soit dans les
charpentes de la machine de Marly, alors transportée dans le jardin

Premières observations de planètes faites sous Louis XIV, à l'Observatoire de Paris.

TERRES DU CIEL.

expressément pour ce but; l'observateur, placé sur le sol, et tenant
son oculaire à la main, était obligé de chercher à grand'peine l'image
de l'astre. C'étaient des lunettes sans tubes. L'un de ces objectifs
avait son foyer à 300 pieds de distance! Nous reproduisons, d'après
une figure du temps, l'image de ces anciennes observations, ainsi
qu'un spécimen de ces premiers dessins. On voit aussi (p. 41) une
monture assez curieuse de la même époque, tirée de la Machina
Cælestis d'Hévélius (1673) (¹).

Parmi les anciennes séries de dessins, les meilleurs sont ceux de
Huygens et de Schroëter; ces deux excellents observateurs ont passé
bien des nuits, ont consacré bien des veilles, dans l'étude de cette
planète voisine ; mais le Ciel ne les en a guère récompensés. Le premier, qui, dès la fondation de l'Académie des sciences, en 1666,
avait été désigné par sa réputation pour le nouveau cénacle scientifique et, — appelé par Louis XIV, — s'était, sur la foi des traités,
fixé dans cette France, qu'il illustrait, fut une des victimes de l'inepte
et cruelle révocation de l'édit de Nantes et obligé, pour obéir au
fanatique caprice du Père De Lachaise et de Mme de Maintenon, d'abandonner son observatoire, sa bibliothèque, ses amis, ses travaux, sa
seconde patrie (octobre 1685). Le second, après avoir consacré sa
vie à l'étude pacifique du ciel, avoir complété un grand nombre
d'observations et accumulé des centaines de dessins de planètes, eut
la douleur, le désespoir, de voir une armée en fureur se précipiter,
comme il le dépeint lui-même en termes émus, dans la « vallée des
lys » (Lilienthal, près de Brème, où son observatoire était installé),
mettre la ville entière au pillage (20 avril 1813), incendier ce qui
n'était pas détruit et briser, réduire en pièces, tout ce qui avait
échappé au pillage et à l'incendie. Le pauvre astronome perdit *tout*.
Faut-il l'avouer? cette armée était une armée... française! et le général responsable s'appelait VANDAMME. Tant il est vrai que, même
chez les peuples les plus policés, la guerre est encore plus stupide
qu'elle n'est exécrable.

(¹) Ces grands objectifs, formés d'une seule lentille, irisaient les images comme des
prismes, lorsqu'ils avaient une trop grande courbure ou un court foyer. De là, la nécessité de ces énormes distances focales. Aujourd'hui, les objectifs des lunettes sont composés de deux lentilles qui se neutralisent mutuellement comme couleurs, de sorte que
les images restent pures ou achromatiques. Un objectif de 50 centimètres de diamètre
a son foyer à 8 mètres.

Mais revenons à Mars, — non pas au dieu des combats, qui ne
mériterait que nos anathèmes, — mais à la planète.

Si l'on compare entre elles toutes les vues télescopiques, on ne
tarde pas à reconnaître certains rapports entre les dessins anciens et
les modernes. En tenant compte de la différence des instruments
et aussi de la différence des observateurs, on retrouve des indices

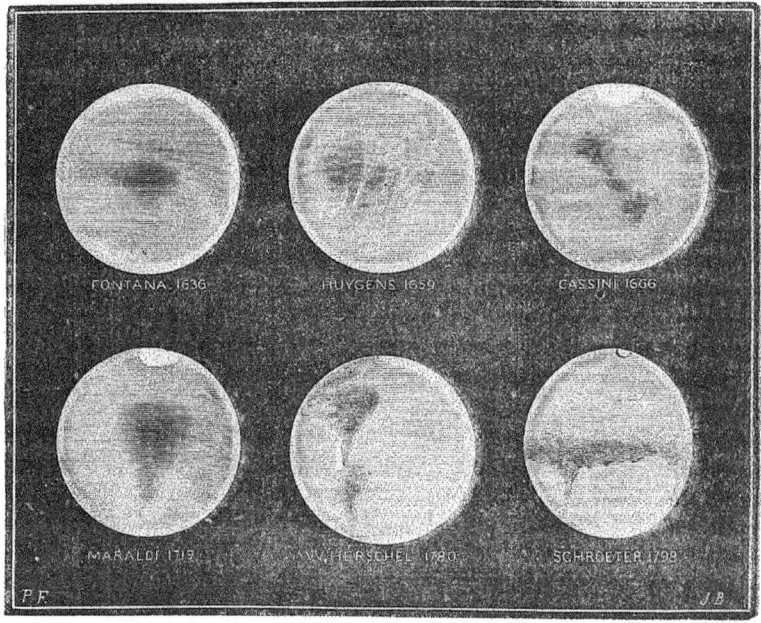

Fig. 18. — Anciens dessins de la planète Mars. — (xviiᵉ et xviiiᵉ siècle).

certains de l'existence ancienne des taches que nous observons ha-
bituellement aujourd'hui.

Les taches grises ou claires observées par nos aïeux sont fixes à
la surface du globe martien, et on peut les retrouver sur la plupart
des anciens dessins aussi bien que sur les modernes. (Ainsi, la mer
triangulaire est visible dans les dessins de 1659 et 1719: voy. *fig.* 18.)
On remarque aussi que sur un grand nombre de ces figures, la planète
offre de tout autres aspects, dans lesquels les configurations géographiques sont déformées, masquées, ou même absolument absentes.
Ces différences s'expliquent par certaines perspectives sous lesquelles

le globe de Mars peut se présenter à nous et par les variations mêmes
de l'état atmosphérique de cette planète : il y a des jours, des saisons entières même, où cette atmosphère est brumeuse, nuageuse,
sur une grande étendue géographique, de telle sorte qu'on ne distingue plus la surface et que la planète paraît beaucoup plus blanche, à cause de l'éclairement supérieur de ces nuages par le soleil.

Nous avons nous-même obtenu, depuis l'année 1871 principalement, un grand nombre de dessins de cette planète voisine; mais ces
observations auraient été bien insuffisantes pour nous permettre de
construire une carte géographique satisfaisante, et lorsque, à l'époque
de la première édition de cet ouvrage (1876), nous avons voulu dessiner cette carte, nous avons pris soin de nous entourer de tous les
dessins qu'il nous avait déjà été possible de recueillir. Cette Mappemonde géographique de la planète Mars a été, depuis 1876,
corrigée et complétée deux fois. Trois ans plus tard, en effet,
nous avons pu la perfectionner sensiblement pour notre ouvrage
l'*Astronomie populaire* (1879). Trois ans plus tard encore, cette
carte a été refondue pour notre *Revue mensuelle d'Astronomie populaire* (juillet 1882). Depuis un an, de nouveaux documents, dus surtout aux observations de MM. Trouvelot, à Cambridge; Burton, Dreyer, lord Rosse et Bœddicker, en Irlande; Schiaparelli, à Milan; Cruls, à Rio-Janeiro, nous permettent de construire
aujourd'hui une carte plus précise encore, mais non encore parfaite
et définitive assurément, car le progrès ne s'arrêtera pas ([1]).

Donnons une description succincte de la mappemonde géographique de la planète Mars (suivre sur la carte, Pl. I, p. 37).

Le degré zéro des longitudes aréographiques a été placé au point
choisi par Beer et Mädler. Il n'y a pas de raison pour adopter un point
plutôt qu'un autre comme méridien, pas plus que sur la Terre; mais l'ob-

---

([1]) La première *carte* de Mars a été tracée, il y a quarante-cinq ans, par Mädler et Beer,
astronomes hanovriens, d'après leurs propres observations, faites de 1828 à 1836. Ils ont
dessiné une double projection polaire représentant les principales taches, et formant en
quelque sorte le premier canevas d'une géographie de Mars.

Après les oppositions de 1862 et 1864, Kaiser, directeur de l'Observatoire de Leyde,
traça, également d'après ses propres observations, une autre carte de Mars, qui diffère
en plusieurs points de la précédente, quoique plusieurs analogies soient évidentes. Il
y a surtout une étude attentive de la région équatoriale, s'étendant jusqu'à 55° de
latitude, où les contours sont nettement tracés. Un nouvel essai fut mené à bonne fin

jet important est de s'entendre. La cause du choix des deux observateurs précédents a été la grande visibilité d'une tache située sur cette ligne. « Une petite tache d'un noir très prononcé, disent-ils, se distingua si fortement des autres par sa netteté, dès notre première observation (10 septembre 1830), et était si proche de l'équateur, que nous crûmes devoir la choisir pour notre tache normale dans la détermination de la rotation. » Cette tache avait déjà été remarquée dès 1798 par Schrœter, qui la voyait aussi sous forme d'un globule noir. Elle avait été également dessinée en 1822 par Kunowsky. On la comparait à une balle suspendue à un fil contourné (voy. fig. 11, p. 27). Pendant l'opposition de 1862, elle a été souvent dessinée par Kaiser et placée sur sa carte à 90°; mais elle n'est pas ronde comme sur les dessins de Mädler, et le ruban qui l'attache est beaucoup plus large (voy. fig. 14, 31 octobre). Dawes, qui l'avait beaucoup observée en 1852, sans lui remarquer de forme particulière, la trouva fourchue en 1862 et en 1864. Lassell l'a également dédoublée en 1862. On la revoit toutes les fois que les circonstances sont favorables. Ainsi cette tache, choisie comme origine des longitudes martiennes, n'est pas produite par des accidents atmosphériques, mais reste fixe au sol et tourne avec lui. Notre figure 19 représente cette région importante de l'aréographie (¹).

La configuration la plus anciennement connue de la géographie de Mars est la mer verticale sombre que l'on voit descendre au-dessous de l'équateur, vers le 70° degré de longitude, s'amincir et se terminer par un coude qui se dirige vers l'est en forme de canal. Au-dessous se trouve une autre mer qui s'avance dans l'intérieur des terres en formant un angle. Lorsque le globe de Mars est tourné de façon à nous présenter cette région à peu près de face, et lorsqu'on se sert d'un télescope de faible puissance, ou

en 1869 par M. Proctor, astronome anglais, d'après les observations faites par son célèbre compatriote Dawes, en 1864. La construction de cette carte, plus complète que les précédentes, a fait faire un pas considérable à la connaissance générale de la planète.

Vint ensuite une synthèse laborieuse et patiente faite par M. Terby, de Louvain, qui parvint à collectionner presque tous les dessins faits sur la planète depuis qu'on l'observe au télescope, et à réunir ainsi tous les éléments de cette géographie. Quoique l'astronome belge n'ait pas dessiné de carte d'après cet ensemble d'observations (au nombre desquelles les siennes propres doivent être comptées), son travail mérite d'être signalé ici comme un nouvel essai pour la géographie martienne,plus complet que tous les précédents. Il a été publié en 1874. — La carte que j'ai construite en 1876 était donc déjà en réalité un cinquième essai.

Depuis cette époque, M. Green, astronome anglais, a publié une nouvelle carte, excellente; M. Schiaparelli, directeur de l'observatoire de Milan, en a publié trois, et MM. Burton et Dreyer en ont dessiné une nouvelle, qui offre de grandes analogies avec celle de M. Green. La géographie de Mars n'est pas encore faite, toutefois, car un grand nombre de détails restent problématiques.

(¹) La géographie de Mars pourrait s'appeler l'*aréographie*, le radical grec de Mars étant Ἄρης, de même que la géographie de la Lune s'appelle la *sélénographie* de Σελήνη, Lune.

que les conditions de visibilité ne sont pas excellentes, ces deux mers paraissent réunies vers le coude, et l'ensemble rappelle la forme d'un *sablier*. William Herschel et les astronomes anglais la désignaient sous ce même nom : *the Hour-glass sea*.

La première observation que nous ayons de cette tache date du 28 novembre 1659, et est due à l'astronome Huggins, le même qui écrivit plus tard un ouvrage sur la pluralité des mondes, son *Cosmotheoros*, et qui devinait déjà l'analogie qui existe entre Mars et la Terre, — analogie que nous prouvons seulement aujourd'hui, plus de deux siècles après.

Hooke a dessiné cette même tache en 1666, et il en fut de même de Cassini et Campani. Huggins l'a revue de nouveau en 1672, en 1683 et en 1694, Maraldi en 1719, William Herschel en 1777, Schrœter de 1785 à 1800, Beer et Mädler en 1832, et tous les astronomes contemporains l'ont revue maintes fois (c'est celle que l'on voit sur mon dessin du 30 juillet 1877, p. 25) : elle offre un des aspects typiques de la planète.

Cette mer, représentée sous forme de sablier par tous les anciens observateurs, a, coïncidence bizarre, servi véritablement de *sablier*, ou de mesure du temps, pour déterminer la durée de la rotation de la planète. C'est en effet par l'examen de sa marche, de sa fuite et de son retour, qu'on a connu la rotation de Mars et estimé sa durée ; elle a plus servi qu'aucune autre, à cause de son évidence. Il semble donc, pour *toutes* ces raisons historiques, que la meilleure désignation à donner à cette mer, c'est de lui conserver son nom déjà vénérable de *mer du Sablier*. Aucune dénomination n'a jamais été si légitime. Le P. Secchi a proposé le nom de « mer Atlantique », et M. Proctor celui de « mer Kaiser ». Or, d'une part, elle est bien étroite pour mériter le nom d'Atlantique, et d'autre part, si elle devait porter un nom d'astronome, ce serait celui d'Huggins, qui l'a découverte. Pour toutes ces raisons, il nous a paru logique de lui conserver définitivement le nom de MER DU SABLIER ([1]).

Elle est généralement plus sombre et mieux marquée que la plupart des autres taches, surtout vers le centre. Du reste, les diverses taches qui parsèment le disque de la planète sont loin d'avoir une même intensité.

La mer du Sablier et l'OCÉAN NEWTON, dont elle est le prolongement, forment la configuration la plus anciennement connue du disque de Mars.

On peut leur associer la MER DE MARALDI, vue aussi par Huggins en

---

([1]) On voit cette mer triangulaire vers le milieu de l'hémisphère de droite de notre carte, entre le 285° et le 305° degré de longitude. La branche gauche ou occidentale de cette mer et de l'océan Newton, qui s'étend du 285° degré au 260°, à la mer Hooke, a reçu sur la carte publiée par les Mémoires de la Société royale astronomique de Londres (tome XLIV, 1879), le nom de *Mer Flammarion*. Que l'astronome Green, auteur de cette carte, devenue classique chez nos voisins d'outre-Manche, veuille bien recevoir ici le témoignage de notre gratitude pour cette délicate attention. Il est agréable d'avoir des propriétés sur les autres mondes. Il serait plus agréable encore de pouvoir aller les visiter.

1659, sous forme de bande analogue à celles de Jupiter. Hooke l'a des_
sinée en 1666 et Maraldi en 1704. On lit notamment dans l'*Astronomie* de
Cassini : « Entre les différentes taches que M. Maraldi observa en 1704, il
y en avait une en forme de bande vers le milieu de son disque, à peu près
comme celles que l'on voit dans Jupiter; elle n'environnait pas tout le
globe, mais était interrompue et occupait seulement un peu plus d'un
hémisphère. Cette bande n'était pas partout uniforme, mais à 90° ou environ de son extrémité occidentale, elle faisait un coude dirigé vers l'hémisphère septentrional;cette pointe, bien nette, servit à vérifier la rotation. » On voit par cette citation que le coude formé par la mer de Maraldi,
au détroit de la mer Huggins, a été remarqué dès 1704. La mer de
Maraldi a été suivie depuis par Herschel en 1783, Schrœter en 1798, Arago

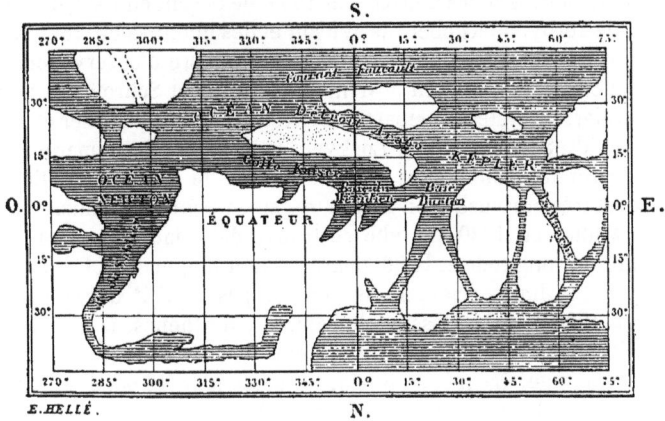

Fig 19. — Géographie de Mars : la Baie du Méridien.

en 1813, Mädler en 1830, Kaiser en 1862, ainsi que la mer de Hooke
Le P. Secchi avait donné le nom de « Marco-Polo » à la mer de Maraldi;
mais il est évident que ce dernier nom lui convient à tous les titres.

Le GOLFE DE KAISER, dont l'extrémité orientale forme la baie fourchue (longitude 0°), est, comme la mer du Sablier et les mers de Maraldi
et de Hooke, l'une des configurations géographiques de Mars les plus
anciennement dessinées. On en trouve un vestige dans un dessin de
Huggins, de 1659, et dans un autre dessin du même astronome, de 1683.
William Herschel a dessiné le même golfe en 1777 et en 1783, notamment
le fer à cheval formé par le golfe d'Arago avec celui de Kaiser, et il est
même le premier qui ait bien figuré ces détails. — William Herschel.
Schrœter, Beer et Mädler, Jules Schmidt, Kaiser, Lockyer, lord Rosse.
s'accordent pour détacher ces golfes de l'océan Képler. Cette baie fourchue
que sa situation même désigne sous le titre de *Baie du Méridien* paraît
être l'*embouchure d'un grand fleuve*.

A l'est du golfe de Kaiser, on rencontre : d'abord une baie émergeant au nord de l'océan Képler (la baie Burton); et plus loin une *Manche* conduisant de cet océan à la mer inférieure. Cette Manche, comme cette mer, sont également connues depuis fort longtemps. La Manche est dessinée dans les vues des astronomes hanovriens en 1841, dans celles du P. Secchi en 1860 (voy. fig. 12), où elle est nommée « isthme de Franklin », dans celles de Dawes en 1864, de lord Rosse en 1869, de Knobel en 1873, etc. Ce bras de mer qui s'étend de l'océan Képler à la mer inférieure, qui est si caractéristique, et pour lequel le nom de Manche est certainement la dénomination qui convient le mieux, est surtout connu par les dessins du P. Secchi. La mer inférieure se partage en plusieurs au milieu desquelles il y a une terre : c'est du moins ce qui résulte des observations les plus modernes, entre autres celles de Jacob en 1854, de Secchi en 1858, de Schmidt en 1867, de Terby, de Knobel, de Wilson et des miennes en 1871 et 1873.

L'océan Képler est connu par un grand nombre d'observations, dont les plus anciennes remontent à William Herschel et Schrœter, à la fin du siècle dernier. Il a été principalement dessiné depuis par Beer et Mädler, Jules Schmidt, Secchi, Dawes, Lockyer, lord Rosse. On remarque à l'est une tache ronde sombre, qui a reçu le nom de mer Terby. Cette petite mer est très curieuse : on la voit dessinée pour la première fois par Beer et Mädler en 1830, et elle se trouve déjà dans leur carte sur le 270ᵉ degré de longitude et le 30ᵉ degré de latitude, mais isolée de l'océan Képler, dont la limite orientale ne dépasse pas le 274ᵉ degré. On la retrouve en 1860 dans les dessins de Schmidt, d'Athènes, isolée aussi. En 1862, le P. Secchi l'a prise pour un cyclone, à cause de la forme circulaire de son entourage. La même année, le même jour (18 octobre), elle était dessinée en Angleterre par M. Lockyer, et il la nommait « mer Baltique ». On la voit en même temps dans les dessins de Lassell, qui lui trouvait, avec quelque vraisemblance, la forme d'un œil, et, en effet, dans plusieurs descriptions, on l'appelle *oculus*. En 1877, M. Schiaparelli en a fait un très grand nombre de dessins : il la nomme le « Lac du Soleil ».

On a vu au milieu de l'océan Képler une tache blanche brillante qui pourrait être produite par une île montagneuse couverte de neige.

La comparaison des cartes et des dessins nous a conduit au tracé du détroit sud-est de l'océan Newton et à celui du détroit sud de l'océan Képler, etc.... Mais ce serait certainement abuser de la patience du lecteur que d'entrer dans tous les détails de la construction d'une carte géographique, quelque rudimentaire qu'elle soit. Qu'il nous suffise d'ajouter qu'il n'y a ici aucune fantaisie, aucune œuvre d'imagination, mais que chaque tracé résulte d'une minutieuse comparaison des vues prises au télescope.

Il nous a paru convenable de donner les noms des illustres fondateurs de l'astronomie moderne aux continents et aux océans principaux, et nous avons d'abord inscrit les noms immortels de Copernic, Galilée, Tycho,

Képler, Newton, Laplace. Se sont offerts naturellement ensuite les noms des astronomes qui se sont le plus occupés de l'étude de Mars : Huygens, Fontana, Cassini, Hooke, Maraldi, Schrœter, Herschel, Mädler, Beer, pour citer d'abord les plus anciens; puis ceux de notre époque : Arago, Dawes, Secchi, Kaiser, Schmidt, Webb, Lockyer, Phillips, Proctor, Terby.

Les deux grands océans qui s'étendent sur la région centrale ont reçu le

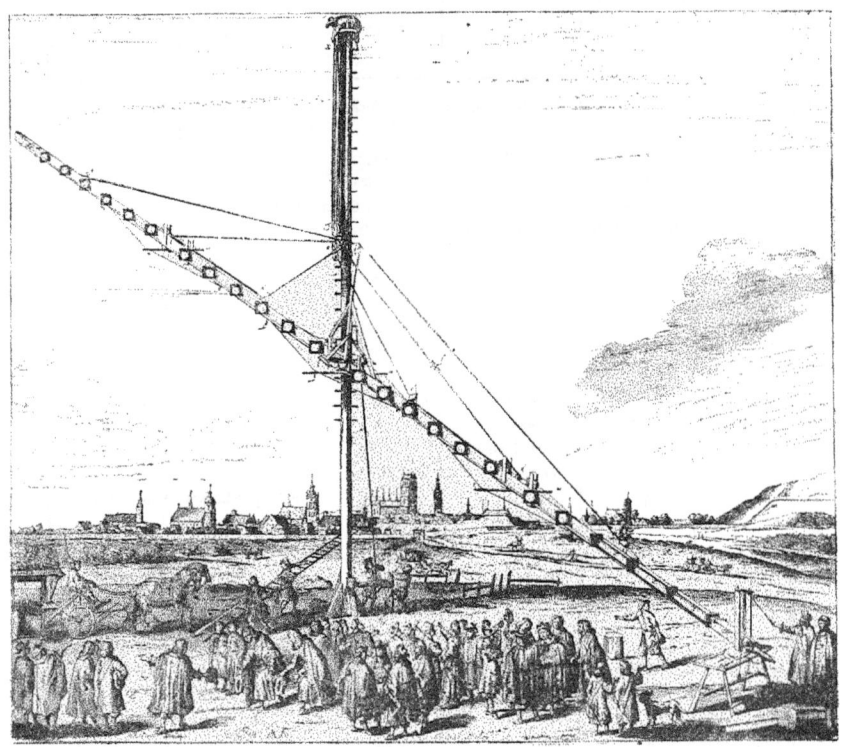

Fig. 20. — Lunette de 200 pieds d'Hévélius (d'après une figure du temps, 1673).

nom des deux esprits immortels auxquels on doit la théorie du système du monde : *Képler, Newton.* Les quatre principaux continents ont reçu les noms de *Copernic, Galilée, Huygens* et *Herschel.* Viennent ensuite les terres de Tycho, Laplace, Schrœter, Cassini, Secchi. Beer et Mädler sont restés associés comme pendant leur vie par les mers qui portent leurs noms, etc. (¹).

(¹) M. Proctor ayant déjà proposé un ensemble de noms pour les diverses configurations de Mars, mon désir eût été de les conserver, et j'ai fait ce que j'ai pu pour cela. Mais je

GÉOGRAPHIE DE MARS

POSITIONS DES CONFIGURATIONS DIVERSES ET TABLEAU DES DÉNOMINATIONS

MERS					
POSITION APPROCHÉE		F.	PROCTOR	GREEN	SCHIAPARELLI
Longitude	Latitude (¹)				
0°	0°	Baie du méridien	Dawes forked Bay	Dawes forked Bay	Fastigium Aryn
22°	5° B	Baie Burton	Beer Bay	Burton Bay	Ostium Indi
350° à 32°	30° à 0°	Détroit Arago	Arago strait	Arago strait	Margaritifer sinus
320° à 60°	40° à 5° A	Océan Képler	De La Rue Océan	De La Rue Océan	Mare erythræum
27° à 33°	2° B à 30° B	Canal J. Reynaud	Dawes strait	»	Hydaspes
50°	5° A à 25° A	Canal Fontenelle	»	»	Jamuna
54° à 64°	5° A à 25B°	La Manche	»	»	Ganges
40° à 60°	30° à 5° A	Baie Christie	»	Christie bay	Auroræ sinus
0° à 30°	40° à 65° A	Mer Lassell	Newton sea	Newton sea	»
350° à 30°	30° à 50° B	Mer Knobel	Tycho sea	Knobel sea	Nilus
30° à 65°	32° B	Mer Lacaille	Tycho sea	Tycho sea	L. Niliacus
65° à 105°	35° B	Mer Airy	Airy sea	Airy sea	Lunæ lacus
75° à 135°	55° à 72° B	Mer Faye	»	Campani sea	Ceraunus sinus
102°	15° B à 12° A	Canal d'Alembert	»	»	Iridis
90°	22° A	Mer Terby	Lockyer sea	Terby sea	Solis lacus
67°	22° A	»	»	Schiaparelli sea	Fons nectaris
75° à 105°	7° à 15° A	Mer Dawes	Dawes sea	»	Agathodæmon
107°	17° A	»	»	Bessel lake	Lacus phænicis
60° à 110°	30° à 60° A	Mer De La Rue	»	»	Bosphorus
0° à 360°	60° à 80° A	Mer australe	»	De Cottignez et Jonhson sea	Mare australe
135° à 195°	55° A	»	»	Maunder sea	Mare chronium
134° à 176°	39° à 20° A	Mer Schiaparelli	Maraldi sea (orient)	Maraldi sea (orient.)	Mare sirenum
330° à 75°	55° à 70° B	Mer Mädler	»	»	»
135° à 200°	60° à 20° B	Mer Oudemans	Oudemans sea	Oudemans sea	Mare boreum
171°	18° A	Baie Trouvelot	»	Trouvelot bay	Sinus Titanorum
135° à 225°	60° à 80° B	Mer boréale	»	Schroeter sea	»
225° à 260°	25° à 50° B	Mer Delambre	»	Delambre sea	Alcyoneus sinus
225° à 330°	50° à 80° B	Mer Beer	»	Delambre sea	»
162° à 340°	40° à 8° A	Mer Maraldi	Maraldi sea	Maraldi sea	Cimmerium mare
200° à 223°	18° B à 16° A	Mer Huggins	Huggins inlet	»	Cyclopum mare
195° à 260°	57° A	Mer Phillips	Phillips sea	Maunder sea	Sinus Promethei
225° à 260°	42° A à 0°	Mer Hook	Hook sea	Hook sea	Tyrrhenum mare
260° à 285°	20° à 5° A	»	»	Flammarion sea	Tyrrhenum : occ
284° à 305°	5° A à 44° B	Mer du Sablier	Kaiser sea	Kaiser sea	Syrtis magna
275°	5° B	Golfe Main	Main sea	Main sea	Lacus Mœris
280° à 336°	40° B	Canal Nasmyth	Nasmyth inlet	Nasmyth inlet	Nilus

MERS					
POSITION APPROCHÉE		**F.**	**PROCTOR**	**GREEN**	**SCHIAPARELLI**
Longitude	Latitude (¹)				
260° à 277°	20° à 55° A	Mer Zöllner	Zöllner sea	Zöllner sea	Adriaticum mare
285° à 320°	5° à 30° A	Océan Newton	Dawes ocean	Dawes ocean	Iapygia
315° à 340°	35° à 60° A	Mer Lambert	Lambert sea	Lambert sea	Hellespontus
330° à 360°	30° A	Courant Foucault	Newton strait	»	Erythræum mare (orient.)
320° à 7°	20° A à 0°	Golfe Kaiser	Herschel II strait	Herschel II strait	Sinus Sabeus

CONTINENTS					
290° à 17°	10° A à 32° B	Contin¹. Copernic	Dawes contin.	Beer continent	Aeria, Arabia Éden, Thymianata
12° à 60°	10° A à 40° B	Continent Halley	«	Mädler continent	Chryses
55° à 105°	15° A à 30° B	Contin. Galilée	Mädler contin.	Mädler continent	Ophir, Tharsis
105° à 218°	30° A à 30° B	Contin. Huygens	Secchi contin.	Secchi continent	Memnonia, Amazonis, Zephiria, Æolis
210° à 283°	10° A à 30° B	Contin. Herschel	Herschel I continent	Herschel I continent	Æthiopis, Amenthes, Isidis.
70° à 107°	45° à 10° A	Terre de Tycho	Kepler land	Kepler land	Thaumasia
270° à 315°	57° à 28° A	Terre de Secchi	Lockyer land	Lockyer land	Hellas
236° à 272°	57° à 20° A	Terre de Cassini	Cassini land	Cassini land	Ausonia
262° à 330°	47°	Terre de Laplace	»	Laplace land	»
330° à 350°	60° à 30° B	Terre de Le Verrier	»	Le Verrier land	»
16° à 78°	45° B	Terre de Lalande	»	Rosse land	»
110° à 200°	25° à 55° A	Terre de Lagrange	Lagrange land	Lagrange peninsula	Iracia, Phaetontis, Electris
160° à 180°	40° à 30° A	Terre de Webb	«	»	Atlantis I
205° à 236°	45° A	Terre de Green	»	»	Eridania
220° à 255°	40° à 10° A	Terre de Hall	Burckhardt land	Burchard land.	Hesperia
195° à 243°	58° à 77° A	Terra de Rosse	»	Gill land	Thyle II
136° à 185°	55° à 75° A	Terre de Gill	»	Gill land	Thyle I
20° à 48°	40° à 53° A	Terre de Schroeter	»	Jacob land	Argyre
330° à 15°	32° à 68° A	Terre de Jacob	»	Kunoswski et Jacob land	Noachis
200° à 238°	13° à 46° B	Terre de Fontana	Fontana land	Fontana land	Elysium
348°	7° A	Cap Proctor	»	Proctor cap	»
270° à 282°	5° A	Péninsule de Hind	»	Hind peninsula	Libya
220°	37° A	Isthme de Niesten	»	Niesten isthmus	»

n'ai pas tardé à me sentir contraint à plusieurs changements par la force même des choses : 1° parce que le tracé de ma carte n'est pas le même que celui de la sienne ; 2° parce que les noms des fondateurs de l'astronomie y étaient en partie oubliés ; 3° parce que le nom d'un même astronome se trouve répété plusieurs fois sur la carte ancienne (ex. Dawes 6 fois : *Dawes ocean,* — *Dawes continent,* — *Dawes sea,* — *Dawes strait,* — *Dawes isle,* — *Dawes bay ;* Beer 2 fois, Lockyer 2 fois, etc.), ce qui est inutile et peut

Depuis la construction de cette carte en 1876, elle a été enrichie d'un certain nombre de noms nouveaux empruntés au planisphère construit en 1878 par l'astronome Green, notre savant collègue de la Société royale astronomique de Londres, et publié dans les *Mémoires* de cette Société (tome XLIV, 1879). Cette carte, avec ses dénominations, paraît adoptée par un grand nombre d'astronomes anglais.

Notre illustre ami, M. Schiaparelli, directeur de l'Observatoire de Milan, a construit aussi, de son côté, de nouvelles cartes, auxquelles il a donné des dénominations tirées de la géographie ancienne. Quelle nomenclature nous survivra? C'est ce qu'il serait prématuré de décider. Nos cartes actuelles ne peuvent être que provisoires. Cependant, il importe de nous y reconnaître. Aussi, pour ceux d'entre nos lecteurs qui seraient conduits à faire une étude spéciale de la planète, avons-nous cru utile de publier ici, en même temps que les positions géographiques des configurations et les noms qu'elles portent sur la mappemonde de Mars, le tableau synoptique des dénominations données sur les trois autres cartes.

Très certainement il reste encore des points douteux, surtout à partir du 60ᵉ degré de latitude boréale, et principalement au nord; mais telle qu'elle est, cette carte représente exactement l'état actuel de nos connaissances sur la géographie de ce monde voisin. Du reste, nous aurions mauvaise grâce à nous montrer trop exigeants, car sur notre propre planète les contrées arctiques et antarctiques sont encore aujourd'hui complètement ignorées. En fait *nous connaissons mieux le pôle sud de Mars que le pôle sud de la Terre.*

Nous allons maintenant entrer dans les détails pittoresques et parfois inattendus de cette géographie martienne; mais il importait d'en poser d'abord les principes, et malgré ce que les sept pages qui précèdent peuvent avoir eu d'aride, nos lecteurs nous pardonneront cette description technique en faveur du but sérieux et instructif qu'elle comporte. Nous ne faisons pas ici un voyage imaginaire. Nous marchons, pas à pas, dans la connaissance réelle de l'immense univers.

---

donner lieu à des confusions; et 4°, comme on l'a déjà vu, parce que les deux anciennes mers du *Sablier* et de la *Manche* sont si simplement et si naturellement nommées ainsi, que leur nom indique en même temps leur forme et même leur histoire. Ce n'est donc point dans un sentiment critique contre les dénominations données par M. Proctor que j'ai agi; au contraire, j'ai respecté ses propres désignations aussi souvent que je l'ai pu, et de plus, j'ai cru légitime de donner son propre nom à l'une des configurations les plus curieuses de la géographie martienne, déjà proposée par M. Terby.

Le plus simple serait peut-être de ne donner aucun nom, et de désigner simplement les configurations par les lettres de l'alphabet. Mais on ne tarde pas à s'apercevoir que dans ce cas toute description devient difficile, confuse, fatigante, et qu'il y a pour le langage un immense avantage à nommer chaque objet.

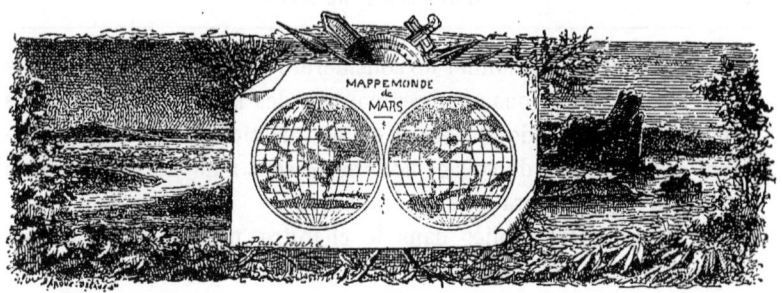

CHAPITRE III

Suite de la géographie de Mars. — Continents. — Mers. — Golfes. — Îles. — Marais. — Inondations. — Canaux. — Variations singulières.

Avant de pénétrer dans les détails de la géographie de Mars, il importe de répondre à une question que plusieurs de nos lecteurs ont pu s'adresser à eux-mêmes en lisant le chapitre précédent. Les astronomes parlent des *mers* et des *continents* de Mars. Mais comment sait-on que ces taches visibles sur le disque de la planète représentent vraiment des étendues d'eau ou des étendues de terres ! En fait, on ne voit que des taches de diverses nuances. Quels documents possède-t-on pour se convaincre qu'il s'agisse bien là, en effet, d'une configuration géographique analogue à celle qui existe sur notre propre planète ?

Eh bien ! c'est précisément l'analogie de cette planète avec la nôtre qui conduit naturellement à ces déductions. La Terre vue de loin offrirait cet aspect : les eaux, absorbant la lumière, paraîtraient foncées ; les terres, réfléchissant mieux la lumière, paraîtraient plus claires. Il y aurait donc d'abord là une grande analogie d'aspects.

Maintenant, d'autre part, qu'il y ait de l'eau sur Mars, ce n'est pas douteux, puisque *nous la voyons* sous forme de glace dans les neiges polaires et sous forme de brouillards dans les nuages de la planète. Ces neiges et ces nuages se comportent exactement comme dans la météorologie terrestre. De plus, le spectroscope dirigé sur Mars a toujours constaté dans son atmosphère la présence de la vapeur d'eau : cette atmosphère est imprégnée comme la nôtre de vapeurs qui s'exhalent des eaux et de la surface du sol.

Ainsi, il est très rationnel de considérer les régions claires comme des terres et les régions sombres comme des mers ([1]). Nous verrons plus loin que les études de détail et les variations observées confirment cette manière de voir et nous autorisent à ne pas douter de la nature de ces configurations géographiques.

Les documents publiés dans le chapitre précédent nous permettent d'entreprendre aujourd'hui sur cette planète voisine un voyage assurément plus complet que ceux qu'on a pu faire sur notre propre planète pendant tous les siècles qui ont précédé Christophe Colomb.

On voit d'abord, dès l'inspection de la carte, que la configuration géographique de cette planète est fort différente de celle du monde que nous habitons. Tandis que les trois quarts de notre globe sont couverts d'eau, et que la terre ferme est formée de trois continents principaux (les Amériques, l'Afrique et l'Asie dont l'Europe est le prolongement), sur Mars il n'y a ni vastes océans, ni grands continents, mais seulement des méditerranées, des îles, des presqu'îles, des détroits, des caps, des golfes, des canaux étroits, en un mot une découpure beaucoup plus détaillée. Les continents occupent une étendue presque égale à celle des mers et se distribuent surtout le long de l'équateur et au-dessous. Les formations géologiques n'ont pas été les mêmes qu'ici, où nous voyons tous les continents se terminer en pointes vers le Sud. Les mers sont très découpées et sans doute, en général, peu profondes, car il semble qu'on en aperçoive le fond en certaines régions qui sont beaucoup moins sombres, et qu'elles subissent de temps à autre des variations, retraits, inondations, perceptibles d'ici : les teintes représentées sur notre carte existent sur la planète. Ainsi, en premier lieu, il y a moins d'eau sur Mars que sur la Terre.

Une partie de l'eau qui devait exister à la surface de cette planète a dû être absorbée dans l'intérieur du sol. Pendant des millions

---

(1) On peut s'en rendre compte sur notre figure 22, qui montre la Terre vue de l'espace (du côté éclairé par le soleil) ; par exemple, un mois après l'équinoxe du printemps, le 20 avril, à midi et à 6 heures du soir. Sur le premier dessin, le méridien de Paris passe par le centre du disque terrestre ; la France, l'Espagne, l'Angleterre, l'Afrique occidentale, sont éclairées en plein par le soleil. Sur le second, la France, l'Espagne, l'Afrique sont arrivées au bord du disque, à droite, et c'est l'Amérique du Nord qui arrive à midi.

d'années, en effet, la chaleur solaire a vaporisé comme ici, les eaux, les océans de Mars pour les transformer en nuages et les faire retomber ensuite à l'état de pluie, soit sur ces océans eux-mêmes, soit dans les bassins des rivières et des fleuves, qui les ramènent également à leur source. Mais toute l'eau qui tombe n'est pas intégralement ramenée à la mer; une faible partie s'imprègne dans l'intérieur des terres, descendant au-dessous des couches imperméables sur lesquelles la majeure partie des eaux glisse pour donner ensuite naissance aux sources, aux rivières et aux fleuves. Il n'y a sans doute chaque année qu'une très faible quantité d'eau qui soit ainsi absorbée

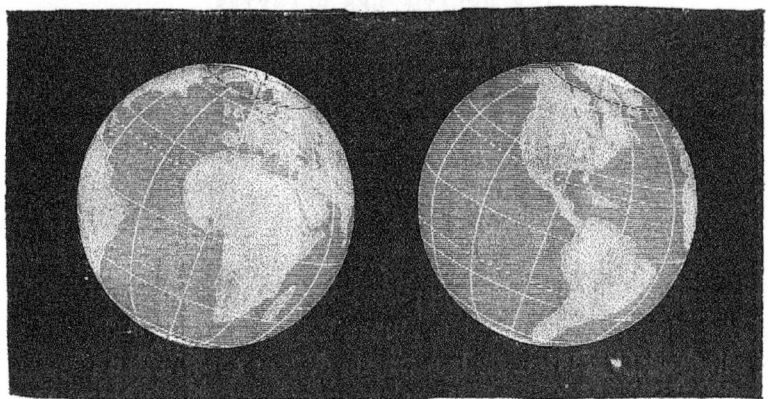

Fig. 22. — La Terre vue de l'espace (côté du soleil : 20 avril à midi et à 6 heures du soir).

par la planète; mais si l'on additionne ensemble un grand nombre de siècles et si l'on considère l'histoire géologique d'une planète, dont les périodes se développent le long de plusieurs millions d'années, cette quantité devient considérable et peut même arriver à surpasser la quantité d'eau restante. Les effets de ce procédé sont visibles dans la configuration des mers martiennes. Non seulement elles n'occupent plus même la moitié de la surface de la planète, mais encore elles sont rétrécies le long des anciennes vallées sous-marines, comme il arriverait pour la Terre, si l'on supprimait la moitié de l'eau qui existe encore, et, de plus, leurs variétés de teintes montrent qu'elles sont peu profondes, et que même certains districts dessinés comme des mers, sur nos cartes, doivent être, non pas de véritables mers, mais plutôt des terrains submergés, variés, entrecoupés d'îles, d'îlots, de lacs dont la nature et l'étendue paraissent même varier suivant les circonstances météorologiques.

Cet état de choses s'accorde avec l'âge cosmogonique que nous sommes conduits à attribuer à la planète ; car dans la théorie la plus probable de la formation des mondes par la condensation en globes, d'anneaux gazeux primitifs successivement détachés de la nébuleuse solaire, les planètes les plus éloignées sont les plus anciennes, et l'ordre de leur naissance est le même que celui de leurs distances :

AGE RELATIF DES PLANÈTES

par ordre d'ancienneté.

Neptune	· Mars
Uranus	La Terre
Saturne	Vénus
Jupiter	Mercure.
Petites planètes	

Neptune est la plus ancienne ; Mercure la plus jeune. Leur histoire géologique, météorologique, climatologique, organique dépend ensuite de leur volume, de leur masse, de leur constitution physique. La théorie mécanique de la chaleur montre que la condensation du Soleil a dû produire une température de 28 millions de degrés centigrades, celle de la Terre 8988°, et celle de Mars 1995° seulement. Mars doit être refroidi jusqu'à son centre. On sait d'ailleurs que la chaleur interne du globe terrestre n'a aucune action sur les phénomènes vitaux de la surface. Mais l'histoire géologique de Mars n'en a pas moins été plus rapide que celle de la Terre ; il est tout naturel d'admettre qu'une partie des eaux ait été absorbée, que les mers soient moins immenses et moins profondes, qu'il y ait moins d'évaporation et moins de nuages que sur la Terre, et c'est, en effet, ce que l'observation révèle.

Les mers martiennes sont moins étendues que les mers terrestres ; elles sont aussi moins profondes. D'une part, il semble qu'on en distingue le fond en certaines régions parfois très étendues, car la teinte arrive à y être presque aussi claire que sur la terre ferme ; d'autre

..... A l'heure où la nature s'endort et où la nuit invite à la méditation.....

TERRES DU CIEL

part, certaines plages doivent être peu élevées au-dessus du niveau
moyen, car elles paraissent tantôt découvertes et tantôt inondées;
d'autre part encore, les continents ne doivent pas être hérissés de
chaînes de montagnes aussi colossales que nos Andes et nos Cordillères, car de longs canaux rectilignes les traversent en divers sens,
comme s'il n'y avait là que de vastes plaines, et le relief du fond des
mers ne peut être géologiquement différent de l'orographie des continents. Ces divers témoignages s'unissent pour nous montrer dans
Mars une planète moins montagneuse que la Terre, Vénus et la Lune,
baignée de mers peu profondes, aux plages unies, douces et pares-
seuses.

Ainsi déjà les progrès de la science nous permettent de pénétrer
dans la constitution organique de ce monde voisin, d'assister à ses
phénomènes météorologiques et aux spectacles que la nature déploie
sur ces campagnes, ces paysages, ces lacs, ces collines, ces golfes,
ces falaises. Lorsque le soir, à l'heure où la nature s'endort et où les
êtres vivants cherchent le repos préparé par les fatigues du jour, en
cette heure de calme et de quiétude dont parle le Dante au deuxième
chant de l'Enfer :

> Lo giorno se n'andava, e l'aer bruno
> Toglieva gli animai che sono in terra
> Dalle fatiche loro...

en cette heure où les étoiles allumées dans le ciel assombri invitent
à la méditation des éternels mystères, lorsque nos regards s'arrêtent
sur l'étoile rouge de Mars, nous ne songeons pas que c'est là une
terre géographiquement variée comme celle où nous vivons, et que
déjà nous pouvons y habiter par la pensée et étudier son histoire géologique et physique. C'est, du reste, la première fois, depuis le commencement du monde, qu'il nous est donné d'entrer véritablement   .
en relation avec une seconde patrie.

Nous avons dit tout à l'heure que déjà des variations, perceptibles
d'ici, sont reconnaissables dans les aspects géographiques de ce
monde voisin, notamment dans les teintes de certaines mers sans
doute peu profondes ([1]).

([1]) Lorsqu'on passe en ballon au-dessus d'un large fleuve, d'un lac ou de la mer, si
l'eau est calme et transparente, on distingue le fond, quelquefois si complètement que
l'eau paraît disparue (c'est ce qui m'est arrivé notamment un jour, le 10 juin 1867, à
7 heures du matin, en planant à 3000 mètres au-dessus de la Loire); sur les bords de la

Il paraît peut-être téméraire d'imaginer que nous puissions être témoins d'ici d'inondations, de débordements ou de dessèchements sur cette planète éloignée de nous à quinze et vingt millions de lieues dans les meilleures circonstances de visibilité. C'est pourtant ce que l'observation télescopique elle-même nous invite à croire. Pour que ces variations d'aspect soient visibles, il faut, il est vrai, qu'elles s'effectuent sur de larges surfaces, sur des étendues d'une centaine de kilomètres de largeur au minimum, et de plusieurs centaines de kilomètres de longueur. Mais il y a déjà plusieurs années que la comparaison attentive de ces variations nous inspire cette explication naturelle.

Déjà, en 1876, en rédigeant la première édition de cet ouvrage, j'écrivais : « Il semble que les mers de Mars ne soient pas invariables ; car, depuis 1830, il y a quelques changements qui paraissent incontestables : par exemple, le golfe de Kaiser, qui présentait alors, comme à la fin du siècle dernier, l'aspect d'un fil terminé par un disque, et qui depuis 1862 est beaucoup plus large et se termine non par un cercle noir isolé, mais par une baie fourchue. Peut-être y a-t-il sur cette planète des déplacements d'eau et des variations de couleur qui n'existent pas sur la nôtre. » Revenant sur ce point en 1879, je résumais dans les termes suivants ([1]) l'impression résultant de l'examen de ces variations problématiques :

mer, on entrevoit le fond jusqu'à 10 mètres et 15 mètres de profondeur, à plusieurs centaines de mètres du rivage, suivant l'éclairement et selon l'état de la mer. Dans cette hypothèse, les mers claires de Mars seraient celles qui, comme le Zuiderzée, par exemple, n'auraient que quelques mètres d'eau de profondeur ; les mers grises seraient un peu plus profondes, et les mers noires le seraient davantage. Ce n'est pas là toutefois la seule explication à donner, car la nuance de l'eau peut parfaitement différer elle-même suivant les régions ; plus l'eau est salée et plus elle est foncée, et l'on peut suivre dans nos mers terrestres les courants qui, tels que le Gulf-Stream, coulent comme des fleuves moins denses à la surface de l'Océan qui forme leur lit ; la salure dépend du degré d'évaporation, et il n'y aurait rien de surprenant à ce que les mers équatoriales de Mars fussent plus salées et plus foncées que les mers tempérées. Une troisième explication se présente encore à l'esprit. Nous avons sur la Terre : la mer *Bleue*, la mer *Jaune*, la mer *Rouge*, la mer *Blanche* et la mer *Noire* ; sans être absolues, ces qualifications répondent plus ou moins à l'aspect de ces mers. Qui n'a été frappé de la couleur vert émeraude du Rhin à Bâle et de l'Aar à Berne, de l'azur profond de la Méditerranée dans le golfe de Naples, du lit jaune de la Seine du Havre à Trouville, visible sur la mer, et de toutes les nuances variées que présentent les eaux des rivières et des fleuves ? Les trois explications peuvent donc s'appliquer aux eaux de la planète Mars aussi bien qu'aux nôtres. Les régions claires peuvent n'être que des marais ou des terres submergées, des mers parsemées d'îles nombreuses.

([1]) *Astronomie populaire*, p. 484.

Une différence spéciale avec la Terre, écrivais-je alors, est offerte par la variabilité de quelques-unes de ses configurations géographiques. L'étude constante du golfe de Kaiser pourrait conduire sur ce point à des résultats fort curieux. En 1830, Mädler l'a plusieurs fois très nettement et très distinctement vu tel qu'il est représenté au point A *fig.* 24. En 1862, M. Lockyer l'a vu avec la même netteté comme il est dessiné à cette date, et, en 1877, M. Schiaparelli l'a représenté tel que nous le voyons reproduit. Ce point, vu rond, noir et net en 1830, si net en réalité que Mädler le choisit pour origine des longitudes martiennes comme étant le point le plus noir, déjà vu sous la même forme par Kunowsky en 1821, et indiqué aussi dès 1798 par Schræter comme globule noir, n'a pu être distingué en 1858 par Secchi, malgré la recherche spéciale qu'il en a faite. Ce même point a été vu bifurqué par Dawes en 1864, et il l'est certainement ; mais la région qui l'environne au Sud paraît couverte de marais et variable

Fig. 24. — Variations observées sur la planète Mars.
Le golfe Kaiser et la Baie du Méridien en 1830, 1862 et 1877.

d'aspect suivant les années ; les dessins de 1877 ne montrent plus cette même tache comme un disque noir suspendu à un fil serpentant, mais le fil s'est élargi au point de ne plus pouvoir soutenir cette comparaison : le golfe est aussi large au centre et à l'origine qu'à son extrémité orientale.

Actuellement la tache la plus noire et la plus nette, celle que l'on choisirait de préférence pour marquer l'origine des méridiens, serait le lac circulaire de Terby : on la choisirait certainement de préférence à la première. En 1830, Mädler a expressément déclaré au contraire que celle-ci était la plus nette et la plus sombre, et il l'a choisie pour origine : sur plusieurs dessins on voit les deux faire exactement pendant de chaque côté de l'océan Kepler. Ces tracés ne pourraient plus être dessinés aujourd'hui. Voilà une première variation. — Une deuxième est présentée par l'aspect même de la tache : en 1862, les différents observateurs l'ont vue allongée de l'Est à l'Ouest ; en 1877, on l'a vue au contraire parfaitement ronde (correction faite de la perspective) et certainement non allongée dans le premier sens. — Troisième variation : elle paraissait, en 1862, réunie à l'océan Kepler par un détroit, et en 1877, instruments de même puissance et observateurs de même habileté n'ont rien vu de ce détroit et en ont distingué un autre au Nord-Est.

Assurément, il ne faudrait pas prendre pour des changements réels toutes les différences qui existent entre les observateurs. Ainsi par exemple, en 1877, plusieurs ont vu réunies à l'Occident les mers de Hook et de Maraldi, tandis que la séparation est restée visible pour les autres ; l'œil est différemment impressionné, et l'on pourrait presque dire que pour certains détails il n'y a pas deux yeux qui voient identiquement de la même façon, même les deux yeux d'une même personne. Mais lorsque l'attention s'est tout spécialement fixée sur certains points remarquables qui auraient dû être rendus parfaitement visibles dans les instruments employés, et que l'on constate ainsi des différences qui paraissent

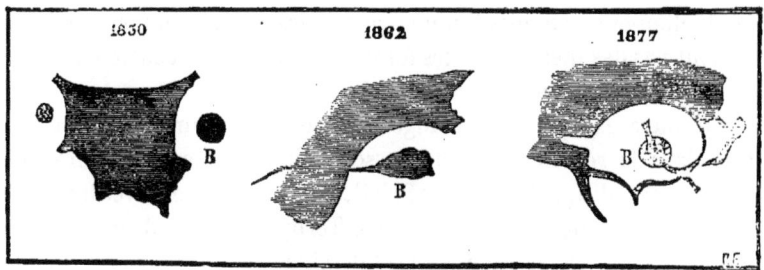

Fig. 23. — Variations observées sur la planète Mars.
La mer Terby en 1830, 1862 et 1877.

incompatibles avec les erreurs d'observation, la probabilité penche en faveur de la réalité effective des changements signalés.

De quelle nature sont ces variations? c'est ce que l'avenir nous apprendra. Nous ne pourrions émettre actuellement que de vagues conjectures à cet égard.

Ces considérations, que j'exposais alors avec toute la réserve que nous devons toujours apporter dans l'interprétation des faits scientifiques nouvellement observés, se trouvent aujourd'hui confirmées et développées par les observations spéciales de M. Schiaparelli, dont on lira l'exposé plus loin. J'hésitais encore à attribuer ces changements observés à des inondations ou à des retraits dans les eaux ; maintenant cette hypothèse se présente très naturellement à nous, comme la plus probable, on pourrait presque dire comme certaine.

Pendant ses patientes observations faites en janvier et en février 1882, l'astronome de Milan a constaté que « des centaines de milliers de kilomètres carrés de surface sont devenus sombres, tandis qu'ailleurs des régions sombres se sont éclaircies ». Cherchant la cause de ces variations, il balance entre l'hypothèse d'un changement dans les eaux et celle d'une végétation qui varierait avec les saisons et se propagerait rapidement sur de vastes étendues. La première cause paraît plus probable : 1° parce que c'est dans le voisinage des mers et dans les mers elles-mêmes que ces effets se présentent; 2° parce que la nuance de ces golfes variables, de ces canaux, est la même que celle des mers; 3° parce que les canaux qui traversent les continents sont toujours, et à leurs deux extrémités, en communication avec les mers. Dans l'hypothèse d'une cause végétale, nous serions graduellement conduits à admettre que les taches sombres de Mars ne sont pas des mers, mais des forêts, des prairies, ou autre chose, ce qui est beaucoup moins probable.

Un autre exemple des changements observés sur Mars peut être pris dans la région située au-dessous du lac foncé circulaire que M. Schiaparelli appelle le lac du Soleil, et que, de concert avec les astronomes anglais, nous appelons la mer Terby. En 1830, Beer et Mädler ont observé au-dessous de ce lac et dessiné sur leur carte une grande tache grise assez foncée, qui a reçu le nom de mer Dawes (270° degré de longitude). — Voy. notre carte. — En 1877, M. Trouvelot, à Cambridge, cherchant précisément cette tache, constata avec certitude son absence. Le 14 octobre, à minuit 40^m (temps moyen de Cambridge), ce lac circulaire arrivait vers le méridien central en d'excellentes conditions d'observation, par une nuit calme et transparente. On apercevait distinctement deux bandes grisâtres, traversant la terre de Tycho, venant de l'océan Kepler; mais juste au-dessous du lac, le terrain était blanc, libre, sans aucune tache. Les observations des 27 août, 2, 3 septembre, 1er, 6, 10 octobre, 6, 9, 13 novembre de la même année, montrent le même aspect. Si l'on compare les dessins faits en même temps à Milan, par M. Schiaparelli, on remarque qu'ils concordent assez bien avec cette description, car sur ces dessins, il n'y a qu'une sorte de jonction de canal extrêmement fine qui peut fort bien avoir échappé à l'observation de M. Trouvelot. En 1881, au contraire, à partir du 16 décembre et jusqu'en février 1882, M. Trouvelot a observé là, quoique la planète fût alors beaucoup plus éloignée de la Terre et dans de moins bonnes conditions d'observation, une forte tache presque aussi foncée que le lac. Cette tache est également visible avec de grandes ramifications sur les dessins faits à Milan à la même époque. On se rendra compte de ces variations sur notre figure 26, qui reproduit fidèlement les dessins de cette même région faits en 1830 par Màdler, en 1877 par M. Schiaparelli et en 1881 par M. Trouvelot. Malgré les différences imputables aux conditions de visibilité, il n'est pas douteux que la région marquée A sur cette figure, ne soit le siège de grandes variations, parfaitement perceptibles d'ici.

Comment de telles inondations et de tels dessèchements alternatifs

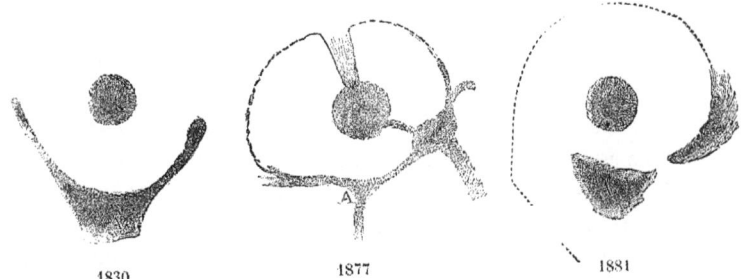

1830   1877   1881

Fig. 26. — Variations observées sur la planète Mars. La mer Dawes en 1830, 1877 et 1881.

peuvent-ils se produire? Supposer des exhaussements et des affaissements dans le niveau du sol, comme il s'en produit, par exemple, sur les bords de la Méditerranée, entre autres à Pouzzoles (où l'on voit le temple de Sérapis tour à tour au-dessus et au-dessous du niveau de la mer), serait une hypothèse assurément extrême. C'est plutôt dans la quantité d'eau qu'il faut chercher les variations. Mais comment cette quantité peut-elle varier? Par les gelées, par la fonte des neiges, par les pluies. Or il n'est pas rare d'observer sur Mars des régions couvertes de neige assez étendues pour être visibles d'ici (*voir*, plus loin, la carte de M. Schiaparelli). D'autre part, à certaines époques, ces neiges disparaissent complètement. Nous en reparlerons tout à l'heure.

Le procédé météorologique des transformations de l'eau paraît être le même sur cette planète que sur la nôtre; seulement il est probable que les variations sont beaucoup plus importantes là qu'ici ; que les mers ont beaucoup moins d'eau et subissent des changements relativement considérables pour elles ; que les rivages sont plats, et qu'en certaines régions les plaines sont juste au niveau de la mer.

On ne peut pas attribuer ces modifications à des marées, car quoiqu'il y ait deux satellites pour les produire, l'un tournant en sept heures trente-neuf minutes et l'autre en trente heures dix-huit minutes, ces deux satellites ont une masse trop faible pour causer de tels effets, et d'ailleurs ces effets ne présentent ni la rapidité ni la périodicité correspondantes aux révolutions de ces minuscules satellites.

Ces variations considérables nous mettent dans un grand embarras. Assurément, ce ne sont pas des mers comme les nôtres, aux bassins profonds, aux rivages fixes et arrêtés. Les taches se montrent fixes dans leur ensemble, mais bizarrement variables dans les détails. Seraient-ce des plaines liquides et végétales à la fois ? des lacs peuplés de plantes aquatiques ? Les pluies suffiraient pour inonder les bords, les plaines basses, les vallées, comme il arrive pour nos rivières dans les inondations, ou peut-être, suivant certaines circonstances météorologiques, la végétation varie-t-elle rapidement sur toute l'étendue des prairies humides... On peut chercher ; on peut faire des conjectures ; mais, sans doute, la nature de Mars étant différente de la nature terrestre, nous ne pouvons pas deviner.

Il ne faut pas s'étonner toutefois des différences que l'on rencontre entre les diverses vues télescopiques de Mars. Vue de loin, la Terre serait exactement dans le même cas : ses configurations un jour parfaitement nettes et distinctes seraient, un autre jour, confuses, diversifiées, modifiées par les nuages et les brumes. La réapparition d'une tache prouve mieux en faveur de son existence que cinquante cas d'invisibilité. Considérons, par exemple, la France et ses environs, vue de loin : 1° par un jour de beau temps ; 2° par un jour nuageux (*fig.* 27). Sur notre second dessin, il n'y a pourtant que deux nappes de nuages, l'une cachant le nord de la France et une partie de l'Angleterre ; l'autre, s'étendant de l'Italie au détroit de Gibraltar. Ce voile suffit pour effacer les contours principaux de la France, de l'Angleterre, de la Hollande, de l'Italie, de l'Algérie, et pour rendre nos pays

méconnaissables. L'Espagne et le Portugal sont réunis à l'Afrique, et
la Manche a disparu !

Quelques-unes de ces différences doivent être dues, d'autre part,
aux variations de transparence qui arrivent dans l'atmosphère de
Mars comme dans la nôtre, aux différences de visibilité qui en résultent pour l'observateur et aux tendances de tout dessinateur à terminer des contours à peine accusés. Lorsqu'on distingue vaguement,
par exemple, une tache allongée, et qu'on veut la représenter par le

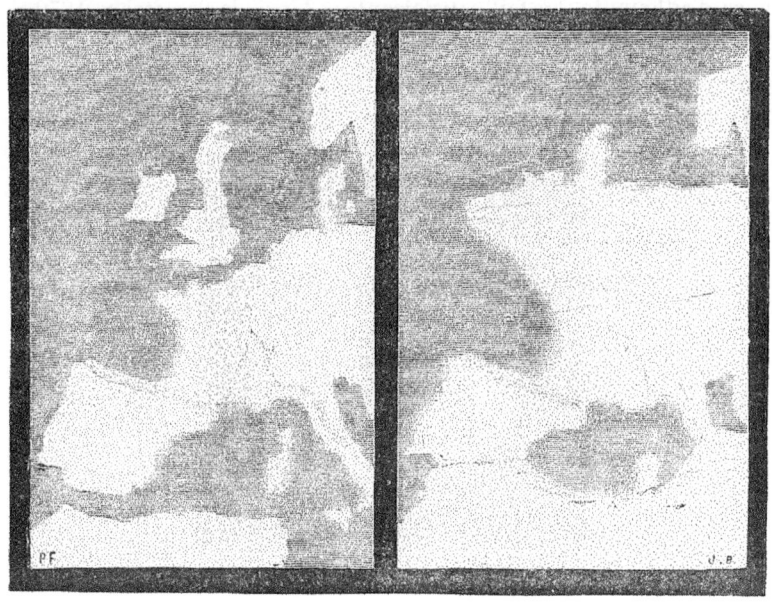

Fig. 27. — La France et ses environs vus de loin : 1° par un ciel pur; 2° avec deux nappes de nuages.

dessin, on a une tendance à la terminer en pointe. Des configurations
géographiques d'une faible étendue, vues quelquefois parfaitement en
détail, peuvent être facilement masquées par une simple brume que
l'on prend pour le prolongement d'un continent. Voici, par exemple
(*fig.* 28), une vue télescopique de Mars, remarquablement nette,
prise à Malte par M. Green, notre savant collègue de la Société royale
astronomique de Londres, le 2 septembre 1877, à 1^h10^m du matin :
on y distingue entr'autres une petite tache foncée (*a*) appelée par
cet observateur « lac Schiaparelli », et une petite tache blanche (*b*)

appelée depuis longtemps « île neigeuse ». Eh bien! cette région est
particulièrement fertile en variations atmosphériques. L'île neigeuse
est parfois admirablement visible, comme un point blanc, et parfois
complétement invisible; sa blancheur parait due à de la neige qui
couvrirait là de hautes montagnes et serait fondue en certaines
saisons, ou bien, plutôt encore (à cause des variations plus rapides
observées) à des nuages qui s'accumuleraient sur les sommets de ces
hautes montagnes. Le lac Schiaparelli disparait aussi sur certaines
vues d'ailleurs tout à fait satisfaisantes. Ainsi, le 24 octobre 1879, à
2^h du matin, M. Burton, en Irlande, dessinant le croquis ci-dessous
(*fig.* 29), fait la remarque suivante :

La continuité de l'esquisse de l'océan Kepler, au sud-est de la baie

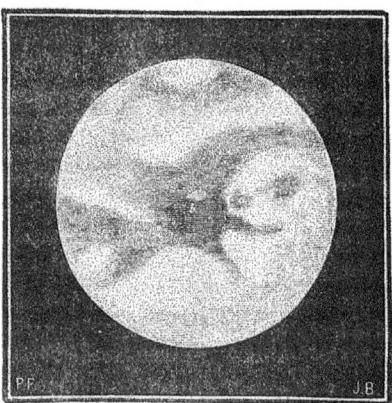

Fig. 28. — Aspect de Mars le 2 septembre 1877 (1^h10^m du matin).

Christie, est interrompue par une sorte de *langue pointue* dont l'extrémité
orientale cache l'île neigeuse. Cette bande est évidemment formée par
une traînée de nuages. *Cette région est particulièrement sujette à la formation des nuages.* Toutefois, ces nuages-ci paraissent moins blancs,
moins lumineux que ceux de la Terre vus d'en haut. J'ai plus d'une fois
remarqué que ces voiles ou brumes temporaires n'étaient pas très brillants, et même un jour, j'ai observé que l'une de ces taches était certainement beaucoup moins blanche que les neiges polaires, un peu grise et
presque de la teinte orangée des continents [1].

---

[1] William Herschel avait déjà fait cette remarque assez bizarre d'une tache nuageuse foncée. Cependant, il semble que les nuages éclairés par le soleil devraient toujours, vus par leur surface supérieure, paraître blancs. Il faut croire que, dans ce cas,
ce sont des vapeurs à demi-transparentes qui passent sur des régions très foncées.

Le même observateur écrit à propos d'une autre tache blanche :

On aperçoit un point brillant tout près du bord occidental, à peu près dans la position de l'ile Hirst. C'est la seule occasion où nous ayons pu apercevoir cette tache pendant l'opposition de 1879, quoiqu'on l'ait trés souvent observée en 1877.

Nous reviendrons plus loin sur les nuages et sur les montagnes de Mars. Nous ne signalons en ce moment ces observations qu'au point de vue des variations géographiques apparentes observées sur la planète.

Remarquons encore à ce propos que le petit lac Schiaparelli, mal

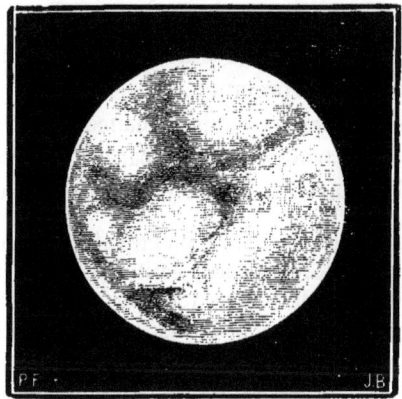

Fig. 29 — Aspect de Mars le 21 octobre 1879 (2ʰ du matin).

vu dans certaines circonstances et simplement estompé, donne l'idée d'une ligne sombre réunissant la mer Terby à l'océan Kepler et a souvent été représenté de la sorte.

De quelque nature qu'elles soient, ces variations considérables sont pour nous un témoignage que ce monde voisin est le siège d'une énergique vitalité. L'éloignement rend pour nous ces mouvements calmes et silencieux. En réalité ils sont formidables et nous décèlent une vie planétaire inconnue.

Mais nous arrivons ici à un problème plus extraordinaire encore, à la question des *canaux* de Mars.

On a donné ce nom à de longues lignes grises mesurant de 2000 kilomètres à 5000 kilomètres de longueur, plus de 100 kilo-

mètres de largeur, généralement droites ou peu courbées, traversant les continents, faisant communiquer les mers entre elles et
se croisant mutuellement suivant des angles variés. C'est
comme un réseau géométrique continental. Considérez, en effet, la figure suivante (p. 61). C'est là sans contredit un aspect véritablement étrange, inattendu, fantastique. Deux impressions immédiates frappent notre esprit à la vue de ce
bizarre tracé géographique : la première, que ce n'est pas réel,
que l'observateur a été dupe d'une illusion, qu'il a mal vu ou exagéré; la seconde, que, si c'est vrai, si ces canaux sont authentiques, *ils ne paraissent pas naturels* et semblent plutôt dus aux
combinaisons d'un raisonnement, représenter l'œuvre industrielle
des habitants de la planète. Vous avez beau vous en défendre, cette
impression pénètre l'esprit, et plus nous analysons le dessin, plus
elle s'impose à notre interprétation.

·Nous allons examiner la vraisemblance de cette authenticité.
Donnons d'abord la parole à M. Schiaparelli, directeur de l'Observatoire de Milan, l'auteur de la découverte de ces canaux énigmatiques.

La dernière opposition de Mars a pu être observée à Milan en d'excellentes conditions météorologiques, écrit M. Schiaparelli lui-même ([1]).
Nous avons eu, du 26 décembre 1881 au 13 février 1882, un grand
nombre de jours particulièrement beaux. Les hautes pressions atmosphériques qui ont dominé à cette époque ont produit une série de belles
journées, calmes et sereines, extrêmement favorables pour les observations. Pendant seize jours on a pu utiliser toute la puissance de notre
excellent équatorial ([2]), et pendant quatorze autres jours l'atmosphère n'a
laissé que fort peu à désirer. Aussi, quoique le diamètre apparent de là
planète n'ait pas surpassé 16″, tandis qu'il avait dépassé 19″ en 1879 et
25″ en 1877, il a été possible, dans cette troisième période d'opposition
observée par moi, d'obtenir sur la nature physique de ce monde un
ensemble de renseignements qui surpassent, par leur nouveauté et leur
intérêt, tout ce que j'avais obtenu précédemment.
La série des mers intérieures comprises entre la zone claire équatoriale
et la mer australe s'est montrée mieux dessinée qu'en 1879. Dans la mer
Cimmérienne ([3]), on voyait une espèce d'île ou de traînée lumineuse qui

([1]) *Revue mensuelle d'Astronomie populaire*, août 1882.
([2]) Objectif de Merz, de Munich, de 0ᵐ,218 de diamètre et de 3ᵐ,25 de longueur focale;
oculaires grossissant 322 fois et 468 fois.
([3]) M. Schiaparelli a donné, comme nous l'avons dit, aux configurations géogra-

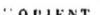

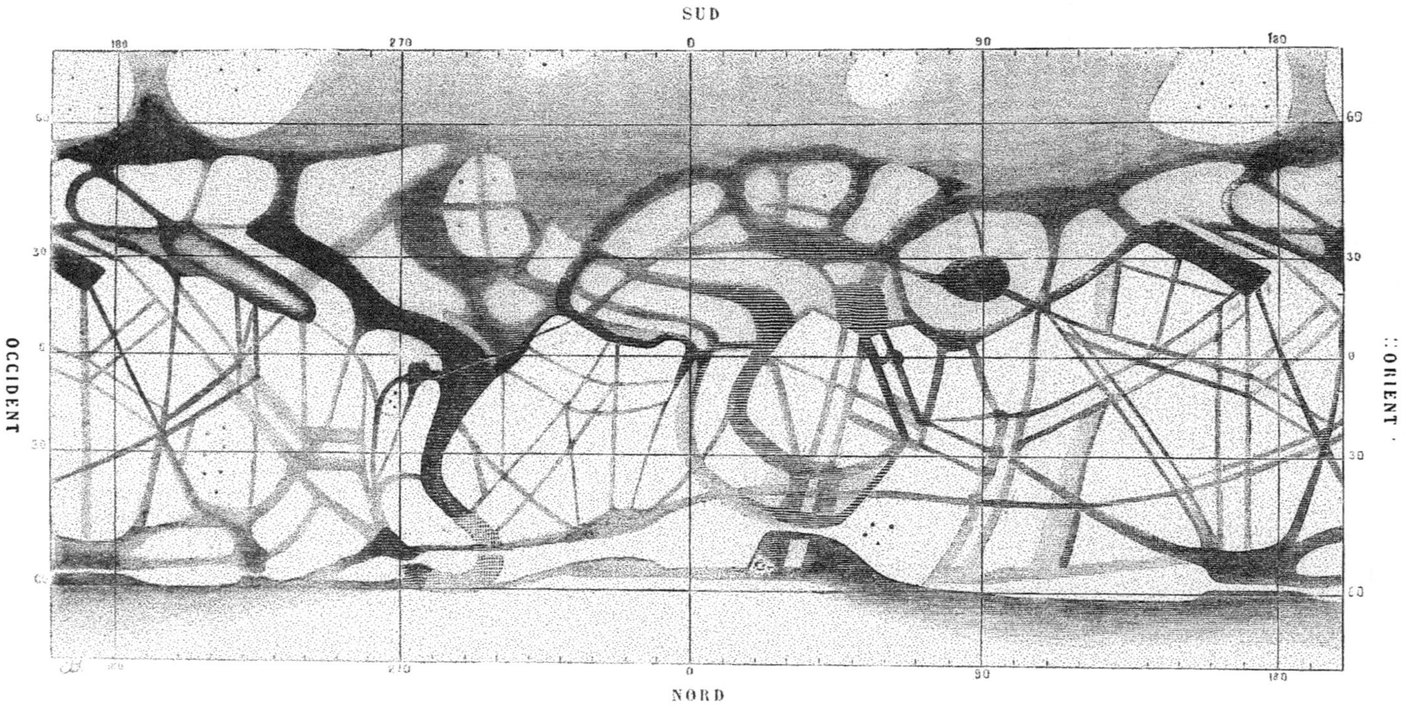
SUD
NORD
OCCIDENT
ORIENT
180
270
0
90
180
60
30
0
30
60

Fig. 30. — Canaux énigmatiques observés sur la planète Mars.
(DESSIN DE M. SCHIAPARELLI.)
(Aux points signalés par de petits cercles oooo, on a vu des taches blanches comme de la neige.

la partageait dans sa longueur, ce qui lui donnait de l'analogie avec l'aspect de la mer Érythrée. Plus surprenante encore est la variation d'aspect présentée par la grande Syrthe qui a envahi la Libye et s'est étendue, en forme de ruban noir et large, jusqu'à 60° de latitude boréale. Le Népenthès et le lac Mœris ont augmenté de largeur et d'obscurité, tandis qu'il restait à peine quelques vestiges d'un marais parfaitement visible sur la carte de 1879. Ainsi, *des centaines de milliers de kilomètres carrés* de surface sont devenus sombres, de clairs qu'ils étaient, et, à l'inverse, un grand nombre de régions foncées sont devenues claires. De telles métamorphoses prouvent que la cause de ces taches foncées est un agent mobile et variable à la surface de la planète, soit de l'eau ou un autre liquide, soit de la végétation, qui se propagerait d'un point à un autre.

Mais ce ne sont pas encore là les observations les plus intéressantes. Il y a sur cette planète, traversant les continents, de grandes lignes sombres auxquelles on peut donner le nom de *canaux*, quoique nous ne sachions pas encore ce que c'est. Divers astronomes en ont déjà signalé plusieurs, notamment Dawes en 1864. Pendant les trois dernières oppositions, j'en ai fait une étude spéciale, et j'en ai reconnu un nombre considérable qu'on ne peut pas estimer à moins de soixante. Ces lignes courent entre l'une et l'autre des taches sombres que nous considérons comme des mers, et forment sur les régions claires ou continentales un réseau bien défini. Leur disposition paraît invariable et permanente, au moins d'après ce que j'en puis juger par une observation de quatre années et demie ; toutefois leur aspect et leur degré de visibilité ne sont pas toujours les mêmes et dépendent de circonstances que l'état actuel de nos connaissances ne permet pas encore de discuter avec certitude. On en a vu en 1879 un grand nombre qui n'étaient pas visibles en 1877, et en 1882 on a retrouvé tous ceux qu'on avait déjà vus, pendant les oppositions précédentes, accompagnés de nouveaux. Quelquefois ces canaux se présentent sous la forme de lignes ombrées et vagues, tandis qu'en d'autres occasions ils sont nets et précis comme un trait fait à la plume. En général ils sont tracés sur la sphère comme des lignes de grands cercles : quelques-uns montrent une courbure latérale sensible. Ils se croisent les uns les autres, obliquement ou à angle droit. Ils ont bien 2 degrés de largeur, ou 120 kilomètres, et plusieurs s'étendent sur une longueur de 80 degrés ou 4800 kilomètres. Leur nuance est à peu près la même que celle des mers, ordinairement un peu plus claire. Chaque canal se termine à ses deux extrémités dans une mer ou dans un autre canal :

phiques de sa carte de Mars les noms de l'antique géographie terrestre. La mer Cimmérienne correspond à la mer Maraldi de notre carte, la mer Érythrée à l'océan Kepler, la grande Syrthe à la mer du Sablier, etc. Voyez le tableau synoptique de la page 42.

il n'y a pas un seul exemple d'une extrémité s'arrêtant au milieu de la terre ferme.

Ce n'est pas tout. En certaines saisons, ces canaux se dédoublent, ou, pour mieux dire, se doublent.

Ce phénomène paraît arriver à une époque déterminée et se produire à peu près simultanément sur toute l'étendue des continents de la planète. Aucun indice ne s'en est signalé en 1877, pendant les semaines qui ont précédé et suivi le solstice austral de ce monde. Un seul cas isolé s'est présenté en 1879 : le 26 décembre de cette année (un peu avant l'équinoxe de printemps, qui est arrivé pour Mars le 21 janvier 1880), j'ai remarqué le dédoublement du Nil, entre le lac de la Lune et le golfe Céraunique. Ces deux traits réguliers égaux et parallèles me causèrent, je l'avoue, une profonde surprise, d'autant plus grande que, quelques jours avant, le 23 et le 24 décembre, j'avais observé avec soin cette même région sans rien découvrir de pareil. J'attendis avec curiosité le retour de la planète en 1881 pour savoir si quelque phénomène analogue se présenterait dans le même endroit, et je vis reparaître le même fait le 11 janvier 1882 un mois après l'équinoxe de printemps de la planète (qui avait eu lieu le 8 décembre 1881) : le dédoublement était encore évident à la fin de février. A cette même date du 11 janvier, un autre dédoublement s'était déjà produit : celui de la section moyenne du canal des Cyclopes, à côté de l'Elysium.

Plus grand encore fut mon étonnement lorsque, le 19 janvier, je vis le canal de la Jamuna, qui se trouvait alors au centre du disque, formé très correctement par deux lignes droites parallèles, traversant l'espace qui sépare le lac Niliaque du golfe de l'Aurore. Tout d'abord je crus à une illusion causée par la fatigue de l'œil et à une sorte de strabisme d'un nouveau genre; mais il fallut bien se rendre à l'évidence. A partir du 19 janvier, je ne fis que passer de surprises en surprises; successivement l'Oronte, l'Euphrate, le Phison, le Gange et la plupart des autres canaux se montrèrent très nettement et incontestablement dédoublés. Il n'y a pas moins de vingt exemples de dédoublement, dont dix-sept ont été observés dans l'espace d'un mois, du 19 janvier au 19 février.

En certains cas, il a été possible d'observer quelques symptômes précurseurs qui ne manquent pas d'intérêt. Ainsi, le 13 janvier, une ombre légère et mal définie s'étendit le long du Gange; le 18 et le 19, on ne distinguait plus là qu'une série de taches blanches; le 20, cette ombre était encore indécise, mais le 21 le dédoublement était parfaitement net, tel que je l'observai jusqu'au 23 février. Le dédoublement de l'Euphrate, du canal des Titans et du Pyriphlégéton commença également sous une forme indécise et nébuleuse.

Ces dédoublements ne sont pas un effet d'optique dépendant de l'accroissement du pouvoir visuel, comme il arrive dans l'observation

des étoiles doubles, et ce n'est pas non plus le canal lui-même qui se
partage en deux longitudinalement. Voici ce qui se présente : A droite ou
à gauche d'une ligne préexistante, sans que rien soit changé dans
le cours et la position de cette ligne, on voit se produire une autre
ligne égale et parallèle à la première, à une distance variant généralement de 6° à 12°, c'est-à-dire de 350 à 700 kilomètres ([1]); il paraît
même s'en produire de plus proches, mais le télescope n'est pas assez
puissant pour permettre de les distinguer avec certitude. Leur teinte
paraît être celle d'un brun roux assez foncé. Le parallélisme est
quelquefois d'une exactitude rigoureuse. Il n'y a rien d'analogue dans
la Géographie terrestre. Tout porte à croire que c'est là une organisation spéciale à la planète Mars, probablement rattachée au cours do
ses saisons.

Voilà les *faits* observés. L'éloignement de la planète et le mauvais
temps empêchèrent de continuer les observations. Il est difficile de se
former une opinion précise sur la constitution intrinsèque de cette géographie, assurément fort différente de celle de notre monde. Si le phénomène est réellement lié aux saisons de Mars. Tout instrument
capable de faire voir sur un fond clair une ligne noire de 0″,2 de largeur
et de séparer l'une de l'autre deux lignes comme celle-là, écartées de 0″,5,
pourra être employé à ces observations.

Dans l'état actuel des choses, il serait prématuré d'émettre des conjectures sur *la nature* de ces canaux. Quant à leur existence, je n'ai pas
besoin de déclarer que j'ai pris toutes les précautions commandées pour
éviter tout soupçon d'illusion : je suis absolument sûr de ce que j'ai
observé.

([1]) Quels sont les objets les plus petits que, dans l'état actuel de l'Optique, nous puissions apercevoir à la surface de Mars? C'est là une intéressante question, que les observations de M. Schiaparelli viennent en partie de résoudre. Sa lunette, dont l'objectif
mesure 0^m,218 de diamètre, armée d'oculaires grossissant l'un 322 fois, l'autre 468 fois,
et dont la longueur est de 3^m,25, lui a permis de distinguer : 1° des taches lumineuses
sur fond obscur et des taches obscures sur fond lumineux, mesurant une demi-seconde;
2° des lignes lumineuses sur fond obscur mesurant seulement un quart de seconde;
3° des lignes obscures sur fond lumineux mesurant également un quart de seconde. Il
en résulte que, dans d'excellentes conditions atmosphériques, on distingue des *taches*
dont le diamètre n'est que le cinquantième de celui de la planète, c'est-à-dire de 137^{km} :
la Sicile, les grands lacs de l'Afrique centrale, l'île Ceylan, l'Islande y seraient visibles.
Semblablement, une *ligne* dont la largeur ne serait que le centième de celle de la planète, ou de 70^{km}, y serait perceptible; on y distinguerait donc : l'Italie, l'Adriatique, la
mer Rouge, etc. Le grand équatorial de Washington doit montrer des détails trois fois
plus petits, larges d 44^{km} et de 24^{km}. Au lieu de continuer le duel avec les canons de
80 tonnes, de 100 tonnes, de 150 tonnes et les plaques blindées, ne serait-on pas mieux
inspiré de suspendre un instant cette pure perte de centaines de millions payés par les
contribuables, et d'en consacrer la centième partie à des essais capables de nous ouvrir
les divins secrets de la nature?

Ainsi parle le savant astronome italien. Considérons nous-mêmes avec attention cet étrange réseau. Assurément, plus nous l'examinons, plus il nous paraît bizarre, moins il nous semble naturel. Ces « canaux » nous mettent, à vrai dire, dans un tel embarras pour être expliqués, non seulement par leur aspect individuel, mais en-

Fig. 31. — Le lever du soleil sur les canaux de Mars.

core à cause des différences qu'ils présentent avec la carte géographique de Mars publiée plus haut, que le plus simple, avouons-le franchement, serait de rejeter au chapitre des illusions d'optique ce qu'ils offrent d'anormal et d'embarrassant. Mais c'est assez difficile. M. Schiaparelli n'est pas le premier venu; c'est un astronome de valeur, depuis longtemps célèbre par sa découverte de la théorie cométaire des étoiles filantes et par d'autres travaux. On a remarqué, il est vrai, que les astronomes mathématiciens sont assez souvent mauvais observateurs. Mais tel n'est pas le cas ici, car le directeur de l'Observatoire de Milan a fait de bonnes observations de Saturne ; ses mesures d'étoiles doubles sont exactes et précises ; de plus, la carte de Mars elle-même lui doit un grand progrès : il est parvenu à faire, pour la première fois, une véritable triangulation de la planète et à fixer la position géographique de 114 points de la surface, déterminés d'après un ensemble de mesures micrométriques s'élevant au chiffre de 482. C'est là une œuvre capitale. Ajoutons encore que M. Schiaparelli n'est pas un homme d'imagination ; au contraire.

On peut objecter que si l'astronome italien a bien vu, si tout cela est exact, il est assez singulier que personne avant lui n'ait aperçu ces canaux, même en observant la planète à l'aide d'instruments plus puissants que ceux de l'Observatoire de Milan. Voici quelques réponses à cette objection :

1° L'équatorial de Milan est un instrument excellent, dont les qualités optiques sont depuis longtemps reconnues ; quoiqu'il ne soit que de moyenne taille (0^m, 216), il est supérieur à beaucoup d'instruments plus gigantesques ; on sait d'ailleurs que pour la netteté des images dans l'observation des planètes, ce ne sont pas les plus grands instruments qui ont donné les meilleurs résultats.

2° Le climat de Milan est particulièrement favorable aux observations astronomiques ; son atmosphère est pure, calme, et d'une température homogène.

3° L'hiver de 1881-82 a été exceptionnel pour la beauté du ciel ; tout le monde en a été frappé à Nice et dans le Midi.

4° M. Schiaparelli a mis dans ses observations une persévérance en rapport avec les résultats obtenus.

Toutes ces circonstances réunies nous portent à croire que ces nouvelles observations ne sont pas imaginaires. Sans doute, pour certains détails, et notamment pour le doublement des canaux, il convient d'attendre une vérification lors du prochain retour de Mars. Mais quant aux principaux canaux eux-mêmes, observés et mesurés, il est difficile de nier leur existence. D'ailleurs, leur position s'accorde avec certains tracés antérieurs dus à d'autres observateurs. Ainsi l'Hydaspe .et l'Agathodémon ont été vus par

Dawes; le Gange est reconnaissable sur les dessins de Secchi, etc. Nous nous trouvons donc ici en présence d'une situation assurément bizarre. D'une part, il est probable que la carte de M. Schiaparelli est exacte, au moins dans son canevas fondamental. D'autre part, on se demande comment la nature seule aurait pu dessiner ces lignes droites ou légèrement courbes qui semblent destinées à mettre en communication toutes les régions de la planète entre elles.

L'hypothèse d'une origine intelligente de ces tracés se présente d'elle-même à notre esprit, sans que nous puissions nous y opposer. Quelque téméraire qu'elle soit, nous sommes forcés de la prendre en considération. Tout aussitôt, il est vrai, les objections abondent. Est-il vraisemblable que les habitants d'une planète construisent des œuvres aussi gigantesques que celles-là? Des canaux de cent kilomètres de largeur? Y pense-t-on? et dans quel but?

Eh bien (circonstance assez curieuse), dans l'*hypothèse* d'une origine humaine de ces tracés, on pourrait en trouver l'explication dans l'état de la planète elle-même. D'une part, les matériaux sont beaucoup moins lourds sur cette planète que sur la nôtre. D'autre part, la théorie cosmogonique donne à ce monde voisin un âge beaucoup plus ancien que celui du globe où nous vivons. Il est naturel d'en conclure qu'il a été habité plus tôt que la Terre, et que son humanité, quelle qu'elle soit, doit être plus avancée que la nôtre. Tandis que le percement des Alpes, l'isthme de Suez, l'isthme de Panama, le tunnel sous-marin entre la France et l'Angleterre paraissent des entreprises colossales à la science et à l'industrie de notre époque, ce ne seront plus là que des jeux d'enfants pour l'humanité de l'avenir. Lorsqu'on songe aux progrès réalisés dans notre seul dix-neuvième siècle, chemins de fer, télégraphes, applications de l'électricité, photographie, téléphone, etc., on se demande quel serait notre éblouissement si nous pouvions voir d'ici les progrès matériels et sociaux que le vingtième, le vingt et unième siècle et leurs successeurs réservent à l'humanité de l'avenir. L'esprit le moins optimiste prévoit le jour où la navigation aérienne sera le mode ordinaire de circulation; où les prétendues frontières des peuples seront effacées pour toujours; où l'hydre infâme de la guerre et l'inqualifiable folie des armées permanentes seront anéanties devant l'essor glorieux de l'humanité pensante dans la lumière

et dans la liberté! N'est-il pas logique d'admettre que, plus ancienne
que nous, l'humanité de Mars est aussi plus perfectionnée, et que
dans l'unité féconde des peuples, les travaux de la paix ont pu
atteindre des développements considérables?

Nous ignorons ce que peuvent être ces longs tracés sombres à
travers les continents, si toute leur épaisseur est homogène, et rien
ne nous prouve assurément que ce soient là des canaux pleins d'eau.
On peut faire là-dessus mille conjectures. Mon ami M. Courbebaisse
ne serait pas éloigné d'y voir des travaux de drainage des eaux devenues rares sur la planète; M. Considérant, le vieux phalanstérien, y
reconnaîtrait de préférence une sorte de cadastre de cultures collec-
tives sur un globe « arrivé à la période d'harmonie »; M. Proctor,
l'astronome anglais, traitant ce même sujet dans un intéressant
article du *Times*, suggère l'idée que « les habitants de Mars doivent
être engagés en de vastes travaux d'ingénieurs, attendu que ces
lignes sont tracées dans toutes les directions et gardent entre elles
une distance constante et significative »; à la séance de la Société
Royale astronomique de Londres du 14 avril 1882 ([1]), M. Green,
l'habile observateur de Mars, signalant cette interprétation de
M. Proctor, ajoute qu'il n'a aucunement l'intention d'introduire un
sujet de plaisanterie dans une matière scientifique aussi importante,
mais que de tels aspects géographiques méritent la plus grave attention et qu'il est du plus haut intérêt de les vérifier; M. Maunder, de
l'Observatoire de Greenwich, a fait remarquer que ce qu'il y a de
plus étrange, c'est que ces canaux paraissent changer de place et
sont tantôt visibles et tantôt invisibles; pour plusieurs observateurs,
ce ne seraient pas des canaux proprement dits, mais plutôt des bordures de districts plus ou moins foncés; les dessins de Mars obtenus
à Greenwich pendant l'opposition de 1881 concordent mieux avec
ceux de Milan de 1879 qu'avec ceux de 1881; sans doute la différence est-elle due à l'atmosphère, qui n'aura pas permis de distinguer en Angleterre les détails observés en Italie. Quant aux *double-
ments* des canaux arrivés sous les yeux de M. Schiaparelli, si cet
effet n'est pas dû à l'objectif de sa lunette (et vraiment, tout en la
signalant comme possible, nous ne pouvons regarder cette illusion

([1]) Voir *The Observatory*, may 1882, p. 135.

comme probable de sa part), il faut avouer qu'un tel phénomène est bien fait pour nous surprendre et nous confondre.

Quelle que soit l'hypothèse vers laquelle on penche, origine naturelle ou origine industrielle de ces canaux, leur existence n'en constitue pas moins un problème du plus haut intérêt, et l'un des plus singuliers sujets d'études que l'astronomie physique nous ait encore offert. Assurément, ce doit être là un fort curieux spectacle à voir du haut d'un ballon ou du haut d'une montagne escarpée, surtout au lever ou au coucher du soleil, lorsque la lumière éblouissante du dieu du jour vient embraser toutes ces eaux de reflets d'or ou de pourpre... Quels yeux contemplent ces scènes? quels peintres les reproduisent? quelles âmes rêvent devant ces lumineuses et sereines splendeurs?

Nous ne nous attarderons pas plus longtemps en ce moment dans ces curieux et mystérieux détails de la géographie de Mars. L'important pour nous était de nous en former d'abord une idée générale, afin de prendre immédiatement possession, dans notre esprit, de cette planète considérée comme « terre du ciel ». Remarquons, à ce propos, que, depuis le commencement du monde, depuis l'origine de l'humanité terrestre, c'est pour la première fois que l'esprit humain se met en rapport direct avec un autre monde, pour la première fois qu'il nous a été possible de construire une carte géographique d'une planète étrangère à la nôtre, mais assez analogue pour nous inviter à conclure qu'elle est actuellement habitée par une race intelligente peu différente de la nôtre. La science, la philosophie, font en ce moment un pas considérable en avant de tout ce qui a été fait jusqu'ici dans toutes les branches des connaissances humaines, un progrès gigantesque, calme, tranquille, pacifique, dont nous n'apprécions pas encore nous-mêmes la portée, mais qui transformera la face des choses. Révolution intellectuelle plus profonde que toutes celles du sabre et du canon. C'est seulement à dater d'aujourd'hui que nous pouvons vraiment nous sentir CITOYENS DU CIEL. Le XXᵉ siècle sera le premier siècle de la vraie philosophie — si l'humanité continue de marcher en avant et de suivre la devise de la Science : *Excelsior !*

Mais revenons à l'étude astronomique de Mars.

CHAPITRE IV

Aspect de Mars à l'œil nu.
Sa coloration rouge. — Idées des anciens sur la planète.
Astrologie et histoire. — Mouvement de Mars autour du Soleil.
Phases. — Volume. — Densité.

Nous nous sommes laissés emporter un peu rapidement, dans les descriptions précédentes, par l'intérêt et par la nouveauté du sujet ; nous avons pu nous croire un instant envolés au-dessus des méditerranées et des lacs de cette patrie voisine ; nous avons cru assister à la formation des nuages qui viennent couronner ses montagnes, contempler ses îles et ses rivages, naviguer sur ses canaux énigmatiques. Bientôt nous pénétrerons davantage encore dans la connaissance de ce nouveau monde, nous nous rendrons compte des aspects particuliers de sa surface, nous admirerons les phénomènes météorologiques de son ciel, les splendeurs des couchers de soleil sur ses montagnes alpestres et l'étrange spectacle de ses deux lunes courant ou planant dans son ciel en produisant des éclipses aussi bizarres que multipliées. Mais avant de nous répandre dans les mille détails pittoresques de la découverte d'un nouveau monde, il importe pour nous de posséder d'abord la planète au point de vue de sa description astronomique. Nous devons donc sans tarder reprendre l'étude de cette quatrième province du système solaire, apprendre à la reconnaître nous-mêmes dans le ciel, à la trouver à l'œil nu, à l'observer à l'aide des instruments qui peuvent être à notre disposition, à nous rendre compte de sa position dans l'espace et de sa marche autour du Soleil ; en un mot, nous devons en prendre d'abord complètement possession au point devue uranographique.

A l'œil nu, la planète Mars brille dans le ciel comme une étoile de première grandeur. Elle se distingue particulièrement par son éclat rouge et dans tous les temps elle a été remarquée pour cette coloration (¹). Le nom qu'elle portait chez les Hébreux signifie *embrasé*. Chez les Égyptiens de la XIXᵉ dynastie, aux temps pharaoniques, elle est nommée Har-tesch et Armachis, avec le signe de la rétrogradation, qui caractérise son mouvement, et dans le Zodiaque de Dendérah, qui date de l'époque romaine, on l'appelle *Horus le rouge*. Chez les Grecs, Mars, qui s'appelait aussi Ἄρης et Hercule, avait pour épithète habituelle πυρόεις, ou *incandescent*. Chez les Chinois, il portait le nom de Tch'i-Sing (*la planète rouge*) et de Young-houo (*lueur vacillante*). Chez les Indiens, il était nommé Angaraka (*charbon ardent*), et se nommait aussi Lohitanga (*le corps rouge*). C'est, sans aucun doute possible, cette coloration rouge qui a fait appeler Mars le dieu du sang et des combats, à l'époque primitive où l'on croyait que les destinées humaines étaient réglées par les astres. Aussi a-t-il toujours personnifié le dieu de la guerre dans les mythologies anciennes, et le signe ♂ sous lequel nous continuons de le représenter doit-il être un vestige de l'union de la lance et du bouclier.

Dans tous les siècles, les peintres et les sculpteurs ont représenté cette planète avec les attributs du combat, suivant en cela les antiques traditions de la poésie. L'une des dernières représentations classiques du dieu guerrier, et en même temps l'une des plus belles, est assurément celle que nous reproduisons ici (*fig.* 32), due au crayon de Raphaël, qui a voulu rappeler en même temps les influences astrologiques de la planète. Ce tableau peut être placé en regard de celui du Soleil, du divin Apollon lançant ses flèches d'or dans l'espace.

(¹) Lorsque les Grecs et les Romains voulaient parler d'une étoile rougeâtre, ils prenaient toujours Mars pour point de comparaison. Aujourd'hui encore, cet astre est le plus rouge de tous ceux que l'on voit à l'œil nu. (Il y a des étoiles télescopiques qui sont d'un rouge sang.) Le nom de l'étoile rougeâtre *Antarès* a lui-même Mars pour origine : αντ-Ἄρης, rivale de Mars. — Depuis plusieurs milliers d'années donc, le caractère particulier de la lumière que cette planète nous réfléchit n'a pas été altéré.

Dans l'ancienne astrologie, Mars était associé aux deux constellations zodiacales du Scorpion et du Bélier, et l'on combinait les pré-

Fig. 32.

Mars

*Inter Jouem et Solem apparet. Domus ejus principalis
Scorpius, minus principalis Aries*

tendues influences de ces signes avec les siennes propres pour tirer
les horoscopes et calculer les destinées. Nous avons sur ce point de

fort anciens documents, entre autres une série de médailles de l'empereur Antonin, frappées en Égypte l'an 145 de notre ère, précisé-

Fig. 33.

Sol

Planetarum medius et maximus. Domus ejus Leo

ment à l'époque où Ptolémée rédigeait l'*Almageste*. Ces médailles sont actuellement à Paris, à la Bibliothèque nationale; elles repré-

sentent (Voy. *fig*. 34) l'empereur Antonin, — la Lune sur le Scorpion — le Soleil sur le Lion — Mercure et la Vierge — Vénus et la
Balance — Mars et le Scorpion — Jupiter et le Sagitaire — Saturne

Fig. 34. — Médailles planétaires frappées en Égypte sous l'empereur Antonin.

associé au Capricorne et au Verseau — Jupiter sur les Poissons —
Vénus sur le Taureau. Une dernière résume ces combinaisons en un
même tableau.

A cette époque, en Égypte, l'astrologie faisait partie intégrante de la religion. Nous aurons lieu, plus tard, de revenir sur cet intéressant sujet historique.

Florissante aux premiers siècles de notre ère, l'astrologie était encore en grande faveur à la cour de France sous les Médicis, et même sous Louis XIV, Cassini y croyait encore. A la naissance du

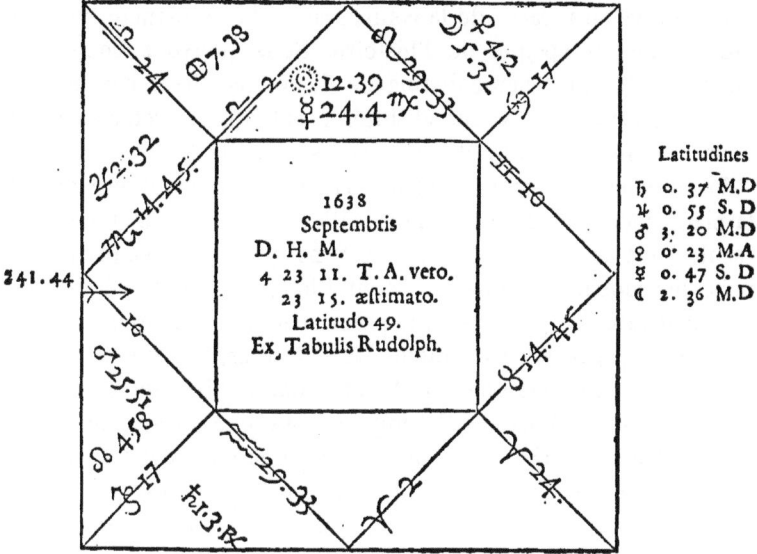

Fig. 35. — Horoscope de Louis XIV tiré le jour de sa naissance.

roi, Anne d'Autriche avait fait venir l'astrologue Morin pour tirer l'horoscope du nouveau-né. Morin parait convaincu de sa science (¹).

Il donne lui-même dans son livre l'horoscope du roi, reproduit ici, fait à Saint-Germain, le 4 septembre 1638, à 23ʰ15ᵐ (c'est-à-dire le 5 à 11ʰ15ᵐ) et raconte qu'il le remit au cardinal de Richelieu, que l'enfant a eu deux maladies, un érésipèle, le 12 mars 1644, et la

(¹) J'ai de lui, dans ma bibliothèque, un énorme in-folio de 784 pages sur deux colonnes, tout entier consacré à l'Astrologie, bourré d'horoscopes de grands personnages, de villes et de provinces, et dédié à.... Jésus-Christ en personne : *Astrologia gallica*. La Haye, 1661. Pour l'auteur, la Terre est fixe au centre du monde et les astres régissent toutes les actions humaines. Morin était un médecin renommé. Il se basait sur les positions des planètes pour soigner ses malades, lesquels ne s'en portaient pas plus mal.

petite vérole le 11 novembre 1647, mais que l'influence de Jupiter a
déjoué celle de Saturne et de la Lune. C'est là le dernier livre écrit
sur l'Astrologie. Pourtant nous trouvons encore plus tard dans un
ouvrage dédié au roi (¹) les influences planétaires exposées, et notamment celle de Mars avec la figure ci-contre représentant un siège en
règle, au-dessus duquel plane la planète, la vraie, telle qu'on l'observait déjà au télescope.

On trouve des traces de la connaissance de la planète Mars aux
plus anciennes époque de l'histoire. Nous pouvons conjecturer
qu'elle a été la troisième distinguée des étoiles fixes par les premiers observateurs. Vénus et Jupiter ont dû être remarquées les
deux premières, à cause de leur éclat sans rival.

Les annales de l'astronomie ont conservé d'antiques observations de
la planète Mars ainsi que des plus brillantes planètes. L'une des plus
reculées est assurément la curieuse remarque consignée par les Chinois, que sous le règne de l'empereur Chuen-Kuh (petit-fils de l'empereur Hwang-Te (Hoang-Ti), le premier jour de la première lune
du printemps, on vit les planètes Mars, Jupiter, Saturne et Mercure
réunies auprès de la Lune dans la constellation Shih, qui correspond
au Verseau et aux Poissons. Cet empereur a régné 78 ans, de l'année
2513 à l'année 2436 avant notre ère, et la conjonction a eu lieu
vers l'an 2441. Voilà donc une observation de planètes qui date de
plus de quatre mille trois cents ans. C'est, pour notre science, un
titre de noblesse bien antérieur aux croisades. Aucun quartier
héraldique ne peut soutenir de comparaison avec ceux-là.

Et pourtant, ce n'est pas le plus ancien, car l'établissement du
calendrier dont se servent encore actuellement les habitants du
céleste empire remonte encore plus haut dans la nuit des temps.
Ce système de chronologie se compose de cycles de 60 ans. On est
entré en 1864 dans le 76ᵉ cycle. La première année de cette série
est donc : $75 \times 60 (= 4500) - 1863$, et remonte par conséquent à l'an
2637 avant notre ère. Cette année a, du reste, un caractère parfaitement historique, car elle est la 60ᵉ du règne de l'empereur
Hwang-Te, monté sur le trône l'an 2698 avant notre ère. Ce prince
lettré est regardé par les Chinois comme ayant découvert le cycle

(¹) *Description de l'Univers*, par Allain Manesson Mallet. Paris, 1692.

lunaire de 19 ans qui ramène les éclipses dans le même ordre,
cycle redécouvert deux mille ans plus tard par Méton chez les

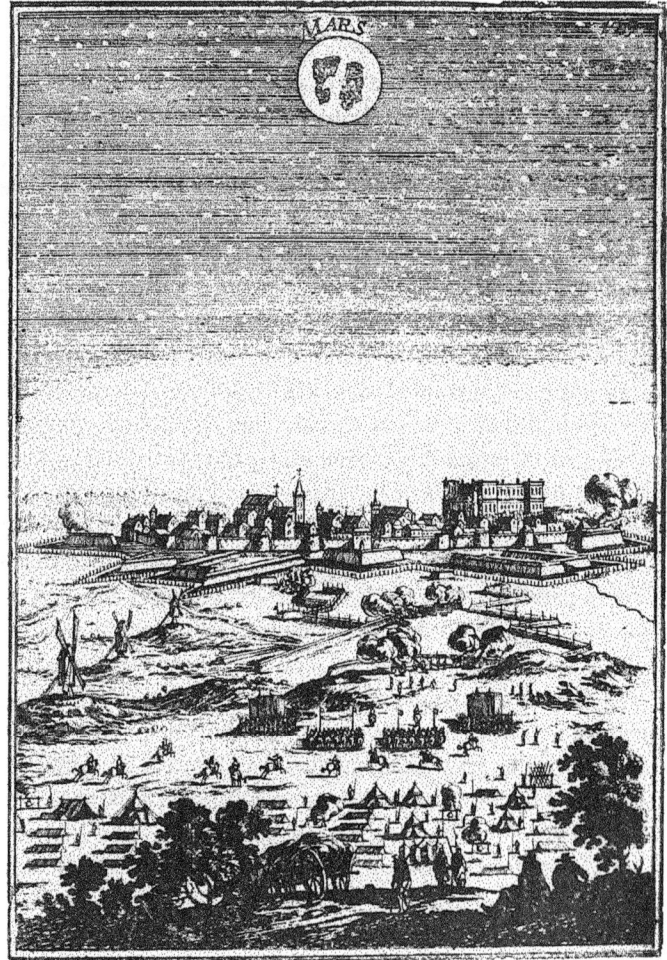

Fig. 36. — La planète Mars et les batailles.
(Figure de l'an 1693).

Grecs et exposé à la Grèce assemblée lors des jeux olympiques
(l'an 433 av. J.-C.). Les Athéniens inscrivirent en lettres d'or le
cycle de Méton sur les monuments publics ; c'est de là que le

numéro de l'année du cycle prit le nom de *Nombre d'or*, qu'il
porte encore aujourd'hui dans nos almanachs.

Nous possédons encore, sur la planète Mars et sur ses compagnes
des vestiges d'observations presque aussi anciennes, mais provenant
d'une contrée bien différente de la Chine.

Il y a un certain nombre d'années déjà, en 1845, M. Layard,
descendant d'une famille française protestante chassée de France
par la révocation de l'édit de Nantes, découvrit sur la rive gauche du Tigre, à l'est de Nemroud, de curieuses ruines de l'ancienne
Ninive qu'il recueillit avec soins et fit transporter en Angleterre, sa
seconde patrie. Ce savant retrouva, dans la région du Palais-Royal
de Ninive appelée des habitants actuels Koyoundijk, — bâtie sous
le règne d'Assourbanipal, le dernier des conquérants Assyriens,
— la salle des archives et la bibliothèque. Cette bibliothèque, bien
singulière pour nos idées et nos habitudes, se composait exclusivement de tablettes plates et carrées, en terre cuite, portant sur
l'une et l'autre de leurs deux faces une page d'écriture cunéiforme
cursive, très fine et très serrée, tracée sur l'argile encore fraîche,
avant sa cuisson. Chacune était numérotée, et formait le feuillet
d'un livre dont l'ensemble était constitué par la réunion d'une série
de tablettes pareilles, sans doute empilées les unes sur les autres
dans une même case de la bibliothèque. Les Babyloniens et les
Assyriens n'avaient pas, du reste, d'autres livres que ces « coctiles
laterculi », comme les appelle Pline. Ils ne traçaient les signes de
leur écriture ni à l'encre, ni avec le calame ou le pinceau, sur le
papyrus, des peaux préparées ou des bandelettes de toile, ni à la
pointe sèche, sur des planchettes, des feuilles de palmier ou des
écorces d'arbres. Faute d'autres ressources facilement à leur portée,
ils les dessinaient en creux sur des briques d'argile qu'ils faisaient
cuire ensuite pour les conserver. De là l'apparence de leur écriture ;
car l'élément tout particulier, qui produit l'aspect original des écritures cunéiformes et y devient le générateur de toutes les figures,
le trait en forme de coin ou de clou, n'est autre que le sillon tracé
dans l'argile par le style en biseau dont on se servait pour cet
usage, et dont on a trouvé de nombreux échantillons dans les ruines
de Ninive. Ajoutons que cette bibliothèque publique était organisée
à peu près comme l'est de nos jours notre bibliothèque nationale :

on a même retrouvé les registres où les visiteurs inscrivaient leur nom et leur adresse... *Nil sub sole novum !*

Les fragments de tablettes recueillis par les ouvriers de M. Layard, dans la salle où Assourbanipal avait établi sa bibliothèque, montent à près de dix mille, et proviennent d'ouvrages qui traitaient des sujets les plus différents : mythologie, astronomie, astrologie, grammaire, histoire, droit, histoire naturelle, etc.

Depuis cette époque, plusieurs savants anglais, notamment MM. Smith, Sayce et Bosanquet, se sont occupés de déchiffrer ces tablettes et d'en dégager la valeur scientifique. Le résultat de leurs travaux est que ces tablettes sont des copies faites dans le septième siècle avant notre ère, par ordre d'Assourbanipal, d'après un exemplaire original très ancien qui existait dans la ville d'Ou-rouk en Chaldée (l'Erech du chapitre x de la Genèse). Cet ori-ginal remontait à l'époque du premier empire de Chaldée, dix-sept siècles au moins avant notre ère, et même probablement plus haut ; il était donc fort antérieur à Moïse. Comme il est écrit en langue accadienne, il doit être de plus de deux mille ans antérieur à notre ère. On peut dire en thèse générale que les documents écrits en langue accadienne sont antérieurs au XXe siècle, que ceux écrits en langue sémitique sont compris entre 2000 et 1000 avant notre ère, et que la période assyrienne proprement dite, occupe le dernier millénaire avant notre ère. Cette antiquité des obser-vations babyloniennes s'accorde avec les observations d'étoiles rapportées dans un planisphère de la même époque, dans lequel la position de Régulus, de Capella et de la constellation du Scor-pion correspondent à l'état du ciel 2120 ans avant notre ère. En ces temps reculés, le calendrier babylonien était déjà constitué : il était lunaire comme le calendrier israélite ; les éclipses de lune arrivaient vers le 14 du mois, et les éclipses de soleil vers le 29.

Dans ces ruines de Ninive, on a trouvé entre autres un ouvrage intitulé : *les Observations de Bel.* Cet ouvrage, divisé en LX livres, était resté dans les ruines du palais de Sardanapale, appartenait anciennement à la bibliothèque publique de cette capitale, et était dédié au roi Sargon, d'Agané, en Babylonie. Or, l'un des livres de cet ouvrage est consacré à la planète Mars, un autre à Vénus, un autre à l'étoile polaire (qui était alors l'étoile α du

Dragon), etc. Les cinq planètes Mercure, Vénus, Mars, Jupiter et Saturne étaient connues dès cette époque ; la semaine de sept jours consacrés aux sept astres [cinq planètes, plus le Soleil et la Lune (¹)] était peut-être déjà en usage au commencement des observations assyriennes et accadiennes, c'est-à-dire vers l'an 2500 avant notre ère.

Nous possédons aussi des observations d'entrées et de sorties de la planète dans les signes du zodiaque datant de la XIXᵉ dynastie des rois d'Égypte. Mais la plus ancienne *mesure de position* de Mars qui nous soit parvenue date de la 52ᵉ année qui suivit la mort d'Alexandre le Conquérant (486 de l'ère de Nabonassar), ou de l'an 272 avant notre ère. Le 17 janvier (21 athir) de cette année, la planète passa tout près de l'étoile β du Scorpion. Cette observation nous a été conservée dans l'*Almageste* de Ptolémée. Le cours de Mars était connu depuis longtemps à cette époque.

Non seulement l'astronomie est la première et la plus ancienne des sciences, non seulement elle est aujourd'hui la plus importante

---

(¹)

Lundi,	Lunæ dies,	jour de *la Lune*.
Mardi,	Martis dies,	jour de *Mars*.
Mercredi,	Mercuris dies,	jour de *Mercure*.
Jeudi,	Jovis dies,	jour de *Jupiter*.
Vendredi,	Veneris dies,	jour de *Vénus*.
Samedi,	Saturni dies,	jour de *Saturne*.
Dimanche,	dies dominica,	jour du Seigneur ou Solis dies : Sunday,
	Sonntag,	jour du *Soleil*.

Les signes sous lesquels les planètes sont représentées datent probablement de la fin de l'époque romaine, du temps où l'astrologie chaldéenne florissait dans toute son expansion. Les voici :

Le Soleil ☉	Mars ♂
La Lune ☾	Vénus ♀
Saturne ♄	Mercure ☿
Jupiter ♃	

Les deux premiers, un disque pour le Soleil et un croissant pour la Lune, sont très anciens : ils sont naturels et on les retrouve dès l'ancienne astronomie égyptienne. Le signe de Saturne est la faux du Temps ; celui de Jupiter paraît être la première lettre de son nom grec *Zeus* ; celui de Mars est une lance attachée à un bouclier ; celui de Vénus, qui rappelle la croix ansée des Égyptiens, pourrait bien être la réunion des attributs de la fécondité (un petit cercle et un trait droit), mais on y voit aussi un miroir ; celui de Mercure a certainement pour origine un caducée. Ce signe est gravé sur les médailles de l'empereur Antonin reproduites plus haut (p. 74). Dans un autre ouvrage (*Astronomie populaire*, p. 548), nos lecteurs ont pu remarquer une bague romaine sur laquelle sont gravés les signes des planètes. Ainsi, ces signes datent de l'époque romaine.

Squelettes, ruines et poussière! les révolutions humaines ont tout renversé;
mais les étoiles sont toujours là.

entre toutes et la plus indispensable à connaître pour toute instruction qui veut être sérieuse; mais encore elle a servi de base à toutes
les anciennes religions : la charpente du Ciel physique a été nécessaire à toute construction métaphysique, et les planètes en particu-
iier ont été découvertes, implorées, adorées antérieurement aux
plus anciennes mythologies, car ce sont elles qui en forment les
principaux personnages.

Oui, cette étoile rouge de Mars que nos yeux peuvent suivre
actuellement dans le ciel (en ce moment, août 1883, elle revient
vers nous, se lève à minuit et ajoute son ardente lumière à celle des
étoiles du Taureau), cette planète associée par nos aïeux au destin des
batailles a été l'objet des observations, des contemplations de nos
prédécesseurs sur la scène du monde, à une époque où l'Assyrie,
l'Égypte, la Chine brillaient au plus haut degré de la civilisation, et
c'est sur les terrasses élégantes des palais antiques, dans les jardins
parfumés des bosquets du printemps, devant le miroir des pièces
d'eau silencieuses qui reflètent les feux de la voûte céleste, que les
admirateurs du ciel contemplaient les beautés du firmament. Du
haut des terrasses de Babylone, l'astronome assyrien observait Mars
il y a quarante siècles. Ces observatoires, ces palais, ces jardins suspendus, ces temples, se sont écroulés. Les bibliothèques, les salles
de lecture, les lecteurs, les curieux, les passants ont été ensevelis
sous les décombres. Les yeux qui observaient se sont fermés; les
corps qui agissaient se sont couchés pour ne plus se relever; il n'en
reste rien : chaque molécule de ces êtres, astronomes, pontifes,
guerriers, rois et esclaves, princesses et courtisanes, est retournée à
la terre et à l'atmosphère; tout a disparu, et ce n'est qu'au prix
d'extrêmes difficultés que l'archéologue de nos jours parvient à ras-
sembler quelques lambeaux des splendeurs ensevelies. Oui, les
hommes ont disparu. Squelettes, ruines et poussière! les révolutions
humaines ont tout renversé; mais les étoiles sont toujours là, im-
muables, permanentes, impérissables symboles de la Vérité. Et les
hommes d'aujourd'hui sont les mêmes que leurs aïeux de quatre mille
ans. Pour un sage, mille fous. Pour un penseur, mille aveugles. Ils
continuent de vivre sans savoir où ils sont. Ils continuent d'adorer
les faux dieux fabriqués par eux-mêmes. Ils continuent de jouer
aux soldats et de stériliser leurs forces dans la brutale sottise des

armées permanentes. Les nations les plus civilisées de la fin du dix-
neuvième siècle sont juste au niveau des troupeaux humains du
temps de Sésostris. Mêmes généraux et mêmes députés. Étrange
planète !

Au surplus, nous avons peut-être tort de nous en étonner et de
regretter que chaque être humain ne vive dans la tranquille et char
mante contemplation de la Vérité. Puisque, — s'ils le voulaient, —
les hommes seraient rationnels dans leurs croyances, indépendants,
libres et heureux, et qu'ils ne le veulent pas, c'est qu'ils préfèrent
l'esclavage. Laissons-les donc à leurs oripeaux, et pour nous, inté-
ressons-nous à l'étude du vrai, et vivons doublement par le bonheur
de penser.

Les traditions humaines nous ont fait parcourir un instant l'histoire de l'astronomie, et, à propos de Mars, nous avons pris une idée
générale des anciennes observations planétaires. Revenons à l'étude
personnelle de la planète.

Nous avons déjà vu (p. 18) qu'elle circule autour du Soleil le
long d'une orbite tracée à la distance moyenne de 56 millions de
lieues du centre solaire, que l'orbite de la Terre est à la distance
moyenne de 37 millions de lieues du même astre, et que l'orbite de
Mars entoure celle de la Terre à 19 millions de lieues de distance,
en moyenne.

Mars emploie 687 jours pour accomplir sa révolution autour du
Soleil, suivant une orbite elliptique dont voici les éléments principaux :

DISTANCES EXTRÊMES ET MOYENNE AU SOLEIL

	La Terre étant 1.	En kilomètres.	En lieues.
Distance périhélie	1,3826	204 520 000	51 130 000
Distance moyenne.	1,5237	225 400 000	56 350 000
Distance aphélie	1,6658	246 280 000	61 570 000

La variation de distance est considérable et atteint près du cinquième de la distance moyenne (l'excentricité est de 0,09326). Mars
est de 10 millions de lieues plus près du Soleil au périhélie qu'à
l'aphélie ([1]).

([1]) La connaissance du mouvement de Mars est due à l'infatigable persévérance de
l'immortel Kepler, et c'est à son analyse du mouvement de cette planète que nous
devons la découverte des lois qui régissent le système du monde. Si l'orbite de Mars

Le développement total de l'orbite mesurant 350 millions de
lieues et étant parcouru en 687 jours, ce monde vogue à raison de
plus de 500000 lieues par jour, ou de 23850 mètres par seconde : il
marche donc un peu moins vite que la Terre, dont la vitesse moyenne
est de 29500 mètres.

La translation de Mars autour du Soleil ne s'accomplit pas tout à
fait dans le même plan que celle de la Terre, mais sur un plan incliné
légèrement de 1° 51'.

Si l'on combine le mouvement de la Terre avec celui de Mars, on
trouve que les deux globes tournent dans le même sens autour du
Soleil, à la façon des aiguilles d'un cadran; seulement ici c'est la
petite aiguille qui tourne le plus vite. A quels moments les deux
aiguilles (les deux planètes) se rencontrent-elles en perspective? à
quelles époques Mars et la Terre se trouvent-ils sur une même ligne
relativement au Soleil? Tous les 779 jours ou tous les 2 ans 49 jours.

Nous avons déjà rappelé qu'une planète est dite en *opposition*
avec nous lorsqu'elle passe à l'opposé du Soleil relativement à nous,
lorsqu'elle se trouve sur le prolongement d'une ligne menée du
Soleil à la Terre. Comme on a divisé la circonférence du Ciel en
360° de longitude, une planète est en *opposition* avec le Soleil
lorsque sa longitude diffère de 180° avec celle du Soleil, en *conjonc-*
tion lorsqu'elle se trouve, au contraire, du côté du Soleil et à la
même longitude que lui, en *quadrature* lorsqu'elle se trouve à
angle droit avec lui ou à 90° (Voy. *fig.* 39). Mais, par suite de l'inclinaison des plans des orbites, de la figure de ces orbites, qui ne sont

se fût rapprochée du cercle, comme celle de Vénus, au lieu d'être une ellipse très
accusée, nous ne connaîtrions peut-être pas encore les lois de l'astronomie. Tycho-
Brahé avait fait une longue série d'observations de Mars extrêmement précises. Kepler
les lui demanda à étudier, et Tycho les lui confia, « sous condition de ne pas s'en servir
pour prouver le système de Copernic ». Mais la science le prouvait malgré Kepler lui-
même. Pendant quinze années consécutives, il tourna et retourna ces observations
pour les concilier avec la doctrine ancienne, qui enseignait que tout se meut en
cercle parfait dans l'univers. Il arriva à conclure qu'il était absolument impossible
de les faire concorder avec cette figure, et que très certainement les planètes ne décri-
vent pas des cercles, mais des ellipses. C'est à cette découverte que l'on doit la véritable
fondation de la mécanique céleste, y compris la découverte newtonienne de l'attraction.
En souvenir des difficultés de ce travail, Kepler raconte que Rethicus avait voulu
avant lui réformer l'astronomie, mais que décontenancé par le mouvement de Mars, il
avait évoqué son génie familier, lequel arriva, le saisit par les cheveux, l'éleva jusqu'au
plafond et le laissa retomber en lui disant : « Voilà le mouvement de Mars. »

pas circulaires mais elliptiques, et des mouvements respectifs de la
Terre et de Mars, la planète en opposition ne passe pas nécessaire-

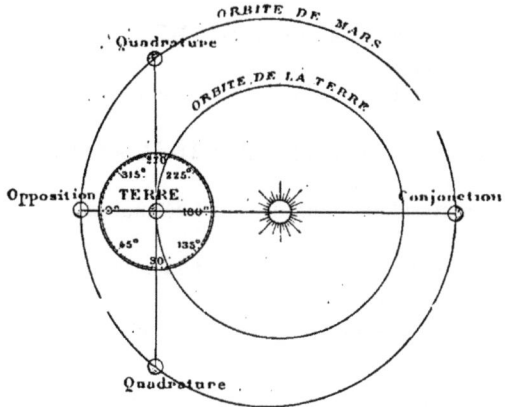

Fig. 39. — L'opposition, la conjonction et les quadratures.

ment au méridien à minuit juste, ni à sa plus grande proximité de
la Terre, le jour même de son opposition. Ainsi voici, par exemple,

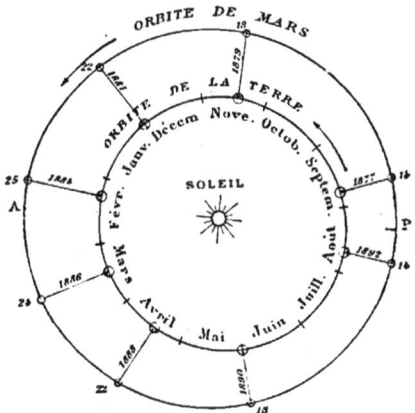

Fig. 40. — Cycle des oppositions de Mars.

quatre révolutions de Mars indiquant les périodes actuelles auxquelles la planète passe près de nous dans ses meilleures conditions d'observation :

I 〈 Distance minimum, le 2 septembre **1877** : 55 746 000 kilomètres.
  〈 Opposition, le 5 septembre.
  Passage au méridien à minuit, le 6 septembre.

II 〈 Distance minimum le 4 novembre **1879** : 71 400 000 kilomètres
   〈 Opposition, le 12 novembre.
   Passage au méridien à minuit, le 9 novembre.

III 〈 Distance minimum, le 21 décembre **1881** : 89 216 000 kilomètres
    〈 Opposition, le 26 décembre.
    Passage au méridien à minuit, le 27 décembre.

IV 〈 Distance minimum, le 30 janvier **1884** : 99 000 000 de kilomètres.
   〈 Opposition, le 31 janvier.
   Passage au méridien à minuit, le 4 février.

C'est en 1877 qu'elle est passée le plus près, comme on le voit
en comparant les chiffres précédents. Le périhélie de Mars arrive
lorsque la planète se trouve à la position céleste, à la longitude, où
la Terre se trouve le 27 août. La plus grande proximité des deux
planètes arrive donc lorsque Mars passe en opposition vers cette
date. En 1877, elle en était bien près. En 1892, elle passera plus
près encore. On se rendra exactement compte de ces intervalles
d'oppositions, qui reviennent tous les deux ans environ, ainsi que
des mois auxquels ils se reproduisent et des variations de distances
à chaque opposition, par l'examen de notre figure 40, construite à
l'échelle de 1 millimètre pour 2 millions de lieues. Ce diagramme
géométrique est le complément de ceux que l'on a vus plus haut
(p. 18 et 19). Les distances entre la Terre et Mars sont inscrites en
millions de lieues (en nombres ronds) pour chaque opposition.

A chacune de ses oppositions, la planète ne revient pas juste à
la même distance. Nous venons de voir que c'est en 1877 qu'elle a
atteint son minimum. Si nous voulions figurer année par année,
mois par mois, cette marche céleste relativement à la Terre supposée immobile, nous obtiendrions le curieux diagramme ci-dessous,
(*fig.* 41), sur lequel on peut lire ce mouvement depuis la dernière
opposition minimum de 1877 jusqu'à la prochaine de 1892, c'est-à-
dire pendant un cycle entier. Il est facile de concevoir, en effet, qu'en
raison de la double marche de la Terre et de Mars autour du Soleil

les distances entre les deux planètes varient rapidement et considérablement.

Nous avons vu qu'à ses époques de plus grande proximité, la planète arrive à 14 millions de lieues de nous lorsqu'elle se trouve en opposition vers la fin d'août ou au commencement de septembre. Mais lorsque l'opposition arrive en février, le rapprochement des deux planètes ne descend pas au-dessous de 26 millions

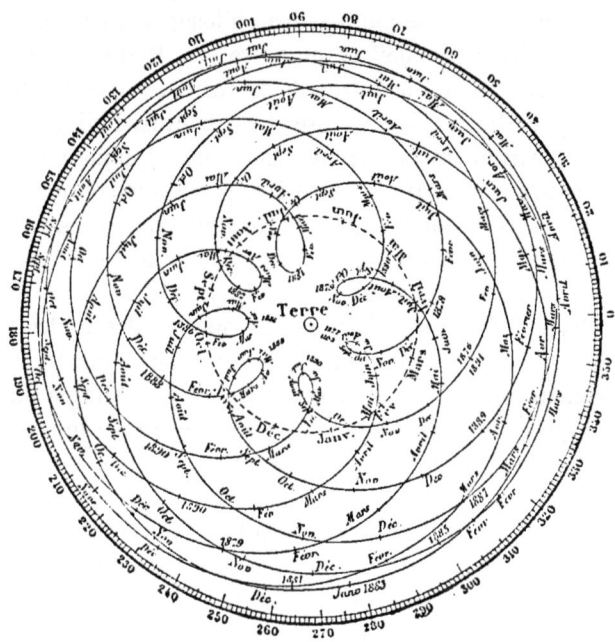

Fig. 41. — Mouvement de Mars par rapport à la Terre.

de lieues. Si maintenant nous considérons Mars lorsqu'il s'éloigne de la Terre dans l'autre côté de son orbite et qu'il passe en conjonction au delà du Soleil, sa distance à la Terre peut s'élever à 87 millions de lieues, lorsque la conjonction arrive en février, et elle peut même atteindre 99 millions de lieues, lorsque la conjonction arrive en août. On voit donc que la distance entre les deux planètes varie de 14 à 99 millions de lieues.

Remarquons, en passant, combien un tel mouvement serait plus

compliqué que le mouvement réel des deux planètes autour du Soleil, et combien ce seul aspect devait rendre peu probable l'hypothèse de l'immobilité de la Terre, laquelle hypothèse obligeait toutes
les planètes à tourbillonner ainsi pour permettre d'expliquer les
variations de position et d'éclat observées.

Il faut constater, du reste, en l'honneur du génie de l'homme, qui
sait s'élever au-dessus des apparences vulgaires et dominer les illusions des sens, que bien des siècles avant Copernic, le système qui
porte son nom était enseigné par les philosophes, par les penseurs
indépendants. Vers l'an 530 avant notre ère, Pythagore enseignait
le mouvement de rotation diurne de la Terre, et il en fut de même
de ses disciples Hicétas de Syracuse et Ecphantus. Philolaüs (le premier pythagoricien qui ait laissé des écrits) expliquait les aspects
célestes, quatre siècles avant notre ère, par le mouvement de rotation diurne et par le mouvement de révolution annuelle de la Terre
autour du Soleil en 365 jours et demi, ainsi que par la translation
des autres planètes autour de l'astre du jour. Ptolémée, dans son
Almageste, a longuement discuté cette opinion des pythagoriciens
sur le double mouvement de la Terre : il trouve qu'elle est « du
dernier ridicule » et tout à fait contraire au plus simple bon sens.
C'est à lui qu'on doit le retard éprouvé à cet égard par le progrès des
sciences et de la philosophie. Son esprit n'a pas su s'élever au-dessus
des apparences vulgaires.

Au cinquième siècle de notre ère, mille ans avant Copernic, l'astronome hindou A'ryabhata, auteur du traité astronomique et astrologique l'*A'ryabhata-Siddhanta,* écrivait : « La sphère des étoiles
est stationnaire, et la Terre, en tournant sur elle-même, produit les
levers et couchers des étoiles et des planètes. » Mais cette doctrine
ne devait pas prévaloir non plus dans l'astronomie indienne. Au
commencement du septième siècle, Brahmagupta réfutait l'auteur
précédent, tout comme Ptolémée avait réfuté les pythagoriciens, en
objectant que si la Terre tournait, les objets ne devraient pas rester
en équilibre, mais tomber par-dessous, etc.

C'est le mouvement de Mars qui donnait le plus de peine, à cause
de la grande variation de distance de la planète. C'est cette difficulté
même qui a conduit Kepler à découvrir les véritables orbites planétaires

La combinaison de son mouvement autour du Soleil avec celui qui nous emporte nous-mêmes dans notre révolution annuelle fait qu'il décrit sur la sphère céleste une ligne irrégulière, marchant généralement, comme toutes les planètes, de l'ouest à l'est, de droite à gauche le long des constellations du zodiaque, mais s'arrêtant à certaines époques, rétrogradant vers l'ouest, s'arrêtant de nouveau et reprenant son cours vers l'est. Notre figure 42 représente

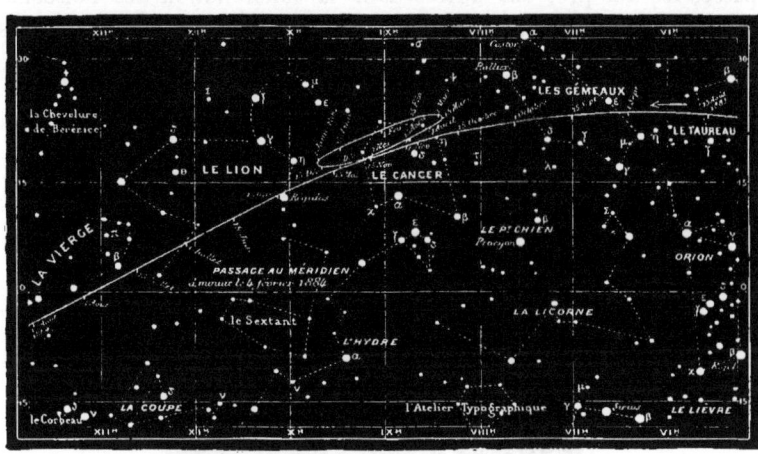

Fig. 42. — Marche et positions de la planète Mars sur la sphère céleste

son mouvement apparent parmi les étoiles, pendant sa période actuelle de visibilité. Chacun peut s'en rendre compte tous les soirs à l'œil nu (¹).

(¹) Cette petite carte permet à chacun de trouver Mars parmi les étoiles, reconnaissable d'ailleurs par sa coloration rouge et par son manque de scintillation. Le 15 août, il se lève à l'est à minuit et passe au méridien au sud à 8 heures du matin. Le 15 septembre, il se lève à 11ʰ20ᵐ du soir et arrive au méridien à 7ʰ24ᵐ du matin. Le 15 octobre, il se lève à 10ʰ48ᵐ du soir et passe au méridien à 6ʰ38ᵐ. Le 15 novembre, lever à 9ʰ57 et passage au méridien à 5ʰ13ᵐ. Le 15 décembre, lever à 8ʰ36ᵐ et passage au méridien à 4ʰ4ᵐ. Il avance ainsi de mois en mois pour planer sur nos nuits d'hiver. Telles sont les positions actuelles de Mars. Ce serait sortir du cadre d'un ouvrage populaire et d'un livre d'astronomie descriptive que de calculer ici les éphémérides de ses positions futures. Mais ceux d'entre nos lecteurs qui s'intéressent à suivre eux-mêmes, soit à l'œil nu, soit à l'aide d'instruments de moyenne puissance, les divers phénomènes célestes, trouveront toutes les indications désirables dans notre *Revue mensuelle d'Astronomie populaire*, qui prépare perpétuellement toutes les observations à faire.

Par suite de ce mouvement de Mars le long du zodiaque, et du mouvement de toutes les planètes dans la même zone, plusieurs planètes peuvent se trouver momentanément réunies dans la même région du ciel. C'est précisément ce qui vient d'arriver : en juillet 1883, toutes les planètes visibles à l'œil nu pouvaient être vues en même temps dans le ciel le matin avant le lever du soleil. Au mois de juin 1881, Mercure, Vénus, Mars, Jupiter et Saturne sont passés les uns près des autres dans la constellation des Poissons. Quelquefois, deux planètes passent si près l'une de l'autre qu'elles

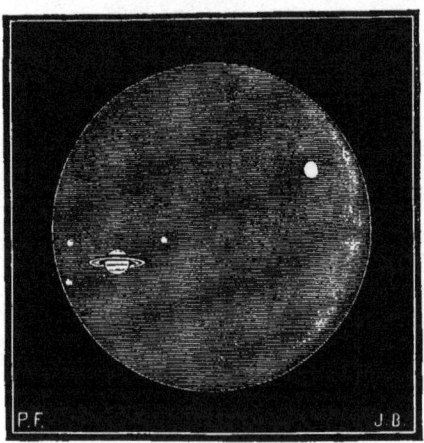

Fig 43.
Conjonction de Mars avec Saturne le 1ᵉʳ juillet 1879.

n'en font plus qu'une à l'œil nu et que dans le champ d'une lunette elles sont voisines comme les deux composantes d'une étoile double. Ainsi, par exemple, le 1ᵉʳ juillet 1879, à 5ʰ16ᵐ du matin, Mars et Saturne se sont rencontrés dans le ciel en perspective. Les deux planètes sont passées à 87″ seulement l'une de l'autre, d'un centre à l'autre. Saturne se montrait, dans une lunette de huit pouces, environné de trois satellites, et Mars semblait appartenir au même système. Sa couleur était d'un jaune orangé bien prononcé, tandis que Saturne paraissait jaune verdâtre pâle et beaucoup moins intense que Mars en lumière.

Quelquefois trois planètes peuvent se rapprocher ainsi. Le 23 décembre 1769, Mars, Jupiter et Vénus se sont trouvés réunis dans un même champ de 1 degré de diamètre. Ce rapprochement si curieux est même arrivé pour quatre planètes, pour Mars, Jupiter, Vénus et Mercure, le 17 mars 1725. Les anciens attribuaient une importance spéciale à ces conjonctions planétaires et nous ont conservé un grand nombre d'observations, sur lesquelles il serait superflu de nous étendre davantage.

Cette même combinaison des mouvements de Mars et de la Terre autour du Soleil fait que Mars est loin de nous présenter toujours de face son hémisphère éclairé par le Soleil. Il en résulte par consé-

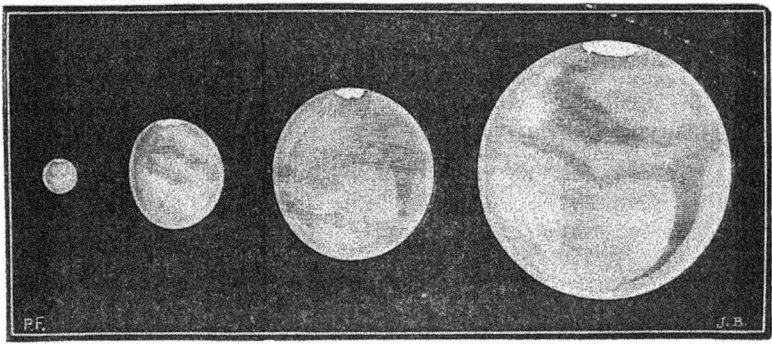

Fig. 44. — Les phases de Mars.

quent que nous lui observons des *phases*, moins complètes que celles de la Lune, mais pourtant assez sensibles, et même parfois évidentes du premier coup d'œil. Nos lecteurs ont déjà pu en remarquer une (p. 23). La partie obscure peut s'étendre davantage encore et atteindre le huitième du disque.

Ces phases ont été remarquées dès l'année 1610, aussitôt qu'on eût dirigé la lunette astronomique vers l'astre de la guerre. Galilée écrivait au père Castelli, le 30 décembre de cette année, que cet astre ne lui paraissait pas entièrement rond. Le 24 août 1638, Fontana observant sous le ciel de Naples, dessina la planète évidemment amincie ou gibbeuse. C'était une confirmation de la théorie que cette planète, comme les autres, ne brille pas plus que la Terre par sa propre lumière, mais seulement par celle qu'elle reçoit du Soleil et réfléchit dans l'espace.

La grandeur apparente de Mars varie naturellement en raison de sa distance. A ses époques de plus grande proximité, cette planète brille comme une étoile de première grandeur, rivalisant presque d'éclat avec Vénus et Jupiter, et pouvant même devenir visible en plein jour. Lorsqu'elle est très éloignée de nous, elle descend au contraire au rang de la seconde et même de la troisième grandeur. Le diamètre de son disque télescopique peut descendre jusqu'à 3″ ; aux époques d'opposition, il atteint au minimum 13″ et peut, au maximum, s'élever jusqu'à 30″ ; ce qui est arrivé en 1877, et ce qui se reproduira en 1892. Cette époque favorable revient tous les quinze ans, et coïncide avec celle de la disparition des anneaux de Saturne lorsqu'ils se présentent à nous par leur tranche. On se rendra compte de la variation de la grandeur apparente de Mars à l'examen de notre figure 45, dessinée à l'échelle de 2^{mm} pour 1″. A chaque opposition consécutive, le disque apparent de la planète varie dans la proportion suivante : 1877 = 30″ ; 1879 = 23″ ; 1881 = 18″ ; 1884 = 16″ ; 1886 = 14″ ; 1888 = 18″ ; 1890 = 23″ ; 1892 = 30″. Mais la distance et la diminution de grandeur ne jouent pas un aussi grand rôle qu'on le croirait pour la visibilité des détails.

En supposant Mars placé à la distance du Soleil, prise pour unité dans les mesures célestes, son diamètre serait de 9″35 (mesures concordantes de Bessel, Kaiser, Main et Hartwig). A cette même unité de distance, le diamètre de la Terre est de 17″72.

En combinant la grandeur apparente de Mars avec la distance, on trouve qu'elle correspond à un diamètre de 6850 kilomètres, soit 1700 lieues en nombre rond. Le tour du monde de Mars est donc de 5375 lieues.

On voit que cette planète est plus petite que la Terre. Son diamètre n'est guère que la moitié du nôtre (0,54). Sa surface n'est que les 29 centièmes de la surface du globe terrestre, et son volume n'est que les 16 centièmes du nôtre.

Étant six fois et demie plus petit que la Terre en volume, Mars se trouve être sept fois et demie plus gros que la Lune, et trois fois plus gros que Mercure.

Combien pèse-t-il ?

Avant la découverte des satellites de Mars, faite en 1877, il était assez difficile de déterminer exactement la masse de cette planète. Comment pèse-t-on les mondes ? Le procédé le plus simple à employer pour peser un astre, c'est de comparer la vitesse avec laquelle il fait tourner un corps céleste soumis à sa puissance avec

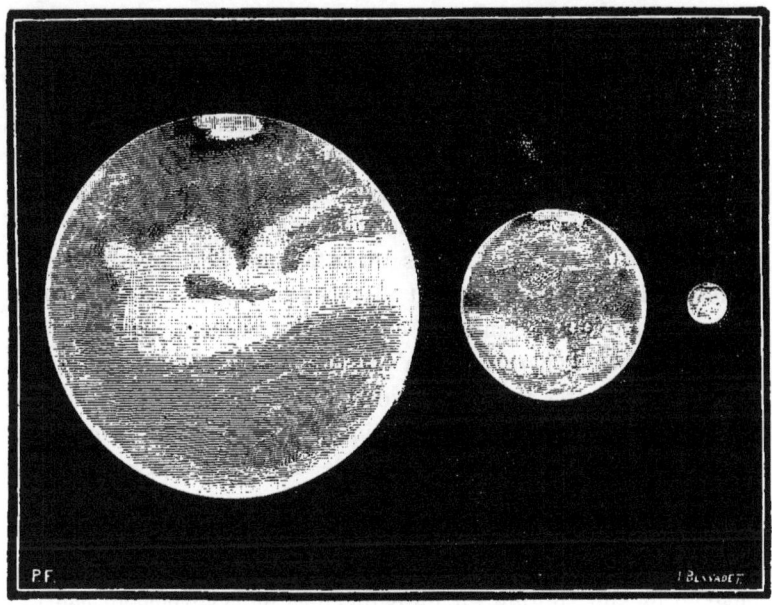

Fig. 45.
Dimensions apparentes de Mars à ses distances extrêmes et moyennes.
(Échelle 2mm = 1″).

celle que la Terre imprime à la Lune : la proportion des vitesses conduit à la proportion des masses ou des poids. C'est ainsi que nous avons pesé le Soleil. Quand la nature ne fournit pas ce moyen direct, il faut prendre un moyen détourné, tel que les perturbations que la planète fait éprouver à ses compagnes célestes dans leur cours à travers l'espace, ou à quelque comète vagabonde qui s'approche suffisamment pour subir une influence sensible. C'est ainsi qu'on a déterminé les masses de Mercure, de Vénus, et celle de Mars jusqu'en 1877. Mais lorsqu'il y a un satellite, l'opération est à la fois

incomparablement plus rapide et plus précise. L·· calcul de la masse
de Mars fait par Le Verrier représente un siècle entier d'observations et plusieurs mois consé. atifs de calcul, plus de mille heures
de numération! A peine les s tellites de Mars étaient-ils découverts, au contraire, que quatre nuits d'observation et vingt minutes
de calcul ont suffi pour prouver que cette planète pèse neuf fois et
demie moins que la Terre. Le poids de notre globe étant, par
exemple, représenté par le nombre de 1000, celui de Mars serait
représenté par 106 ([1]).

La *densité* des matériaux consécutifs de ce globe est égale aux
69 centièmes de la densité moyenne de la Terre. Ainsi, tandis que
le globe terrestre est environ cinq fois et demie plus lourd qu'un
globe d'eau de même dimension, Mars est seulement quatre fois et
demie plus dense. La pesanteur des objets à sa surface ne surpasse
guère le tiers de celle des objets terrestres, ne dépasse pas les 37
centièmes de la nôtre. Des huit planètes principales, c'est la plus
faible intensité de pesanteur : cent kilogrammes transportés sur
Mars et pesés au dynamomètre n'y pèseraient que 37 kilogrammes.

Nous pouvons très facilement voir que ces résultats sont déterminés avec une certitude mathématique et constater nous-mêmes,
par un exposé sommaire de la méthode employée, qu'il n'y a ici
aucune œuvre d'imagination.

Le poids des corps, l'intensité de la pesanteur à la surface d'un
monde dépendent : 1° de la masse ou du poids intrinsèque de ce
globe; 2° de son volume ou de la distance de la surface au centre.
Ainsi, par exemple, si la Terre, tout en gardant le même volume,
était dix fois plus dense, dix fois plus lourde qu'elle n'est, nous pèserions dix fois plus, nous serions attirés dix fois plus fortement par
elle, et un corps abandonné à la pesanteur, au lieu de parcourir 4^m90
pendant la première seconde de sa chute, serait attiré avec une vitesse

[1] En effet, la Terre fait tourner la Lune, à la distance de 384400 kilomètres, en
27 jours 7 heures 43 minutes 11 secondes, et Mars fait tourner l'un de ses satellites, à
la distance de 23700 kilomètres, en 30 heures 17 minutes 54 secondes. Puisque les carrés
des temps sont entre eux comme les cubes des distances, si ce satellite de Mars était
éloigné de la planète à la distance à laquelle gravite la Lune, il tournerait autour de la
planète en un temps beaucoup plus long que celui que notre satellite emploie à circuler
autour de nous. C'est la proportion entre ces deux durées qui prouve que Mars est neuf
fois et demie moins fort que la Terre.

de 49 mètres. Mais, d'autre part, la pesanteur décroît avec la distance au centre d'attraction dans le rapport de cette distance multipliée par elle-même, ou du carré. Ainsi, si la Terre, tout en pesant exactement ce qu'elle pèse actuellement, était dix fois plus large en diamètre, nous serions dix fois plus éloignés de son centre que nous le sommes actuellement, et nous pèserions cent fois moins. 1 kilogramme actuel ne pèserait plus que dix grammes; abandonné à la pesanteur, il ne tomberait qu'avec une vitesse de 49 millimètres pendant la première seconde de chute.

Fig. 46.
Grandeur comparée de la Terre, Mars, Mercure et la Lune.

Faisons nous-mêmes ici le calcul de ce qui doit exister sur ce point à la surface de la planète Mars :

Nous venons de dire que ce globe pèse neuf fois et demie moins que la Terre. S'il avait le même volume que notre globe, le poids des corps y serait donc réduit dans la même proportion, et 1 kilogramme transporté là et pesé au dynamomètre n'y pèserait que 95 grammes.

Mais ce globe est plus petit que la Terre, la surface est plus rapprochée du centre, et la pesanteur s'accroît en raison du carré du rapprochement. Le rapport des diamètres est de 53 à 100. Étant près de moitié plus proche du centre, les objets sont attirés près de quatre fois plus (exactement 3,7). Nos 95 grammes deviennent donc 95 × 3,7 ou 350 grammes. Tel est par conséquent le poids de 1 kilogramme terrestre transporté à la surface de la planète dont nous nous occupons.

On voit, par parenthèse, que ces calculs sont aussi simples et aussi

clairs que tous ceux de la vie quotidienne : ils demandent la même attention, ni plus ni moins, et chacun conviendra sans peine qu'ils sont
beaucoup plus intéressants que toutes les banalités du monde vulgaire.)

De légères différences dans les mesures du diamètre et de la masse de
Mars conduiraient à des différences correspondantes dans les résultats. Au
lieu de 35 centièmes, on pourrait, par exemple, trouver 36 ou 37 centièmes. Ces différences n'empêchent pas la méthode d'être exacte et
mathématique.

Il résulte de ce que nous venons de dire qu'un corps qui tombe,
au lieu de se précipiter avec la vitesse de 4^m90 dans la première
seconde de chute, comme il arrive sur la Terre, ne descend, sur
Mars, qu'avec la vitesse de $4^m,90 \times 0,35$, ou $1^m,72$. Voici, par
exemple (*fig.* 47), deux colonnes, dont l'une est supposée sur la
Terre et l'autre sur Mars. Si nous imaginons que deux hommes se
précipitent du haut des tours, après deux secondes de chute, l'expérimentateur terrestre aura parcouru $19^m,60$, tandis que celui de Mars
n'aura parcouru que $5^m,16$. Le premier arrivera à terre avec une
vitesse suffisante pour lui donner un choc mortel, tandis que le
second n'aura probablement fait là qu'un exercice inoffensif.

En d'autres termes, les corps sont très légers sur cette planète.
Un kilogramme terrestre transporté là n'y pèserait plus que
350 grammes, et un homme pesant ici 70 kilogrammes n'en pèserait plus que 24. Nous verrons tout-à-l'heure, que, transporté sur
l'un de ses satellites, ce même homme n'y pèserait plus que
117 grammes. Transporté dans l'espace pur, ce même sujet d'expérience ne pèserait *plus rien du tout*, et, couché dans le vide, ne
tomberait jamais, à moins d'être attiré par une étoile.

Cet état de la pesanteur jouant le premier rôle dans l'organisation
des êtres, pour la force des tissus organiques, pour les muscles de
la locomotion, pour les modes de locomotion eux-mêmes, il n'est
pas douteux que les habitants de Mars soient plus légers que nous
et soient constitués autrement que nous. C'est le problème que
nous discuterons tout-à-l'heure, dans notre chapitre spécial sur
les habitants de Mars.

Ces considérations nous montrent que, pour nous rendre aptes à
juger librement des phénomènes observés sur les autres planètes, il
faut avant tout savoir nous dégager des influences terrestres, consi-

dérer que l'état des choses y est tout autre qu'ici, que les forces de la
nature s'y exercent en d'autres conditions, et que, par conséquent,
nous ne devons ni rejeter *à priori* ce qui nous paraît en contradic-
tion avec notre monde habituel, ni vouloir quand même tout expli-

Fig. 47. — Intensité comparée de la pesanteur sur la Terre et sur Mars.

quer immédiatement par les seules lumières de nos observations
terrestres.

Telle est la condition uranographique de la planète Mars. Nous
allons maintenant en étudier les conséquences physiologiques, et
faire connaissance avec son calendrier, ses années, ses jours, ses
saisons et ses climats.

CHAPITRE V

Le calendrier des habitants de Mars
Révolution annuelle et rotation diurne. — Le jour et la nuit. — Années.
Saisons. — Coloration des continents. — Neiges polaires
et climats tropicaux.

On entend quelquefois des personnes irréfléchies demander « à quoi sert l'Astronomie ». Une pareille question fait sourire celui qui sait que sans l'Astronomie nous serions incapables de connaître même la date du jour où nous vivons. Le calendrier, base de l'histoire, est l'un des premiers monuments des sciences d'observation. Sans l'Astronomie, nous ne saurions pas ce que c'est que la Terre, nous ne saurions pas où nous sommes, nous n'aurions aucune idée saine sur la composition et la grandeur de l'Univers, nous serions comme des aveugles dans une cave, il eût été impossible de diriger la navigation, il serait impossible de déterminer la position précise d'un point sur le globe ni de fixer une date dans l'histoire, et même nous pouvons dire que sans cette science nous ne pourrions avoir aucune idée générale positive sur quoi que ce soit; en un mot, sans l'Astronomie, l'homme serait encore à l'état d'ignorance de la sauvagerie primitive (¹).

Actuellement, au moment où j'écris ces lignes, les Chrétiens sont

(¹) Sans que nous nous en doutions, l'Astronomie nous enveloppe en tout et partout. En prenant une tasse de café, nous appliquons l'Astronomie, car si les navigateurs n'avaient pas su déterminer les longitudes par l'observation des éclipses des satellites de Jupiter, le café n'aurait pas été exportable à des prix populaires et ne serait pas entré dans les mœurs. En datant une lettre, en regardant la pendule, nous faisons de l'astronomie sans le savoir; etc., etc.

à l'année 1883 de leur ère, comptée à partir de la naissance de Jésus ; les Musulmans en sont à l'an 1301 de Mahomet ; les Israélites sont à l'année 5643 de la création du monde, selon la Bible ; les Chinois inscrivent sur leur calendrier la 20ᵉ année du 76ᵉ cycle de 60 années institué au XXVIIᵉ siècle avant notre ère, etc., etc. ; toutes ces manières de mesurer et de compter le temps étant d'ailleurs réglées par le cours apparent du Soleil et de la Lune.

Demander en quelle année on est actuellement sur Mars, serait une question oiseuse, puisque même sur la Terre il y a un grand nombre d'ères différentes. L'ère chrétienne n'est pas plus connue dans le Ciel que l'ère chinoise ou l'ère arabe, et ce qu'il y a d'assez surprenant, c'est de voir des hommes intelligents s'imaginer que nos fêtes chrétiennes aient un écho dans l'empyrée : que le vendredi-saint, par exemple, on soit triste « dans le Ciel » ; que le jour de Pâques ou de l'Ascension la gaieté rayonne ; que le jour de l'Assomption la Sainte-Vierge reçoive nos prières ; que les Saints entendent les invocations qui leur sont adressées dans les chapelles chaque jour de l'année ; etc., etc. Il faut croire qu'il déplait aux hommes de faire usage de leur raison. Ce sera le complément de l'œuvre de l'Astronomie dans l'avenir. Du reste, notre calendrier lui-même est, dans sa forme mondaine, un tissu d'inconséquences. Pour n'en signaler qu'une parfaitement bizarre, n'est-il pas étrange de voir le premier jour de notre calendrier « chrétien » consacré à... la circoncision ! Quelle singulière anomalie pour des peuples étrangers à ce rite physiologique ! Ce mot est pourtant le premier que toute jeune fille doit lire, et celui qu'elle a constamment sous les yeux, chaque fois qu'elle consulte l'élégant petit carnet doré sur lequel elle inscrit ses promesses ou ses souvenirs.

On peut espérer que sur Mars la rédaction du calendrier est plus rationnelle qu'ici, et qu'au lieu de fêter, par exemple, le retour de l'année au milieu de la plus mauvaise saison, les habitants de la planète ont su s'entendre pour placer cette fête au printemps. En lui-même, le calendrier, la mesure du temps, est réglé là comme ici par les mouvements célestes, par la combinaison du mouvement diurne de rotation de la planète sur elle-même, et de son mouvement annuel de translation autour du Soleil. Ils ont des années et des jours, mais ils n'ont pas de mois, ou pour mieux dire, ils n'eu

ont qu'un petit de cinq jours, produit par la combinaison du mouvement du satellite extérieur avec la rotation de la planète. Ce petit
mois minuscule leur sert sans doute de semaine, et peut-être ont-ils
aussi donné à ces jours des noms dérivés des cinq astres qu'ils voient
le mieux : le Soleil, leurs deux lunes, Jupiter et la Terre.

La durée de la rotation diurne de Mars est connue avec autant de
précision que celle de notre propre monde. Elle a été déterminée
dès l'an 1659 par Huygens. Aux époques de bonne visibilité, une
observation attentive de quelques heures suffit pour permettre de

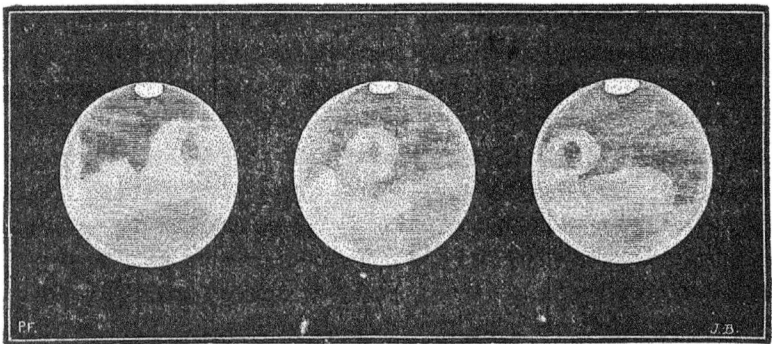

Fig. 49. — Comment on observe la rotation diurne de Mars.

constater cette rotation par le déplacement des taches, et, en quelques
jours, si l'on a remarqué une tache bien définie, on peut la voir
revenir par le méridien central du disque et ainsi faire soi-même
une première constatation approximative de la durée de la période.
Ainsi, par exemple, voici trois dessins faits le même soir (28 septembre 1877), le premier à 7 heures 30 minutes du soir, le second
à 9 heures 30 minutes, le troisième à 11 heures 30 minutes : ils
suffisent pour montrer que la tache circulaire grise a marché de la
droite vers la gauche (pôle sud en haut), et qu'en quatre heures elle
a parcouru, en apparence, plus de la moitié de l'hémisphère. Comme
les bords d'un globe sont vus en raccourci, elle emploie beaucoup
plus de temps pour parcourir le premier et le dernier quart. En fait
on constate que pour aller d'un bord à l'autre, elle met plus de
douze heures, c'est-à-dire plus de vingt-quatre pour faire le tour
complet.

Cet examen du mouvement des taches donna en 1666 à Cassini 24 heures 40 minutes pour la période de rotation. Maraldi, en 1704 et en 1719, William Herschel et Schroëter à la fin du même siècle, Kunowski en 1822, Mädler en 1830, Kaiser en 1862, Wolf en 1866, Proctor en 1869, Crulls en 1877, perfectionnèrent la même recher- che, et nous connaissons aujourd'hui, *à une seconde près*, la durée exacte de la rotation diurne de ce monde, qui est de

24 HEURES 37 MINUTES 23 SECONDES.

La durée du jour et de la nuit est donc à peu près la même sur Mars que sur la Terre : elle surpasse la nôtre d'un peu plus d'une demi-heure seulement. Il est extrêmement remarquable que cette durée soit sensiblement analogue pour les quatre planètes Mercure, Vénus, la Terre et Mars. Nous ne connaissons pas la raison de cette similitude. La distance au Soleil ne paraît pas en jeu ici comme pour la durée de l'année, ni le volume de la planète. La *densité* paraît entrer pour la plus grande part dans cet établissement du temps de la rotation, comme je l'ai montré dans un travail antérieur. Les quatre planètes dont la rotation s'effectue en une période voisine de 24 heures sont les plus denses. Les quatre planètes géantes, Jupiter, Saturne, Uranus et Neptune, tournent beaucoup plus vite : en une période voisine de 10 heures, et ce sont aussi les mondes de la plus faible densité.

Pendant la durée de sa révolution autour du Soleil, Mars tourne 669 fois sur lui-même. Dans l'année de Mars il y a 669 rotations ou jours sidéraux (669 $\frac{2}{3}$), et par conséquent 668 $\frac{2}{3}$ jours solaires ou ci- vils ([1]). De même que le jour terrestre est de 24 heures, surpas- sant de 4 minutes la durée de la rotation terrestre, laquelle est de 23 heures 56 minutes, le jour martien est également un peu plus long que la rotation : il dure, tout compté, 24 heures 39 minutes 35 secondes. Il y a sur trois ans une année courte de 668 jours et deux longues de 669, autrement dit, deux années bissextiles sur trois.

Le jour et la nuit suivent sur ce globe le même cours que sur la Terre. A l'équateur, ils sont d'égale durée, de 12 heures 19 minutes

_____

([1]) Il y a, pour chaque planète, un jour de moins que de rotations par an. Ce fait, très simple d'ailleurs, sera expliqué au chapitre de la Terre.

47 secondes et demie pendant l'année entière. Il en est de même pour
tous les pays du monde martien le jour de l'équinoxe. L'empiéte-
ment du jour sur la nuit pendant l'été, et de la nuit sur le jour
pendant l'hiver, y suit la même loi qu'ici, et varie semblablemen.
suivant les latitudes. A la latitude correspondante à celle de Paris,
la durée du jour au solstice d'été surpasse 16 heures ; au cercle
polaire, elle atteint 24 heures 39 minutes ; au pôle même, elle est
d'une demi-année martienne, ou de onze mois et demi et l'hiver y
est encore plus sombre, plus triste et plus glacial que celui de nos
régions polaires. Le régime climatologique est presque le même
qu'ici, mais plus lent.

On voit qu'entre Mars et la Terre la différence est peu sensible,
sous le rapport du mouvement de rotation : les phénomènes qui en
sont la conséquence, la succession des jours et des nuits, le lever et
le coucher du soleil et des étoiles, la fuite des heures, rapides ou
lentes suivant l'état de l'âme, les travaux, les joies ou les peines ;
en un mot, le cours quotidien de la vie et la marche habituelle des
choses s'y développent à peu près dans les mêmes conditions que
chez nous.

Les mesures faites sur Mars ne sont pas concordantes quant à son
aplatissement polaire. Herschel a trouvé $\frac{1}{16}$, Schroëter $\frac{1}{80}$, Arago $\frac{1}{30}$,
Hind $\frac{1}{50}$, Main $\frac{1}{35}$, Kaiser $\frac{1}{115}$, et Young, en 1879, $\frac{1}{115}$. Les premières
de ces valeurs sont beaucoup trop fortes pour la théorie de l'attrac-
tion. Ce globe tournant moins vite que la Terre et étant plus petit,
ne développe qu'une faible force centrifuge, et son aplatissement
devrait être inférieur à celui de notre planète, qui est de $\frac{1}{291}$.
Peut-être la planète s'est-elle formée en plusieurs fois, et les couches
voisines de la surface sont-elles plus denses que la densité moyenne.
Il y a là quelque mystère : cette planète est petite, et il y en a plusieurs centaines plus petites derrière elle ; nous verrons plus loin
que l'un de ses satellites tourne plus vite qu'elle ne roule elle-même.
C'est la plus excentrique des planètes principales. Autant de faits à
expliquer ([1]).

_____

([1]) D'après les mesures du diamètre de la planète et des plus grandes élongations des
satellites, combinées avec la durée de la rotation de Mars et celle des révolutions des
satellites, on conclut que le rapport de la force centrifuge à la pesanteur à l'équateur
de Mars est environ $\frac{1}{175}$. Il suit de là que si la planète était homogène, son aplatiss—

La connaissance si exacte que nous avons du mouvement de rotation de la planète Mars (elle est tout aussi précise, en vérité, que celle du mouvement de la Terre elle-même) a permis de déterminer non moins exactement l'inclinaison de son axe de rotation sur le plan de son orbite.

Les mesures de William Herschel avaient conduit au chiffre de 28°42′ pour l'inclinaison de l'axe de rotation : c'est la valeur adoptée dans tous les traités d'Astronomie. Cette inclinaison

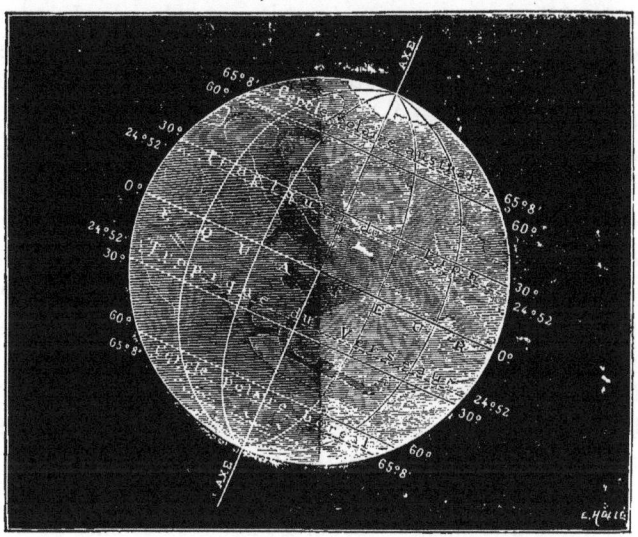

Fig. 50. — Inclinaison de Mars sur son axe : les trois zones.

produirait des saisons analogues aux nôtres, seulement un peu plus prononcées (on sait que l'inclinaison de l'axe de la Terre est de 23°27′). Les mesures de Bessel, réduites par Oudemans, conduisent au chiffre de 27°16′. Tout récemment, en 1877, 1878 et 1881, M. Schiaparelli a repris la même recherche avec des soins particuliers et a trouvé pour résultat 24°52′, ce qui ramène

ment serait de $\frac{1}{176}$ environ. Si, au lieu d'être homogène, sa densité interne varie selon la même loi que celle de la Terre, de telle sorte que cet aplatissement soit à la force centrifuge dans le même rapport relatif que sur la Terre, cet aplatissement serait de $\frac{1}{71}$. Selon toute probabilité, il est compris entre ces limites.

les saisons de Mars à une identification presque absolue avec les nôtres.

Nous savons d'ailleurs par la seule inspection, et lors même que les variations météorologiques, visibles d'ici sur cette planète voisine, ne nous l'auraient pas démontré *de visu*, que ses saisons ne sont pas très différentes des nôtres, quant à leur *variation d'intensité* entre l'été et l'hiver. Un astronome de la Terre n'a pas besoin de faire le voyage de Mars pour connaître ses climats.

Ce monde présente comme le nôtre trois zones bien distinctes : la zone torride, la zone tempérée et la zone glaciale. La première s'étend, de part et d'autre, de l'équateur jusqu'à 24°52′ ; la zone tempérée s'étend depuis cette latitude jusqu'à 65°8′ ; la zone glaciale entoure chaque pôle jusqu'à cette distance ([1]).

Ainsi, la durée des jours et des nuits, leurs différences selon les latitudes, leurs variations suivant le cours de l'année, les longues nuits et les longs jours des régions polaires, en un mot tout ce qui concerne la distribution de la chaleur, sont autant de phénomènes presque semblables sur Mars et sur la Terre. Entre les deux planètes cependant, il y a une très notable différence, c'est celle qui existe entre *la durée* des saisons.

Cette durée y est beaucoup plus longue. En effet, nous avons vu au chapitre précédent que l'année martienne dure 687 jours terrestres ; chacune des quatre saisons est donc aussi près du double plus longue qu'ici. De plus, l'orbite de Mars étant très allongée, l'inégalité de durée des saisons y est plus marquée que chez nous. Pour en faire la comparaison exacte, choisissons l'hémisphère de Mars

---

([1]) Remarquons, à propos du calendrier de Mars, que la planète tournant comme la Terre dans le zodiaque, le Soleil tourne également en apparence pendant son année devant les douze constellations zodiacales. Seulement, au solstice d'été de l'hémisphère nord, ce n'est pas dans le Cancer que le Soleil se trouve, mais dans le Verseau, et au solstice d'hiver, ce n'est pas dans le Capricorne, mais dans le Lion : de sorte que nous pourrions appeler les tropiques de Mars, *tropiques du Verseau* et *du Lion*. Il est opportun d'ajouter d'ailleurs que les habitants de Mars ne désignent certainement pas leurs constellations sous les mêmes noms que nous désignons les nôtres, quoique la différence de perspective soit si faible pour les étoiles vues de là ou d'ici, que les configurations y restent absolument les mêmes. Là comme ici, les sept étoiles de la Grande Ourse forment un char, Castor et Pollux donnent l'idée de jumeaux, la Couronne, la Flèche, peuvent porter les mêmes noms dans les langues de Mars, le Scorpion ressemble à un scorpion..., mais y a-t-il des scorpions sur cette planète ?

analogue à celui que nous habitons sur la Terre, son hémisphère
boréal ,et comparons les durées des saisons sur les deux planètes.

DURÉE DES SAISONS

	Sur la Terre.	Sur Mars.
Printemps.	93 jours terrestres.	191 jours martiens.
Été.	93	181
Automne.	90	149
Hiver	89	147
	365	668

On voit que les saisons de Mars sont beaucoup plus lentes et sensiblement plus inégales que les nôtres. Comme nous l'avons vu

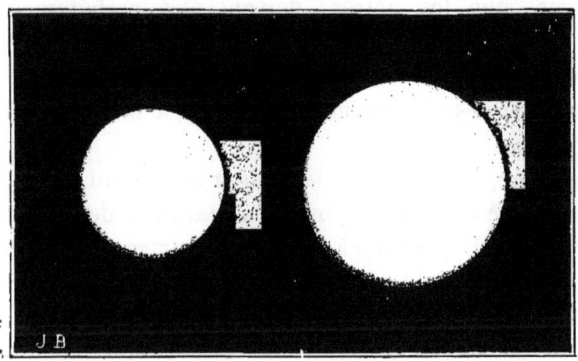

Fig. 51. — Grandeur comparée du Soleil vu de Mars et vu de la Terre.

tout à l'heure, le jour de Mars est de 39 minutes plus long que le
nôtre, et son année compte 668 jours martiens, 669 dans les années
bissextiles. Chaque saison dure presque six de nos mois.

Ainsi le printemps et l'été de l'hémisphère boréal de cette planète
durent 372 jours, tandis que l'automne et l'hiver n'en durent que
296. La chaleur solaire doit donc s'accumuler dans l'hémisphère
boréal en quantité notablement plus grande que dans l'hémisphère
austral. Mais il y a, comme sur la Terre, une compensation provenant de ce que l'orbite de Mars n'étant pas circulaire, la planète
est beaucoup plus proche du Soleil au périhélie qu'à l'aphélie : la

TERRES DU CIEL.   14

différence est de 5 millions de lieues. C'est au solstice d'été de son hémisphère sud que cette planète est actuellement à sa moindre distance du Soleil, et par conséquent reçoit de cet astre le maximum de chaleur. Il résulte de ce fait que les neiges polaires australes doivent beaucoup plus varier d'étendue que celles du pôle boréal, et c'est aussi ce que montre l'observation.

Cette variation dans la longueur des saisons, quoique fort caractéristique, ne doit avoir aucun effet désagréable sur les conditions de la vie. Un astronome anglais, M. Ledger, remarquait même dernièrement (¹), à ce propos, que la faible quantité de chaleur et de lumière que Mars reçoit du Soleil, peut avoir pour résultat une plus grande lenteur dans la végétation, ainsi que dans les récoltes; de telle sorte qu'une année et des saisons du double environ plus longues que les nôtres, doivent être parfaitement appropriées à l'état de la planète. Il y a néanmoins ici, dans cette différence de chaleur et de lumière, quelques considérations qui s'imposent d'elles-mêmes à notre attention, à propos des habitants de Mars.

En moyenne, la lumière et la chaleur reçues du Soleil, n'ont là qu'une intensité égale aux $\frac{43}{100}$ ou à peu près aux $\frac{1}{2}$ de celles que nous recevons. Le Soleil présente à un observateur martien un diamètre égal aux deux tiers de celui qu'il nous présente à nous-mêmes (voy. fig. 51), attendu que la distance de Mars au Soleil surpasse de une fois et demie celle de la Terre, et que la lumière et la chaleur reçues varient comme la *surface* du disque apparent, c'est-à-dire comme le carré de $\frac{2}{3}$ ou comme $\frac{4}{9}$; la valeur exacte est $\frac{43}{100}$.

Nous disons « en moyenne » attendu que l'ellipticité de l'orbite de Mars change considérablement la distance de la planète, tout le long de son année, sa distance minimum au Soleil descendant à 51 millions de lieues et sa distance maximum s'élevant au-dessus de 61. Il en résulte une variation correspondante dans le diamètre apparent du Soleil, s'élevant à environ $\frac{1}{11}$ de sa valeur moyenne ; en d'autres termes, ce diamètre du disque solaire varie aux différentes époques de l'année martienne comme les nombres 10, 11 et 12, et

(¹) THE SUN, *its planets and their satellites*, London, 1882.

la lumière ainsi que la chaleur comme les carrés de ces nombres, c'est-à-dire dans la proportion de 100 à 121 et 144, ou, en définitive, plus simplement, comme les nombres 5, 6 et 7. Telle est la variation apparente du disque solaire, ainsi que de la lumière et de la chaleur reçues dans le cours de l'année des habitants de Mars.

En somme, cette variation n'a rien d'excessif, et la plus grande différence entre les conditions d'habitabilité examinées sous ce point de vue spécial, consiste dans la quantité de chaleur et de lumière reçues, laquelle est inférieure, comme nous l'avons dit, à la moitié de celles que nous recevons nous-mêmes de l'astre central.

Il est certain, en supposant que l'atmosphère de Mars ne soit pas constituée de façon à accroître cette valeur, que l'humanité terrestre pourrait fort bien s'acclimater à ces conditions mêmes, car elle le fait déjà sur la Terre en s'adaptant aux climats de l'Afrique centrale, du Groënland et de la Sibérie. Mais il est presque superflu de notre part de nous inquiéter de cette adaptation, non seulement parce que les espèces vivantes sont, par la nature même, appropriées aux conditions organiques spéciales de chaque monde, mais encore parce que la température générale de la planète Mars ne paraît pas du tout aussi froide que nous aurions lieu de le craindre. En effet, si telle était la température de ce globe, un thermomètre placé dans ses régions équatoriales ne devrait pas s'élever plus haut que nos thermomètres observés vers notre 62° degré de latitude. Or, les neiges polaires de Mars n'offrent pas l'extension qu'elles devraient avoir, s'il en était ainsi.

Nous pouvons étudier d'ici ces variations climatologiques, et cette étude est une des plus intéressantes qu'il nous soit donné de faire, car elle transporte notre pensée au sein d'une nature physique offrant avec la nôtre une sympathique analogie.

L'inclinaison de Mars sur son orbite fait qu'il ne se présente pas à nous dans un sens que nous pourrions appeler vertical, avec ses deux pôles placés juste en haut et en bas de son disque, mais penché vers nous. Comme le milieu de l'été de l'hémisphère austral de Mars coïncide avec son périhélie, c'est cet hémisphère qui est le plus facilement visible pour nous, c'est celui que nous pouvons observer quand la planète est à sa distance minimum, aussi connaissons-nous beaucoup mieux cet hémisphère austral que l'hémi-

sphère boréal. Il se passera des milliers d'années avant que le pôle
boréal de Mars soit visible de la Terre à moins de la moitié de la
distance de la Terre au Soleil, à moins de 18 millions de lieues.

Pour donner une idée des observations que nous pouvons faire au
télescope sur les climats et saisons de cette planète voisine, je rappellerai
ici celles que j'ai faites en 1873, époque fort avantageuse pour l'étude de
son hémisphère septentrional, le plus difficile à observer. Sans tourner
son pôle nord tout à fait vers nous, elle en laissait alors parfaitement voir

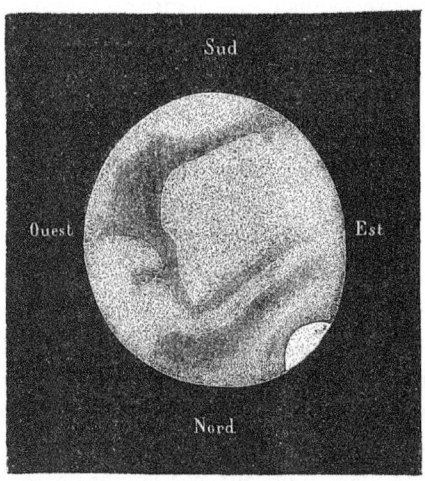

Fig. 52. — Les saisons sur Mars : aspect de la planète le 29 juin 1873.

une certaine partie. Ce pôle était marqué par une tache blanche ovale,
si blanche et si éclatante, qu'elle paraissait dépasser le bord du disque
par un effet d'irradiation.

Cette calotte neigeuse n'était pas très étendue. « Les neiges polaires
boréales, disais-je alors dans un rapport à l'Institut, ne s'étendent pas
actuellement (juin 1873) au delà du 80e degré de latitude. On sait qu'elles
couvrent parfois une étendue beaucoup plus considérable, puisque dans
certaines années elles ont dépassé le 60e degré.

« La planète Mars, ajoutais-je, est actuellement dans la saison d'automne de son hémisphère nord. La plus grande partie des neiges polaires
boréales sont fondues, tandis qu'elles s'amoncellent autour du pôle austral, en ce moment invisible pour nous. La région sud est visiblement
marquée d'une traînée blanche près des bords. Est-ce la neige qui des-

cendrait jusqu'au 40° degré de latitude sud? Il est plus probable que ce
sont des nuages (¹). »

La figure précédente, que j'ai dessinée avec le plus grand soin d'après
mon observation du 29 juin (à 10 heures du soir), montre au premier coup
d'œil cette tache polaire boréale, ainsi que l'aspect géographique de Mars
ce jour-là. Une phase déjà sensible diminue le disque de la planète sur la
droite.

Les dimensions des taches polaires correspondent à la saison. En
se reportant à notre figure 40, p. 86, qui représente l'orbite de Mars et

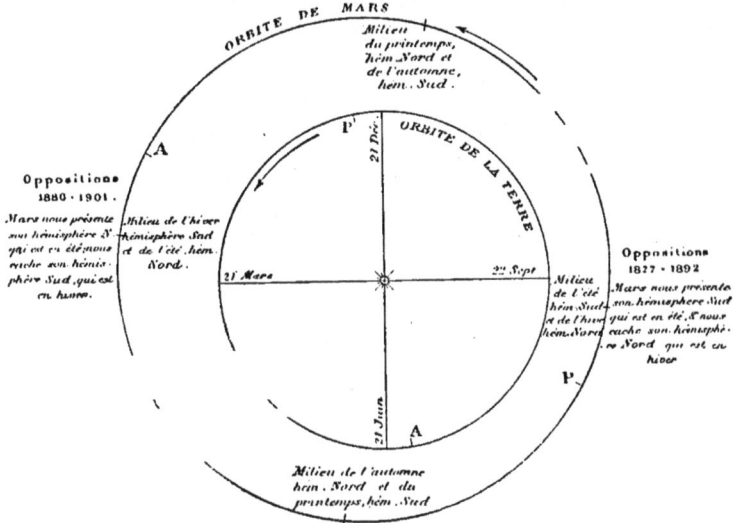

Fig. 53. — Les saisons sur la planète Mars.

celle de la Terre, on peut y remarquer que l'opposition de 1871 est arrivée au mois de mars, c'est-à-dire pendant l'été boréal de la planète ;
aussi, cette année-là, la tache neigeuse boréale est-elle apparue
constamment très petite à cause de l'action de l'été, mais très visible
à cause de l'inclinaison de l'extrémité nord de l'axe vers nous.
L'opposition de 1873 est arrivée en mai, ce qui correspond au mois de
septembre du calendrier de Mars, c'est-à-dire au commencement de
son automne : la neige polaire boréale ne formait plus qu'un petit

(¹) *Comptes rendus de l'Académie des Sciences* du 28 juillet 1873.

cercle. En 1875, l'opposition est arrivée au mois de juin, après le milieu de l'automne : la tache polaire boréale était si réduite, qu'on la distinguait à peine, tandis que les neiges du pôle austral, qui venaient de subir l'hiver entier, étaient très étendues. En 1877, l'opposition est arrivée 13 jours avant le solstice d'été de l'hémisphère austral; en 1879 elle est arrivée 90 jours après, et en 1881, 178 jours après ([)]. Ce solstice est arrivé le 18 septembre en 1877, le 14 août en 1879, le 1er juillet en 1881.

On a pensé que les taches polaires blanches pouvaient être produites, non par la neige, mais par des nuages amoncelés sur les pôles. C'est beaucoup moins probable, et l'on peut même être assuré qu'il n'en est rien, quoique des nuages peuvent fort bien s'ajouter aux glaces polaires en ces froids climats. D'abord leur aspect n'est pas celui des nuages que l'on voit sur la planète. Ensuite la tache blanche est trop fixe pendant des mois entiers, diminue et s'accroît trop régulièrement, et offre des contours trop nets. Ainsi, par l'aspect comme par la forme, il n'est pas douteux que ce soient bien là des neiges.

Il résulte des mesures prises en 1830 par Bessel, en 1862 par Kaiser, Lockyer et Linsser, en 1877 par Hall et Schiaparelli, que la tache polaire australe, lorsqu'elle est réduite à ses moindres dimensions, après les solstices de l'hémisphère austral, occupe toujours à peu près la même place sur la planète, vers 19° de longitude et 5°½ de distance au pôle. Cette position ne diffère pas sensiblement de celle qui a été déterminée par M. Schiaparelli, après le solstice de 1877, époque pendant laquelle les intéressantes observations suivantes montrent que la tache polaire a régulièrement diminué par la fonte des neiges :

([)] On peut se rendre compte des saisons de Mars par la figure ci-dessus (53). Sur ce diagramme, les points marqués A et P représentent respectivement l'aphélie et le périhélie de la Terre et de Mars. L'ordre et la succession des saisons sur cette planète dans le cours de son année y sont clairement indiqués. Dans la moitié droite de son orbite, lorsqu'elle passe à sa plus grande proximité de l'orbite terrestre, son hémisphère nord est en hiver, tandis que son hémisphère sud tourné vers le Soleil, est admirablement visible pour nous. C'est le contraire dans l'autre moitié de l'orbite. Voilà pourquoi nous connaissons moins bien le pôle nord que le pôle sud de Mars. Les prochaines oppositions spécialement observées, avanceront sans doute de beaucoup la science sur ce point. Qui sait? des indices inattendus nous apprendront peut-être un jour lequel des deux hémisphères est le plus civilisé !

DIMINUTION DES NEIGES POLAIRES DE MARS AU SOLSTICE D'ÉTÉ

DATE des observations.		DIAMÈTRE de la tache polaire.
25 août 1877	26 jours avant le solstice d'été,.	28",6
3 septembre. . . .	15 — —	26",6
11 —	7 — —	20",2
18 —	jour du solstice.	19",1
22 —	4 jours après le solstice d'été. .	14",7
30 —	12 — —	12",5
10 octobre.	22 —	10",4
13 —	23 —	9",3
4 novembre	47 —	7",0

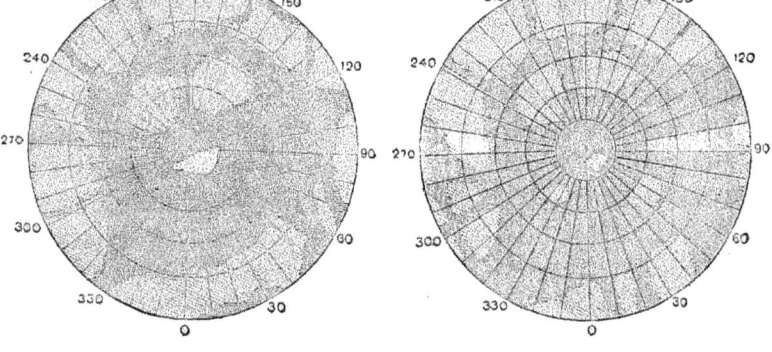

Fig. 54 — Neiges polaires de Mars après l'été : 1877 et 1879.

La tache polaire ne disparut pas entièrement et elle commença de nouveau à s'accroître à partir de décembre : c'est là un phénomène identique à ce qui se passe sur la Terre. L'astronome de Milan fait remarquer à ce propos que sur notre monde « la saison la plus propice à la navigation polaire retarde notablement par rapport au solstice d'hiver » ; que sur Mars le solstice d'été est arrivé le 18 septembre de cette année là, et l'équinoxe suivant le 22 février; que le retard a donc été de deux mois et demi environ, et que sur la Terre il est un peu plus court, comme il convient à la moindre durée des saisons (').

(') En 1830, Mädler a vu la calotte des glaces polaires australes fondre, diminuer, de 13° à 6°: en 1862, Lassell et Lockyer l'ont vue descendre de 20° à 6°: en 1877, M. Schiaparelli a mesuré une diminution de 28° à 7°. Le minimum arrive de eux mois et demi

Sur Mars comme sur la Terre, le Soleil se lève et se couche chaque jour pour tous les pays situés dans la zone tempérée et dans la zone torride. Là comme ici, le Soleil ne se couche plus au solstice d'été, et la durée du jour surpasse vingt-quatre heures, à partir du cercle polaire, et sans doute aussi là comme en Islande, comme en Laponie, comme en Suède, des excursions s'organisent pour aller admirer le Soleil de minuit le jour de la Saint-Jean d'été, — ou du moins le jour qui correspond à cette fête des feux solaires dans le calendrier des habitants de Mars.

Nous avons vu plus haut que le pôle sud de Mars est beaucoup mieux connu que le pôle sud de la Terre. Les observations faites prouvent de plus que sa connaissance pourrait n'être pas inutile aux géographes terrestres. Mon ami regretté Gustave Lambert (qui est tombé victime du dernier combat de l'incompréhensible guerre de 1870), était arrivé par certains calculs de physique, à la conviction que la mer polaire est libre sur notre planète, et que la durée de la présence du Soleil au-dessus de ces horizons, compensant amplement la faiblesse de son élévation, les glaces sont fondues au pôle même. Eh bien, il est certain qu'en 1877 le pôle de Mars est resté parfaitement dégagé des glaces, lesquelles, au mois de novembre, étaient réduites au petit triangle de 7° de diamètre que l'on a vu sur la figure précédente. L'astronome de Milan pense que pour maintenir ces neiges, il doit y avoir là quelque île ou quelque bas-fond.

Quoi qu'il en soit, si les saisons de Mars sont plus longues que les nôtres et si les hivers y sont plus rudes qu'ici (nous étudierons le sujet au point de vue de la radiation atmosphérique dans le chapitre prochain), le printemps revient chaque année comme ici dénouer les liens qui retenaient les eaux dans les glaces hivernales, les neiges fondent, les eaux circulent, les sources gazouillent, le soleil brille, et la nature reprend avec joie son œuvre d'activité, de travail et d'amour.

à trois mois après le solstice d'été. L'effet optique bien connu de la diffraction fait paraître cette tache blanche beaucoup plus grande qu'elle n'est en réalité (elle semble parfois sortir du disque); l'astronome italien estime que lorsqu'elle est réduite à 4°, elle n'a en réalité que 2° de diamètre, c'est-à-dire 120 kilomètres, car un degré de grand cercle sur le globe de Mars équivaut à 0°533 de l'équateur terrestre ou à 60 kilomètres. Notre figure 53 représente ces neiges polaires de Mars à l'époque de leur minimum en 1877 et en 1879, mesurées micrométriquement par M. Schiaparelli.

On le voit, en résumé, depuis plus de deux siècles, nous observons de la Terre les faits principaux de la météorologie martienne; nous

Fig. 55. — Le soleil de minuit sur la planète Mars.

assistons d'ici à la formation des glaces polaires, à la chute et à la fonte des neiges, aux intempéries, nuages, pluies et tempêtes, et au retour des beaux jours, en un mot à toutes les vicissitudes des saisons. La succession de ces faits est aujourd'hui si bien établie, que les astronomes peuvent prédire d'avance la forme, la grandeur et la position des neiges polaires, comme l'état probable, nuageux ou clair, de son atmosphère, laquelle subit beaucoup plus complètement qu'ici l'influence des saisons.

Ainsi donc ce monde offre avec le nôtre les analogies les plus curieuses : les habitants de Vénus voient notre planète sous des apparences à peu près semblables à celles que Mars nous présente ; comme les pôles de Mars, les nôtres sont couverts de neiges et de glaces ; c'est aussi notre pôle austral qui est le plus envahi, et pour les mêmes raisons, par ces produits de la congélation de l'eau. Enfin les pôles de froid, sur Mars comme sur la Terre, ne coïncident pas avec les pôles de rotation.

Un mot encore sur la coloration spéciale de la planète.

Les mers de Mars sont légèrement teintées de vert, et les continents fortement nuancés de jaune orangé.

La couleur de l'eau martienne paraît donc être la même que celle de l'eau terrestre. Quant aux terres, pourquoi sont-elles rougeâtres ? On avait d'abord supposé que cette teinte pouvait être due à l'atmosphère de ce monde guerrier. De ce que notre air est bleu, rien ne prouve en effet que celui des autres planètes doive avoir la même coloration. Il serait donc possible de supposer celui de Mars rouge. Les poètes de ce pays célébreraient cette nuance ardente au lieu de chanter le tendre azur de nos cieux ; au lieu de diamants allumés à la voûte azurée, les étoiles y seraient des feux d'or flamboyant dans l'écarlate, les nuages blancs suspendus dans ce ciel rouge, les splendeurs des couchers de soleil centuplées, ne laisseraient pas de produire des effets non moins merveilleux que ceux que nous admirons sur notre globe sublunaire.

Mais il n'en est rien. La coloration de Mars n'est pas due à son atmosphère, car, bien que ce voile s'étende sur toute la planète, ses mers ni ses neiges polaires ne subissent l'influence de cette coloration. De plus, les bords de la planète étant moins colorés que le centre du disque, prouvent que cette coloration n'est pas due à l'atmosphère ; car, dans ce cas, les rayons qu'ils nous renvoient ayant plus d'air à traverser que ceux qui nous viennent du centre, seraient au contraire plus colorés que ceux-ci.

Cette couleur caractéristique de Mars, si sensible à l'œil nu, et qui a donné naissance à la personnification guerrière dont les anciens ont gratifié cette planète, serait-elle due à la couleur de l'herbe et des végétaux qui doivent couvrir ses campagnes ? Aurait-on là-bas des prairies rouges, des forêts rouges, des champs rouges? Nos bois aux douces ombres silencieuses y seraient-ils remplacés par des arbres au feuillage rubicond, et nos coquelicots écarlates seraient-ils l'emblème de la botanique martienne ? On peut remarquer en effet qu'un observateur placé sur la Lune ou même sur Vénus verrait nos continents fortement teintés de la nuance verte. Mais en automne, il verrait cette nuance se modifier sur les latitudes où les arbres perdent leurs feuilles ; il verrait les champs varier de nuances jusqu'au jaune d'or, et ensuite la neige couvrir les campagnes pendant des mois entiers. Sur Mars, la coloration rouge parait constante, et, à part les neiges, elle subsiste sur toutes ses latitudes, aussi bien pendant l'hiver que pendant l'été ; elle varie seulement suivant la transparence de son atmosphère et de la nôtre (¹).

De toutes les explications que l'on puisse donner de cette coloration, celle qui l'attribue à la végétation inconnue qui doit revêtir sa surface continentale est la plus rationnelle. N'y eût-il là que de la mousse, il doit exister sur le sol un revêtement quelconque. Autrement il faudrait supposer que, par un miracle constant de stérilisation, le sol est resté partout aride, nu, et tout à fait improductif. Or, comme *ce n'est pas l'intérieur* du sol, mais *sa surface*, que nous voyons, nous sommes conduits à penser que le revêtement de cette surface, quel qu'il soit, a pour couleur dominante la couleur rouge, puisque toutes les terres de Mars offrent ce curieux aspect (²).

(¹) Certaines différences de nuances se manifestent néanmoins. Ainsi, pendant la période de 1877, la couleur de Mars, vu au grand équatorial de Washington, a paru jaune d'or. Les mers étaient teintées d'une légère nuance de bleu indigo, et les taches polaires se sont montrées parfaitement blanches.

(²) Quelque temps après la présentation à l'Académie des sciences de nos observations sur Mars en 1873, notre savant ami le docteur Hoefer objecta, à l'explication qui précède sur la couleur de Mars, que ce ne peut être celle des végétaux, parce qu'elle ne varie pas avec les saisons, et qu'il est beaucoup plus probable que c'est simplement celle du sol.

Celle du sol? Mais alors ce sol serait absolument nu. Le soleil, la pluie, l'air, l'auraient laissé stérile à travers les siècles ?... Le docteur Hoefer, qui est un partisan fervent de la doctrine de la pluralité des mondes, ne peut admettre cette stérilité contraire

D'ailleurs cette végétation inconnue est plutôt jaunâtre que rougeâtre. Par des comparaisons spéciales faites pendant l'été de l'année 1875, j'ai constaté que la couleur dominante de cette planète n'est pas aussi rouge qu'on se l'imagine ordinairement ; elle a seulement la nuance du gaz d'éclairage, c'est-à-dire *jaune orangé*. C'est la nuance de nos blés et de nos céréales. Vu de ballon, un champ de blé bien mûr rappelle exactement la coloration de Mars.

Remarque assez curieuse : la Terre elle-même a été couverte de *plantes jaunes* pendant des milliers de siècles, car les premiers végétaux terrestres ont été des lycopodes, dont la couleur est d'un jaune roux tout martien.

Nous avons vu aussi que la météorologie martienne est une reproduction très ressemblante de celle de la planète que nous habitons. Sur Mars comme sur la Terre, en effet, le Soleil est l'agent suprême du mouvement et de la vie, et son action y détermine des résultats analogues à ceux qui existent ici. La chaleur vaporise l'eau des mers et s'élève dans les hauteurs de l'atmosphère ; cette vapeur d'eau revêt une forme visible par le même procédé qui donne naissance à nos nuages, c'est-à-dire par des différences de température et de saturation. Les vents prennent naissance par ces mêmes différences de température. On peut suivre les nuages emportés par les courants aériens, sur les mers et les continents, et maintes observations ont pour ainsi dire déjà photographié ces variations météo-

---

à tous les effets connus des forces de la Nature. Il faut bien qu'il y ait *quelque chose* sur ces terrains, ne serait-ce que de la mousse.

L'objection de l'invariabilité de la couleur pendant l'année martienne n'est pas fondamentale, et il suffit de voir les choses un peu largement pour en reconnaître l'insuffisance. Pourquoi astreindre la Nature à avoir construit sur Mars des végétaux de même espèce que les nôtres ? Les conditions de milieux, de température, de densité et de pesanteur s'y opposent ; donc la différence qui existe forcément entre la végétation martienne et la végétation terrestre peut parfaitement s'étendre jusqu'aux variations de couleurs. Mais il y a plus : sur la Terre même la Nature répond à cette objection en nous montrant des espèces végétales qui ne changent pas. Dans le Midi, les oliviers, les citronniers, les orangers, les palmiers, les lauriers, les eucalyptus, sont aussi verts en hiver qu'en été. Dans le Nord, le sapin, l'if, le cyprès, le buis, le houx, le lierre, le rhododendron, etc., conservent leur verdure au milieu du froid. Dans nos latitudes mêmes, l'herbe des prés et mille espèces végétales ne varient guère. Comment donc rejeter une explication si simple, quand ici même nous avons de tels exemples, et quand les différences de conditions ne peuvent pas avoir développé sur cette planète la même végétation qu'ici ?

riques ('). Si l'on ne voit pas encore précisément *la pluie tomber* sur les campagnes de Mars, on la devine du moins, puisque les nuages se dissolvent et se renouvellent. Si l'on ne voit pas non plus la neige tomber, on la devine aussi, puisque, comme chez nous, le solstice d'hiver y est entouré de frimas. Toutefois, toutes les campagnes ne se montrent pas couvertes comme les nôtres de vastes nappes de neige et la précipitation aqueuse y est beaucoup moins abondante que chez nous. Ainsi il y a là, comme ici, une circulation atmosphérique, et la goutte d'eau que le Soleil dérobe à la mer y retourne après être tombée du nuage qui la recélait. Il y a plus : quoique nous devions nous tenir solidement en garde contre toute tendance à créer des mondes imaginaires à l'image du nôtre, cependant celui-là nous présente, comme dans un miroir, une telle similitude organique, qu'il est difficile de ne pas aller encore un peu plus loin dans notre description.

En effet, l'existence des continents et des mers nous montre que cette planète a été comme la nôtre le siège de mouvements géologiques intérieurs qui ont donné naissance à des soulèvements de terrains et à des dépressions. Il y a eu des tremblements et des éruptions modifiant la croûte primitivement unie du globe. Par conséquent, il y a des montagnes et des vallées, des plateaux et des bassins, des ravins escarpés et des falaises. Comment les eaux pluviales retournent-elles à la mer ? Par les sources, les ruisseaux, les rivières et les fleuves. La goutte d'eau tombée des nues traverse comme ici les terrains perméables, glisse sur les terrains imperméables, revoit le jour dans la source limpide, gazouille dans le ruisseau, coule dans la rivière, et descend majestueusement dans le fleuve jusqu'à son embouchure. Ainsi, il est difficile de ne pas voir sur Mars des scènes analogues à celles qui constituent nos paysages terrestres : ruisseaux

---

(¹) On distingue parfois sur Mars des nuages emportés par le vent au-dessus de ces continents et de ces mers. Citons entre autres une observation de M. Lockyer, qui, le 3 octobre 1862, remarqua, vers dix heures du soir, qu'une partie du continent, qui aurait dû être visible, était cachée par un long voile blanc, qui s'étendit ensuite sur l'océan voisin. Le même soir, après minuit, Dawes remarqua aussi cette traînée de nuages, qui occupait alors une place plus éloignée au sud. J'ai souvent observé que du jour au lendemain, à la même heure martienne et dans les mêmes conditions optiques, l'aspect de la planète était singulièrement changé. C'est ainsi que le 22 juin 1873, à neuf heures du soir, une vaste traînée nuageuse, tendue vers l'équateur, lui donnait un certain air de ressemblance avec Jupiter.

courant dans leur lit de cailloux dorés par le soleil ; rivières traversant les plaines ou tombant en cataractes au fond des vallées ;
fleuves descendant lentement à la mer à travers les vastes campagnes. Les rivages maritimes reçoivent là comme ici le tribut des
canaux aquatiques, et la mer y est tantôt calme comme un miroir,
tantôt agitée par la tempête ; elle y est même aussi bercée du mouvement périodique du flux et du reflux, car il y a là deux lunes
pour le produire, sans compter les marées causées par l'attraction
du Soleil, mais ces marées ne sont guère plus sensibles que celles
de la Méditerranée.

Ainsi donc, voilà dans l'espace, à quelques millions de lieues d'ici,
une terre presque semblable à la nôtre, où tous les éléments de la
vie sont réunis aussi bien qu'autour de nous : eau, air, chaleur,
lumière, vents, nuages, pluies, ruisseaux, fontaines, vallons, montagnes. Pour compléter la ressemblance, rappelons-nous que les
saisons y ont à peu près la même intensité que sur la Terre, qu'elles
y sont seulement plus longues, comme les années elles-mêmes. C'est
là assurément un séjour peu différent de celui que nous habitons,
et, quoique cette planète ne soit certainement pas absolument identique à la nôtre, elle est, très probablement, parmi toutes ses sœurs
de l'espace, celle dont les habitants doivent offrir la plus grande
ressemblance avec les membres de l'humanité terrestre.

CHAPITRE VI

**L'atmosphère de Mars. — Sa constitution physique et chimique.
Météorologie de cette planète. — Eau. — Mers. — Nuages. — Pluies.
Neiges. — Montagnes. — Géologie et géographie.**

Un antique et vénérable proverbe assure qu'il n'y a rien de nouveau sous le Soleil. Si, pourtant, Pythagore, Hipparque, Ptolémée,
Copernic, Galilée, Képler revenaient sur notre planète, quelle ne
serait pas leur surprise, leur admiration! Nos lecteurs sont trop
accoutumés à apprécier à leur valeur les choses de l'esprit pour
qu'il ait été nécessaire de souligner l'intérêt des détails exposés
dans les pages précédentes sur cette connaissance si précise que
nous avons aujourd'hui d'un monde différent du nôtre. Quelles
exclamations ne jetterait pas l'astronome Hévélius, lui qui n'avait
pour observer Mars, comme Copernic et comme Tycho, que des
règles de bois et de cuivre montées sur des cercles admirablement
construits, il est vrai, et fort artistiques, mais dépourvus de verres
et munis seulement d'alidades et de pinnules, lui qui soutenait que
ces instruments étaient aussi précis que ceux de l'optique nouvelle
et qui les préférait même, quelles exclamations ne jetterait-il pas
s'il lui était donné d'observer Mars dans nos télescopes modernes ([1]).

(1) Hévélius affectionnait particulièrement l'élégant instrument reproduit ci-contre,
(à l'aide duquel il obtenait en effet des résultats très précis). Comme souvenir de cet
âge astronomique — milieu du XVIIe siècle — nous reproduisons en même temps
le frontispice de son ouvrage, dans lequel il représente Copernic et Tycho-Brahé debout
devant un globe céleste mesuré par Ptolémée. La Géométrie et l'Arithmétique conduisant dans le ciel le char de l'Astronomie. « Multa detecta! » Beaucoup de choses sont
découvertes! « Sed quam plurimun posteris relicta ». Mais combien d'autres ne sont pas
réservées à la postérité! Les amis de la science et du progrès ne devraient-ils pas revenir tous les siècles passer quelque temps sur la Terre!

Instruments astronomiques du temps d'Hévélius.

JOHANNIS HEVELII
MACHINA COELESTIS

Frontispice de l'ouvrage d'Hévélius.

On peut dire assurément que les instruments d'observation, et les méthodes modernes ont transformé l'astronomie en créant véritablement ce qu'on peut appeler la *physiologie du ciel*.

Nous arrivons ici à l'étude des conditions mêmes de la vie sur la planète Mars, à l'étude de l'atmosphère au sein de laquelle ses enfants respirent, vivent et meurent.

Le globe de Mars est environné d'une atmosphère analogue à celle de la Terre. L'existence de cette atmosphère se manifeste de trois manières différentes : 1° le disque de la planète est plus blanc, plus lumineux le long de son contour que dans la région centrale ; 2° les configurations géographiques perdent leur netteté lorsque la rotation de la planète les conduit près du bord, où elles ne sont vues qu'à travers une plus grande épaisseur atmosphérique ; 3° on voit des traînées blanches vaporeuses se déplacer sur le disque de la planète, et ces traînées ne peuvent être que des nuages soutenus dans une atmosphère.

Dès que les instruments employés à cette étude ont été suffisants, on a distingué nettement des nuages mobiles, couvrant tantôt une latitude, tantôt une autre, se déplaçant exactement comme le font les nôtres. Or, pour supporter des nuages, il faut une atmosphère. Que dis-je ? pour former les nuages eux-mêmes, une atmosphère est indispensable. Ainsi le fait seul, bien avéré, de l'existence de nuages sur Mars a prouvé en même temps l'existence de son atmosphère. D'un autre côté, lorsque les taches fixes de la surface sont au centre de l'hémisphère martien tourné vers la Terre, on les distingue nettement. Mais lorsque, emportées par la rotation, elles arrivent vers les bords du disque, non seulement elles se présentent en raccourci suivant la perspective géométrique de leur position sur la sphère tournante, mais encore elles perdent leur netteté, deviennent pâles et cessent d'être reconnaissables avant d'atteindre le bord. Cet effet est causé par l'atmosphère, qui absorbe les rayons lumineux, et interpose un voile de plus en plus épais à mesure que le rayon visuel approche du bord. De plus, le bord de la planète est tout autour, dans son intérieur, plus pâle que la région centrale, (voy. fig. 59) à cause de la même absorption atmosphérique. Ces constatations s'unissent pour prouver l'existence de l'atmosphère.

Cette clarté du bord du disque n'est pas constante. Parfois la

zone périmétrale plus lumineuse est fort large, quelquefois elle est
si étroite qu'elle se réduit à un mince anneau collé intérieurement
au contour du disque, ce qui s'est manifesté entr'autres au mois
d'octobre 1877 dans les observations de Milan : l'atmosphère de
Mars s'est montrée alors absolument transparente, d'où l'on peut
conclure qu'elle est comme la nôtre imprégnée de vapeurs vési-
culaires ou de corpuscules qui réfléchissent la lumière solaire et qui
varient de quantité suivant l'état météorologique.

On a remarqué que cette atténuation des taches géographiques de

Fig. 59. — Voile atmosphérique sur le contour intérieur de la planète.

la planète lorsqu'elles arrivent près des bords et sont vues à travers
le maximum d'épaisseur atmosphérique est beaucoup plus prononcée sur le bord occidental que sur le bord oriental, ce qui
indique que « le lever du soleil sur Mars est généralement plus
beau, plus clair que le coucher du soleil ». — Il nous semble que
notre planète est à peu près dans le même cas ; du moins l'atmosphère de l'aurore est-elle d'une limpidité remarquable, et la pratique
de la photographie montre-t-elle que la lumière du matin est
plus photogénique que celle de l'après-midi ([1]).

([1]) Comme nous voyons toujours, de Mars, le côté éclairé et échauffé directement par
le Soleil, il est possible que le ciel n'y soit pas toujours aussi clair qu'il le paraît, et
qu'il se couvre de brumes le soir et pendant la nuit. Nous ne savons pas ce que devient
l'atmosphère de Mars pendant le froid de la nuit. Nous pouvons même ajouter que le

Les phénomènes météorologiques dont nous avons parlé au chapitre précédent établissent d'autre part une analogie presque complète entre cette atmosphère et la nôtre. Déjà, en 1840, les astronomes Beer et Mädler, après avoir observé Mars pendant douze
années consécutives, écrivaient dans leurs *Fragments sur les corps
célestes* :

Les différences que nous avons remarquées sur les taches blanches
polaires variant avec les saisons, s'accordent parfaitement avec l'hypothèse qui voit en elles un *précipité* analogue à notre neige; et il est en
effet presque impossible de rejeter une supposition qui se confirme d'une
manière aussi surprenante. Notre Terre, vue de la distance d'une planète,
doit présenter des phénomènes tout à fait semblables; seulement, chez
elle, le rapport entre les deux hémisphères est moins inégal.

Les autres taches de la planète paraissent pour l'essentiel appartenir à
des parties constantes de la surface. Vu la position et l'éloignement du
globe de Mars, on ne pourrait sous aucune condition imaginable, distinguer des ombres produites par des montagnes, quelque gigantesques
qu'elles fussent. Les teintes observées sont donc des différences dans la
réflexion de la lumière, qui doivent provenir des mêmes causes que celles
qui existent sur notre Terre. Ainsi, quoique ces taches elles-mêmes ne
paraissent pas analogues à nos nuages, cependant on voit en elles des
effets optiques rappelant les condensations de nos nuages; elles se montrent plus précises et plus intenses dans leur été, plus vagues, plus pâles
et plus confondues dans leur hiver.

Si les taches polaires sont véritablement de la neige, leur diminution à
l'approche de l'été ne peut avoir lieu que par la fonte et l'évaporation continuelle; l'épaisseur de cette neige est, d'après toute vraisemblance, très
considérable; ces parties de la surface se disposant à s'évaporer doivent,
par conséquent, être extrêmement humides : or, un sol vaporeux et maré-
cageux est certainement celui qui est le moins susceptible de réflexion,
et qui doit, par conséquent, nous apparaître le plus foncé.

D'après l'ensemble des observations, ce ne serait pas aller trop loin que
de regarder Mars comme un corps présentant une très grande ressemblance avec notre monde, comme une image de la Terre telle qu'elle nous
apparaîtrait au firmament, vue à une pareille distance.

---

fait est rendu probable par les observations, attendu que les bords de la planète sont
plus indistincts qu'ils ne devraient l'être par la seule influence de l'absorption atmosphérique dont nous avons parlé, et que d'autre part l'hémisphère d'hiver paraît toujours fort brumeux. La condensation atmosphérique est donc encore plus sensible là
qu'ici, le ciel y est rarement pur pendant le froid de l'hiver et pendant celui de la nuit;
le matin et le soir, le ciel est très souvent couvert, tandis qu'il est remarquablement pur
dans le cours de la journée.

Si les astronomes s'exprimaient déjà en pareils termes dès l'année 1840 sur les ressemblances climatologiques entre la planète Mars et la Terre, que dirons-nous aujourd'hui, après plus de quarante nouvelles années d'observations constantes qui n'ont fait que confirmer et développer les inductions formulées par les deux éminents observateurs dont nous venons de rappeler les paroles? Aujourd'hui, la géographie de Mars, qui n'était alors qu'ébauchée, est faite pour ainsi dire; sa météorologie est connue dans ses grands mouvements, et la composition chimique elle-même de son atmosphère est déterminée par l'analyse spectrale.

En dirigeant le spectroscope sur Mars, on constata d'abord dans les rayons lumineux émis par cette planète une identité parfaite avec ceux qui émanent de l'astre central de notre système. Mais en employant des méthodes plus minutieuses, M. Huggins trouva pendant les dernières oppositions de la planète, que le spectre de Mars est coupé dans sa zone orangée par un groupe de raies noires coïncidant avec les lignes qui apparaissent dans le spectre solaire au coucher du soleil, quand la lumière de cet astre traverse les couches les plus denses de notre atmosphère. Or, ces raies révélatrices sont-elles causées par notre propre atmosphère? Pour le savoir, on dirigea le spectroscope vers la Lune. Si les raies dont il s'agit étaient causées par *notre* atmosphère, elles auraient dû se montrer dans le spectre lunaire comme dans celui de Mars, et même avec plus d'intensité. Or, *elles n'y furent même pas visibles*. Donc elles appartenaient évidemment à l'atmosphère de Mars. Cette atmosphère ajoute ses caractères particuliers à ceux du spectre solaire, caractères établissant qu'elle est analogue à la nôtre. Mais quelle est la substance atmosphérique qui produit ces lignes accusatrices! En examinant leur position, on constate que c'est la vapeur d'eau. Donc il y a de l'eau dans l'atmosphère de Mars comme dans la nôtre. Les taches vertes de ce globe sont bien des mers, des étendues d'eau analogues aux eaux terrestres. Les nuages sont bien formés de vésicules d'eau analogues à celles de nos brouillards; les neiges sont de l'eau solidifiée par le froid. Il y a plus, cette eau révélée par le spectroscope étant de même composition chimique que la nôtre, nous savons qu'il y a là aussi de l'oxygène et de l'hydrogène.

L'astronome Vogel a fait, de son côté, une étude spéciale du spectre de Mars :

Dans ce spectre, dit-il, on retrouve un très grand nombre de raies du spectre solaire. Dans les portions les moins réfrangibles du spectre apparaissent quelques bandes qui n'appartiennent point au spectre solaire, mais qui coïncident avec celles du spectre d'absorption de notre atmosphère... On peut conclure avec certitude que Mars possède une atmosphère qui, pour la composition, *ne diffère pas essentiellement de la nôtre, et doit être riche*, en particulier, *en vapeur d'eau*. La coloration rouge de Mars semble résulter d'une absorption qui s'exerce généralement sur les rayons bleus et violets dans leur ensemble ; au moins, il n'a pas été possible de discerner, dans cette portion du spectre, des bandes d'absorption tranchées. Dans le rouge, entre B et C, on devine des raies qui seraient spéciales au spectre de Mars, mais il n'a pas été possible de fixer leur position, à cause de la trop faible intensité lumineuse...

Ce n'est pas un des résultats les moins importants de notre analyse spectrale, d'avoir ainsi démontré l'analogie et presque l'identité de composition chimique des différents mondes de notre système. Nous savions déjà qu'ils sont frères d'origine ; mais les conditions diverses dans lesquelles chacun d'eux s'est développé auraient pu modifier profondément les états de la matière et mettre entre eux des séparations essentielles. Telle n'a pas été l'œuvre du temps et des forces cosmiques. Une parenté inaliénable est restée entre tous ces mondes, et nous savons aujourd'hui que leurs matériaux constitutifs, leurs terres, leurs eaux, leurs fluides atmosphériques, sont les mêmes que les éléments terrestres analogues qui nous entourent, ou du moins n'en diffèrent que dans les proportions. Au surplus, tous les mondes de notre système proviennent de la nébuleuse solaire primitive, et sont formés, par conséquent, des mêmes éléments originaires.

Nos lecteurs connaissent les principes de cette merveilleuse analyse spectrale, qui nous permet aujourd'hui de déterminer la constitution chimique des atmosphères planétaires. Sans revenir sur ces principes [1], rappelons seulement que les planètes réfléchissent

---

[1] L'analyse spectrale a été expliquée dans notre *Astronomie populaire*, livre III, chapitre VII, pages 388 à 400, et le tableau colorié des spectres a été donné dans le Supplément de cet ouvrage, *les Étoiles et les Curiosités du Ciel*, page 224.

dans l'espace la lumière qu'elles reçoivent du Soleil, et qu'en faisant
arriver leur lumière sur un prisme placé devant l'oculaire d'une
lunette, cette lumière donne naissance à un petit spectre coloré
des sept couleurs de l'arc-en-ciel, et qui est l'image parfaite du
spectre solaire. D'autre part, si l'on examine le Soleil lorsqu'il n'est
pas très élevé au-dessus de l'horizon, avant son coucher, par
exemple, on remarque qu'il présente non seulement les lignes
caractéristiques des éléments qui brûlent dans cet astre, mais encore
d'autres lignes, qui sont d'autant plus noires et plus épaisses, que
l'astre est plus bas. Ces lignes-là sont produites par l'atmosphère
terrestre, et surtout par la vapeur d'eau dont cette atmosphère est
constamment imprégnée.

On se rendra compte de ce fait à l'examen de notre figure 60, qui

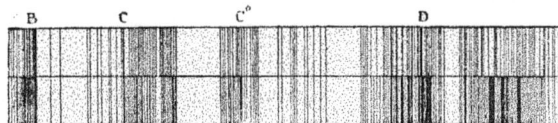

Fig. 60. — Raies atmosphériques du spectre solaire que l'on retrouve dans le spectre de Mars.

représente les raies principales du spectre solaire et, au-dessous,
leur épaississement et leur multiplication par l'absorption, dans ce
spectre due à la vapeur d'eau, lorsqu'on l'observe quelque temps
avant le coucher du soleil. Eh bien, cette dernière figure est analogue à celle du spectre de Mars, lors même qu'on l'observe à
une très grande hauteur au-dessus de l'horizon, et dans des conditions telles que notre propre atmosphère ne peut pas modifier
sensiblement sa lumière.

Certes, c'est là un résultat qui peut paraître tout à fait incroyable
aux personnes qui ne se tiennent pas au courant du progrès des
sciences. Il est merveilleux, en effet, que nous soyons aussi sûrs de
l'existence de l'eau dans cette planète, que si un messager céleste
avait pu nous en apporter un tonneau à l'état liquide ou un morceau à l'état de glace, et, à franchement parler, ces procédés de l'a-
nalyse spectrale sont de ceux qui mettent le mieux en lumière la
puissance conquérante du génie de l'homme. Lorsque nous savons
qu'une étendue de glace de la dimension de la France, n'est guère

vue sur le disque de Mars, que de la grosseur d'une tête d'épingle, et que la Méditerranée tout entière se réduit à un petit nuage bleuâtre tracé à la pointe du pinceau, on a le droit d'admirer de pareils résultats.

La météorologie de cette terre voisine n'a plus aujourd'hui les mystères qui l'obscurcissaient hier encore. Nous pouvions nous demander, en effet, si les taches blanches qui environnent les pôles de Mars et paraissent être de la neige sont vraiment de la neige, *la même neige* que celle de nos hivers, c'est-à-dire de l'eau congelée dans l'atmosphère, formée en flocons et tombée sur le sol; — si ces nuages qui flottent au-dessus de ses continents et de ses mers sont vraiment des *nuages comme les nôtres,* c'est-à-dire constitués de vésicules d'eau suspendues dans l'air; — si cette eau, l'eau de ces nuages, de ces neiges, de ces mers, est *la même eau* qu'ici? Nous ne nous demandions pas, il est vrai, avec le père Kircher « si cette eau serait bonne pour baptiser et pour célébrer la messe », car aucun motif ne peut nous faire supposer que l'on ait inventé le baptême ou l'eucharistie sur cette planète voisine; mais nous pouvions nous demander si c'est bien la même eau chimique que la nôtre, composée de la combinaison d'un équivalent d'oxygène avec un équivalent d'hydrogène.

Oui, maintenant nous pouvons l'affirmer : l'atmosphère de Mars est analogue à la nôtre ; ses nuages mobiles comme ses neiges polaires sont composés de la même eau que celle qui circule dans notre propre atmosphère, et sa constitution physique et chimique ne paraît pas sensiblement différente.

Les phénomènes météorologiques qui s'accomplissent dans cette atmosphère ont fait l'objet d'observations nombreuses. L'existence de la vapeur d'eau sous forme gazeuse est démontrée par le spectroscope; sa présence sous forme vésiculaire résulte de l'observation directe.

Quand les nuées de Mars se projettent sur les configurations foncées de la planète, elles se montrent sous l'aspect de traînées vaporeuses mal définies, généralement très blanches, quelquefois grisâtres, un peu transparentes, mais couvrant néanmoins comme un voile les contrées sur lesquelles elles passent. Ainsi, par exemple, dans la soirée du 10 octobre 1877, après avoir observé sans difficulté la région comprise entre le 240° et le 350° méridien, M. Schiaparelli ayant interrompu son observation pour examiner la comète découverte quelques jours auparavant par Tempel, et étant ensuite revenu à l'exploration de Mars, écrivait sur son registre : « Planète très belle ; la mer Érithrée est en grande partie obscurcie par des nuées ; la Noachide est obscure ; la terre de Deucalion est à peine visible ; au contraire l'Arabie est très claire et le golfe Sabeus très distinct. » Le jour suivant, le même observateur écrivait : « La tempête observée hier se continue sur la Noachide et la mer Érithrée ; je ne puis dire avec précision quand cet état de choses a commencé, mais ce

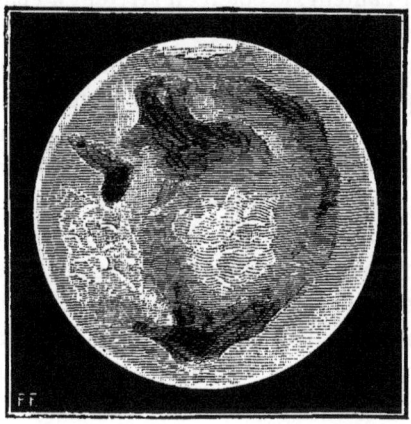

Fig. 61. — Nuages sur Mars (20 décembre 1881)

fut certainement entre le 4 et le 10 octobre ; le 14 la mer Érithrée était bien découverte à l'Est, et le 4 novembre elle l'était entièrement ». On le voit, le mauvais temps sur Mars, nous l'observons d'ici, et les météorologistes de la Terre pourraient s'instruire sur la marche des tempêtes en étudiant cette planète voisine.

En comparant la riche collection de dessins télescopiques de Mars que nous avons sous les yeux, nous en remarquons de fort caractéristiques à ce point de vue. Tel est par exemple celui que nous venons de reproduire (fig. 61), dessin fait le 20 décembre 1881 à l'Observatoire de lord Rosse, à Birr Castle, Irlande, par M. Otto Bœddicker : il montre bien l'aspect des nuages, couvrant presque la moitié de l'hémisphère alors tourné vers nous.

Si les nuages de Mars sont visibles par vision positive, c'est-à-dire directement eux-mêmes sur les régions foncées de la planète, leur présence sur les régions claires se reconnaît par vision négative, en ce sens qu'ils empêchent de voir ce qui est au-dessous.

Pendant l'opposition de 1877, de septembre à décembre, une grande partie de la planète a été encombrée de nuages, principalement le continent équatorial entre la mer du Sablier et la Manche. Les grands canaux dessinés cette année-là sur la carte de M. Schiaparelli, n'ont été vus qu'en février et mars, quoique la planète fût alors quatre à cinq fois plus éloignée de la Terre qu'en septembre. « Sans doute, dit l'auteur, le Soleil en arrivant à l'équateur a dissipé le voile impénétrable, qui d'abord avait rendu ces détails inaccessibles à l'observation ». Les dessins faits pendant l'opposition de 1862, montrent que pendant cette année les nuages ont été beaucoup plus étendus et plus denses qu'en 1877 ; la mer polaire notamment est restée cachée ainsi que les golfes qui y conduisent. Remarquons encore que la transparence fréquente de ces nuées laisse conjecturer qu'elles n'ont qu'une faible densité ou qu'une faible épaisseur.

Il y a là, comme on le voit, de grandes analogies entre la météorologie de Mars et celle de la Terre. Mais il y a aussi des différences essentielles bien dignes d'attention. Ainsi les observations faites sur les tropiques aux époques où les rayons du Soleil dardent directement sur eux, montrent qu'il n'y a là rien d'analogue à nos zones de pluies et à nos calmes équatoriaux. Il semble qu'à l'époque des solstices, un hémisphère entier de Mars soit consacré à l'évaporation et l'autre à la condensation. Aux époques intermédiaires, une zone d'évaporation paraît limitée au Sud et au Nord par deux calottes de condensation. On sait que les navigateurs reconnaissent de loin les îles par les nuages qui s'amoncellent au-dessus d'elles : il paraît en être de même sur Mars.

L'analogie entre le régime météorique de Mars et celui de la Terre se confirme non seulement par les phénomènes de condensation de la vapeur d'eau, dont nous sommes témoins, mais encore par la diversité même des teintes des mers martiennes. Il est digne d'attention, en effet, que les mers les plus foncées de la planète soient celles qui avoisinent l'équateur et la zone torride, et que les moins foncées soient celles qui avoisinent les pôles. Il en est de même sur la Terre. « On peut estimer la salure des eaux maritimes à leur couleur, écrit le commodore Maury dans sa *Géographie physique de la mer* ; plus la teinte est verdâtre, moins l'eau est salée, et cette différence de degré dans la salure suffit pour expliquer le contraste qui existe entre le vert clair de la mer du Nord et des mers polaires et l'azur foncé des mers tropicales, spécialement de l'Océan Indien. » Voilà une nouvelle coïncidence entre Mars et la Terre, qui ne peut guère être un effet du hasard. Les mers martiennes paraissent donc avoir les mêmes propriétés physiques que les mers terrestres [1]; elles sont probablement salées aussi, ce qui n'offre rien de surprenant, le chlorure de sodium étant l'un des corps les plus communs de la chimie minérale.

Maintenant que nous connaissons si bien l'atmosphère de Mars, pouvons-nous compléter cette connaissance en déterminant sa hauteur et sa densité ? Cette hauteur et cette densité ont été l'objet d'observations directes pour la planète Vénus ; mais il n'en est pas de même pour Mars, car ce globe ne présente aucune des conditions accessibles à l'observation des réfractions que son atmosphère peut subir. Màrs n'est pas exposé, comme sa compagne du ciel olympique, à passer devant le Soleil, et à la distance où il plane, nous ne pourrions pas voir cette atmosphère déborder autour de son disque,

---

[1] Ainsi l'état de l'atmosphère martienne, la présence de la vapeur d'eau sous tous ses aspects, les nuages, les neiges, les glaces, tout s'accorde pour nous montrer que les taches grises de la planète ne ressemblent en rien à celles de la Lune et sont incontestablement des mers liquides.

On s'est demandé si l'on ne pourrait, et même si l'on ne devrait pas, voir l'image du Soleil réfléchie dans ces mers. Le calcul montre, par exemple, qu'aux époques où la planète est la plus proche de nous, le Soleil, réfléchi par le miroir de ces mers lointaines, devrait nous être renvoyé sous l'aspect d'un petit point lumineux, d'une intensité égale au quart de l'éclat de l'étoile Capella, c'est-à-dire comme une belle étoile de 3° grandeur. Sans tenir compte de l'irradiation, l'image du soleil ainsi réfléchie mesurerait $\frac{1}{70}$ de seconde. La boule d'un thermomètre renvoie l'image solaire à 25 mètres de distance comme une belle étoile de 1″ de diamètre, très brillante à l'œil nu. Or un grossissement de 300 appliqué à Mars amplifie $\frac{1}{70}$ de seconde à 15″. Cette réflexion de la lumière solaire devrait être visible au télescope. On ne l'a jamais vue, et quelques observateurs ont présenté cette absence d'observation comme une objection contre l'existence des mers martiennes. Mais nous pouvons répondre que l'on ne pourrait observer le point lumineux qu'en des circonstances exceptionnelles, et qu'il n'est pas probable que la surface des mers soit toujours là aussi calme qu'un miroir : le vent doit rider cette surface et donner naissance à des vagues qui rendent cette réflexion confuse et nébuleuse au lieu de lui laisser l'aspect d'un point net très brillant.

lors même qu'elle serait beaucoup plus élevée que la nôtre. Une hauteur de 80 kilomètres ne lui donnerait encore qu'une épaisseur de 0″3 lorsque la planète est la plus rapprochée de nous. En 1672, Cassini a observé le passage de Mars devant l'étoile ψ du Verseau, de 5ᵉ grandeur, et comme l'étoile avait disparu à 6′ du bord de la planète, il en avait conclu l'existence d'une énorme atmosphère, opinion exagérée et fondée sur une observation mal interprétée, attendu que c'était simplement l'éclat de Mars qui empêchait de voir l'étoile. L'astronome South a observé deux occultations et un contact sans la moindre variation dans l'éclat des étoiles devant lesquelles cette planète est passée.

Cette atmosphère paraît être sensiblement moins dense que celle que nous respirons. D'une part, nous y observons beaucoup moins de nuages et de condensations que sur la Terre. D'autre part, le globe de Mars étant beaucoup plus petit que le globe terrestre, doit être enveloppé d'une atmosphère moins considérable. D'autre part encore, l'intensité de la pesanteur étant beaucoup plus faible là qu'ici a pour résultat de moins condenser l'atmosphère vers la surface et de lui donner une moindre densité. Chaque mètre carré de la surface de la Terre supporte un poids atmosphérique de 10330 kilogrammes; si l'atmosphère de Mars était égale à la nôtre, la pression atmosphérique sur chaque mètre carré de la surface de la planète ne serait que de 4000 kilogrammes; de sorte que la densité des couches atmosphériques inférieures ne surpasserait pas les ⅖ de celle de l'atmosphère terrestre au niveau de la mer. Ce n'est guère que la densité de l'air qui existe sur nos plus hautes montagnes; et en admettant que la quantité totale de l'atmosphère martienne fût réduite dans la proportion de la masse de Mars à celle de la Terre, la raréfaction serait encore plus grande.

S'il en était ainsi, les neiges de Mars ne s'arrêteraient pas à quelques centaines de lieues aux environs des pôles; elles couvriraient d'un éternel linceul la planète tout entière, et nous n'aurions sous les yeux qu'un bloc de glace.

Nous sommes donc conduits à conclure que l'atmosphère de Mars est constituée de telle sorte que loin de laisser se perdre dans l'espace la chaleur reçue du Soleil, elle la conserve et l'accumule comme une serre. L'aspect de la géographie de Mars prouve que l'eau y est

à l'état liquide, et les phénomènes météorologiques observés prouvent qu'elle s'y évapore et donne comme ici naissance à des vapeurs,
des brouillards, des nuages, des pluies et des neiges.

On est généralement porté à croire que la température moyenne
des planètes est déterminée par leur distance au Soleil, que sur

... Bien souvent, dans la nacelle de l'aérostat, j'ai assisté à la formation des nuages...

Mercure cette température est 7 fois plus élevée que celle de la
Terre, et que sur Neptune elle est 900 fois moindre. Un tel raisonnement pèche par la base : le sommet du mont Blanc est constamment
glacé, et, à ses pieds, la douce vallée de Chamounix est une serre
chaude ; pourtant ces deux points sont à la même distance du Soleil.

C'est la constitution de l'atmosphère qui joue le plus grand

rôle dans l'établissement des températures. Il peut faire beaucoup plus chaud sur Mars que sur la Terre, comme il pourrait y faire
beaucoup plus froid.

L'atmosphère agit comme une serre. Elle laisse arriver les rayons
du Soleil jusqu'à la surface du sol, mais ensuite elle les retient et
s'oppose à ce que la chaleur emmagasinée s'échappe dans l'espace.
Sans l'atmosphère, toute la chaleur solaire reçue pendant le jour
fuirait pendant la nuit, et la surface du sol serait gelée chaque nuit,
en été comme en hiver. Mais sait-on quelles sont les molécules atmosphériques qui opposent l'obstacle le plus efficace à la déperdition
de la chaleur absorbée par la Terre? Les molécules d'oxygène et
d'azote, c'est-à-dire l'air proprement dit, sont à peu près indiffé-
rentes, et laissent tranquillement perdre cette précieuse chaleur. Mais
il y a dans l'air de la vapeur d'eau en suspension, à l'état de gaz invisible.
C'est cet élément qui est le plus efficace. Le pouvoir absorbant d'une
molécule de vapeur aqueuse est 16 000 fois supérieur à celui d'une molécule d'air sec! Cette vapeur est une couverture plus salutaire pour
la vie végétale que nos vêtements ne le sont dans les plus grands
froids. Supprimez pendant une seule nuit la vapeur aqueuse contenue
dans l'air qui couvre la France, et vous détruirez, par ce seul fait,
toutes les plantes que le froid fait mourir; la chaleur de nos champs
et de nos jardins se répandra sans retour dans l'espace, et lorsque
le soleil se lèvera, il n'éclairera plus qu'un champ de glace.

La vapeur d'eau n'est pas la seule qui jouisse de ce privilège. Les
expériences de Tyndall ont montré que les vapeurs de l'éther sulfurique, de l'éther formique, de l'éther acétique, de l'amylène, du gaz
oléfiant, de l'iodure d'éthyle, du chloroforme, du bisulfure de carbone, exercent la même influence, à des degrés divers. Les parfums
que les fleurs répandent le soir autour d'elles leur servent, pendant
la nuit, d'un voile protecteur contre les atteintes de la gelée [1].

---

[1] « On a publié, écrivait Tyndall lui-même, des livres curieux pour prouver que les
planètes les plus éloignées sont inhabitables. En appliquant la loi de la raison inverse
des carrés de leurs distances au Soleil, on trouve que la diminution de température
doit être si grande que la vie humaine y serait impossible; mais dans ces calculs on
avait omis l'influence de l'enveloppe atmosphérique, et cette omission faussait tout le
raisonnement. Par exemple, une couche d'air de deux pouces d'épaisseur, saturée de vapeur d'éther sulfurique, offrirait une très faible résistance au passage des rayons solaires;
mais j'ai trouvé qu'elle intercepterait 35 pour 100 de la radiation planétaire. Il n'y

Certains savants se placent en dehors de la nature, en dehors de la vérité, lorsqu'ils s'imaginent que l'Univers entier doit être la répétition de notre habitacle, et lorsqu'ils croient pouvoir juger l'immensité d'après l'observation de notre atome. Une atmosphère de quelques mètres d'épaisseur, et absolument transparente pour la vue, pourrait envelopper la Lune et faire de ses vallées un séjour délicieux. Ne craignons pas de le répéter, le champ de nos expériences terrestres est très restreint, il ne suffit pas pour faire juger l'Univers entier; mais chaque particularité peut servir d'enseignement, de point de départ, pour commencer le réseau d'une science *comparée*, qui pourra s'étendre jusqu'aux autres séjours.

Chacun sait combien est instable l'équilibre atmosphérique, et quelles imperceptibles variations dans la température suffisent pour donner naissance à la formation des nuages et des brouillards. De la vapeur d'eau, à l'état invisible, est en suspension dans l'air. Qu'un léger abaissement se produise dans la température, et voilà un nuage formé. Qu'un léger échauffement succède, et voilà le nuage dissipé. Bien souvent, du haut des Alpes, ou dans la nacelle de l'aérostat, j'ai assisté à ces curieuses et instructives transformations : les nuages se forment et se dissolvent à la moindre influence. La pression atmosphérique, la tension de la vapeur d'eau agissent constamment, silencieusement, doucement, mais énergiquement. (Par exemple, pendant la majeure partie du mois de janvier 1882, la France presque entière, la Belgique, l'Allemagne, l'Angleterre sont restées ensevelies sous un brouillard opaque, coïncidant avec la permanence d'une haute pression barométrique, tandis que l'Italie, l'Espagne, le midi de la France, sous l'influence de cette *même* pression, jouissaient d'un ciel sans nuages, d'une pure lumière et d'une printanière chaleur). De faibles modifications dans la constitution physique et chimique de notre atmosphère eussent pu amener dans cette atmosphère une opacité perpétuelle. Nous eussions habité alors une planète brumeuse, un brouillard sans fin, et jamais nous n'eussions connu l'existence des étoiles, de la Lune, ni

aurait pas besoin d'une couche d'une épaisseur démesurée pour doubler cette absorption ; et il est bien évident qu'avec une enveloppe protectrice de ce genre, qui permettrait à la chaleur d'entrer et l'empêcherait de sortir, on aurait des climats tempérés à la surface des planètes les plus éloignées. »

peut-être même celle du Soleil, qui ne nous eût jamais apparu que
sous l'aspect d'une clarté vague et blafarde; l'Astronomie n'eût pu
naitre sur un tel séjour; il eût été impossible à l'humanité terrestre de se rendre compte du lieu qu'elle habite; c'eût été une
tout autre race, arrêtée dès le début de son développement, myope,
terne, grise, bornée, figée, plus animale qu'humaine... A quoi
tiennent les destinées d'un monde? A l'invisibilité d'un nuage!

Fort heureusement pour la planète Mars, son atmosphère est
transparente; le ciel y est même moins souvent couvert que chez

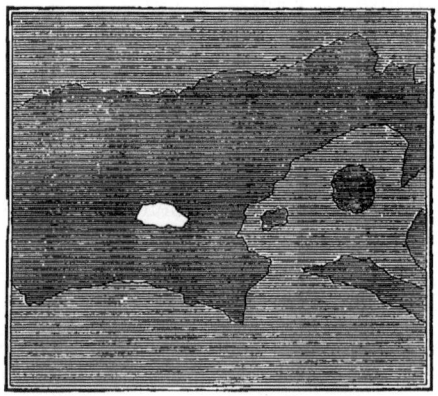

Fig. 63. — Fragment de la géographie de Mars : L'*île neigeuse.*

nous. Toutefois, les nébulosités blanches que l'on aperçoit de temps
à autre le long des rivages, et les nuages plus éclatants encore que
l'on remarque sur les régions polaires, montrent que les procédés
météorologiques n'y diffèrent pas essentiellement des nôtres, quoiqu'il y ait moins d'eau qu'ici. Mais, sans contredit, une différence
essentielle avec le monde que nous habitons est présentée par ces
variations, qui n'ont rien d'analogue sur la Terre.

On a de temps en temps remarqué à la surface de Mars quelques
points d'une éclatante blancheur, que l'on a, à juste titre, considérés
comme représentant des montagnes couvertes de neige. Les observations sont assez concordantes pour montrer que ces points blancs ont
certainement existé. Quelquefois, cependant, c'est en vain qu'on les

L'île neigeuse vue de l'océan Képler : météorologie martienne.

a cherchés, sans doute précisément parce qu'alors les neiges étaient
fondues. Signalons, entre autres, dans l'océan Kepler, vers 48° de
longitude et 25° de latitude sud, le district auquel on a donné le
nom d'île Neigeuse, qui se trouve loin des régions polaires. Tous
les faits observés s'accordent pour montrer qu'il y a là une île
couverte de hautes montagnes de temps en temps blanchies
par les neiges ou par les nuages. L'astronome anglais Dawes a
notifié là de curieux changements : il a notamment dessiné
une tache blanche, parfaitement visible les 21, 22 et 23 janvier 1865, et, au contraire, complètement invisible les 10 et
12 novembre 1864. M. Proctor l'a surnommée l'île neigeuse de
Dawes et M. Green l'île de Hall. Le 4 avril 1871, M. Webb a
revu la même tache, puis elle est devenue invisible. On. l'a revue
en 1877.

Cette île paraît s'élever au milieu des eaux, cime solitaire souvent
blanchie par les neiges et surtout environnée de nuages qui se
condensent là comme ceux que l'on voit suspendus aux sommets
des Alpes toutes les fois que l'air humide est un peu rafraîchi. C'est
l'île de Ténériffe de Mars, plus élevée sans doute, mais ne plongeant
point comme les Alpes et les Pyrénées jusque dans la région des
neiges éternelles. Vue de quelques lieues de distance, d'un banc
de l'océan Képler, elle doit se présenter au spectateur sous l'aspect
rappelé par le dessin qui précède. Quels pâturages, quels chàlets,
quels villages s'abritent dans ses plis? quels êtres habitent ses rivages? quels navires sillonnent ces mers? Cette rive maritime,
aussi variable comme climat que celles de nos côtes normandes,
n'est-elle pas peuplée de bains de mer où les jeux mondains agitent
leurs grelots? n'est-elle pas le rendez-vous des plaisirs des jeunes
Martiennes tout occupées des lois de la dernière mode? Ne voit-elle
pas aussi des champs de courses sur lesquels le cheval se montre
supérieur à l'homme? Ou bien, plutôt, sur ce pic du Midi, n'a-t-on
pas élevé un observatoire météorologique d'où les tempêtes sont
annoncées aux diverses nations de l'hémisphère austral? Peut-être
en ce moment, un veilleur de nuit découvre-t-il dans une éclaircie
notre planète brillant comme un phare, et publie-t-il que, la Terre
étant calme et lumineuse dans un ciel transparent, promet un beau
temps aux navigateurs et aux touristes.

Plusieurs autres régions de la planète sont aussi remarquables que i'île neigeuse par leurs intermittences d'éclat. Ainsi, par exemple, M. Schiaparelli a constaté que la terre de Secchi, appelée par lui Hellas, parait quelquefois aussi brillante que le pôle ([1]).

On a signalé également de brillants ménisques ou croissants le long des bords oriental et occidental du disque, qui paraissent dus aussi à une cause atmosphérique.

Un grand nombre des taches foncées de Mars, et spécialement celle dont les bordures septentrionales forment une bande irrégulière au-dessus des régions équatoriales, sont bordées de ce côté par une ligne blanche, suivant toutes leurs sinuosités. Ces bordures blanches ne sont pas permanentes, mais variables. Quelquefois elles paraissent très proéminentes et d'un vif éclat, à ce point qu'elles rivalisent même avec les neiges polaires. A d'autres époques au contraire, elles deviennent si légères qu'on peut à peine les distinguer, et même parfois elles disparaissent tout à fait, quoique l'atmosphère soit claire et que les taches sombres se montrent parfaitement bien définies. Notre figure 65 reproduit l'un des meilleurs dessins que nous possédions à cet égard : il a été fait par l'astronome anglais Phillips, le 15 octobre 1862, avec un équatorial de 6 pouces, à Oxford; on voit au premier coup d'œil toute la ligne de côtes bordée par une blanche ligne de nuages.

Mon savant ami M. Trouvelot, qui a fait une étude spéciale de ces trainées blanchâtres rapporte ([2]), qu'aux époques où elles étaient invisibles, il les a souvent cherchées pendant plusieurs heures sans pouvoir en discerner aucune trace, mais qu'en plusieurs circonstances cependant, il a eu la bonne fortune d'en voir quelques-unes se former graduellement sous ses yeux dans l'intervalle de moins

---

([1]) Pendant les mois de novembre et décembre 1879, une bande blanche s'étendait sur le 20ᵉ degré de latitude australe, du 260ᵉ au 360ᵉ degré de longitude, et unissait en une longue ligne blanche les trois îles de l'océan Newton (fin de la terre de Cassini, petite île et île allongée au-dessus du golfe Kaiser). A l'est de cette dernière, cette trainée lumineuse tournait vers l'équateur et, passant entre la baie du méridien et la baie Burton atteignait le continent Hatley. Le même aspect avait déjà été vu en 1830 par Beer et Mädler et en 1862 par Lockyer; mais en 1877 il n'y avait rien de semblable et l'on distinguait au contraire des demi-teintes qui ont fait dessiner ces trois îles sur la carte (îles submergées?) [Obs. de M. Green en 1879]. Est-ce encore ici de la neige qui fond? Ne seraient-ce pas plutôt des brumes éclairées par le soleil?

([2]) *The Trouvelot Astronomical Drawings*, New-York, 1882, p. 68.

de deux heures, sur des points où il n'y en avait certainement aucune trace auparavant. Cet habile observateur attribue ces franges
à des nuages, à des condensations de vapeurs le long des côtes des
mers martiennes, principalement autour des pics élevés ou des
chaines de montagnes, qui peuvent sculpter les reliefs de ces rivages,
comme les Andes et les montagnes rocheuses sculptent les côtes
de l'Océan pacifique. Des cimes élevées condensant les vapeurs
en brouillards ou en nuages, comme il arrive dans nos pays de

Fig. 65. — Météorologie de Mars. — Traînée de nuages le long des côtes.

montagnes, suffiraient certainement pour donner naissance aux
aspects observés.

   Les pics les plus élevés pourraient même avoir leurs sommes
couverts de neiges perpétuelles. Les alternatives de visibilité et
d'invisibilité des taches blanches aperçues de temps à autre sur
Mars, de même que les changements observés, peuvent facilement
s'expliquer ainsi.

   M. Trouvelot a fait à ce sujet, en 1877 et 1879, des observations
particulièrement intéressantes. Pendant les époques où le disque de
Mars n'est pas circulaire, mais présente une phase marquée, il a
suivi ces taches blanches emportées par la rotation du globe jusqu'au

moment où elles arrivaient au bord de l'hémisphère éclairé, c'est-
à-dire sur la ligne de séparation de la partie éclairée avec la partie
obscure de la planète. En ces conditions, ces taches blanches ont été
vues comme des bosses, aspérités, et ainsi elles ont montré
qu'elles sont en réalité plus élevées que le niveau moyen de
la surface de la planète. D'autre part, des sinuosités, des abais-
sements dans le cercle terminateur correspondant aux larges taches
sombres, indiquent clairement aussi la dépression de ces taches au-
dessous du niveau général. C'est là une observation que l'on peut

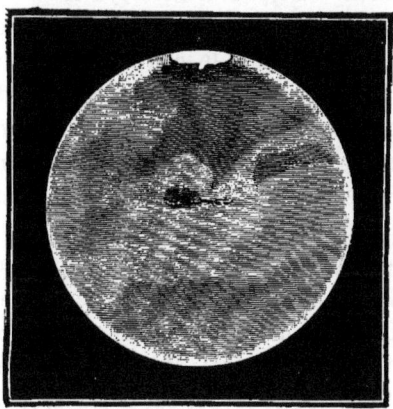

Fig. 66. — Aspect de Mars le 29 septembre 1877 à 9 heures du soir.

faire presque tous les soirs sur la Lune, que l'on a obtenu également
pour Vénus et Mercure, mais qui n'avait pas encore été faite sur la
planète Mars. D'après ces observations, les plateaux montagneux les
plus élevés de la planète seraient situés entre le 60ᵉ et le 70ᵉ degré
de latitude australe, vers l'extrémité occidentale de la Terre de Gill.
« La chaîne de montagnes qui forme presque complètement cette
terre, dit l'astronome cité plus haut, est si élevée en certains points
que le cercle terminateur en est tout bouleversé et que le bord
même de la planète en est modifié. Il y a là un sommet si blanc,
si brillant, qu'il a été pris pour la tache polaire par plusieurs observateurs, comme on peut s'en rendre compte par la position erronée
qu'ils ont assignée à cette tache sur leurs dessins. Cette région
alpestre est située entre le 180ᵉ et le 190ᵉ degré de longitude. »

Une ligne nuageuse de côtes s'étend également le long des rives septentrionales de l'océan Kepler. Nous avons vu plus haut que c'est dans cette région que l'on a observé l'île neigeuse aux blancheurs intermittentes.

Ces traînées blanchâtres se montrent plus permanentes et plus intenses sur le côté oriental de la mer du Sablier, ainsi que sur ses rives australes, au-dessous de la terre de Secchi. Il doit exister une chaîne de montagnes, longue et élevée, le long de cette terre, suivant les côtes de la mer Lambert.

Il est extrêmement rare, au contraire, d'observer des nuages un peu denses sur les zones tropicales de la planète. Il est curieux néanmoins de noter que dans le cours des observations faites en 1878, par M. Trouvelot, un hémisphère entier, du Nord au Sud, s'est montré couvert de nuages ou de brouillards pendant huit semaines consécutives (du 12 décembre au 6 février) ; tandis que l'autre hémisphère est resté absolument clair et sans le moindre nuage.

On aura un exemple de certains aspects nuageux que la planète peut parfois présenter par l'examen de notre figure 66, sur laquelle on voit l'océan Kepler, notamment, parsemé de voiles blanchâtres qui en dénaturent l'aspect général. M. Green rapporte que pendant l'opposition de 1877, observée par lui à Madère, il a dessiné seize fois le côté oriental de cet océan, et que dans chaque circonstance il l'a trouvé très clair et très net ; mais que le 29 septembre cette région se présentait comme on la voit sur ce croquis, brisée par des nuages qui s'étendaient vers l'Ouest, tandis qu'en haut, au Sud, une autre condensation nuageuse était également bien visible. Ces voiles nuageux, ajoute-t-il, n'ont rien d'extraordinaire. Dans la série de dessins faits en 1862, par M. Lockyer, une partie de l'océan Newton, au Sud-Est de la mer du Sablier, est évidemment cachée par un nuage, et le même aspect a été revu à l'Observatoire de Greenwich, par MM. Christie et Maunder, le 16 octobre 1877 (¹).

Ce sont là des exemples certains de nuages parfaitement observés sur Mars. Il ne faudrait pas prendre toujours pour des nuages,

(¹) La tendance que présentent les nuages de s'amonceler sur certaines régions de l'océan Kepler de préférence à d'autres régions plus sombres semble indiquer qu'il y a là une température différente de celle des mers environnantes, comme il arrive ici sur les bas-fonds et sur les bancs des mers terrestres.

toutefois, les régions diffuses ou indécises ; car, comme nous l'avons remarqué au chapitre de la géographie de Mars, il y a dans les dessins de la planète des dissemblances qui sont uniquement dues aux différences d'appréciation des observateurs. Nous devons même signaler ici le fait assurément bizarre, que les différences qui existent entre les dessins de Mars faits *en même temps* par divers observateurs, sont parfois si surprenantes qu'elles en deviennent incompréhensibles. Ni la diversité des conditions de transparence atmosphérique, ni les pouvoirs amplificateurs des instruments employés, ni les différences de vues entre les observateurs, ni les différences d'habileté pour la représentation fidèle par le dessin, ne les expliquent entièrement. Et pourtant elles doivent évidemment le faire. Il faut donc accorder une certaine latitude à cet égard et ne pas se montrer trop exigeant. Ainsi, par exemple, voici (figures 67 et 68) deux planisphères de Mars construits pendant l'excellente période de 1877, le premier par M. Harkness, à l'aide du grand équatorial de 66 centimètres de diamètre de l'Observatoire de Washington, le second par M. Schiaparelli, à l'aide de l'équatorial de 22 centimètres de l'Observatoire de Milan. On ne pourrait jamais imaginer que le plus détaillé des deux soit celui qui résulte des observations faites à l'aide de l'instrument le plus faible. C'est pourtant ce qui a lieu. M. Harkness déclare que, du 18 avril au 18 octobre, il n'a pu obtenir que huit bons dessins, à cause du mauvais état de l'atmosphère, et que c'est à l'aide de ces huit bons dessins concordants qu'il a construit son planisphère. Il ajoute qu'on a essayé chaque nuit des oculaires grossissant jusqu'à 400 fois, mais que c'est celui de 175 qui a été généralement trouvé le plus avantageux. M. Schiaparelli, au contraire, a joui d'une atmosphère généralement excellente et a pu continuer ses observations jusqu'en novembre, en appliquant à sa lunette (trois fois plus petite que la précédente) des grossissements de 322 et 468 fois (¹). Ces deux cartes de Mars peuvent être considérées comme des témoignages extrêmement frappants des différences dont nous venons de

(¹) Pendant le cours de ses observations de 1879-80, M. Schiaparelli a revu tous les détails géographiques, grands et petits, de sa carte de 1877, à l'exception seulement d'un petit canal, nommé par lui Häddekel, et d'un petit lac circulaire, nommé Fontaine de la Jeunesse. En revanche, un grand nombre de nouveaux détails ont été découverts et dessinés pendant cette période.

parler. Elles suggèrent aussi une autre réflexion, celle de savoir
si les lunettes colossales, qui permettent de sonder les abîmes
des profondeurs sidérales et de résoudre les pâles nébuleuses en
amas d'étoiles, sont véritablement préférables aux instruments de
moyenne puissance pour l'étude des planètes. Plus l'instrument est
fort, plus les obstacles venant des ondes atmosphériques augmentent. M. Harkness attribue une partie de l'insuffisance des vues de
la planète, au fait qu'elle avait une grande déclinaison sud. Mais
l'Observatoire de Washington est plus près de l'équateur que celui

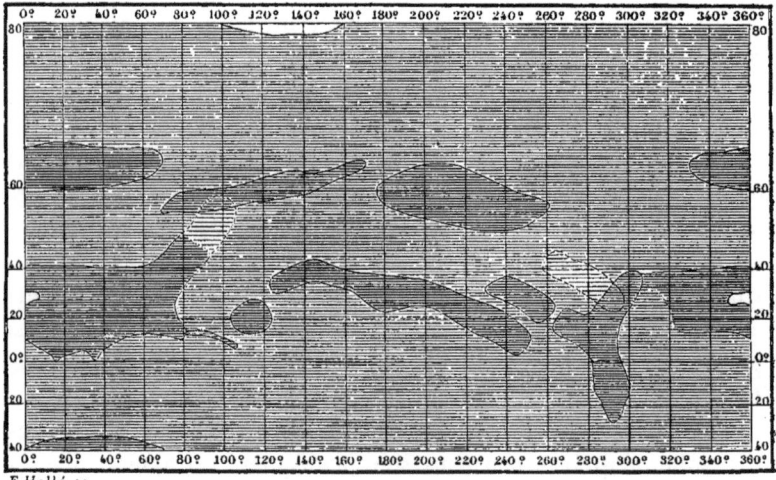

E.Hellé, sc.

Fig. 67. — Carte de Mars faite en 1877 à l'Observatoire de Washington.

de Milan, sa latitude étant de 39°, tandis que celle de Milan est de
45°. Donc la planète était plus élevée sur le premier horizon que
sur le second.

Voici maintenant, pour la connaissance de la météorologie martienne, quelques autres détails non moins intéressants.

Le 1ᵉʳ septembre 1877, à 10 heures 40 minutes du soir, M. Green, observant à Madère, a remarqué à l'ouest de la calotte polaire un point
lumineux singulièrement brillant. Ce point est visible sur la première des
quatre vues télescopiques de Mars reproduites plus haut. (Voir *fig.* 16,

p. 32). Mais on en aura une idée plus complète par l'examen du petit dessin ci-après (fig. 69) qui représente seulement le pôle Sud de la planète accompagné de la particularité dont il s'agit. « Selon toute probabilité, écrit l'observateur lui-même, c'était là de la neige restant encore sur un sol élevé, tandis qu'elle avait fondu tout autour à des niveaux inférieurs. Ce point brillait comme une étoile, et il était impossible de ne pas le remarquer. Le 8 septembre, à minuit 30 minutes, j'eus de nouveau l'occasion de l'observer, mais alors on distinguait parfaitement deux points séparés, et deux jours plus tard, de 10 à 11 heures 30 minutes, on en distinguait encore d'autres concentriques à la zone des neiges, comme on le voit figure 70. Ces alté-

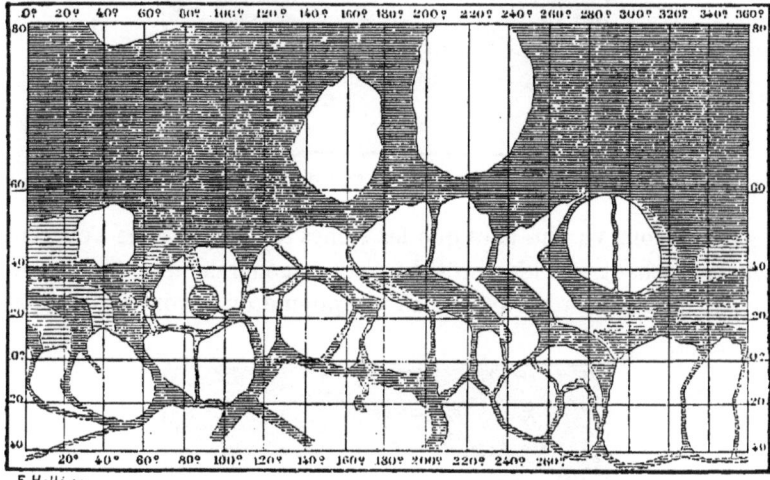

E Hellé, sc

Fig. 68. — Carte de Mars faite en 1877 à l'Observatoire de Milan.

rations de formes étaient sans doute dues à la perspective, ces diverses taches neigeuses s'étant présentées presque de profil lors de l'observation du 1ᵉʳ septembre. On ne les a jamais vues à l'Est du cap polaire, et c'est là une circonstance d'un intérêt particulier. En effet, leur grand éclat à l'Ouest du pôle, leur décroissance en passant par le méridien central, et leur invisibilité en arrivant au côté oriental, s'explique naturellement en supposant que les pentes des montagnes qui conservaient cette neige étaient tournées au Sud-Ouest; de cette sorte elles étaient abritées des rayons solaires pendant la plus grande partie d'une rotation; mais elles étaient pleinement exposées à sa lumière, et par conséquent mieux vues, justement lorsqu'elles s'éloignaient vers le bord occidental. Il est curieux de remarquer que ce point de lumière a été observé et figuré de la même façon dans un dessin fait le 30 août 1845, à Cincinnati, par Mitchel; il se rattache certainement à une configuration locale de la planète. Je lui ai donné le nom de mont Mitchel en souvenir de cet enthousiaste ami de l'Astronomie. »

On le voit, peu à peu, nous pénétrons en détail dans les différentes régions de la planète et dans la connaissance de ses contrées les plus extrêmes.

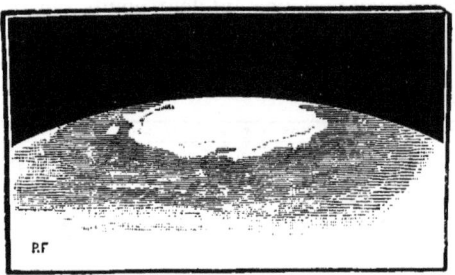

Fig 69. — Les neiges du pôle sud de Mars (1ᵉʳ septembre 1877.)

Nous avons vu plus haut que les taches foncées de Mars s'effacent en approchant vers les bords du disque, généralement en arrivant à une distance du bord égale au cinquième du rayon, ce qui cor-

Fig. 70. — Les neiges du pôle sud de Mars (10 septembre 1877.)

respond à 53° du centre de l'hémisphère visible. Quelquefois des taches très foncées et très nettes, comme la mer circulaire, peuvent être aperçues plus loin, jusqu'à 60° et même 63°. Les taches lumineuses se comportent tout autrement. M. Schiaparelli a observé que les deux îles de Thulé (terres de Rosse et de Gill), l'île d'Argyre (terre de Schroëter), et l'Hellade (terre de Secchi), sont, au contraire, beaucoup plus faciles à voir près des bords que dans la région centrale du disque. A quelle cause cette plus grande visibilité est-elle due? Peut-être à ce qu'il y a là des régions montagneuses dont les pentes inclinées réfléchissent mieux la lumière solaire lorsqu'on les voit très obliquement. Telle était la théorie de Zöllner pour expliquer le grand éclat du bord lunaire à la pleine lune. Cet astronome physicien avait même calculé l'inclinaison de ces pentes, qu'il estimait à 76°. Mais cette plus grande visibilité est plutôt due à des nuées étagées de telle sorte qu'elles réfléchissent mieux la lumière lorsqu'on les voit sous une certaine obliquité ([1]).

Dans certaines régions, le fond des mers se laisse apercevoir à

([1]) L'astronome Zöllner a soigneusement observé l'éclat des planètes supérieures aux époques de leur opposition moyenne et en a déduit les résultats suivants.

			Erreur probable pour cent.
Soleil =	6 994 000 000 de fois	Mars.	5,8
Soleil =	5 472 000 000 —	Jupiter.	5,7
Soleil =	130 980 000 000 —	Saturne (sans les anneaux).	5,0
Soleil =	8 486 000 000 000 —	Uranus.	6,0
Soleil =	79 620 000 000 000 —	Neptune.	5,5

Il s'en suit que si l'on représente par 1000 l'éclat total de Mars à son opposition moyenne, on trouve les valeurs suivantes pour l'éclat des diverses planètes ainsi observées, et calculé d'autre part pour le cas de sphères d'égale puissance réflective :

	Éclat observé.	Éclat calculé.
Mars	1000	1000
Jupiter	1278	487
Saturne (sans anneaux) . . .	53,4	24,5
Uranus	0,824	0,30
Neptune, ...	0,088	0,058

Zöllner en conclut pour le pouvoir réflecteur des surfaces de ces planètes les valeurs suivantes :

Mars	= 0,2672
Jupiter	= 0,6238
Saturne	= 0,4981
Uranus	= 0,6400
Neptune	= 0,4648

L'examen de l'éclat de Mars pendant ses phases l'a conduit à conclure qu'il réfléchit la lumière solaire comme si sa surface était couverte de hautes montagnes dont les pentes seraient inclinées à 76°. Ce seraient de véritables pains de sucre. L'hypothèse est peu soutenable, étant surtout données les mers de Mars. Nous préférons admettre avec Proctor que cette réflexion est due à des nuages analogues aux légers cumuli qui flottent en été dans notre atmosphère. Près du cercle terminateur de la phase de Mars la clarté du disque s'assombrit sensiblement, ce qui concorde avec cette explication et ce qui montre qu'en somme les brumes du matin et du soir ne sont pas intenses, car dans ce cas le disque ne s'obscurcirait pas.

travers une mince couche d'eau. Déjà les observations permettent
d'ajouter que les différentes mers ne se ressemblent pas à cet égard.
Ainsi les plages boréales de la mer Hooke, finissent plus nettement
que les plages australes de la mer Maraldi. La terre de Cassini
semble s'immerger par degrés insensibles dans la mer Flammarion,
qui est très sombre. L'île allongée que l'on voit dans l'océan Kepler
au-dessus du golfe Kaiser et de la baie du Méridien, est au contraire
d'une teinte si uniforme, que M. Schiaparelli la compare aux grandes
plaines de l'Europe orientale; il la considère comme une plaine
d'alluvion, et il lui a donné le nom de « terre de Deucalion ». Ce
même observateur a remarqué que la terre de Hall, nommée par lui
l'Hespéride, devient plus sombre et se confond avec les mers voisines
toutes les fois que la rotation l'emporte à une certaine distance du
centre du disque, et il en conclut que très probablement cette pé-
ninsule ressemble à l'Italie formée par la chaîne des Apennins, en
ce sens qu'une chaîne de montagnes dessinerait son ossature et que
ses pentes iraient mourir, l'une dans la mer Hooke, l'autre dans la
mer Maraldi : l'extrémité australe de cette terre (qui a reçu le nom
d'isthme de Niesten), descendrait même un peu au-dessous du
niveau de la mer, et mettrait en communication les deux mers ([1]),
elle serait donc submergée, recouverte d'une nappe d'eau, et l'as-
sombrissement de cette région à mesure que nous la voyons plus
obliquement, viendrait de ce que le fond ne serait alors visible qu'à
travers une couche d'eau de plus en plus grande.

Nous avons décrit plus haut les variations météorologiques et
géographiques considérables que l'observation a constatées à la
surface de la planète. Ces variations considérables sont pour nous
un témoignage que cette planète est le siège d'une énergique vitalité. Ces mouvements divers nous paraissent s'effectuer en silence,
à cause de l'éloignement qui nous en sépare; mais, tandis que nous

([1]) Nous ne nous aventurerons pas à conjecturer la profondeur des mers martiennes,
quoique la diversité des teintes soit un indice de ces profondeurs. Les expériences du
P. Secchi ont montré que, dans la Méditerranée, un objet blanc cesse d'être visible au
delà de 60 mètres de profondeur; mais M. de Tessan rapporte que le banc des *Aiguilles*,
à l'extrémité australe de l'Afrique, est encore visible à 200 mètres. Il est probable,
comme nous l'avons déjà dit, que les mers martiennes n'ont qu'une profondeur relativement très faible. Ce qui est confirmé par les phénomènes d'évaporation.

observons tranquillement ces continents et ces mers, lentement emportés devant notre regard par la rotation de la planète autour de son axe, tandis que nous nous demandons sur lequel de ces rivages il serait le plus agréable de vivre, peut-être y a-t-il là, en ce moment même, des orages épouvantables, des volcans en fureur, des tempêtes déchaînées, des armées excitées par le feu des combats, des flottes de guerre bombardant une autre Alexandrie, ou des troupes innombrables préparant l'investissement soldatesque d'un autre Paris. De même, les astronomes de Vénus, armés d'instruments d'optique analogues aux nôtres, contemplant la Terre et la voyant planer dans une calme tranquillité au milieu d'un ciel pur, ne se doutent pas assurément que sur ces campagnes dorées par le soleil et sur ces mers azurées qui se découpent en golfes si délicats, l'intérêt, l'ambition, la cupidité, la barbarie ajoutent souvent leurs orages volontaires aux intempéries fatales d'une planète imparfaite. Nous pouvons pourtant espérer que le monde de Mars étant plus ancien que le nôtre, son humanité est plus avancée et plus sage. Ce sont sans doute les travaux et les bruits de la paix qui animent son atmosphère. Il est curieux de penser, toutefois, que malgré leurs efforts, ces frères inconnus peuvent n'avoir pas encore fait la conquête entière de leur globe et ne pas connaître la configuration géographique de leurs propres pôles aussi exactement que nous la connaissons nous-mêmes! Les astronomes de Vénus, également, se trouvent dans une situation préférable à la nôtre pour observer les pôles terrestres et étudier l'ensemble de notre propre patrie.

Combien singulier est son arrangement géographique, au point de vue de nos idées terrestres! Pas de grands continents; pas de grands océans. Une série de terres consécutives à l'équateur, bordées, surtout dans l'hémisphère austral, par une série de méditerranées. On peut faire le tour de la planète, soit par la terre ferme (exception faite des canaux), soit par les mers.

Ajoutons, comme caractères spéciaux, les terres submergées, tantôt sèches et tantôt inondées, et son étrange réseau de canaux, et nous compléterons l'aspect du monde martien. Ces canaux doivent être incomparablement plus nombreux que ceux qui ont été découverts jusqu'ici, car en certains moments fugitifs de visibilité parfaite, divers observateurs ont aperçu des détails qu'ils déclarent avoir été dans l'impossibilité de dessiner (Secchi, juin 1858. — Schiaparelli, octobre 1877). L'histoire géologique de Mars nous conduit à conclure que, plus ancien et plus vite refroidi que notre planète, il n'est plus aujourd'hui soumis aux forces intérieures de soulèvements qui agissent encore ici, a perdu une partie de ses eaux, et se laisse désormais niveler de siècle en siècle par les eaux qui lui restent et par son atmosphère.

Ainsi se résument les nombreuses observations faites sur Mars, depuis un quart de siècle surtout. En les comparant et les discutant, nous avons pris soin de n'en exagérer aucune, et, au contraire, de glisser, sans appuyer, sur celles qui n'ont pas été confirmées par plusieurs observateurs. Mais, évidemment, tout en mettant une judicieuse sévérité scientifique dans le choix et l'appréciation des documents, il ne faudrait pas imiter le scepticisme de Napoléon auquel Arago montrait les taches du Soleil. Le grand conquérant n'a jamais voulu croire que ces taches n'étaient pas dans la lunette ! Le héros d'Austerlitz *n'admettait pas* que l'astre du jour pût avoir des taches...

Nous tirerons bientôt les conclusions auxquelles cette analyse détaillée de la planète nous conduit, relativement à son état actuel d'habitation. Mais nous ne pouvons passer sous silence la découverte aussi inattendue qu'extraordinaire de ses deux satellites.

CHAPITRE VII

Les satellites de Mars.

La découverte des deux satellites de Mars est assurément l'une des plus curieuses et des plus intéressantes des temps modernes. On peut dire qu'elle a été faite exprès, et qu'elle est le résultat de la plus louable persévérance. Nous avons vu plus haut que l'année 1877 était particulièrement remarquable à cause du rapprochement maximum auquel Mars devait se trouver de la Terre, l'opposition des deux planètes ayant été fixée par le calcul pour le 5 septembre de cette année-là. Le professeur Asaph Hall, astronome de l'Observatoire de Washington, pensa que ce serait là une circonstance extrêmement favorable pour vérifier le voisinage de Mars, à l'aide du grand équatorial de cet Observatoire. Il se disait avec raison que quoique plusieurs observateurs eussent déjà été déçus dans leurs espérances en cherchant un satellite à cette planète, ce n'était pourtant pas là une raison suffisante pour y renoncer définitivement, surtout en considérant que les conditions actuelles de la recherche étaient exceptionnellement favorables. Il se mit donc à l'œuvre dès les premières soirées du mois d'août, scruta les environs de la planète avec un soin minutieux, et pour ne pas être gêné par son grand éclat, prit soin de la masquer ou de la faire sortir du champ de la lunette, de façon à pouvoir saisir la plus légère trace de satellite visible dans son voisinage.

Les premières nuits furent infructueuses, fatigantes et désespé-

rantes, et l'astronome renonçait à continuer sa recherche, lorsque
Madame Hall, secrétaire de son mari, insista vivement pour qu'il y
consacrât « encore une soirée ». C'était le 11 août. M. Hall se mit à
l'équatorial, et trois heures plus tard, crut apercevoir un petit
point lumineux qui fit battre son cœur. Mais à peine avait-il bien
constaté son existence qu'un épais brouillard s'élevant de la rivière
Potomac vint interrompre l'observation. Le ciel resta obstinément
couvert pendant les nuits suivantes. Enfin, cinq jours plus tard,
le 16, le ciel s'étant éclairci, l'astronome se précipita à sa lunette,
retrouva le petit point, ne le perdit plus, et en deux heures d'observation constata qu'il marchait dans le ciel avec la planète. Ce
petit point n'était donc pas une étoile fixe. Mais peut-être, — le
hasard est si grand! — l'une des innombrables petites planètes, qui
gravitent entre Mars et Jupiter, passait-elle justement par là en se
moment? On consulta les éphémérides et on trouva, qu'en effet, la
planète Europa devait justement passer à cette date derrière Mars.

Un calcul préliminaire montra que si le petit point observé étai.
un satellite, il devrait être caché par la planète pendant une partie
de la nuit suivante du 17, mais devrait reparaître avant l'aurore,
près de sa position originale ; tandis que, si c'était la petite planète
Europa, elle devrait se trouver le soir même un peu au sud-est de
Mars.

Cette nuit du 17 fut merveilleusement claire, et à peine Mars
était-il levé au-dessus des brumes de l'horizon, que l'équatorial fut
impatiemment pointé sur lui. Aucun satellite n'était visible, ce qui
était de bon augure. A quatre heures du matin, l'astronome radieux
vit le petit point lumineux émerger tranquillement des rayons de la
planète, comme le calcul l'annonçait : c'était bien un satellite de
Mars.

Ce n'est pas tout. En observant ce satellite et en suivant son
mouvement, M. Hall ne tarda pas à en remarquer un second, encore
plus petit et plus proche de la planète !

La nouvelle fut télégraphiée aux principaux astronomes du
monde, et malgré le scepticisme qu'elle excita d'abord, elle ne
tarda pas à être confirmée par toutes les observations ultérieures.

Ces deux petits satellites ont été suivis, à l'aide des grands instruments, pendant les mois de septembre et d'octobre 1877 ; puis on

les perdit de vue, à mesure que Mars s'éloigna de la Terre. On les retrouva en 1879, lorsque la planète revint dans notre voisinage, et on put même les observer à l'aide d'instruments moins puissants, car lorsqu'on sait qu'une chose existe, on la voit beaucoup mieux que lorsqu'on ignore son existence. On les a encore retrouvés pendant l'opposition de 1881. Mais Mars ne passant plus maintenant qu'à des distances de plus en plus considérables de nous, il sera très

Fig. 72· — L'Observatoire de Washington.

difficile et peut-être même impossible de les revoir avant l'année 1888 et peut-être même avant 1890.

Ces deux petites lunes ont reçu de leur découvreur les noms de *Deimos* (la Terreur) et *Phobos* (la Fuite), en souvenir de deux vers de l'*Iliade* d'Homère (liv. XV), qui représentent Mars descendant sur la Terre pour venger la mort de son fils Ascalaphe :

> Il ordonne à la Terreur et à la Fuite d'atteler ses coursiers :
> Et lui-même revêt ses armes étincelantes.

Phobos est le premier, le plus proche; Deimos le second. Voici les éléments de leurs orbites :

Diamètre de Mars   = 6830 kilomètres.
Distance de Phobos =   2,771 (le demi-diamètre de Mars étant 1).
                   = 9490 kilomètres.
Distance de Deimos =   6,921
                   = 23700 kilomètres.

Ces distances sont comptées du centre de la planète. Si nous en retranchons le demi-diamètre de Mars, il reste pour la distance de la surface de la planète à la surface des satellites, moins de 6000 kilomètres pour le premier et moins de 20000 pour le second.

Le diamètre de Mars étant de 9″,57, les plus grandes élongations ne sont que de 13″ pour le premier et de 32″ pour le second.

La révolution du premier s'effectue dans la période étrangement rapide de 7 heures 39 minutes 14 secondes, et celle du second dans la période également très rapide de 30 heures 17 minutes 54 secondes, période à peu près égale à quatre fois la première, ce qui indique un lien de parenté

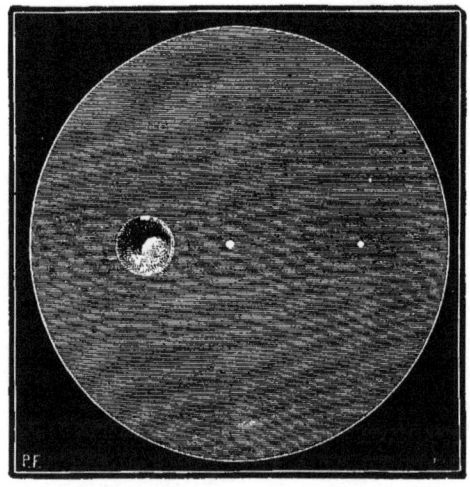

Fig. 73. — Mars et ses deux satellites.

entre les deux satellites. Leurs orbites sont, toutes deux, presque circulaires, à peu près dans le plan de l'équateur martien, et inclinées l'une et l'autre de 26° environ sur l'écliptique. — Nous avons représenté ce petit système sur notre figure 74 : c'est ainsi qu'ils circulent actuellement dans le plan de l'équateur de Mars.

Depuis leur découverte, ces satellites ont été revus, le second surtout, par un grand nombre d'observateurs. Dès le 27 août 1877, au reçu de la dépêche, on les recherchait à l'Observatoire de Paris, et MM. Paul et Prosper Henry parvenaient à reconnaître le second à l'aide de l'équatorial de 0ᵐ,25 de diamètre, en prenant soin de cacher la planète par un écran. Nous reproduisons ici (fig. 75), le dessin qu'ils en ont fait ce soir-là. A cause de l'exiguïté de ces satellites et de leur voisinage de la planète, il faut d'excellents instruments pour les distinguer. Toutefois, comme un objet qu'on sait exister est plus facile à découvrir qu'un objet dont on ignore l'existence, des instruments fort inférieurs à l'équatorial de Washington suffisent aujourd'hui pour permettre d'observer ces deux points lumineux, et même pour mesurer leur position ([1]).

L'analogie avait déjà fait soupçonner l'existence de ces satellites, et plusieurs astronomes, W. Herschel, d'Arrest, etc., avaient même passé de longues heures à les chercher. On avait dit : la Terre a un satellite, Jupiter en possède quatre (et Saturne huit); Mars, qui se

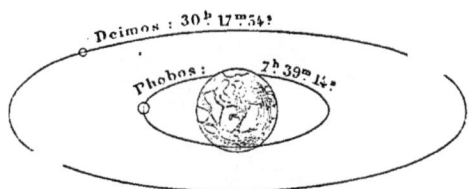

Fig. 74. — Le système de Mars.

trouve entre la Terre et Jupiter, pourrait bien en avoir un ou plutôt deux. C'est Kepler lui-même qui, le premier, a tenu ce raisonnement, dès l'année 1610. Dans les *Voyages de Gulliver*, écrits par Swift vers 1720, le narrateur du voyage à Laputa raconte que « les astronomes de ce pays ont découvert à la planète Mars deux satellites, dont le plus proche est à une distance du centre égale à trois

---

(1) Conséquence inattendue de la découverte de ces satellites. Nous avons signalé autrefois, en plaisantant (*La Pluralité des Mondes habités*, p. 215) le projet original d'un astronome allemand qui proposait d'entrer en correspondance avec les habitants de la Lune, en établissant dans les vastes plaines de la Sibérie des figures géométriques formées par des signaux de feu, par exemple, des dessins de cercles, de triangles, de carrés, que les Sélénites auraient sans doute l'idée de reproduire. Eh bien ! le satellite extérieur de Mars ne paraît pas soustendre un angle de 0″03, et l'on est parvenu à le distinguer dans une lunette de 17 centimètres de diamètre : à la distance de la Lune, cet angle correspond à une longueur de 57 mètres sur la surface lunaire, et M. Hall remarque lui-même que l'idée en question n'est pas un projet chimérique « *is by no means a chimerical project* ». Assurément, si nous découvrions quelques témoignages d'habitation à la surface de ce globe voisin, nous ne devrions pas hésiter un instant à essayer à nous mettre en communication avec lui. Première communication du ciel avec la terre! Quelle révolution, ou plutôt quelle évolution dans l'essor de l'humanité!

fois le diamètre de la planète, et le plus éloigné à cinq·fois ce même
diamètre. La révolution du premier, ajoute-t-il, s'accomplit en 10
heures et celle du second en 21 heures, de sorte que les carrés des
temps sont dans la proportion des cubes de distances, ce qui prouve
que ces deux lunes sont gouvernées par la même loi de gravitation
qui régit les autres corps célestes. » Voilà certes un roman qui
s'est singulièrement approché de la vérité. — Les prophètes de la
Bible n'ont jamais été aussi clairs à propos de Jésus-Christ, et Swift
a été là supérieur en inspiration à Daniel comme à Jérémie. [A méditer pour les théologiens qui n'auraient pas l'esprit tout à fait
fermé]. — Si quelque archéologue avait trouvé une inscription de
cette nature dans les fouilles de l'Égypte ou de l'Assyrie, les en-

Fig. 75. — Première observation faite en France d'un satellite de Mars (27 août 1877)

thousiastes du passé n'auraient pas manqué d'en conclure que nos
ancêtres avaient des instruments d'optique d'une énorme puissance. Pourtant, il est certain que ni Kepler, ni Swift, — ni
Voltaire, qui tient le même propos dans sa charmante histoire astronomique de *Micromégas*, — n'avaient vu les satellites de Mars, et
qu'il n'y avait là qu'une idée heureuse. A notre tour, nous pourrions
penser aujourd'hui qu'Uranus a seize satellites et Neptune trente-
deux. Mais il est probable qu'ici le raisonnement par analogie nous
éloignerait fort de la vérité.

Ces deux globules célestes sont si petits qu'il est impossible de
leur trouver aucun diamètre appréciable, et qu'on ne peut obtenir
quelque estimation de leur volume probable, qu'en mesurant avec
soin la quantité de lumière qu'ils réfléchissent. C'est ce qui a été fait
à l'Observatoire de Harvard-College, par le professeur Pickering, et

il résulte de ces mesures photométriques, confirmées du reste par
les estimations des autres observateurs, qu'en admettant que leur
surface soit analogue à celle de la planète elle-même, leurs diamètres
ne surpassent pas dix à douze kilomètres. Le premier, Phobos, est
le plus brillant et probablement le plus gros des deux; il n'offre
que le faible éclat d'une étoile de 10ᵉ grandeur, et le second,
seulement celui d'une étoile de 12ᵉ; cependant le second est plus
facile à découvrir, parce qu'il est plus éloigné de la planète et
moins éclipsé dans ses rayons. Il n'en est pas moins bien remarquable que ces deux points lumineux, *dont le diamètre ne surpasse guère celui de Paris*, soient visibles à quinze millions de
lieues de distance dans les instruments dus au génie de l'homme!

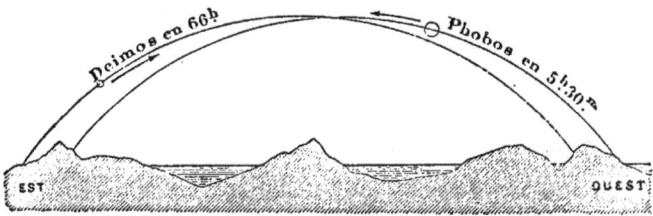

Fig. 70. — Marche des satellites de Mars dans le ciel de leur planète.

Ce sont assurément là des mondes bien minuscules. Quoiqu'ils
n'aient été découverts que de nos jours, il ne faudrait pas en conclure pour cela qu'ils n'existaient pas auparavant, et que leur formation ne date que d'hier. Il est bien probable qu'ils sont fils de
Mars comme la Lune est fille de la Terre, et comme les satellites
de Jupiter sont fils de leur planète centrale, et que leur naissance
date de l'origine nébuleuse de la planète elle-même. Il ne serait
pas impossible cependant que ce fussent là deux petites planètes
accrochées au passage par l'astre de la guerre, car déjà parmi les
innombrables petites planètes qui gravitent entre Mars et Jupiter,
il en est une, Æthra, qui arrive jusqu'à l'orbite de Mars, qui la frôle
d'assez près, et qui même pénètre dans l'intérieur de cette orbite. Une
telle origine n'est pas impossible ; cependant elle n'est pas naturelle,
et nous ne devons la considérer que comme fort peu probable.

Les mouvements apparents de ces satellites dans le ciel de Mars

sont particulièrement curieux. Le satellite extérieur tourne, avons-
nous dit, autour de sa planète, en 30 heures 17 minutes 54 secondes,
tandis que la planète tourne sur elle-même en 24 heures 37 minutes
23 secondes. Il en résulte que ce petit globe paraît marcher très lentement de l'est à l'ouest dans le ciel de Mars. Si sa révolution s'effectuait juste dans le même temps que la rotation de Mars, il paraîtrait
fixe dans le ciel : il resterait toujours immobile au même point. Les
habitants d'un hémisphère de Mars l'auraient constamment sur
leurs têtes, tandis que les habitants de l'hémisphère opposé ne le
verraient jamais. C'est ce qui arriverait chez nous pour la Lune, si
elle tournait autour de la Terre en un temps égal à celui de notre
rotation diurne. La différence entre la période du satellite extérieur
et la rotation de Mars étant de 5 heures 41 minutes, ce satellite
emploie en apparence 131 heures pour accomplir son circuit autour du ciel de Mars; c'est une période de 5 jours martiens plus
8 heures, et c'est là un petit mois dont les habitants doivent se
servir pour leur calendrier.

Bien différent est le mouvement du satellite le plus proche.
Comme il accomplit sa révolution entière de l'ouest à l'est en
7 heures 39 minutes, et que la planète tourne dans le même sens
en 24 heures 37 minutes, il se lève à l'occident et se couche à
l'orient après avoir traversé le ciel avec une vitesse correspondante
à la différence des deux mouvements, c'est-à-dire en 11 heures
environ. C'est là un exemple unique dans le système du monde.
La figure précédente donne une idée de ces deux mouvements
contraires.

Quelle est la grandeur apparente de ces deux lunes, vues de la
planète ?

Chacun sait qu'un objet éloigné à la distance de 57 fois son diamètre, apparaît avec une grandeur apparente de 1 degré, et qu'un
objet éloigné à 570 fois son diamètre soustend un angle dix fois plus
petit, ou de 6 minutes. Le premier satellite de Mars étant à 6000 kilomètres de la surface de la planète et ayant, selon toute probabilité,
12 kilomètres de largeur, est éloigné à 500 fois son diamètre et
offre par conséquent un disque de 7 minutes environ.

C'est un peu moins du quart du diamètre apparent de notre
pleine lune, lequel est de 31 minutes.

C'est en même temps le tiers du diamètre moyen du Soleil vu de Mars, ce diamètre étant de 21 minutes.

Le second satellite, éloigné à 20000 kilomètres de la surface de Mars, est réduit à un petit disque de 2 minutes et demie.

C'est-à-dire que le Soleil vu de la Terre et notre Lune, étant représentés par deux disques de 32 et 31 millimètres, le soleil de Mars serait représenté à la même échelle par un cercle de 21 millimètres, et ses deux lunes par des disques de 7 et 2 millimètres et demi (voy. *fig.* 77.)

La lumière renvoyée par ces deux satellites aux habitants de la planète, doit être extrêmement faible. Le satellite extérieur n'offre en

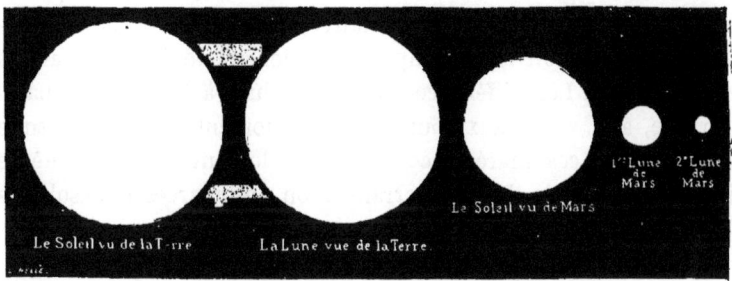

Fig. 77. — Grandeur apparente relative du soleil et des lunes de Mars.

effet, même au zénith, qu'un disque égal au quinzième environ de celui de notre pleine lune, ce qui équivaut à une surface 225 fois plus petite. D'un autre côté, la lumière reçue du Soleil varie, suivant la position de Mars, de la moitié au tiers de celle que notre Lune reçoit. Il en résulte que la clarté de Deimos doit être comprise entre les fractions $\frac{1}{105}$ et $\frac{1}{675}$ de celle de notre clair de lune. Phobos doit être trois fois plus large, offrir un disque de 6 à 7 minutes et donner une clarté dix fois plus forte, c'est-à-dire comprise entre $\frac{1}{45}$ et $\frac{1}{67}$ de l'intensité de notre clair de lune. Ce sont là deux lunes minuscules. Quoique les yeux des habitants de Mars doivent être plus sensibles que les nôtres à la lumière, ce ne sont pas là des clairs de lune bien lumineux, et nous pouvons penser que les services rendus à nos voisins de cette patrie céleste par leurs deux satellites, ne viennent pas de la lumière nocturne qu'ils peuvent distribuer aux voyageurs, mais plutôt de la rapidité

de leur révolution, grâce à laquelle les longitudes, les horloges
ou les montres peuvent être réglées avec une précision remarquable.

Les marées produites sur les mers de Mars par l'attraction des
deux satellites, ne sont pas aussi fortes qu'on pourrait le croire à
première vue, malgré la grande proximité de ces deux satellites.
En effet, l'influence du satellite le plus proche est 500 fois plus
faible que celle de la Lune, et l'influence du satellite le plus éloigné
est 8000 fois plus faible. C'est presque insignifiant. Quant aux marées dues à l'attraction du Soleil, elles sont six fois plus faibles que
celles des mers terrestres. On voit que sur cette planète ce sont les
marées solaires qui sont les plus importantes, et que, comme
(toutes choses égales d'ailleurs) la hauteur d'eau n'atteint que le
sixième de celle de nos marées solaires, elles sont presque insensibles. Mais il faudrait tenir compte de la densité de l'eau de Mars et
de la pesanteur. Les différences de niveau dues à la pression barométrique, aux vents, aux courants, etc., doivent masquer presque
complètement ces marées, comme elles le font du reste, même
ici sur les rives de la Méditerranée, où les marées luni-solaires
sont certaines, mais effacées par les autres influences.

Les mouvements combinés de ces deux satellites dans le ciel de
Mars, doivent donner naissance à de bien curieuses éclipses.

Phobos est éclipsé presqu'à chaque pleine lune, ou tout au
moins une fois sur deux, et Deimos une fois sur cinq. La durée
maximum de l'éclipse du premier est de 53 minutes et celle du
second de 54. Grâce à la lenteur de son mouvement apparent
dans le ciel de Mars, Deimos peut, dans l'intervalle de 66 heures,
entre son lever et son coucher, passer trois fois par la phase de la
pleine lune, et donner le spectacle de trois éclipses de lune.

Pour avoir une idée de ces bizarres aspects des lunes de Mars, supposons, par exemple, que le soleil vienne de se coucher à six heures
du soir, et que Phobos vienne de se lever à l'ouest juste au-dessus
du soleil couchant. La marche apparente contraire de ces deux astres
(le soleil et la première lune), est si rapide que trois heures trois
quarts plus tard, soit à dix heures moins un quart, ils se trouveront
diamétralement opposés l'un à l'autre, et cette première lune
subira une éclipse totale à 55 degrés au-dessus de l'horizon oriental.

Quelque temps après, vers onze heures et demie, elle se cou_
chera dans l'est. A cinq heures du matin elle se relèvera à
l'ouest, et avant que le Soleil ne soit levé à son tour, elle pourra
encore être éclipsée une seconde fois. Pendant ce temps-là, la

Fig. 78. — Les deux lunes de Mars.

deuxième lune, Deimos, peut, de son côté, se lever éclipsée à
l'orient, briller de nouveau dans le ciel à mesure qu'elle y monte,
arriver à 68 degrés de hauteur 24 heures plus tard, au moment
où le soleil se couchera pour la seconde fois; subir une seconde
éclipse totale vers minuit: avancer encore de 68 degrés dans le
ciel pendant le second jour; subir une troisième éclipse avant

le troisième lever de soleil, et enfin se coucher à l'horizon occidental (¹).

Quelquefois on peut voir ces deux lunes, arrivant des deux parties
opposées du ciel, s'avancer l'une vers l'autre, se rencontrer et
s'éclipser partiellement ou totalement. D'où il résulte qu'indépendamment des éclipses de lune produites par le passage des satellites
dans l'ombre de la planète, éclipses analogues à celles qui se
présentent sur notre monde, il y a sur Mars des éclipses inconnues
à la Terre : celles d'un satellite par l'autre, celles du second satellite
par le premier.

Celui-ci offre un diamètre de 7 minutes, un peu moins du

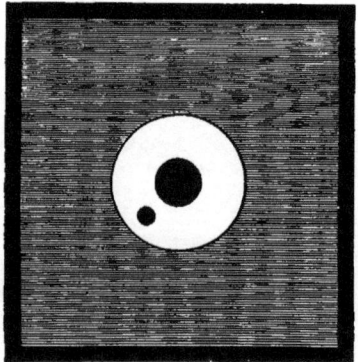

Fig. 79. — Une éclipse de Soleil par les deux lunes de Mars.

quart de celui de notre lune, et le second un diamètre de 2 minutes
et demie. Lorsque ces deux satellites se rencontrent en perspective
dans leur route céleste, le premier éclipse partiellement ou totalement le second. Aucun phénomène céleste analogue ne peut, naturellement, arriver sur la Terre.

Ainsi, Phobos peut éclipser totalement Deimos, et cela très facilement. Mais il ne peut jamais éclipser totalement le soleil de Mars,
dont le diamètre moyen est de 21 minutes. Lorsque la combinaison des mouvements célestes l'amène devant l'astre du jour, il
peut produire une éclipse annulaire du genre de celle qui est repré-

(¹) Edmond Ledger ; THE SUN, *its planets and their satellites*, p. 256.

sentée ici (*fig.* 79), à laquelle peut s'ajouter le passage du second
satellite devant le Soleil, sous la forme d'un petit disque noir. Les
habitants de Mars n'ont donc jamais vu une éclipse totale de Soleil;
mais ils voient souvent des éclipses de lune ou, pour mieux dire,
des occultations d'une lune par l'autre. Il y a là certaines complications laborieuses pour les calculateurs des almanachs martiens.

Un phénomène du même ordre et non moins curieux peut être

Fig. 80. — Passage de la Terre et de la Lune devant le Soleil, arrivé pour les habitants de Mars
le 12 novembre 1879.

observé sur Mars : ce sont les passages de la Terre devant le
Soleil.

Tout récemment, le 12 novembre 1879, les journaux de la planète ont dû retentir des préparatifs de l'observation de ce mémorable passage, dont les astronomes martiens tirent sans doute parti
comme les nôtres des passages de Vénus, dans l'intérêt de la science
et dans celle du budget des fonctionnaires de l'État. En effet, ce
jour-là, vers 2 heures de l'après-midi (heure de Paris), un petit point
noir est entré sur le Soleil par le côté sud-est ; six minutes après avoir
commencé d'échancrer son disque, il était entièrement entré, et
lentement s'est avancé sur le Soleil, en marchant de la gauche vers

la droite. Vers quatre heures un quart, un autre point noir beaucoup plus gros est arrivé à son tour sur le bord du Soleil et n'a pas employé moins de 21 minutes pour y pénétrer entiérement. Ces deux points noirs, *c'était nous :* c'étaient la Terre et la Lune, qui, ce jour-là, passaient devant le Soleil pour les habitants de Mars, comme Vénus y est passée, le 6 décembre dernier, pour les habitants de la Terre. Vers dix heures un quart du soir, la Lune est sortie du Soleil : la sortie de la Terre n'a eu lieu qu'à minuit.

Ce curieux et rare phénomène a coïncidé avec une belle éclipse de soleil par la première lune de Mars, laquelle est arrivée par la droite et en 25 secondes a glissé rapidement devant le Soleil. Un astronome anglais, M. Marth, qui a signalé ce fait, ajoute que les habitants de Mars ont dû être beaucoup plus intéressés par le passage de la Terre et de la Lune devant le Soleil que par l'éclipse elle-même, attendu que dans le cours d'une année martienne il n'y a pas moins de 1388 éclipses de soleil par la première lune et de 133 par la seconde, tandis que les passages de là Terre sont excessivement rares; le dernier avant celui de 1879, ayant eu lieu pendant l'année 1800, et le prochain ne devant arriver qu'en 1905. Les diverses nations martiennes auront sans doute distribué un choix de missions scientifiques à la surface de leur planète, afin d'observer avec profit notre passage devant l'astre du jour et d'en conclure la parallaxe du Soleil, s'ils ne la possèdent déjà avec précision. Ce jour-là, il n'y avait que de minuscules taches sur le Soleil.

Se doutent-ils qu'il y a du monde ici, et même du monde intelligent, qui observe, qui raisonne, qui n'admet que les vérités démontrées, qui ne se laisse pas dominer par des idées imaginaires, qui ne reconnaît qu'à la science positive le droit d'instruire, qui ne perd pas son temps en puériles querelles, qui n'est pas divisé en partis nationaux armés les uns contre les autres?... Qui sait, en voyant la Terre si noire devant le Soleil, si proche de lui et comme brûlée par ses rayons, s'imaginent-ils peut-être que la moitié de ses habitants craignent de penser et abandonnent la direction de leurs consciences à des individus qui se chargent de raisonner pour eux! peut-être aussi nous prennent-ils pour des enfants qui passent la majeure partie de leur temps à jouer aux soldats et le reste à panser leurs blessures!... Comme ils sont loin de la vérité !

S'il y a sur Mars des astronomes munis de télescopes analogues aux nôtres, il n'est pas douteux qu'ils aient pu facilement savoir si leurs satellites sont habités. Nous avons vu, en effet, que la première de leurs lunes plane à moins de 6000 kilomètres, et la seconde à moins de 20000 de la surface de Mars. Il en résulte qu'un grossissement de 2000 fois rapproche la première à 3 kilomètres et la seconde à 10 kilomètres. Si nous avions la même faveur pour la Lune !

Fig 81. — Le lever de Mars, vu de Phobos, comparé à la pleine lune vue de la Terre.

D'un autre côté, si ces petites lunes sont habitées, la vue de Mars est merveilleuse pour les observateurs du premier satellite. Son disque soustend un angle de 42 degrés et demi, presque la moitié d'un angle droit, presque la moitié de la distance qui s'étend de l'horizon au zénith. Du second satellite, le disque de Mars soustend encore un angle de 16 degrés et demi.

Ainsi, vu de Phobos, Mars paraît 80 fois plus large en diamètre, ou 6400 fois plus énorme que la Lune ne nous paraît ; vu de Deimos, il est encore en apparence 1000 fois plus volumineux que la pleine-lune.

Remarque assez curieuse, cette grandeur de Mars vu du premier

satellite est précisément la même que celle de Jupiter, vu également
de son premier satellite. Saturne, vu de la même station, paraît seulement 900 fois plus étendu que notre lune; mais, vu par un
observateur placé sur le bord intérieur de l'anneau, à une distance de 29000 kilomètres, son immense globe occupe une surface de 82 degrés et demi, presque le ciel entier de l'horizon
au zénith!

Mais ces deux petites îles célestes, ces deux lilliputiennes provinces sont-elles habitées?

En voyant des astres si minuscules, on peut se demander si la
doctrine générale de la pluralité des mondes, doit s'étendre jusqu'à
eux. Sans doute, ils seraient, comme la Belgique, indignes du
sceptre d'un Alexandre, d'un César, d'un Charlemagne ou d'un
Napoléon, de même que l'Angleterre ne tenterait sans doute l'ambition de personne sans ses colonies qui aujourd'hui enveloppent
la Terre. Et pourtant la minuscule petite Grèce antique ne brille-
t-elle pas d'un éclat sans rival au-dessus de toute l'humanité intellectuelle? Ce n'est pas l'étendue d'un monde qui en constitue la
vraie grandeur spirituelle. Mais toutefois, l'exiguïté d'un globe
crée de si singulières conditions d'habitabilité, qu'il y a certainement une limite à l'établissement des races intellectuelles. Cela
n'empêcherait pas néanmoins ces globes minuscules d'être peuplés d'êtres organisés suivant ces conditions, lesquels êtres ne
seraient ni des hommes ni des animaux supérieurs, mais peut-
être des insectes de formes absolument étrangères à celles de
la zoologie terrestre, munis d'autres sens et d'autres facultés que
les nôtres.

Cette question se rattache au problème général des conditions de
la VIE SUR LES AUTRES MONDES, qui va être traité au chapitre suivant, complément et corollaire de tout ce qui précède, et dans
lequel nous allons étudier tout spécialement le problème de l'habitation.

CHAPITRE VIII

**Les habitants de Mars. — Conditions de la vie sur ce globe.
Lois de la nature et forme des êtres : anthropologie comparée. — État
du séjour martien. — Le Ciel et la Terre vus de là.**

Les chapitres qui précèdent ont exposé dans leur ensemble et
dans leurs détails les analogies remarquables qui existent entre le
monde de Mars et celui que nous habitons; mais nous avons pris soin
en même temps de signaler les *différences* qui se sont présentées
au cours de notre exposition. Il ne faudrait pas, en effet, que les
antagonistes de la belle et grande doctrine de la Pluralité des
mondes, qui, pour une raison ou pour une autre, refusent à la nature
la faculté d'avoir multiplié dans l'espace les séjours de la vie et de la
pensée, s'imaginent que ces différences embarrassent les partisans
de cette théorie si rationnelle. Il n'en est rien. Les défenseurs de la
doctrine de la vie universelle et éternelle apprécient la puissance et la
fécondité de la nature et savent que la variété des conditions, loin
d'être un obstacle à la manifestation de cette fécondité, sert au contraire de prétexte et de ressort pour son exercice et son développement. Ils savent que si notre planète, par exemple, avait été partout
uniforme, sans différences de milieux et de climats, sans montagnes,
sans océans, le règne végétal et le règne animal seraient loin d'offrir
l'étendue de leurs cadres actuels et la richesse de leurs productions.
Le monde de la mer n'eût pas existé. On peut dire, sans contredit,
qu'entre la population du fond des mers et celle de la surface du sol,

il y a une telle dissemblance qu'elles appartiennent vraiment à deux mondes absolument séparés l'un de l'autre par toutes les conditions de vitalité, quoique les poissons et les mollusques consomment de l'oxygène comme les reptiles et comme nous-mêmes. Sachons donc interpréter largement les enseignements de la nature. Ne nous targuons pas de la prétention d'assigner des bornes à cette intarissable puissance. Que les habitants des autres planètes ne nous ressemblent pas, c'est vraisemblable. Que certains mondes soient peuplés d'êtres qui ne pourraient pas vivre sur la Terre et qui seraient pour nous de véritables monstres, c'est également plus que probable. Notre pauvre fourmilière n'est pas le type de l'univers. Soyons donc persuadés que, même sur notre voisine la planète Mars, les conditions organiques, le sol, l'air, les eaux, les éléments, la pesanteur, la densité, la lumière, la chaleur, l'électricité, etc., sont différents de ce qu'ils sont ici, et que, par conséquent, les manifestations de la vie *doivent* être autres que les manifestations de la vie terrestre. Les variations étranges dont nous sommes témoins d'une année à l'autre dans les aspects de la surface de Mars suffiraient à elles seules pour nous montrer que ce globe ne ressemble pas aussi complètement au nôtre qu'on l'avait cru tout d'abord, mais qu'il en diffère au contraire d'une manière fort intéressante.

Il serait superflu de reproduire ici, sur la réalité de la vie à la surface des autres mondes, la démonstration générale que nous en avons surabondamment donnée dans notre ouvrage LA PLURALITÉ DES MONDES HABITÉS. Nous n'avons pas à nous répéter. Cette démonstration étant définitivement établie, nous ne nous occupons, dans cet ouvrage-ci, que des *conditions* variées dans lesquelles la vie doit se trouver sur chaque monde.

C'est ce que nous allons faire dans un instant. Mais comment ne pas remarquer tout d'abord la singulière tendance anthropomorphique de l'homme à tout vouloir créer à son image?

Quoi! la seule imagination humaine a fait sortir du sein de la fable les êtres les plus divers, elle a peuplé le monde d'êtres fantastiques : anges, démons, farfadets, nymphes, satyres, ondines, sirènes, chimères, harpies, centaures, cyclopes, hippogryphes, cynocéphales, loups-garous, vampires, etc., etc., créations purement imaginaires, qui n'ont jamais existé, et que néanmoins nous trou-

... L'imagination a peuplé le monde d'êtres fantastiques...

vons décrites dans les vieux poèmes mythologiques, gravées sur les monuments antiques, sculptées dans le granit de nos cathédrales, et nous voudrions que les myriades de mondes fussent tous construits sur le même modèle et eussent tous pour habitants des Chinois, des Anglais ou des Français!... Nous supposerions que la nature est moins féconde que notre pauvre imagination!... C'est d'une inconséquence flagrante et absolument injustifiable.

Ici, l'art s'est beaucoup plus approché de la vérité que la science. Il faut avouer, sans fausse honte, que sur ce point les savants ont fait preuve, en général, d'une inconcevable étroitesse de jugement et de la plus mesquine faculté d'imagination. C'est à peine si, même aujourd'hui, les astronomes osent admettre la pluralité des mondes. Il en est même qui s'y refusent encore, comme au temps de Galilée. Il faut croire qu'il est bien difficile de se libérer des chaînes de plomb de l'éducation classique. C'est un regret pour nous d'avoir à enregistrer, par exemple, des déclarations du genre de celles-ci, émises par des membres de l'Académie des sciences de l'Institut de France :

Sans les gelées de l'hiver, le blé croîtrait en herbe. Jupiter n'ayant pas d'hivers ne produit point de blé et ne peut, par conséquent, nourrir d'habitants (¹).

La condition de température exclut (des cadres de la vie) les planètes dont l'axe de rotation est trop peu incliné sur le plan de l'orbite, Uranus par exemple (²).

Il faut encore exclure les globes qui, comme Saturne, sont entourés d'anneaux dont l'ombre, portée sur les régions les plus favorables au développement de la vie, y produit çà et là, périodiquement des éclipses continuelles (³).

Il faut exclure aussi les planètes qui n'ont pas assez d'atmosphère; et même une enveloppe formée exclusivement de gaz permanents ne suffirait pas (⁴).

Un disciple, plus zélé encore que ses maîtres (il était alors candidat à l'Académie) va plus loin dans son interdiction à la puissance créatrice :

(¹) Babinet, de l'Institut. Conférences faites à l'Association polytechnique, 1863, p. 39.
(²) Faye, de l'Institut. Annuaire du Bureau des longitudes pour 1874. p. 485.
(³)   Id.   Id.
(⁴)   Id.   Id.

M. Faye a montré d'un mot le néant de ces conceptions (sur la pluralité
des mondes) : qu'il manque à l'atmosphère de Mars les quelques millièmes
d'acide carbonique que contient la nôtre, et voilà la vie animale et végétale *impossible* sur cette planète ([1]).

On le voit, il n'y a même plus ici de raisonnement humain ; c'est
— que l'on ne prenne point cette comparaison en mauvaise part —
c'est un simple raisonnement de poisson : « Il n'y a pas d'eau salée
dans les rivières, disait un poisson de Trouville à un poisson du Havre ;
donc il n'y a pas de poissons dans les rivières. » Quant à s'élever plus
haut dans l'appréciation des forces naturelles et à imaginer qu'il soit
possible de vivre hors de l'eau, c'est une idée qui ne pourrait naître
dans la cervelle d'aucun habitant des ondes.

La science contemporaine, il faut l'avouer, est aussi peu philosophique que possible. Elle s'est partagée en casiers de bois et chaque
savant n'est plus guère aujourd'hui que le formica-leo d'un casier.
Ajoutez à cela l'habitude si bien enracinée chez les savants de perdre
les 99 centièmes de leur temps en fonctions administratives ou en
tourmentes ambitieuses, et vous comprendrez sans peine qu'il ne
leur reste plus le temps de penser. Où sont, en effet, les penseurs
qui faisaient autrefois la gloire de la science européenne? Où sont
les Pascal, les Descartes, les Leibnitz, les Euler? L'esprit synthétique
est mort. Il n'y a plus de penseurs!

Car, il n'est pas inutile de le remarquer, les astronomes dont nous
venons de citer les déductions anti-scientifiques et anti-philosophi-
ques sont — à part quelques rares exceptions — les plus avancés, les
plus littéraires, et ceux dont l'éducation est la plus complète, parmi
les astronomes contemporains. Leurs collègues n'ont, en général,
jamais même songé aux questions qui nous préoccupent ici. Nous
pourrions, par exemple, citer à ce propos un nom assurément illustre, un nom inscrit en lettres d'or au ciel, un nom immortalisé par
l'une des plus splendides découvertes de la science moderne :
Le Verrier. Eh bien! l'immortel auteur de la découverte de Neptune,
le Newton français qui, par la seule puissance du calcul, a senti la
présence d'un monde éloigné à plus d'un milliard de lieues,

([1]) **Wolf,** astronome de l'Observatoire de Paris, professeur à la Sorbonne, maintenant
membre de l'Institut, conférence faite à l'Association scientifique.

Le Verrier, dans les rares conversations que nous avons eues avec lui pendant ses dernières années, nous a fait entendre que, dans sa pensée, les recherches relatives à l'existence de la vie sur les autres mondes sont en dehors du cadre de l'Astronomie, et d'ailleurs complètement inutiles. Il faut dire, du reste, que Le Verrier était fort peu curieux, si peu même, qu'après avoir découvert Neptune par le calcul et avoir signalé le point du ciel où la mystérieuse inconnue devait se trouver, il n'eut même par la curiosité de prendre une lunette (celles de l'Observatoire de Paris étaient à sa disposition) et de regarder si vraiment la fameuse planète était là ! Comme son éclat égale celui d'une étoile de huitième grandeur, la plus petite lunette eût permis de la trouver, lors même qu'on n'eût pas eu la carte des étoiles de cette région. Ce n'est qu'un mois après qu'un astronome allemand, M. Galle, la chercha, et la trouva, en effet, en une heure de recherches. Et quand Le Verrier eut reçu la nouvelle de cette constatation évidemment fort importante pour lui, il n'eut pas davantage le désir de la vérifier. Je crois même qu'il n'a jamais vu Neptune.

Soit dit en passant, l'exemple illustre que nous venons de choisir doit montrer ici que, tout en regrettant de voir des savants respectables en antagonisme avec des opinions que nous tenons pour essentiellement scientifiques et pour extrêmement importantes au point de vue philosophique, opinions partagées d'ailleurs par les plus grands esprits de tous les siècles, nous ne mettons aucunement en doute leur valeur personnelle comme *savants*. C'est comme *penseurs* que nous signalons la décadence des successeurs de Pascal et de Descartes. Et c'est notre devoir; car il ne serait pas légitime de laisser sans réponses les insinuations ([1]) proférées contre

---

([1]) « La satisfaction d'apprendre que deux ou trois esprits supérieurs avaient deviné le secret de notre isolement et de notre faiblesse était une maigre compensation pour tant d'illusions perdues (la Terre centrale et l'univers créé pour elle seule). De là l'idée de la Pluralité des Mondes habités, avec laquelle Fontenelle et ses contemporains tâchè-rent de dédommager les lettrés en leur présentant l'univers comme un vaste ensemble de mondes indépendants qui assurent spontanément à la vie dans toute sa plénitude et sous toutes ces faces un développement illimité. La science actuelle, prise à la surface, semble confirmer ce courant d'*idées médiocres* (!) qui a succédé effectivement aux doc-trines de l'antique philosophie. » FAYE, *Annuaire du Bureau des longitudes pour* 1874, p. 477.

C'est avec un sentiment de surprise et de regrets que l'on a vu l'un de nos astronomes

les apôtres d'une doctrine dont ils ne comprennent pas la grandeur.

Il est incontestable que, vue et jugée sans idée préconçue, la Terre n'a reçu aucune distinction spéciale qui en fasse une exception dans la famille du Soleil. Néanmoins, les antagonismes de la doctrine philosophique de la vie universelle trouvent le moyen de s'aveugler au point de supposer tout le contraire de ce qui est, et de trouver dans l'état des choses terrestres une préparation providentielle et détaillée pour les circonstances de la vie. Voici comment raisonne, par exemple, l'un des plus récents auteurs qui aient écrit sur la matière ([1]) :

La Terre a été particulièrement placée pour recevoir la vie, laquelle ne peut provenir des combinaisons de la matière inanimée et n'est due qu'à un miracle spécial de la volonté divine.

Placée justement à la distance convenable du Soleil, la lumière et la chaleur qu'elle en reçoit sont précisément au degré voulu pour favoriser la vie.

La végétation adaptée pour soutenir la vie animale reçoit la quantité exacte de calorique qui lui convient.

L'atmosphère est composée d'éléments combinés avec précision pour entretenir la vie, tant animale que végétale.

La surface du sol est arrangée en plaines, vallées, montagnes, rivières, mers, juste comme il convient pour une quantité d'eau ni trop grande ni trop petite.

français les plus instruits, M. Faye, président du Bureau des longitudes et membre de l'institut, traiter ainsi la grande et immortelle doctrine de la Pluralité des Mondes d'une « idée médiocre », passer en revue les différents astres sous le rapport des conditions astronomiques de la vie et les éliminer tous successivement parce qu'ils ne sont pas identiques à la Terre : la Lune parce que son atmosphère n'est pas sensible, Jupiter parce qu'il n'est pas assez dense, Uranus parce que les saisons y sont trop longues et trop prononcées, Saturne parce qu'il a des anneaux qui donnent de l'ombre, etc. C'est à peine si Mars trouve grâce : « encore faut-il avouer que l'aspect invariable de ses continents rouges, contrastant avec ses mers légèrement verdâtres, n'est guère favorable à l'idée d'une vie organique largement développée à sa surface. » L'auteur tient à affirmer sous toutes les formes qu'il prend son horizon pour les bornes du monde. Huygens, après avoir découvert le principal satellite de Saturne, en 1655, a eu l'imprudence d'écrire que ce satellite est sans doute le seul, car, « comme il n'y a que six planètes, il ne doit exister que six satellites », et en 1729, alors que cinq satellites étaient découverts, un savant anglais ajoutait encore qu'il était inutile d'en chercher d'autres, car, écrivait-il : « les découvertes en optique sont arrivées à leur terme »... Dans le paradis terrestre, Adam et Ève ont dû croire que la mode ne changerait pas.

([1]) *The heaveny bodies, their nature and habitability, by William Miller.* — Londres, 1883.

Parfaitement combinées aussi sont les distances respectives du Soleil et de la Lune, pour que les marées ne soient pas trop fortes et n'amènent pas d'inondations. Le flot va jusque-là, et n'ira pas plus loin.

Le Créateur a poussé le soin jusqu'à élever, par des soulèvements au-dessus du niveau de la mer, les pierres formées au fond de l'Océan pour que nous puissions nous en servir pour construire nos habitations, et jusqu'à préparer dans les mines de houille le charbon de terre que nous devions brûler. Ce but est évident par ce seul fait que les animaux n'ont pas besoin de pierres et de charbon, et que c'est l'homme seul qui s'en sert.

La laine, le coton, le fil, la soie ont été créés en vue des services qu'ils devaient rendre à l'homme, etc., etc.

En un mot, la planète, dans tous ses détails, a été construite, arrangée, préparée tout exprès pour l'homme, et rien ne prouve que Dieu ait eu la fantaisie d'en faire autant ailleurs.

On le voit, c'est toujours le raisonnement du poisson : « L'eau est l'élément de la vie ; donc on ne peut pas vivre hors de l'eau ». Une grenouille raisonnerait déjà mieux, par la seule raison qu'elle est amphibie.

L'excellent Bernardin de Saint-Pierre ne pensait-il pas que les marées ont été faites pour permettre aux navires d'entrer au Havre? Lorsqu'on objectait à la tradition de la création du monde il y a six mille ans, les découvertes géologiques et paléontologiques, ne répondait-il pas que Dieu avait cru le monde tout vieux, avec ses fossiles, (sans doute dans le but d'attraper les géologues!) Et l'auteur du *Spectacle de la nature* n'assurait-il pas que si les puces sont noires, c'est dans le but d'être plus facilement saisies sur la peau blanche !

L'écrivain que nous venons de citer tout à l'heure va même plus loin lorsqu'il dit textuellement que chaque chose sur la Terre est arrangée pour servir directement ou indirectement au bénéfice de l'homme, et que « même les animaux venimeux et les poisons ont eu ce but » ; ce qui *prouve*, ajoute-t-il, que la vie terrestre n'a pas eu d'autre but que l'homme : puisque le but est rempli, quelle raison y aurait-il de supposer que la vie existe sur d'autres globes? » (¹).

Mais pourquoi élever tant d'objections contre une théorie aussi naturelle en elle-même! Pourquoi s'imaginer que les habitants des

_____

(¹) Même ouvrage, p. 216. On croira peut-être que nous exagérons. Voici la phrase : « So that, the earth was not only specially adapted, but specially made for man. And. if so, what reason can there be for presuming life on other globes? »

autres mondes doivent ou nous ressembler ou ne pas exister ? Nous
avons cinq sens. D'autres êtres peuvent en avoir six, sept, huit, dix,
cent. Avons-nous un sens pour apprécier l'électricité? Non. Nous
pouvons, sans nous en douter, passer à côté du tonnerre, et lors
même qu'il nous foudroierait, nous ne nous en douterions pas davantage. Avons-nous un sens pour apprécier le magnétisme terrestre ?
Non. Nous sommes, sur ce point comme sur le précédent, moins
avancés qu'une aiguille aimantée et que certains animaux. Si, dès
l'origine des êtres, l'électricité atmosphérique eût été plus développée et en rapport immédiat avec les organismes, nous aurions
sans doute aujourd'hui ce sixième sens, et peut-être le septième.
C'est être naïf que d'affirmer avec Huygens que les habitants des
autres planètes ont des mains faites comme les nôtres, avec cinq
doigts tout juste, deux yeux identiques aux nôtres, des sourcils pour
les protéger, des cheveux blonds ou bruns, des instruments de
musique pareils à ceux qui étaient en usage au siècle de Louis XIV,
et des habitations semblables à celles de Paris ; — ou bien avec
Swedenborg qu'ils ont des juste-au-corps bleus ou rouges, des
troupeaux de moutons gardés par des chiens et des voitures à bras
pour se transporter d'un pays à un autre. Autant vaudrait prétendre
calculer le nombre des habitants de toutes les planètes d'après
leur surface géographique (¹).

(¹) Ce calcul fantaisiste a du reste été fait par un ministre protestant, Thomas Dick,
dans son ouvrage *Celestial scenery* (1837), en prenant pour base la statistique de
l'Angleterre, à raison de 280 habitants par mille carré. Le voici :

POPULATION DES PLANÈTES

Mercure	8 960 000 000
Vénus	53 500 000 000
Mars	15 500 000 000
Vesta	64 000 000
Junon	1 786 000 000
Cérès	2 319 962 400
Pallas	4 009 000 000
Jupiter	6 967 520 000 000
Saturne . . . . . :	5 488 000 000 000
Anneaux de Saturne	8 141 963 826 000
Uranus	1 077 568 800 000
La Lune	4 200 000 000
Satellites de Jupiter	26 673 000 000
Satellites de Saturne	55 417 824 000
Satellites d'Uranus	47 500 992 000
Total	21 894 974 404 480

Une vue générale de cette grande question de la vie universelle et éternelle nous montre les forces de la nature partout en activité, mais en des conditions variées. Les mondes eux-mêmes naissent, vivent et meurent, et dans la durée de leur existence, la période illustrée par la vie intellectuelle d'une humanité est sans contredit beaucoup plus courte que la période de préparation et que celle de l'extinction. La Terre a été des milliers de siècles sans être habitée par des êtres intelligents, et après le dernier soupir du dernier homme, elle roulera pendant des milliers de siècles comme une tombe déserte et silencieuse. C'est donc dans le sens de l'éternité qu'il faut envisager aussi la question de la vie universelle, car successivement les différents mondes se développent à travers les âges. Il peut se faire aussi qu'un grand nombre de mondes subissent des arrêts de développement et n'arrivent jamais, à aucune époque de leur durée, à porter une race quelque peu intelligente. Il peut se faire également que d'autres mondes arrivent rapidement à donner le jour à des humanités si supérieures que les enfants y résolvent naturellement des problèmes restés fermés au génie des Archimède, des Newton et des Képler, et que des esprits aussi éminents que Jésus, Socrate, Platon, Confucius, Boudha, n'y seraient comparativement que de médiocres moralistes. Mais ce que nous devons voir, sous un aspect général, c'est, parmi les milliards de planètes qui doivent graviter autour des innombrables soleils de l'espace, des millions de mondes habités, des légions d'êtres inconnus enfantés par les forces de la nature, absolument différents de tout ce qui existe sur notre planète.

A quoi il faut ajouter la population de la Terre, alors évaluée à 800 000 000 d'habitants, et celle du Soleil, que l'auteur estime à 681 184 000 000 000. C'est donc à 703 trillions 79 milliards 774 millions que notre excellent calculateur fixe la population du système solaire. Pas une planète n'a trouvé grâce, ni un seul satellite, ni les anneaux de Saturne, ni le Soleil : tout est habité *actuellement* par des individus construits à notre image. A son calcul, il faudrait ajouter Neptune, les satellites de Mars et toutes les petites planètes découvertes depuis 1837. Il est aussi puéril de prétendre que tous les mondes sont actuellement habités que de prétendre qu'il n'y en a aucun d'habitable. Mais l'esprit humain aime à se précipiter toujours dans les extrêmes. Le plus joli du calcul précédent est qu'il y aurait cinq fois plus d'habitants sur la Lune que sur la Terre. Comme il n'y a pas d'océans là, l'auteur n'a pas voulu qu'il y eût un centimètre de perdu. Cette exigence rappelle la repartie de Fontenelle aux objections qui lui étaient faites contre les habitants de la Lune : « Quand il n'y aurait que du sel sur les rochers, je le ferais plutôt lécher par les habitants que de n'y en point mettre. »

... Là descend du ciel une autre lumière, là fleurissent des plantes qui ne sont pas des plantes...

Xénophane disait, il y a deux mille ans, que si les bœufs avaient
l'idée de penser à une puissance suprême et de se représenter un dieu
quelconque, ils se le figureraient sous la forme d'un bœuf. Si les
animaux qui habitaient la Terre il y a cent mille ans avaient fait des
conjectures sur la pluralité des mondes, ils auraient, par analogie,
peuplé les astres d'animaux sauvages et non raisonnables, et n'auraient sans doute pas songé à la possibilité d'une race intellectuelle de
la nature de la nôtre. Si une planète était peuplée de séraphins, ses
philosophes seraient portés à croire qu'il n'y a que des séraphins
sur tous les mondes de l'espace. C'est là une analogie trop étroite.
Répétons-le cent fois pour une : nous ne sommes pas le type de la
création; nous ne sommes ni aussi beaux ni aussi parfaits que l'on
nous l'assure, et il n'y a aucune bonne raison pour que l'Hercule
Farnèse ou la Vénus Callipyge représentent le type des habitants
de tous les mondes.

Il est temps de faire justice de ces fantaisies et de ces pusillanimités. Malgré le regrettable mouvement de recul essayé par les
savants contemporains, — mouvement comparable à celui qu'on
observe de temps à autre en politique chez les hommes mêmes qui
sont à la tête des gouvernements et qui devraient donner l'exemple
du perfectionnement social, — il n'est pas contestable que la planète
que nous habitons n'a reçu de la nature aucun privilège spécial et
qu'il n'y a aucune bonne raison pour prétendre qu'elle soit, pendant
toute l'éternité, le seul monde habité de l'univers, — pour oser soutenir que les forces de la nature sont partout restées improductives
parce que les conditions d'existence diffèrent d'une région à l'autre,
— et pour s'imaginer naïvement que notre imperceptible et misérable
fourmilière doive être le type de toute terre habitée ou exister seule
au monde.

En principe, le penseur admet, rationnellement, que tout monde
qui arrive à son terme devient le séjour d'une humanité quelconque;
mais que, notre époque actuelle n'ayant pas plus d'importance
qu'une autre dans l'éternité, il n'y a aucune raison pour supposer
que les autres mondes de notre système, ainsi que ceux qui gravitent autour des innombrables soleils disséminés dans l'infini, soient
justement arrivés en ce moment à leur époque d'habitation. Ces
époques ont existé pour certains mondes il y a des millions d'an-

nées, et elles n'existeront pour d'autres que dans des millions
d'années.

Cette contemplation générale de la vie universelle ainsi posée en
principe, nous pouvons, rationnellement aussi, nous demander
quelles espèces d'êtres peuvent éclore sur les autres mondes.

Et ici, en nous souvenant des pensées que la première vue des
Terres du ciel nous inspirait dès les premières pages de cet ouvrage,
nous pourrions dire encore : « Là brille un autre soleil, là descend
du ciel une autre lumière, là souffle un air qui n'est point terrestre;
là fleurissent des plantes qui ne sont pas des plantes, là coulent des
eaux qui ne sont pas des eaux; là reposent des paysages, des lacs,
des forêts, des mers, que nos yeux n'ont point vus et qu'ils ne pourraient point reconnaître ». Transportée sur l'aile de la science jusqu'aux frontières d'un autre monde, notre imagination éprouve un
intime bonheur à sentir que la vie existe réellement dans les
régions de l'espace, mais elle n'est pas satisfaite, parce qu'elle reste
suspendue devant la question qui se pose immédiatement : Comment sont organisés nos collègues de Mars et des autres mondes?

Ce n'est pas que les réponses manquent. Le lecteur curieux de se
former une idée de la puissance de l'imagination humaine et de la
richesse de ses facultés pourrait feuilleter sur ce point l'ouvrage que
nous avons consacré à cette revue spéciale des théories humaines
sur les habitants des astres ([1]), et sans contredit cette lecture lui
offrirait plus d'un côté pittoresque. Sans entrer dans aucun détail sur
cet aspect plutôt romanesque et artistique que théorique et scientifique de la question qui nous occupe ici, nous pouvons rappeler que
maintes fois on est allé jusqu'à représenter par le dessin les citoyens
des patries célestes. Nous ne parlons pas des anges, des archanges,
des chérubins, des séraphins, des trônes, des puissances, des domi-
nations et de tous les personnages imaginaires de la milice céleste
inventée par les théologiens en vacances. Et pourtant, ce serait là
une revue fort curieuse à passer, surtout si nous voulions lui adjoin-
dre celle de la milice infernale, plus nombreuse, plus riche, plus
variée et plus intéressante encore, quoique non moins imaginaire.
Mais au point de vue purement astronomique, les colonisateurs de
planètes n'ont pas manqué.

([1]) *Les Mondes imaginaires et les Mondes réels.*

Jordano Bruno, dans son ouvrage sur « l'Infini, l'Univers et les Mondes » ; Kepler, dans son « Songe astronomique » ; Godwin, dans « l'Homme dans la Lune » ; Cyrano de Bergerac, dans son « Voyage dans la Lune » et dans ses « Etats et Empires du Soleil » ; Kircher, dans son « Voyage extatique céleste » ; Fontenelle, dans ses « Entretiens sur la Pluralité des Mondes » ; Huygens, dans son « Cosmo-

Fig. 85. — Scène imaginaire chez les habitants de Jupiter.

théoros » ; Niel Klim, dans son « Voyage aux planètes souterraines » ; Voltaire, dans « Micromégas » ; Swedenborg, dans ses « Arcanes célestes » ; Wolff, dans ses « Études planétaires » ; Gudin, dans son livre « De l'Univers » ; l'auteur anonyme des « Découvertes faites dans la Lune par Herschel » en 1835 ; Edgar Poë, dans son « Aventure d'un certain Hans Pfaall » ; Boitard, dans sa « Description des planètes » ; Brewster, dans son ouvrage « Il y a plus d'un monde » ; Allan Kardec dans « le Livre des Esprits » ; M. Victorien Sardou, dans

un curieux article intitulé « Des Habitations de la planète Jupiter »,
publié par la *Revue spirite* de 1858 ; M. Henri de Parville, dans
« Un Habitant de la planète Mars » ; M. Victor Dazur, dans « le Régi-
ment fantastique » ; M. Blanqui, dans « l'Éternité par les astres », et,
tout récemment encore (1883), M. Vernier dans « l'Étrange voyage »,
ainsi qu'un grand nombre d'autres écrivains moins connus, ont non
seulement écrit sur les habitants des astres, mais ont encore imaginé
leurs formes, leurs modes d'existence, leur état intellectuel et moral,
leurs mœurs et leurs habitudes (¹).

(1) Pour n'en signaler ici qu'un exemple, aussi intéressant que peu connu, nous avons
reproduit (*fig.* 85) un dessin fait et gravé par M. Victorien Sardou lui-même, — longtemps avant sa candidature à l'Académie française — dessin ayant pour objet de représenter une habitation du monde de Jupiter. Cette habitation est toute végétale ; elle est
agréablement fleurie. On voit des êtres suspendus ou envolés. En bas, des joueurs
s'exercent à un jeu de quilles particulier : il s'agit, non de renverser les quilles, mais
de les coiffer, comme au bilboquet. Ces êtres ne sont pas les habitants de Jupiter ; ce
sont des animaux à leur service.

Cette ville de Jupiter, nommée Julnius, se compose de deux cités, l'une, « la ville
haute » est flottante dans l'air, l'autre, la « ville basse » est construite sur la terre ferme.
Les animaux habitent la seconde, les hommes-esprits habitent la première. Mozart,
Cervantès, Palissy étaient voisins de campagne.

Une note annexée à la publication de ce dessin ajoutait que l'auteur ne savait ni
dessiner ni graver, et que toutefois cette figure avait été directement gravée par lui à
l'eau-forte, en neuf heures, sans aucune étude préalable. Elle était signée « Bernard
Palissy ».

Le spirituel auteur de *Nos Intimes,* des *Pattes de Mouches,* de *Divorçons,* a créé cette
composition, ainsi que plusieurs autres, dans cet état particulier de l'esprit que l'on
désigne sous le nom de médiumnité, et c'est en effet comme médium qu'il l'a signée.
C'est un état dans lequel on n'est ni endormi, ni magnétisé, ni hypnotisé d'aucune façon.
On est tout simplement recueilli dans un cercle d'idées déterminé. Le cerveau agit
alors, par l'intermédiaire du système nerveux, un peu autrement que dans l'état normal. La différence n'est pas aussi grande qu'on l'a supposé. Voici principalement en
quoi elle consiste. Dans l'état normal, nous pensons à ce que nous allons écrire, *avant*
de commencer l'acte d'écrire ; nous construisons notre phrase dans notre pensée avant
de la traduire par le langage ; nous agissons directement pour faire marcher notre
plume, notre main, notre avant-bras. Dans cette autre condition, au contraire, nous
ne pensons pas avant d'écrire, nous ne faisons pas marcher notre main, nous la laissons inerte, passive, libre ; nous la posons sur le papier, en faisant en sorte qu'elle
éprouve la moindre résistance possible ; nous pensons à un mot, à un chiffre, à un trait
de plume, et notre main écrit d'elle-même, toute seule. Mais il faut *penser* à ce que
l'on fait, non pas d'avance, mais sans discontinuité, autrement la main s'arrête.
Essayez, par exemple, d'écrire le mot OCÉAN, non pas comme d'habitude, en l'écrivant
volontairement, mais en prenant un crayon, en laissant simplement votre main *librement posée* sur un cahier, en pensant à ce mot, et en observant attentivement si
votre main l'écrira. Eh bien ! votre main ne tardera pas à écrire un o, puis un c, et
ainsi de suite. Du moins, c'est l'expérience que j'ai faite sur moi-même, il y a un quart
de siècle, lorsque, à la même époque que mon illustre et érudit ami Victorien Sardou,

Revenons aux hypothèses faites sur la forme des habitants des
autres mondes. Nous signalions tout-à-l'heure parmi les principaux
ouvrages écrits sur le sujet, celui de notre savant ami H. de Parville
intitulé : *Un habitant de la planète Mars*. On remarque dans cet
ouvrage le dessin reproduit ici (*fig.* 86), représentant ledit habitant
apporté sur la Terre dans un aérolithe. Nous ne pouvons pas *créer*
de formes étrangères à celles que nous connaissons : c'est encore
là un animal qui ressemble plus ou moins aux êtres terrestres.

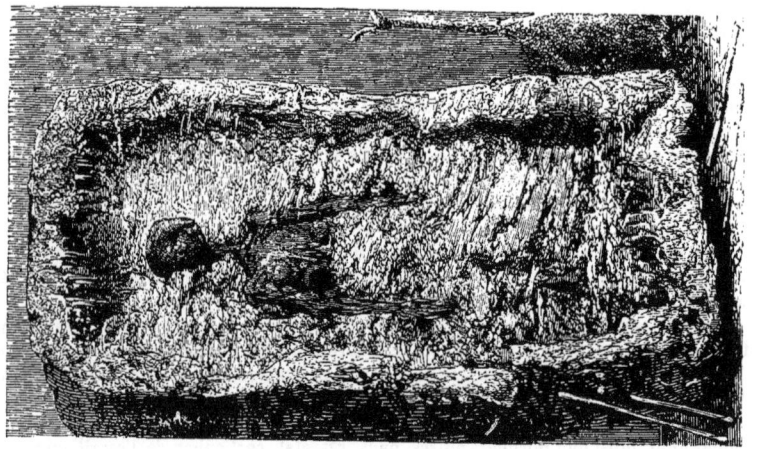

Fig. 86. — Habitant imaginaire de la planète Mars.

Il ne faut considérer ces romans astronomiques que comme des
œuvres d'imagination. Si nous voulions essayer de nous représenter
l'état des autres mondes au point de vue de l'intéressant problème

j'étudiais les nouveaux problèmes du spiritisme et du magnétisme. [J'ai toujours
pensé que le cercle de la science n'est pas fermé et qu'il nous reste bien des choses à
apprendre]. Dans ces expériences, il est très facile de s'abuser soi-même et de croire
que notre main est sous l'influence d'un esprit différent du nôtre. Je dois dire cependant que la conclusion de ces expériences a été que l'action de ces esprits étrangers
n'est pas nécessaire pour expliquer les phénomènes observés. Le spiritisme ne nous a
absolument rien appris en astronomie, et les conjectures écrites par les médiums n'ont
pas été confirmées par les découvertes récentes. Sur Jupiter, notamment, l'état
d'habitation ne peut pas être tel qu'on l'avait indiqué. Mais ce n'est pas ici le lieu
d'entrer dans plus de détails à l'égard d'un sujet qui a été jusqu'à présent plus exploité
par des spéculateurs qu'étudié par des savants.

de leur habitation par des races intellectuelles, la méthode à suivre devrait être essentiellement et exclusivement scientifique, et se conclure de la synthèse des faits acquis à la physiologie, à la géologie et à l'ontologie générale. C'est là un essai qui, grâce aux progrès actuels de la science, peut être, croyons-nous, tenté sans trop de présomption. Examinons au moins la question.

Les études de la physiologie positive et de la statistique moderne démontrent scientifiquement que le corps humain est le produit de la planète terrestre : son poids, sa taille, la densité de ses tissus, le poids et le volume de son squelette, la durée de la vie, les périodes de travail et de sommeil, la quantité d'air qu'il respire et de nourriture qu'il s'assimile, toutes ses fonctions organiques, même celles qui paraissent le plus arbitraires, et jusqu'aux époques maxima des naissances, des mariages et des décès, en un mot, *tous les éléments de la machine humaine, sont organisés par la planète*. La capacité de nos poumons et la forme de notre poitrine, la nature de notre alimentation et la longueur du tube digestif, la marche et la force des jambes, la vue et la construction de l'œil, la pensée et le développement du cerveau, etc., etc., tous les détails de notre organisme, toutes les fonctions de notre être sont en corrélation intime, absolue, permanente, avec le monde au milieu duquel nous vivons. La construction anatomique de notre corps est la même que celle des animaux qui nous précèdent dans l'échelle de la création. Nous sommes faits comme nous le sommes, parce que les quadrupèdes mammifères sont construits comme ils le sont; et ainsi toutes les espèces animales se suivent comme les anneaux d'une même chaîne, et, en remontant d'anneau en anneau, on retrouve les premiers organismes rudimentaires, qui sont plus visiblement encore, mais pas davantage, le produit des forces qui leur ont donné naissance.

C'est là une vérité dont il n'est plus permis de douter aujourd'hui, à moins d'être resté étranger à tout le mouvement de la physiologie contemporaine et de s'être tenu à l'écart des admirables travaux qui illustrent la seconde moitié du XIX⁰ siècle dans la solution du grand problème de l'origine des espèces, travaux qui ont absolument transformé la paléontologie classique de Cuvier et de ses émules.

Les espèces se sont lentement succédées à la surface de notre planète. Elles ont commencé, à l'époque lointaine de la période primordiale, par les organismes les plus simples, aussi bien dans le règne animal que dans le règne végétal. Les premières plantes méritent à peine ce titre : elles n'ont ni feuilles, ni fleurs, ni fruits. Les premiers animaux sont des invertébrés, des mollusques, des objets gélatineux qui n'ont ni tête, ni sens, ni système nerveux et qui, à proprement parler, ne sentent pas. Par le perfectionnement séculaire des conditions organiques de la planète, par le développement graduel de quelques organes rudimentaires, la vie s'améliore, s'enrichit, se perfectionne. Pendant l'époque primordiale, on ne voit que des invertébrés flottant dans les eaux encore tièdes des mers primitives. Vers la fin de cette époque, pendant la période silurienne, on voit apparaître les premiers poissons, mais seulement les cartilagineux : les poissons osseux ne viendront que longtemps après. Pendant la période primaire commencent les grossiers amphibies et les lourds reptiles, les lents crustacés. Des iles s'élèvent du sein des ondes et se couvrent d'une végétation splendide. Mais le règne animal est encore bien pauvre. Ce n'est que pendant l'âge secondaire qu'il se diversifie en espèces bien distinctes et nombreuses. Les reptiles se sont développés : l'aile porte l'oiseau dans les airs ; les premiers mammifères, les marsupiaux, habitent les forêts. Pendant l'âge tertiaire, les serpents se détachent tout à fait des reptiles en perdant leurs pattes (dont les soudures primitives sont encore visibles aujourd'hui), le reptile-oiseau, archéoptérix, disparaît aussi, les ancêtres des simiens se développent sur les continents en même temps que toutes les fortes espèces animales. Mais la race humaine n'existe pas encore. L'homme va apparaître, semblable à l'animal par sa constitution anatomique, mais plus élevé dans l'échelle du progrès et destiné à dominer un jour le monde par la grandeur de son intelligence.

Les couches géologiques du globe terrestre, que nous retournons aujourd'hui comme les feuillets d'un livre, nous montrent ainsi cette succession de fossiles ensevelis. Les espèces se sont succédées en se développant graduellement, comme les rameaux d'un même arbre. Elles dérivent d'une même source ; elles se rattachent entre elles comme les anneaux d'une même chaîne ; elles appartiennent au même ordre de choses ; elles réalisent le même programme.

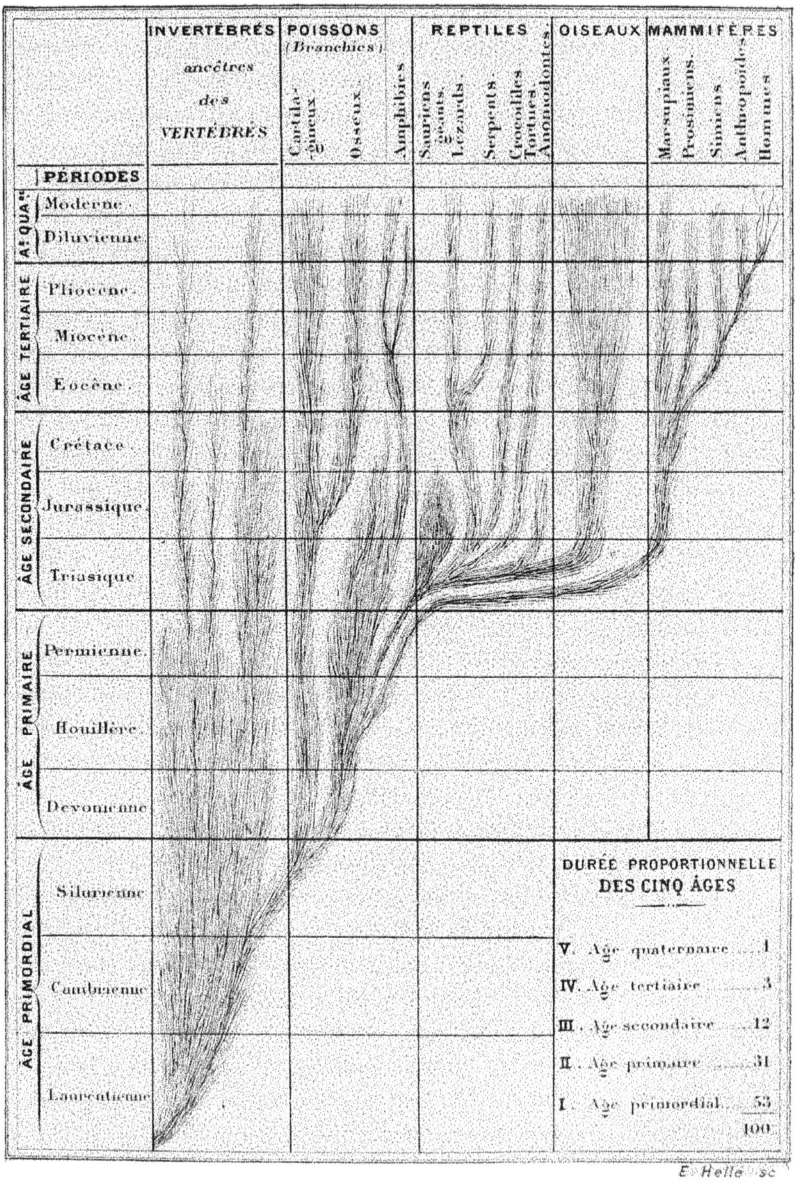

INVERTÉBRÉS | POISSONS (Branchies) | REPTILES | OISEAUX | MAMMIFÈRES

ancêtres des VERTÉBRÉS

Cartilagineux · Osseux · Amphibies · Sauriens géants · Lézards · Serpents · Crocodiles · Tortues · Anomodontes · Marsupiaux · Prosimiens · Simiens · Anthropoïdes · Hommes

| PÉRIODES |
A² QUA™	Moderne
	Diluvienne
ÂGE TERTIAIRE	Pliocène
	Miocène
	Eocène
ÂGE SECONDAIRE	Crétacé
	Jurassique
	Triasique
ÂGE PRIMAIRE	Permienne
	Houillère
	Dévonienne
ÂGE PRIMORDIAL	Silurienne
	Cambrienne
	Laurentienne

DURÉE PROPORTIONNELLE DES CINQ ÂGES

V. Âge quaternaire 1
IV. Âge tertiaire 3
III. Âge secondaire 12
II. Âge primaire 31
I. Âge primordial 53
——
100

E. Hella sc

Fig. 87. — Arbre généalogique des habitants de la Terre.

On peut se rendre compte de cette succession à l'examen de notre figure 87, qui représente l'arbre généalogique des habitants de la Terre : cet arbre résume en un même tableau les faits que nous venons d'exposer. Quant à la durée de cette création de la vie terrestre, nous pouvons adopter sur ce point l'opinion de Haeckel, qui conclut de la comparaison de l'épaisseur et de la richesse des couches, qu'en représentant par le chiffre 100 l'âge du monde depuis l'origine des premiers invertébrés, la première époque a dû prendre déjà pour elle seule plus de la moitié de cette durée, tandis que l'époque actuelle n'en a consommé qu'une minime fraction : en n'accordant que cent mille ans à l'âge quaternaire, âge de la nature actuelle, la période tertiaire aurait régné pendant trois cent mille ans auparavant, la période secondaire pendant douze cent mille ans, la période primaire pendant plus de trois millions, et la période primordiale pendant plus de cinq millions d'années. Total : dix millions. Mais qu'est-ce encore que cette histoire de la vie comparée à l'histoire totale de la planète, puisqu'il a fallu plus de trois cents millions d'années pour la refroidir au degré d'habitabilité?

L'enseignement de la nature établit ainsi, d'une part, par la géologie et la paléontologie, que les espèces se sont succédées en se perfectionnant graduellement, qu'elles se rattachent entre elles par leur origine, et qu'elles sont toutes parentes. L'homme ne descend pas des singes actuels, pas plus que des reptiles ou des invertébrés actuels. Il dérive, comme les anthropoïdes et les singes, des prosimiens aujourd'hui disparus, et, en remontant plus haut encore, de marsupiaux, d'amphibies et de poissons depuis longtemps disparus de la scène du monde. Au surplus, l'examen détaillé de notre corps confirme cet enseignement de la paléontologie. Nous avons conservé, encore aujourd'hui, des organes rudimentaires atrophiés, qui ne nous servent absolument à rien, et qui proviennent de nos ancêtres animaux, par exemple les muscles de l'oreille, qui servaient à mouvoir l'oreille chez ces animaux, le petit repli que nous portons à l'angle interne de l'œil, et qui était une troisième paupière, etc. Tous les animaux ont de même ces organes rudimentaires inutiles provenant de l'héritage de leurs ancêtres. Les poissons qui vivent dans les cavernes ont encore des yeux, mais des yeux atrophiés, incapables de voir. Les oiseaux qui ne volent plus ont encore des ailes (autruche,

casoar), mais elles ne leur servent plus, car ils ont perdu l'usage de
voler. Les serpents boas et pythons portent encore à la partie posté-
rieure de leur corps quelques pièces osseuses inutiles, reste des membres postérieurs qu'ils ont perdu, etc., etc.

Si nous voulions faire ici en détail l'analyse du corps humain, nous
constaterions que l'anatomie confirme absolument la géologie et la
paléontologie. Mais ce n'en est pas ici le lieu, quoique, en fait, nous
ne sortions en aucune façon de la question posée : « Comment les
habitants des autres mondes sont-ils construits? » et que nous
établissions précisément par cette exposition les prémisses de sa

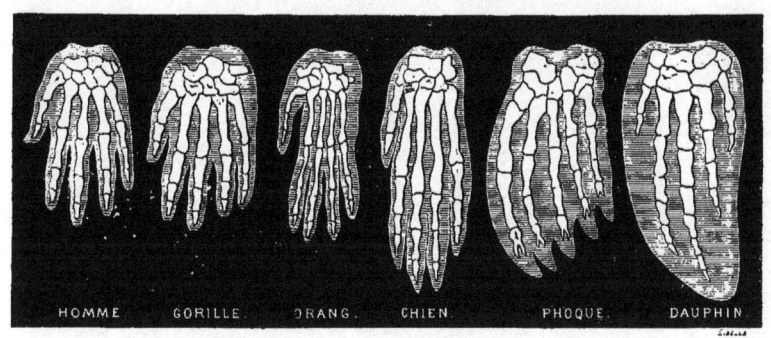

Fig. 88 — Les origines de l'homme : mains et pattes comparées

solution scientifique. Signalons notre parenté avec toute la nature
terrestre.

Comparons, par exemple, la main de l'homme avec les pattes du
gorille, de l'orang-outang, du chien, du phoque, du dauphin.
Sur notre figure 88, la partie blanche représente les os et la partie
ombrée la chair. On voit que, anatomiquement, c'est *la même
structure*.

La conclusion serait identiquement la même si nous comparions
entre eux les squelettes tout entiers de l'orang, du chimpanzé, du
gorille et de l'homme. L'homme s'élève graduellement (voy. *fig.* 89)
de l'horizontalité de la nature animale vers la noblesse de la position verticale qui doit dominer le panorama du monde.

La comparaison des cerveaux conduit à la même conséquence. Le
cerveau n'est que l'épanouissement de la moelle épinière : la partie

antérieure de la moelle épinière se développe d'espèce en espèce,
devient le cerveau, lequel à son tour grandit, s'accroît et s'enrichit
avec l'exercice des facultés intellectuelles.

On le voit, tous les faits d'observation s'accordent entre eux pour
montrer que le type humain s'est lentement formé en passant par
toute la série de la nature vivante; d'où il résulte qu'il n'est pas dû
à la fantaisie ou à la volonté arbitraire d'un Créateur, qui l'aurait tiré
du néant par un acte miraculeux étranger au développement nor-

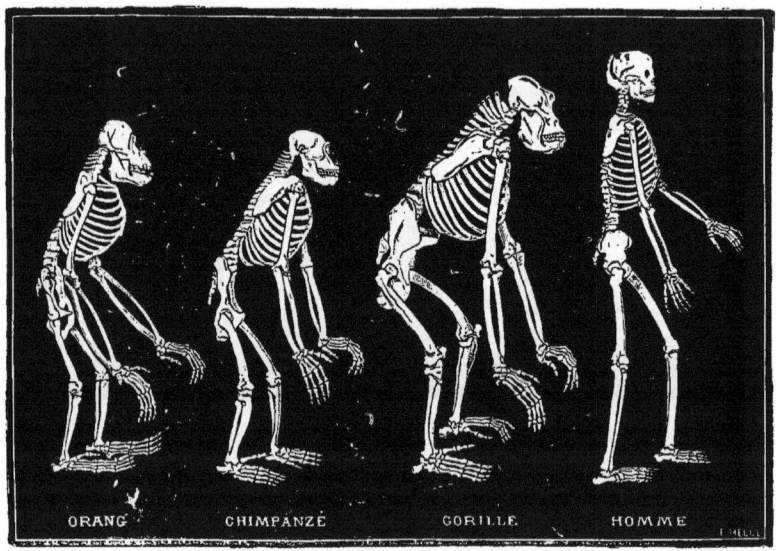

Fig. 89. — Les origines de l'homme : squelettes comparés.

mal de la nature terrestre, et que par conséquent ce type provient
de la zoologie de notre planète aussi naturellement que le fruit
produit par un arbre. Cette importante conclusion est encore surabondamment démontrée par une science étrangère aux précédentes,
et qui, sans avoir rien de commun avec la géologie ou la paléontologie, vient cependant donner identiquement le même témoignage
sur cette importante question de l'origine de l'homme. Nous voulons
parler de l'embryogénie. En effet, chacun de nous a passé dans le
sein de sa mère par les principales espèces animales qui existent
encore aujourd'hui; chacun de nous a d'abord été une simple petite

cellule organique, ni plus ni moins qu'un modeste poulet; chacun de nous a commencé par être une petite sphère, un ovule mesurant un quinzième de millimètre, puis notre embryon a été pareil à celui d'un poisson; ensuite à celui d'un amphibie; ensuite à celui d'un reptile; ce n'est qu'après plusieurs semaines de la vie embryonnaire qu'apparaissent les caractères particuliers aux mammifères; pendant les premières semaines, il est absolument impossible de distinguer l'embryon de l'homme de celui des autres mammifères, des oiseaux, des reptiles et des poissons; il y a parallélisme parfait entre l'évolution embryologique de l'individu et l'évolution paléon-

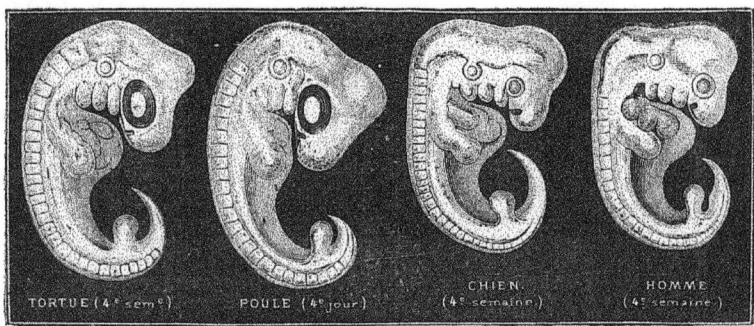

Fig. 90. — Les origines de l'homme : embryons comparés.

tologique du groupe entier auquel il appartient. En parcourant ainsi une série de formes transitoires, l'homme résume dans une succession rapide la longue série évolutive des formes par lesquelles ont passé ses ancêtres, depuis les âges les plus reculés. Ceux d'entre nos lecteurs qui n'ont pas eu l'occasion de faire eux-mêmes ces études un peu spéciales, se rendront exactement compte de ces faits si importants par l'examen de notre figure 90, qui représente les embryons comparés de la tortue, de la poule, du chien et de l'homme dans les premières phases de leur formation.

Ainsi, tous les enseignements de la nature s'unissent pour nous montrer que l'homme est le résumé perfectionné de toute la série zoologique terrestre qui l'a précédé sur la scène du monde, que la forme humaine n'est pas arbitraire, et qu'elle est due, comme celle de tous les êtres vivants qui peuplent la Terre, à la combinaison des forces organiques en activité sur la planète. Il en est nécessairement de même sur les autres mondes. Et puisque sur ces autres mondes les forces organiques ne sont pas dans le même état d'activité que chez nous, comme les combinaisons des éléments ne sont pas les mêmes, comme les milieux diffèrent d'une planète à l'autre, que la lumière, la chaleur, l'électricité, la pesanteur, la composition atmosphérique, etc., etc., diffèrent suivant les régions célestes et suivant les systèmes, les premières formes animales et végétales ont dû différer dès l'origine, bifurquer de plus en plus, de sorte que la dernière espèce animale, celle qui sur chaque monde est devenue ou deviendra l'espèce intellectuelle, doit être aussi la résultante de la série zoologique de chaque monde et par conséquent doit absolument différer de celle à laquelle nous appartenons sur la Terre.

Ces déductions nous paraissent judicieusement établies (¹).

Sans prétendre déterminer dès maintenant l'état physiologique des habitants de Mars, ne pourrions-nous essayer d'appliquer les considérations qui précèdent aux documents encore trop rares que nous possédons sur l'habitabilité de cette planète?

(1) Par des considérations complètement étrangères aux témoignages de la science, la plupart des romanciers du ciel n'ont voulu voir chez les habitants des autres mondes que des êtres semblables à nous et reproduisant dans tout l'univers les mêmes actes, les mêmes sentiments, les mêmes passions que celles qui régissent l'humanité terrestre. On a même vu récemment, non sans curiosité, un auteur plus connu dans la politique que dans la science, A. Blanqui, assurer dans une publication originale « l'Éternité par les astres » que, comme il n'y a qu'un certain nombre d'éléments et de combinaisons, toutes les combinaisons possibles, malgré leur multitude, *ont un terme*, et dès lors doivent *se répéter* pour peupler l'infini. Il en résulterait que quoiqu'il y ait un nombre incommensurable de terres différentes de la nôtre, cependant il doit en exister un très grand nombre de semblables. Parmi ces terres semblables, plusieurs ont bifurqué à cause de la différence des conditions, mais cependant plusieurs se seraient développées absolument dans le même sens, et auraient finalement donné naissance aux mêmes êtres, à la même humanité, aux mêmes nations, aux mêmes villes, aux mêmes familles et aux mêmes hommes, portant les mêmes noms qu'ici. De telle sorte que, le nombre des combinaisons étant fini, et l'étendue de l'univers étant infinie, la nature a été forcée de tirer chacun de ses ouvrages à des milliards d'exemplaires, et cela pendant toute l'éternité : si bien, conclut l'auteur, que la Terre, la France, Paris, *nos personnes*, existent actuellement, ont toujours existé et existeront toujours en plusieurs endroits à la fois. Ainsi nous serions immortels d'une façon assurément inattendue, sans le savoir et sans jamais nous en douter.

Cette théorie originale pèche par la base. Lors même qu'il n'y aurait chimiquement qu'un seul corps simple primitif, au lieu de soixante-quatre, la nature pourrait varier à l'infini ses modes d'existence et d'activité, sans jamais se répéter.

La voie indiquée plus haut nous paraît être la seule scientifique et logique.

Déjà, tous nos lecteurs l'ont remarqué, des divers mondes du système solaire, Mars est sans contredit celui qui ressemble le plus au nôtre; les manifestations de la vie à sa surface ne doivent donc pas être absolument étrangères à celles de la vie terrestre; l'analogie si remarquable qui relie ce monde au nôtre doit avoir déterminé chez lui des évolutions organiques partagées comme ici entre deux ordres généraux : la végétation et l'animalité. Or, nous voyons que les végétaux tirant leur substance de l'air principalement, ont une densité inférieure à celle de l'eau, et que les animaux, étant composés de substances dans lesquelles l'eau entre pour la plus grande part, ont une densité moyenne un peu supérieure à celle de l'eau : sur Mars, tout cela est plus léger qu'ici.

La densité moyenne des matériaux qui composent cette planète est inférieure à celle des matériaux constitutifs de notre globe : elle est de 71 pour 100. Il résulte d'autre part, du volume et de la masse de Mars, que le poids des corps est extrèmement léger à sa surface. Ainsi l'intensité de la pesanteur à la surface de la Terre étant représentée par 100, elle n'est que de 37 à la surface de Mars : c'est *la plus faible* que l'on puisse trouver sur toutes les *planètes* du système. Il en résulte qu'un kilogramme terrestre transporté là ne pèserait plus que 374 grammes. Un homme du poids de 70 kilos, transporté sur Mars, n'en pèserait que 26. Il ne serait pas plus fatigué pour parcourir 50 kilomètres que pour en parcourir 20 sur la Terre, et l'effort musculaire dont l'exercice a fait inventer le jeu de « saut de mouton » aux écoliers en récréation les lancerait non plus seulement sur le dos de leurs camarades, mais sur les toits et à la cime des arbres.

Les animaux et les végétaux doivent y être de plus haute taille qu'ici, quoique la planète soit plus petite. Ce n'est pas le volume d'un globe qui règle la disposition des êtres vivants à sa surface, mais l'intensité de la pesanteur relativement aux conditions de milieux et de vitalité. Ainsi des hommes deux fois plus haut que nous auraient une certaine difficulté à marcher ici, et se casseraient inévitablement les jambes à cause de l'intensité de l'attraction terrestre. Il leur faudrait quatre jambes pour une plus grande stabilité. Les quadrupèdes, en effet, peuvent dépasser ces proportions. Les seuls animaux qui puissent marcher sur deux jambes, les singes anthropomorphes, sont d'une taille inférieure à la nôtre, et il est probable que l'homme n'est arrivé à sa taille naturelle qu'après des siècles d'exercice et de développement. (Cette taille décroît aujourd'hui dans les pays très civilisés, à cause de la vie citadine et de l'accroissement du système nerveux au détriment du système musculaire.) Dans l'eau, les animaux peuvent atteindre des dimensions plus considérables, à cause de la légèreté spécifique qu'ils y gagnent. Le règne végétal nous montre certaines espèces d'arbres qui s'élèvent à des hauteurs géantes à cause de leur immobilité. Ainsi, la taille des êtres est intimement et nécessairement déterminée par l'intensité de la pesanteur.

Il est donc probable que les choses sont établies sur une plus grande échelle à la surface de Mars, et que les plantes et les animaux y sont beaucoup plus élevés qu'ici. Ce n'est pas à dire cependant pour cela que les humains y aient notre forme et soient des géants. En remontant à la formation de la série zoologique, on peut augurer que la pesanteur aura exercé une influence d'un autre ordre sur la succession des espèces. Tandis qu'ici la grande majorité des races animales est restée clouée à la surface du sol par l'attraction terrestre, et qu'un bien petit nombre ont reçu le privilège de l'aile et du vol, il est bien probable qu'en raison de la disposition toute particulière des choses, la série zoologique martienne s'est développée de préférence par la succession des espèces ailées. La conclusion naturelle est que les espèces animales supérieures y sont munies d'ailes. Sur notre sphère sublunaire, le vautour et le condor sont les rois du monde aérien; là-bas les grandes races vertébrées et la race humaine elle-même, qui en est la résultante et la dernière expression, ont dû conquérir le privilège très digne d'envie de jouir de la locomotion aérienne. Le fait est d'autant plus probable qu'à la faiblesse de la pesanteur s'ajoute l'existence d'une atmosphère analogue à la nôtre.

Sur la Terre, un corps qui tombe du haut d'une tour ou d'une fenêtre parcourt 4 mètres 90 centimètres dans la première seconde de chute. Sur Mars, le même corps, attiré moins fortement, ne tombe qu'avec une vitesse presque trois fois moindre, et ne parcourt que 1 mètre 87 centimètres dans la même unité de temps. Les tentatives faites pour s'élever dans les airs à l'aide d'ailes construites dans ce but n'ont pas réussi sur notre planète et ne peuvent réussir, parce que la pesanteur nous fait tomber de 4 mètres 90 centimètres dans une seconde, et que le mouvement des ailes s'appuyant sur l'air ne peut nous élever de la même quantité dans le même temps. Mais un tel état est *naturel* sur Mars (¹).

Ces hypothèses, qui peuvent paraître conjecturales à certains esprits timides, sont appuyées sur une argumentation judicieusement fondée. La faible intensité de l'attraction de Mars doit permettre aux végétaux de s'élever beaucoup plus haut que sur la Terre, toutes choses égales d'ailleurs. Il en est de même pour les animaux qui marchent sur le sol. Cette même cause a dû déterminer une prédilection pour les formes aériennes, et les races animales les plus importantes ont dû se construire, se développer, se succéder et

(¹) La chute des corps se fait par un mouvement uniformément accéléré. Dans le premier tiers de seconde, il n'est que de 545 millimètres ; il est de 1635 dans le deuxième tiers, de 2720 dans le troisième : total, 4 mètres 90 centimètres. Si l'on pouvait faire trois battements d'ailes par seconde, il suffirait de s'élever de 55 centimètres par battement pour pouvoir se soutenir et planer. Or, la force d'un cheval pouvant seulement élever le poids d'un homme pesant 75 kilogrammes de 1 mètre en une seconde, et la force de l'homme étant au plus le cinquième de celle du cheval, la force de l'homme ne monterait son propre poids en une seconde que d'un cinquième de mètre, ou de 20 centimètres ; en un tiers de seconde, elle ne l'élèverait que de 7 centimètres. Donc l'homme ne peut pas voler sur notre planète par sa propre force musculaire.

Il y a quelques années, j'avais exposé ces principes à un malheureux aéronaute belge qui s'obstinait à essayer de voler dans les airs, après s'être préalablement fait enlever sous la nacelle d'un aérostat. Il persista dans ses tentatives, se fit enlever en ballon au-dessus de Londres, s'élança dans les airs, s'embarrassa dans son appareil, et fut précipité de 500 mètres de hauteur sur les tombes d'un cimetière. Un parapluie lui eût été d'un usage plus efficace que ses ailes.

Sur Mars, l'intensité de la pesanteur étant presque trois fois moindre, au lieu de 55 centimètres, il suffirait de s'élever de 19 centimètres par battement d'ailes d'un tiers de seconde, pour pouvoir se soutenir dans l'air et planer. Or, le même effort musculaire qui nous élèverait à 7 centimètres nous porterait là à 20 centimètres, ce qui serait déjà suffisant pour vaincre la pesanteur. Mais, d'autre part, un poids de 75 kilogrammes n'en pèse que 28 à la surface de Mars. Si donc, nous supposions aux Martiens une force musculaire égale à la nôtre, et un poids réduit proportionnellement à l'intensité de la pesanteur, nous en conclurions qu'il leur serait aussi facile de voler qu'à nous de marcher, et qu'ils peuvent se soutenir dans les airs à l'aide d'une construction anatomique peu différente de celle des grands voiliers de notre atmosphère.

Le privilège de l'aile me paraît si précieux, que je ne puis même voir une chauve-souris (notre plus proche parente, d'ailleurs, parmi les espèces ailées) sans envier son bienheureux sort.

s'établir définitivement dans la vie atmosphérique. La sélection naturelle n'a pu qu'aider encore à l'affirmation vitale de ce règne aérien.

Tout ce qui vient d'être exposé ne doit s'entendre qu'au point de vue de l'organisme vital considéré *en lui-même*, et non pas au point de vue des formes extérieures. Nous ne supposons point qu'il y ait sur Mars des peupliers, des sapins, des chênes; ni des chiens, ni des chats ou des éléphants.; ni des hommes formés d'une tête pareille à la nôtre, portée par un buste installé sur deux jambes, etc., le tout accompagné d'une paire d'ailes à la façon des anges de Raphaël ou des diables de Callot. Ce serait fort se méprendre sur les essais d'anatomie *comparée* qui précèdent que de pousser l'anthropomorphisme jusque-là. Non : de la forme nous ne pouvons rien dire ni rien penser. Elle dépend de la direction primordiale qui a été prise par les premières cellules organiques à l'époque de l'apparition de la vie à la surface de la planète, et il est probable que les formes de la vie diffèrent essentiellement sur chaque monde. Nous ne parlons donc ici que de l'ensemble, et nous exposons ce que l'énorme différence de pesanteur a dû déterminer dans les manifestations de cette vie, quelles qu'elles soient d'ailleurs.

Quoi qu'il en soit, nous devons savoir que notre organisation humaine terrestre a été fabriquée, agencée, déterminée par la planète que nous habitons. Nous sommes la résultante mathématique des forces en action à la surface de ce globe. C'est cette vérité nouvelle de l'analogie scientifique moderne qui nous autorise à essayer des recherches telles que les précédentes, lesquelles eussent été purement romanesques à une autre époque. En résumé, le problème se pose en ces termes : l'homme est la résultante des forces planétaires; étant données ces forces, poser l'équation et calculer cette résultante, inconnue jusqu'ici pour tous les mondes différents du nôtre.

Ce qui nous intéresse donc ici, ce ne sont plus les analogies, mais ce sont plutôt les différences qui distinguent Mars de la Terre au point de vue de l'état et des formes de la vie sur ces deux mondes. Tous les êtres terrestres, depuis le plus petit jusqu'au plus grand, sont dans le rapport le plus intime avec les conditions organiques

de la planète, et ce rapport est si absolu, que la différence qui existe
entre Mars et la Terre suffit pour nous apprendre que les végétaux
et les animaux de notre planète ne pourraient être naturalisés sur
ce monde voisin.

La quantité de chaleur et de lumière que Mars reçoit du Soleil
n'est pas, il est vrai, fort différente de celle que la Terre reçoit, et
peut-être même l'absorption de l'atmosphère rend-elle la température moyenne de Mars identique à celle de notre globe : il n'y a
donc pas là une différence essentielle à signaler entre les deux
mondes. La longueur de l'*année* martienne nous en offre une plus
réelle. Or, c'est une circonstance digne d'attention que la constitution organique du plus grand nombre de nos végétaux est spécialement ajustée à la longueur de notre année : si cette année était
allongée tout à coup, même d'un seul mois, le monde végétal serait
presque désorganisé, les fonctions des plantes seraient entièrement
dérangées, et le règne végétal tout entier subirait une influence
mortelle. Le calendrier de Flore, de Linné, qui résume la marche
annuelle du règne végétal, serait renversé. Chaque plante demande
une quantité donnée de chaleur et de lumière pour arriver à sa
floraison et à sa fructification, et un tel changement serait fatal à
la vie de nos espèces végétales, qui ont été formées *par* et *pour*
la Terre.

La même conclusion peut être appliquée aux espèces animales.
Il résulte donc de toutes ces considérations que, quelles que soient
les formes végétales et animales de la planète Mars, elles y sont
certainement différentes des nôtres.

Mais évidemment la différence qui exerce l'action la plus importante sur la vie, dans ces deux mondes, c'est la différence de la
pesanteur.

Supposons, par exemple, que la pesanteur terrestre soit diminuée
dans la proportion de sa faiblesse à la surface de Mars : cette
métamorphose théorique serait immédiatement remarquée dans la
pratique par la légèreté inattendue de tout ce qui nous entourerait
et de nous-mêmes. Au lieu de rester fixes à la place où nous les
poserions, les objets seraient si légers qu'ils seraient prêts à se
déplacer comme des flocons de plumes au moindre mouvement. Soit
pour nous tenir debout, soit pour marcher, nous serions dans une

sorte d'équilibre instable, à peu près comme sur un navire mû par le roulis et le tangage, et nous serions oppressés, sous l'atmosphère raréfiée, comme le voyageur sur les plus hautes montagnes ou comme l'aéronaute dans les régions aériennes supérieures. Notre condition sur la Terre dépend, non seulement de la surface, mais encore de toute la masse intérieure du globe, qui nous attire et nous fixe sur un sol stable et solide.

On trouve un exemple remarquable de l'importance de la force gravifique dans la correspondance intime qui existe entre l'expansion de la sève des plantes et la pesanteur qui s'y oppose. Un changement considérable dans l'intensité de la pesanteur serait inadéquat à la vie de nos espèces végétales : un allègement de la pesanteur hâterait et développerait démesurément l'exubérance de la sève, tandis qu'un accroissement en réduirait l'activité (¹).

Quant à la forme des plantes, elle serait naturellement changée considérablement par la même cause, attendu que l'attraction de la Terre d'une part, et la lumière solaire d'autre part, exercent une action opposée sur la taille des végétaux, et que la force de ceux-ci donne tantôt aux plantes une attitude penchée, tantôt une position verticale, tantôt les couche horizontalement sur les eaux, et que la forme comme l'attitude des plantes sont d'autre part en correspondance avec leur mode de reproduction.

(¹) On n'admire pas assez l'énergie et la puissance de cette sève végétale. Pour ma part, je ne suis jamais sans admiration, au printemps de chaque année, lorsque je vois les grands marronniers situés sous mon balcon se métamorphoser au mois de mars avec une activité surprenante, et, de squelettes nus, sombres et immobiles, devenir de véritables bosquets aux feuilles multipliées, aux fleurs énormes, transformant radicalement leur aspect. D'où sortent ces bourgeons, ces feuilles et ces fleurs? La sève ardente s'élève avec enthousiasme vers la lumière, traverse dix et quinze mètres de branches, en apparence inertes, et s'épanouit dans les airs en feuilles immenses et serrées que les rayons du soleil de juillet ne traverseront plus. L'arbre a décuplé, centuplé de surface, et c'est véritablement un être nouveau. Nous n'y songeons pas parce que nous y sommes accoutumés ; mais en vérité c'est là une transformation surprenante à laquelle nous ne consentirions jamais à croire, si nous habitions un monde où elle ne se produisit pas. La force qui projette cette sève en hauteur est si puissante, que, par exemple, une branche de vigne a été mesurée, lançant sa sève à une hauteur de vingt pieds dans un tube de verre attaché au tronçon de cette branche coupée.

Le spectacle de chaque printemps met, chaque année, en évidence sous nos yeux l'harmonie intime qui existe entre les forces virtuelles de la nature terrestre et les êtres qui animent la Terre : plantes, animaux et hommes. — Ne nous sentons-nous pas nous-mêmes, précisément au printemps, encore un peu plantes sous certains aspects?

C'est la grande vérité qu'exprimait déjà le navigateur Maury dans sa *Géographie physique* :

« Plus nous avançons dans l'étude du globe, disait-il, mieux nous comprenons la corrélation qui existe entre toutes choses. S'il y avait eu des changements dans l'orientation des vents, — dans la position géographique des déserts, des plateaux et des chaines de montagnes, — dans la proportion des eaux et des terres ou dans la distribution des mers, des continents et des iles; — en un mot, si la surface du globe avait été différente de ce qu'elle est, il y aurait eu des modifications correspondantes dans la végétation et dans le règne animal.

« Prenons pour exemple, ajoutait-il, la perce-neige, lorsque, à la fin de l'hiver, elle apparaît sur les plates-bandes de nos jardins. Examinons cette fleur silencieuse, et voyons ce qu'elle nous apprendra. Nous remarquerons qu'elle courbe d'abord sa tige pour fleurir, et que, ensuite, après un intervalle de quelques jours, elle la relève de nouveau. Si nous interrogeons un botaniste au sujet de ce changement d'attitude, il nous montrera que la structure de la perce-neige exige un renversement de la corolle pour faciliter la fécondation de la fleur, et qu'il faut qu'elle se redresse pour achever la formation de sa graine. Un géomètre, à son tour, nous apprendra que Dieu crée en suivant les lois de la géométrie, et qu'une diminution ou une augmentation des forces de la pesanteur aurait empêché les mouvements de la fleur et la production de la semence. Ainsi, au moment où cette modeste plante a été formée, le globe terrestre était mesuré d'un pôle à l'autre, du centre à la surface, de telle sorte qu'une dimension appropriée a été donnée à la fibre de cette frêle tige, et que l'énergie vitale de la *petite perce-neige* a été mise dans un juste rapport avec les puissantes forces de la gravitation. »

Les mêmes harmonies existent nécessairement sur Mars entre son état planétaire et la forme, la nature, les facultés des êtres qui l'habitent.

Et maintenant, avant de quitter cette planète voisine, si nous considérions, à ce propos, les conditions de la vie sur les satellites de Mars, nous arriverions à des déductions plus frappantes encore.

Dans une étude fort intéressante sur ces petits mondes, M. Proctor admet comme base de raisonnement que ces deux satellites pourraient avoir au maximum un diamètre de vingt milles, ce qui correspondrait à 32 kilomètres. C'est assurément là une estimation exagérée, mais enfin elle peut servir de base pour des conjectures sur les conditions de la vie en des mondes aussi minuscules. Ce diamètre équivaudrait à peu près au $\frac{1}{100}$ du diamètre de la Terre ou au centième du diamètre de la Lune. Ces satellites auraient ainsi une surface égale à $\frac{1}{10000}$ de celle de la Terre, ou à $\frac{1}{10000}$ de celle de la Lune, et un volume égal au $\frac{1}{1000000}$ de celui de la Terre ou au millionième de celui de la Lune. Quant à leur masse et à leur densité, nous n'avons aucune base pour les déterminer, mais nous ne nous éloignerons sans doute pas de la réalité, en admettant que leur densité moyenne ne diffère pas considérablement de celle de la Lune. Ces hypothèses (les plus simples de toutes) conduiraient aux singulières conséquences que voici :

L'intensité de la pesanteur à la surface de ces petits globes serait proportionnellement à la pesanteur humaine dans le rapport du diamètre d'une lune martienne à celui de la Lune terrestre. Cette intensité de pesanteur serait donc cent fois plus faible qu'elle ne l'est à la surface de la Lune, ou six cents fois plus faible qu'elle ne l'est à la surface de la Terre. Il en résulte qu'un homme de 70 kilos transporté sur l'un de ces satellites, n'y pèserait plus que 117 grammes... Une compagnie de cent hommes serait d'un enlèvement facile, puisque son poids total n'atteindrait pas 12 kilos !

Mais ici commence la difficulté. Si nous supposions qu'il pût exister là des êtres intelligents constitués comme nous, de la même taille, et doués des mêmes forces nerveuses et musculaires, leurs habitations, si elles étaient de la dimension des nôtres, seraient extrêmement minuscules pour leur activité, car des êtres à la fois aussi forts et aussi légers devraient facilement sauter à la hauteur de 800 mètres, ou à la distance de quatre mille mètres. Ils ne pourraient pas facilement vivre enfermés. De plus, tout serait fort différent de ce qui existe sur la Terre. Ainsi par exemple, en exécutant son saut de 800 mètres de hauteur, notre acrobate resterait en l'air dix longues minutes, pendant lesquelles il aurait le temps de faire toutes sortes de réflexions.

En de telles conditions de forces musculaires et de légèreté, un bon coureur pourrait faire le tour d'un de ces petits mondes en trois cents minutes ou en cinq heures, et pourrait voir le soleil se lever et se coucher à sa fantaisie ou le garder perpétuellement sur sa tête, suivant la manière dont il accomplirait son voyage autour du monde ; de même qu'un voyageur terrestre qui pourrait faire le tour du monde en vingt-quatre heures, pourrait garder constamment le soleil à midi.

D'un autre côté, si nous cherchons quelle taille devraient avoir les habitants de ces petites lunes pour ne pas être doués de cette exagération de force musculaire et n'être pas plus agiles qu'un habitant de la Terre, nous trouvons que le volume des êtres vivants doit être pour cela en proportion inverse de l'intensité de la pesanteur, ce qui conduit à cet étrange résultat que les hommes de cette contrée devraient être, pour nous ressembler en activité, six cents fois plus grands que nous, c'est-à-dire mesurer plus d'un kilomètre de hauteur. En poursuivant ce même raisonnement pour des globes encore plus petits et plus légers, on arriverait de la sorte à créer des habitants plus grands que leur propre planète !

De telles conclusions sont tout simplement monstrueuses, et elles nous prouvent que ce mode de raisonnement, qui tend à prendre l'organisme humain terrestre comme type de la création universelle, n'est pas plus fort que celui des naturalistes de la science officielle qui, il y a quelques années encore, interdisaient à la nature de peupler le fond de la mer par la raison qu'ils ne comprenaient pas quelle constitution spéciale ces êtres devraient avoir pour pouvoir vivre en ses profondeurs, et ne devinaient pas que la féconde Nature tient en réserve des forces inconnues.

On peut concevoir à ce propos que l'atmosphère de ces satellites étant extrêmement rare comme conséquence de la faiblesse même de la pesanteur, l'énergie vitale des êtres qui pourraient y habiter doit être réduite de telle sorte que leur force et leur activité peuvent n'être pas supérieures aux nôtres, malgré leur extrême légèreté. Selon toute probabilité, l'air que l'on peut y respirer doit être incomparablement plus raréfié que celui dans lequel nous mourons lorsque nous dépassons en ballon la hauteur de 8000 mètres.

Bien d'autres considérations se présentent encore à l'esprit lorsque nous examinons les conditions d'habitabilité de tels mondes ; mais il serait superflu de nous y étendre davantage. Remarquons, par exemple, que des batailles comme les nôtres seraient fort difficiles entre les peuples, attendu que les projectiles lancés par des canons comme les nôtres ne retomberaient jamais, et s'enfuieraient dans le ciel, la pesanteur étant incapable de les retenir. Tout au plus pourrait-on se batailler entre les deux satellites de Mars ou entre ces deux globes et la planète.

Mais c'est assez sur ce sujet. Notre voyage sur Mars est maintenant plein d'une assez riche moisson. Les conclusions philosophiques de nos lecteurs sont depuis longtemps logiquement déduites par eux des nombreux documents exposés dans les pages qui précèdent. Leur conception de l'univers est en harmonie avec la réalité scientifique,

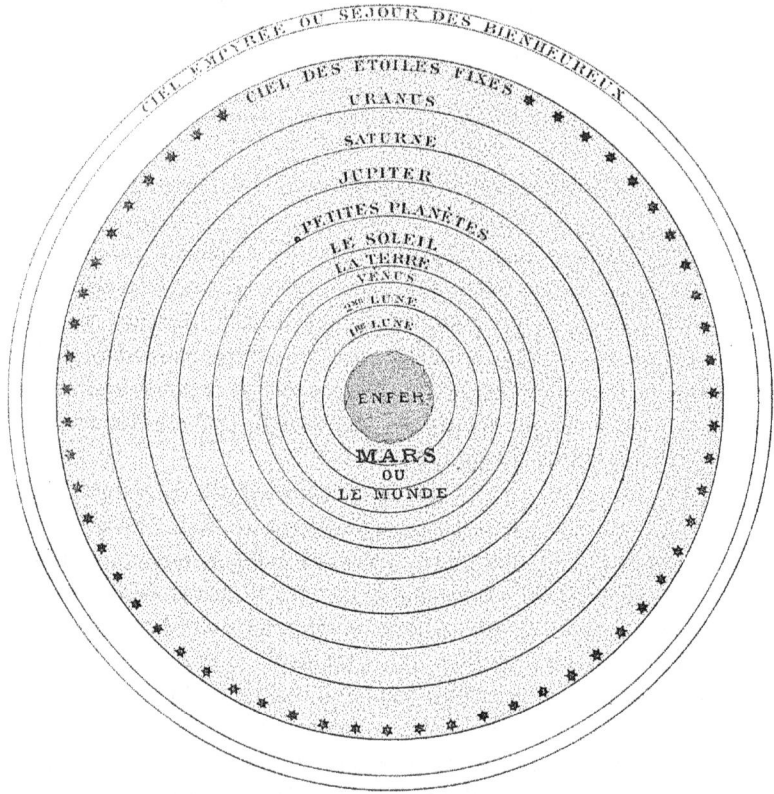

Fig. 91. — Système du monde probablement en usage chez les habitants de Mars aux temps primitifs.

réalité plus grande et plus belle que toutes les conceptions imaginaires de l'illusion primitive.

Maintenant que nous connaissons le monde de Mars aussi complètement que le permet l'état actuel de la science, nous pouvons, avant de le quitter, nous demander comment se présente le spectacle de l'univers extérieur vu de ce séjour.

Et d'abord, sans beaucoup de frais d'imagination, nous pouvons nous représenter la figure que les habitants de Mars devaient supposer à l'univers à l'époque qui correspond à celle d'Aristote, de Ptolémée et du moyen-âge sur la Terre. Qui sait même s'ils ont pu comme nous s'élever au-dessus des apparences et constater la réalité du mouvement de leur planète autour du Soleil? C'est probable, puisque sans doute ils sont plus anciens que nous sur la scène du monde et par conséquent plus avancés. Quoiqu'il en soit, ils ont naturellement commencé par croire leur planète immobile au centre du monde, par s'imaginer que l'univers entier gravitait autour

Fig. 92. — Marche de la Terre, étoile du matin, dans le ciel des habitants de Mars.

d'eux, et par se considérer comme le pivot et le but de la création.

L'idée d'un être suprème, créateur du ciel et de Mars, et l'idée corrélative de l'adorer régnant « au plus haut des cieux », sont si naturelles qu'elles ont dû naître dans cette humanité comme dans la nôtre, ainsi que celle d'une puissance du mal et des enfers. Pour eux, évidemment, leur monde à eux constituait le monde entier, comme aux temps de Bouddha, de Moïse, de Josué, de Jésus-Christ, de Mahomet et du concile de Trente. Ils auront classé les astres dans l'ordre de leur révolution apparente autour d'eux, d'abord leur première lune, ensuite leur seconde, au-delà, Vénus, la Terre et le Soleil, ou peut-être, comme chez les Égyptiens, le Soleil accompagné de Vénus et de la Terre (Mercure n'y est pas visible à l'œil nu à

cause de son voisinage du Soleil). En revanche, plusieurs d'entre les petites planètes, notamment Vesta, Junon, Cérès, Pallas, Méduse, Flore,
Ariadne, Æthra, sont visibles. Jupiter, Saturne et Uranus (bien
visible pour eux) complètent leur système du monde, encadré dans
le ciel des étoiles fixes et enveloppé par l'empyrée ou Séjour des
Bienheureux. S'il nous était jamais donné de découvrir quelque
monument de la littérature de Mars, c'est sans doute un dessin analogue à celui de la figure 91, que nous rencontrerions dans la poussière des siècles disparus. Aujourd'hui ils doivent savoir que leur
planète n'est qu'une fourmillière comme la nôtre. Qui sait, pourtant! les erreurs ont la vie dure : quand le temps ne les détruit pas,
il les embaume.

Sur cette planète comme sur la nôtre, les religions ont eu pour
base l'astronomie, car la métaphysique elle-même doit être fondée
sur la physique : il faut une base aux édifices, quels qu'ils soient.
Le ciel physique a tracé le cadre du ciel métaphysique. La Terre a
d'abord pris place avec Jupiter, Saturne et Vénus parmi les divinités
qui semblaient présider aux mouvements des choses et aux destinées des êtres. Puis, sans doute, une religion plus idéale aura imaginé des esprits, des anges et des saints, trônant dans un ciel divin,
au-delà des étoiles fixes, et la conception de la vie future se sera
mise en harmonie avec l'épuration des idées. Lorsque la science eût
démontré aux habitants de Mars que leur planète n'est pas fixe au
centre de l'univers, qu'elle n'a pas été l'objet d'aucun privilège
spécial de la part d'un Créateur qui aurait préféré ce globule au
reste de l'univers, et qu'elle n'est, comme la Terre et nos compagnes, que l'une des provinces de l'universelle patrie, alors les
religions prétendues révélées ont disparu, comme celles de la Terre,
à la lumière du soleil levant, les esprits éclairés ont contemplé la
création dans sa vraie grandeur, et la philosophie rationnelle a régné
à la place de l'antique erreur. Ainsi, sans doute, le progrès de la
pensée a suivi, sur Mars comme sur la Terre, le progrès de l'astronomie.

Quel est l'aspect de l'univers, vu de cette station voisine? Les
habitants de Mars n'habitent pas plus le ciel que nous, et nous l'habitons comme eux, ni plus ni moins. Comment voient-ils la Terre?

Vu de Mars et de ses satellites, le ciel étoilé est le même que celui qui scintille sur nos têtes : les mêmes étoiles y attirent le regard et la pensée, les mêmes constellations y dessinent leurs mystérieuses figures. Mais si les *étoiles* sont les mêmes, les *planètes* diffèrent, comme nous venons de le voir. Jupiter, entr'autres, est magnifique pour eux : il leur paraît une fois et demie plus grand qu'il ne nous paraît, et ses satellites doivent y être facilement visibles à l'œil nu. Saturne est également très brillant ; leurs deux petites lunes, aux phases rapides et aux éclipses fréquentes, ajoutent au ciel de Mars un attrait particulier. Quelquefois, le soir, on admire après le coucher du soleil une étoile lumineuse qui se dégage lentement des rayons solaires pour venir régner en souveraine dans les cieux. Cette belle planète, qui leur offre les mêmes aspects que Vénus nous présente, et dont la douce lumière a reçu aussi, sans doute, bien des regards d'admiration, bien des confidences, bien des serments de l'adolescent amour, cette belle planète : c'est la Terre où nous sommes. Les poètes de là-bas la chantent comme une divinité propice et saluent en elle un séjour de paix, de science et de bonheur. Les astronomes auront découvert nos phases ; peut-être auront-ils mesuré la hauteur de nos Alpes et de nos Cordillières ; peut-être connaissent-ils exactement notre géographie et notre météorologie ; peut-être nous font-ils depuis longtemps des signaux auxquels ils sont étonnés que nous ne sachions pas répondre ; peut-être ont-ils conclu de leur long examen que la Terre est inhabitable, parce qu'elle ne ressemble pas complètement à leur monde, et déclarent-ils que leur patrie est le seul séjour organisé pour une vie agréable, idéale et intellectuelle.... Après tout, ils ont peut-être raison, car (entre nous) notre humanité prise en bloc ne prouve pas encore par ses actes qu'elle se soit élevée au rang d'une race véritablement intellectuelle.

La plus grande élongation de la Terre pour les habitants de Mars arrive lorsqu'elle forme un angle droit avec le Soleil, dans le voisinage de son aphélie, Mars étant à son périhélie. L'angle formé par cette position est de 48°. Nous sommes alors pour cette planète une étoile brillante, offrant un aspect tout à fait analogue à celui que Vénus nous offre à nous-mêmes, précédant l'aurore et suivant le crépuscule.

Nos lecteurs ont pu remarquer dès les premières pages de cet ou-

vrage (p. 13) l'aspect de la Terre brillant dans le ciel de Mars comme
une belle étoile suivant le coucher du soleil.

Les astronomes de cette planète peuvent observer la Terre parmi
les constellations, comme nous observons Vénus. Ainsi, par exemple,
les *Revues astronomiques* de Mars ayant à annoncer à leurs lecteurs
le mouvement de la planète Terre dans le ciel pendant l'année 1884,
auront publié la figure précédente (*fig.* 92), que nous avons pu du
reste calculer nous-mêmes sans aller sur Mars. En ce moment,
(novembre 1883), la Terre est *étoile du soir;* elle passera derrière
le Soleil le 4 février, se dégagera ensuite de ses rayons, et brillera,

Fig. 93. — Aspect de la Terre vue de Mars (juin 1884.

étoile du matin à partir du mois de mars. Elle suivra alors devant
les étoiles la route tracée sur notre petite carte, traversant successivement le Bélier, le Taureau et les Gémeaux; nous passerons le
10 avril sous les Pléiades. Notre planète arrivera le 7 mai à sa plus
longue élongation occidentale (37°37′), et elle restera étoile du matin
jusqu'en octobre; le 1er octobre, elle ne se lève plus que 1 heure
20 minutes avant le Soleil. Quels astronomes nous observent? Quels
noms donnent-ils à notre planète, à Orion, à Sirius, qui brillent là
comme ici, et parmi lesquels nous planons, astre du ciel, mystère
de l'infini!

Ajoutons encore que si les habitants de Mars ont inventé des instruments d'optique, la plus petite lunette suffit pour faire recon-

naitre les phases de la Terre et montrer notre planète sous un aspect
analogue à celui de la petite figure ci-dessus (93).

Voici donc, en résumé, le tableau des connaissances que nous
avons acquises sur ce monde :

ÉTAT PARTICULIER DU MONDE DE MARS

Durée de l'année.	Un an terrestre et 332 jours.
Durée de la rotation	24 heures 37 minutes 23 secondes.
Durée du jour et de la nuit.	24 heures 39 minutes 35 secondes.
Nombre de jours dans l'année.	668.
Révolution appar. du 1ᵉʳ satellite.	11 heures.
Révolution apparente du second.	5 jours 8 heures.
Saisons.	Analogues aux nôtres, mais deux fois plus longues.
Climats.	Trois zones géographiques comme ici.
Atmosphère	Analogue à la nôtre.
Température moyenne.	Peu différente de la nôtre. Même météorologie.
Densité des matériaux.	Plus légère qu'ici = 0,692.
Pesanteur	Presque 3 fois plus faible qu'ici = 0,374.
Dimensions de la planète.	Plus petite que la Terre. Diamètre = 0,540 = 6850 kilomètres.
Tour du monde de Mars.	21 500 kilomètres ou 5375 lieues.
Géographie.	Continents coupés de Méditerranées. Plus de terres que de mers.
Météorologie.	Analogue à celle de l'atmosphère terrestre.
Vie	Probablement peu différente de la nôtre. Habitants sans doute plus légers, plus agiles, et vivant plus longuement.
Diamètre du Soleil.	Un peu plus petit que vu d'ici = 21′
Diamètre de la première lune.	6′.
Diamètre de la seconde lune	2′.
Aspect de la Terre	Brillante étoile du matin et du soir, un peu plus petite que Vénus nous paraît. Disque de 58″.

Telle est la physiologie générale de cette planète voisine.
L'atmosphère qui l'environne, les eaux qui l'arrosent et la ferti-
lisent, les rayons de soleil qui l'échauffent et l'illuminent, les vents
qui la parcourent d'un pôle à l'autre, les saisons qui la transforment,
sont autant d'éléments pour lui construire un ordre de vie analogue
à celui dont notre propre planète est gratifiée. La faiblesse de la
pesanteur à sa surface a dû modifier particulièrement cet ordre de
vie en l'appropriant à sa condition spéciale. Ainsi, désormais, le
globe de Mars ne doit plus se présenter à nous comme un bloc de
pierre tournant dans l'espace dans la fronde de l'attraction solaire,
comme une masse inerte, stérile et inanimée; mais nous devons

voir en lui *un monde vivant,* peuplé d'êtres voltigeant dans
son atmosphère, orné de paysages analogues à ceux qui nous charment dans la nature terrestre...; nouveau monde que nul Colomb
n'atteindra, mais sur lequel cependant toute une race humaine
habite actuellement, travaille, pense et médite comme nous,
sans doute, sur les grands et mystérieux problèmes de la Nature.

Quels qu'ils soient, ces êtres ne sont point des âmes sans corps
ou des corps sans âmes, des êtres surnaturels ou extra-naturels,
sans rapport avec les organismes que nous connaissons sur la
Terre. Nous devons voir là des vivants plus ou moins différents de
nous par la forme, mais enfin des êtres agissant, pensant, raisonnant comme nous le faisons ici. Ils vivent en société, sont groupés
en familles, associés en nations, ont élevé des villes et conquis les
arts; sans doute les sens de la vue et de l'ouïe n'y offrent pas de
différences essentielles (cependant le nerf optique doit y être un
peu plus sensible, parce que l'intensité de la lumière y est un peu
moindre) : et s'il nous arrivait de passer un jour non loin de leurs
demeures, peut-être nous arrêterions-nous surpris de leur architecture, ou charmés par l'écho de mélodieux accords nous rappelant les inspirations musicales de nos grands maîtres. Au milieu
des variétés inhérentes aux diversités planétaires et des métamorphoses séculaires des mondes, nous devons voir le même flambeau
vital allumé sur toutes les terres.

La contemplation de ces autres mondes produit en nous une
impression offrant certains rapports avec celle qui résulte de la contemplation des villes du passé. Ces mondes sont éloignés de nous
dans l'espace comme ces villes sont éloignées de nous *dans le
temps,* et quoique les uns comme les autres puissent nous paraître
étrangers, quoique Mars ou Vénus soient isolés de nous comme
Thèbes, Memphis ou Ninive, cependant nous nous sentons associés
à ces peuples lointains par une secrète et douce sympathie...

Un jour d'automne, par une de ces tièdes après-midi qui semblent
être le dernier sourire de la belle saison près de s'éteindre, je contemplais à Rome, du sommet des ruines du Colisée, les monuments
de la ville chrétienne étagés sur les collines, et les ruines de l'antique capitale du monde répandues dans la plaine champêtre. C'est

toujours un spectacle émouvant que celui de voir ce gigantesque Colisée, ce forum, ces arcs de triomphe, ces colonnes, ces palais, ces thermes, ces cirques, ces amphithéâtres, autrefois inondés du flux et du reflux d'une population agitée, bruyante, empressée, aujourd'hui déserts, ruinés, silencieux, rongés par la lèpre du lierre, isolés au milieu de terres abandonnées qui sont devenues des champs, des pâturages ou des friches. Cet étrange panorama, voluptueusement éclairé par le doux ciel d'Italie, je le contemplais en songeant au passé, et je revoyais la Rome des Césars en ces années de prospérité et de luxe où ses moindres fantaisies étaient les oracles du monde : les orateurs plaidaient dans ce forum, la foule se précipitait à travers ces voies, les armures, les boucliers et les casques resplendissaient au soleil, les chars circulaient acclamés sous ces arcs de triomphe, et parmi ces bosquets jonchés aujourd'hui de fragments de marbre rose, on voyait courir, légères, les folâtres reines de la mode et du plaisir.

O splendeurs évanouies d'une gloire qui se croyait immortelle! Maintenant, de toutes ces antiques grandeurs il ne reste que de la poussière, et déjà même ont disparu les noms et les souvenirs. Le même soleil illumine ces collines, cette vallée, ce Tibre, ce forum, comme il les éclairait autrefois; mais, au lieu de palpiter en feux étincelants sur le mouvement et sur la vie, ses rayons glissent aujourd'hui comme des regards mélancoliques à travers les ruines, les broussailles et le silence de la mort.

Assise à mes côtés, le coude appuyé sur l'un des gradins de la terrasse supérieure du colossal amphithéâtre, ma belle et gracieuse compagne laissait ses yeux brillants errer au loin sur la campagne romaine, dans l'attitude de contemplation rêveuse qui la domine lorsqu'elle plane avec moi dans la nacelle de l'aérostat céleste. Souvent nos regards se rencontraient; nous n'avions besoin d'aucune parole pour sentir que nos impressions et nos pensées, devant ces ruines du vieux monde, vibraient à l'unisson, comme les battements de nos cœurs.

« Oui! me dit-elle, en rompant la première le silence, voilà pourtant ce qui reste de la gloire la plus éclatante qui ait jamais brillé sur la Terre! voilà ce qu'on ose décorer encore aujourd'hui du titre de Ville éternelle! *Ville éternelle!* le voyageur errant ici à

son tour dans quinze ou vingt siècles cherchera les ruines de Saint-
Pierre et du Vatican, comme nous cherchons en ce moment celles
des temples des anciens dieux de l'Olympe; et dans les siècles
futurs on cherchera la place où Rome aura régné, comme on cherche
aujourd'hui celle de Troie ou de Babylone. »

— « Nations, patries! répondis-je; croyances, religions, temples,
palais, tout passe! et la Terre elle-même, et les cieux... Mais la vie,
la jeunesse, l'amour, ne passent pas...

« La vie, la jeunesse, l'amour, continuai-je, brillent sur tous les
mondes et répandent leurs fleurs dans l'Univers entier. Tandis que
les trônes chancellent, que les autels s'écroulent, que les volcans
vomissent leurs entrailles, que des continents s'effondrent et que
des planètes entières tombent dans la nuit infinie, le feu d'une
jeunesse éternelle circule toujours à travers la Nature! Tant que
durera l'humanité terrestre, la femme de trente ans tiendra le
monde sous le charme de sa complète beauté, sans jamais vieillir
d'une année; tant qu'il y aura des astres dans l'infini, l'amour
brillera sur chacun d'eux, plus éblouissant et plus ardent qu'eux-
mêmes. Voilà ce qui vivra toujours, toujours!

« Ce feu divin brille sur Mars, il brille sur Vénus, il brille sur
Saturne; la Nature elle-même en est l'immortelle vestale, et c'est
la seule flamme qui ne doive jamais s'éteindre. Vie universelle,
vie immense, vie prodigieuse : ses effluves embrasent toutes les
sphères. Tout à l'heure le spectacle de Rome semblait disposer nos
âmes à la mélancolie en nous montrant les ruines envahissant lentement toutes choses; il nous semblait même, en entendant les
litanies de cette procession de moines qui vient de s'agenouiller
devant ces stations de calvaire disséminées dans les ruines, que leurs
prières, en s'élevant vers le ciel, nous y découvraient des phalanges
de trépassés : rois, papes, pontifes, vierges, religieux, martyrs,
confesseurs, rangés là-haut immobiles pour l'éternité... Mais, par
une autre marche de raisonnement, due pourtant à la contemplation
de ce même spectacle, nous arrivons au contraire à reconnaître en
ces régions de l'éternité : *la vie au lieu de la mort*, — l'activité
au lieu de la catalepsie, — les impressions variées de l'existence
humaine, au lieu des royaumes paradisiaques ou infernaux de
revenants pétrifiés dans leurs linceuls.

... Nations, patries, religions, temples, palais, tout passe!...

« Oui ! tout ce qui vit ici, vit aussi ailleurs, sous mille formes variées, dans les intarissables épanchements de l'organisme universel...

« Sur ces mondes, comme sur le nôtre, il y a des cités assises à tous les étages de la gloire et de la puissance; là, comme ici, il y a des Rome, des Paris, des Londres, des autels et des trônes, des temples et des palais, des richesses et des misères, des splendeurs et des ruines. Et peut-être que du haut des vestiges séculaires d'une antique capitale, il y a en ce moment sur la planète Mars un couple amoureux contemplant les témoignages de la grandeur et de la décadence des empires, et sentant qu'à travers toutes les métamorphoses du temps et de l'espace, la Vie éternellement jeune domine dans l'univers, régnant à jamais sur tous les mondes, et versant une jeunesse sans fin par les rayons d'or de tous les soleils de l'infini ! »

LIVRE II

NOTRE JEUNE SŒUR LA PLANÈTE VÉNUS

♀

LIVRE II

NOTRE JEUNE SŒUR LA PLANÈTE VÉNUS

CHAPITRE PREMIER

**Traversée de Mars à Vénus. — L'étoile du soir. — Aspect de Vénus
à l'œil nu. — Connaissances des anciens sur cette planète.**

Nous avons commencé notre voyage céleste par le pays vers
lequel les investigations télescopiques orientaient le plus sûrement
nos pas, par le monde que sa situation dans l'espace expose le plus
directement à nos observations et à nos études, par notre voisine
la planète Mars. Cette planète gravite, comme nous venons de le
voir, au delà de l'orbite de notre propre patrie, et maintenant, pour
aller visiter Vénus, nous devons revenir sur nos pas, nous arrêter
un instant sur la Terre, et nous diriger du côté du Soleil (¹).

(¹) L'antique mythologie ne manquait pas d'esprit, et si nous ne savions qu'à son
époque la Terre était supposée au centre du monde, nous pourrions croire que ce
n'est pas sans raison qu'elle a donné aux deux planètes entre lesquelles nous errons
les qualifications qui les caractérisent. Depuis qu'elle est au monde, notre étrange
espèce ne gravite-t-elle pas, en effet, entre MARS et VÉNUS ; ne passe-t-elle pas une
moitié de son temps dans les batailles et l'autre dans les guirlandes de Cypris? La
statistique montre que depuis la guerre de Troie, triomphe inoubliable de la belle
Hélène, l'humanité n'est pas encore restée *une seule année* sans guerre. Mars détruit
ce que Vénus produit, et réciproquement Vénus se hâte sans trêve de combler tous les
vides. Singulière planète!...

Replaçons, en effet, sous nos yeux, le petit plan du système solaire
relatif aux planètes voisines de l'astre illuminateur, nous voyons
que la Terre gravitant entre Mars et Vénus, après avoir visité
Mars, nous devons traverser l'orbite terrestre pour arriver à celle
de Vénus : Mars circulant à la distance moyenne de 56 millions de
lieues et la Terre à 37 millions, Vénus circule, dans une orbite
intérieure, à la distance moyenne de 26 millions. Elle est donc plus
proche de nous que le monde de Mars; mais nous la connaissons

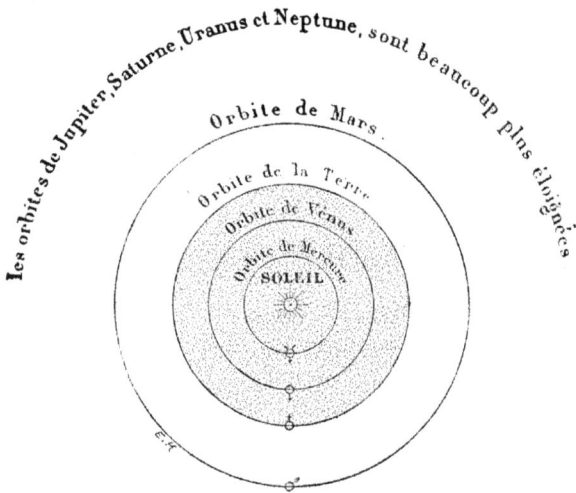

Fig 96. — Plan du système solaire pour les planètes voisines du Soleil.

moins bien à certains égards, nos études sont moins avancées en ce
qui concerne sa géographie et sa météorologie, parce que nous la
voyons moins bien. Il suffit, en effet, de se reporter encore à ce
même petit plan pour remarquer que lorsque Vénus se trouve à
son minimum de distance, à son plus grand rapprochement possible, c'est lorsqu'elle passe entre le Soleil et la Terre. Mais,
évidemment, dans ce cas, tout son hémisphère éclairé étant tourné
du côté du Soleil, nous n'avons de notre côté que son hémisphère
obscur, et par conséquent nous ne pouvons rien voir de sa surface.
Nous ne voyons cette surface éclairée par le Soleil que lorsque la
planète forme un angle plus ou moins grand avec cet astre et nous

et se trouve, par conséquent, à une distance sensiblement supérieure à son mouvement. Pratiquement, pour observer la surface de Vénus, il faut que sa distance soit non pas de 11 millions de lieues, mais de 14, 15 ou davantage; de telle sorte qu'en fait elle n'est pas plus proche de nous que son émule guerrière lorsque ses conditions d'observations peuvent être fertiles en bons résultats, exception faite de l'étude spéciale des passages de Vénus devant le Soleil et de celle de son atmosphère.

Nous pouvons, sans métaphore, la qualifier de « notre jeune sœur », car, selon la théorie cosmogonique la plus probable, les planètes se sont détachées de la nébuleuse solaire dans l'ordre inverse de leurs distances au Soleil, les plus éloignées étant les plus anciennes. Vénus est donc née après la Terre, et Mercure est plus jeune encore.

Ainsi, la première cité céleste que nous rencontrons dans notre voyage, en quittant la Terre et en nous dirigeant vers le Soleil, c'est la ville sidérale consacrée depuis les premiers âges du monde à la blonde déesse de la beauté et de l'amour. Blanche et brillante étoile du soir, allumée la première après le coucher de l'astre-roi, elle a frappé les premiers regards qui se sont élevés vers le Ciel, a été la confidente des cœurs et la divinité tutélaire des douces espérances; et si les premiers autels ont été élevés au Soleil, dieu du jour, et à la Lune, divinité de la nuit, la première étoile admirée et adorée a été la douce étoile du berger. Ses rayons célestes se sont mariés à bien des regards rêveurs, et l'éternelle adolescence de l'amour a voyagé à travers le monde sous sa bénédiction lointaine. Qui ne se souvient de l'invocation du chantre de *Rolla* à la belle planète :

> Étoile qui descend sur la verte colline,
> Triste larme d'argent du manteau de la nuit,
> Toi que regarde au loin le pâtre qui chemine
> Tandis que pas à pas son long troupeau le suit.
> Étoile! où t'en vas-tu dans cette nuit immense?
> Cherches-tu sur la rive un lit dans les roseaux?
> Ou t'en vas-tu, si belle à l'heure du silence,
> Tomber comme une perle au sein profond des eaux?
> Ah! si tu dois mourir, bel astre, et si ta tête
> Va dans la vaste mer plonger tes blonds cheveux,
> Avant de nous quitter, un seul instant arrête :
> Étoile de l'amour, ne descends pas des cieux!

Mais ne nous attardons pas, même dans les sentiers les plus fleuris, et observons Vénus en astronomes.

Nous avons vu qu'elle est placée entre Mercure et nous, puisque Mercure est la première et la Terre la troisième des provinces de la grande république solaire. Tandis que Mercure tourne autour de l'astre du jour à la distance de 14 300 000 lieues, et notre monde à la distance de 37 000 000, Vénus gravite à la distance de 26 760 000 lieues.

C'est pour nous l'astre le plus brillant du ciel. Son orbite étant inférieure à celle de la Terre, et beaucoup plus petite que la nôtre, Vénus reste toujours, comme Mercure, dans les environs du Soleil, dont elle nous réfléchit la lumière avec une grande vivacité d'éclat; mais elle peut s'éloigner de lui beaucoup au delà de la plus grande élongation de Mercure. Lorsqu'elle se trouve dans la moitié de son orbite qui précède le Soleil, elle se montre le matin à l'orient, avant le lever de l'astre radieux, le précédant plus ou moins, selon sa distance angulaire, tantôt de une heure, tantôt de deux heures, tantôt même de trois heures. Aussi l'a-t-on, dès une haute antiquité, distinguée sous les noms d'*étoile du matin*, de *Lucifer*. — Lorsqu'elle se trouve dans la moitié de son orbite qui suit le Soleil, elle se montre le soir à l'occident, allumée dans le crépuscule avant tous les autres astres du firmament, et restant en retard sur le Soleil, de une, deux ou même trois heures, suivant sa distance angulaire à cet astre. C'est ce qui l'a fait nommer aussi *étoile du soir*, *Vesper*, et qui lui a donné son nom plus populaire encore d'*étoile du berger*. Parmi les anciennes mentions, remarquons entr'autres celle du grand orateur romain : « *Stella Veneris, quæ Lucifer dicitur cum antegreditur Solem, cum subsequitur autem Hesperus* » ([1]).

Il est certain que c'est la plus anciennement connue de toutes les planètes, d'abord parce que c'est la plus brillante, ensuite parce que c'est la plus remarquable par ses mouvements. Comme elle tourne en 224 jours autour du Soleil, elle ne reste pas deux semaines de suite à la même place. Dès l'époque inconnue où l'humanité terrestre commença d'élever les yeux au ciel,

[1] Cicéron, *De naturâ deorum*, lib. II.

L'ÉTOILE DU BERGER.

et chercha les moyens de se former une mesure du temps, de
se diriger dans ses émigrations, de régler ses fêtes patriarcales,
elle ne put s'empêcher de remarquer avant toute autre planète
celle qui s'allumait la première dans les cieux et paraissait
l'avant-courrière du cortège de la nuit. C'était la plus blanche
et la plus douce des étoiles : on la proclama déesse de la beauté
et de l'amour. Le signe ♀ sous lequel nous la représentons
depuis le moyen âge paraît symboliser un miroir. (Cet objet n'est-il
pas, en effet, l'attribut le plus caractéristique de la femme?)
Peut-être aussi est-ce le signe de la vie, l'attribut de la fécondité,
formé par la réunion primitive d'un trait droit et d'un petit cercle :
dans les hiéroglyphes égyptiens, la croix ansée est le symbole de la
vie; elle désigne le Capricorne, dans les signes du zodiaque, et il
semble que l'une des divinités qui la portent à la main, sur les
monuments égyptiens de l'époque romaine représente la planète
Vénus en diverses attitudes.

Depuis combien de milliers d'années Vénus est-elle connue?
Nous retrouvons son nom et son culte dans toutes les langues
anciennes. Mais il a fallu une longue série de remarques pour
constater que l'étoile du matin et l'étoile du soir ne sont qu'un
seul et même astre, dont les apparitions sont successives. Il
est même probable que dans cette œuvre d'identification, les
apparitions de Mercure ont dû nuire et retarder la découverte de
la vérité. Aussi voyons-nous qu'en effet les cultes et les attributs
de Mercure et Vénus sont parfois confondus.

Pythagore paraît être le premier chez les Grecs qui ait enseigné
l'identité de Vénus et d'Hesperus, identité dont il avait sans doute
puisé la connaissance en Orient.

Elle est la seule planète dont Homère ait parlé; il la désigne
par l'épithète de Callistos, *la Belle :*

Ἕσπερος, ὅς κάλλιστος ἐν οὐρανῷ ἵσταται αστήρ.
Vesper, le plus bel astre étincelant dans le Ciel (¹)

Dans un autre chant de l'*Iliade* (²), Homère parle encore de

(¹) *Iliade*, XXII, 318.
(²) *Ib.*, XXIII, 226.

Vénus « l'étoile matinale », Ἑωσφόρος, qui annonce la lumière au
monde et paraît suivie de l'Aurore.

On lit aussi dans la Bible ces mots qui paraissent se rapporter
à Vénus : « O Lucifer, toi qui paraissais si brillant au point du
jour ! » (¹)

Chez les Égyptiens, elle était nommée *P-nouter-tiaou*, le dieu
du matin, et « *Vennou hesiri* », l'oiseau Vennou d'Osiris. Les
hiéroglyphes la représentent sous la forme de cet oiseau, et aussi
sous celle d'une étoile accompagnant le symbole d'Osiris. Nos lec-

Fig. 98. — Hiéroglyphe égyptien représentant la planète Vénus « l'Oiseau d'Osiris. »

teurs trouveront ici l'un de ces hiéroglyphes, qui est bien caractéristique.

Chez les Indiens, Vénus était appelée *Sukra*, c'est-à-dire
l'éclatante, *Daitya-Guru*, la souveraine des Titans. Chez les
Babyloniens, elle portait le nom d'*Anadid*, mot écrit plus tard
Nana dans le livre des Machabées (²) et *Nahit* dans les Actes des
martyrs. On l'appelait *Nahid* chez les Persans. Chez les Arabes,
elle portait le nom de *el Zohra*, qualification qui appartient à la
même racine que l'hébreu Zohar, « splendeur du ciel ». Dans les
livres religieux des Sabéens, elle est nommée « flamme, chaleur,
esprit ». Sa qualification orientale ordinaire était « la lumineuse ».
Il y a bien des siècles que son nom a été donné par les astronomes
chaldéens au sixième jour de la semaine, le vendredi : *Veneris
dies*.

Phosphoros, Lucifer; Espéros, Vesper; Vénus, Junon, Isis, sont
les noms mythologiques qui la désignaient il y a trente siècles et
plus.

Parmi les tablettes assyriennes brisées dont nous avons parlé à
propos de Mars (p. 79) et dont la rédaction originale remonte *au
moins* au XVIIᵉ siècle avant notre ère, on remarque des observa-

(¹) *Isaie*, XIV, 12.
(²) Liv. I, chap. V, 13 et 15.

tions de Vénus faites à cette époque en Babylonie, et notamment le
fragment suivant :

> LA PLANÈTE VÉNUS . . . .
>
> ELLE PASSA A TRAVERS . . . . . .
>
> . . . . LE SOLEIL . . . .
>
> A TRAVERS LA FACE DU SOLEIL.

Il serait assurément difficile de rétablir aujourd'hui les mots
absents. Mais la dernière ligne surtout semble bien indiquer qu'il
s'agit de l'observation d'un *passage de Vénus* devant le Soleil,
observé en Babylonie il y a plus de 3500 ans. — Ces passages
peuvent être observés à l'œil nu. Mais le fait seul de suivre ainsi
régulièrement le cours d'une planète, même en ses passages devant
le Soleil, dénote une organisation astronomique plus avancée qu'on
ne serait porté à le croire pour une époque aussi reculée.

Nous possédons aussi une ancienne observation *datée*. Elle est
de l'année 685 avant notre ère, provient aussi des astronomes
babyloniens, et est également conservée sur les tablettes de terre
cuite qui sont au British Museum ([1]). La voici :

« Le 25 du mois de Thamuz, Vénus cessa d'être visible à l'ouest, resta
invisible pendant sept jours, et le 2 du mois d'Ab elle reparut à l'orient
— Le 26 du mois d'Ellul, Vénus cessa de paraître à l'occident, resta
invisible pendant onze jours, et le 7 du deuxième Ellul on la revit
à l'est. »

Ptolémée nous a conservé dans l'*Almageste* plusieurs observations égyptiennes de la même planète, dont la plus reculée date
du 17 Messori de la 13ᵉ année du règne de Ptolémée Philadelphe,
la 476ᵉ année de l'ère de Nabonassar, date qui correspond au
12 octobre de l'an 271 avant notre ère : c'est une conjonction de
Vénus avec une étoile de la Vierge, avec l'étoile η, qu'elle a éclipsée.

A ces époques lointaines, les hommes vivaient beaucoup plus
que nous au milieu de la nature et suivaient plus attentivement
les grands spectacles que nous offrent le Ciel et la Terre. Aux
observations purement scientifiques s'ajoutaient d'ailleurs les
déductions singulières qu'on en tirait au point de vue astrologique

([1]) Voy. *Montly Notices*, juin 1860.

sur l'influence des aspects célestes dans les affaires humaines.

Les Égyptiens avaient reconnu que Mercure et Vénus tournent autour du Soleil, système qui, développé, conduisit Copernic à placer l'astre du jour au centre de toutes les orbites planétaires (1).

Combien il est intéressant pour nous de retrouver aujourd'hui les antiques vestiges de ces usages disparus et de relire, sur les pièces originales, les lignes écrites du temps de Jésus-Christ, de Trajan ou de Marc-Aurèle! Les langues se sont éteintes, les idées ont changé, les hommes ont disparu, les pays ont perdu leurs noms, le temps a tout emporté dans sa marche; mais les symboles astronomiques sont restés, avec la pensée de nos aïeux incarnée dans ces symboles. A l'époque dont nous parlons, l'astrologie régnait en souveraine sur toute la contrée arrosée par le Nil; les applications astronomiques étaient mêlées à tous les usages de la vie, aux naissances, aux mariages, aux ensevelissements et aux funérailles; les astrologues étaient aussi nombreux que les prêtres aujourd'hui, et, avec bonne foi également, ils interprétaient les apparences célestes qu'ils avaient appris à commenter dans leur éducation au séminaire. On a retrouvé quelques-uns de leurs petits cahiers sur lesquels ils inscrivaient avec soin les positions des planètes dans les constellations zodiacales, afin d'avoir sous la main ces positions pour le calcul des horoscopes. Un savant archéologue allemand, M. Henri Brugsch, a eu, sur ce point, la bonne fortune de posséder quatre petites tablettes de bois garnies de plâtre, sur lesquelles, au verso comme au recto, sont inscrits, à l'encre noire et rouge, des tableaux disposés en colonnes. Un côté de la bordure de ces quatre tablettes est percé en trois endroits de deux trous, ce qui fait croire que dans l'origine

(1) S'il fallait en croire le témoignage de l'antiquité, la planète amoureuse aurait subi des modifications extraordinaires. Saint-Augustin (*Cité de Dieu*, liv. XXI, chap. VIII), rapporte, d'après Varron, qu'elle aurait changé de couleur, de grandeur, de figure et de cours. Ce fait serait arrivé du temps du roi Ogygès, dont le déluge asiatique a conservé le nom, vers l'an 1796 avant l'ère chrétienne.

Ce récit de Varron n'offre pas assez de garanties pour être admis. Si le souvenir des peuples a vraiment conservé quelque trace d'un événement analogue, il n'est pas nécessaire d'attribuer de pareils changements à la planète (ils seraient d'ailleurs impossibles quant au changement de cours); mais on peut les expliquer en admettant qu'une comète s'est montrée le soir au couchant quelques jours après que Vénus eut disparu vers sa conjonction, qu'on l'a prise pour Vénus elle-même, et qu'on a attribué à celle-ci les aspects plus ou moins bizarres de la comète.

elles étaient liées par des fils, de manière à former une sorte de livre. Ces tablettes ont été rapportées d'Égypte par un touriste anglais, M. Henry Stobart, avec une collection d'objets d'art qu'il recueillit en 1854.

Nous reproduisons par curiosité historique l'une de ces tablettes, de grandeur naturelle (on voit que l'écriture en était très fine). Si quelques-uns de nos lecteurs s'intéressaient à la lire, ce n'est pas

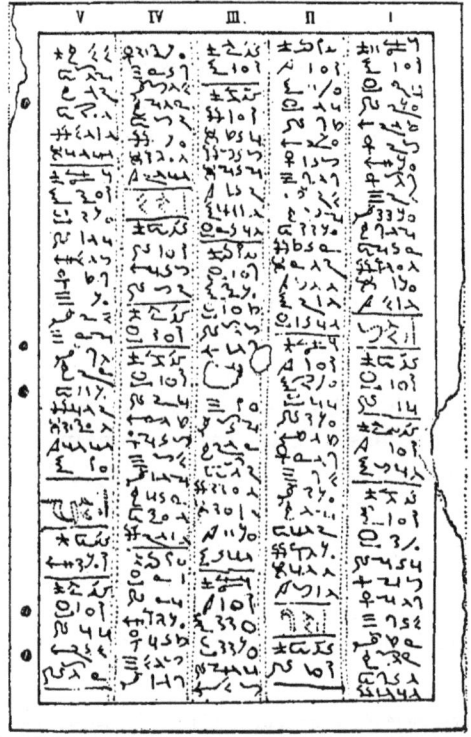

Fig. 99. — Un manuscrit de dix-huit siècles, sur les positions des planètes.

absolument difficile, grâce aux découvertes de Champollion et de Lepsius, et grâce surtout à l'application que M. Brugsch en a conclue pour ce cas spécial. On sait que la lecture se fait non de gauche à droite, comme dans notre écriture, mais de droite à gauche. La première ligne de la colonne I, ainsi écrite : 大𝅘𝅥𝆶 se lit SEWEK (MERCURE). Pour lire les lignes suivantes, considérer d'abord le dernier signe vers la gauche. Nous avons, en descendant, la série que voici :

[symboles]

etc.

Ces lignes représentent :

⚸ La Vierge.		☰ Le Verseau.	
♎ La Balance.		♈ Les Poissons.	
♏ Le Scorpion.		♈ Le Bélier.	
⟶ Le Sagittaire.		♉ Le Taureau.	
♑ Le Capricorne.		♊ Les Gémeaux.	
⟶ Le Sagittaire.		♋ Le Cancer.	
♑ Le Capricorne.		♌ Le Lion.	

Maintenant, les signes à droite des précédents sont des chiffres qui désignent, le premier le jour du mois et le second le mois de l'année, et qui se lisent ainsi, à partir de la seconde ligne (la première étant occupée par le nom de la planète) :

	Jours.	Mois.		Jours.	Mois.
2ᵉ ligne.............	1	1ᵉʳ	9ᵉ ligne...........	9	6ᵉ
3ᵉ —	9	2ᵉ	10ᵉ —	15	7ᵉ
4ᵉ —	29	id.	11ᵉ —	15	id.
5ᵉ —	19	3ᵉ	12ᵉ —	27	8ᵉ
6ᵉ —	9	4ᵉ	13ᵉ —	7	10ᵉ
7ᵉ —	20	id.	14ᵉ —	21	id.
8ᵉ —	14	5ᵉ	15ᵉ —	6	11ᵉ

Ainsi, les notes inscrites sur ce carnet représentent les dates de l'entrée des planètes dans les constellations zodiacales. Nous pourrions donc lire, par exemple, les premières lignes de ce petit tableau dans les termes suivants :

La planète MERCURE est entrée dans LA VIERGE le 1ᵉʳ jour du 1ᵉʳ mois de l'année.
— — — dans LA BALANCE le 9ᵉ jour du 2ᵉ mois —
— — dans LE SCORPION le 29ᵉ jour du même mois.
Etc., etc.

De quelle année s'agit-il? Sur ces quatre tablettes doubles, sur ces huit pages, il y a 29 années d'inscrites avec les positions zodiacales des planètes, de l'an VIII à l'an XIX d'un règne, et de l'an I à l'an XVII du règne suivant. Les notes dont il s'agit commencent 11 ans avant la mort de Trajan, c'est-à-dire l'an CV de notre ère, et finissent 17 ans après cette mort, c'est-à-dire l'an CXXXIII.

Voici la traduction complète de cette petite tablette :

I — LA PLANÈTE MERCURE

Jours	Mois	Zodiaque
1	1	Vierge.
9	2	Balance.
29	—	Scorpion.
19	3	Sagittaire.
9	4	Capricor.
20	—	Sagittaire.
14	5	Capric.
9	6	Verseau.
28	—	Poissons.
15	7	Bélier.
27	8	Taureau.
7	10	Gémeaux.
21	—	Cancer.
6	11	Lion.

L'AN XIV
—
LA PLANÈTE SATURNE

1	1	Balance.
1	2	Scorpion.

LA PLANÈTE JUPITER

1	1	Lion.
4	12	Vierge.

LA PLANÈTE MARS

1	1	Vierge.
12	»	Balance.
27	2	Scorpion.
7	4	Sagittaire.
17	5	Capric.
25	6	Verseau.
3	8	Poissons.
11	9	Bélier.
25	10	Taureau.
11	12	Gémeaux.

II — LA PLANÈTE VÉNUS

Jour	Mois	Zodiaque
1	1	Lion.
16	—	Vierge.
10	2	Balance.
5	3	Scorpion.
29	—	Capric.
21	4	Verseau.
15	5	Poissons.
9	6	Bélier.
4	7	Taureau.
28	-	Gémeaux.
23	8	Cancer.
18	9	Lion.
13	10	Vierge.
9	11	Balance.
21	12	

LA PLANÈTE MERCURE

1	1	Lion.
12	—	Vierge.
2	2	Balance.
24	—	Scorpion.
13	3	Sagittaire.
18	5	Capricor.
5	6	Verseau.
24	—	Poissons.
10	7	Bélier.
12	9	Taureau.
27	—	Gémeaux.
12	10	Cancer.
4	11	Lion.

L'AN XV
—
LA PLANÈTE SATURNE

1	1	Scorpion.

III — LA PLANÈTE JUPITER

Jours	Mois	Zodiaque
1	1	Vierge.

LA PLANÈTE MARS

1	1	Gémeaux.
23	2	Cancer.
24	4	Gémeaux.
27	7	Cancer.
21	9	Lion.
12	11	Vierge
28	12	Balance.

LA PLANÈTE VÉNUS

1	1	Balance.
23	—	Vierge.
1	3	Balance.
14	4	Scorpion.
11	5	Sagittaire.
5	(6)	Capricor.
30	—	Verseau.
24	7	Poissons.
19	8	Bélier.
14	9	Taureau.
8	10	Gémeaux.
4	11	Cancer.
26	—	Lion.
20	12	Vierge.

LA PLANÈTE MERCURE

1	1	Lion.
8	—	Vierge.
28	—	Balance.
17	2	Scorpion.
6	4	Sagittaire.

IV — LA PLANÈTE MERCURE

Jours	Mois	Zodiaque
25	4	Capric.
28	5	Verseau.
14	6	Poissons.
17	8	Bélier.
4	9	Taureau.
10	—	Gémeaux.
7	10	Cancer.
9	12	Lion.

L'AN XVI
—
LA PLANÈTE SATURNE

1	1	Scorpion.
22	4	Sagittaire.
4	9	Scorpion.

LA PLANÈTE JUPITER

4	1	Balance.

LA PLANÈTE MARS

1	1	Balance.
9	2	Scorpion.
8	3	Sagittaire.
27	4	Capric.
4	6	Verseau.
11	7	Poissons.
22	8	Bélier.
3	10	Taureau.
19	11	Gémeaux.

LA PLANÈTE VÉNUS

8	1	Balance.
8	2	Scorpion.
27	—	Sagittaire.
22	3	Capric.
16	4	Verseau.
11	5	Poissons.

V — LA PLANÈTE VÉNUS

Jours	Mois	Zodiaque
6	6	Bélier.
11	7	Taureau.
10	9	Bélier.
2	10	Taureau.
16	11	Gémeaux.
2	12	Cancer.

LA PLANÈTE MERCURE

3	1	Vierge.
24	—	Balance.
11	2	Scorpion.
16	3	Sagittaire.
3	5	Capric.
20	—	Verseau.
8	6	Poissons.
8	7	Verseau.
15	—	Poissons.
9	8	Bélier.
26	—	Taureau.
12	9	Gémeaux.
5	10	Cancer.
12	12	Lion.
30	—	Vierge.

L'AN XVII
—
LA PLANÈTE SATURNE

24	1	Sagittaire.

LA PLANÈTE JUPITER

1	1	Balance.
2	2	Scorpion.
29	6	Sagittaire.
14	8	Scorpion.

On voit par ce tableau que les planètes sont inscrites pour chaque année dans l'ordre de l'ancien système : *Saturne — Jupiter — Mars — Vénus — Mercure.* Les identifications sont bonnes, car elles correspondent bien aux mouvements apparents : pendant ces 27 années (la première tablette ne donne que Mercure pour l'an VIII), Saturne n'a fait qu'un seul tour du zodiaque, car en l'an IX il est inscrit dans le Sagittaire, et en l'an XVII du second règne il y est revenu; Jupiter, dans le Lion l'an IX, y revient au bout de douze ans. Ces mouvements seuls auraient suffi pour l'identification. Mars est parfois très rétrograde. Vénus et Mercure se déplacent dans le ciel avec rapidité. Les noms égyptiens des cinq planètes sont respectivement :

SATURNE	=	HOR-KA
JUPITER	=	HOR-SAT
MARS	=	HOR-TOS
VÉNUS	=	PNOUTER-TI
MERCURE	=	SEWEK

Les trois premières commencent par le même nom HOR (*Horus*) et sont qualifiées d'étoiles du Sud, de l'Ouest et de l'Est. Nous avons déjà vu tout à l'heure que sur plusieurs monuments pharaoniques, Vénus est appelée « *Vennou-hesiri* », l'oiseau Vennou d'Osiris, en même temps que « *Pnouter ti* », le dieu du matin.

Quant à la nature et à l'usage de ce carnet, l'auteur de ces recherches, M. Brugsh, en a conclu que ce sont là des *observations* astronomiques et non des calculs faits d'avance, comme dans nos calendriers. Nous ne pouvons admettre cette conclusion. On n'observe pas l'entrée d'une planète dans un signe du zodiaque, par la bonne raison que les limites des constellations zodiacales ne sont pas marquées dans le ciel. Tout ce qu'on pourrait observer, ce serait la conjonction des planètes avec les étoiles, et ce n'en est pas le cas ici. D'un autre côté, quand on observe, on ne peut pas suivre l'ordre théorique du placement des planètes dans un système. En troisième lieu, la forme même de ce petit carnet ne rappelle en rien un registre d'observation. Serait-ce un recueil d'éphémérides calculées d'avance? Pas davantage, sans doute, car on ne calcule pas d'avance 28 années d'éphémérides. Et pourquoi les aurait-on calculées

d'avance? Ces notes ne peuvent pas servir à des observations,
puisque les positions précises n'y sont pas indiquées.

Nous pensons que ce ne pouvait être là que le carnet d'un astrologue, donnant les positions zodiacales passées des planètes, pour
servir à la construction des horoscopes. Il aura été écrit en l'an
CXXXIII de notre ère. Ces positions rétrospectives étaient indispen-
sables, entre autres, pour les thèmes astrologiques que l'on plaçait
souvent dans les momies et qui se rapportaient à la naissance et aux
principaux actes de la vie des morts.

Dès cette époque, les planètes avaient les domiciles suivants :

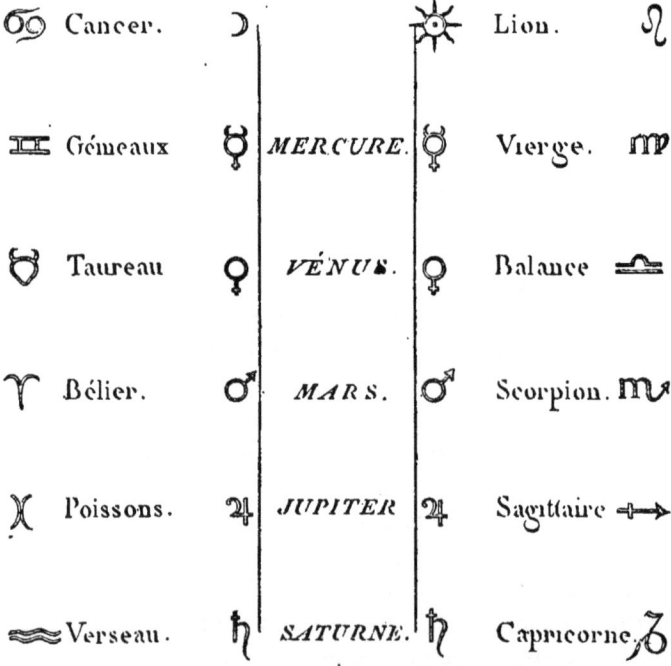

Le Soleil avait son domicile dans le Lion et la Lune dans le
Cancer. En inscrivant ensuite les cinq planètes dans l'ordre de leurs
distances, on leur donnait respectivement pour domiciles les signes
du zodiaque qui leur correspondaient : comme on le voit, chaque
planète avait deux domiciles. Par la combinaison des influences
imaginaires attribuées aux planètes avec celles des constellations,

on croyait pouvoir calculer les destinées individuelles et même guérir les maladies. Les douze signes se partageaient le corps

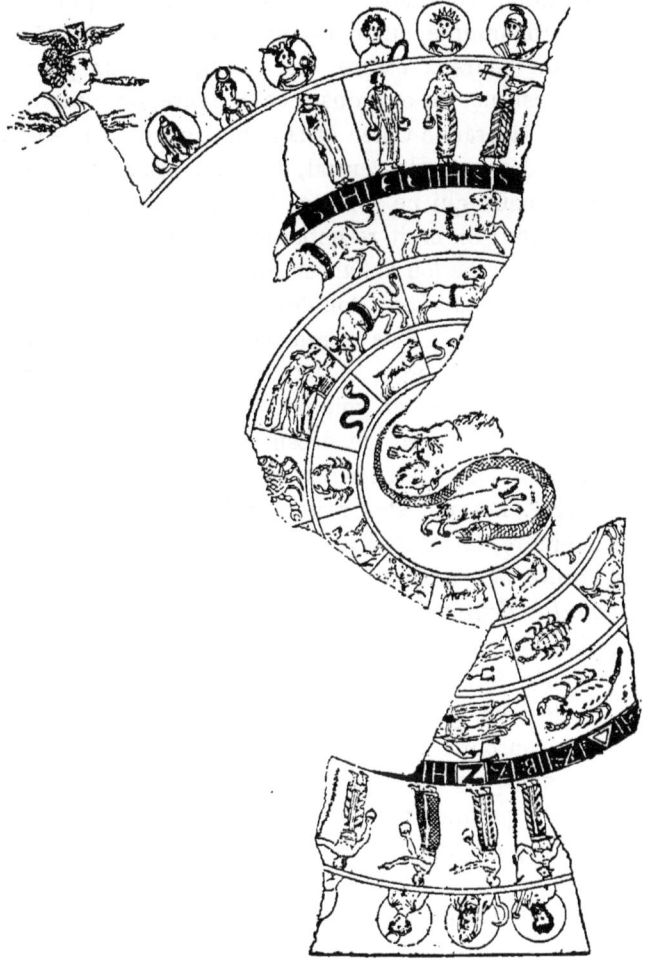

Fig. 100. — Fragment d'un planisphère du commencement de notre ère : correspondance astrologique des planètes avec les signes du zodiaque.

humain dans tous ses détails. L'histoire nous prouve qu'il y avait des prêtres et des médecins qui pratiquaient l'astrologie de très bonne foi.

A la même série de monuments appartient le planisphère de

Bianchini, publié dans l'Histoire de l'Académie des Sciences de 1708 et qui a fait, surtout au temps de Dupuis, l'objet d'un grand nombre de dissertations contradictoires. Quel que mutilé qu'il soit, ce planisphère astronomique, que nous reproduisons ici (*fig.* 100), est encore, par un heureux hasard, assez complet pour pouvoir être entièrement restitué. En examinant cette figure, on remarque, en effet, au centre, la Grande Ourse et la Petite Ourse enlacés dans le Dragon. Autour de ce cercle central, dans un premier anneau, sont gravés 12 animaux qui ne sont pas les signes du zodiaque, à l'exception du Cancer : on croit reconnaître, dans ce qui n'est pas mutilé, un chien, un crabe (ou le Cancer), un serpent et un loup (¹) Sur les deux cercles suivants sont, doublés l'un au-dessus de l'autre, les douze signes du zodiaque. Puis on rencontre un cercle noir cabalistique orné de caractères grecs et latins difficiles à déchiffrer. Extérieurement à cet anneau on voit une large zone sur laquelle sont dessinées trente-six figures de décans, de style égyptien grécisé, et enfin, comme circonférence extérieure, les têtes des planètes, de style grec. Les planètes restées visibles sont : Mars, le Soleil, Vénus, Mercure, la Lune, Saturne, Jupiter : elles sont donc placées dans l'ordre de l'ancien système : *Saturne — Jupiter — Mars — Le Soleil — Vénus — Mercure — La Lune*. Il y a dans ce planisphère trois influences artistiques bien marquées : l'ensemble dérive avec évidence de l'astronomie grecque, et les têtes des planètes sont bien de style grec ; la tête de Jupiter est celle d'un empereur romain couronné de lauriers ; trois figures au moins des personnages sont d'origine égyptienne. Il est donc probable que ce monument date du premier ou du second siècle de l'ère chrétienne — époque où, comme chacun le sait d'ailleurs, cette ère n'existait pas (²).

En examinant ces vestiges d'archéologie astronomique, nous renouons dans notre esprit la chaîne en apparence interrompue des siècles passés, nous vivons un instant de la vie de nos aïeux, et la

---

(¹) On peut voir dans l'*Astronomie populaire* un zodiaque chinois qui offre certaines ressemblances avec cette série d'animaux : un dragon arrangé comme vestige d'un crabe ; un SERPENT ; un cheval ; etc.

(²) L'ère chrétienne n'a été imaginée que 550 ans après la mort de Jésus et adoptée que du temps de Charlemagne.

science d'Uranie nous paraît encore plus grande, d'une part, plus

Fig. 101.

Venus

Planeta est soli proximus, cum Solem antecedit mane Lucifer
quasi lucem ferens; cumq. eundem sequitur Vesperi Hesperus

sympathique d'autre part, parce qu'elle nous met en communication
avec les savants, les artistes, les penseurs qui, avant nous, vivaient

comme nous le faisons aujourd'hui, dans la contemplation des beautés et des réalités de l'univers.

Avant d'oublier ce fragment de planisphère, remarquons encore que la première planète de chaque section donne le titre des jours consécutifs de la semaine :

MARS   =   MARDI
MERCURE =   MERCREDI
JUPITER =   JEUDI
    Etc...

C'est évidemment par l'astrologie que les noms des planètes ont été donnés aux jours de la semaine, et peut-être est-ce là l'origine même de ces jours, comme usage astrologique. Quoi qu'il en soit, c'est là une explication à ajouter à celles que nous avons données dans l'*Astronomie populaire* (p. 135), et peut-être est-ce la meilleure.

L'art nous a transmis ces divers souvenirs. Dans sa galerie planétaire, Raphaël lui-même a pris soin de bien indiquer les constellations favorites de chaque planète. On peut voir sur le dessin reproduit plus haut que Vénus, la gracieuse déesse, avait pour signes privilégiés le Taureau et la Balance; cette gravure du dix-septième siècle mérite d'être placée en regard de celles de Mars et du Soleil, précédemment publiées.

Mais c'est assez nous arrêter au vestibule de l'histoire. Pénétrons dans le sanctuaire de l'observation astronomique et faisons connaissance intime avec la belle planète. Est-elle aussi ravissante qu'elle le paraît? Si nous l'habitions, trouverions-nous fondés ces regrets exprimés par le poète Moore dans les *Amours des Anges :*

« Oh ! disait-elle, pourquoi mon destin ne m'a-t-il pas fait naître
« Esprit de cette blanche étoile, habitant sa sphère brillante,
« Pure et isolée comme les anges, sans autre emploi que de prier,
« Et d'allumer mon encensoir au Soleil?

Le séjour de l'astre de Vénus est-il véritablement un séjour enchanteur? Ou bien, la blanche et mystérieuse étoile du soir ne serait-elle pas plus belle de loin que de près?

Examinons sa situation dans la province solaire; et rendons-nous compte d'abord de son mouvement autour du foyer central

CHAPITRE II

**Mouvement de Vénus autour du Soleil. — Phases. — Éclat.
Lumière cendrée.**

La brillante planète, l'étoile du matin et du soir, tourne autour
du Soleil en une révolution de 224 jours 16 heures 49 minutes
8 secondes, dans le même sens que la Terre elle-même. Telle est
la durée de son *année* et la première base de son calendrier. Les
années sur ce monde ne durent donc environ que *sept mois et
demi*. Elles sont, comme on le voit, beaucoup plus courtes que
les nôtres. Dans le même temps que nous arrivons à l'âge de vingt
ans sur notre planète, un habitant de Vénus a déjà dépassé sa
32ᵉ année; quand nous comptons 40 ans, il en compte près de 65;
quand nous comptons cent ans, nos voisins en comptent 162, et
ceux de Mercure 415! Est-ce un bien, est-ce un mal? Au point de
vue biologique comme au point de vue du progrès, cette rapidité
constitue assurément un désavantage.

L'orbite de Vénus autour du Soleil n'est pas excentrique comme
celle de Mars, mais presque circulaire et à peine elliptique :
l'excentricité n'est que de 0,007. Si l'on représente par 1000 la
distance de la Terre au Soleil, la distance périhélie de Vénus sera
indiquée par le chiffre 718, la distance aphélie par 728, et la
distance moyenne par 723. Exprimés en lieues, ces nombres
nous donnent :

	La Terre étant 1	En kilomètres.	En lieues.
Distance périhélie	0,718	106 303 200	26 575 800
— moyenne.	0,723	107 001 600	26 750 400
— aphélie	0,728	107 700 000	26 925 000

La différence n'est que de 350 000 lieues entre le périhélie et
l'aphélie. Si nous calculons le développement total de l'orbite,

nous trouvons que sa longueur est de 168 millions de lieues.
Puisque la planète les parcourt en 224 jours, elle vogue donc
autour du Soleil à raison de 750 000 lieues par jour, ou de 34 600
mètres par seconde. Elle court un peu plus vite que la Terre,
la vitesse des planètes sur leurs orbites étant d'autant plus grande
que ces planètes sont plus proches de l'astre central.

Nous pouvons nous représenter la relation qui existe entre l'orbite de
Vénus et celle de la Terre. Traçons à l'échelle d'un millimètre pour un
million de lieues, deux courbes dessinant les orbites de Vénus et de la
Terre. L'ellipticité de l'orbite de Vénus est si faible qu'elle n'est pas sensible

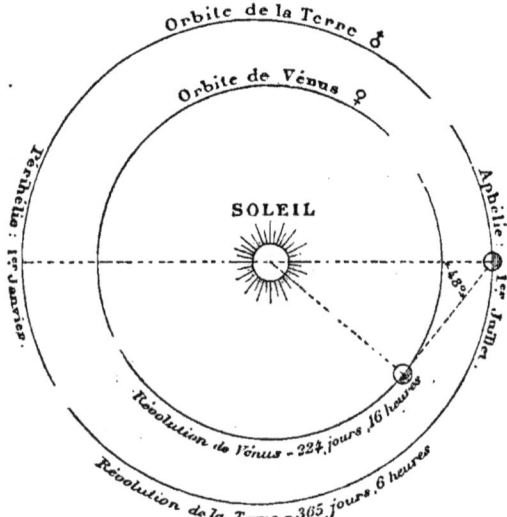

Fig. 103. — Relations entre l'orbite de Vénus et celle de la Terre.

à cette échelle, mais celle de la Terre est sensible, car il y a deux millions
de lieues (soit 2ᵐᵐ) de différence entre la distance du périhélie (1ᵉʳ janvier) et celle de l'aphélie (1ᵉʳ juillet). Le plus grand écartement que Vénus
puisse former avec le Soleil arrive lorsque la planète se trouve à angle
droit avec lui et nous: cette plus grande élongation est de 48°. Aussi
Vénus peut-elle retarder le soir beaucoup plus que Mercure sur le
coucher du soleil, et a-t-elle été connue longtemps avant lui. On peut
remarquer en même temps que Vénus passe très près· de nous au moment
où elle coupe la ligne qui joint le Soleil à la Terre.

La combinaison du mouvement de Vénus autour du Soleil, en 224 jours, avec celui de la Terre en 365 jours, fait que la planète revient au même point tous les 584 jours; c'est ce qu'on nomme sa révolution synodique. Le plan dans lequel Vénus se meut ne coïncide pas avec celui de l'orbite terrestre (sans quoi la planète passerait tous les 584 jours devant le Soleil), mais est incliné sur lui de 3° 23′.

Si l'on voulait représenter le mouvement apparent de Vénus

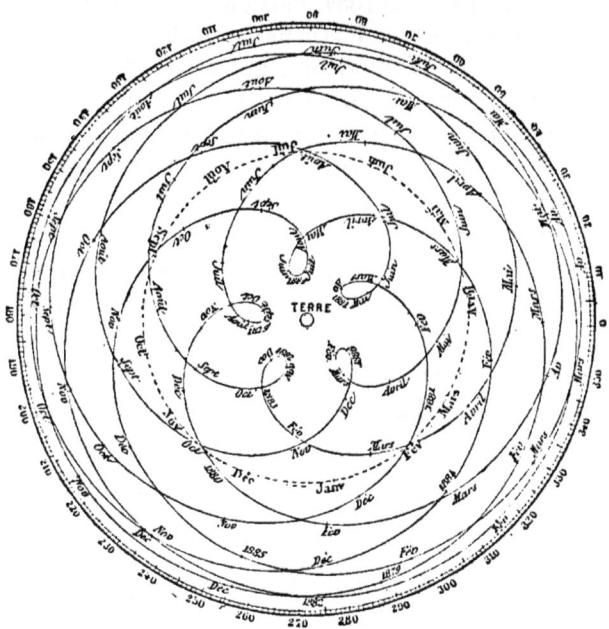

Fig. 104. — Mouvement apparent de Vénus par rapport à la Terre.

par rapport à la Terre supposée fixe, on construirait le diagramme de la figure 104, analogue à celui que nous avons construit pour Mars, et sur lequel on peut se rendre compte des variations de distances qui s'opèrent pendant le cycle de cette période. On voit que la belle planète revient à sa plus grande proximité de la Terre aux dates suivantes : décembre 1882, juin 1884, janvier 1886, etc.

Si l'on conçoit bien le mouvement de Vénus dans une orbite intérieure à celle de la Terre, on comprendra par ce fait même qu'elle est tour à tour étoile du matin et étoile du soir. Ainsi, elle est passée devant le Soleil, le 6 décembre 1882, après avoir été étoile du soir; à partir de cette date elle s'est écartée du Soleil, pour devenir étoile *du matin*, tourner autour de lui et aller passer derrière lui le 20 septembre 1883 : c'est ce qu'on appelle sa conjonction supérieure. A partir de cette date, elle s'écarte de nouveau du Soleil, devient étoile *du soir*, revient vers nous et, de mois en mois, brille dans le ciel du crépuscule pour régner en souveraine pendant les soirées d'avril, mai et juin 1884. Puis elle se rapprochera du Soleil pour passer entre la Terre et lui (mais non juste devant lui) le 11 juillet; c'est sa conjonction inférieure, qui arrive 294 jours après la conjonction supérieure. La plus grande élongation peut atteindre 48°, et la planète peut alors se coucher après le Soleil, ou se lever avant lui avec une différence de quatre heures et demie. Sur ce cycle de 584 jours ou de 19 mois et demi, Vénus est invisible en moyenne pendant quatre mois (un mois avant et après chaque conjonction), et visible pendant sept mois comme étoile du soir ou comme étoile du matin. On a toujours, à peu près, la répétition du cycle suivant ·

CYCLE DU MOUVEMENT DE VÉNUS

Conjonction inférieure . . . . 6 décembre 1882.	71 jours.				Invisible.
Pl. gr. élongation du matin . 15 février 1883.	219 —	290 jours.			Étoile du matin.
Conjonction supérieure . . . 20 septembre 1883.			584 jours.		Invisible.
Pl. gr. élongation du soir. . 2 mai 1884	223 —	294 —			Étoile du soir.
Conjonction inférieure . . . . 11 juillet 1884.	71 —				Invisible.

Nos pères aimaient personnifier les astres, les planètes, les objets divers de la nature, les phénomènes célestes, et nous trouvons, par exemple, dans les ouvrages du XVIIIᵉ siècle, notamment dans l'*Atlas cœlestis* de Doppelmayer (Nuremberg, 1742), une représentation assez curieuse de Vénus gravitant autour du Soleil en compagnie de Mercure et de la Terre. L'amour, guidé par deux colombes, dirige Vénus, et la Terre, accompagnée de la Lune, est emportée dans une calèche aux roues géographiques. Les mouvements sont judicieusement représentés. Les artistes ne seront sans doute pas fâchés de retrouver ici cette ancienne figure.

Vénus passe de temps à autre juste devant le Soleil, et alors elle paraît glisser devant lui comme un petit disque noir. Ces

passages ont une grande importance dans les méthodes astronomiques (¹) parce qu'ils servent à mesurer la distance du Soleil, base
de notre connaissance de la construction de l'univers. Les derniers
ont eu lieu le 8 décembre 1874 et le 6 décembre 1882 : la planète

Fig. 105. — La Terre accompagnée de la Lune, Vénus et Mercure, tournant autour du Soleil.
(Figure du XVIIIᵉ siècle).

a suivi sur le disque solaire les routes tracées sur notre figure 104.
Les prochains auront lieu le 7 juin 2004 et le 5 juin 2012. Ces
passages sont régis par une curieuse périodicité : ils reviennent
aux intervalles de : 8 ans; 113 ans $\frac{1}{2}$ + 8 ans (ou 121 ans $\frac{1}{2}$);
8 ans; 113 ans $\frac{1}{2}$ — 8 ans (ou 105 ans $\frac{1}{2}$), etc.

Lorsqu'on se représente l'orbite de Vénus et celle de la Terre
tracées autour du Soleil comme centre, il semble que Vénus devrait

(¹) Ces passages de Vénus sont observables à l'œil nu, soit au lever ou au coucher du
soleil, soit à travers le brouillard, soit à l'aide de verres noircis, comme une petite tache
noire bien ronde. Or les Chinois ont observé à l'œil nu un grand nombre de taches

se montrer *devant* le Soleil toutes les fois qu'elle passe *entre* lui et nous. Comme elle ne met que huit mois pour accomplir sa translation autour de l'astre radieux et que la Terre emploie une année pour parcourir la sienne, il semble que ce phénomène ne devrait pas être rare. Tous les 584 jours, il est vrai, la belle planète passe entre l'astre radieux et nous, mais un peu au-dessus ou un peu au-dessous du disque solaire, de sorte qu'elle ne se projette point sur lui et reste invisible. Pour que la planète passe juste devant le disque solaire, il faut que les centres des trois astres : Soleil, Vénus et Terre, se placent sur une même ligne droite. Or, par suite de la disposition des orbites des deux planètes, ce fait n'arrive qu'aux rares intervalles que nous venons de signaler.

De même que Vénus est portée par son mouvement à passer quelquefois juste devant le Soleil, de même, parfois et plus souvent, à cause du mouvement rapide de la Lune, elle passe derrière notre satellite, ou, pour mieux dire, la Lune passe juste

solaires, notamment depuis l'an 301 de notre ère jusqu'à l'an 1205. En Europe,

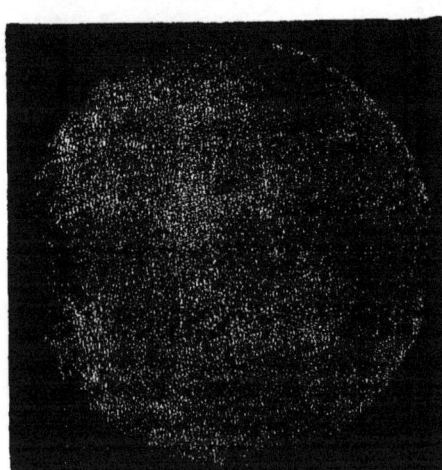

Fig. 106. — Aspect des taches solaires.

Conrad Lycosthène parle, dans son « Livre des prodiges », d'un passage de Mercure observé l'an 778 de notre ère, et une Histoire de la vie de Charlemagne signale une observation faite en mars 887 de Mercure vu pendant huit jours sur le Soleil. Mercure doit être écarté, puisque ses passages ne peuvent pas être vus à l'œil nu et qu'il n'y avait pas alors de lunettes d'approche. Restent les taches du Soleil, et tel est certainement le cas de la dernière observation de huit jours. Reste aussi Vénus, qui *peut* avoir été vue quelquefois comme tache solaire. Avec une attention suffisante cependant on ne peut pas confondre ces passages avec des taches solaires, car celles-ci ne sont jamais aussi rondes ni aussi caractéristique rappelé ici. Nous

bien définies. Elles se présentent sous l'aspect avons signalé plus haut une observation probable d'un passage de Vénus, qui date de dix-sept siècles avant notre ère.

devant elle et produit une occultation. Ces spectacles sont également

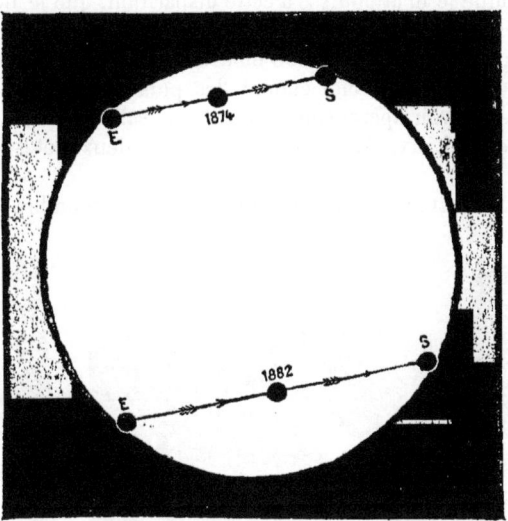

Fig. 107. — Les passages de Vénus devant le Soleil en 1874 et 1882.

fort intéressants à observer. Nous signalerons ici l'observation de ce genre que nous avons faite le 14 octobre 1874.

Ce jour-là, à 3 heures de l'après-midi, la Lune devait occulter Vénus; mais la lumière éblouissante du ciel et les nuées blanches qui occupaient le sud rendaient l'observation difficile. La Lune n'était qu'à son quatrième jour, et n'offrait qu'un mince croissant à peine visible à l'est du Soleil; Vénus offrait dans la lunette un croissant du même ordre que celui de la Lune, un peu plus large relativement, très visible et nettement dessiné dans le champ de l'instrument. L'observation a été faite avec une lunette de 108^{mm} d'ouverture, munie de son plus faible oculaire (grossissant 53 fois seulement). ·

Le croissant de Vénus était très pur, et sa limite intérieure était aussi nette que sa limite extérieure, ce qui n'a plus eu lieu depuis. La Lune devait, pendant 1 heure 14 minutes, passer devant la planète et lui faire décrire en apparence derrière elle la corde tracée sur notre figure 108, Vénus paraissant se mouvoir de droite à gauche, ou de l'ouest à l'est, pénétrer derrière la Lune par son côté obscur et en sortir par son côté éclairé. Ici l'image est renversée telle qu'elle est vue dans la lunette astronomique.

J'étais occupé à examiner ce petit croissant de Vénus, lorsque soudain je le vis diminuer par son arc inférieur et se laisser manger graduellement par le bord obscur et *absolument invisible* de la Lune. Ma surprise fut si grande, quoique je m'attendisse à cette disparition, que je ne songeai pas à compter les secondes, et que je me bornai à crier : « Elle entre ! » Les personnes qui se trouvaient à mon modeste observatoire et qui venaient d'admirer Vénus dans le ciel étaient des plus surprises de ne l'y plus trouver, sans pouvoir apercevoir le corps qui l'éclipsait, car le ciel paraissait d'un bleu laiteux, égal en intensité des deux côtés du croissant lunaire.

L'immersion s'est faite sans que la plus légère pénombre ni déforma-

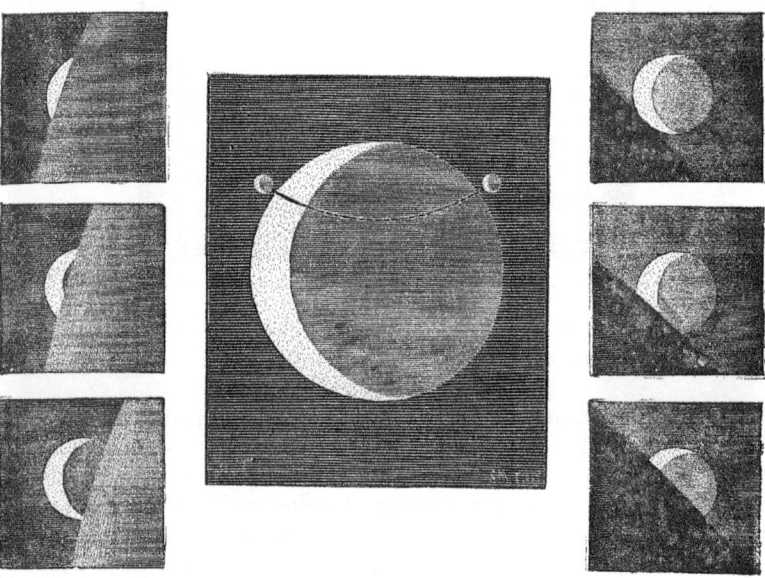

Fig. 108. — Occultation de Vénus par la Lune, le 14 octobre 1874.)

tion ait décelé l'indice de la *moindre atmosphère lunaire*. Le disque lunaire coupa successivement le croissant de Vénus dans le sens indiqué. Au dernier moment de l'immersion, on ne voyait que la corne supérieure du croissant : sa disparition eut lieu à 3 heures 43 minutes 29 secondes, temps moyen de Paris.

A 4 heures 55 minutes 20 secondes, Vénus reparut comme un point lumineux sur le bord occidental du pâle croissant lunaire et s'en dégagea peu à peu. La sortie dura plus d'une minute. Au milieu de l'émersion, quand la corne supérieure du croissant commença à se dégager, on vit comme un point se dessiner sur le limbe lunaire. Ce point s'allongea et s'arrondit. Le croissant fut entièrement dégagé à 4 heures 56 minutes 28 secondes. La constatation des moments m'a paru plus facile que lors du passage de Mercure, quoiqu'il me semble difficile toutefois d'en être sûr à moins d'une seconde près.

Juxtaposée comme elle l'était à l'hémisphère lunaire éclairé, on pouvait facilement comparer la lumière de Vénus à celle de la Lune, et constater qu'elle est incomparablement plus *blanche* et plus intense. Cette énorme différence devint surtout très sensible le soir, vers 6 heures, lorsqu'on put voir les deux astres à l'œil nu.

On comprend sans peine que Vénus, gravitant comme Mercure dans une orbite intérieure à celle de la Terre, doit tourner vers nous tantôt son hémisphère éclairé par le Soleil, tantôt son hémisphère obscur, tantôt une partie de l'un et de l'autre, et par conséquent présenter comme la Lune des phases correspondant aux angles qu'elle forme avec le Soleil et la Terre. Ces phases sont invisibles à l'œil nu ([1]) à cause de la petitesse à laquelle se réduit pour nous le disque de la planète. Aussi se servait-on de cette absence de phases visibles pour contester la vérité du système de Copernic. On rapporte même que Copernic lui-même, entendant cette objection, aurait répondu que « Dieu se réservait peut-être de les révéler un jour ». Le siècle suivant, la lunette d'approche les montrait à Galilée.

C'était au mois de septembre 1610. L'immortel astronome, qui venait de construire de ses mains le premier instrument d'optique qui ait été dirigé vers le ciel contemplait le soir avec extase les merveilles du firmament, agrandies et multipliées par ce nouvel organe; l'atmosphère transparente de l'Italie lui permettait de sonder les profondeurs de l'espace, et souvent il s'arrêtait, comme il nous le raconte lui-même, ébloui et fasciné. Vénus, la belle planète descendait dans les feux éteints du crépuscule lorsqu'en dirigeant sa petite lunette vers elle, il crut reconnaitre une phase rappelant tout à fait celles de la Lune. Malheureusement, la brillante planète disparut, et le ciel se couvrit les jours suivants, sans qu'il ait eu le temps de vérifier sa découverte. Soucieux, toutefois, d'en conserver la priorité, l'astronome toscan l'enferma

([1]) Sauf pour des vues exceptionnelles, servies par des circonstances spéciales (Voir plus loin).

sous un anagramme dont lui seul avait la clef, et envoya cet anagramme à Képler. Le voici :

Hæc immatura à me jam frustrà leguntur. o. y.

phrase assez obscure qu'on peut traduire par :

Ces choses non mûries ont déjà été lues, mais en vain, par moi.

Il reste deux lettres superflues. En reprenant toutes ces lettres,
et en les plaçant dans un autre ordre, on reconstruit la phrase
suivante, qui est la véritable :

Cynthiæ figuras emulatur mater Amorum.
La mère des Amours est l'émule de Diane dans ses aspects.

Remarque curieuse, ces fameuses phases de Vénus, dont l'antiquité ne s'est pas doutée, à l'objection desquelles Copernic n'eut
rien à répondre, et que Galilée prenait tant de peine à cacher
pour se garder l'honneur de leur découverte, ces phases de Vénus
peuvént être, dans des circonstances exceptionnelles, *visibles à
''œil nu.* Des vues particulières peuvent les reconnaître. Webb
-nous apprend que Théodore Parker les a remarquées, en Amérique,
au Chili, lorsqu'il n'était âgé que de douze ans et ignorant de leur
existence, et qu'on les a vues en Perse en se servant d'un verre
foncé. Au mois de mai 1868, on les a distinguées, et, paraît-il,
sans trop de difficultés, sous l'atmosphère si rarement limpide de
France ([1]) : plusieurs personnes en ont constaté la forme. Il en a
été de même à l'ile de la Réunion au mois de juillet 1883 ([2]) et,
d'après les rapports des observateurs, ce fait n'y est pas très rare.
C'est là néanmoins une preuve visuelle d'une extrême rareté.

Nous venons de voir que dans les conditions de grande transparence atmosphérique le croissant de Vénus peut être distingué à
l'œil nu. C'est dire que le plus modeste instrument suffit, en
général, pour en permettre l'observation, soit au crépuscule, soit
pendant le jour. Lorsqu'on a observé la belle planète le matin
avant le lever du soleil, on peut continuer de la suivre dans une
lunette dont le champ soit assez vaste pour la retrouver facilement
si les vapeurs du matin la laissait perdre, et dans ces conditions,
il est facile de l'observer en plein soleil. Si on possède un

([1]) Voir nos *Études sur l'Astronomie*, t. III, p. 175.
([2]) Voir la Revue mensuelle *L'Astronomie*, octobre 1883.

équatorial ou une lunette méridienne, c'est encore plus facile.
L'astronome Dawes assure qu'on peut observer la planète à la
conjonction supérieure, jusqu'à une minute seulement du bord du
soleil.

Ces phases de Vénus sont charmantes à observer, même à l'aide
du plus modeste instrument. Pâle sur le ciel bleu, ce léger
croissant semble flotter comme un rêve. La première fois qu'on

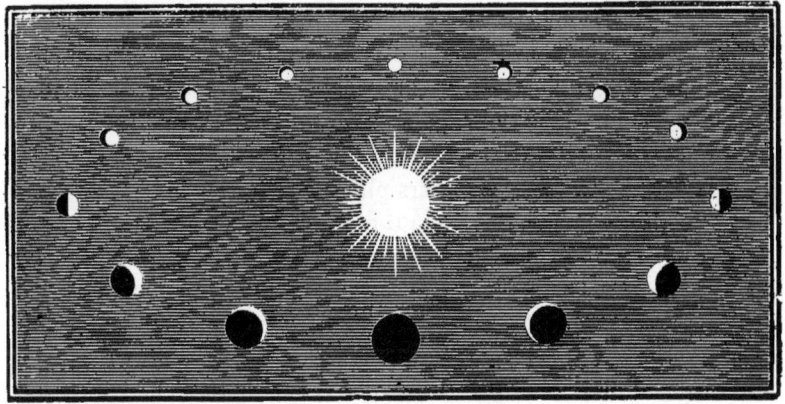

Fig 100. — Ordre des phases de Vénus.

l'observe, on ne peut se défendre de l'idée que c'est la Lune que
l'on a sous les yeux. Un grossissement de 50 fois donne, du reste,
au croissant de Vénus la dimension apparenté sous laquelle nous
voyons la lune à l'œil nu ([1]).

La distance de Vénus à la Terre variant considérablement selon
les positions qu'elle occupe sur son orbite, son diamètre varie dans
la même proportion. Lorsqu'elle se trouve à sa plus grande distance
de la Terre, c'est-à-dire derrière le Soleil, elle est éloignée de nous
de toute la largeur de son orbite, plus de la distance de son orbite

([1]) Comme étude de la planète, on ne peut rien tirer des observations faites lorsque
le soleil est assez haut sur l'horizon. L'atmosphère est trop brillamment éclairée, et son
agitation devient trop apparente, pour qu'un astre, même aussi lumineux que Vénus,
puisse être observé avec fruit. Il est vraiment surprenant que de pareilles conditions
aient été recommandées pour ce genre de travaux.

La période du temps la plus favorable s'étend depuis une demi-heure avant jusqu'à
une demi-heure après le coucher du soleil : c'est à ce moment que les images sont
les meilleures.

à celle de la Terre, ce qui donne 64 millions de lieues environ. Son diamètre n'est alors que de 9″,5. Lorsqu'elle se trouve à sa plus petite distance, c'est-à-dire entre le Soleil et nous, elle n'est plus éloignée de nous que de 10 millions de lieues, et son diamètre s'élève à 63″. Son diamètre varie comme sa distance entre ces deux limites. C'est comme si nous disions que la largeur de son disque varie pour nous depuis 9 millimètres et demi jusqu'à 63. La figure précédente fait comprendre au premier coup d'œil la cause de ces phases, leur ordre et leur succession.

Les phases de Vénus ne s'accordent pas toujours avec le calcul. A l'époque de ses plus grandes élongations, le disque de la planète devrait être exactement coupé en deux comme une demi-lune. Or, au mois d'août 1793, Schröter trouva le terminateur légèrement concave, et ce n'est que huit jours plus tard qu'il devint rectiligne. Mädler fit une observation identique en 1836, et arriva à la conclusion que l'aspect de demi-lune se présente six jours avant ou après l'époque calculée, suivant la direction du mouvement de la planète; le même observateur remarqua une différence analogue dans la largeur du croissant. En 1839, le P. de Vico, directeur de l'Observatoire du collège romain, constata cette même différence, mais pour trois jours seulement. Le 6 mars 1833, Webb avait fait la même remarque à l'aide d'un médiocre instrument et sans savoir que d'autres avaient remarqué cette différence. C'est là une anomalie qu'il n'est pas facile d'expliquer, quoique les montagnes et l'atmosphère de Vénus doivent jouer le principal rôle dans la production de ce phénomène. Nous y reviendrons plus loin.

La lumière de Vénus est si forte, qu'il arrive parfois qu'elle porte ombre. J'ai un soir constaté ce fait sans m'y attendre, et sans y avoir aucunement songé. Revenant d'un voyage en Italie, au printemps de 1873, je m'arrêtai à Vintimille, où le train d'Italie passait vers neuf heures du soir. C'était le 23 mars. Conduit par un guide à travers la ville obscure, je m'aperçus un moment que trois ombres nous suivaient à notre gauche le long d'un mur de jardin près duquel nous marchions. Fort surpris de cette ombre produite sans clair de lune et sans réverbères, je la fis remarquer à mes deux compagnons, qui la reconnurent aussi bien que moi. Elle était très

nettement et fortement accusée. Le ciel était peuplé d'étoiles
brillantes. Mais il n'y avait à notre droite que Vénus comme astre
de première grandeur, et brillant au surplus d'un tel éclat, que ses
feux paraissaient plus éclatants à eux seuls que tous ceux du firmament réunis. Le mur était d'un blanc sale et presque gris; s'il eût
été blanc, nos ombres eussent été beaucoup plus marquées encore.

Les semaines suivantes, à Nice, je renouvelai l'expérience sur du
papier; l'ombre des doigts, d'un crayon, d'un objet quelconque, s'y
dessinait avec la plus grande netteté.

Depuis, j'ai souvent remarqué le même fait, et chacun peut l'observer facilement, surtout en en étant prévenu.

A quelle phase Vénus est-elle la plus brillante?

Si elle n'avait pas de phases, si elle brillait par elle-même, son
plus grand éclat arriverait naturellement à l'époque où elle se trouve
à sa plus petite distance. Mais comme elle ne fait que réfléchir la
lumière qu'elle reçoit du Soleil, il est facile de voir que lorsqu'elle
passe à sa plus petite distance de la Terre, entre le Soleil et nous,
elle tourne précisément de notre côté son hémisphère non éclairé,
de sorte qu'elle cesse d'être même visible pendant quelques jours. De
plus, alors, elle est si voisine du Soleil, qu'on ne saurait la découvrir.

La phase de plus grand éclat de Vénus arrive à l'endroit où sa
digression orientale ou occidentale est de 39° ½, position où elle
se montre dans les lunettes avec le quart de son disque illuminé,
comme la Lune à son quatrième jour. La planète passe par cette
position 69 jours avant et après sa conjonction inférieure. Son diamètre apparent est alors de 40″, et la largeur de sa partie éclairée
est à peine de 10″. Ce maximum d'éclat correspond à la troisième des
phases représentées à la figure suivante. En cette position, Vénus est
beaucoup plus proche de la Terre que lorsqu'elle est à sa plus grande
distance apparente ou à son élongation orientale et occidentale.
Mais lorsqu'elle s'approche davantage de nous, la diminution de
largeur de son croissant fait plus que contrebalancer l'accroissement de lumière dû à sa plus grande proximité. D'un autre côté,
lorsqu'elle s'éloigne, la phase augmente de largeur et devient
bientôt semblable à celle de la lune en quadrature, et elle s'accroît
davantage encore à mesure que la planète s'éloigne de nous. Mais
néanmoins sa grandeur apparente et sa lumière diminuent rapide-

ment. De fait, la phase qui correspond à celle de la Lune en quadrature, et qui se présente à l'époque des plus grandes élongations,
nous envoie environ les trois quarts de la lumière, qui marque
l'époque de l'éclat maximum. Si nous pouvions voir la planète
lorsqu'elle arrive à sa plus grande distance au delà du Soleil, et
que son disque est circulaire, son éclat serait réduit au quart du
maximum signalé plus haut.

Comme contraste avec Vénus, on peut remarquer que le plus
grand éclat de Mercure arrive à une phase bien différente, à une

Fig. 110. — Grandeur comparée des quatre phases principales de Vénus

phase qui correspond à celle de la Lune le lendemain du premier
quartier, lorsque la planète arrive dans la section de son orbite la
plus éloignée de la Terre, car pour Mercure la diminution de
lumière due au décroissement du diamètre apparent du disque,
est plus que compensé par l'accroissement de la largeur de la
phase. Une planète qui graviterait à la distance de 66 millions de
kilomètres du Soleil donnerait son maximum d'éclat à la phase de
la quadrature; une planète plus éloignée donnerait ce maximum
pour une phase en croissant, comme c'est le cas de Vénus, et une
moins éloignée lorsque la phase surpasserait la quadrature, comme
il arrive pour Mercure.

Le peuple de Paris prenant Vénus pour « l'étoile de Bonaparte »

Ce plus grand éclat doit arriver à peu près tous les huit ans, parce que la situation de Vénus et de la Terre l'une par rapport à l'autre se retrouve à peu près la même après cet intervalle. Mais la saison, l'état du ciel, la hauteur de la planète au-dessus de l'horizon, apportent autant de causes de variations dans cette visibilité. Lorsque ces diverses circonstances sont réunies, Vénus est *visible en plein jour*.

Les anciens l'avaient déjà remarqué. Varron rapporte qu'Énée, dans son voyage de Troie en Italie, apercevait constamment cette planète, sa patronne, malgré la présence du Soleil.

Les années 398, 984, 1008, 1014, 1077, 1280, 1363, 1716, 1750, 1797, 1857, sont restées remarquables à cet égard.

En 1716 et en 1750, il y eut à Paris et à Londres un bruit considérable à propos de cette visibilité de la planète en plein jour: on la prenait pour une étoile nouvelle.

En 1797, le général Bonaparte, se rendant au palais du Luxembourg, fut fort étonné de voir que le peuple fixait son attention sur le ciel au lieu de le regarder lui-même. Il questionna son état-major, et apprit que les curieux voyaient avec surprise, quoique ce fût en plein midi, une étoile qu'ils prenaient pour celle du vainqueur de l'Italie : c'était Vénus elle-même brillant non loin du Soleil.

En 1857, au mois d'avril, l'éclat de la même planète traversa de nouveau la lumière du jour, et les vues perçantes pouvaient la distinguer en plein midi, brillant à 40 degrés à l'ouest du Soleil. On s'arrêtait à Paris, notamment sur la place de la Concorde, où des observateurs, croyant avoir affaire à une comète, ajoutaient même qu'on en distinguait la queue.

On a remarqué aussi ce brillant éclat en mai 1868, juin 1876 et février 1883 ([1]).

Vénus est *le seul astre* qui puisse être vu à l'œil nu en plein midi.

([1]) Au mois de février 1883, Vénus s'est montrée admirablement visible pendant le jour, de diverses contrées où l'atmosphère était bien pure. Nous signalerons, parmi les observations qui nous ont été transmises, celles de M. Folaché et des membres de la *Société scientifique Flammarion* de Iaén (Espagne), et celles de M. Du Buisson, à l'île de la Réunion. Remarque assez curieuse, ces deux observations ont été faites le même

Mais le soir ou le matin, avant le coucher ou après le lever du
Soleil, on a quelquefois aperçu Jupiter, Sirius, Canopus et Véga.

En la comparant à la lumière de la Pleine-Lune, on trouve que
la clarté que nous recevons de Vénus est environ 1000 fois plus
faible.

Voici maintenant un fait d'observation bien énigmatique en
lui-même et fort difficile à expliquer.

Tout le monde a pu remarquer que lorsque, le troisième et le
quatrième jour de la lunaison, la Lune brille dans le ciel du soir
sous la forme d'un croissant lumineux, on distingue dans l'intérieur
du croissant le corps tout entier du globe lunaire, non pas lumi-

Fig. 112. — Le Soleil, la Lune et Vénus vus à l'œil nu, le 4 février 1883.

neux comme le croissant, mais presque aussi obscur que le ciel,
et teinté d'une faible lumière grise. Il en est de même lorsqu'avant
la nouvelle Lune, notre satellite brille le matin sous la forme d'un
croissant opposé à celui du soir.

Cette lumière secondaire, nommée *lumière cendrée*, n'appartient pas à la Lune elle-même : elle est due à la réflexion de la
lumière de la Terre éclairée par le Soleil : c'est le reflet d'un
reflet.

Or, cette lumière cendrée a été vue sur Vénus comme sur la
Lune. Comment cela peut-il se faire? Il n'y a pas auprès de Vénus
un astre qui joue pour elle le rôle de la Terre à l'égard de la

jour, le 4 février, à propos du passage de Vénus tout près de la Lune, en plein midi.
Tout le monde, nous écrit-on, pouvait faire cette observation. Nous reproduisons ici le
dessin fait en Espagne, montrant la position de la brillante planète, à 9° à droite de la
Lune et à 37° du Soleil, à 11 heures du matin (heure de Iaën). Dans une lunette, Vénus
offrait l'aspect représenté figure 113.

Lune et qui réfléchisse quelque lumière sur son hémisphère non
éclairé. Quelle peut être la cause de cette singularité? Mais
avant de s'occuper des explications, l'important est de savoir
si réellement cette lumière secondaire existe. Comme notre but
dans cet ouvrage est de connaître tous les détails qui intéressent
chacun des mondes de notre système solaire, voyons quelles sont

Fig. 113. — La Lune vue à l'œil nu.   Vénus observée à la lunette (4 février 1883).

les observations certaines qui ont été faites sur cette clarté mystérieuse.

La première en date se trouve dans la *Théologie astronomique* du
recteur anglais Derham, publiée en 1715 et traduite en français en 1729.
On y lit le passage suivant : « Lorsque la planète (Vénus) paraît sous la
forme d'une faux, on peut voir la partie obscure de son globe, à l'aide
d'une lumière d'une couleur terne et un peu rougeâtre. »

Dans l'ordre des dates, la seconde observation de la partie obscure de
Vénus appartient à André Mayer; la voici : « Le 20 octobre 1759, à midi
45 minutes, passage au méridien de la corne inférieure : la partie lumineuse de Vénus était très mince, cependant le disque entier apparut de
la même façon que la portion de la Lune vue à l'aide de la lumière
réfléchie sur la Terre. »

Ainsi Mayer observa le phénomène pendant le jour, au moment du
passage au méridien, et à l'aide d'une lunette de force très médiocre.

En 1806, Harding vit trois fois le disque entier de Vénus à des époques où, par l'éclairement ordinaire, il aurait dû n'en apercevoir qu'une très petite partie. Le 24 janvier, à nuit close, la lumière exceptionnelle se distinguait de celle du ciel par une teinte gris cendré très faible, et dont le contour parfaitement déterminé paraissait éclairé par le soleil. Le 28 février, la lumière de la région obscure, vue dans une faible lueur crépusculaire, semblait légèrement rougeâtre. Le 14 mars, dans un crépuscule sensiblement plus fort, Harding fit une observation analogue.

Le 11 février de la même année, sans avoir eu, connaissance des observations du professeur de Gœttingue, Schrœter aperçut aussi à Lilienthal la partie obscure de Vénus, qui dessinait dans le ciel une lueur terne et mate. Ultérieurement, Gruithuisen, de Munich, fit une observation analogue à celle de son collègue de Lilienthal, le 8 juin 1825, à quatre heures du matin.

Pastorff a observé deux fois cette vague clarté. Guthrie et d'autres l'ont notifiée en Écosse pendant l'année 1842. De Vico et Palomba déclarent l'avoir vue plusieurs fois à Rome en 1839.

Voyons les observations faites en ces dernières années sur ce même sujet ([1]).

Le 14 janvier 1862, M. Berry, oncle de l'astronome anglais Knott, ne connaissant pas d'avance cette visibilité, la remarqua en observant la planète dans un petit télescope grégorien de 4 pouces, dont l'oculaire grossissait 160 fois. La partie oculaire du disque était parfaitement visible et comme teintée d'une lumière cendrée.

Plusieurs observateurs ont également notifié ce phénomène en 1862 et 1863.

Le 5 février 1870, M. Langdon, dont nous rapporterons plus loin les observations relatives aux taches de la planète, vit, ainsi que plusieurs autres personnes, le disque entier éclairé par la lumière cendrée.

Le capitaine Noble, dont l'observatoire est situé au comté de Sussex (Angleterre), l'observa le 22 février 1870, la veille du jour de la conjonction. Le croissant ne s'étendait pas tout à fait jusqu'à un demi-cercle. En diminuant le champ de la lunette, il parvint à distinguer tout le corps de la planète, mais sans une limite nette au contour. Le ciel n'était pas très pur.

Le 25 septembre 1871, à Strasbourg, l'astronome allemand Winnecke distingua parfaitement en plein jour, comme André Méier en 1759, le corps obscur de Vénus éclairé d'une faible lumière. C'était un peu avant midi. L'atmosphère était extraordinairement pure.

Le 22 mars 1873, à 6 heures 40 minutes du soir, la phosphorescence

([1]) Consulter les *Monthly Notices of the Royal Astronomical Society*, et la Revue mensuelle *L'Astronomie*.

du disque non éclairé était parfaitement visible, dans une lunette achromatique de 4 pouces d'ouverture, pour M. Elger, dont nous rapporterons plus loin aussi les observations variées.

Le 19 avril 1873, le corps entier de la planète était visible dans le télescope à miroir à verre argenté de M. Langdon.

Pour ma part, je n'ai vu qu'une fois ce même aspect, le 2 avril 1876, à l'aide d'une lunette de 4 pouces, et encore était-il peu prononcé. Observation faite au crépuscule.

M. Arcimis et M. Van Ertborn, en 1876, ont observé cette lumière pendant le jour, comme Méier l'avait fait en 1859, ainsi que Winnecke en 1871.

Comment ces observations peuvent-elles s'expliquer?

Cette visibilité de la portion non éclairée du disque de Vénus est un problème difficile à résoudre, d'autant plus que l'observation de cette lumière cendrée a plutôt été faite pendant le jour ou au crépuscule que pendant la nuit ([1]). Si l'intérieur du disque de Vénus n'avait été vu qu'à l'époque de la conjonction, on pourrait fort bien attribuer cette visibilité à l'anneau atmosphérique qui entoure la planète lorsqu'elle est proche du Soleil. — Nous en reparlerons plus loin à propos de l'atmosphère de Vénus. — Mais il n'en est pas ainsi pour toutes les observations.

Olbers, dans son mémoire sur la transparence du firmament, adopte l'opinion que la lumière qui nous fait voir ce disque opaque provient d'une sorte de phosphorescence.

Cette même opinion avait été antérieurement professée par William Herschel, qui, en rappelant dans un mémoire de 1795, que la portion de Vénus non éclairée par le Soleil a été vue par différents observateurs, croit ne pouvoir rendre compte de l'existence du phénomène qu'en l'attribuant à quelque propriété phosphorique de l'atmosphère de la planète.

Arago se demandait si ce rare et curieux phénomène ne pourrait pas être expliqué à l'aide d'une certaine lumière cendrée analogue

([1]) On peut signaler à ce propos une curieuse observation faite par Mme Webb le 30 juin 1880, à 7 heures 30 minutes du matin, près du lac Majeur. La Lune était alors en son dernier quartier, à 21 heures et demie après la quadrature, et encore à une grande hauteur dans le ciel, mais pâle dans la lumière du jour : l'observatrice constata avec étonnement que le côté non éclairé de la Lune était visible, de couleur lilas sur le fond bleu du ciel, et irrégulièrement ombré, plus blanc vers le sud-ouest, comme cela devait être, en effet. Mme Webb confirma son observation à l'aide d'une jumelle. Pourtant, ni M. Webb, ni leur domestique, ne purent rien distinguer.

à celle de notre Lune, et qui aurait sa cause dans la lumière réfléchie par la Terre ou par Mercure vers la planète. Mais ce ne serait
pas là une lumière suffisante, et Arago concluait lui-même que
l'explication est difficile à donner. « Si la phosphorescence était
toujours visible dans les circonstances favorables, écrit-il, on
pourrait certainement l'admettre; mais elle est si rarement observée
que l'on se demande comment une cause occasionnelle pourrait
agir ainsi à la fois, sur toute la surface d'une planète aussi vaste
que la nôtre. De plus, une telle phosphorescence devrait être
mieux visible la nuit que le jour. Si donc le phénomène est réel,
pourquoi n'est-il pas visible lorsque les circonstances sont les
plus favorables? On serait donc porté à attribuer cette visibilité à
une illusion d'optique ».

Nous pencherions plutôt vers l'explication suivante :

Chacun a pu remarquer que pendant la nuit étoilée la plus
profonde il y a assez de lumière diffuse pour que l'on distingue
parfaitement les objets de la campagne, le chemin que l'on suit,
et surtout les objets blancs, particulièrement la neige.

Or, le globe de Vénus a une très grande intensité de réflexion :
il est très blanc, sans doute environné de nuages à surface neigeuse.
Ce globe si blanc ne peut-il réfléchir vaguement la lumière stellaire
répandue dans l'espace, tandis que l'espace reste absolument
noir? Ne suffirait-il pas que cette clarté fût faiblement accusée
pour que l'œil continuât instinctivement le contour du croissant et
devinât le reste du globe, qu'il ne distinguerait pas sans cela? Cette
lumière cendrée ne serait visible que lorsque ce globe serait entièrement couvert. Peut-être ces nuages sont-ils doués d'une certaine
phosphorescence, comme les nôtres en montrent parfois, notamment au printemps. Peut-être aussi assistons-nous d'ici à des
aurores boréales de l'atmosphère de Vénus. Les nuages si blancs
qui entourent constamment la planète, leur phosphorescence
possible, ou des aurores boréales, forment un ensemble d'explications que l'on peut accepter provisoirement. — Peut-être sera-ce
ici comme en politique, où c'est le provisoire qui reste

CHAPITRE III

**Dimensions. — Surface. — Volume. — Poids.
Densité. — Rotation. — Inclinaison de l'axe. — Jours et nuits. — Années.
Saisons. — Climats. — Satellite.**

Cette brillante étoile du soir, qui verse sa douce lumière du haut des cieux, est loin d'être un point lumineux comme elle le paraît à l'œil nu. La distance seule qui nous en sépare produit cette exiguïté. En réalité, c'est un globe énorme, sur lequel nous pourrions marcher et voyager comme sur la Terre. L'imagination pourra en faire le tour, et le mesurer par la pensée, si nous supposons qu'un Océan entoure entièrement la planète Vénus, et que le plus rapide de nos navires à vapeur soit lancé sur ses eaux : il emploierait plus de deux mois à en faire le tour; pendant 70 ou 80 jours l'hélice mordrait les eaux, et les ondes du sillage bouillonneraient à la poupe du navire dans ce voyage de circumnavigation, avant que nous eussions accompli notre traversée autour de ce vaste globe, qui est à peine inférieur à celui que nous habitons.

Toutes les observations et tous les calculs s'accordent à donner à la Terre vue du Soleil le diamètre de 17″,72. C'est la grandeur angulaire d'une bille de 10 centimètres de largeur placée à 1164 mètres de l'œil.

Les mesures micrométriques faites depuis plus d'un siècle sur la planète Vénus, corrigées de toutes les causes possibles d'erreur, recommencées et vérifiées de toutes les façons, nous démontrent que cette planète est à peu près de mêmes dimensions que la Terre. Voici les nombres obtenus pour exprimer l'angle qu'elle sous-tend, vue à la distance qui nous sépare du Soleil, distance prise pour unité

dans les mesures interplanétaires. William Herschel avait trouvé
18″,79, ce qui donnait un diamètre un peu plus grand que celui de
la Terre. M. Main avait trouvé un diamètre un peu moins grand que
celui d'Herschel, mais cependant encore plus grand que celui de la
Terre. Longtemps on s'est demandé si décidément cette planète est
plus grosse que la nôtre. Dans tous les cas, la différence ne pouvait
être bien grande. Les dernières mesures sont : Stone, 1865 (Observatoire de Greenwich) : 16″,94 ; — Powalky, 1871 (Passages de Vénus
de 1761 et 1769) : 16″,92 ; — Tennant, 1875 (Passage de Vénus de
1874) : 16″,90 ; — Hartwig, 1881 (Mesures micrométriques) : 17″55 (¹).

La discussion définitive donne l'avantage au globe que nous habitons. Mais notre supériorité sur lui n'est que de quelques centaines
de lieues carrées ; encore faudrait-il savoir si les trois quarts de sa
surface sont comme ici, rendus inhabitables par l'envahissement des
eaux.

Comme dimensions, Vénus est la planète qui ressemble le plus à
la Terre. Son diamètre est de 0,954 en prenant celui de la Terre
pour unité, c'est-à-dire qu'il est de 12000 kilomètres ; sa circonférence mesure par conséquent 9500 lieues ; son volume est égal aux
87 centièmes du volume de la Terre ; sa surface dépasse les 90 centièmes, c'est-à-dire qu'elle est presque égale à celle de notre planète.
Aucun autre globe du système ne pourrait offrir une telle similitude
avec le nôtre. Jupiter, par exemple, est 1230 fois plus volumineux que
la Terre, Saturne 675 fois, Neptune 85 fois, Uranus 75 fois : ce sont des
colosses auprès de nous. Le volume de Mars au contraire n'est que
les 16 centièmes de celui de la Terre, et le volume de Mercure les

(¹) Afin que nos lecteurs puissent se rendre compte de la manière très simple
d'ailleurs, dont ces mesures sont obtenues, nous dirons que le micromètre se compose
essentiellement de deux fils mobiles, entre lesquels on place la planète. Ces fils sont
montés sur deux petites plaques qui glissent
dans un cadre à l'aide d'une vis. Les fils
peuvent être placés juste l'un devant l'autre,
puis s'écarter à volonté. On met le bord de
la planète juste tangent au fil de gauche, par
exemple, puis on tourne la vis de droite jusqu'à ce que le fil de droite vienne toucher
le bord droit de la planète. Comme on a
calculé d'avance la valeur du tour de vis, on conclut du nombre des tours faits la
valeur géométrique du diamètre de la planète. On voit combien toutes ces mesures
sont simples, tout en étant très précises.

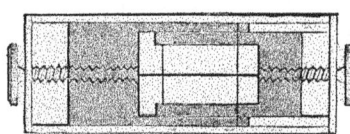

Fig. 115. — Mécanisme du micromètre.

5 centièmes. Celui de la Lune n'est que la 49ᵉ partie du volume de la Terre, c'est-à-dire un peu plus du tiers de celui de Mercure, et son diamètre mesure 870 lieues. Enfin les plus grosses des minuscules planètes qui circulent entre Mars et Jupiter ne mesurent qu'une centaine de lieues, et les plus petites descendent même à un diamètre de quelques lieues seulement. On voit que dans toutes ces diversités, Vénus peut vraiment être nommée la sœur jumelle de la Terre.

Tel est le volume de notre planète voisine. Quel est son *poids ?* Si elle avait un satellite tournant autour d'elle, nous pourrions facilement calculer ce poids, comme nous l'avons fait plus haut pour Mars, par la vitesse de son mouvement. Mais nous verrons tout à l'heure que les observations qu'on a cru faire de ce satellite ne sont rien moins que concluantes.

En l'absence de ces observations, on a donc dû peser le globe de Vénus par les perturbations que son attraction fait subir à ses deux planètes voisines, la Terre et Mercure : lorsque Vénus passe entre le Soleil et nous, par exemple, elle nous tire légèrement vers elle et dérange notre globe tout entier, comme le fait la Lune qui, au premier quartier, nous tire en avant, et au dernier quartier, nous retarde comme un frein. Merveilleuse légèreté des mondes ! la Terre est pareille au ballon d'enfant qui flotte dans l'air : la moindre influence la dérange de son cours, et c'est en observant minutieusement ces dérangements qu'on a pu faire la part précise de Vénus dans les perturbations apportées, et en conclure sa puissance, c'est-à-dire son poids. La masse du globe de Vénus peut se déduire de la précession des équinoxes comme du mouvement de Mercure.

Les calculs s'accordent à prouver que cette planète pèse moins que la nôtre. En représentant par le chiffre 1000 la masse de la Terre, celle de Vénus est représentée par 787. La connaissance de son volume permet d'en conclure la *densité* moyenne des matériaux qui la composent : elle est un peu plus faible que celle de notre globe (= 0,905). Enfin la *pesanteur* des corps est également plus faible sur cette planète que sur la nôtre; car en désignant par 1000 l'intensité de la pesanteur à la surface de la Terre, cette même force est sur Vénus représentée par le chiffre 864. — Les habitants de ce monde sont un peu plus légers que nous.

En résumé, nous voyons que Vénus et la Terre sont deux mondes remarquablement rapprochés par leurs éléments astronomiques comme par leur position dans le système solaire. En est-il de même des conditions physiologiques?

Et d'abord, cette planète tourne-t-elle sur elle-même comme la nôtre? Possède-t-elle comme la nôtre des alternatives de jours et de nuits qui rappellent de près ou de loin ce qui se passe chez nous? Oui, malgré les doutes que l'on a émis sur les résultats obtenus, nous pouvons considérer comme très probable, sinon comme tout à fait certain, que ce monde voisin tourne sur son axe en 23 heures 21 minutes 22 secondes. La durée du jour et de la nuit réunis y est donc *à peu près la même qu'ici :* la différence n'est que de 34 minutes en moins.

Pour les régions équatoriales de Vénus, comme pour celles de la Terre, le jour est pendant toute l'année égal à la nuit; sa durée y est constamment de 11 heures 40 minutes. Mais, sous toutes les autres latitudes, cette durée varie considérablement suivant les saisons, comme chez nous, et plus encore. Nous en verrons les détails en nous occupant de l'intensité des saisons et des climats de cette planète.

Cassini est le premier qui, étant parvenu à remarquer quelques taches sur son disque, en suivit le mouvement, et conclut à l'existence d'une rotation, que ses mesures, commentées par son fils, portaient à 23 heures 15 minutes. Ces observations datent de plus de deux siècles, de 1666. Elles ont été faites en Italie, avant que Louis XIV eût appelé cet astronome à la direction de l'Observatoire de Paris, qui venait d'être fondé. On trouvera les principales à la figure suivante, d'après l'ouvrage du fils de Cassini : les dessins de 1666 et 1667 sont de Cassini; les deux de 1728 sont une reproduction de ceux de Bianchini, que l'on trouvera plus loin, au chapitre de la Géographie de Vénus.

Soixante ans plus tard, en 1726, Bianchini, autre astronome italien, trouvait 24 *jours* 8 heures pour cette même durée de rotation? Cette énorme différence provenait de ce qu'il avait observé la même tache revenue à une position identique après une période de 25 rotations entières, ce qui donne, par la division, $23^h 22^m$ pour la durée de chacune d'elles, nombre très voisin de celui de Cassini.

A la fin du siècle dernier, l'astronome allemand Schrœter trouva
par ses comparaisons 23 heures 21 minutes 8 secondes.

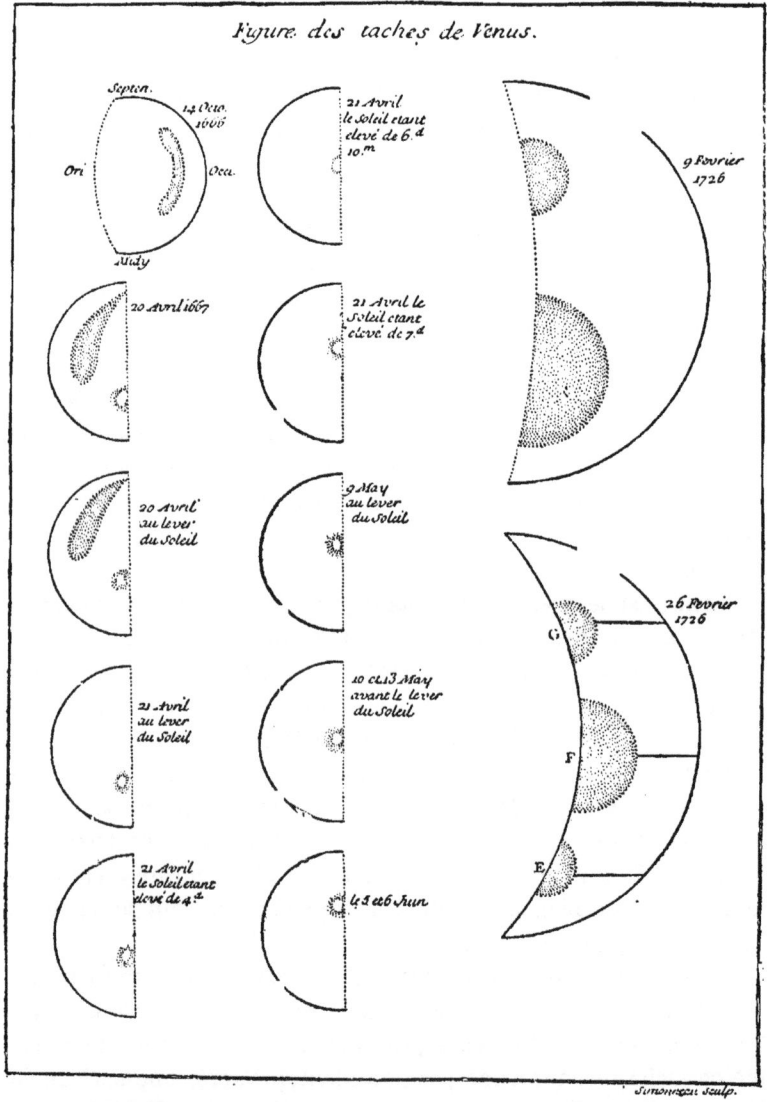

Figure des taches de Vénus.

Fig. 116. — Observation des taches et de la rotation de Vénus. (Cassini, 1666-1667 et Bianchini, 1726.)

La période a été définitivement déterminée en 1841, grâce à une belle série d'observations organisées sous le ciel ordinairement trés pur de Rome par le P. de Vico, et fixé à

23 heures 21 minutes 22 secondes.

Ces observations étant liées à la géographie de Vénus, on en trouvera le détail au chapitre qui concerne ce sujet. C'est, comme nous l'avons vu pour Mars, par le déplacement des taches observées sur la planète, que cette durée de rotation a été déterminée

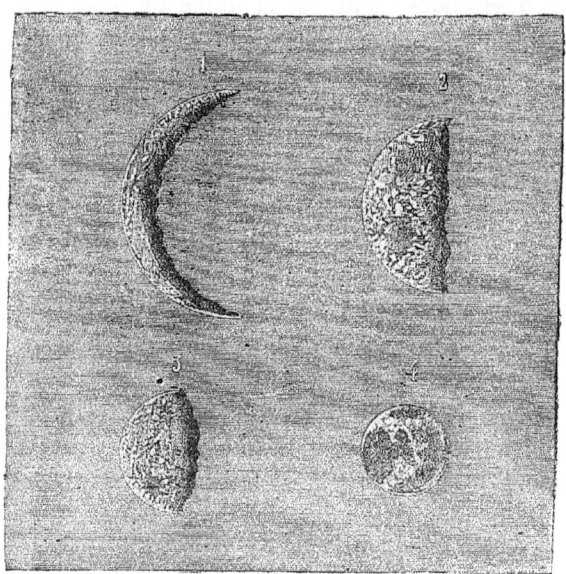

Fig. 117. — Inégalités observées sur la planète Vénus.

et aussi par le retour de certaines échancrures reconnues le long du croissant. Notre figure 117 donne une idée de ces diverses inégalités observées au croissant, à la quadrature, après la quadrature et vers la conjonction supérieure.

Ajoutons que cette rotation diurne de la planète a produit sur ce globe le même effet que la rotation de la Terre a produit sur le nôtre; elle l'a légèrement aplati aux deux extrémités de l'axe et légèrement gonflé à l'équateur. Mesuré par M. Tennant pendant le passage de 1874, cet aplatissement polaire a été évalué à $\frac{1}{760}$.

Cette valeur est un peu supérieure à celle de l'aplatissement terrestre, qui est de $\frac{1}{291}$.

L'année de cette planète se composant de 224 jours terrestres, en compte 231 des siens propres : 231 jours sidéraux, ou rotations. Mais, comme nous l'avons déjà fait remarquer à propos de Mars, il y a dans l'année un jour solaire de moins que de jours sidéraux. *L'année des habitants de Vénus compte donc*, en définitive, 230 *jours solaires* ou *civils;* le jour solaire y est de 23 heures 27 minutes 6 secondes : telle est la durée du jour et de la nuit réunis. Les saisons n'y durent chacune que 56 de ces jours.

Ces saisons sont beaucoup plus marquées que les nôtres, car l'axe de rotation de la planète est certainement beaucoup plus incliné que celui de la Terre : au lieu d'être de 23°$\frac{1}{2}$, l'inclinaison de l'équateur sur le plan de l'orbite paraît être de 55°. Il en résulte une complication extrême dans la distribution de la température et des climats à la surface de cette planète. (Les anciennes observations de Bianchini avaient indiqué 75° pour ce dernier angle; mais les mesures modernes de Vico l'estiment avec une très haute probabilité à 55°.) Les saisons de Vénus sont plus intenses que les nôtres.

Les régions polaires de ce globe doivent s'étendre jusqu'à 35 degrés de son équateur, de même que les régions tropicales doivent aussi s'étendre jusqu'à 35 degrés des pôles, de sorte que deux zones, beaucoup plus larges que nos zones tempérées, empiètent constamment l'une sur l'autre, appartenant à la fois aux climats polaires et aux climats tropicaux. Laquelle de ces zones est la mieux appropriée au séjour de la vie?

Tout habitant des régions voisines de l'un et l'autre pôle est exposé à supporter tour à tour les plus grands extrêmes de chaud et de froid. Pendant l'été, le soleil tourne continuellement autour du pôle, s'élevant en spirale et brillant avec une intensité de chaleur et de lumière presque deux fois plus élevée que celle qu'il nous envoie. Seulement pendant un temps très court, en automne et au printemps, il se lève et se couche pour ces régions. Un jour de printemps ou d'automne, comme un de nos jours en ces saisons, dure environ douze heures, mais le soleil ne s'élève à midi vers ces dates qu'à quelques degrés au-dessus de l'horizon. Cette diminution de

la durée du jour est le signal avant-coureur d'un hiver terrible qui
va régner pendant trois mois, et dont le froid sera beaucoup plus
intense et beaucoup plus dur que la longue nuit d'hiver de nos
propres régions polaires : car dans nos contrées circompolaires, le
soleil s'approche de l'horizon tous les jours à l'heure qui correspond à midi, sans s'élever au-dessus et sans se montrer, il est vrai,
mais cependant en envoyant une certaine lumière et une certaine
chaleur dont l'influence se fait sentir; tandis que pendant la plus

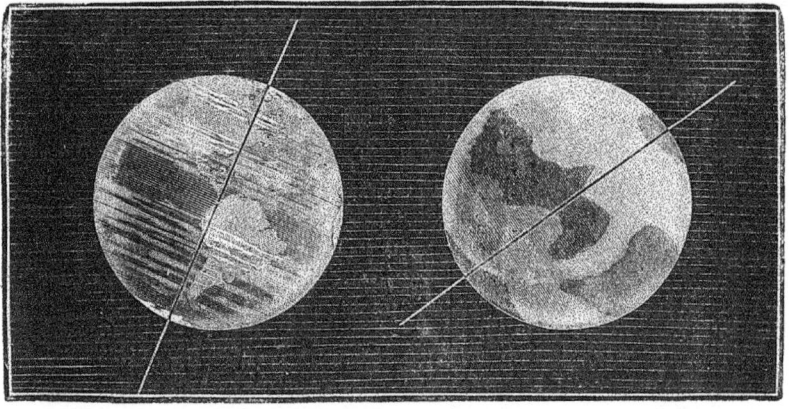

LA TERRE   VÉNUS

Fig 118. — inclinaison de l'axe de rotation de Vénus comparée à celle de la Terre.

grande partie de la longue nuit des régions polaires de Vénus, il
n'approche pas du tout de l'horizon et reste considérablement au-
dessous. A moins donc que le ciel polaire de Vénus ne soit illuminé
par des aurores boréales, une obscurité absolue doit s'étendre sur
cet hiver glacial et en augmenter encore la profondeur. Il est certain qu'aucune de nos races humaines ne pourrait ainsi supporter
les alternatives de ces froids noirs et de ces chaleurs tropicales qui
s'y succèdent tous les quatre mois.

Les régions équatoriales sont-elles plus favorisées?

Là il y a deux étés chaque année, qui correspondent au printemps et à l'automne des régions polaires. En ces saisons, le soleil
s'élève chaque jour presque au zénith, et la température y dépasse
celle qui existe dans nos régions tropicales. Mais entre ces saisons
l'astre du jour passe alternativement au nord et au sud de l'équateur.

A l'époque qui correspond à l'été, un habitant placé sur la limite de la zone équatoriale voit ce flambeau tourner au-dessus de l'horizon pendant 23 heures un quart, et se coucher pendant quelques minutes seulement sans nuit, car la forte réfraction de l'atmosphère de Vénus relève cet astre presque à l'horizon. A l'époque opposée, en hiver, il ne se lève que pour quelques minutes et reste constamment couché. Cette situation nous donne la curieuse et originale succession de saisons que voici :

A l'équinoxe de printemps, un été beaucoup plus chaud que nos chaleurs tropicales; 56 jours plus tard, au solstice d'été, un temps analogue au printemps de nos régions tempérées, avec cette différence que la nuit y est très courte; encore 56 jours plus tard, un second été aussi ardent que le premier, qui arrive à l'équinoxe d'automne; enfin, au solstice d'hiver, les jours sont plus courts et le froid non moins intense peut-être que vers notre cercle polaire. Ces variations sont pittoresques; mais pour qu'elles soient subies sans détriment, il faut que les êtres vivants y soient organisés autrement que nous. Enfin les larges zones qui s'étendent entre les deux précédentes, et qui sont tout à la fois tropicales et polaires, ont des climats intermédiaires entre les deux limites que nous venons de considérer. Qu'on habite près des régions équatoriales ou des régions polaires, on a donc à subir de très fortes alternatives de chaleur et de froid, de sécheresse et de pluie, de vents et d'orages.

Si nous prenons la Terre pour point de comparaison, le soleil arrive l'été jusqu'au-dessus de Syène en Égypte, ou de Cuba en Amérique. Pour Vénus, l'obliquité est telle, que l'été le soleil atteint des latitudes plus élevées que celles de Belgique ou même de Hollande : 55 degrés. Il en résulte que les deux pôles, soumis tour à tour à un soleil presque vertical et qui ne se couche pas (et cela à moins de quatre mois de distance, puisque l'année de cette planète n'est pas de huit mois), ne peuvent laisser la neige et la glace s'accumuler. La fonte des neiges y arrive vite, et le printemps passe comme un rêve. Il n'y a point de zone tempérée; la zone torride et la zone glaciale empiètent l'une sur l'autre, et règnent tour à tour sur les régions qui chez nous composent les deux zones tempérées. De là des agitations d'atmosphère constamment entretenues, et d'ailleurs tout à fait conformes à ce que l'observation nous apprend sur la difficile visibilité des continents de Vénus à travers le voile de son atmosphère, incessamment tourmentée par les variations rapides de la hauteur du soleil, et par les transports d'air et d'humidité dus à l'influence des flèches ardentes du brillant Apollon.

Il résulte donc de toutes ces circonstances des saisons et des climats plus violents et plus variés que les nôtres. Les agitations des vents, des pluies et des orages doivent surpasser tout ce que nous voyons et ressentons ici. Les saisons de cette planète ne ressemblent point à celles de la Terre et de Mars ; son atmosphère et ses mers subissent une continuelle évaporation et une continuelle précipitation de pluies torrentielles, et son ciel est couvert de nuages qui ne laissent que rarement apercevoir le sol géographique de la planète. Ces nuages, du reste, étendant presque constamment leur voile sous la lumière solaire, ont pour résultat d'abaisser la température moyenne du monde de Vénus, de telle sorte qu'elle doit être sans doute peu différente de celle de la Terre.

Remarquons ici la puissance des symboles mathématiques, et combien est vraie cette assertion de Pythagore, que « les nombres régissent le monde ». Un cosmographe s'épuisera à énumérer tout ce que les saisons de la Terre ou de Mars offrent de particulier ; il montrera les deux régions polaires de ces planètes tour à tour rendues à la végétation et à la vie ; il dira la longueur des jours pour chaque climat. Le mathématicien n'a besoin, pour énoncer tous ces faits, que d'un seul nombre. Ainsi, quand à côté du nom de la troisième planète, la Terre, il a inscrit l'angle 23°27', tout est dans ce nombre : saisons, climats, longueurs de jours, aspects célestes, végétation, vie animale, sans compter bien d'autres influences que le génie de l'homme n'a point encore découvertes. Les chiffres ont leur réelle éloquence. Seulement, il faut savoir les lire ; ce qui est beaucoup plus simple qu'on ne le croit en général.

Ainsi, en résumé, au point de vue des saisons et des climats, la planète Vénus est dans une situation moins agréable que la nôtre : c'est la plus grande différence qui distingue les deux mondes, car, nous l'avons vu, son volume, sa densité, la pesanteur à sa surface, la durée du jour et de la nuit, y sont à peu près les mêmes que chez nous.

Nous parlions tout à l'heure d'observations problématiques faites sur le satellite de Vénus. — *Vénus a-t-elle un satellite ?*

— Elle en aurait plutôt deux qu'un, répondaient au temps de la régence les astronomes qui se souvenaient de leur mythologie.

— Elle n'en a probablement aucun, répondons-nous aujourd'hui. Il faut avouer néanmoins que cette non-existence du satellite de Vénus n'est pas tout à fait prouvée, et que le sujet reste assez perplexe. Nous résumerons ici l'ensemble des observations ([1]).

Fontana, l'un des plus habiles astronomes de son époque, en annonça la découverte faite par lui le 15 novembre 1645.

Quoique l'observation de Fontana fût précise et certaine, les astronomes, pendant vingt-sept ans, cherchèrent sans résultat le petit astre qui, le 15 novembre 1645, s'était montré tout auprès et au-dessus de Vénus. Dominique Cassini, dont l'habileté et la circonspection n'ont pas besoin d'être rappelées, aperçut, en 1672, un point lumineux d'un diamètre apparent égal au quart environ de celui de Vénus et distant de la planète d'un diamètre seulement de celle-ci. Les astronomes, encouragés par l'annonce de Cassini, cherchèrent sans doute à renouveler l'observation ; leurs efforts furent inutiles, et c'est quatorze années plus tard seulement, le 27 août 1686, que Cassini retrouva un point lumineux analogue au précédent, égal en diamètre au quart de Vénus, et situé, comme distance, aux trois cinquièmes environ de ce diamètre.

Un demi-siècle s'écoula, après cette observation de Cassini, sans qu'aucun astronome signale le compagnon de Vénus. Le 3 novembre 1740, Schort aperçut, à 10' environ de la planète, un astre d'un diamètre un peu inférieur au tiers de celle-ci, et qui semblait l'accompagner dans le ciel. L'observation ne put être renouvelée les jours suivants.

Après l'observation de Schort, nous en trouvons une d'André Meier à Greifswalde en 1759; quatre de Montaigne à Limoges, le 3, le 7 et le 11 mai 1761 ; sept, enfin, de Rodkier et de Horrebow, à Copenhague, et de Montbarron, à Auxerre, les 3, 4, 10, 11, 15, 28 et 29 mars 1764.

Les astronomes que nous venons de citer, sans être de premier ordre, sont dignes de confiance. Schort était, en même temps qu'excellent observateur, le plus habile opticien de son temps ; on lui doit d'excellentes déterminations micrométriques de Jupiter et la mesure de son aplatissement. Très habitué à l'emploi des instruments qu'il construisait lui-même, il est difficile de le supposer dupe d'une illusion.

([1]) Voir l'article de M. Joseph Bertrand, secrétaire perpétuel de l'Académie des sciences, dans la Revue mensuelle *L'Astronomie* (août 1882).

Montaigne découvrit deux comètes, en 1772 et en 1774 ; observateur zélé du ciel, il avait l'habitude des instruments.

Horrebow, élevé dans l'Observatoire de Copenhague, dont son père, avant lui, était le directeur, a laissé la réputation d'un astronome conscien-cieux et habile.

M. Schorr, dans son récent ouvrage allemand sur « le satellite de Vénus », assure que André Meier a prouvé sa capacité par plusieurs bons travaux ; mais il n'en cite aucun, et ce nom ne figure pas dans la biblio-graphie astronomique de Lalande. Rodkier et Montbarron, enfin, ont été de simples amateurs de la science astronomique, mais leurs observations acquièrent un grand prix par leur accord avec celles d'Horrebow, qui sont à peu près simultanées.

On s'est demandé si ces apparitions singulières ne devaient pas être attribuées au passage d'Uranus, alors inconnu des astronomes, dans le voisinage de Vénus. Le docteur Koch, de Dantzig, qui a laissé d'excellents travaux d'astronomie stellaire, a trouvé qu'Uranus, le 4 mars 1764, jour de l'observation de Rodkier, était distant de Vénus de 16'½ seulement. La tentative de Koch pouvait être renouvelée pour les nombreuses petites planètes découvertes depuis un quart de siècle, et si, pour chaque appari-tion signalée, l'une d'elles était trouvée dans le voisinage de Vénus, le problème semblerait complétement résolu. La recherche est facile, quoique d'une exécution un peu longue ; plusieurs jeunes astronomes pourraient utilement se la partager.

Le Père Hell a cru, en 1757, apercevoir près de Vénus un point brillant dans le ciel ; mais un examen plus attentif lui en fit découvrir l'origine dans la lumière réfléchie par son œil même et renvoyée de nouveau par l'oculaire du télescope ; un déplacement de l'image accompagnait en effet chaque mouvement de son œil : l'astre supposé un instant n'avait donc aucune réalité. Schort et Cassini ne mentionnent pas, il est vrai, l'épreuve du déplacement de l'œil faite par le Père Hell, mais il est difficile d'ad-mettre que d'aussi habiles observateurs aient pu, pendant plus d'une heure, se laisser prendre à une illusion aussi grossière.

Le Père Hell, tout en signalant la cause possible, suivant lui, des obser-vations prétendues du satellite, engageait cependant, en 1761, tous les observateurs du passage de Vénus à chercher soigneusement la trace du satellite sur le disque solaire. L'insuccès des recherches le confirma dans son soupçon, et il le communiqua à Lacaille en le priant de garder sa lettre pour lui seul ; mais, en 1762, après la mort de Lacaille, il reçut d'une main inconnue la traduction en langue française de sa propre lettre, accompagnée d'une réfutation de Montaigne. Il publia alors, dans les *Éphémérides* de Vienne pour 1766, une dissertation (*De satellite Veneris*), dans laquelle il s'efforça d'expliquer toutes les apparitions par des illusions d'optique.

Le passage de Vénus, en 1769, n'ayant montré le prétendu satellite à aucun observateur, les astronomes paraissaient adopter l'interprétation du Père Hell, lorsque Lambert, reprenant la question et acceptant comme exactes les observations de 1764, en déduisit la position et la grandeur de l'orbite à cette époque, renseignement précieux qui aurait dû stimuler de nouvelles recherches. Les calculs de Lambert, quoique reposant sur des observations douteuses, sont complets et précis.

L'existence de ce satellite était alors considérée comme si vraisemblable, que le roi Frédéric II, de Prusse, fort enthousiasmé des philosophes français, proposa de lui donner le nom de *d'Alembert*. L'illustre géomètre s'en défendit fort par une lettre spirituelle où l'on remarque le remerciment suivant : « Votre Majesté me fait trop d'honneur de vouloir baptiser en mon nom cette nouvelle planète. Je ne suis ni assez grand pour devenir au ciel le satellite de Vénus, ni assez bien portant pour l'être sur la Terre ; et je me trouve fort bien du peu de place que je tiens en ce bas monde pour en ambitionner une au firmament. »

L'astronome Lambert appliqua particulièrement ses calculs à l'époque de l'observation de Cassini, de Schort et de Fontana. La théorie lui montra que, pendant les passages de 1761 et 1769, le satellite n'a pu paraître sur le disque solaire, étant au-dessus en 1761 et au-dessous en 1769. Il peut arriver, au contraire, que le satellite se projette sur le Soleil quand la planète reste en dehors. Le 8 juin 1753, par exemple, si les tables de Lambert sont exactes, l'orbite du satellite coupait le disque solaire ; mais la position occupée ne le plaçait pas dans la partie commune. Le 1ᵉʳ juin 1777, Lambert annonçait un passage du satellite sur le Soleil non seulement possible, mais réel, et, s'il ne se produit pas, dit-il, les tables auront besoin de fortes corrections. « J'annonce ce passage, ajoute-t-il, tout au moins comme possible. Les astronomes qui observent souvent le disque du Soleil trouveront sans doute qu'il y a convenance à choisir ce jour, dans l'espoir d'y trouver une observation plus fructueuse et plus agréable que de coutume. »

Cet appel ne donna aucun résultat.

L'excentricité de l'orbite calculée par Lambert est de 0,195, un peu moindre que celle de Mercure. L'inclinaison de l'orbite sur celle de la planète, 64°, dépasse de bien loin toutes les inclinaisons connues.

La plus grande distance de Vénus au satellite sous-tendrait un angle de 19′ à la distance qui sépare la Terre du Soleil, et l'on pourrait, par conséquent, lorsque Vénus se rapproche de nous le plus possible, si la position du satellite est favorable, l'apercevoir à une distance de 42′. Une des observations de Montaigne le place à 25′.

La dimension du satellite et celle de la planète seraient à peu près dans le même rapport que celui de la Lune à la Terre. On sait, en effet, que le diamètre de Vénus est presque égal à celui de la Terre, et que celui de la

Lune est de 0,27, comparé au diamètre de notre planète ; celui du satellite de Vénus serait de 0,28.

L'insuccès du 1er juin 1777 découragea sans doute les astronomes ; on n'a plus revu ni cherché le satellite de Vénus, et les traités d'Astronomie n'en font mention que pour prémunir les observateurs contre une illusion semblable à celle du Père Hell.

Ajoutons qu'on n'en a pas trouvé traces pendant les deux derniers passages de Vénus devant le Soleil, en 1874 et 1882.

Telles sont les observations et les discussions suggérées. La sincérité des astronomes en général, et en particulier celle de Fontana,

Fig. 119 — Observation problématique du satellite de Vénus (Cassini, 1672.)

Schort, Cassini, Horrebow et Montaigne, ne saurait être révoquée en doute. Nous restons en face de trois explications possibles.

La première est que le satellite existerait réellement, mais serait très petit et ne pourrait être observé qu'en des circonstances rares, à des époques d'élongations exceptionnelles. Ce n'est pas probable. La seconde explication est celle des fausses images (¹) qui se pro-

(¹) Un jour, le 30 mars 1881, M. Denning, observant Vénus, remarqua que deux croissants étaient visibles dans le champ de la lunette : l'un large et pâle, presque au centre du champ, et l'autre petit et brillant, un peu à l'ouest du premier ; ce dernier était la véritable image de la planète. Les deux croissants étaient tournés du même côté et leur phase était la même : l'un semblait la reproduction exacte de l'autre. M. Denning estima que le diamètre du plus petit était à peu près le ⅛ du diamètre de l'autre. Il fit tourner l'oculaire sans produire aucun déplacement dans la position relative des deux

duisent dans les instruments, provenant soit de la réflexion de l'œil
dont il a été parlé plus haut, soit d'un ajustement défectueux dans
les lentilles de l'oculaire et de certains effets d'optique dus au jeu
des rayons lumineux dans l'instrument lui-même. La troisième
explication consiste à considérer ces observations comme celles de
petites planètes qui seraient passées au delà de Vénus et se seraient
trouvées fortuitement sur le même rayon visuel. Ces deux dernières
hypothèses sont les plus vraisemblables et peuvent s'appliquer l'une
et l'autre à ces observations énigmatiques.

images, puis il le retira. Regardant alors dans l'intérieur du tube, il découvrit l'explication du phénomène. Les rayons du Soleil entrant par l'ouverture principale de la
lunette venaient tomber en partie sur le petit tube mobile qui porte l'oculaire et y for-
maient du côté de l'Ouest un petit croissant brillant, lequel, faiblement réfléchi et renversé par l'oculaire, devenait l'origine de l'image.

Dans le grand équatorial de Washington (l'un des meilleurs qui existent), l'un des
oculaires a constamment montré à M. Newcomb un petit satellite à côté d'Uranus et de
Neptune, lorsque l'image de la planète était arrivée juste au centre du champ ; mais ce
satellite disparaissait aussitôt qu'on remuait la lunette.

L'explication est fort simple et rend compte des apparitions du satellite de Vénus ;
pourtant il est difficile de penser que l'origine de pareilles illusions aient pu échapper à
des observations soigneuses.

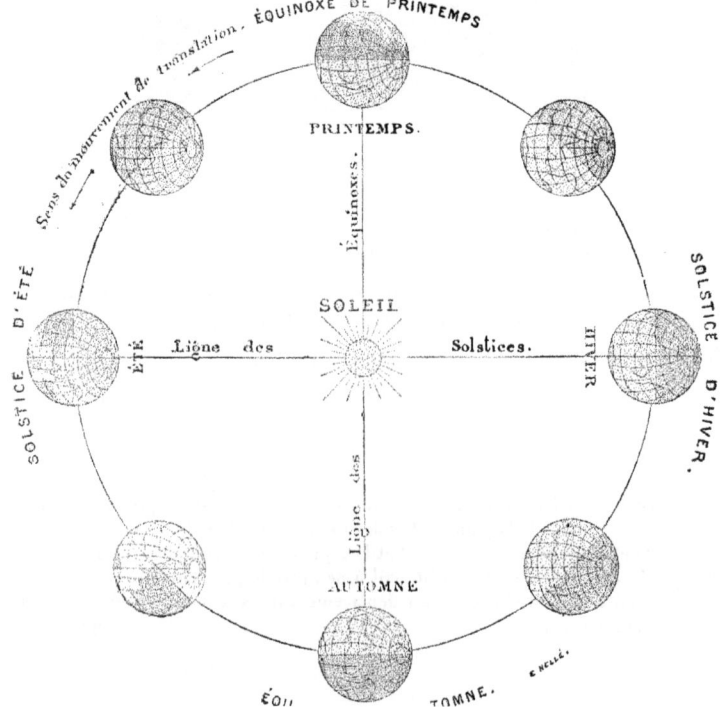

CHAPITRE IV

Géographie de Vénus. — Continents. — Mers.
Topographie. — Montagnes.

La curiosité et la persévérance des astronomes ambitieux de scruter les mystères du véritable ciel sont parvenues à lever un coin du voile nuageux de l'atmosphère de Vénus et à reconnaître les plus importantes variétés de nuances de son sol. La première observation de ces taches date de plus de deux siècles : elle est due au premier directeur de l'Observatoire de Paris, à Jean Dominique Cassini, avant son arrivée en France. Il découvrit une tache brillante le 14 octobre 1666 et en observa une seconde le 28 avril 1667. Celle-ci montra un déplacement sensible pendant la durée des observations, un nouveau déplacement le lendemain, et encore un le surlendemain. Les observations des 9, 10 et 13 mai, des 5 et 6 juin 1667, confirmèrent ce mouvement, et l'observateur en conclut la durée de rotation que nous avons signalée plus haut.

Sous ce même ciel d'Italie, Bianchini paraît avoir été, en 1726-27, tout particulièrement favorisé, soit par la pureté accidentelle du ciel ou par la puissance de sa lunette, soit à raison d'autres circonstances inconnues. A l'aide d'une colossale lunette de 150 palmes, ou de 30 mètres environ de longueur, cet observateur aperçut, vers le milieu de la planète, sept taches qu'il qualifia de mers, communiquant entre elles par des détroits et offrant huit promontoires distincts. Il en dessina les figures et leur assigna le nom d'un roi de Portugal, Jean V, son bienfaiteur, et les noms des navigateurs les

plus célèbres par leurs voyages, auxquels il ajouta ceux de Galilée et
de Cassini. Bianchini a cru ces taches assez invariables et assez sûre-

Fig. 121. — Dessins de la planète Vénus faits en 1726-1727,
par Bianchini, à l'aide d'une lunette de 30 mètres.

ment observées pour dessiner lui-même un planisphère géographique de la planète. Nous reproduisons ici (*fig.* 121 et 122) les deux
planches sur lesquelles il a dessiné vingt de ses observations, en

numérotant les taches grises qu'il considère comme des mers, et (*fig.* 123), le globe de Vénus dont il a dessiné lui-même les fuseaux.

Fig. 122. — Dessins de la planète Vénus faits en 1726-1727, par Bianchini, à l'aide d'une lunette de 30 mètres.

En coupant ces fuseaux, et en les collant sur un globe de 84 milli-mètres de diamètre, on construirait le globe géographique de Vénus préparé par l'astronome italien. Ses mers portent les noms respectifs de : I, Jean V ; — II, l'Infant Henry ; — III, le Roi Emmanuel ; — IV, le Prince Constantin ; — V, Colomb ; — VI, Vespuce ; — VII, Galilée ; — la mer boréale ou de Marco Polo ; — la mer australe ou de Magellan. — Sur le frontispice de son ouvrage (*fig.* 124), on voit Uranie tenant à la main un petit système solaire dans lequel le cœur du roi tient la place du Soleil (les courtisans ne connaissent pas de limites), tandis qu'un amour à genoux offre au roi un globe géographique de Vénus, fort élégant d'ailleurs.

Malheureusement, depuis plus d'un siècle et demi que ces observations ont été faites, elles n'ont pas été perfectionnées, comme on aurait pu s'y attendre, par les progrès de la science. Aucun instrument moderne n'a montré ces taches aussi nettement que Bianchini les a vues, et, soit que plusieurs d'entre elles varient, soit que l'atmosphère de Vénus ait été au temps de cet astronome plus transparente que de nos jours, les taches sombres de cette planète toujours éblouissante ne se sont jamais montrées que vagues et incertaines. Le planisphère de Bianchini ne peut être considéré que comme un premier rudiment de la géographie de Vénus. Nous ne devons mettre en doute ni la bonne foi ni l'habileté de cet astronome, d'autant plus que ces taches ont été revues en Italie même ; mais elles sont loin d'avoir la précision et la sûreté de celles qui constituent la géographie de Mars.

D'après ces dessins, les taches grises considérées comme des mers se prolongeraient le long de l'équateur de Vénus et formeraient trois océans, dont l'un serait presque circulaire et dont les deux autres seraient divisés en trois parties à peu près égales. On remarque de plus deux taches grises allongées, dont l'une occupe tout le pôle nord (inférieur), et dont l'autre dessine un demi-cercle autour du pôle sud. Les taches sombres, en effet, doivent être des mers, parce que comme nous l'avons constaté à propos de Mars, *l'eau absorbe plus la lumière* que les terres et la réfléchit moins.

A la fin du siècle dernier, Schröter fit plusieurs dessins du disque de Vénus ; mais les taches qui s'y trouvent ne rappellent que de loin celles de Cassini et de Bianchini.

Il est remarquable que Dominique Cassini n'ait jamais réussi à apercevoir à travers l'atmosphère de Paris aucune trace des taches qu'il avait observées en Italie.

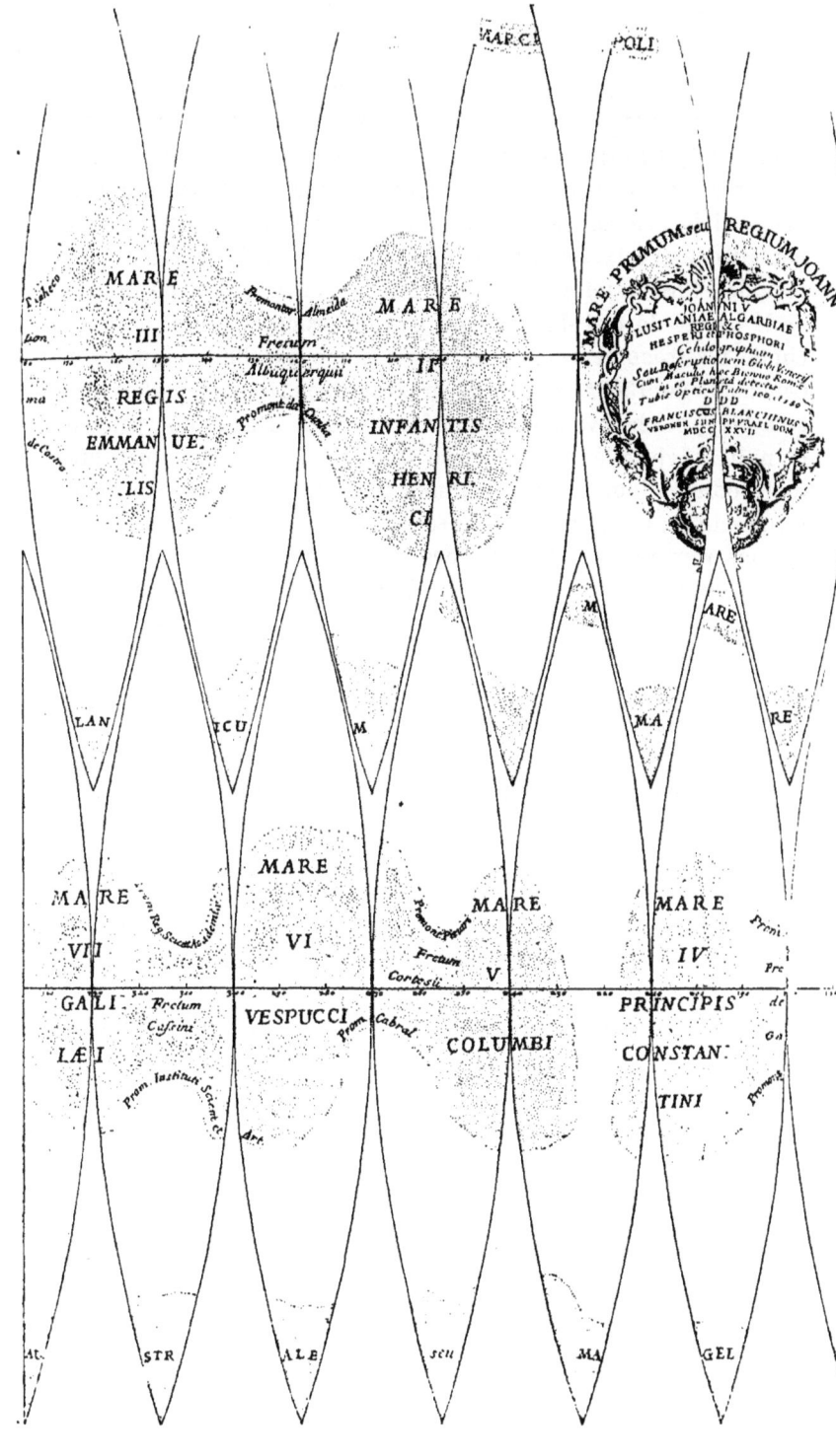

En 1837, Gruithuisen fit un certain nombre d'observations, et Schumacher remarqua spécialement une tache sombre qui était bien visible pendant le crépuscule et qui une demi-heure après se perdait dans l'éclat de la planète; il en écrivit au P. de Vico, directeur de l'Observatoire du Collège romain, en le priant de profiter de la pureté du ciel d'Italie pour vérifier les observations de Bianchini. L'astronome romain se servit d'une excellente lunette de Cauchoix, de 158ᵐᵐ, armée de grossissements portés parfois jusqu'à 1128, et observa surtout pendant le jour, attendu que pendant la nuit la vivacité de l'éclat de la planète interdit à peu près toute observation. Six observateurs se mirent à l'œuvre pendant l'année 1839; leurs observations sont nombreuses, et l'on en jugera, si nous remarquons que l'un des assistants, Palomba, ne fit pas moins de 11800 mesures, dont 10000 furent employées pour la détermination de la rotation. Sur ces six observateurs, ceux qui distinguaient le mieux les taches, étaient ceux qui avaient le plus de difficulté à découvrir les petits compagnons des étoiles doubles; c'est là un fait assez curieux, qui s'expliquera peut-être, si l'on réfléchit qu'un œil très sensible, qui découvrirait les taches immédiatement, serait plus facilement ébloui par la lumière d'une étoile brillante, et n'apercevrait pas un petit point lumineux dans son voisinage. Les observateurs romains confirmèrent les assertions de Bianchini, et retrouvèrent ses taches, à l'exception d'une petite. Leurs dessins de la planète s'élèvent au chiffre de 145; nous en reproduisons ici quatre (*fig.* 125) qui, en effet, rappellent bien les mers circulaires de Bianchini. Dans son excellent recueil *Celestial objects for common telescopes,* M. Webb assure que quoiqu'un très grand nombre d'observateurs n'aient pu parvenir à distinguer aucune de ces taches, cependant elles ont été revues, sans être pour cela identifiées, par MM. Delarue, Huygens, Worthington, Seabroke, Terby, Denning, Safarik et Van Ertborn. With et Browning ont remarqué des taches blanches comme les neiges de Mars. « Que ne pouvons-nous voir ces détails plus facilement, s'écrie à ce propos M. Webb, quel intérêt n'y aurait-il pas à mieux connaître cette charmante planète, surtout lorsqu'on pense que c'est la seule de tout le système dont le volume soit presque exactement égal à celui de la Terre. »

Frontispice de l'ouvrage de Bianchini.

PRÉSENTATION DU GLOBE DE VÉNUS AU ROI JEAN V

La visibilité des taches de Vénus dépend surtout de l'état de l'atmosphère terrestre ; et comme la surface de cette planète est trés brillante, il faut qu'une certaine lumière l'environne pour que ces taches soient distinctes. On les a observées à Rome dans une petite lunette de 2 pouces seulement. On les a vues en Angleterre dans un ancien télescope (*reflector*) grossissant 200 fois, le 23 janvier 1750, à travers les lueurs rouges d'une aurore boréale, beaucoup plus nettement que lorsque le ciel n'était pas éclairé. Quant à moi, je n'ai jamais pu les distinguer que pendant le jour et cela deux fois seulement : en juillet 1871, dans le grand équatorial

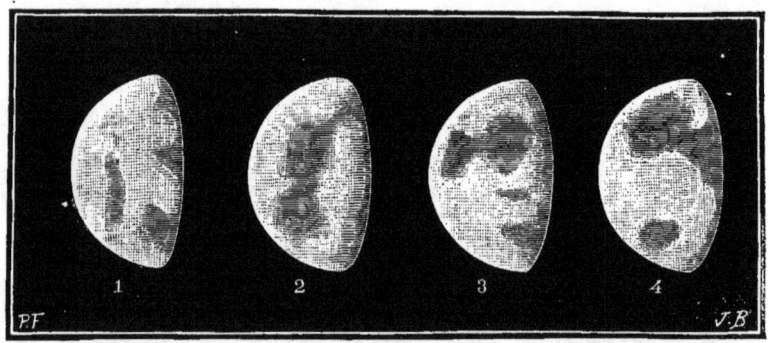

Fig. 125. — Aspects géographiques de la planète Vénus [De Vico. 1839].

de l'Observatoire de Paris, et, quelques jours après, dans un télescope Foucault de 20 centimètres.

L'atmosphère de Vénus est, d'ailleurs, si souvent couverte de nuages, que ces taches sont très rarement visibles; plusieurs astronomes très habiles ne sont jamais parvenus à rien distinguer sur cette planète. L'astronome anglais Dawes, dont la vue était si perçante, n'a jamais pu rien y découvrir, et William Herschel n'est parvenu, après bien des recherches, qu'à constater une légère supériorité d'éclat sur les bords du disque comparés au cercle intérieur.

On a remarqué que les télescopes sont préférables aux lunettes pour l'observation de Vénus, et depuis que le procédé Foucault a permis de construire facilement des télescopes en verre argenté, l'observation de la planète a été beaucoup plus favorisée et plus fréquente; aussi possédons-nous, depuis une dizaine d'années surtout, un très beau choix de dessins de cette planète, moins détaillés certainement que ceux de Mars et même que ceux de Jupiter, mais enfin déjà satisfaisants pour notre instruction. Plusieurs de nos collègues d'outre-Manche, entre autres, se sont livrés à des observations continues et persévérantes, dont nous sommes heureux de signaler ici les principaux résultats:

Le 1ᵉʳ mai 1871, M. Langdon, astronome anglais, étant parvenu à diminuer l'éclat de Vénus à l'aide d'un diaphragme de carton noirci placé

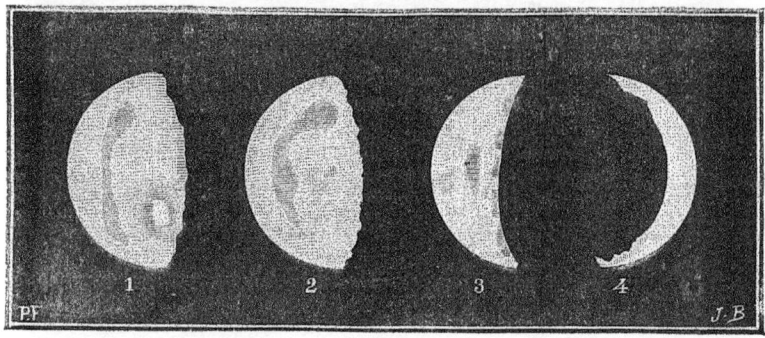

Fig. 126. — Aspects géographiques de la planète Vénus [1. Cassini, 1666. — 2, 3 et 4. Langdon, 1871.]

dans l'oculaire, réussit à distinguer ces taches. La phase était celle de la Lune le lendemain du premier quartier. Il aperçut d'abord très distinctement une tache oblongue, s'étendant parallèlement au bord, courbée comme lui, traversant une partie du disque et se terminant en pointe à ses deux extrémités. A l'est de cette tache oblongue, on en remarquait une autre plus large qui semblait la rejoindre. Cet aspect fut observé et dessiné pendant une demi-heure. Nous en avons reproduit le dessin ci-dessus (*fig. 126*). *Il est fort intéressant de le comparer au dessin n° 1, qui a été fait par Cassini le 14 octobre 1666, à deux cent cinq ans d'intervalle.* La similitude des formes est curieuse.

Le 6 mai suivant, plusieurs taches se voyaient à la surface de la planète, notamment une longue ligne droite, sombre, traversant le disque, et une espèce de golfe s'étendant jusqu'au centre.

Le 13 mai, à 7 heures 30 minutes du soir, on remarquait une tache sombre, en forme de poire, commençant du côté du bord occidental et s'étendant jusqu'aux deux tiers du disque; cette tache était moins foncée que celle du 1er et du 6, mais beaucoup plus large.

Le 28 juillet, à 8 heures du soir, on voyait cinq taches sombres dentelant le cercle terminateur de l'hémisphère éclairé, et non loin de là une autre, plus longue et ovale. Ce qu'il y avait de plus remarquable ce soir-là, c'est que la corne australe (supérieure) du croissant était arrondie, tandis que la corne boréale était pointue et finissait par un angle aigu.

Le 25 octobre, à 8 heures 10 minutes du matin, observation faite en plein jour. Dans cette circonstance, on put mieux que jamais constater la nature dentelée du cercle terminateur, dont l'inégalité était évidente,

Fig. 127. — Aspects géographiques de la planète Vénus.
(Dessins de M. Denning. 1881.)

mais ce qu'il avait de plus étrange, c'est que *la corne boréale était courbée dans la direction du centre de la planète :* son aspect était le même que si une entaille avait été enlevée dans l'intérieur et comme si une tranche avait été coupée à l'extérieur. Cette singulière pointe est du reste très visible (intentionnellement exagérée) sur la figure.

Le 2 janvier 1873, à 4 heures de l'après-midi, un autre astronome anglais, M. Elger, observant la planète, remarqua une tache très nette qui s'étendait du limbe boréal jusqu'au centre.

Le même jour, M. Langdon observait la planète, et remarquait aussi cette tache sombre demi-circulaire, qui s'étendait jusqu'au centre; le disque illuminé était lui-même singulièrement dentelé.

Le 20 février, vers 3 heures de l'après-midi, la corne australe était

plus longue et plus pointue que la boréale; *celle-ci était évidemment
tronquée*. Le même jour, à 6 heures et demie, la planète présentait deux
taches très visibles : une longue bande sombre concentrique avec le
bord, et une tache isolée située près du centre.

Le 23 février, à 5 heures, on voyait une tache faible et très distincte.
La corne boréale était tronquée.

Le 27 février, de 3 à 4 heures, on ne distinguait aucun vestige de
taches; mais, à 7 heures, on put dessiner une tache irrégulière fort bien
définie. Les deux cornes étaient aiguës, mais l'australe se projetait plus
loin.

Le 28 février, à 6 heures 47 minutes, on observa non loin du bord de

Fig. 128. — Aspects géographiques de la planète Vénus.
(Dessins de M. Denning, 1881.)

la planète une tache tout à fait semblable de forme à celle qu'on avait
vue le soir précédent. Trois petites taches blanches se montraient près
du cercle terminateur. Les deux cornes étaient très affilées et l'australe
se prolongeait au delà du demi-cercle.

Le 17 avril, à 8 heures du soir, on remarquait deux taches très brillantes
sur le croissant de Vénus : l'une au milieu, et l'autre, vers la corne
orientale, près du cercle terminateur. Ces taches blanches faisaient l'effet
de deux gouttes de rosée, et elles brillaient d'une lumière si blanche, que
la région du croissant lumineux qui les entourait paraissait sombre par
contraste.

En 1876, nous sommes parvenus, mes amis MM. Paul et Prosper Henry,
astronomes de l'Observatoire de Paris, et moi, à distinguer une traînée

légèrement foncée le long du bord intérieur du croissant, et de rares
échancrures, mais sans que jamais la tache allongée ait offert un caractère d'authenticité incontestable.

De mars à juillet 1881, MM. Niesten et Stuyvaert ont fait une
série de beaux dessins du croissant de Vénus à l'aide du nouvel
équatorial de 0^m,36 de l'Observatoire de Bruxelles. Leurs dessins des
30 mars, 4 avril et 30 juin offrent une frappante analogie avec
ceux de Gruythuisen, surtout en ce qui concerne les taches
polaires.

La même année, M. Denning, astronome à Bristol, entreprit une
série d'observations suivies, dans le but de retrouver les détails
délicats signalés par les anciens astronomes. (Télescope de
10 $\frac{1}{4}$ pouces = 0^m,26 ; grossissement = 400 fois.) Nous résumons
ici les principales observations de notre éminent collègue.

22 mars 1881, de 5 heures à 7 heures. — Les cornes sont remarquablement brillantes, ainsi que la région qui avoisine le limbe occidental ; la
partie intérieure est plus sombre. L'espèce de bouillonnement que
présente la surface de la planète, surtout quand l'air est agité, donne
naturellement au bord cette apparence dentelée et au disque entier
cet aspect granulé qu'ont noté plusieurs observateurs.

26 mars, de 6^h 30^m à 7^h 15^m. — Images moins nettes que l'observation
précédente, où la vision était presque parfaite. Le disque présente une
apparence granulée avec des espaces gris et des veines ou stries lumineuses; mais cet aspect est vraisemblablement dû aux tremblements de
l'image. Les cornes, très brillantes et très effilées, s'étendaient considérablement au delà du demi-cercle, très différentes en cela des cornes
du croissant lunaire; mais on ne doit pas s'attendre à voir deux corps
aussi différents dans leur constitution physique présenter des apparences
absolument semblables.

La réfraction atmosphérique autour d'une planète enveloppée d'une
couche dense et profonde de gaz doit nécessairement diffuser la lumière
du Soleil sur une vaste étendue. Vénus doit réfléchir cette clarté au delà
de la moitié de sa surface, et telle est, sans doute, la cause du prolongement anormal des cornes, qui a été si souvent remarqué, ainsi que de
la possibilité d'apercevoir la circonférence entière de la planète aux
époques voisines des conjonctions inférieures.

28 mars, de 6 à 7 heures. — On remarque une petite région brillante
tout près de la corne boréale, ainsi qu'une tache un peu foncée s'étendant depuis le bord intérieur jusqu'au bord occidental, dans l'hémisphère
austral. Il y a aussi dans l'hémisphère boréal, une ombre grise qui court le

long du bord intérieur. Les images sont splendides avec un grossissement de 400 fois.

30 mars, de 6ʰ 30ᵐ à 7 heures. — La tache brillante est encore visible près de la corne du nord, ainsi que la région obscure et diffuse dans l'hémisphère sud. La forme réelle du bord intérieur est évidemment ondulée. Elle présentait une entaille obscure près de la corne nord, dans le voisinage de la tache brillante dont il est question plus haut. Cette entaille est extrêmement petite et ressemble à un cratère.

31 mars, de 6ʰ 15ᵐ à 6ʰ 45ᵐ. — L'aspect de Vénus est à peu près semblable à celui des soirées précédentes; mais les taches semblent s'être légèrement déplacées vers l'Occident. La tache brillante et l'échancrure qui avoisinent la corne boréale sont toujours visibles, quoique la première ne soit pas aussi distincte que la veille. Les images sont bonnes avec des grossissements de 200 et 290 fois, très belles avec un grossissement de 400 fois.

5 avril, de 6 heures à 6ʰ 30ᵐ. — Le croissant devient évidemment plus étroit. Il y a une ombre faible sur l'hémisphère nord, et, près de la corne boréale, une échancrure qui paraît très nette, quoiqu'elle paraisse plus éloignée de la corne que le 30 ou le 31 mars; ce n'est peut-être pas la même. On soupçonne sur le disque la présence de régions obscures et lumineuses, et sur le bord intérieur l'existence de petites taches brillantes. A plusieurs reprises, on en remarque une entre la corne boréale et le milieu du bord : elle apparaît comme une boucle allongée, partant du contour obscur de l'hémisphère non éclairé. Les deux cornes sont très brillantes : leur lumière est véritablement éclatante quand on la compare à celle des régions voisines du bord extérieur, lesquelles sont invariablement beaucoup plus sombres. Il est très difficile de se prononcer d'une manière positive sur l'aspect granulé du disque de la planète et sur la présence d'objets semblables à des cratères le long du bord intérieur. L'extrême petitesse de ces détails et l'instabilité de l'image constamment agitée par les ondulations de l'atmosphère sont deux causes qui doivent commander une extrême réserve. On ne peut jamais voir la surface de la planète complètement dégagée de ces bouillonnements ou tremblements produits par le passage continuel des vagues aériennes; d'aussi minuscules images, constamment influencées par des courants d'air chargé d'humidité sont peu distinctes et peu certaines.

En résumé, il résulte des observations précédentes qu'il y a certainement sur le disque de Vénus des taches sombres et des régions claires, ainsi que des points brillants qui se présentent de temps en temps près des cornes. Ces derniers sont très lumineux.

Les dessins de M. Denning, et notamment ceux des 30 et 31 mars, mettent en évidence le fait que les positions des taches, examinées à la même heure pendant plusieurs nuits consécutives, révèlent un léger mouvement vers l'Occident, qui confirme approximativement la durée de 23 heures 21 minutes. L'axe est certainement très incliné, car la direction du mouvement des taches par rapport à la ligne des cornes est du sud-sud-est au nord-nord-ouest.

Un observateur qui noterait le mouvement apparent des taches, d'une soirée à l'autre, en les observant chaque soir environ dix-neuf minutes plus tard que la veille, trouverait certainement une durée de rotation fort voisine de celle qu'a conclue Bianchini. S'il observait tous les soirs exactement à la même heure, il trouverait une rotation de trente-six jours environ, tandis que pendant trente-six jours la planète aurait accompli en réalité trente-sept rotations complètes. Mais si les taches sont suivies d'heure en heure pendant la même soirée, on s'aperçoit bien vite que le mouvement est de beaucoup plus rapide. Il ne faut pas cependant se dissimuler que l'on éprouve de réelles difficultés à suivre ainsi, pendant une assez longue période de temps, ces taches si délicates. Quoiqu'il en soit, l'observation de Vénus pourrait et devrait être continuée régulièrement par quelques astronomes amateurs.

Ces diverses séries d'observations soigneuses nous montrent qu'il y a sur la planète Vénus des *taches permanentes* et des *taches passagères,* fort difficiles à distinguer les unes des autres. Nous pouvons être assurés, toutefois, que les points brillants qui viennent échancrer le bord de l'hémisphère éclairé sont des chaînes de montagnes très élevées. Il est certain aussi que *l'hémisphère boréal est plus montagneux que l'hémisphère austral,* puisque le croissant boréal est presque toujours plus irrégulier et plus tronqué que le croissant austral (cela se voit surtout sur la figure du 25 octobre 1871). Les grandes taches sombres observées à plusieurs reprises depuis plus de deux siècles doivent représenter des *mers,* et les grandes taches blanches des *continents.* Mais il se forme en outre dans l'atmosphère de Vénus, assez souvent (et probablement même tous les jours, comme sur la Terre), des nuages et d'immenses régions nuageuses très étendues, qui sont visibles d'ici sous la forme de taches brillantes variées. Nous pouvons même conclùre, d'après l'éclat tout particulier de la planète et d'après les difficultés des observations, que l'état ordinaire de son atmosphère est d'être *couverte de nuages;* de sorte qu'en général nous ne voyons que la surface extérieure formée par ces nuages et non pas, comme sur la Lune ou sur Mars, le sol lui-même.

Telles sont nos connaissances actuelles sur la géographie du

Fig. 129. — Irrégularités observées sur le contour intérieur des phases de Vénus, Mädler. 1833 et 1836).

monde de Vénus. L'examen de ses conditions d'habitabilité nous amène maintenant à l'étude de sa topographie.

Les premières observations attentives ont montré à sa surface des irrégularités considérables pour son volume, formées par d'immenses et hautes chaines de montagnes, bien supérieures à nos Andes et à nos Cordillères. Mais il a fallu les soins les plus minutieux pour s'assurer de ces particularités, et surtout pour en mesurer la valeur.

La principale difficulté d'une observation précise de la surface de Vénus vue au télescope vient de la lumière excessive qu'elle nous envoie, quoiqu'elle ne fasse que refléter la lumière qu'elle reçoit du

Soleil. Cette éclatante lumière est bien supérieure à celle que nous recevons de Jupiter, et au télescope, comme à l'œil nu, elle est incomparablement plus blanche. La valeur intrinsèque de cette réflexion est prodigieuse. Pour le bien concevoir, supposons que le soleil de midi darde perpendiculairement ses rayons sur le flanc d'une montagne, et que cette surface soit couverte de sable blanc : l'éblouissante lumière qui nous serait ainsi réfléchie n'égalerait même pas la moitié de celle que Vénus nous renvoie.

L'astronome Zollner a calculé que la planète Mars nous réfléchit un peu plus de lumière solaire que si sa surface était recouverte de sable blanc. Supposons qu'il en soit de même de Vénus. Comme elle est plus proche du Soleil, et qu'elle reçoit à surface égale deux fois plus de lumière que la Terre, son disque doit paraître plus de deux fois plus brillant que du sable blanc illuminé de face. La distance n'est pour rien dans la proportion ; elle peut diminuer l'éclat des objets vus à travers une atmosphère plus ou moins opaque, mais elle ne l'atténue pas à travers le vide.

Ce grand éclat de Vénus apporte un singulier obstacle à la netteté des détails de sa surface, qui éblouit l'œil, même en réduisant l'ouverture des lunettes et en diminuant la lumière. Mais quoique cette planète soit si difficile à observer, il y a cependant une circonstance de son mouvement qui met en évidence le relief géologique de sa surface : ce sont ses phases, analogues à celles de la Lune, comme nous l'avons vu. Lorsqu'elle arrive entre le Soleil et nous, elle nous apparaît sous la forme d'un croissant de grande dimension. Nous ne voyons malheureusement pas sa partie centrale, dont l'observation serait alors si utile ; mais son bord illuminé dessine pour nous les irrégularités de sa surface, et nous permet d'essayer sur elle l'observation que nous avons faite depuis longtemps sur la Lune, c'est-à-dire de mesurer la hauteur de ses montagnes.

Sur la Terre, sur la Lune, sur Vénus, sur un globe quelconque éclairé par le Soleil, le cercle intérieur qui limite une phase, la ligne qui borde le croissant éclairé, dessine la région sur laquelle le soleil se lève ou se couche. Les sommets des montagnes sont illuminés au lever du soleil avant la plaine qui s'étend à leur pied, et le contraire a lieu au coucher du soleil. C'est ce qui rend si remar-

quable la vue télescopique des paysages lunaires le long des méridiens situés à la limite de l'illumination solaire. Aux environs du
premier quartier notamment, le bord intérieur de la Lune est frangé
d'échancrures nettes et profondes causées par les aspérités du terrain, qui produisent l'effet d'une admirable dentelle, lorsque le
grossissement qu'on emploie pour les observer n'est pas assez fort
pour en révéler la véritable nature. En réalité, un des plus beaux
spectacles de l'astronomie pratique et en même temps un des plus
faciles à se procurer, c'est sans contredit de diriger une lunette sur
l'astre argenté de la nuit dans les beaux soirs qui précèdent le premier
quartier : l'œil émerveillé voit se détacher dans le ciel un croissant
d'argent fluide, dont la contemplation élève notre pensée bien au-
dessus des choses ordinaires de la vie terrestre. Une telle heure
d'étude est, ne craignons pas de l'avouer, tout simplement délicieuse.

Nos lecteurs savent que c'est en mesurant la distance qui sépare
le sommet ainsi éclairé d'un pic lunaire de la limite de l'ombre,
que les astronomes ont pu calculer la hauteur précise de toutes les
montagnes de la Lune.

Des phénomènes analogues sont présentés par la planète Vénus,
seulement sa grande distance les rend difficiles à observer; tandis
que nous avons pu mesurer les hauteurs de toutes les montagnes de
la Lune à quelques mètres près, nous n'avons encore pu distinguer
que les hauts plateaux qui hérissent le sol de la planète, comme
l'Himalaya, les Andes, les Alpes, le font sur la Terre, mais dans des
proportions plus considérables encore. Si le globe de Vénus était
parfaitement uni, la limite entre l'hémisphère éclairé et l'hémisphère obscur serait toujours nette et uniforme; ces montagnes la
rendent au contraire fort irrégulière.

Dès l'année 1700, Lahire, astronome français, observant Vénus
pendant le jour, près de sa conjonction inférieure, aperçut sur la
partie intérieure du croissant des inégalités qui ne pouvaient être
produites que par des montagnes plus hautes que celles de la Lune.
La lunette dont il se servait avait $5^m,20$ de distance focale et grossissait 90 fois.

Dans la première moitié du siècle dernier, le pasteur anglais
Derham, auteur de la « Théologie astronomique », fit remarquer

aussi qu'en observant le croissant de Vénus dans le télescope de Huygens, il avait vu des sinuosités et des inégalités analogues à celles que nous observons dans le croissant lunaire.

L'astronomie est redevable à Schröter d'une excellente série d'observations faites à la fin du siècle dernier. En portant son attention sur la partie du croissant voisine des cornes, il les vit quelquefois tronquées, et même, le 28 décembre 1789, le 31 janvier 1790 et le 27 février 1793, il aperçut près de la corne méridionale un point lumineux tout à fait isolé, séparé du reste du croissant par un espace obscur. Ces irrégularités variaient de forme précisément comme elles doivent le faire, suivant l'inclinaison des rayons solaires et le relief du sol. Ici une plaine ou une mer, plus loin un haut plateau qui s'interpose comme un pont entre la lumière et l'ombre ; ici des vallées, là des pics montagneux découpant une bordure variée à la limite de l'hémisphère éclairé. Plusieurs des effets observés par Schröter furent si remarquables, qu'ils lui firent tout de suite conclure que les chaînes de montagnes de Vénus doivent être beaucoup plus élevées que celles de la Terre.

Ces irrégularités lui avaient paru assez marquées et assez évidentes pour permettre d'en conclure la durée de la rotation, qu'il trouva de 23 heures 21 minutes 8 secondes. Il alla même jusqu'à évaluer la hauteur de ces montagnes et à leur attribuer une élévation de 43 kilomètres, conclusion très incertaine d'ailleurs. William Herschel attaqua ces découvertes dans les « Transactions philosophiques » de 1793 ; mais Schröter réfuta cette attaque dans le volume de 1795.

Pendant les années 1833 et 1836, les astronomes Beer et Mädler se sont occupés spécialement du même sujet, et ont vérifié que les courbes qui bordent le croissant intérieur de la planète n'ont pas exactement la configuration mathématique qu'indique la théorie. Ils ont dessiné une série de figures, dont nous avons reproduit plus haut (*fig.* 129) les huit principales d'après leurs dessins originaux. Sans entrer dans les détails d'observations et de dates de ces huit phases, qu'il nous suffise de prier le lecteur de considérer attentivement les lignes intérieures des croissants : on remarque une différence essentielle entre ces lignes intérieures et la courbe extérieure. Tandis que celle-ci est toujours ronde et nette, l'autre est irrégulière, et ses échancrures, faibles en apparence, fortes si on les analyse avec soin, en tenant compte de leurs proportions relativement au diamètre de la planète, prouvent irréfutablement le relief géologique du sol de Vénus et l'importance de ce relief.

De ces observations ils n'ont pas essayé de déduire une période de rotation à cause de l'incertitude des taches et des échancrures observées. Cependant la comparaison de ces aspects les ont conduits à regarder la période de Cassini comme probable, et malgré les incertitudes, ils n'en considèrent pas moins comme *incontestables* les échancrures observées. « Nous accordons volontiers, écrivent-ils dans leurs *Fragments sur les corps célestes* (Paris, 1840), qu'il puisse exister certaines illusions d'optique dans les déterminations de la forme des cornes et de la figure elliptique de la phase de Vénus, qui ne reposent que sur des appréciations ; mais que l'on soit en droit d'envisager sans autre motif une série entière de semblables observations comme des erreurs réelles, c'est ce que nous regardons comme impossible. Surtout les variations remarquées dans la corne australe ne peuvent point du tout être causées uniquement par l'atmosphère ou le télescope, car dans ce cas elles auraient dû aussi se présenter de la même manière dans la corne boréale. »

A propos de la différence signalée plus haut entre la phase calculée et la phase observée, ils ajoutent :

Lorsqu'on examine, même à l'œil nu, que la lune croissante ou décroissante, surtout pendant le jour, la largeur de la partie visible, prise perpendiculairement à la ligne qui joint les cornes, apparaît sensiblement diminuée, et l'on remarque une concavité très prononcée dans la limite de la lumière, lorsque l'astre est déjà réellement dans sa quadrature. Les grandes ombres noires des hautes montagnes de la lune entre lesquelles on ne peut apercevoir près de la limite de la lumière que de petites étendues peu nombreuses, et pour la plupart très éclairées, produisent une impression générale tout à fait semblable à celle que produit le fond obscur du ciel, et ce n'est qu'au moyen du télescope qu'on peut les distinguer l'une de l'autre. Si maintenant, par un grossissement encore applicable, Vénus est placée pour nous à peu près dans le même rapport optique que la Lune vue à l'œil nu, et si sa surface est ainsi couverte de montagnes, le phénomène devra se présenter tel que nous l'avons observé.

Si ces montagnes étaient *proportionnellement* aussi hautes que celles de la Lune, et si elles atteignaient, par conséquent, sur Vénus un maximum de 5 à 6 lieues, la limite de la lumière devrait se montrer inégale et dentelée, comme celle de la lune à l'œil nu. Quelques observateurs prétendent avoir constaté et mesuré ces échancrures; mais nous pouvons assurer que tout en les ayant remarqués nous n'avons pu prendre aucune mesure certaine. Comme en outre l'état de l'atmosphère, la réfraction, etc., peuvent avoir et ont très probablement en effet une grande part à cette variation dans les limites de la lumière, il serait inutile de vouloir tirer quelque déduction sur la hauteur précise des montagnes de Vénus ([1]).

Beer et Mädler ont observé une courbure singulière de la corne méridionale correspondant avec une dépression déjà remarquée par Schröter. Le même fait a été vérifié par divers observateurs, notamment par Flaugergues et Valz, en France, et par Breen à Cambridge. Mais les plus curieuses observations sur ce point, comme sur l'examen général de la planète, ont été faites en 1841, à Rome, par le P. de Vico et ses assistants. Parmi leurs descriptions, on remarque, en effet, celle *d'une vallée entourée de montagnes*, ressemblant beaucoup aux types des cratères lunaires, et mesurant 4″,5 de diamètre. Le croissant était étroit, et près de la corne boréale ils aperçurent d'abord une tache noire oblongue qui se borda ensuite d'une forte lumière, puis empiéta de la moitié de son anneau sur l'hémisphère obscur, et finit par former une échancrure noire entre deux projections brillantes, offrant l'aspect d'une corne à triple pointe. En 1857, le P. Secchi, au même observatoire, à l'aide de son équatorial de 9 pouces, étudia le

---

([1]) Les mêmes observateurs ajoutent :

Vénus et la Terre peuvent être regardées comme ayant un diamètre à peu près égal. Or, l'ombre qu'une montagne haute de 8000 mètres répand sur la Terre, lorsqu'elle se projette sur une surface tout à fait plane et qu'elle atteint jusqu'à la limite de la lumière, couvre 2°,50′ de l'équateur et est aperçue sous un angle de 0″,594, lorsque le demi-diamètre de la planète apparaît à une grandeur de 12″, ce qui est justement le cas dans les quadratures de Vénus; et pour une montagne dont la hauteur sera de $\dfrac{8000}{n}$ mètres, la grandeur de l'ombre sera environ $= \dfrac{0″,594}{\sqrt{n}}$. Donc, pour expliquer la diminution de largeur de la partie visible, comme nous l'avons trouvée plus haut, rien ne nous engage à donner à Vénus de plus hautes montagnes qu'à la Terre.

croissant lorsqu'il n'avait encore que 0″,4 de largeur, et constata qu'il présentait une dépression diminuant encore sa largeur.

La pointe australe du croissant de Vénus a été vue émoussée par plusieurs observateurs, notamment par Gruithuisen en 1847. Il en est de même des dentelures, qui ont été remarquées par un grand nombre d'astronomes. Nous reproduisons ici deux dessins de Gruithuisen, qui montrent (exagérées sans doute) les échancrures du bord et les taches polaires.

En 1876, le baron Van Ertborn a observé plusieurs fois un point

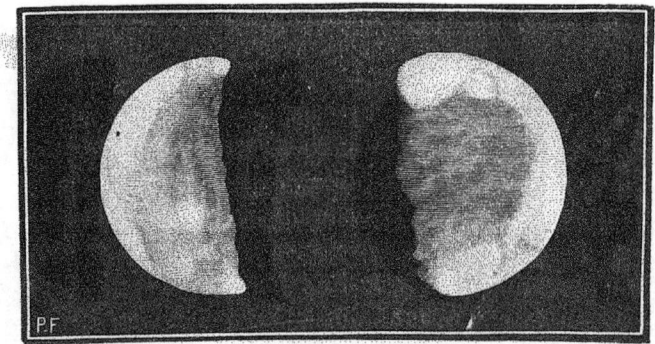

Fig 130. — Aspects télescopiques de la planète Vénus, par Gruithuisen.

brillant détaché de la corne australe. La même année, M. Arcimis, à Cadix, a signalé une échancrure dans la même région. Du reste, cette échancrure de la corne australe peut être observée assez fréquemment, et elle est parfois si évidente que des personnes qui n'ont pas l'habitude des observations la remarquent immédiatement, l'autre corne du croissant, beaucoup plus unie, servant de comparaison inévitable. Quant à la hauteur de ces irrégularités, évaluée par Schröter à 43 000 mètres, il faudrait de nouvelles mesures, concordantes et précises, pour la certifier.

Ces observations ont été maintes fois répétées et confirmées en ces dernières années. Ces irrégularités du sol se manifestent plus facilement et plus fréquemment que les taches dues aux continents et aux mers, même en écartant les ondulations optiques produites par les vagues de l'air. En 1876, en particulier, époque où la planète

s'est présentée en d'excellentes conditions d'observation, je n'ai pu
parvenir, pour ma part, à distinguer aucune tache sur son croissant,
à l'aide d'un très bon télescope de 20 centimètres de diamètre
armé d'un grossissement de 400 fois, tandis que j'ai plusieurs fois
remarqué les irrégularités dont il vient d'être question, et l'affaiblissement de lumière sur le contour intérieur, dû à l'atmosphère
de Vénus. Il en a été de même pour les observateurs des équatoriaux de l'Observatoire de Paris, et pour ceux du puissant télescope
de 80 centimètres de l'Observatoire de Toulouse.

En 1881, M. Niesten a fait à l'Observatoire de Bruxelles les quatre

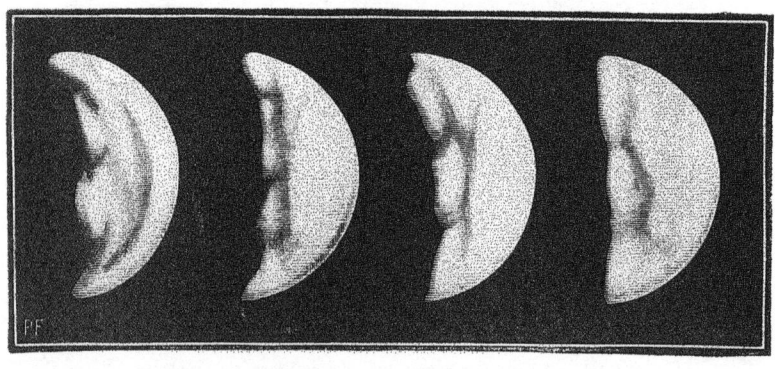

3 juin 1881. 1er juillet. 4 juillet. 14 juillet

Fig. 131. — Aspects télescopiques de la planète Vénus. Dessins de M. Niesten.

dessins que nous reproduisons ici (*fig.* 131) et qui montrent bien
ces échancrures caractéristiques. Dans les figures du 30 juin et du
14 juillet, le pointillé indique la tache blanche polaire.

Les mesures prises sur ces irrégularités s'accordent pour prouver
que le monde de Vénus, quoique de mêmes dimensions que le
nôtre, possède des montagnes beaucoup plus élevées. Ce n'est pas
dépasser les limites de la vraisemblance d'imaginer qu'un observateur placé dans l'hémisphère austral de la planète, à l'heure du
lever du soleil, aurait devant les yeux, non pas une plaine indéfinie,
analogue aux steppes de la mer Caspienne ou même simplement à
celles de la Beauce ou de la Champagne, mais apercevrait au loin
d'abruptes chaînes de montagnes, produits des soulèvements antiques de la planète, dominant les campagnes comme des géants

Les montagnes de Vénus, au lever du soleil.

restés debout devant l'histoire de la nature. Les nuages qui ceignent leurs fronts, et dont l'éclatante blancheur envoie ses reflets jusqu'ici, doivent donner à ces panoramas un aspect plus grandiose encore que celui de nos Alpes au soleil levant, d'autant plus que la lumière y est plus intense et que, sans doute, les forces volcaniques n'étant pas éteintes sur cette terre plus jeune que la nôtre, de récentes commotions doivent laisser voir leurs profondes et vives déchirures, si même toutes ces cimes ne sont pas autant de cratères aux panaches enflammés.

Ainsi, déjà nous avons vu que Vénus est un globe opaque comme la Terre, sans lumière propre, éclairé par le Soleil, offrant diverses phases suivant sa position, possédant un volume et un poids peu différents de ceux de notre globe, ayant des années de 224 jours et des journées un peu plus courtes que les nôtres; montrant enfin que sa surface est diversifiée, comme celle de notre planète, par des montagnes et des vallées, des hauteurs et des plaines analogues à celles qui forment la base de nos sympathiques paysages terrestres. Allons un peu plus loin encore dans l'étude de ce monde voisin, et occupons-nous maintenant de son *atmosphère*. Quels renseignements l'observation nous fournit-elle sur ce sujet si important?

CHAPITRE V

L'atmosphère de Vénus.

Jusqu'en ces dernières années, on pouvait douter de l'existence de l'atmosphère de Vénus; mais aujourd'hui nous avons en mains les preuves irrécusables de la similitude complète de ce monde avec le nôtre : non seulement nous savons que cette atmosphère existe, mais encore nous avons mesuré son épaisseur, sa densité, et même sa constitution chimique et physique.

Les premières probabilités en avaient été données au siècle dernier par les observations du passage de la planète devant le Soleil en 1761 et 1769; mais on pouvait attribuer les effets observés à des illusions d'optique. A la fin du siècle dernier, Schröter remarqua sur l'une des phases de ce globe, le long du bord éclairé, une faible lumière paraissant dénoter un effet crépusculaire. Les dessins du même observateur montrent des bandes sombres traversant le disque et dues évidemment à l'existence d'une atmosphère. Ces mêmes bandes ont été vues depuis, notamment par lord Rosse, De la Rue et Buffham. Une autre preuve peu contestable de l'atmosphère de Vénus avait été donnée par l'allongement du croissant dans sa longueur comme dans sa largeur, allongement produit par la lumière du Soleil éclairant soit une atmosphère, soit des nuages; — ce qui revient au même, car il n'y a pas de nuages sans atmosphère.

Parmi les astronomes qui ont examiné cette belle planète avec attention, il n'en est aucun qui n'ait remarqué combien la partie

du croissant extérieure ou tournée du côté du Soleil est plus
brillante que la courbe elliptique intérieure qui marque la ligne
de séparation d'ombre et de lumière. Cet affaiblissement prouve
l'existence de l'atmosphère de Vénus. Les rayons venus du Soleil
qui sont réfléchis sur le sol de la planète formant le bord circulaire
du croissant ont traversé en effet une moindre épaisseur d'atmosphère que ceux qui arrivent sur des parties plus ou moins
voisines du cercle terminateur. On se rendra compte de cet effet à
l'inspection du petit dessin ci-dessous.

Le bord intérieur du croissant de Vénus montrant une zone
grise, une pénombre, produite par ce fait que le long de ce
méridien le Soleil n'éclaire pas
le sol de la planète, mais seulement l'atmosphère, comme il
arrive ici au lever et au coucher
du soleil, nous pouvons en conclure que nous apercevons d'ici les
crépuscules du monde de Vénus,
l'aube et le déclin du jour.

On pourrait objecter que le décroissement de lumière observé
entre le contour extérieur du croissant et le contour intérieur peut
être causé par la largeur du diamètre du Soleil, suivant qu'il est

Fig. 131.
Croissant de Vénus, montrant l'effet du crépuscule.

plus ou moins élevé au-dessus de l'horizon de la zone où se
montre la pénombre. La géométrie répond catégoriquement à
cette supposition. Le Soleil, étant plus grand que Vénus, éclaire
un peu plus d'un hémisphère de cette planète; la ligne passant par
les deux cornes ne doit pas être un diamètre de l'astre, mais bien
une corde située un peu au delà du centre. Le diamètre du Soleil,
vu de Vénus, est de 44'. Il en résulte que vers la ligne de séparation
d'ombre et de lumière, il y a des parties du sol éclairées seulement
par une portion presque insensible de cet astre, tandis que d'autres
parties reçoivent les rayons émanés du disque entier. Mais; tout
compte fait, sur le globe de Vénus, les premiers de ces points, ceux
qui sont à peine éclairés, ne doivent paraître distants des points

que le Soleil éclaire entièrement que d'un tiers de seconde environ :
c'est imperceptible. L'amplitude angulaire dans laquelle s'opère
le décroissement d'intensité observé est bien autrement considérable.

La discussion des observations prouve que cette pénombre ne
peut être ·causée que par une atmosphère entourant le globe de
Vénus, et peu différente de la nôtre comme épaisseur, — plutôt
plus élevée que moins.

D'autre part, la ligne qui partage ces deux portions, et qui doit
être droite au moment de la quadrature n'arrive pas, en général,
aux dates calculées : il y a souvent une différence, d'un côté ou de
l'autre, de trois ou quatre jours avec la date indiquée par le calcul.
Ces deux faits doivent avoir pour cause l'atmosphère de Vénus et
les nuages qui flottent dans les hautes régions de cette atmosphère.

Ces premières mesures rudimentaires étaient faites, quand la
merveilleuse découverte de l'analyse spectrale fut donnée à la
science. Les astronomes s'empressèrent de l'appliquer, et ce n'est
pas sans un sentiment de grande satisfaction que nous avons
appris ([1]) que c'est après avoir lu notre ouvrage sur « la Pluralité
des mondes habités » que M. Huygens commença, en Angleterre, cette importante étude des atmosphères planétaires. Les
premières recherches de· cet habile astronome donnèrent les
résultats suivants (1866) :

« Quoique le spectre de Vénus soit brillant, et que l'on y voie très bien
les raies de Fräunhofer, je n'ai pu y découvrir aucune raie additionnelle
révélant la présence d'une atmosphère. L'absence de ces raies peut être
due à ce que la lumière est probablement réfléchie non par la surface de
ce globe, mais par des nuages situés à une certaine hauteur. La lumière
qui nous parviendrait ainsi par réflexion sur les nuages n'aurait pas été
exposée à l'action absorbante des couches plus denses de l'atmosphère de
la planète

Ces premiers résultats n'avançaient pas beaucoup la question.
M. Huygens, ayant recommencé ces expériences en diverses conditions, finit par découvrir dans ce spectre des raies s'ajoutant à
celles du spectre solaire.

([1]) Voir le Cosmos, année 1867.

Depuis, les observations de Vogel ont confirmé l'existence de ces
raies, analogues aux raies d'absorption de l'atmosphère terrestre.

« Les modifications apportées par l'atmosphère de Vénus au spectre
solaire sont très faibles, dit-il ; il faut en conclure que les rayons solaires,
qui nous sont renvoyés par cette planète, sont réfléchis pour la plupart
à la surface de la couche de nuages qui l'enveloppe, sans pénétrer dans
l'intérieur. Cependant, il y a des raies particulières, parmi lesquelles on
reconnaît celles de la *vapeur d'eau*. On peut donc admettre comme très
probable que l'atmosphère de Vénus renferme de l'eau, cet élément si
indispensable à la vie. »

Telles sont les propres expressions de l'astronome allemand.
En Italie, le P. Secchi avait trouvé de son côté les lignes suivantes
dans le spectre de la planète :

RAIES D'ABSORPTION DANS LE SPECTRE DE L'ATMOSPHÈRE DE VÉNUS

A dans le rouge.	1,72	b² dans le vert	5,09
B — —	2,16	x — le bleu	5,62
C — l'orangé.	2,50	F — —	6,27
D' — le jaune.	3,22	G — le violet	7,98
δ — —	3,51	H — —	9,40
E — —	4,83	w — —	10,00

La dernière colonne de ce petit tableau indique la position
des lignes en parties du micromètre employé pour les mesurer.
La conclusion a été que la *vapeur d'eau* agit dans l'atmosphère
de Vénus pour absorber la lumière reçue du Soleil.

De plus, M. Respighi, directeur de l'Observatoire du Capitole
à Rome, y a trouvé les raies de l'azote.

M. Huygens a repris, en 1879, l'analyse spectrale des planètes
Vénus, Mars et Jupiter, et y a retrouvé les raies atmosphériques que
l'on voit dans le spectre de l'atmosphère terrestre. En même temps
il a examiné au spectroscope différentes régions de la surface
lunaire, et toujours le résultat a été négatif quant à l'existence
d'une atmosphère.

Ainsi : 1° la planète Vénus est certainement entourée d'une
atmosphère ; 2° cette atmosphère est aussi épaisse ou plus épaisse
que celle que nous respirons ; 3° elle est formée d'un gaz qui paraît
analogue au mélange qui forme notre air ; 4° elle est parsemée de
nuages, en très grand nombre.

Mais continuons notre étude : on doit aux derniers passages de Vénus devant le Soleil des documents plus nouveaux et plus précieux encore.

Comme nous l'avions prévu, les expéditions envoyées pour l'observation de cet important phénomène céleste ont trouvé, en dehors du but spécial de leur mission, des résultats étrangers à ce but et tout à fait inattendus. Parmi ces résultats, l'un des plus importants et des plus intéressants, est sans contredit la vérification de l'existence de l'atmosphère de Vénus, sa mesure définitive et son analyse chimique.

La première relation des observateurs du passage de Vénus, du 8 décembre 1874, qui ait eu pour objet l'atmosphère de cette planète, est celle de l'astronome Tacchini, de l'Observatoire de Palerme, chef de la mission italienne envoyée à Muddapur (Bengale). Dans une lettre écrite, le lendemain même du passage, au Ministre de l'instruction publique d'Italie, et publiée dans le Bulletin de la Société des spectroscopistes italiens, le savant observateur exposait le fait dans les termes suivants :

« Avant l'heure à laquelle Vénus allait sortir du Soleil, par un ciel très pur, j'ai examiné le spectre solaire dans le voisinage de la magnifique bande obscure formée par Vénus. Ce spectre se présentait partout à l'état normal, à l'exception de deux positions, dans lesquelles, après le passage de la bande de la planète, on voyait un léger obscurcissement en deux points du rouge correspondant aux lignes d'absoption de notre atmosphère : le phénomène paraît donc dû *à la présence de l'atmosphère de Vénus, probablement de même nature que la nôtre* ([1]). »

Spécialement versés dans l'étude de l'analyse spectrale du Soleil, et habitués depuis plusieurs années à faire journellement cette analyse, les astronomes italiens avaient surtout pour but d'appliquer le spectroscope à l'observation du passage de Vénus. Dans cette observation, ils ont inopinément non pas *vu* dans une lunette, mais *constaté* au spectroscope l'existence de l'atmosphère de cette

([1]) « Prima del terzo contatto » dit-il, « in un intervallo di cielo purissimo, esaminai lo spettro del Sole in vicinanza della magnifica banda oscura di Venere, e trovai che in tutto restava normale all' infuori di due posizioni, nelle quali dopo passata la banda della pianeta, si vedeva ancora un leggiero offuscamento in due punti del rosso, che corrispondano alle bande nere della nostra atmosfera ; il fenomeno dunque sembrerebbe dovuto alla presenza dell'atmosfera di Venere, probabilmente del genere della nostra. »

planète voisine, et une analogie chimique avec celle que nous respirons. La figure suivante représente le passage du disque noir de
Vénus derrière la fente du spectroscope et donne une idée de la
méthode employée pour surprendre la présence de la plus mince
atmosphère sur le bord de la planète.

Pendant que cette remarque se faisait au Bengale, on observait
au Japon, à mille lieues de là, et dans l'Indo-Chine, un fait bien
différent du précédent, mais qui le confirme singulièrement. A

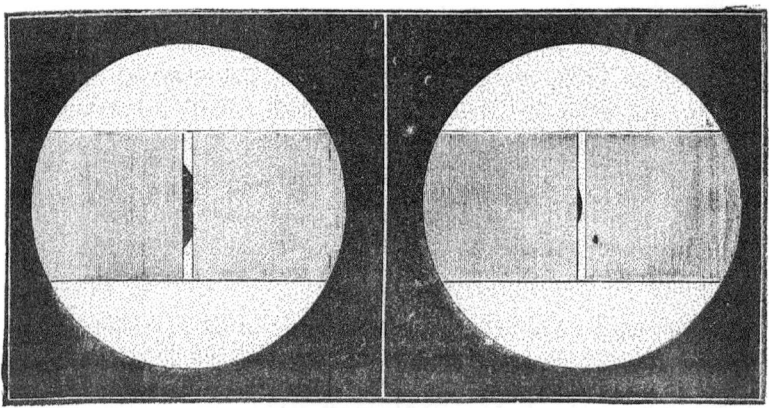

Fig. 133. — Expérience spectroscopique pendant le passage de Vénus devant le Soleil.

Saïgon, les astronomes de la mission française n'observaient pas au
spectroscope, mais dans des lunettes ordinaires. Or voici ce que nous
remarquons dans la relation du chef de l'expédition, M. Héraud :
C'est qu'on n'y a pas constaté de la même façon· l'action de l'atmosphère de Vénus sur la lumière solaire ; mais qu'on l'a *vue* elle-
même, cette atmosphère, directement et dans une circonstance
également inattendue. On lit en effet dans la relation envoyée à
l'Académie :

« A 21 h. 17 min., la planète étant déjà entrée de plus des deux tiers
sur le disque solaire, je remarque que la partie extérieure non encore entrée sur le Soleil est nettement indiquée par un filet lumineux pâle, qui,
réuni aux franges de l'image intérieure, forme un cercle parfait. Ne m'attendant pas à ce phénomène, je ne puis noter l'instant précis de son apparition... »

Quel était ce filet lumineux environnant la planète et dessinant sur le ciel, à côté du Soleil, la partie de la planète entrée? C'était l'atmosphère de Vénus elle-même éclairée par le Soleil et réfractant vers nous la lumière de l'astre du jour. C'est la *seule* explication possible du phénomène.

Le fait était signalé également à Saïgon, par un autre observateur, M. Bonifay, dont voici la relation :

« A 21 h. 17 min., le contour de Vénus extérieur au disque solaire s'illumine légèrement, à commencer par le bas de l'image, qui reste constamment plus visible que le haut. La circonférence planétaire paraît ainsi complétée d'une manière très visible sur le ciel par cet arc lumineux, qui semble la continuer exactement. Cet effet subsiste quand la planète avance. Quand le moment du contact approche, on continue à voir le bord de la planète, qui reste légèrement lumineuse... »

Remarque curieuse, ce phénomène de l'illumination du contour de Vénus ne s'est pas reproduit à la sortie de la planète. Les deux observateurs précédents, croyant le voir se renouveler, le cherchèrent en vain. A quelle cause cette différence est-elle due? L'atmosphère de Vénus n'était-elle pas également transparente sur le méridien oriental et sur le méridien occidental? Était-elle pure dans le premier cas (réfraction visible) et chargée de nuages dans le second ?

Quoi qu'il en soit, telles sont les observations directes de ce fait inattendu. Mais ce n'est pas tout. Pendant que les astronomes italiens installés au Bengale et les astronomes français installés au Japon confirmaient ainsi l'existence de l'atmosphère de Vénus, une constatation analogue était faite en Égypte par les astronomes anglais. A Luxor, entre autres, l'amiral Ommanney, le colonel Campbell et Madame Campbell, avaient chacun leur télescope. Je citerai ici le passage du rapport de l'amiral qui concerne le sujet qui nous occupe, rapport publié par la Société royale astronomique de Londres :

« Au moment où la planète eût entamé le bord du Soleil pour sortir, un phénomène remarquable se présenta. La portion du disque de Vénus qui était sortie du disque solaire s'illumina d'une bordure blanche, et resta visible et très lumineuse sur tout le contour de Vénus, jusqu'au moment où la moitié de la planète fut sortie. Alors la lumière diminua, et elle disparut environ sept minutes avant le dernier contact externe ('). »

Ainsi, dans ce cas, l'observation a été faite, non avant l'entrée, comme à Saïgon, mais après la sortie. L'entrée était du reste invisible en Égypte. Pourquoi l'illumination de l'atmosphère de Vénus par le Soleil, vue à la sortie par les astronomes de Luxor, n'a-t-elle pas été vue par ceux de Saïgon? La cause est peut-être non astronomique, mais terrestre, et peut tenir à l'état de notre atmosphère à Saïgon à l'heure de la sortie.

En outre de ces quatre observations différentes sur l'atmosphère de Vénus, on trouve une cinquième remarque un peu moins directe, dans un rapport postérieur, dans celui de M. Janssen, établi à Nagasaki (Japon). Lorsque la planète arriva en contact avec le Soleil, l'image de Vénus se montra très ronde, bien terminée, et la marche relative du disque de la planète par rapport au disque solaire s'exécuta géométriquement. Mais il s'écoula un temps assez long entre le moment où le disque de Vénus paraissait tangent intérieurement au disque solaire et celui de l'apparition du filet lumineux qui apparaît au moment où Vénus, étant tout à fait entrée, quitte le bord du Soleil pour traverser l'astre. « Il y a là, écrivait M. Janssen (Académie des sciences, 8 février 1875), une anomalie apparente qui, pour moi, *tient à la présence de l'atmosphère de la planète.* »

Une photographie prise au moment même où le contact paraissait géométrique montre qu'en réalité le contact réel n'avait pas encore lieu en ce moment. Le fait est facile à expliquer, si l'on suppose que les couches inférieures de l'atmosphère de Vénus étaient plus ou moins chargées de brouillards ou de nuages formant écran. Dans une atmosphère pure même, la réfraction seule peut produire des différences analogues.

L'atmosphère de Vénus a été également vue par M. Mouchez,

(¹) « Immediately after the internal contact for egress, a remarkable phenomenon presented itself : that portion of Venus which had emerged from the Suns's limb became illuminated with a white border, which light continued on the edge of the cusp of Venus with great clearness, until the time when a half of the planet had crossed the Sun's limb; then the light diminished and disappeared about seven minutes before the last external contact. »

chef de la mission française de l'île Saint-Paul. (Nous suivons dans cet exposé l'ordre *chronologique* des documents reçus ; celui-ci a été publié dans les *Comptes rendus* du 15 mars 1875.)

« Un quart d'heure après le premier contact, quand la moitié de la planète était encore hors du Soleil, on aperçut subitement tout le disque entier de Vénus, dessiné par une pâle auréole, plus brillante dans le voisinage du Soleil qu'au sommet de la planète.

« A mesure que Vénus entra sur le disque solaire, les deux parties extrêmes plus visibles de l'auréole tendirent à se réunir en enveloppant d'une plus vive lumière le segment encore extérieur de la planète, et cette réunion anticipée des cornes par un arc de cercle lumineux fut rendue plus complète encore par un petit rebord très brillant de lumière terminant l'auréole sur le disque de Vénus.

« Pendant presque toute la durée du passage, la planète a paru d'un noir très foncé et un peu violette, tandis qu'une auréole d'un jaune très pâle l'entourait sur le disque du Soleil. »

Le même fait de la visibilité de Vénus en dehors du Soleil s'est produit pour les astronomes installés à Windsor (Nouvelle-Galles du Sud). On trouve en effet dans les *Astronomische Nachrichten* du 4 mars 1875, n° 2027 (Schreiben des Herrn J. Tebbutt an den Herausgeber), un passage caractéristique dont voici la traduction :

« Aucune partie de la planète n'a pu être découverte avant l'entrée, en dirigeant le télescope vers le point où elle devait se trouver dix minutes avant ce moment. L'observation fut très précise. Mais lorsque la planète fut entrée de moitié sur le disque solaire, la moitié encore extérieure au Soleil se dessina par une courbe de lumière grise, de moins d'une seconde d'arc d'épaisseur. Ce halo s'accrut graduellement, tant en largeur qu'en éclat, jusqu'à ce que le bord extérieur de Vénus fût arrivé en contact avec celui du Soleil. Cependant la planète projetée sur le disque solaire ne parut entourée d'aucun halo ni d'aucune pénombre. On ne put découvrir sur elle aucun point lumineux, ni aucune apparence de satellite. »

Cette illumination de l'atmosphère de Vénus a été également visible à la sortie. En voici les détails :

h. m. s.
A 3.53.15   Vénus arrive en contact avec le bord du Soleil.
  3.55.38   On aperçoit le bord sorti *faiblement éclairé*.
  3.59.58   La partie boréale du limbe de Vénus sortie du Soleil est *très lumineuse*, la partie australe l'est moins.
  4. 9.28   L'éclairement boréal est encore visible, l'austral ne l'est plus.

4.11.58   Le disque de Vénus est absolument invisible en dehors du Soleil, sur le fond
noir du ciel.

4.22.43   Dernier contact de la planète avec le Soleil.

A Pékin, l'astronome américain Watson a observé ce même phénomène de l'anneau atmosphérique entourant la planète sur tout
son contour extérieur au Soleil.

De Sydney, Australie, M. Russel envoyait, de son côté, la relation
suivante :

On a vu apparaitre, aussitôt après l'entrée de Vénus, un mince anneau
de lumière *dessinant la circonférence de la planète*, autour de la partie du
disque qui n'était pas encore entrée sur le Soleil. Tous les observateurs

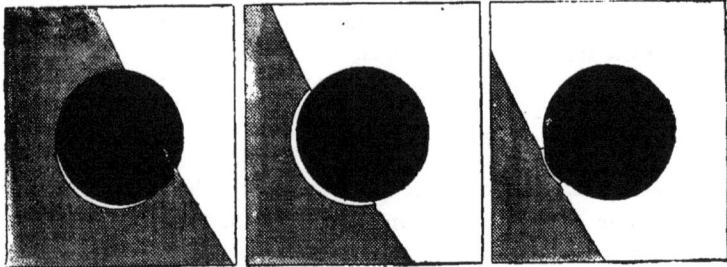

Fig. 136. — L'auréole atmosphérique de Vénus (Nice, 6 décembre 1882).

l'estimèrent d'environ une seconde de large. Plusieurs plaques photo-
graphiques montrent une mince ligne d'argent bordant la planète.

Dans cet anneau de lumière, on remarque un élargissement, une sorte
de tache, qui se trouve vers *la place du pôle* de la planète. Un assistant
qui regardait le passage, et qui n'avait pas remarqué l'anneau, avait remarqué cette tache lumineuse vers le pôle. Les meilleurs dessins de cet
élargissement de l'anneau lumineux ont été faits à une station élevée
de 2200 pieds au-dessus du niveau de la mer, à l'aide d'un équatorial de
quatre pouces et demi et dans une atmosphère si claire, que le bord du
Soleil était d'une netteté parfaite.

On constate sur ces photographies australiennes que la partie du disque
de Vénus qui était visible hors du Soleil, devait cette visibilité à l'anneau
de lumière dont elle était entourée, et non pas à un contraste qui aurait
existé entre cette partie du disque et le ciel environnant. Cet anneau
était certainement causé par la réfraction des rayons solaires à travers
l'atmosphère de Vénus. La région plus brillante remarquée près du pôle
de la planète est particulièrement intéressante, d'autant plus qu'elle a
été observée par divers observateurs tout à fait indépendants les uns des

autres. Elle suggère la conclusion que l'atmosphère de Vénus possède
une puissance de réfraction plus grande dans ces froides régions polaires, produisant une plus grande extension du crépuscule visible pour
nous alors sous la forme d'une ligne brillante.

Lors du dernier passage de Vénus (6 décembre 1882) tous les
observateurs se sont accordés pour décrire l'apparition de cette
auréole atmosphérique. On sait que ce passage était astronomiquement visible de la France, de l'Italie, de l'Espagne, de l'Angle-

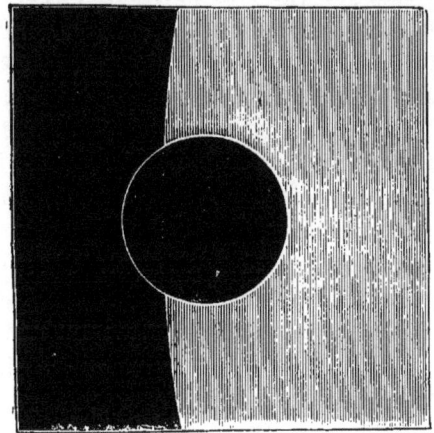

Fig. 137. — L'auréole atmosphérique de Vénus (Orgères, 6 décembre 1882).

terre, de la Belgique, de l'Allemagne, de l'Algérie, et surtout de
l'autre hémisphère (Amérique du Sud, États-Unis, etc.); nous
disons « astronomiquement », car « météorologiquement » la visibilité dépend de l'état de notre atmosphère, et, en France, par
exemple, le ciel a été presque partout couvert d'une épaisse couche
de nuages. A Paris, il nous a été impossible de distinguer même la
place du soleil, et, pour compléter notre désappointement, cette
capricieuse atmosphère s'est ironiquement éclaircie aussitôt après le
coucher du Soleil : dès 5 heures 30 minutes, on pouvait voir briller au
ciel Jupiter, Saturne, les Pléiades et la plupart des constellations!
Quoique le ciel fut à peu près couvert cette journée-là sur la
France entière, l'Angleterre, la Belgique, l'Allemagne, l'Autriche,
l'Italie et l'Espagne, d'heureuses éclaircies ont pu permettre à quel-

ques fervents de constater la présence de Vénus sur le Soleil, et
d'assister à ce rarissime spectacle, qui ne se renouvellera plus
maintenant qu'en l'an 2004 (le 8 juin, de 5 heures à 11 heures du
matin).

A Nice, M. Paul Garnier pouvait observer le phénomène à l'aide
d'une petite lunette de 95 millimètres d'ouverture et dessiner les
trois phases reproduites ici : l'arc lumineux est évidemment dû à
l'atmosphère de Vénus.

A Orléans, et dans presque tout l'Orléanais, tout le monde a pu
observer le phénomène, grâce à une éclaircie fort étendue. A Orgères, le docteur Lescarbault a suivi le passage depuis 2 heures
9 minutes jusqu'à 3 heures 12 minutes, à l'aide de sa lunette de
5 pouces (135^{mm}), armée d'un grossissant de 250. « Le bord du Soleil
était très ondulant, nous écrivait-il le soir même. Lorsque Vénus
fut avancée d'un peu moins de son diamètre, son bord projeté
sur le Soleil parut faiblement frangé, sur le contour de l'arc
engagé, d'une auréole large de quelques secondes. Quand les
trois quarts du diamètre furent engagés sur le disque solaire, la
frange lumineuse, d'un jaune grisâtre, faisait le tour complet du
cercle noir (*fig.* 137), même sur le contour extérieur au Soleil,
où elle était encore plus lumineuse. Ce phénomène persista jusqu'à l'entrée complète. Je l'attribue comme vous à l'atmosphère
de Vénus. »

A Rome, MM. Tacchini et Millosevich, favorisés par une heureuse
eclaircie, ont obtenu d'excellentes observations. M. Tacchini est
parvenu à voir arriver la planète en dehors du Soleil, sur les
pointes aiguës des flammes chromosphériques de l'astre radieux.
Peu après le premier contact, M. Millosevich s'aperçut le premier
de l'atmosphère de Vénus. A l'aide du spectroscope, les observateurs
ont constaté l'absorption produite dans le spectre solaire par cette
atmosphère.

A Palerme, M. Cacciatore a vu l'auréole de Vénus en dehors du
disque solaire au moment de l'entrée, et, pendant le passage,
M. Ricco a observé, au spectroscope, que cette atmosphère donnait
naissance a une faible raie d'absorption située près de la raie B du
spectre solaire, et même à une seconde raie plus faible, située près
de la ligne C.

En Angleterre, MM. Denning, à Bristol, Dreyer, à Armagh, ont observé, en dehors du Soleil, la même auréole lumineuse.

Les diverses missions françaises envoyées au loin pour les mesures de la parallaxe solaire ont décrit le même phénomène [1]. Leurs descriptions sont toutes indépendantes les unes des autres, et néanmoins d'une concordance remarquable. Après les avoir réunies et comparées, le doute n'est plus possible sur l'existence de cette atmosphère, n'y eut-il que ces seules observations pour la démontrer.

Les estimations sur l'épaisseur ne sont pas concordantes. D'ailleurs cette épaisseur n'était pas la même partout, et, de plus, elle a varié pendant la durée de l'entrée du disque de Vénus sur le Soleil. M. Tisserand l'a estimée entre $0''5$ et $1''0$; M. Bouquet de la Grye à $0''6$, et M. d'Abbadie à $2''$ à sa plus grande épaisseur.

Les observations s'accordent sur le fait que l'auréole a été beaucoup plus marquée pendant l'entrée que pendant la sortie. L'atmosphère de Vénus était-elle plus pure sur son bord oriental que sur son bord occidental, ou peut-être les observateurs n'ont-ils pas observé plus minutieusement à l'entrée qu'à la sortie?

M. Langley, directeur de l'Observatoire d'Allegheny (Pensylvanie), a fait les curieuses observations suivantes :

Lorsque la planète fut entrée de presque la moitié de son diamètre sur le disque solaire, on put apercevoir un contour extérieur tracé par une légère auréole lumineuse. De plus, on remarqua une traînée de lumière s'allongeant sur une longueur de près de 30° de la circonférence de la planète et s'étendant dans l'intérieur de son disque depuis sa périphérie jusque vers un quart de rayon. Cette lumière a été vue par moi à travers le grand équatorial. Muni d'un oculaire polarisant, dont le pouvoir grossissant était de 244, j'ai estimé son angle de position à 178°.

Dans le même temps, mon assistant, M. Keeler, observant avec une lunette de 2 1/4 pouces seulement d'ouverture et un grossissement de 70 fois, aperçut la même lumière et estima sa position à 168°. L'angle de position de la planète elle-même sur le disque solaire était approximativement de 147°; il en résulte que cette lumière énigmatique se trouvait au bout d'une ligne menée du centre du Soleil au centre de Vénus.

A l'Observatoire de Milan, le deuxième contact de l'entrée a pu être observé, à travers une éclaircie, par MM. Schiaparelli, Celoria

---

[1] Pour les détails, voy. notre *Revue mensuelle d'Astronomie populaire*, N° du 1ᵉʳ octobre 1883.

et Rajna, qui estimèrent l'instant de ce contact à 2 heures 57 minutes 24 secondes; 2 heures 57 minutes 23 secondes, et 2 heures 57 minutes 21 secondes 5 respectivement. Les deux premiers observateurs aperçurent tout autour du disque de Vénus, à partir du moment où elle fut à moitié entrée sur le Soleil, une auréole lumineuse, parfaitement nette contre la planète, mais nébuleuse sur son contour extérieur. M. Schiaparelli attribue aussi cette lueur à la réfraction de la lumière solaire dans l'atmosphère de Vénus.

M. Birmingham a observé le passage à Millbrook, Tuam (Angleterre).

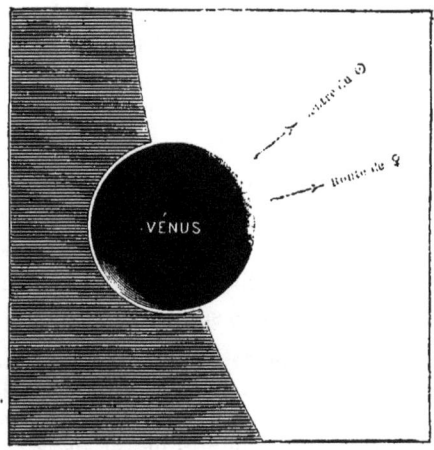

Fig. 133 — L'auréole atmosphérique de Vénus (Allegheny, 6 décembre 1882).

Lorsque la planète fut entrée de moitié sur le disque solaire, il aperçut une faible ligne courbe, lumineuse sur le bord sud-est extérieur au Soleil. Cette ligne ne tarda pas à s'allonger et à compléter la périphérie de la planète. Il semble qu'au commencement de l'observation, le point du contour de la planète où la lumière était la plus vive indiquait une atmosphère très pure et une très grande réfraction en cette contrée de la planète. L'auréole disparut aussitôt que la planète fut complètement entrée sur le Soleil; mais le tour de la planète paraissait beaucoup plus sombre que la partie centrale, laquelle était absolument noire.

M. H.-C. Vogel, à l'Observatoire de Potsdam, a fait des observations qui offrent un intérêt particulier au point de vue de l'atmo-

sphère de la planète. Le professeur Vogel, observait avec un réfrac-
teur de presque 30 centimè-
tres d'ouverture et un grossissement de 170 fois. A 3ʰ 10ᵐ 8ˢʼ,
la partie du disque non encore
entrée sur le Soleil (environ 90°
de la périphérie de Vénus) parut bordée d'un mince filet
lumineux ; le disque même de
le planète était parfaitement
noir. A 3ʰ 11ᵐ 6ˢʼ cette lumi-
nosité fut notée comme étant
« très intense ». Cette lueur
était plus accentuée à l'intérieur et pouvait avoir de 1″
à 1″5 de largeur ; elle se dé-
gradait vers l'extérieur tout
en étant également distribuée
autour de la circonférence de
Vénus.

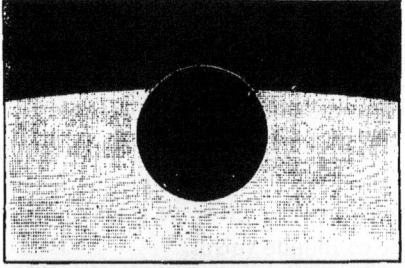

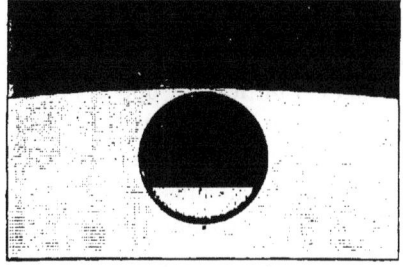

La figure ci-dessus reproduit
les dessins très précis et très
minutieux de M. Vogel. Sur
les trois premiers, l'atmosphère de la planète se montre
comme un arc vaporeux ré-
fractant la lumière solaire ;
sur le quatrième, la planète
est complétement entrée et
l'on ne distingue plus aucun
phénomène atmosphérique.

Fig. 139. — L'auréole atmosphérique de Vénus
(Postdam, 6 décembre 1882).

Ces observations sont trop
nombreuses et trop précises
pour ne pas être prises en
haute considération. Nous
pouvons même dire qu'au point de vue de l'astronomie physique,
elles sont plus intéressantes que celles de la parallaxe solaire, qui

n'ont apporté aucun document nouveau à la connaissance que nous
en avions déjà par les autres méthodes. Elles nous permettent
d'affirmer d'une manière absolue l'existence de *l'atmosphère de
Vénus*. Son épaisseur moyenne paraît être de 1″ (¹). De plus, pendant ces deux passages devant le Soleil, cette épaisseur a été vue
plus grande dans une région qui paraît correspondre avec celle
des pôles de la planète, où la lumière crépusculaire serait plus
étendue. Ce sont là de précieux documents pour notre connaissance
de ce monde voisin.

En voici un plus important encore : c'est l'observation faite en
Amérique, par le professeur C. S. Lyman, de *Vénus sous la forme
d'un anneau lumineux*.

Déjà au moment de la conjonction inférieure de Vénus en 1866,
l'auteur était parvenu à voir la planète sous la forme d'un anneau
lumineux très mince : il avait suivi attentivement et de jour en jour
son croissant à mesure qu'elle s'était approchée du Soleil, et avait
constaté que les deux extrémités de ce croissant s'étaient allongées
et étendues graduellement au delà d'un demi-cercle, puis avaient
atteint trois quarts de cercle, et *avaient fini par se rencontrer* et
former un anneau lumineux.

Aucune occasion ne s'était présentée pour répéter ces observations, jusqu'au passage de Vénus du 8 décembre 1874. A cette
époque, la planète étant de nouveau à une très grande proximité du
Soleil, l'auteur a réussi à découvrir l'anneau argenté délicat qui enveloppait son disque, même lorsque la planète n'était éloignée du
bord du Soleil que d'un demi-diamètre de celui-ci. C'était à 4 heures
du soir, ou un peu moins de cinq heures avant le commencement du
passage. La partie de l'anneau la plus proche du Soleil était la plus
brillante. Sur le côté opposé, le filet de lumière était plus terne et
d'une teinte légèrement jaunâtre. Sur le bord, au nord de la planète, à 60 ou 80 degrés du point opposé au Soleil, l'anneau dans un
petit espace était plus faible et en apparence plus étroit qu'ailleurs. Une apparition semblable, mais plus marquée, avait été
observée sur le même limbe en 1866.

(1) La planète mesurant alors 62″ à 63″, l'épaisseur de cette atmosphère serait
d'environ $\frac{1}{63}$ du diamètre de la planète, c'est-à-dire de 194 kilomètres, plus ou moins

Le surlendemain du passage (10 décembre), le croissant de Vénus s'étendait à plus des trois quarts d'un cercle : on le voyait avec une netteté parfaite dans l'équatorial. Ce jour-là et les deux suivants, des mesures ont été prises au micromètre pour déterminer l'étendue des cornes, et la réfraction horizontale de l'atmosphère qui la produit. Voici les résultats précis de ces observations. Chacun d'eux

8 décembre.   10 décembre.   11 décembre.   12 décembre.

Fig. 140. — Vénus vue sous la forme d'un anneau lumineux.

est la moyenne du nombre des mesures séparées indiqué dans la dernière colonne :

Dates.	h. m.	Distances des centres de la Terre et de Vénus.	Etendue du croissant.	Réfraction horizontale de l'atmosphère.	Nombre des observat. des cornes.
8 décembre à	3. 0 soir.	0° 30′,6	360°		
10 —	11.36 matin.	2° 31′,7	279° 28′	46′,6	4
11 —	10.16 —	4° 2′,4	233° 15′	43′,0	6
11 —	2.40 soir.	4° 20′,4	231° 16′	45′,5	15
12 —	2.45 —	5° 58′,3	215° 21′	42′,9	22
			Moyenne :	44′.5	

Ces observations donnent une moyenne de 44′,5 pour la réfraction horizontale de l'atmosphère de Vénus. Les observations de l'auteur, en 1866, avaient donné 45′,3.

Les premières recherches de ce genre ont été faites par Schröter. Le 12 août 1790, il trouva les cornes prolongées au delà de leur limite géométrique, en un léger rayon de lumière, manifestant ainsi l'existence d'une illumination atmosphérique et prouvant l'existence de crépuscules analogues aux nôtres, probablement plus longs et indiquant une atmosphère *plus dense*. En 1849,

Mädler trouva ces pointes du croissant allongées jusqu'à 200° et
même jusqu'à 240°, ce qui indiquait une réfraction environ $\frac{1}{7}$ plus
forte que celle de notre atmosphère : il avait conclu 43',7 pour
cette réfraction à l'horizon. En 1857, Secchi évalua l'épaisseur du
crépuscule à 19°$\frac{1}{4}$.

En appliquant aux mesures de M. Lyman la correction du
supplément de l'angle, on trouve que la réfraction horizontale
de l'atmosphère de Vénus doit être élevée au chiffre de 54'. Celle de
l'atmosphère terrestre étant de 33', il en résulte qu'en désignant
par 1000 la densité de notre atmosphère, celle de l'atmosphère de
Vénus, à la surface de cette planète, serait représentée par le
nombre 1890.

En Angleterre, M. Noble a fait la même observation que M. Lyman :
il a vu le disque entier de Vénus entouré d'un anneau lumineux.

*L'atmosphère de Vénus est donc presque deux fois plus dense
que la nôtre.* La réfraction de l'atmosphère qui, pour nous, élève
le disque du Soleil au-dessus de l'horizon, tandis qu'il est encore
au-dessous, et qui élève tous les astres au-dessus de leur position
réelle, est encore plus grande sur Vénus qu'ici, et y allonge un peu
plus la durée du jour.

L'air que l'on respire sur ce monde n'est pas très différent, physi-
quement et chimiquement, de celui que nous respirons. Il est de
plus imprégné, comme le nôtre, de vapeur d'eau, et les variations
de température y produisent des nuages, des courants atmosphériques, des vents, des pluies, en un mot, un régime météorologique
offrant de grandes analogies avec le nôtre.

CHAPITRE VI

**Les habitants de Vénus. — Conditions de la vie sur ce globe.
Analogies entre cette planète et la nôtre.
Le ciel et la Terre vus de Vénus.**

La planète Vénus présente, comme nous venons de le voir, les plus frappants caractères de ressemblance avec celle que nous habitons. Mêmes dimensions à peu près ; même poids, même densité ; même pesanteur à la surface ; même durée du jour et de la nuit ; même atmosphère ; mêmes nuages, mêmes pluies ; années, saisons, relief géologique, n'y manifestent pas non plus de différences capitales : en un mot, Vénus offre plus de ressemblance avec la Terre que nul autre monde de la famille solaire. On ne pourrait choisir dans tout le système aucun couple de planètes aussi rapprochées. Uranus et Neptune se ressemblent à plusieurs égards, mais diffèrent considérablement d'autre part. Jupiter et Saturne sont certainement les deux frères géants de la famille solaire, de même que les petits mondes de Mars et Mercure offrent entre eux de grandes analogies ; mais nous ne pourrions trouver entre ces mondes associés les points nombreux de similitude qui caractérisent Vénus et la Terre, et il y aurait, au contraire, entre eux, plus de différences réelles que de véritables similitudes. Il ne manque à Vénus qu'un satellite pour ressembler tout à fait au monde que nous habitons ; et si (comme on a cru l'observer quelquefois) elle avait vraiment un compagnon dans sa marche céleste, Vénus et la Terre seraient sans doute les deux mondes les plus semblables de l'univers tout entier.

Vénus est-elle donc une terre tout à fait identique à celle que nous habitons, avec les mêmes paysages, les mêmes mers, les mêmes rivages, la même nature, les mêmes plantes, les mêmes animaux, la même humanité?— Non ; car si nous abordons sur cette planète, nous trouvons certaines différences essentielles, principalement dans la météorologie.

Ce qui nous frappe tout d'abord, c'est la grandeur et la chaleur du Soleil. Le soleil du ciel de Vénus a en effet un diamètre un tiers plus large que le nôtre, et sa surface apparente, à laquelle correspond sa valeur calorifique et lumineuse, est plus grande que celle du nôtre

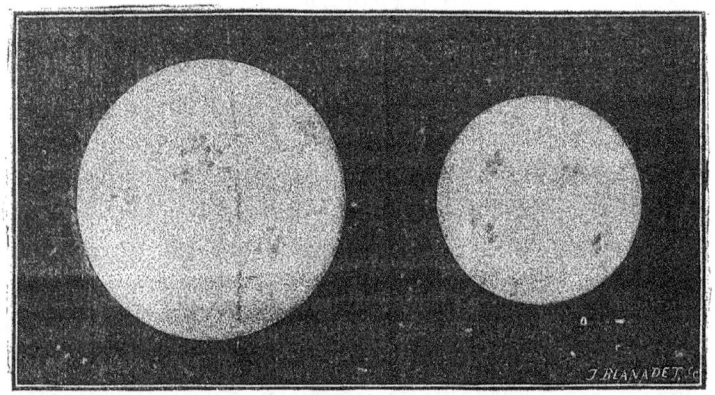

Fig. 142. — Grandeur comparée du Soleil vu de Vénus et vu de la Terre.
(Échelle : 1^{mm} = 1')

dans la proportion de seize à neuf. Un tel soleil, comparé au nôtre, brûlerait ses régions équatoriales, si elles étaient revêtues de la même vie que les nôtres. Mais ses régions tempérées ne jouissent-elles pas d'un climat analogue à celui de nos régions tropicales? et ses zones polaires ne correspondent-elles pas à nos zones tempérées et ne sont-elles pas le séjour des races les plus actives et les plus entreprenantes de l'humanité de cette planète ?

Il pourrait en être ainsi, en effet, si les saisons de Vénus avaient la même intensité que les nôtres, c'est-à-dire si son axe de rotation était incliné comme le nôtre sur le plan dans lequel elle se meut. Mais nous avons vu que l'inclinaison est bien plus forte et que les saisons y sont beaucoup plus disparates.

La zone torride s'étend jusqu'à la zone glaciale et même au delà, et réciproquement la zone glaciale s'étend jusqu'à la zone torride, et empiète même sur elle de telle sorte qu'il ne reste plus de place pour la zone tempérée. Il n'y a donc sur Vénus aucun climat tempéré, mais toutes ses latitudes sont, tour à tour, tropicales et arctiques.

Or, sous les tropiques, le soleil darde, deux fois par an, ses rayons perpendiculairement au-dessus de la tête, tandis que, dans les régions arctiques, il y a des jours où l'astre lumineux ne se lève pas du tout et des jours où il ne se couche pas davantage. Quelles ne doivent donc pas être les vicissitudes de contrées qui sont, tour à tour, arctiques et tropicales? A une certaine époque de l'année, le soleil reste plusieurs jours sans se lever; à une autre époque, il reste plusieurs jours sans se coucher, et, entre ces deux saisons, il plane verticalement au-dessus de la tête. Le contraste entre la température glaciale de la saison privée du soleil et les feux ardents de celle où le soleil de Vénus, *deux fois plus étendu et plus chaud que le nôtre*, verse du haut des cieux sa brûlante chaleur, ne constitue certainement pas une perspective bien agréable. On ne sait vraiment quelle est la région de Vénus la moins désagréable à habiter, et il n'y a presque pas plus d'avantages à élire domicile vers l'équateur plutôt que vers les pôles.

Cependant, les recherches géographiques qui ont été faites à son égard s'accordant suffisamment pour nous apprendre que ses mers s'étendent principalement le long de l'équateur, et que ce sont plutôt des méditerranées que de vastes océans, les extrèmes de chaleur et de froid sont tempérés par l'influence de ces eaux, et nous pouvons penser que ses régions les plus favorisées sont les rivages de ces mers intérieures. On peut admettre sans témérité que s'il y a là des peuples civilisés, c'est en ces contrées que vivent les nations les plus florissantes de la planète. Ces mers ont des marées plus faibles que les nôtres, causées par l'attraction seule du Soleil, et leurs vagues sont agitées comme les nôtres par la brise.... Les effets de lumière et d'ombre qu'on y admire, les colorations de nuages au coucher du soleil, les brises ondoyantes du soir, les plaintes du vent dans les bois, les murmures des ruisseaux, enfin les mille bruits de la vie, doivent y développer des panoramas, des situations, des scènes offrant d'intimes harmonies avec les paysages terrestres et maritimes de notre planète.

L'atmosphère, l'eau existent là comme ici. D'après ce que nous

avons vu plus haut sur les saisons rapides et violentes de cette
planète, nous pouvons penser que les agitations des vents, des
pluies et des orages doivent surpasser tout ce que nous voyons et
ressentons ici, et que son atmosphère et ses mers doivent subir une
continuelle évaporation et une continuelle précipitation de pluies
torrentielles, hypothèse confirmée par sa lumière, due sans doute
à la réflexion de ses nuages supérieurs et par la multiplicité de ces
nuages eux-mêmes. A en juger par nos propres impressions, nous
nous plairions beaucoup moins dans ces pays-là que dans les nôtres,
et il est même fort probable que notre organisation physique,
tout élastique et toute complaisante qu'elle soit, ne pourrait pas
s'acclimater à de pareilles variations de température. Mais il ne
faudrait pas en conclure pour cela que ce monde fût inhabitable
et inhabité. On peut même supposer, sans exagération, que ses
locataires naturels, organisés pour vivre dans leur milieu, s'y
trouvent à leur aise comme le poisson dans l'eau, et jugent que notre
Terre est trop monotone et trop froide pour servir de séjour à des
êtres actifs et intelligents.

Ah! la nature nous apprend bien à ne pas fonder nos jugements
sur des impressions superficielles et à ne pas nous hâter de condamner un monde parce qu'il ne possède pas identiquement les
conditions d'habitabilité qui caractérisent le nôtre. La VIE paraît
être le but inéluctable, la loi absolue de la création, et l'antique
commandement de Jéhovah qui flotte comme un ordre perpétuel
dans les légendes bibliques du paradis terrestre : « *Croissez et mul-
tipliez !* » représente bien réellement la raison d'être de l'existence
des choses. Que ceux qui doutent de l'universalité de la vie et qui
craignent une abstention quelconque des forces vitales de la nature
prennent un microscope et regardent une poussière fossile de diato-
mées, une aile de papillon, une rondelle de plante, un fragment de
langue de limaçon, une goutte d'eau, un rien perdu dans les solitudes oubliées, et devant le spectacle merveilleux, éblouissant, fantastique, de l'infiniment petit, ils sentiront que partout l'atome se
marie à l'atome, que partout le travail moléculaire unit et féconde,
que l'inorganique et l'organique ne sont pas séparés, et que la vie se
multiplie sous mille formes dans une énergie sans fin. Certes, relativement à leurs impressions personnelles, les êtres variés qui vivent

...La population d'une goutte d'eau représente tout un monde.

dans une goutte d'eau ; qui s'y cherchent, s'y fuient, s'y désirent,
s'y combattent ; qui naissent, agissent et meurent dans leur élément ;
ces êtres sont, relativement à leurs facultés, non moins émus que
nos soldats lancés sur un champ de bataille, qui se précipitent les
uns sur les autres sans se connaître, en se frappant mutuellement,
d'après la seule couleur des uniformes. La population d'une goutte
d'eau représente tout un monde.

Et l'on aura beau supposer que les conditions de la vie sur le globe
de Vénus étant plus grossières que les nôtres, selon toute apparence,
ses habitants doivent être sensiblement moins intelligents que nous ;
avons-nous le droit d'être bien fiers ? Nous ne sommes assurément
pas fort élevés dans la hiérarchie de la raison (¹).

(¹) Les habitants de la planète terrestre sont encore dans un tel état d'ineptie, d'inin-
telligence, de stupidité, que l'on voit, dans les pays les plus civilisés, les journaux quo-
tidiens rapporter, naïvement, sans discussion et comme une chose toute naturelle, les
arrangements diplomatiques que les chefs d'Etat font entre eux, les alliances contre un
ennemi supposé, les préparatifs de guerres. Les peuples permettent à leurs chefs de
disposer d'eux comme d'un bétail, de les conduire à la boucherie, de les réduire en
hécatombes, sans paraître se douter que la vie de chaque individu est une propriété
personnelle et que c'est une action criminelle, de la part d'un homme quelconque,
d'assassiner cent mille êtres humains dans le but de recevoir le titre de prince ou d'af-
fermir une dynastie. Les habitants de cette singulière planète ont été élevés dans l'idée
qu'il y a des nations, des frontières, des drapeaux ; ils ont un si faible sentiment de
l'humanité, que ce sentiment s'efface entièrement, dans chaque peuple, devant celui
de la patrie, et qu'ils reçoivent, non pas avec résignation, mais avec joie, avec bonheur,
avec délire, les excitations puériles de vanités nationales susceptibles de préparer une
guerre prochaine. C'est là l'état normal de l'humanité terrestre. Il n'y a pas à s'en
prendre aux princes, aux rois, aux empereurs ; ni aux députés, aux états-majors ou
aux généraux : c'est le plaisir du peuple de se faire tuer. La race humaine n'a absolument que ce qu'elle mérite, et nous ne devrions même pas nous en étonner. Mais
comment ne pas le regretter pour elle, au point de vue de la raison et du bon sens ?
Ces réflexions s'appliquent surtout, parmi les nations européennes, à la nation alle-
mande, qui est encore absolument barbare à ce point de vue. Ses citoyens sont encore
des esclaves sous le joug de la discipline militaire. Et c'est là, malheureusement,
tristement, ce qui constitue la force intrinsèque d'un peuple. Tout peuple dont les
citoyens arrivent au sentiment de la dignité humaine, cesse de posséder les qualités
intellectuellement négatives et matériellement brutales qui font les bons soldats : par le
fait même de son progrès moral, il devient pacifique et est destiné à se laisser dominer
par le plus batailleur. La force prime le droit. Tel est l'état de notre humanité. Nous
n'avons donc pas le droit d'être fiers.
Il est bien vrai que si les esprits qui pensent voulaient s'entendre, cette situation
changerait, car, individuellement, nul ne désire la guerre. Mais la majorité turbulente
ne tient ni à penser, ni à être raisonnable. Et puis, il y a des engrenages politiques qui
font vivre toute une légion de parasites.
Au moment où nous corrigeons cette épreuve (octobre 1883), nous recevons les

La race supérieure qui tient dans cette planète les rênes de l'intelligence, et au sein de laquelle s'est incarnée l'âme raisonnable, diffère probablement de forme avec la nôtre, car elle descend zoologiquement des espèces animales qui l'ont précédée sur ce monde, et elle en a gardé la forme organique générale. Toutefois, comme l'intensité de la pesanteur est la même sur Vénus que sur la Terre, et comme la respiration y a joué aussi le principal rôle, l'espèce humaine de cette planète peut moins différer de la nôtre que celle qui habite Mars, celle-ci devant être douée d'un mode de locomotion tout différent de celui que nous possédons ici-bas. C'est le climat surtout qui est différent. Mais déjà sur la Terre nous avons de si étonnantes différences de climats, que si les voyages ne nous avaient pas appris que certaines régions, soit tropicales, soit polaires, sont habitées, nous n'imaginerions point qu'elles le fussent. Supposons qu'on nous annonce qu'il y a sur notre planète des contrées où le Soleil reste invisible pendant des mois entiers et sur lesquelles il brille ensuite également pendant plusieurs mois, et que la température de ces contrées est si froide, qu'au milieu de leur été on y endure un froid encore plus glacial que celui que nous subissons dans nos hivers, nous ne supposerions point assurément que des familles humaines puissent habiter là, et s'y trouver mieux à l'aise que lorsqu'on les transporte dans nos régions tempérées. Le même raisonnement pourrait être appliqué au séjour des peuplades qui habitent

---

rapports relatifs aux grandes manœuvres. Chaque pays vient de s'exercer à faire la guerre, et, dans cet exercice, a invité des représentants militaires des pays voisins (qui viennent là dans le seul but d'espionner les forces dont la nation dispose, de prendre des notes sur les corps, les armes et les manœuvres, et de les envoyer à leurs gouvernements). C'est ainsi que les officiers allemands désignés par l'empereur d'Allemagne ont été invités par le gouvernement de la République française à examiner notre situation militaire, avec la mission logique d'en découvrir les côtés faibles. En Bourgogne, aux lieux mêmes de nos défaites de 1870, les officiers prussiens étaient groupés derrière nos lignes de tirailleurs et écrivaient leurs rapports. Cet échange de procédés est fait par toutes les nations dites civilisées, et on l'estime comme galanterie, comme témoignage de qualités chevaleresques. Cela rappelle le commencement de la bataille de Fontenoy : « Messieurs les Anglais, tirez les premiers ! » et la décharge qui s'ensuivit abattant des centaines d'hommes. — Pour un esprit raisonnable et indépendant, il n'y a là ni chevalerie, ni diplomatie, il y a simplement sottise, ineptie, barbarie, animalité. L'humanité terrestre n'a pas le sens commun, et nous oserions imaginer que les habitants de Vénus en eussent encore moins que nous, parce que leurs saisons sont grossières ! Mais les saisons de Vénus sont moins grossières que nos sentiments et nos absurdités.

la zone torride, et qui ne peuvent que difficilement aussi s'acclimater sous nos latitudes.

Que serait-ce si nous considérions la diversité des espèces animales? Quoique toute la vie terrestre soit organisée sur le même mode et par les mêmes forces, cependant nous trouvons une variété si grande entre les espèces vivantes, qu'elles se développent sur une échelle de prés de 100 degrés de température. Il ne nous reste donc qu'un effort bien léger à faire pour concevoir l'état de la vie à la surface de la planète voisine que nous venons d'étudier.

Fontenelle avait imaginé Vénus peuplée de Philémons et de Baucis, sans cesse rajeunis par les flèches magiques d'Apollon, vifs, remuants, pleins de feu, pétillants d'esprit, — « toujours amoureux, continuait la marquise, faisant des vers, aimant la musique, inventant tous les jours des fêtes, des danses et des tournois. »

C'était suivre les inspirations de la tradition ancienne. Déjà, dans son *Iter extaticum celeste,* le bon Père Athanase Kircher, qui ne permet pas aux astres d'être habités par des hommes, parce que ce serait contraire à la doctrine du péché d'Adam et de la rédemption, rencontre néanmoins dans Vénus des anges des deux sexes d'une inqualifiable beauté :

Des parfums de musc et d'ambre y caressent l'odorat; les végétaux semblent des édifices de pierres précieuses, une immense variété de couleurs les décore, et les rayons du soleil, en s'y reflétant, en augmentent encore la magnificence par leurs jeux infinis. Mais l'homme cherche, cherche une créature vivante et n'en trouve pas : la nature inanimée répond seule à ses regards... Cependant, voici que d'une colline de cristal sort un chœur de jeunes gens d'une beauté incomparable; essayer de décrire leurs perfections serait un dessein inutile, nulle parole humaine ne serait capable de dépeindre une telle élégance. Ils sont vêtus de robes blanches où les rayons du soleil font naître de tendres nuances et de chatoyantes couleurs; ils descendent de la colline : les uns tiennent des cymbales et des cythares, et des flots d'harmonie s'élèvent dans les airs; les autres portent d'admirables corbeilles de fleurs où les roses et les lis, les hyacinthes et les narcisses se marient et s'harmonisent...

A la vue d'un pareil spectacle, captivé sous le triple charme des parfums, de la musique et de la beauté, le voyageur s'apprête à

Les habitants de Vénus imaginés par Bernardin de Saint-Pierre.

saluer les illustres représentants de la race humaine en ce Monde splendide; mais son génie Cosmiel l'arrète en lui faisant comprendre que ces êtres n'appartiennent pas à la famille des hommes. La Terre est l'habitacle de l'homme; ici, ce sont des anges, des ministres du Très-Haut préposés à la garde du monde de Vénus, ce sont eux qui le guident dans sa route à travers le monde des espaces, afin d'accomplir les dessins de la nature. Puis le génie expose comment lesdits anges versent sur la Terre l'influx propice de la planète de Vénus, grâce auquel les êtres qui naissent sous cette bonne étoile deviennent beaux, gracieux et doués d'un excellent caractère.

La conversation se continue ensuite en discutant si le vin fourni par les vignes de Vénus serait, comme celui des vignes de la Terre, susceptible d'ètre changé en Dieu par le mystère de l'eucharistie. Le Père conclut en faveur de l'affirmative.

Plus tard Swedenborg, qui se disait en correspondance avec les habitants des planètes, assure que nos voisins de Vénus sont à peu prés organisés comme nous et même presque vètus de la même façon.

Dans ses *Harmonies de la Nature*, Bernardin de Saint-Pierre a fait une peinture véritablement fort poétique de la planète qui nous occupe. Pour lui, Vénus serait une terre tropicale analogue à l'île de France qu'il a si merveilleusement décrite dans *Paul et Virginie*. Écoutons-le un instant :

« Vénus, dit-il, doit être parsemée d'îles qui portent chacune des pics cinq ou six fois plus élevés que celui de Ténériffe. Les cascades brillantes qui en découlent arrosent leurs flancs couverts de verdure et viennent les rafraîchir. Ses mers doivent offrir à la fois le plus magnifique et le plus délicieux des spectacles. Supposez les glaciers de la Suisse, avec leurs torrents, leurs lacs, leurs prairies et leurs sapins, au sein de la mer du Sud; joignez à leurs flancs les collines du bord de la Loire couronnées de vignes et de toutes sortes d'arbres fruitiers; ajoutez à leurs bases les rivages des Moluques plantés de bocages où sont suspendues les bananes, les muscades, les girofles, dont les doux parfums sont transportés par les vents; les colibris, les brillants oiseaux de Java, les tourterelles qui y font leurs nids et dont les champs et les doux murmures sont répétés par les échos. Figurez-vous leurs grèves ombragées de cocotiers, parsemées d'huîtres perlières et d'ambre gris; les madrépores de l'océan Indien, les coraux de la Méditerranée, croissant par un été perpétuel, à la hauteur des plus grands arbres, au sein des mers qui les baignent, mariant leurs

couleurs écarlates et purpurines à la verdure des palmiers, et enfin des
courants d'eau transparente qui reflètent ces montagnes, ces forêts,
ces oiseaux, et vont et viennent d'île en île, vous n'aurez qu'une
faible idée de ces paysages de Vénus! Le pôle doit jouir d'une température beaucoup plus agréable que celle de nos plus doux printemps.
Quoique les nuits de cette planète ne soient point éclairées par des lunes,
Mercure par son éclat et son voisinage, et la Terre par sa grandeur, lui
tiennent lieu de deux lunes. Ses habitants, d'une taille semblable à la
nôtre, puisqu'ils habitent une planète de même diamètre, mais sous une
zone céleste plus fortunée, doivent donner tout leur temps aux amours.
Les uns, faisant paître des troupeaux sur les croupes des montagnes,
mènent la vie des bergers; les autres, sur les rivages de leurs îles
fécondes, se livrent à la danse, aux festins, s'égayent par des chansons
ou se disputent des prix à la nage, comme les heureux insulaires de Taïti. »

Mais l'examen télescopique nous éloigne de ces descriptions
imaginaires. L'admiration que nous ressentons d'ici pour cette
blanche étoile du soir, et qui s'est traduite dans tous les âges par
les noms les plus gracieux dont cette planète a été décorée, n'est
causée que par son aspect lointain et par le radieux éclat dont elle
brille avant toutes les autres beautés du ciel. Elle a toujours été,
comme la Lune, la compagne et la confidente des rêveries du soir;
mais c'est là un aspect trompeur. Nous avons vu que la Terre produit
le même effet aux habitants de Mars, et que, selon toute probabilité,
nous avons reçu là des noms analogues à ceux dont nous avons
gratifié Vénus; et pourtant, en réalité, notre pauvre petit globe
couvert de batailles, de ruines et de misères, n'est pas absolument
un séjour angélique ou charmant.

Loin de jouir des délices d'un printemps perpétuel et de vivre
dans un véritable Éden, ces frères d'une autre patrie ont à subir
comme nous, et plus que nous, les alternatives de l'hiver et de
l'été dans leurs plus rudes contrastes. La différence physiologique
entre les deux planètes ne doit pas être considérable, et quoiqu'il
puisse exister là comme ici certaines latitudes privilégiées, l'ensemble de la sphère est soumis à un régime assez rude. L'atmosphère épaisse qui l'environne, les nuages fréquents qui la parsèment, les courants atmosphériques qui la sillonnent, les vents
et les pluies, les neiges et les brouillards, les météores, les
tempêtes, les orages, les phénomènes aériens, depuis les magni-

licences des levers de soleils jusqu'aux suaves colorations de l'arc-en-ciel, tous ces mouvements, toute cette vie, reproduisent sur ce monde un ensemble de choses peu différent de ce que nous contemplons autour de nous. En effet, les nuages que nous observons dans son atmosphère ne peuvent provenir que de l'évaporation de ses océans; et d'autre part l'existence de ces mers est démontrée par l'observation, et par le relief géologique si accentué du sol de la planète. Ce relief a produit, comme ici, des montagnes et des vallées, des plateaux et des plaines, des paysages variés où se joue la lumière du soleil aux différentes heures du jour, des campagnes qui s'endorment le soir après le coucher de l'astre royal, des lacs qui réfléchissent pendant la nuit les étoiles scintillantes du firmament. Peut-être ne serions-nous pas trés dépaysés en arrivant devant un paysage de Vénus. Et pourtant, selon toute probabilité, c'est un monde plus sauvage, plus chaud, plus changeant et plus primitif que le nôtre.

Les premières combinaisons organiques du carbone, en ouvrant, par la formation des premiers tissus végétaux et animaux, la série des espèces vivantes dont le lent et progressif développement a constitué la vie terrestre tout entière, ont dû commencer dans les eaux fécondes de la planète Vénus un travail analogue à celui qui a été accompli au fond des océans terrestres de la période primaire, et les éléments vitaux (composition chimique, densité, pesanteur, lumière, chaleur, durée du jour, saisons, etc.) n'étant pas sensiblement différents de leur état terrestre, les espèces ont dû se développer à peu près suivant la même série que chez nous, et peut-être les formes anatomiques végétales, animales et humaines y présentent-elles les mêmes types essentiels que les nôtres.

L'humanité qui règne sur le monde de Vénus doit donc offrir les plus grandes ressemblances physiques avec la nôtre, et probablement aussi les plus grandes ressemblances morales. On peut penser néanmoins que Vénus étant née après la Terre, son humanité est plus récente que la nôtre. Ses peuples en sont-ils encore à l'âge de pierre? Toutes conjectures à cet égard seraient évidemment superflues, les successions paléontologiques ayant pu suivre une autre voie sur cette planète que sur la nôtre. D'un autre côté, ce n'est pas sous les plus doux climats que l'humanité est la plus active, et si le

...Peut-être ne serions-nous pas très dépaysés en arrivant devant un paysage de Vénus.

monde de Vénus était aussi charmant que le dépeignait plus haut un pinceau trop poétique, peut-être serait-il endormi dans la mollesse inactive, comme le sont les peuples qui habitent les régions chaudes, calmes et monotones. C'est un monde plus varié et sans doute plus passionné que le nôtre.

En définitive, la meilleure conclusion à tirer des considérations précédentes, c'est que *la vie doit être sur Vénus peu différente de ce qu'elle est ici*, tandis que sur Mercure elle doit en différer davantage. Les humains peuvent y offrir avec nous une grande ressemblance organique.

Toute proposition relative à la manière d'être des habitants des autres planètes paraît téméraire aux esprits qui ne s'écartent point dans leur marche paisible des lisières de la timidité classique. Si par exemple nous émettions l'idée que les habitants de Vénus volent dans leur atmosphère, et que pour éviter le rude contraste de leur hiver avec leur été, ils *émigrent* en automne d'un hémisphère à l'autre et reviennent au printemps, cette proposition, qui n'est en elle-même ni absurde ni choquante, leur paraîtrait fantastique et insensée. Pourquoi ? Parce que ces esprits léthargiques n'ont même pas l'attention d'observer ce qui se passe autour d'eux sur la Terre même. Chaque automne nos oiseaux abandonnent nos contrées boréales pour se diriger, guidés par un instinct merveilleux, vers les régions du soleil où les fruits sont toujours mûrs et les fleurs toujours épanouies, et ces chantres ailés de nos bois reviennent vers leurs anciens nids à l'heure où le joyeux printemps se réveille sous nos latitudes que l'hiver avait endormies. Cette merveille de l'émigration des oiseaux se renouvelle chaque année sous nos yeux sans nous frapper, et lorsque la première hirondelle trace dans le ciel d'avril son rapide et doux sillage, nous la voyons revenir à son toit et voleter autour de son habitation dernière sans nous demander en quel heureux pays et près de quelles familles humaines elle a habité pendant son absence de nos climats.

Aussi, lorsque nous supposons que dans tel ou tel monde différent du nôtre l'espèce humaine pourrait être douée simplement du même privilège, on paraît tomber des nues en entendant formuler cette supposition pourtant si naturelle, et l'on ne songe même pas que ce privilège est accordé sur notre propre planète à des êtres qui, dans l'ordre intellectuel, sont inférieurs à nous.

Ce monde flottant dans les mêmes régions célestes que nous, les nuits étoilées y sont les mêmes que les nôtres : les constellations y présentent les mêmes dispositions et le même cours, comme déjà nous l'avons remarqué pour Mars. Les planètes aussi offrent en général les mêmes aspects, à l'exception de deux, qui y sont particulièrement brillantes : la Terre d'une part, et Mercure d'autre part.

Pour les habitants de Vénus, Mercure et la Terre sont deux magnifiques étoiles. Non seulement le premier paraît beaucoup plus éclatant qu'à nous-mêmes, mais il est pour eux la plus brillante étoile du matin et du soir qu'on puisse imaginer ; il s'éloigne dans ses plus grandes élongations jusqu'à 38 degrés du Soleil, un peu moins que Vénus ne le fait à notre égard. Pour nous, nous brillons dans leur ciel pendant toute la nuit avec un éclat beaucoup plus lumineux que celui dont Vénus nous gratifie, car l'éclat maximum de la Terre arrive lorsque celle-ci est à sa distance minimum et est éclairée en plein par le Soleil : le diamètre de notre globe vu de Vénus est alors de 65″.

Comme nous l'avons fait pour Mars, nous avons essayé de représenter par un dessin l'aspect de la Terre vue du monde de Vénus, à minuit. Notre planète brille alors au sein de la nuit silencieuse comme le plus splendide des astres du firmament, surpassant en éclat Sirius lui-même. Sur ce dessin (p. 329) on peut se rendre compte de l'aspect stellaire de notre planète perdue au milieu des étoiles : elle brille dans la constellation du Scorpion, non loin d'Antarès. Mais elle n'est pas fixe ; elle marche, au contraire, avec rapidité dans le ciel de Vénus. Pendant l'année 1884, par exemple, elle suit la route tracée figure 146 ([1]). C'est ainsi que les astronomes de Vénus nous observent. Devinent-ils qu'un si petit point est pour ses habitants le prétexte de tant de tourments ? S'imaginent-ils que le but *prin-*

_____

([1]) M. Vimont, fondateur de la *Société scientifique Flammarion* d'Argentan, a bien voulu, sur notre demande, construire ces intéressantes petites cartes de la marche de la Terre dans le ciel de Mars, de Vénus et de Mercure. Nous sommes heureux de lui en témoigner publiquement ici nos remerciements, et de lui adresser nos sincères félicitations pour le zèle qu'il déploie à aider sous toutes ses formes la popularisation de la plus belle et de la plus utile des sciences.

cipal de la majeure partie de ces indigènes est d'entasser pendant
soixante ou quatre-vingts ans des pièces de monnaie et des valeurs
en banque destinées à... leurs héritiers?

La Terre vue de Vénus est certainement un des plus beaux spectacles que l'on puisse contempler dans le système solaire tout entier;
elle surpasse en éclat l'étoile la plus brillante, et offrirait à une vue
de même valeur que la nôtre un disque parfaitement appréciable.
Ce disque doit changer de couleur avec la rotation de notre globe

Fig. 146. — Marche de la planète Terre dans le ciel des habitants de Vénus.

sur son axe, et paraître vert, bleu, jaune ou blanc, suivant que sa
région centrale est occupée par les continents verdoyants, par la
mer, par des déserts ou par des nuages. Les habitants de Vénus
peuvent ainsi avoir remarqué, à l'œil nu, la rotation de notre globe
en une période peu différente de celle de leur propre monde. En
même temps la Lune doit être visible comme un petit point brillant
accompagnant l'astre-Terre dans sa marche céleste, et tournant autour d'elle en vingt-sept jours, mais presque invariable dans sa
blancheur. La distance apparente qui la sépare de la Terre à
l'époque de leur plus grande visibilité est un peu plus grande que
le diamètre apparent de notre satellite tel que nous le voyons. La
lumière envoyée alors par ce couple céleste est très intense, car elle
s'élève presque aux cinq centièmes de celle que nous recevons de

la pleine Lune. Ces voisins du ciel ont, de plus, sur nous l'avantage
de voir « l'autre côté de la Lune » que nous n'avons jamais vu, et
que nous ne verrons jamais de notre planète.

Notre figure 147 donne une idée de cet aspect de la Terre vue de
Vénus lorsqu'elle se présente à elle sous une phase analogue à celle
que Mars nous présente aux époques de ses plus fortes distances
angulaires. Nous supposons l'observateur muni d'une petite lunette
d'approche, comme nous l'avons fait lorsque nous nous sommes
occupés de l'aspect astronomique de la Terre vue de Mars. Sans

Fig. 147. — Aspect de la Terre et de la Lune vues de Vénus.

doute les astronomes vénusiens ont-ils déjà pu construire une carte
très exacte de notre planète, y compris les pôles et les régions
encore inconnues de nous-mêmes. Peut-être ont-ils enregistré nos
hivers les plus rigoureux par l'abondance des neiges, nos inondations
les plus étendues, les marées du mont Saint-Michel, et même quelques-uns de nos grands travaux de l'isthme de Suez.

Les habitants de Vénus ont dû naturellement se croire au centre
du monde. Pour eux, le globe qu'ils illustrent a été considéré comme
fixe au milieu du système, et leur Ptolémée a fait tourner le ciel
autour d'eux: le Soleil et Mercure en 224 jours, la Terre et la Lune
en 365 jours, et les planètes suivantes selon leur ordre. Il est bien

probable aussi qu'ils auront considéré la circonférence extérieure
de l'univers comme la base de l'empyrée et du séjour des bienheureux. En résumé, c'est sans doute sous la forme ci-dessous
(fig. 148) que les traités de cosmographie en usage dans les lycées
et les séminaires de la planète ont longtemps représenté la construction de l'univers pour l'instruction de leurs jeunes élèves.

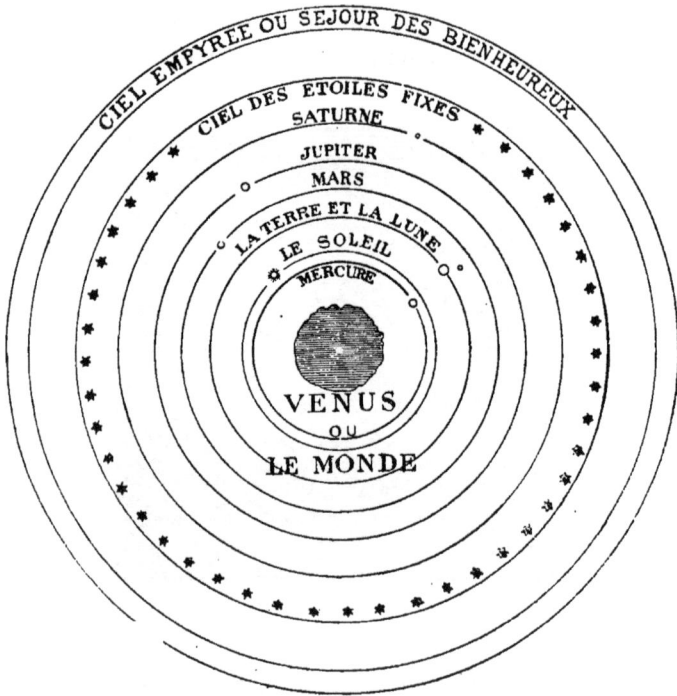

Fig. 148. -- Système du monde probablement en usage chez les habitants de Vénus
aux temps primitifs.

Toutefois, ils ont pu arriver plus rapidement que nous à la connaissance du véritable système du monde, puisqu'ils en ont une
miniature permanente dans le couple que la Terre et la Lune
forment pour eux au ciel, et dans le mouvement mensuel de Phœbé
autour de Cybèle. — Sous quels noms mythologiques nous
désignent-ils ?

En terminant le livre consacré à Vénus, récapitulons les condi-

tions astronomiques, climatologiques et physiologiques de cette
planète voisine, — la plus proche de la nôtre, et certainement celle
qui, avec Mars, lui ressemble le plus.

ÉTAT PARTICULIER DU MONDE DE VÉNUS.

Durée de l'année.	224 jours terrestres, ou environ 7 mois et 15 jours.
Durée de la rotation	
Durée du jour et de la nuit. . .	23 heures 21 minutes 22 secondes.
Nombre de jours dans l'année.	231.
Saisons	Plus prononcées que celles de la Terre.
Atmosphère.	Composée des mêmes gaz que la nôtre, mais presque deux fois plus dense.
Température moyenne.	Paraît analogue à la nôtre.
Densité des matériaux.	Un peu moindre qu'ici = 0,905.
Pesanteur à la surface.	Un peu moindre qu'ici = 0,864.
Dimensions de la planète. . . .	A peu près égales à celles de la Terre ; diamètre =0,954, ou 3000 lieues.
Tour du monde de Vénus. . . .	9500 lieues.
Géographie	Les mers s'étendent principalement vers l'équateur.
Orographie	Montagnes plus élevées que les nôtres.
Diamètre du Soleil.	Un tiers plus large que d'ici = 43'.
Diamètre maximum de la Terre.	65″. Visible à l'œil nu dans le ciel de Vénus comme une étoile de première grandeur très lumineuse.

Pendant que notre pensée anxieuse cherche à soulever un coin
du voile, pendant que nos âmes ardentes s'envolent vers le premier
rayon de jour ouvert sur l'infini et se demandent comment sont organisés ces êtres habitant Vénus, nos voisins de traversée, comment
ils pensent, comment ils nous voient dans leur ciel ; sans doute, à
cette heure, il y a là aussi des âmes pensives qui se demandent précisément de leur côté quels êtres habitent notre planète, et devisent
entre elles, comme nous le faisons en ce moment entre nous, pour
deviner si notre organisation corporelle ressemble à la leur, si nous
jouissons de la faculté de penser, si nous connaissons l'astronomie,
et si nous les voyons aussi dans notre ciel.

Des liens mystérieux relient entre eux les différents mondes de
l'espace. La douce mais irrésistible loi d'attraction les enlace de ses
chaines magnétiques, et chacun d'eux reste sous l'influence constante de cette grande harmonie. A deux cents millions de lieues de
distance, la Terre ressent l'attraction de Jupiter, et s'incline vers lui
dans sa marche céleste ; à plus d'un milliard de lieues, Neptune
reste subjugué par la puissance du Soleil ; à trente et quarante mil·

liards de lieues, de faibles comètes sont saisies par cet irrésistible
aimant et tombent échevelées dans ses serres; à des trillions de
lieues, les étoiles se soutiennent entre elles au sein du vide immense. En même temps que cette souveraine force d'attraction
exerce son empire d'un monde à l'autre, et que le cours de l'Univers est irrésistiblement mené par l'Harmonie, la lumière à son
tour tisse les fils délicats de sa toile gigantesque étendue à travers
les cieux, mettant ainsi tous les astres en communication mutuelle,
comme sur un réseau télégraphique occupant l'Univers entier, et
inscrivant l'histoire de tous les mondes sur des archives impérissables ([1]). Les mondes se sentent ainsi à travers la nuit par l'attraction, se voient par la lumière, se contemplent, se connaissent et
fraternisent. Mais pensez-vous que ce soient là les seuls liens qui
solidarisent entre elles les différentes provinces de la création?
Est-ce que les palpitations vitales qui vibrent à travers l'espace ne disent rien de plus à votre esprit? Est-ce que cette unité
visible dans l'organisation de l'Univers n'est pas le témoignage extérieur d'une unité invisible, reliant entre elles toutes les humanités
et toutes les âmes de l'infini?

Il y a quelques semaines, par une tiède soirée d'août, je contemplais l'Océan immense après l'heure sublime du coucher du soleil
au sein des flots endormis. Pas un souffle d'air ne traversait l'atmosphère échauffée ; pas un bruit ne se faisait entendre, hormis la
plainte éternelle de la vague qui s'avance et se retire ; pas une feuille
ne s'agitait sur les tiges des dernières plantes qui végètent sur le rivage sablonneux et désert : c'était un grand silence et un grand
recueillement, car il n'y avait d'autre mouvement apparent dans la
Nature que celui des eaux attirées par la Lune. Elles s'avançaient
comme de vastes nappes de mercure qui auraient mesuré plusieurs
centaines de mètres d'étendue, se retiraient, se superposaient et se
fondaient l'une dans l'autre. Depuis que le dernier segment rouge
du Soleil s'était enfoncé dans la nappe liquide, les nuées légères
éparses dans les hauteurs glacées de l'air, au-dessus du couchant,
s'étaient empourprées comme une moire écarlate éblouissante, et la
mer s'était colorée à l'occident des nuances chatoyantes d'un feu

----

([1]) Voy. notre ouvrage RÉCITS DE L'INFINI, *Lumen*, histoire d'une âme.

La Terre, vue de Vénus, brille dans le ciel comme une étoile de première grandeur

liquide, tandis que sur le reste de sa surface elle continuait de réfléchir doucement le ciel bleu dans ses flots verts.

Et comme la nuit tombait, Jupiter s'alluma dans le ciel, perçant
l'atmosphère de ses feux orangés. Une lunette de moyenne puissance eût suffi pour admirer ses quatre satellites gravitant autour de
lui. L'eau que les vagues laissent sur la plage unie à chacun de leur
retrait en faisait un miroir tel, que le ciel s'en réfléchissait avec
toutes ses nuances, et que Jupiter lui-même scintillait sur le sable
comme un feu d'or allumé près de la liquide bordure.

Puis ce fut le tour d'Arcturus, brillante étoile avant-courrière de
l'armée de la nuit. Véga, Altaïr, parurent bientôt ; puis les trois
premières étoiles du char du Septentrion, puis les sept ; puis Saturne
à l'orient, et successivement toutes les constellations, rayonnantes
ce soir-là, dans leur céleste splendeur ; diamants de toutes grosseurs
et de tout éclat, pierreries scintillantes apparaissant lentement l'une
après l'autre, et peu à peu constellant le ciel entier de leurs feux
multipliés. La Voie lactée elle-même s'étendait le long de la voûte
étoilée comme un fleuve de lait parsemé d'îles, et son intensité
était si frappante, qu'elle se réfléchissait elle-même, avec toutes les
étoiles, dans la mer calme comme dans un lac et sur la plage de
sable mouillé par la dernière nappe retirée.   '

A chaque moment une étoile filante glissait en silence dans les
hauteurs azurées, laissant sur son sillage une traînée lumineuse qui
s'éteignait lentement. Messagères des autres régions de l'espace,
elles apportaient et abandonnaient dans notre atmosphère de la substance céleste venue des autres univers, formant ainsi une autre
sorte de communication entre notre monde et ses frères de l'Infini.

Parfois la voix grandiose de l'Océan se taisait, et la Nature paraissait suspendre son cours pour écouter le sublime silence des cieux.
Mais les vagues reparaissaient ici et là, s'approchaient l'une de l'autre
comme d'ondoyantes caresses, se cherchaient ou se fuyaient tour à
tour, et par leurs jeux ramenaient le bruit grandissant des ondes,
des lames et des flots qui retombaient en cascades sur les vagues
dominées. Des lueurs phosphorescentes, d'abord rares et pâles, puis
fréquentes et brillantes, et aussitôt immenses et étincelantes comme
de la poussière d'étincelles, couraient en frissonnant sur la crête des
vagues et projetaient leurs feux sur la mer, comme pour accroître

le reflet des étoiles et pour reproduire en bas une image des splen
deurs qui scintillaient dans les hauteurs étoilées...

Ah! combien on sentait alors la parenté de la Terre avec le Ciel!
Combien la voix de l'Infini parlait éloquemment au fond de la
conscience, et combien cette immense harmonie était facilement
recueillie dans l'âme contemplative!...

On sentait que l'univers n'est pas un morne désert au sein
duquel flottent des pierres, ni un tableau noir sur lequel courent
des chiffres plus ou moins brillants : on sentait l'univers vivant!
De chaque soleil rayonnant dans l'éther, s'élancent sans cesse les
vibrations lumineuses multipliées qui vont illuminer et échauffer
les mondes de leurs fécondes effluves; et chaque monde dans
chaque système gravite autour de son foyer, tourne sur son axe,
présente tour à tour ses divers méridiens à la lumière, forme le
jour et la nuit, les saisons et les années, reçoit la force émanée de
son soleil, et la transforme en manifestations vitales, qui diffèrent
d'un monde à l'autre suivant l'intensité et la combinaison des éléments de la vie sur chaque sphère. C'est en ces heures de contemplation que l'on comprend que la science astronomique complète,
la science intégrale, consiste non pas seulement dans la connaissance
des grandeurs, des distances, des mouvements et des masses, mais
encore et surtout dans l'étude de la constitution physique des
astres, et en définitive dans celle des conditions de la vie à leur
surface.

Oui, tel est le véritable but philosophique de l'Astronomie.
L'existence de la vie universelle et éternelle dans l'Infini constitue
en réalité la synthèse capitale et le but définitif de toute science.
Qu'est-ce que l'Astronomie en elle-même à côté de ce but? Qu'est-
ce que le sujet de toutes les autres sciences? Qu'est-ce que
l'histoire de France, l'histoire d'Angleterre, l'histoire d'Italie,
d'Espagne ou d'Allemagne? qu'est-ce que l'histoire de l'Europe,
qu'est-ce que l'histoire de la Terre entière devant la Pluralité des
mondes? — C'est l'histoire d'une fourmilière comparée à l'histoire
d'un continent; c'est l'histoire d'une seule famille comparée à celle
de la race humaine tout entière?

Oui, nous vous comprenons, ô mondes suspendus dans l'éther,
dont la lumière et l'attraction se font sentir jusqu'à nous! Oui, nous

vous voyons d'ici par la pensée, humanités nos sœurs, qui avez
dressé vos tentes sur ces terres célestes analogues à la nôtre! O toi,
colossal Jupiter, qui brilles là-haut d'un si splendide éclat; toi qui
t'élèves en ce moment au-dessus de l'horizon, pâle Saturne enveloppé d'énigmes; et toi, blanche Vénus, belle étoile du soir; je vous
salue, ô planètes nos compagnes! car vous accomplissez à côté de
nous, dans l'espace, la destinée que la Terre accomplit en son céleste sillage! Il a fallu l'aveuglement volontaire de l'esprit humain
sur notre infortunée planète, il a fallu les ténèbres de l'erreur, de
l'ambition et du mensonge, pour que l'on ait cessé d'aimer la Nature et de contempler le véritable Ciel, et que l'on ait inventé à côté
de vous, dans le vide, des paradis imaginaires où la divine et éternelle Nature est oubliée pour des ombres et des fictions extra-natu-
relles. Mais la science vous a désormais saisies pour ne plus vous
laisser obscurcir, et c'est en vous que nous voyons à jamais la continuation de la vie terrestre, l'universalisation de cette harmonie,
dont un chant seulement se fait entendre ici-bas. Tout le reste n'est
qu'illusion. La Vie, pauvre hameau sur ce petit globe, devient cité
dans vos vastes provinces, nation dans l'ensemble du système planétaire, et elle s'entend, couronnement de la matière, au sein des
régions profondes de l'infini et de l'éternité. Non, vous ne nous êtes
point étrangères, ô nos sœurs de traversée! une même destinée nous
emporte tous; et devant cette destinée, tous les dogmes intolérants
au nom desquels le fer, le sang et le feu ont si souvent désolé l'humanité, toutes les prétentions des pontifes, toutes les promesses
faites dans tous les âges et dans toutes les contrées par de pauvres
mortels déguisés sous mille costumes divers, toutes les craintes
de l'aveugle ignorance, toutes les pusillanimités de l'hypocrisie, en
un mot toutes les erreurs séculaires de religions aussi puériles
qu'audacieuses s'évanouissent en fumée. Oui, c'est toi, c'est toi seule
que nous aimons, ô divine et éternelle Nature! c'est toi seule qui
est vraie, toi seule qu'il faut entendre, toi seule qui nous régit et
nous emporte, en nous berçant dans ton attraction caressante,
mais inexorable; car *nous sommes tous*, savants ou ignorants,
pontifes ou troupeaux, des atomes flottant au sein de ton rayonnement immense comme de la poussière dans un rayon de soleil!...
et c'est ta parole sacrée qui est la vraie, l'unique révélation de Dieu.

LIVRE III

LA PLANÈTE MERCURE

☿

LIVRE III

LA PLANÈTE MERCURE

CHAPITRE PREMIER

Aspect de Mercure à l'œil nu. — Son mouvement autour du Soleil. Connaissances des anciens sur cette planète.

En quittant la planète Vénus pour continuer notre voyage céleste, la première et, du reste, la seule planète que nous rencontrons avant d'arriver au Soleil, est, comme chacun de nos lecteurs le sait déjà, la planète Mercure.

Peut-être existe-il entre elle et le Soleil un ou plusieurs corps célestes, très petits, et invisibles d'ici; peut-être la minuscule planète déjà nommée Vulcain et vue un jour par mon excellent ami le docteur Lescarbault existe-t-elle réellement, quoique le même jour Liais observant le Soleil au Brésil nous assure qu'il n'a rien remarqué, et quoique nul astronome, même en la cherchant exprès, ne soit parvenu à la retrouver depuis; mais nous ne pouvons parler dans ce livre que des astres que nous connaissons, et dont l'existence au moins est certaine.

Mercure est donc la seule planète que nous connaissions dans le voisinage lumineux et brûlant de l'astre du jour. Elle gravite sur

une orbite tracée à la distance moyenne de 57 250 000 kilom. ou
14 300 000 lieues. Nous disons distance *moyenne,* car cette orbite
est loin d'être circulaire; elle est au contraire fort elliptique et
très allongée, de telle sorte qu'à son périhélie, la planète se
rapproche jusqu'à 11 375 000 lieues, tandis qu'à son aphélie,
elle s'en éloigne jusqu'à 17 250 000 : la différence est de six millions de lieues. Comme l'intervalle entre le périhélie et l'aphélie
n'est que de six semaines, on voit que la planète consacrée
au dieu du commerce et des voleurs passe rapidement par de

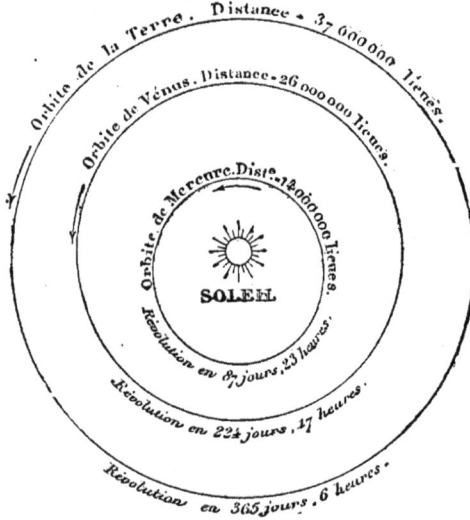

Fig. 151. — Les orbites de Mercure, Vénus et la Terre.
Échelle : 1ᵐᵐ = 1 million de lieues.

curieuses alternatives de lumière et de chaleur. Si l'on représente
par 1 000 la distance moyenne de la Terre, celle de Mercure sera
représentée par 387, sa distance aphélie par 467, et sa distance périhélie par 307. L'excentricité (¹) ou l'allongement de l'ellipse est de
0,205 : c'est la plus allongée des orbites planétaires.

(¹) Rappelons qu'on nomme excentricité la distance du centre de l'ellipse au foyer,
en fonction du demi-grand axe. Ainsi, dans le cercle, l'excentricité est 0, puisque le
centre et le foyer ne font qu'un. Si l'excentricité est 0,2 c'est que la distance du centre
(C, fig. 152) de l'ellipse au foyer S est égale aux deux dixièmes du demi-grand axe CA
ou CP.

La planète n'emploie que 88 jours pour parcourir cette orbite, dont le périmètre mesure 89 millions de lieues. Elle vogue dans le ciel avec une vitesse de 46 811 mètres par seconde, plus d'un million de lieues par jour.

La révolution, ou l'*année* précise de cette planète, est de 87 jours 23 heures 15 minutes 46 secondes.

Le petit plan tracé ci-dessus (*fig.* 151) représente, à l'échelle de 1 millimètre pour 1 million de lieues, les orbites de Mercure, de Vénus et de la Terre, se suivant concentriquement autour du Soleil, aux distances respectives de 14, 26 et 37 millions de lieues. On voit que ces deux terres du ciel gravitent dans la même région de l'espace que nous et sont, par leur situation et par leur proximité, véritablement sœurs de celle sur laquelle se joue en ce moment le jeu de nos destinées.

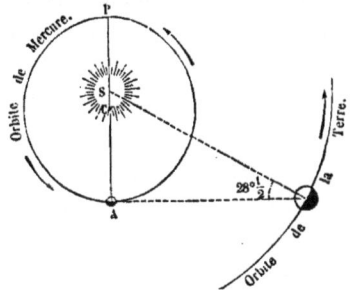

Fig. 152. — Relation entre l'orbite de Mercure et celle de la Terre.

A cause de son rapprochement du Soleil, Mercure n'est visible pour nous, habitants de la Terre, que le soir ou le matin, jamais au milieu de la nuit, et toujours dans le crépuscule. Cet astre ne peut jamais s'éloigner pour nous à plus de 28 degrés et demi du Soleil, ni le précéder à son lever ou le suivre à son coucher de plus de deux heures environ (le maximum s'élève parfois à $2^h 15^m$ pour la latitude de Paris). Il n'est donc jamais visible au milieu de la nuit, mais seulement à l'aurore ou au crépuscule, ou, au maximum, deux heures environ avant ou après le coucher du soleil. On aura une idée exacte de la plus grande élongation qu'il peut offrir, en examinant la petite figure précédente, tracée également à l'échelle de 1 millimètre pour 1 million de lieues. Lorsque Mercure est à son périhélie (P) il est de deux fois la distance CS, ou de deux fois 2 930 000 lieues plus près du centre du Soleil que lorsqu'il est à son aphélie (A). Il est sensible que le plus grand angle que la planète puisse faire avec le Soleil relativement à la Terre arrive lorsque Mercure étant vers son aphélie, la Terre peut se trouver former un angle droit avec lui et le Soleil, et être elle-même vers son

pér'''.' : alors la distance angulaire de Mercure au Soleil atteint
28 degrés et demi.

Si le lecteur veut bien supposer que Mercure roule autour du
Soleil dans le sens indiqué par la flèche, il remarquera que sa
distance à la Terre varie considérablement selon sa position. Son
diamètre apparent varie dans la même proportion : à sa distance
maximum, il descend à 4″,5 ; à sa distance minimum, il s'élève
à 12″,9. C'est comme si nous disions que la largeur de son disque
varie pour nous depuis 4 millimètres et demi jusqu'à presque
13 millimètres.

Si Mercure tournait autour du Soleil dans le même plan que la
Terre, il passerait exactement devant son disque toutes les fois qu'il
passe entre lui et nous, c'est-à-dire à peu près tous les ans, dans un
intervalle de temps combiné entre les 88 jours de sa révolution et
les 365 jours de la révolution de la Terre, aux points nommés ses
conjonctions inférieures. Mais le plan dans lequel il se meut ne
coïncide pas avec celui de l'orbite terrestre : il est incliné de 7 degrés.
Il en résulte qu'ordinairement la planète passe à sa conjonction inférieure, non juste devant le Soleil, mais au-dessus ou au-dessous,
et par conséquent reste invisible.

Toutefois, elle passe de temps en temps juste devant le Soleil, et
même beaucoup plus fréquemment que Vénus, car ses passages
reviennent à des intervalles irréguliers de 13, 7, 10 et 3 ans. Voici
leurs dates pendant trois siècles :

DIX-HUITIÈME SIÈCLE	DIX-NEUVIÈME SIÈCLE	VINGTIÈME SIÈCLE
1707. . . . 6 mai.	1802. . . . 9 novembre.	
1710. . . . 6 novembre.	1815. . . . 12 novembre.	1907. . . . 12 novembre.
1723. . . . 9 novembre.	1822. . . . 5 novembre.	1914. . . . 6 novembre.
1736. . . . 11 novembre.	1832. . . . 5 mai.	1924. . . . 7 mai.
1740. . . . 2 mai.	1835. . . . 7 novembre.	1927. . . . 8 novembre.
1743. . . . 5 novembre.	1845. . . . 8 mai.	1937. . . . 10 mai.
1753. . . . 6 mai.	1848. . . . 9 novembre.	1940. . . . 12 novembre.
1756. . . . 6 novembre.	1861. . . . 12 novembre.	1953. . . . 13 novembre.
1769. . . . 9 novembre.	1868. . . . 5 novembre.	1960. . . . 6 novembre.
1776. . . . 2 novembre.	1878. . . . 6 mai.	1970. . . . 9′mai.
1782. . . . 12 novembre.	1881. . . . 7 novembre.	1973. . . . 9 novembre.
1786. . . . 4 mai.	1891. . . . 10 mai.	1986. . . . 12 novembre.
1789. . . . 5 novembre.	1894. . . . 10 novembre.	1999. . . . 24 novembre.
1799. . . 7 mai.		

La figure suivante montre chacun des passages de notre siècle
dans sa forme et dans sa grandeur. Le grand cercle représente le
disque du Soleil, et les lignes qui le traversent indiquent les routes
suivies par la planète devant lui.

On voit que la longueur comme l'inclinaison de ces routes diffèrent
considérablement d'un passage à l'autre. La planète entre toujours
à gauche, par l'est, pour sortir à droite, par l'ouest. A travers cette
complication apparente, on peut néanmoins facilement remarquer
un ordre réel : tous les passages qui arrivent au mois de mai sont

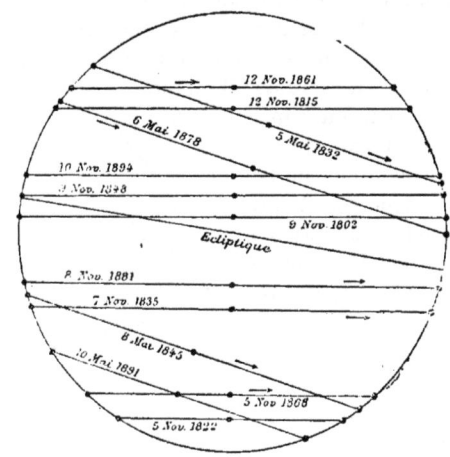

Fig. 133. — Passages de Mercure devant le Soleil pendant le XIXᵉ siècle.

parallèles entre eux; tous ceux qui arrivent en novembre sont
également parallèles entre eux.

Le passage du 5 novembre 1868 a été visible à Paris, au lever du
Soleil. C'était là un spectacle fort intéressant et assez rare; aussi
les astronomes étaient-ils à leurs lunettes au moment calculé pour
l'apparition du phénomène. J'ai pu observer et dessiner avec exactitude ce petit événement astronomique, fait assez rare en lui-
même, car il n'est pas visible chaque fois à Paris. Voici un résumé
de cette observation :

Ce jour-là, l'atmosphère était loin d'être favorable à l'astronomie. Entré
pendant la nuit, à 5 heures 34 minutes du matin, sur le Soleil, Mercure

avait déjà accompli près de la moitié de sa course au lever de l'astre radieux. Astre radieux! c'était une métaphore en ce temps de brumaire. Des nuages épais étendaient dans l'atmosphère leur voile lugubre et impénétrable. L'œil le plus attentif ne pouvait découvrir la moindre éclaircie dans le ciel entier.

Pendant plus d'une heure et demie l'atmosphère garda son épais rideau désespérant, qui flottait sous le souffle humide d'un vent d'ouest. Pour comble de malheur, ce n'était pas seulement une simple couche de nuages qui pesait ainsi sur la tête inquiète de l'observateur, mais deux immenses : la plus haute formée de cirri blancs disséminés en forme de larges balayures, la plus basse formée de cumili-strati sombres.

Arago avait bien raison de dire, dans sa notice sur Sylvain Bailly, que l'astronomie est un dur métier, et que nos connaissances actuelles ne sont dues qu'à une série étonnante d'efforts persévérants et d'infatigable patience, et j'ai pu constater une fois de plus pour ma part que l'attente en plein air des conditions de l'observation d'un phénomène céleste est un peu plus rude que la description de ce phénomène devant la cheminée d'un salon. Mais, il faut tout dire, on est si heureux au moment où l'on a le privilège de contempler ces merveilles, que soudain, toute fatigue oubliée, les murmures sur notre triste Terre (si peu faite pour l'astronomie) cessent comme par

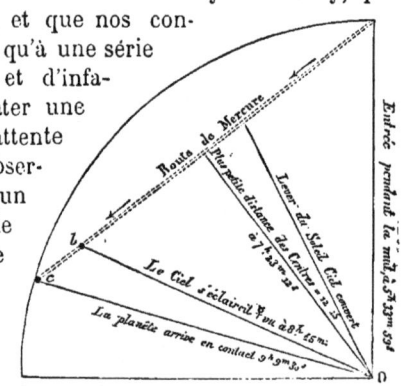

Fig. 154. — Quart nord-ouest du Soleil montrant la route suivie par Mercure devant le Soleil.

enchantement. Ainsi, le voyageur arrivé au sommet des Alpes oublie tout à coup, dans l'admiration du spectacle, les durs sentiers et les précipices de l'ascension.

Ce n'est qu'après sept grands quarts d'heure d'une attente constante, durant laquelle l'œil perplexe épie, de seconde en seconde, sans percer les nuages mobiles, que le Soleil fit enfin son apparition dans une belle éclaircie. La planète était là, se détachant en noir non loin du bord occidental vers lequel elle approchait lentement.

A première vue, on aurait pu facilement prendre pour Mercure une tache presque ronde qui planait dans la région opposée du disque. Cette tache était en effet de dimension égale à la projection de la planète; mais, en l'examinant attentivement, on ne tardait pas à découvrir autour d'elle une pénombre, et dans son noyau des formes irrégulières.

La planète Mercure était exactement ronde, et je n'ai pu reconnaître aucune trace d'aplatissement à ses pôles, même en employant de forts

grossissements. Elle était *beaucoup plus noire* que les taches solaires.

A partir de 8 heures 45 minutes, le ciel, rapidement éclairci, garda
toute sa pureté jusqu'au delà de la fin du phénomène.

C'est vers 9 heures 9 minutes 30 secondes que la planète arriva en
contact interne avec le limbe lumineux du Soleil et commença sa sortie.
Je n'ai point donné cet instant comme rigoureusement déterminé, et surtout je me suis bien gardé d'inscrire des dixièmes de seconde ; car l'observation soigneuse de ce phénomène m'a convaincu qu'il est absolument
impossible d'être sûr de l'instant précis du contact, à moins de *plusieurs
secondes* près. L'esprit hésite pendant longtemps, avant d'être bien assuré
que le disque solaire est entamé. Quant au dernier contact, ou à la sortie
définitive de la planète au bord échancré du Soleil, ce moment est plus
difficile à décider encore. C'est vers 9 heures 11 minutes 50 secondes
que la planète cessa d'échancrer le limbe solaire et parut tout à fait
sortie. J'ai tracé (*fig.* 154) comme une corde traversant la région
nord-ouest du disque solaire, la route suivie
par Mercure pendant son passage, avec les
circonstances principales de l'observation.
L'image est renversée, comme dans toutes les
observations faites à la lunette astronomique,
et le Soleil est incliné, comme il l'est à son
lever relativement à la verticale sud-nord et
midi.

Fig. 155.

Mercure sortant du disque solaire.

Tandis que Mercure sortait du disque brillant du Soleil, pendant 2 minutes et 20 secondes, le bord solaire parut échancré comme
une balle. L'échancrure devint bientôt demi-
circulaire, puis diminua de plus en plus. La
figure 155 montre cette échancrure produite par la planète sur le
bord du disque solaire.

Le passage du 6 mai 1878 eût été également visible à Paris, si des
nuages n'étaient venus interposer leur voile dans notre atmosphère
inconstante : on a pu l'étudier en Belgique et en Angleterre. Celui du
7 novembre 1881 n'était pas visible en France ; mais on l'a soigneusement observé en Australie. Ceux de 1891 et 1894 seront visibles
en France, le premier au lever, le second au coucher du Soleil.

L'année de Mercure est de 87 jours et 97 centièmes de jour,
ou 2 mois 27 jours 23 heures 15 minutes et 46 secondes. C'est
moins de trois de nos mois. Les habitants de cette planète ont

donc leur vie mesurée par des années quatre fois plus rapides
que les nôtres. Un centenaire de Mercure n'a vécu que vingt-
quatre de nos années ; autrement dit, un « jeune homme » de vingt-
quatre ans est un centenaire de Mercure et une « jeune fille » de vingt
ans doit y être bisaïeule. Si la biologie y est réglée comme en notre
monde, les impressions doivent y être plus rapides et plus vives, les
actes vitaux doivent s'y accomplir avec une grande célérité ; on y devient adolescent dans un intervalle de cinq ans terrestres, mûr en
douze ans, vieillard en vingt années de notre calendrier.

Il résulte de cette circulation si rapide que Mercure est constamment en voyage, et ne reste pas immobile un seul instant dans
l'année, tandis que Saturne, par exemple, nous paraît endormi
dans la même constellation pendant des mois entiers. Ainsi, il
atteint sa plus grande élongation du soir, le 4 janvier 1884,
retardant de 1 heure 38 minutes sur le Soleil, passera entre cet
astre et nous (mais non juste devant le Soleil) le 20 janvier,
deviendra étoile du matin et atteindra sa plus grande élongation le
13 février, passera derrière le Soleil le 29 mars, redeviendra étoile
du soir et atteindra de nouveau son plus grand éloignement angulaire du Soleil le 25 avril, et ainsi de suite, revenant aux mêmes
positions tous les quatre mois environ et passant trois fois par
an à sa plus grande proximité de la Terre, avec une agilité qui
lui a fait mettre des ailes aux pieds par l'antique mythologie
et qui lui a donné les attributs et le culte de messager des dieux.
En comparant notre figure 156 à celles de Vénus (p. 233), et de
Mars (p. 87), on jugera au premier coup d'œil des différences
qui caractérisent les mouvements apparents de ces trois planètes.

Cette rapidité du mouvement de Mercure autour du Soleil, jointe
à sa proximité de l'astre radieux, fait que pour nous cette planète
semble se balancer, comme Vénus, à l'est et à l'ouest du Soleil, mais
en périodes plus courtes et plus rapides. Nos pères aimaient se représenter ces mouvements planétaires sous une forme pittoresque,
et il faut avouer que ces modes de représentation étaient bien faits
pour parler aux yeux et animaient d'une certaine vie les aspects que
la géométrie pure laisse toujours froids et indifférents. Jetez, par
exemple, un coup d'œil sur notre figure 157, fac-similé d'un dessin
du XVIIIe siècle, représentant les élongations de Mercure et de Vénus,

de part et d'autre du Soleil ; ne semble-t-il pas qu'on assiste à un jeu charmant dont Apollon, Mercure et Vénus sont les héros volontaires ? Vénus tient dans sa main un cœur embrasé et Mercure un caducée.

Une figure du XVII° siècle (*fig.* 158) traduit la même impression

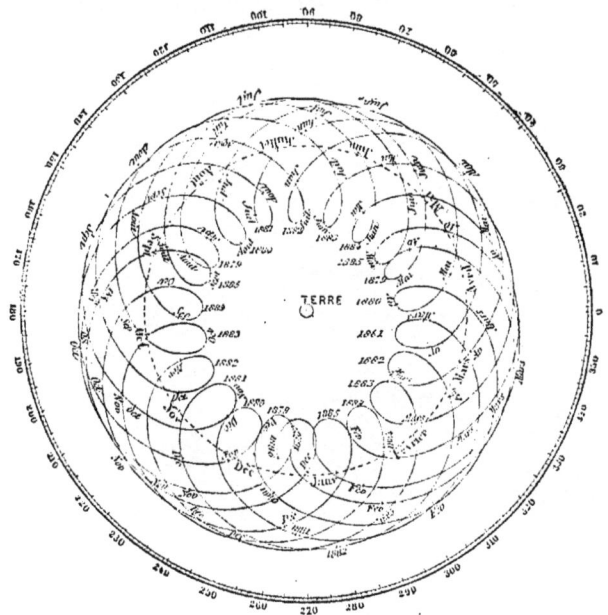

Fig. 156. — Mouvement de Mercure par rapport à la Terre.

sous une forme non moins ingénieuse. Ces sinuosités significatives donnent bien une idée du mouvement de Mercure.

La planète Mercure fait partie des cinq planètes connues de toute antiquité ; mais elle a été sans doute la dernière découverte et identifiée. Nous avons publié plus haut (p. 222), un manuscrit égyptien de dix-huit siècles, qui commence précisément par cette planète (SEWEK). La plus ancienne *mesure* astronomique qui soit arrivée jusqu'à nous date de 265 ans avant notre ère, de l'an 494 de l'ère de Nabonassar, soixante ans après la mort d'Alexandre le conquérant. Le 19 du mois égyptien Thoth, jour correspondant au 15 novembre, les astronomes observèrent la planète passant près des étoiles β et δ du Scorpion. Nous possédons aussi sur Mercure des observations chinoises, dont la plus ancienne appartient à l'année 118 avant notre ère : le 9 juin de cette année, on l'observa près de l'amas d'étoiles de la constellation du Cancer nommé Præsepe ou la Crèche. Pour reconnaître que c'est *le même astre* qui apparaît tantôt le matin, précédant le Soleil, tantôt le soir suivant son coucher, il a fallu

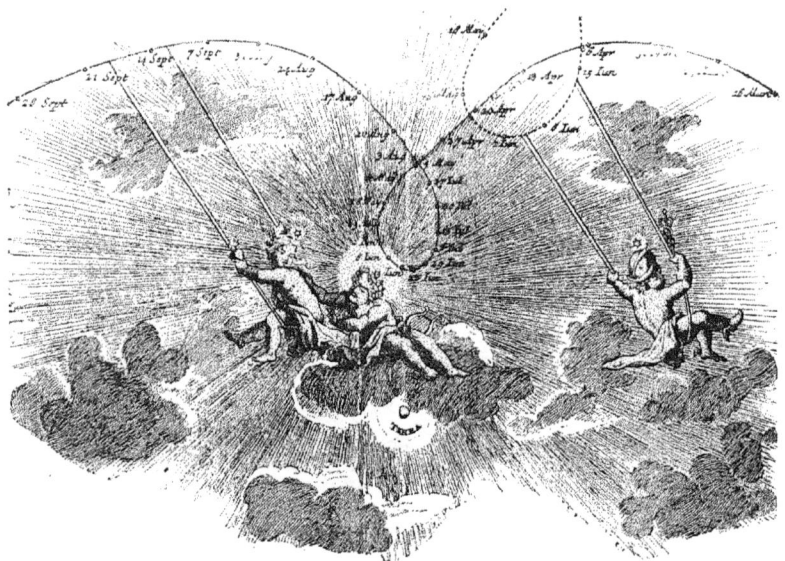

Fig. 157. — Les élongations de Mercure et de Vénus de part et d'autre du Soleil.
(Figure du XVIII° siècle).

une longue suite d'observations, et dans un climat favorable, soit en Chaldée, soit en Égypte. Cependant elle a été identifiée à une époque très ancienne : nous avons vu plus haut, à propos de Mars et de Vénus, que les astronomes chaldéens (Accadiens) l'observaient à Ninive au vingtième siècle avant notre ère, ainsi que Vénus, Mars, Jupiter et Saturne; il y a bien des siècles que son nom a été donné à l'un des jours de la semaine (le mercredi : *Mercurii dies*).

Aux temps des premières observations, on avait cru à l'existence de deux planètes différentes, l'une du matin, l'autre du soir, et l'on avait nommé séparément chacune d'elles. C'étaient Set et Horus chez les Égyptiens, Boudha et Rauhineya chez les Indiens, Apollon et Mercure chez les Grecs. Ces dieux sont restés distincts dans les

Fig. 158. — Image des sinuosités du mouvement de Mercure.
(Figure du XVIIᵉ siècle).

mythologies, quoique l'Astronomie ait depuis plus de quatre mille ans reconnu leur identité. Les religions ne suivent que de loin les progrès des sciences.

Outre les noms mythologiques des planètes, que nous ont con-
servés Platon, Aristote et Diodore de Sicile, il y a eu aussi des épi-
thètes en rapport avec les aspects de ces astres : ainsi Mercure fut
nommé *Stilbôn*, « l'éclatant ». Quant à son nom sanscrit très ancien,
« Boudha », il a la même racine que celui du législateur Bouddha :
budh, qui signifie savoir. Le mot saxon *Wuotan* (Odin) a la même
étymologie et désigne aussi le dieu du mercredi : Wodawes-dag en

Fig. 159. — Pierre gravée, de l'époque romaine, portant les planètes et les signes du zodiaque.

vieux saxon, Budha-wâra en indien. Mercure est resté d'ailleurs le
dieu du savoir, entre autres celui de la médecine, et le signe ☿ par lequel on le représente depuis le moyen âge rappelle le caducée. Ainsi
l'observation du ciel est liée à l'origine même des langues, des religions et des histoires.

Sur une pierre gravée datant de l'époque romaine (très bel onyx
qui appartenait au siècle dernier à la collection de la maison d'Orléans et à son musée du Palais-Royal et qui a été achetée par Cathe-

rine II de Russie), on voit, gravées en fort bon style, les planètes
suivant l'ordre ancien : La Lune — Mercure — Vénus — le Soleil —
Mars — Jupiter — Saturne — dans un cercle intérieur à celui des
signes du zodiaque. Au centre, le dieu Pan avec sa flûte, modéra-
teur du mouvement et de l'harmonie des sphères. Le revers de cette
pierre porte une tête de Méduse. C'est là un monument astronomique qui mérite d'être conservé. Mercure est conduit par deux

Fig. 160. — Revers de la même pierre.

coqs et armé du caducée. On y reconnaît aussi l'épée de Mars, la
foudre de Jupiter et la faux de Saturne.

Mercure avait pour domiciles astrologiques la Vierge et les Gémeaux. Dans sa magnifique galerie planétaire, dont nous avons
déjà donné des spécimens, sur Mars et sur Vénus, Raphaël a représenté le messager des dieux armé du caducée et se préparant à
prendre son vol pour aller transmettre aux mortels les ordres de la
cour céleste. Ces représentations, fort révérées autrefois (Socrate a
bu la ciguë pour avoir mis en doute leur valeur), sont aujourd'hui

pour nous de l'archéologie, comme le seront pour nos descendants

Fig. 161.

Ra./Urbinas jnu.

Mercurius

Inter Venerem et Lunam apparet. Domus ejus principalis Virgo, minus principalis Gemini.

l'ascension de Jésus dans un ciel qui n'existe pas, ou sa descente aux enfers dans des régions souterraines qui n'existent pas davantage.

CHAPITRE II

Rotation de Mercure sur lui-même.
Durée du jour et de la nuit sur ce monde. — Nombres de jours
dans son année. — Calendrier de Mercure. — Phases. — Irrégularités.
Montagnes. — Volume. — Densité. — Pesanteur.

Ce n'est que depuis l'invention des lunettes d'approche que la constitution physique des planètes a pu être étudiée, et ce n'est que depuis la fin du siècle dernier qu'on a pu parvenir à distinguer quelques détails sur le disque de Mercure, si difficile à voir. La question de savoir si ce globe est doué d'un mouvement de rotation sur lui-même a tout d'abord attiré l'attention des astronomes.

L'orbite de Mercure étant intérieure à celle de la Terre, ce monde se trouve tantôt entre nous et le Soleil, tantôt de l'autre côté du Soleil par rapport à nous, tantôt à angle droit, etc. Il en résulte des *phases* analogues à celles de la Lune. Lorsqu'il est entre le Soleil et la Terre, position nommée sa conjonction inférieure, nous ne pouvons le voir dans le ciel, puisque c'est alors son hémisphère obscur qui est tourné vers nous. (Il ne brille, comme la Lune, et comme toutes les planètes, que par la lumière qu'il reçoit du Soleil et qu'il réfléchit dans l'espace.) Lorsqu'il fait un angle léger avec le Soleil, avant et après sa conjonction, nous voyons un peu de son hémisphère éclairé, et un *croissant* très délié se dessine dans la lunette. Lorsqu'il se trouve à angle droit, il ressemble au premier ou au dernier *quartier* de la Lune, etc. On ne le voit jamais parfaitement rond au télescope, parce qu'aux époques où il nous montrerait entièrement son hémisphère éclairé, il se trouve derrière le Soleil, qui l'éclipse.

Les phases de Mercure ont été vues pour la première fois par Hortensius, vers 1630. Galilée avait essayé de les reconnaître avec les instruments primitifs dont il faisait usage, mais comme on peut le lire dans son troisième Dialogue, il ne parvint pas à en constater l'existence.

Comme celles de Vénus, ces phases ne correspondent pas avec précision aux phases calculées. On a trouvé plusieurs fois la largeur du croissant inférieure à ce qu'elle aurait dû être d'après la position de la planète et l'éclairement du Soleil. Le 29 septembre 1832,

Fig. 163. — Les phases de Mercure.

entre autres, Mädler, observant une conjonction de Mercure avec Saturne, remarqua que la largeur de la phase était de 1,25 au lieu de 1,45 (le rayon du disque étant pris pour unité).

Si la planète était sans aspérités sensibles, son croissant serait toujours terminé par deux cornes également aiguës, formées par la limite régulière de l'hémisphère éclairé par le Soleil; mais on remarque, en certaines circonstances, que l'une des cornes, la méridionale, s'émousse assez fortement, et présente une véritable troncature. Ce fait a conduit à admettre que, près de cette corne méridionale, il existe un plateau montagneux très élevé qui arrête la lumière du Soleil et l'empêche d'aller jusqu'au point auquel la corne aiguë s'étendrait sans cette proéminence.

Observé dès 1801 par Schröter, à Lilienthal, cet émoussement de la corne australe du croissant a été revu entr'autres par MM. Noble et Burton, en 1864, et par M. Franks en 1877.

La réapparition régulière de ce phénomène de troncature montre en même temps le mouvement de rotation de la planète et le retour de la montagne au bord du disque. La comparaison des moments où elle se manifeste a conduit, en 1801, Schröter à la conséquence que cette rotation s'effectue en 24 heures 5 minutes 30 secondes. En 1810, Bessel, d'après cinq observations de Schröter faites pendant une période de 14 mois, a trouvé 24 heures 0 minutes 53 secondes, et en 1816, Schröter reprenant lui-même les calculs de Bessel et les comparant aux siens, a trouvé 24 heures 0 minutes 50 secondes. C'est cette dernière valeur que nous adopterons, sans la considérer tou-tefois comme aussi certaine que celles de Mars et de Vénus, et en en désirant la vérification.

Fig. 164.
Phase de Mercure.
Troncature de la corne australe.

Le nombre de jours solaires de l'année mercurienne est de 86 et deux tiers (86,637), et chacun de ces jours est de 24 heures 21 minutes. Les habitants de Mercure ont dû, en formant leur calendrier, faire deux années bissextiles de 87 jours sur trois, et une de 86 jours.

Nous verrons plus loin, en examinant le mouvement de rotation de la Terre, que pour chaque planète ce mouvement de rotation qui ramène les étoiles au méridien après sa période exacte, n'y ramène le Soleil qu'après un intervalle un peu plus long, à cause de la translation de la planète autour du Soleil. Le nombre de jours solaires dont se compose l'année est toujours inférieur d'une unité à celui des jours sidéraux, et le jour solaire est par conséquent plus long que le jour sidéral. Sur Mercure, le jour solaire est de 24 heures 21 minutes : telle est la durée du jour civil. Il n'y a donc que 21 minutes de différence à cet égard entre Mercure et la Terre. La division du jour y est à peu près la même qu'ici, et si l'on y a partagé comme ici la journée entière en vingt-quatre heures, ces heures y sont seulement un peu plus longues que les nôtres.

Ce qui nous frappe d'abord, par conséquent, dans la division du temps sur cette planète, c'est que les journées y ont la même longueur qu'ici, tandis que les années y sont quatre fois plus courtes. Tels sont les premiers éléments du calendrier de Mercure. Cette brièveté de l'année de Mercure saute aux yeux à l'examen du petit diagramme (*fig.* 165) sur lequel on a représenté les douze mois de l'année terrestre et les trois mois de l'année de Mercure. Pendant que nous parcourons les trois premiers mois de notre année, Mercure est déjà arrivé au bout de la sienne.

La proximité où la planète se trouve toujours du Soleil et la blancheur de sa lumière rendent extrêmement difficile l'observation de sa surface. Néanmoins Schröter et Harding ont reconnu l'existence de bandes obscures sillonnant le disque, et qui sont dues probablement à des zones de nuages, que des courants analogues aux vents alizés formeraient à peu près parallèlement à l'équateur.

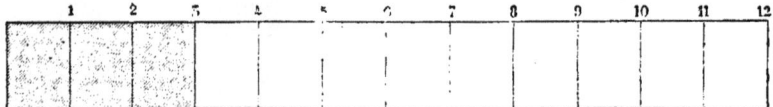

Fig. 165. — Longueur comparée de l'année de Mercure et de l'année terrestre.

Les échancrures observées à l'une des cornes du croissant indiquent que le sol de Mercure est accidenté, qu'il existe de fortes aspérités à sa surface. Les dentelures de la ligne de séparation de l'ombre et de la lumière témoignent de même de l'existence de hautes montagnes, qui interceptent la lumière du Soleil, et de vallées plongées dans l'ombre, qui empiètent sur les parties éclairées du sol de la planète.

Ainsi Mercure a des montagnes. La mesure de la troncature du croissant a même conduit Schröter à évaluer leur hauteur, qui paraît être de la 253ᵉ partie du diamètre de la planète : ce serait environ 19 kilomètres ! Or, la plus haute montagne du globe terrestre, le Gaurisankar de l'Himalaya, s'élève à 8 840 mètres au-dessus du niveau de la mer ; mesuré du plus bas fond des mers, il en aurait le double, soit environ 17 000, ce qui n'est encore que la sept-centième partie du diamètre de la Terre. Les montagnes de Mercure seraient donc, d'après cette évaluation (qui n'est pas très précise), relativement trois fois plus élevées que celles de la Terre.

Nous avons vu plus haut que Mercure passe quelquefois juste entre le Soleil et nous; et apparaît alors comme une petite tache ronde et très noire glissant à la surface de l'astre du jour. Pendant l'un de ces passages, le 7 mai 1799, Schröter a vu ou cru voir sur le disque noir de la planète un point lumineux. Une observation toute semblable a été faite, le 5 novembre 1868, par M. Huggins, qui, pendant toute la durée du passage, a vu un point lumineux sur le disque obscur, à peu de distance de son centre. On avait conclu de l'observation de Schröter qu'il existe à la surface de Mercure des volcans en ignition. Ce serait une analogie de plus entre la constitution physique de cette planète et celle de la Terre. Schröter était un observateur habile, et le même témoignage doit être porté en faveur de mon savant ami M. Huggins. Cepen-dant, malgré le désir tout par-ticulier que j'aurais de cons-tater une nouvelle analogie entre Mercure et la Terre, je dois avouer que les deux ob-servations précédentes ne me paraissent pas sûres. Il doit y avoir eu là quelque illusion d'optique. J'ai observé avec beaucoup de soin à Paris ce

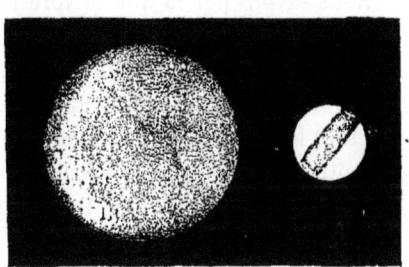

Fig. 166. — Grandeur comparée de Mercure et de la Terre.

passage de Mercure du 5 novembre 1868, et j'ai expressément cherché s'il n'y avait pas, comme l'avait vu Schröter, quelque point lumineux qui pût être distingué sur le disque noir : le résultat a été qu'il n'y avait rien de visible. Tous les autres astronomes qui ont observé le passage, à l'aide d'instruments de grossissements très variés, n'ont rien vu non plus.

Nos connaissances actuelles sur la géologie de Mercure, se résu_ment donc à savoir que cette planète est hérissée de très hautes montagnes; mais nous ne pouvons pas encore affirmer qu'on y ait réellement vu des éruptions volcaniques.

La Terre est aplatie à ses pôles de $\frac{1}{293}$. Mercure peut avoir la même figure, mais la proportion est si faible, qu'elle est insensible aux meilleurs instruments.

Le diamètre de cette planète n'est égal qu'au 38 centièmes de celui de notre globe. Ce diamètre réel se calcule d'après le diamètre apparent combiné avec la distance. Nous avons vu, à propos des passages de Vénus, que les conclusions relatives à la parallaxe solaire donnent le nombre 17″72 pour le diamètre de la Terre vue du Soleil. C'est à cette unité que les diamètres de toutes les planètes sont rapportés, en les supposant toutes vues à la même distance. Voici ces diamètres angulaires :

Mercure	6″70	Jupiter	197″75
Vénus	16,90	Saturne	168,82
La Terre	17,72	Uranus	74,82
La Lune	4,84	Neptune	78,10
Mars	9,57		

Nous savons par là que le volume de Mercure n'est que les 5 centièmes de celui de notre globe : c'est la plus petite des planètes (exception faite des fragments qui gravitent entre Mars et Jupiter). En volume, il est dix-huit fois plus petit que la Terre; sa surface est sept fois moindre; son diamètre dépasse à peine le tiers de celui de notre monde : il est à celui de la Terre comme 376 est à 1 000, et mesure 1 200 lieues; d'où il suit que ce globe compte seulement 15 000 kilomètres de tour.

L'un des points les plus curieux à connaître des conditions d'habitation de cette planète, serait de pouvoir mesurer l'état de la pesanteur à sa surface. Mais comment déterminer avec précision le poids de ce globe? S'il était accompagné d'un satellite, le problème serait facile à résoudre; car la vitesse du mouvement de ce satellite indiquerait le poids de cette planète, de même que la vitesse du mouvement de la Lune est en correspondance avec le poids de la Terre. Mais malheureusement Mercure n'est pas accompagné du plus petit satellite tournant autour de lui. D'un autre côté, s'il était plus lourd qu'il n'est, son attraction dérangerait visiblement Vénus et la Terre dans leur marche autour du Soleil, et en analysant avec précision ce dérangement, on pourrait aussi déterminer la masse de Mercure. Il est si faible, que son action est presque insensible. Cependant, en poussant l'analyse à ses dernières limites, Leverrier est parvenu à trouver une valeur mathématique. On avait, auparavant, cherché à découvrir son action perturbatrice sur les comètes qui passent près de lui; ce n'est pas là une balance bien sensible ni bien rigoureuse : elle avait d'abord fait supposer à la planète une densité égale à celle du plomb. Avec l'opinion qui était encore générale, il y a un demi siècle, sur cette densité, il eût été bien difficile de se former une idée de son état d'habitation. On évaluait en effet, cette densité, à plus de seize fois que celle de l'eau, c'est-à-dire qu'on la faisait près de trois fois plus forte que celle de la Terre : elle tenait à peu près le milieu entre celle de l'or et celle du métal consacré à l'astre dont nous nous occupons.

Un pareil état du sol eût été bien difficilement assimilable à des organismes analogues à ceux que nous connaissons, mais il eût peut-être donné raison à l'hypothèse imaginée par Huygens, qui suppose que les habitants de Mercure reçoivent du Soleil une chaleur si brûlante, qu'elle embraserait d'elle-même des herbes comme celles qui croissent sur notre globe. Ajoutons toutefois que le même astronome ne voyait pas là un motif suffisant pour laisser cette planète déserte et stérile, car il s'empressait d'ajouter que l'organisation de ses habitants doit être appropriée à celle de la planète.

Le calcul de la densité a pu être repris il y a quelques années, et, d'après une étude plus complète des perturbations produites sur la comète d'Encke, on a été conduit à la conclusion que le globe de Mercure pèse environ quinze fois moins que le globe terrestre. Il en résulte que la densité des matériaux qui le composent surpasse d'un sixième seulement celle des matières terrestres, comme moyenne générale, car il y a là comme ici des différences dans les substances. La *pesanteur* à sa surface est presque *moitié moindre* de ce qu'elle est ici : un kilogramme transporté sur Mercure n'y pèserait que 521 grammes. Cette faiblesse de la pesanteur fait que des êtres lourds et énormes comme l'éléphant, l'hippopotame, le mastodonte ou le mammouth, pourraient avoir sur Mercure l'agilité de la gazelle et de l'écureuil! L'imagination peut facilement supposer quelle métamorphose cette différence de pesanteur doit apporter dans les œuvres matérielles et même intellectuelles de l'humanité à la surface d'une autre planète.

Sa densité est un peu plus forte que celle des matériaux constitutifs de la planète que nous habitons : en représentant la densité terrestre par 1 000, celle de Mercure est représentée par le chiffre 1 376. C'est la plus élevée de tout le système solaire.

Ainsi, quoique les êtres et les choses qui existent sur ce globe soient d'un tiers *plus denses* que les nôtres, ils pèsent *près de moitié moins*. Un objet qui tombe ne parcourt que 2ᵐ,55 pendant la première seconde de chute.

Voici, à ce propos, la valeur calculée de l'intensité de la pesanteur sur les différents globes du système solaire, comparée à celle de la pesanteur terrestre prise pour moitié.

INTENSITÉ COMPARATIVE DE LA PESANTEUR A LA SURFACE DES MONDES

Le Soleil.	27,474	Uranus.	0,883
Jupiter.	2,581	Vénus.	0,864
Saturne	1,104	Mercure.	0,521
La Terre.	1,000	Mars	0,382
Neptune.	0,953	La Lune	0,164

Ainsi, c'est sur la Lune que l'intensité de la pesanteur est la plus faible et c'est sur le Soleil qu'elle est la plus forte. Tandis que, transporté sur le premier de ces astres, un kilo terrestre ne pèserait que 164 grammes, il pèserait plus de 27 kilos sur le Soleil, 2 kilos et demi sur Jupiter, etc. Mais nous apprécierons mieux ces différences d'intensité si nous les traduisons par le chemin que parcourrait un corps, une pierre par exemple, qu'on laisserait tomber du haut d'une tour. Voici le chemin qui serait parcouru dans la première seconde de chute sur chacun des mondes que nous considérons :

ESPACE PARCOURU PAR UN CORPS QUI TOMBE, PENDANT LA PREMIÈRE SECONDE DE CHUTE

Sur la Lune.	0ᵐ,80
Sur Mars	1ᵐ,86
Sur Mercure.	2ᵐ,55
Sur Vénus.	4ᵐ,21
Sur Uranus.	4ᵐ,30
Sur Neptune.	4ᵐ,80
Sur la Terre.	4ᵐ,90
Sur Saturne.	5ᵐ,34
Sur Jupiter	12ᵐ,49
Sur le Soleil	134ᵐ,62

On voit que cette intensité ne diffère pas considérablement sur la Terre, Vénus, Uranus et Neptune, mais que, sans être aussi faible sur Mercure que sur Mars, elle est néanmoins beaucoup plus faible qu'ici.

Un habitant de la planète Mercure arrivant sur la Terre éprouverait dans ses mouvements la résistance du nageur plongé dans l'eau.

On ne connaît pas de satellite à Mercure.

CHAPITRE III

**L'atmosphère de Mercure. — Météorologie.
Climats et saisons. — Inclinaison de l'axe. — Lumière. — Chaleur.
Conditions de la vie sur le monde de Mercure.**

Notre conception générale de la vie à la surface des autres planètes se rattachant très intimement à l'existence d'une atmosphère, l'une des premières questions que nous nous adressons naturellement lorsque nous nous occupons de l'habitabilité des autres mondes, est de nous demander s'ils sont gratifiés d'une atmosphère analogue à la nôtre. Cette tendance de notre esprit n'est peut-être pas absolument irréprochable, car nous n'avons aucune certitude que la vie ne puisse pas exister en des conditions tout à fait différentes de celles où elle se trouve ici-bas ; mais elle est naturelle et logique, puisque le système organique terrestre tout entier, aussi bien végétal qu'animal, a pour base essentielle l'air et la respiration. L'étude des atmosphères planétaires a donc un double intérêt pour nous : un intérêt astronomique, d'une part, en ce qui concerne la connaissance que nous voulons avoir de la constitution physique des autres mondes ; un intérêt physiologique, d'autre part, en ce qui concerne l'analogie d'habitation humaine que ces mondes peuvent offrir avec celui que nous habitons en ce moment.

Eh bien ! la première planète du système solaire, la plus proche de l'astre radieux, celle qui reçoit la plus grande somme de chaleur et de lumière, la planète Mercure, a-t-elle une atmosphère ?

Aujourd'hui, nous pouvons répondre affirmativement à cette intéressante question, quoique sa solution ait été lente et traversée d'illusions de toutes sortes, semées sur son passage. L'observation de la planète est si difficile en effet que la constatation de son atmosphère a été, comme on le devine sans peine, plus difficile encore.

C'est pendant les passages de Mercure devant le Soleil, que le premier indice de l'existence de l'atmosphère de ce petit monde a frappé l'attention des astronomes.

Un faible anneau nébuleux entourant la planète a été décrit par

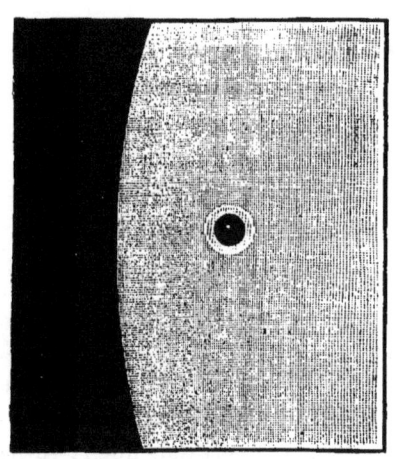

Fig. 168.
Auréole lumineuse observée autour de Mercure.

Plantade, lors du passage de 1736. Le même phénomène a été remarqué par Flaugergues, dans l'observation des passages de 1786, 1789 et 1799; il l'a signalé sous le nom d'anneau lumineux. Messier, Méchain et Schrœter rapportent avoir aperçu dans ce dernier passage un anneau mince et lumineux, qu'ils ont attribué à l'influence d'une atmosphère. En 1832, le docteur Moll l'a aperçu comme un cercle gris d'une teinte sombre un peu violette. Les uns l'ont vu plus lumineux, les autres moins lumineux que le Soleil lui-même.

Pendant le passage de 1868, l'astronome et physicien anglais Huggins, a décrit ce même anneau atmosphérique ([1]), et en a dessiné la figure ci-dessus. « En examinant attentivement, dit-il, le voisinage immédiat de la tache noire formée par Mercure, dans l'idée de rechercher s'il existe un satellite, je constatai que la planète était entourée d'une auréole de lumière un peu plus brillante que le Soleil. La largeur de l'anneau lumineux était environ le tiers du diamètre apparent de la planète. Elle ne s'évanouissait pas au bord,

(1) *Monthly Notices of the Royal Astronomical Society*, novembre 1868.

mais avait un contour bien arrêté, et était sans couleur aucune. Presque au même moment où je vis cet anneau, mon attention fut frappée par un point lumineux brillant vers le centre de la planète. » C'est le point dont nous avons parlé au chapitre précédent.

Après avoir décrit longuement les phénomènes dont nous résumons ici la description, l'astronome anglais examine s'ils peuvent être causés par une illusion d'optique et conclut qu'ils sont bien réels.

Combien la vision humaine est singulière ! Pendant que M. Huggins observait en Angleterre ce passage de Mercure devant le Soleil, je l'observais à Paris, comme je l'ai dit plus haut, avec toute l'attention possible également, et je n'ai pu apercevoir, ni point lumineux, ni trace d'atmosphère. Et cependant je les cherchais avec une idée préconçue. Cela ne veut point dire que l'astronome anglais et tous ses prédécesseurs se soient trompés ; mais ces différences nous apprennent à ne pas trop nous fier à la vue dans certains cas spéciaux, comme dans ceux où le contraste joue un grand rôle. Non seulement la vue, la sensation de la rétine, le jugement, diffèrent d'un observateur à l'autre, mais l'instrument employé entre lui-même pour une large part dans les résultats de l'observation ([1]).

(1) Le passage de Mercure du 5 novembre 1868 a été observé par plus de cinquante astronomes, en France, en Angleterre, en Allemagne, en Russie, en Italie, en Espagne, et M. Huggins est le seul qui ait vu l'auréole et le point lumineux.

Il en a été de même dans les passages antérieurs. Tandis que les astronomes cités plus haut décrivaient les phénomènes en question, les autres affirmaient n'avoir rien vu.

Ainsi, en 1802, William Herschel assura avoir constaté que le contour de Mercure resta parfaitement terminé pendant toute la durée du passage. Or, on sait que la lumière s'affaiblit et se colore inévitablement en traversant une atmosphère. Le fait qu'on n'a pu apercevoir autour de la tache aucun anneau qui fût différent, par l'intensité ou par la teinte, du disque solaire, infirmerait l'existence d'une atmosphère un peu épaisse. Mais il est bien probable que dans ces circonstances nous ne voyons pas l'atmosphère de Mercure elle-même, car elle doit être couverte de nuages, et au-dessus de ces nuages il ne doit rester qu'une couche aérienne trop peu sensible pour produire de notables effets de réfraction. Si cette atmosphère était pure et entourait le disque de la planète, les rayons lumineux éprouveraient en la traversant une déviation qui déformerait le bord du Soleil. Aucune déformation de ce genre ne s'est fait remarquer.

Au dernier passage de 1878, ce point lumineux a été revu et absolument constaté, notamment par mon savant ami M. de Boë, astronome belge. Le fait le plus curieux, c'est que, pendant les passages de Mercure qui arrivent en mai, ce point lumineux se trouve à l'ouest du centre de la planète, tandis que, pendant les observations faites en novembre, on l'a toujours vu à l'est. Il n'est pas juste au centre, ce qui prouve que

On a attribué l'auréole à une atmosphère immense et ce point lumineux à un volcan. Il serait singulier qu'il y eût justement un volcan d'allumé sur Mercure vers le milieu de l'hémisphère tourné vers la Terre aux jours et aux heures des passages de cette planète devant le Soleil ; il ne serait pas moins étrange que cette planète fût environnée d'une enveloppe atmosphérique égale au tiers de son diamètre : c'est comme si notre atmosphère avait plus de mille lieues de hauteur L'explication la plus simple est d'admettre que Mercure n'étant sur l'éblouissant Soleil qu'un minuscule point noir *invisible à l'œil nu,* la difficulté de l'observation dans un tel état de contraste produit des phénomènes purement optiques.

Quoi qu'il en soit, ces observations contradictoires, que nous signalons ici en toute sincérité, ne prouveraient rien sur l'existence d'une atmosphère autour de la planète Mercure, si nous n'en avions pas de plus convaincantes.

Une des meilleures est celle qui nous montre que le cercle terminateur des phases de Mercure n'est pas net et arrêté comme sur la Lune, mais diffus et estompé, comme on l'a vu sur la figure 164 (p. 351). Cette pénombre ne peut être produite que par une atmosphère. C'est le crépuscule du commencement et de la fin du jour que nous apercevons d'ici. L'atmosphère est éclairée par le Soleil,

ce n'est pas un effet optique dû à la diffraction. Une autre observation non moins curieuse, c'est l'auréole dont la planète paraît entourée pendant son passage sur le Soleil. Parfois cette auréole est plus lumineuse que le Soleil lui-même et parfois elle est d'une teinte grise un peu violette. En général, le premier cas s'est présenté au mois de novembre et le second au mois de mai. (Le fait est assez bizarre. J'ai observé en ballon un effet analogue : plusieurs fois, l'ombre de l'aérostat voyageant sur les prairies s'est montrée encadrée d'une auréole lumineuse) (¹).

Remarquons maintenant qu'à l'époque des passages du mois de mai Mercure est à sa plus grande distance du Soleil, tandis qu'au mois de novembre il est dans le voisinage de son périhélie, c'est-à-dire vers sa plus petite distance. Il pourrait exister une relation entre cette distance et la position de la tache lumineuse et l'aspect de l'auréole. Sans doute l'ardeur du Soleil, quatre fois et demie plus grand et plus chaud que le nôtre lorsque Mercure est à son aphélie, et dix fois et demie plus immense et plus intense lorsqu'il est à son périhélie, produit-elle dans l'atmosphère de cette planète des phé-nomènes météorologiques, magnétiques et électriques tout à fait étrangers à ceux que nous connaissons sur la Terre.

Mais ne nous hâtons pas d'expliquer des faits qui peuvent être purement subjectifs.

(¹) Voy. mes *Voyages aériens*, troisième ascension.

... Les jeux d'optique aérienne se produisent sur Mercure avec intensité...

sans que le sol le soit, et produit cette légère lumière qui sépare l'hémisphère éclairé de l'hémisphère nocturne.

D'un autre côté, le calcul d'une phase de la planète pour une date donnée (23 septembre 1832) a montré à Beer et Mädler que cette phase calculée était supérieure à la phase visible. De là, en attribuant à un défaut de diaphanéité une plus grande influence qu'à la réfraction, on est arrivé, par une voie totalement différente des déductions précédentes, à la conséquence que Mercure est entouré d'une atmosphère assez épaisse.

Un autre indice est fourni par ce fait que la lumière du disque de Mercure va en diminuant du centre vers les bords, diminution causée aussi par la présence de l'atmosphère autour de la planète.

Une autre preuve encore résulte de la formation subite des bandes obscures, qu'on a quelquefois remarquées sur ce globe. Ces bandes occupent souvent des espaces considérables et présentent des variations très sensibles d'éclat. Les premières observations qu'on en ait faites appartiennent à Schröter et Harding, et sont de l'année 1801. Elles ont été renouvelées depuis. Ainsi, le 11 juin 1867, par un ciel d'une grande pureté, M. Prince a constaté la présence d'un point brillant situé un peu au sud du centre de la planète, accompagné de légères traînées divergeant vers le nord-est et le sud. Le 13 mars 1870, M. Birmingham a observé une large tache blanche près du bord oriental. M. Vogel signale également l'observation de certaines taches aux dates des 14 et 22 avril 1871. Dans le grand télescope newtonien d'Oxford, de 13 pouces d'ouverture, construit par M. De La Ruë, le disque de la planète a présenté une légère teinte rosée.

L'atmosphère de Mercure doit être surtout composée de vapeur d'eau, ou, dans tous les cas, de *vapeurs* plutôt que de *gaz*, attendu que ses mers, ses lacs, ses rivières et ses sources doivent contenir, non pas de l'eau fraîche comme ici, mais de l'eau chaude. Si ce n'est pas de l'eau chimiquement identique avec la nôtre, les liquides qui la remplacent doivent être, quels qu'ils soient, à un état de température fort élevée.

Ajoutons enfin que l'analyse spectrale a pu être appliquée à l'examen de l'atmosphère de Mercure. Il résulte des recherches de l'astronome Vogel, que les raies principales du spectre de Mercure coïncident absolument avec celles du spectre solaire. Ce fait n'a rien de surprenant, puisque cette planète ne brille que par la lumière qu'elle reçoit du Soleil. Mais à ces lignes s'en ajoutent d'autres qui lui appartiennent en propre : « Certaines raies qui ne se produisent dans le spectre du Soleil que lorsque cet astre est très bas sur l'horizon, et que l'absorption par notre atmosphère est très considérable, se retrouvent en permanence dans le spectre de Mercure. On doit donc conclure de là à l'existence d'une *enveloppe gazeuse* autour de Mercure, *exerçant sur les rayons solaires une action absorbante égale à celle de notre atmosphère, lorsqu'elle atteint son maximum.* »

Ainsi, ce petit monde est environné d'une atmosphère considérable, dans laquelle flottent des vapeurs absorbantes ; son sol est très accidenté ; ses années sont fort courtes et ses saisons rapides ; ses journées sont relativement longues ; et le Soleil, beaucoup plus proche de lui que de nous, lui distribue une bien plus grande quantité de chaleur qu'il n'en donne à la Terre. Ce sont déjà là des notions remarquables sur un globe qu'il est si difficile d'étudier ; mais allons plus loin encore, et utilisons ces notions pour essayer de déterminer les conditions de la vie apparue à sa surface.

Nous avons vu que l'orbite suivie par la planète est très allongée, et que le Soleil est de près de six millions de lieues plus proche du foyer au périhélie qu'à l'aphélie : six millions sur quatorze de distance moyenne ! A l'aphélie, l'astre du jour offre à ces indigènes inconnus un disque quatre fois et demie plus étendu que le nôtre en surface, et 44 jours après, au périhélie, ce disque énorme s'est encore agrandi au point d'être dix fois et demie plus vaste que le nôtre, versant de ce ciel torride une lumière et une chaleur dix fois et demie plus intenses. La proportion des diamètres du Soleil est la suivante :

Vu de Mercure périhélie	104' ou	1° 44'
— distance moyenne	83'	1° 23'
— aphélie	67'	1° 7'
Vu de la Terre	32'	

La figure 170 en donne une idée : elle est construite à l'échelle de 1ᵐᵐ pour 2'. Nous nous plaignons quelquefois de l'ardeur du Soleil ; mais qu'est-ce que notre pauvre luminaire à côté de l'éblouissante fournaise de Mercure ! C'est comme si dix soleils dardaient ensemble leurs rayons au mois de juillet, à midi, sur nos têtes. Si les habitants de Mercure ont cru comme nous que cet astre tournait autour d'eux, ils ont dû être bien embarrassés pour expliquer ces variations périodiques de sa grandeur, ses gonflements et dégonflements successifs.

L'astronome de Mercure peut, bien plus facilement que nous, tirer des variations incessantes du diamètre apparent du Soleil les valeurs comparatives des distances de cet astre pour chaque jour; les savants de ce monde inconnu sont sans doute arrivés plus tôt

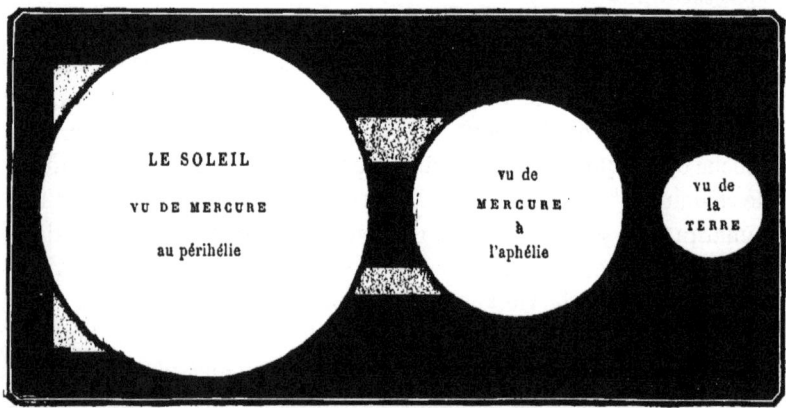

Fig. 170. — Grandeur comparée du Soleil vu de Mercure et de la Terre.

que nous à découvrir que leur planète se meut dans une orbite elliptique dont le Soleil occupe un des foyers, et à connaître ainsi le premier élément du véritable système du monde.

Nous concevrons peut-être mieux encore l'intensité de la lumière et de la chaleur envoyée par le Soleil à ce monde en jetant un coup d'œil sur le petit diagramme ci-dessus (*fig.* 171), qui représente l'intensité comparée de la lumière et de la chaleur reçues par Mercure et par la Terre pendant leurs années respectives. Les ordonnées verticales sont en rapport avec cette intensité. A l'aphélie, cette quantité est quatre fois et demie supérieure à celle que nous recevons dans le cours de l'année, et au périhélie elle est dix fois et demie supérieure.

Les effets de lumière doivent être merveilleux dans cette atmosphère, et incomparablement plus intenses que les nôtres. Nos plus

grandioses couchers de soleil, nos plus sublimes levers de soleil,
sont pâles et ternes à côté de ceux de cette planète. La symphonie
de l'aurore éclate là comme une éblouissante fanfare. Il n'est pas douteux que les jeux d'optique aérienne que nous admirons dans nos
arcs-en-ciel, nos halos, nos anthélies, nos mirages, ne se produisent là
comme ici (car les lois de la physique sont partout les mêmes), mais
avec une intensité qui nous ravirait d'admiration. Ce ne serait pas
sortir du cadre de la vraisem-
blance, si nous voulions dessiner, par exemple, un paysage
de Mercure après la pluie, d'i-
maginer que les arcs-en-ciel
n'y sont pas ordinairement
simples, comme ici, mais généralement, triples et souvent
multiples, à cause de l'intensité de l'illumination solaire.

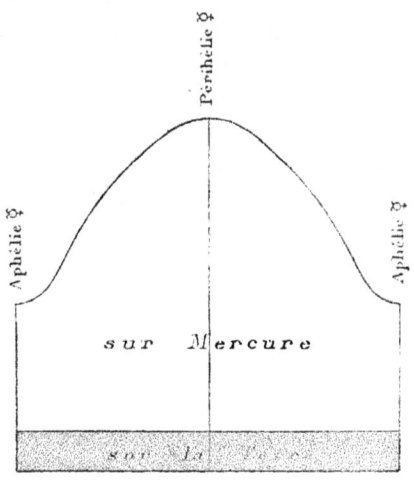

Fig. 171.
Intensité comparée de la lumière et de la chaleur
reçues par Mercure et par la Terre.

En voyant le monde de Mercure graviter comme la Terre
autour du Soleil, porté sur l'aile
de la même force qui soutient
notre planète dans l'espace,
régi par les mêmes lois, baigné
dans les fécondes effluves de la
lumière et de la chaleur solaires; environné d'une atmosphère
dans laquelle flottent des nuages, soufflent des vents, tombent des
pluies; couvert d'un sol accidenté sur lequel de hautes montagnes
dressent leurs cimes élancées; doué enfin de mouvements qui lui
donnent des années, des saisons, des climats, des jours et des nuits,
notre raison, notre logique veut que ces causes aient produit des
effets; et quoique la position défavorable de ce monde à notre égard
nous empêche de distinguer sa surface et nous interdise le captivant
plaisir de dessiner sa carte géographique, cependant les yeux de
l'intelligence complètent ceux du corps, et voient, au-dessous de
cette couche de nuages que nos télescopes ne percent pas encore,
une vie immense et agitée, se déployant sur toute la surface de cette

planète comme sur la nôtre, et accomplissant ses destinées dans le
même temps que les nôtres s'accomplissent en ce monde-ci. Cette
vie, nous la devinons sans la voir, de même qu'en voyant passer au
loin dans la campagne un convoi de chemin de fer, nous devinons,
sans les voir, que des voyageurs occupent ses différents wagons. Oui,
sans doute, nous constatons avec assez d'évidence les témoignages
de la vie physique sur cette planète Mercure pour supposer un seul
instant que ce soit là un trompe-l'œil, et pour imaginer qu'un miracle permanent de stérilisation empêche l'air, l'eau, le soleil, le
vent, la pluie, la chaleur du jour, le calme des nuits, la fraîcheur
des matins, l'embrasement fécond des soirs, d'avoir produit sur ce
globe comme sur le nôtre ces millions d'espèces vivantes qui se
succèdent de générations en générations et pullulent sur la Terre
entière. Mais cette vie éclose sur Mercure, quelle est-elle? Devons-
nous y contempler des paysages semblables à ceux qui se bercent
au milieu de nos belles campagnes? des arbres qui ressemblent aux
nôtres? des fleurs pareilles à celles que nous respirons? des animaux
analogues à ceux qui foulent le sol terrestre, nagent dans les mers
ou volent sur nos têtes? enfin et surtout devons-nous y voir une
humanité identique à la nôtre? — C'est là une question que nous
pouvons étudier, et à laquelle l'analyse et la synthèse scientifiques
nous permettront peut-être de répondre.

Si l'opinion que nous pouvons nous former de l'importance des
mondes était dictée par la considération de l'activité des forces qui
peuvent agir à leur surface, et par celles de la distance du foyer
central, qui distribue la lumière et la chaleur, nous en conclurions
assurément que Mercure est la planète la plus favorisée et la plus
importante de tous les séjours du système solaire. Mais d'un autre
côté, si nous jugions de l'importance d'un monde par sa dimension,
Mercure nous paraîtrait tout à fait insignifiant, car à cet égard il
ressemble plus à la Lune qu'à la Terre, et le troisième satellite de
Jupiter (Ganymède) est même plus volumineux que lui. (Voyez la
figure suivante). Nous ne devons donc jamais, dans cette étude, nous
laisser guider par des considérations isolées, et c'est sur l'ensemble
des caractères d'une planète que nous devons baser notre mode
de raisonnement.

Parmi toutes les causes qui agissent sur chaque planète pour

déterminer l'état et les formes de la vie à sa surface, il en est trois
surtout dont l'action est essentielle, et qui sont spécialement dignes
de notre attention. Ce sont : — 1° les différences de chaleur et de
lumière qu'elles reçoivent du Soleil; — 2° les différences dans la
pesanteur des corps à leur surface; — 3° les différences de constitution physique et de densité de la matière dont elles sont composées.

L'intensité de la radiation solaire est presque sept fois plus grande
pour Mercure que pour la Terre, et pour Neptune neuf cent fois
moindre; la proportion entre les deux extrêmes étant celle de plus
de 6000 contre 1. Que l'on se représente l'état de notre globe, si le
Soleil était sept fois plus volumineux, ou bien, en sens inverse, si

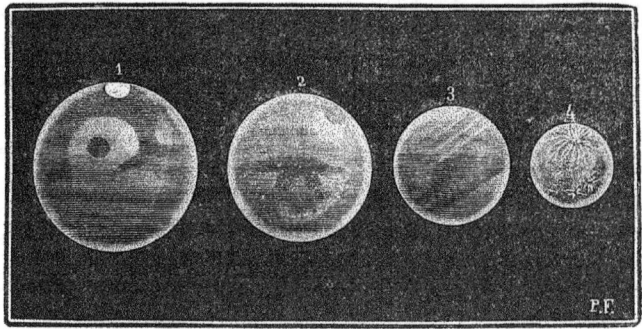

Fig. 172. — Grandeurs comparées de Mars, Ganymède, Mercure et la Lune.

sa puissance était réduite aux neuf centièmes de sa valeur actuelle!
D'un autre côté, l'intensité de la pesanteur, ou son efficacité à contrebalancer la force musculaire et à contenir l'activité vivante, est
environ trois fois plus forte à la surface de Jupiter qu'à la surface
de la Terre. Sur Mars, elle n'est que le tiers de ce qu'elle est ici; sur
la Lune, le sixième; et sur plusieurs petites planètes le vingtième
seulement : ce qui établit une échelle dont les extrêmes sont dans
la proportion de 60 à 1. Enfin, la densité de Saturne ne va guère au
delà de $\frac{1}{8}$ de la densité moyenne de la Terre, en sorte que cette
planète doit se composer de matériaux presque aussi légers que
le liège. « Or, au milieu de tant de combinaisons variées d'éléments si importants pour la vie, dirons-nous avec Sir John
Herschel, quelle immense diversité ne devons-nous pas admettre

dans les conditions du grand problème de l'existence et de la félicité des êtres vivants, but qui semble, autant que nous pouvons en juger par ce que nous voyons autour de nous sur notre propre planète et par la manière dont chaque point y est peuplé, faire l'objet constant de la sollicitude d'une haute Sagesse qui préside à tout. »

Mercure est le monde qui reçoit du Soleil le plus de chaleur et de lumière. Nous avons dit qu'il gravite autour de l'astre radieux dans la courte période de 88 jours : son année est donc moins longue que trois de nos mois; ses saisons, comme nous l'avons déjà vu, ne durent chacune que 22 jours.

La meilleure série d'observations des taches de Mercure et d'essais de déterminations de la rotation est encore celle de l'astronome Schröter, de Lilienthal, et elle date du commencement de ce siècle. Il a notamment suivi avec soins une bande sombre entourant comme une ceinture le globe de la planète, depuis le 18 mai jusqu'au 4 juillet 1801, et de ces observations il a cru pouvoir conclure que « l'inclinaison de l'équateur de Mercure sur son orbite est environ de 20° ».

Interprétée d'une manière erronée par le premier traducteur des *Hermographische Fragmente,* cette mesure avait été généralement considérée comme indiquant, non l'inclinaison de l'équateur sur son orbite, mais l'inclinaison de l'axe, ce qui donnait 70° pour l'obliquité de l'écliptique sur cette planète, et par conséquent des saisons beaucoup plus disparates que celles de la Terre, et encore plus extrêmes que celles de Vénus, le Soleil devant éclairer en plein l'un des pôles à l'un des solstices et l'autre pôle au solstice opposé, et les régions polaires devant être tour à tour brûlantes et glaciales dans un intervalle d'une demi-année mercurienne ou de 44 jours seulement !

Nous devons à M. Niesten, astronome de l'Observatoire de Bruxelles, la rectification de cette interprétation erronée. L'inclinaison de 70° pour l'axe, ou l'angle de 20° pour l'équateur de Mercure sur son écliptique, ramène, au contraire, les saisons de cette planète à une analogie presque complète avec les nôtres, et même à des saisons un peu plus douces, puisque chez nous cette obliquité est de 23° 27′.

Il serait bien désirable que des observateurs vérifiassent de nos jours ces intéressantes et difficiles mesures de l'astronome de Lilienthal.

Mais cette planète a un autre genre de saisons.

Lors même que son axe serait perpendiculaire au plan dans lequel elle se meut, et lui donnerait par conséquent une égalité permanente de jours et de nuits et un équinoxe perpétuel, cependant la variation considérable de sa distance au Soleil pendant le cours de l'année serait suffisante pour lui causer des saisons très sensibles, et au moins aussi variées que celles que nous avons en France; il y aurait même dans ce cas différents climats pour les différentes régions de la planète. Près des pôles, l'astre lumineux, quoique visible pendant la moitié du jour, n'atteindrait qu'une faible élévation au-dessus de l'horizon, juste comme il le fait le jour du printemps pour nos cercles polaires. A l'équateur, le Soleil passerait tous les jours au zénith et verserait dans ces régions une quantité de lumière et de chaleur beaucoup plus intenses que celle qui inonde nos climats tropicaux. Un Soleil ainsi vertical, dont le diamètre serait tantôt deux fois, tantôt trois fois plus grand que le nôtre, serait un noble mais terrible voyageur dans le ciel de Mercure.

Nous avons vu que la distance de cette planète au Soleil varie considérablement dans le cours de son année, à cause de l'excentricité de son orbite. Lorsqu'elle est à son périhélie, elle reçoit dix fois et demie plus de lumière et de chaleur que nous n'en recevons d'ici, et le disque solaire paraît dix fois et demie plus étendu en surface. Quel Soleil! Mais lorsque Mercure se trouve à son plus grand éloignement, cette lumière et cette chaleur sont réduites à la moitié de ce qu'elles étaient dans le premier cas. Alors même, toutefois, l'astre du jour brille dans le ciel avec un disque quatre fois et demie plus étendu que celui qu'il nous présente.

La principale différence qui distingue Mercure de la Terre paraît donc consister dans la température. Mais il ne faudrait pas croire que cette température dépendît uniquement de la distance au foyer. Non; Mercure pourrait être un bloc de glace tour à tour fondue et congelée, s'il était privé d'atmosphère.

Nous l'avons déjà remarqué à propos des planètes Mars et Vénus, ce n'est pas tant la distance au Soleil que l'étendue et la transparence de l'atmosphère qu'il faut considérer pour juger d'un climat

planétaire. L'enveloppe aérienne agit autour du globe comme une
serre chaude qui l'envelopperait. Elle se laisse traverser pendant le
jour par les rayons calorifiques lumineux qui viennent du Soleil, et
elle s'oppose à la déperdition des rayons calorifiques obscurs pendant la nuit par le rayonnement nocturne. L'absence d'atmosphère
donnerait à un globe les plus extrêmes contrastes de chaleur et de
froid entre le jour et la nuit, entre l'équateur et les pôles, comme il
arrive précisément pour la Lune, qui passe tous les mois par la
température de l'eau bouillante et par celle de la glace, et plus encore. D'un autre côté, l'atmosphère peut avoir une action toute différente en tempérant par ses nuages la trop grande ardeur du Soleil.

Or, nous venons de voir que la planète Mercure est environnée
d'une vaste atmosphère : essayons d'en analyser l'influence.

Que le climat d'une planète considéré dans son ensemble soit
largement influencé par la nature de l'atmosphère, nous le constat-
tons directement par les effets que nous observons à la surface de
notre propre terre. Lorsque nous nous élevons au sommet d'une
haute montagne, nous trouvons l'air beaucoup plus froid qu'à sa
base. Le sommet du mont Blanc est toujours glacé, même lorsque les
plus fortes chaleurs de juillet et d'août sont intolérables à ses pieds.
Aux tropiques même et à l'équateur, nous avons des villes
comme Quito et Bogota, des villages et des pays habités, où la température habituelle ne dépasse pas 15 et même 10 degrés, à cause de
leur élévation au-dessus du niveau de la mer. J'ai toujours constaté
en ballon qu'à de grandes hauteurs l'air est glacial, quoique le soleil
soit brûlant ; et j'ai vérifié que la différence entre la température de
l'air à l'ombre et celle d'un thermomètre exposé au soleil s'accroît
avec la hauteur et *en raison inverse de l'humidité* répandue dans
l'air. Plus l'air est sec, moins il peut s'échauffer. Il ne serait pas
impossible d'arriver à faire bouillir de l'eau au soleil à une certaine
hauteur, quoique nous trouvant et respirant au milieu d'un air
glacial, et cela d'autant mieux que la pression atmosphérique et le
degré d'ébullition de l'eau diminuent avec la hauteur. L'air peut
livrer passage aux rayons solaires sans s'échauffer lui-même, et
sans donner à la planète une haute température (¹).

(¹) Voy. mon grand ouvrage l'ATMOSPHÈRE, liv. III, ch. II.

Ce n'est donc pas seulement la quantité de chaleur directement reçue du Soleil qu'il faut considérer pour se former une idée exacte de l'état de la température à la surface d'une planète, mais encore et surtout l'état physique de l'atmosphère, en ce qui concerne sa densité et son humidité. Nous ne devons pas nous tromper nous-mêmes, néanmoins, en calculant que la rareté de l'atmosphère pourrait à elle seule compenser pleinement l'augmentation de la chaleur solaire. Il ne serait pas exact de dire que le climat d'un point situé sur les sommets des Andes et des Cordillières correspondît tout à fait à celui d'une région inférieure qui aurait la même température, car les circonstances sont très différentes. En bas, l'air est plus dense et plus humide, les nuits sont plus chaudes, parce que le ciel est moins clair et que la chaleur rayonnante de la Terre est conservée, interceptée par les nuages ou par la vapeur d'eau qui existe toujours dans l'air, même à l'état transparent; ce qui n'a pas lieu dans les régions élevées, dont l'air raréfié laisse un libre passage à la déperdition de la chaleur. Si l'atmosphère de Mercure est assez rare pour lui donner un climat alpin ou himalayen, au lieu de la chaleur terrible qui semblerait devoir tomber sur cette planète, il n'en résulterait pas pour cela une organisation analogue à celle qui existe autour de nous sur la Terre. Dans notre anxiété de peupler ce monde d'êtres semblables à ceux que nous connaissons, nous ne devons pas pour cela nous aveugler sur les difficultés intrinsèques. Nous ne pouvons raréfier l'air de Mercure sans augmenter les effets directs de la chaleur solaire sur ses habitants; et les conditions ne paraîtraient pas préférables, puisque l'action directe des rayons solaires sur ses régions tropicales privées ainsi de la protection atmosphérique produirait une chaleur quatre ou cinq fois plus forte que celle de l'eau bouillante, et à laquelle succéderait pendant la nuit un froid glacial; condition fort inhospitalière, qui rappelle la peinture si sombre que fait le Dante dans son *Enfer* sur les malheureux condamnés à souffrir alternativement les tourments du feu et de la glace! Il nous paraît difficile d'imaginer des êtres organisés pour vivre au sein de pareils contrastes.

Examinons donc si une atmosphère construite différemment ne serait pas meilleure pour l'organisation générale de la planète : au lieu d'un air raréfié, supposons une atmosphère plus dense que la nôtre. Les effets ordinaires d'une atmosphère très dense étant d'augmenter la chaleur, il ne semble pas d'abord que l'idée soit ingénieuse, appliquée à Mercure, d'autant plus que sur la Terre nous n'avons pas d'exemple de contrées garanties des rayons solaires par la densité de l'atmosphère. Pourtant il ne serait pas impossible qu'une atmosphère fût constituée de telle sorte qu'elle restât constamment couverte de nuages, car une faible différence entre la chaleur moyenne et l'humidité moyenne de l'atmosphère terrestre serait suffisante pour nous donner toute l'année un ciel constamment couvert, conservant éternellement la tristesse et la monotonie des sombres journées d'automne. La Terre eût facilement pu se trouver dans ce cas. Quelle différence en serait résultée dans l'histoire de l'humanité ! L'astronomie ne serait probablement pas encore née, l'humanité n'aurait jamais vu ni le soleil, ni la lune, ni les étoiles, et les connaissances humaines, la philosophie, les religions et la politique elle-même, seraient absolument différentes de ce qu'elles sont sur notre planète.

Mais pour en revenir à Mercure, sans doute l'accroissement de l'humidité de l'air causerait jusqu'à un certain point une augmentation correspondante de température, parce que la vapeur aqueuse exerce un plus grand effet en empêchant le rayonnement de la chaleur reçue qu'en arrêtant les rayons solaires à leur arrivée. Mais de même qu'un jour nuageux n'est pas nécessairement ni même ordinairement un jour de chaleur, il pourrait parfaitement arriver qu'une atmosphère assez dense pour être constamment couverte de nuages servît de toit protecteur contre l'intensité de la chaleur solaire. Ces vues théoriques conduiraient non pas à assigner les atmosphères les plus denses aux planètes les plus éloignées du Soleil, comme plusieurs astronomes l'ont fait, mais à voir au contraire dans une enveloppe atmosphérique de grande densité, les moyens de préserver les habitants de Mercure et de Vénus contre la force rayonnante d'un foyer trop voisin et trop brûlant ([1]). N'oublions pas toutefois de remarquer ici que dans toutes ces considérations, nous agissons en vertu de la méthode scientifique humaine, en nous mettant à la place de la Nature, et qu'il est très possible (pour ne pas

[1] Proctor, *The Orbs around us.*

dire certain) que la Nature agit sur les autres mondes par des moyens qui nous sont inconnus. Mais c'est la seule manière qui nous soit donnée d'étudier et de discuter les conditions de la vie à la surface des autres mondes, et quoique nos raisonnements ne puissent pas être absolus, eux seuls cependant peuvent nous faire approcher de la vérité.

Quoique la planète Mercure ne soit pas facile à observer, parce qu'elle s'élève très peu au-dessus des brumes de l'horizon, et que d'ailleurs c'est la plus petite des planètes (exception faite des fragments qui gravitent entre Mars et Jupiter) ; cependant autant qu'on en peut juger par son aspect, son atmosphère est en réalité beaucoup plus dense que la nôtre, et elle paraît couverte de masses nuageuses considérables. On peut même déjà penser qu'il y a ordinairement dans cette atmosphère, non pas une seule, mais plusieurs couches de nuages, et que ces couches ne sont pas unies et fermées, mais composées d'éclaircies, les nuages supérieurs projetant de l'ombre sur les inférieurs ; car la planète ne nous réfléchit pas autant de lumière que si elle était entièrement enveloppée dans une sphère de nuages se touchant. La lumière maximum que nous puissions recevoir d'un globe d'un volume déterminé, placé à telle ou telle distance du Soleil, serait celle qui proviendrait d'un globe environné de nuages blancs. Or Mercure ne nous réfléchit certainement pas la même proportion de lumière que plusieurs autres planètes. Il devrait être, dans sa position la plus favorable, le plus brillant des astres planétaires, quoique vu comme il l'est toujours sur le fond éclairé du crépuscule ; car le calcul montre qu'au périhélie et à sa plus grande élongation du Soleil, il devrait offrir un éclat deux fois plus grand que Jupiter lorsque celui-ci est à son opposition (en supposant aux deux planètes une égale faculté de réflexion) ; mais la planète Mercure est en réalité beaucoup moins lumineuse. On a pu le constater, entre autres, comme je l'ai fait moi-même ([1]), dans la soirée du 17 février 1868 : ce jour-là les deux planètes se sont trouvées voisines dans le ciel (en perspective), et quoique Jupiter ait été alors fort éloigné de sa période d'éclat maximum, cependant Mercure, qui était précisément à cette pé-

(1) Voyez mes *Études sur l'Astronomie*, t. III, p. 157.

riode d'éclat, était beaucoup moins brillant que Jupiter. A la même époque, Vénus vint à passer aussi près de ces planètes : elle les éclipsa toutes les deux par sa vive et blanche lumière : à côté de Jupiter, elle faisait l'effet d'une lumière électrique à côté d'un bec de gaz. Elle était blanche et limpide comme un diamant lumineux ; Jupiter, jaunâtre et presque rouge ; Mercure. bien moins brillant encore que Jupiter, et plus roux.

Dans une autre circonstance, l'éclat de Mercure a pu être comparé à celui de Saturne : il est plus brillant que cette pâle et sombre planète. Ces deux astres sont passés l'un devant l'autre en 1832, et deux astronomes, Beer et Mädler, ont comparé leur lumière. Saturne auprès de Mercure présentait un globe pâle et sans éclat. Celui-ci offrait un éclat inégal, et resta parfaitement visible après le lever du soleil, tandis que le premier disparut à la vue. Mercure était alors éclairé d'un peu plus de la moitié.

Cette lumière conduit à penser que l'atmosphère de Mercure est parsemée de nuages qui forment écran au Soleil si voisin qui l'éclaire, et qui projettent de l'ombre les uns sur les autres.

L'analyse des détails de l'organisme vital nous invite également à voir sur ce monde des êtres nécessairement différents de nous sous le rapport de la différence des milieux. Ainsi, par exemple, les yeux des Mercuriens s'étant formés au sein d'une intensité lumineuse beaucoup plus élevée que celle qui existe sur la Terre, sont moins sensibles que les nôtres, soit que l'ouverture de la rétine soit plus petite, soit plutôt que le nerf optique jouisse d'une moindre impressionnabilité. Il est probable qu'ils ne distinguent pas les étoiles de la cinquième et de la sixième grandeur, tandis que les habitants d'Uranus et de Neptune distinguent sans doute facilement celles de la septième et de la huitième.

Ainsi, en résumé, quant aux conditions de la vie à la surface de la planète Mercure, elles sont fort différentes de celles de la Terre. La température doit y être plus élevée, malgré les nuages de l'atmosphère ; les saisons y sont plus marquées et surtout plus rapides qu'ici : chaque année ne compte que 88 jours, et un centenaire n'a que vingt-cinq de nos années ; la planète est petite, et les provinces qui la partagent ne peuvent avoir qu'une faible étendue. Les matériaux dont sont composés les êtres et les choses sont un peu plus denses que les nôtres, mais la pesanteur y est presque moitié plus faible qu'ici. Ce monde présente donc de grandes différences avec le nôtre. Il serait en vérité difficile qu'il en fût autrement. Mais ces différences doivent-elles nous conduire à l'idée que la vie ne puisse pas exister à la surface de cette planète? Assurément non : le spectacle de la Terre seule suffit pour nous montrer que les formes de la vie dépendent des conditions au milieu desquelles elle se trouve, et qu'elle varie lorsque ces conditions diffèrent. La vie actuelle de la Terre n'est pas du tout la même qu'elle était pendant les époques géologiques, où la température était beaucoup plus élevée et l'atmosphère beaucoup plus chargée que de nos jours. Aujourd'hui même elle varie singulièrement suivant les climats, et surtout suivant les milieux : un être organisé pour vivre sur la terre ferme meurt s'il est plongé dans la mer ; de même que l'habitant des eaux rend son dernier soupir lorsqu'il est sorti de son élément. Les forces de la nature produisent des effets différents suivant les circonstances, et ce serait étrangement juger de leur puissance comme du but général de la création, que de prétendre que le globe de Mercure ne soit qu'un désert stérile parce que ses conditions vitales diffèrent de celles de la Terre.

CHAPITRE IV

**Les habitants de Mercure. — Les forces de la nature et les formes organiques.
Les humanités planétaires. — Le séjour de Mercure.
Le Ciel et la Terre vus de ce monde.**

La vie éclose sur Mercure est-elle partagée comme ici en deux règnes, et le règne animal comme le règne végétal y sont-ils eux-mêmes partagés comme ici en espèces aquatiques et en espèces continentales ? C'est ce que nous ne pouvons décider, quoique jusqu'à présent les naturalistes et les astronomes se soient accordés à penser que ces distinctions soient forcées et inévitables. Mais pourquoi la Nature ne produirait-elle pas des êtres absolument différents de tout ce que nous connaissons sur la Terre, et qui ne soient ni des animaux, ni des plantes ? Ici les plantes ressemblent à des êtres endormis dans l'attente de la vie animale ; ailleurs ne sont-elles pas animées elles-mêmes ? Sur cette planète comme sur la nôtre, la division du travail dans la nature a-t-elle abouti à ces distinctions si profondes entre les genres : insectes butinant sur les fleurs, oiseaux s'élevant jusqu'aux nues, poissons habitant sous les eaux ? La vie s'y entretient-elle comme ici par la déplorable destruction mutuelle des proies ? S'y transmet-elle comme ici par l'agréable séparation des sexes ?... Nous avons discuté plus haut dans sa valeur physiologique générale le problème de la vie extra-terrestre, et nous avons compris que les causes étant différentes d'une planète à une autre, les effets y sont nécessairement différents eux-mêmes. Lors donc que nous parlons ici des *hommes* de Mercure, de Vénus ou d'une autre planète, nous n'entendons point que ces êtres soient faits comme nous ; qu'ils aient deux yeux, deux oreilles, deux bras et deux jambes, des poumons, un estomac, un tube digestif (!), ni que leur physionomie ressemble en aucune façon à la nôtre. Nous donnons dans chaque planète le nom de race humaine à la race animale supérieure et raisonnable qui s'est élevée au-dessus de ses ancêtres et qui vit par l'intelligence. *Les hommes des autres mondes ne peuvent pas nous ressembler.*

Si nous connaissions exactement les causes qui ont amené la vie terrestre à l'état où nous la voyons aujourd'hui, et les causes corrélatives existant sur les autres mondes, nous pourrions par l'analyse et la synthèse commencer à deviner l'état et les formes de la vie sur ces autres mondes. Pour Mercure en particulier, qui est une des planètes que nous connaissons le moins, nous pouvons seulement conjecturer que les conditions de la vie y étant moins favorables qu'ici, ses habitants doivent être inférieurs à nous comme sensibilité et comme intelligence, différer beaucoup de nous par leur forme, y être plus solidement construits et pourtant plus légers et plus agiles, et vivre plus rapidement. Toutefois la respiration a dû jouer comme ici un rôle dominant dans l'organisation des êtres. On n'a pas toujours compris ces différences *inévitables.*

Dans son Cosmothéôros, l'illustre astronome Huygens, interprétant un peu trop à la lettre la philosophie de la Nature, suppose qu'il y a dans les planètes des plantes, des animaux et des hommes absolument organisés comme nous. On en jugera par les seuls *titres* de ses chapitres, que nous traduisons ici. Ils sont curieux :

« 1° Excellence des choses animées au-dessus des pierres, des montagnes, des rochers, etc., etc. Les planètes doivent avoir des choses animées aussi bien que la Terre, et qui soient *de la même espèce* que celles que nous voyons ici-bas.

2° L'eau est le principe de tout ce qui s'engendre sur la Terre. Il y a des eaux dans les planètes ; leurs usages pour la production des choses animées.

3° Les animaux croissent, multiplient, dans les planètes, *de la même manière qu'ils croissent et multiplient sur terre.* La manière dont ils se meuvent d'une place à une autre.

4° Différence des animaux, des arbres et des plantes qui sont dans les planètes, par rapport à ceux qui sont sur la Terre.

5° Il y a des hommes qui habitent les planètes. Principes qui établissent

cette vérité. L'homme, quoique vicieux, est toujours une créature considérable et la principale du monde.

6° Les hommes qui habitent les planètes ont la raison, l'esprit, le corps
de la même espèce que ceux qui habitent la Terre.

7° Les sens des animaux raisonnables et de ceux qui sont privés de la
raison, qui vivent dans les planètes, sont *semblables* à ceux de la Terre.
Explication des sens.

8° Les animaux *ne doivent pas être de différentes tailles* dans les planètes, de celles qu'ils ont sur la Terre. La grandeur et l'excellence de
l'homme. Il y a dans les planètes des hommes qui cultivent les sciences.

9° Les habitants des planètes *doivent avoir des mains* pour se servir des
instruments de mathématiques ; l'usage et la nécessité des mains à
l'homme raisonnable. Dextérité de l'éléphant à se servir de sa trompe
comme d'une main. Supériorité de la main.

10° *Ils ont comme nous besoin d'habits.* Nécessité et utilité des vêtements. La grandeur et la forme du corps des habitants des planètes sont
semblables au nôtre.

11° Le commerce, la société, la paix, la guerre, les autres passions et
les charmes de la conversation existent là comme ici.

12° *Ils se bâtissent des maisons selon l'art de l'architecture*, connaissent la
marine, la navigation, la géométrie, la musique. etc. »

Un tel anthropomorphisme pèche par la base. Aller aussi loin que
notre astronome et que d'autres colonisateurs sidéraux serait certainement dépasser les limites de la science ; loin de voir partout
des hommes identiques à nous, nous devons, répétons le, être convaincus que la vie revêt toutes les formes imaginables — et même
inimaginables. — Mais Huygens s'est occupé des habitants des planètes avec autant de soins et de prévenances que s'ils étaient de sa
famille ; il ne les laisse manquer de rien ; à tout prix il faut qu'ils
soient heureux et qu'ils nous ressemblent (la première proposition
lui paraît être la conséquence de la seconde). Il leur donne des
navires avec « voiles, mâts, ancres, cordages, poulies, gouver-
nails » ; mais il n'a pas songé à la vapeur, et peut-être aujourd'hui
nous-mêmes, en les gratifiant de bateaux à vapeur, ne songerions-
nous pas à les munir de moteurs électriques. Il est allé jusqu'à chercher quelles sortes d'instruments de musique « instruments à
cordes, à vent ou à eau » ils ont dû inventer, et conclut qu'ils
doivent chanter autrement que nous, puisque les Allemands, les
Italiens, les Grecs, les Chinois, ont des impressions musicales

différentes des nôtres, mais que pourtant la nature de leurs instruments ne peut différer beaucoup de celle des nôtres. Il veut aussi que nos cousins des autres mondes aient du lin, du chanvre, de la laine, des chevaux et des voitures, ce qui le conduit insensiblement à la création de mondes identiques à celui que nous habitons.

· Fontenelle avait supposé sur Mercure de petits êtres brûlés par le Soleil, vifs, agiles, toujours remuant, noirs comme les nègres de l'Afrique centrale, dépourvus de mémoire, et fous à force de vivacité. Au XVIII° siècle, l'auteur anonyme d'un *Voyage au monde de Mercure* (1750) est entré dans des détails inattendus, et l'on croirait qu'il a longuement habité cette planète lorsqu'on lit, par exemple, la description suivante :

Les plus hautes montagnes n'excèdent que de fort peu nos collines ; mais quelques-unes ne laissent pas d'avoir, dans cette hauteur moyenne, l'air sourcilleux des Alpes et des Pyrénées. Les arbres les plus élevés le sont à peu près comme nos orangers en caisse, il y a peu de fleurs plus grandes que la jonquille et la narcisse. Les montagnes nombreuses répandent une ombre nécessaire ; elles sont presque toutes couvertes d'arbres chargés de fleurs éternelles.

Les habitants sont moins grands que nos hommes de la plus petite taille, et ils atteignent au plus à celle d'un enfant de quinze ans. Ils ressemblent aux idées charmantes que nous nous faisons des zéphyrs et des génies. Leur beauté ne se fane qu'après plusieurs siècles : la fraîcheur, la santé et la délicatesse y paraissent comme inaltérables. S'il arrive pourtant, par quelque erreur de la nature, que quelqu'un ait sujet de n'être pas content de sa figure, ils peuvent en changer à volonté.

Tout ce petit peuple a des ailes, dont il se sert avec une grâce et une agilité merveilleuses. Les femmes aiment beaucoup sortir avec leurs ailes, soit pour satisfaire un nouveau goût, soit pour chercher de nouveaux plaisirs.

Un seul souverain règne sur Mercure ; les divers royaumes ne sont que des vice-royautés. La famille souveraine descend du Soleil, et la tradition conserve le souvenir de l'apparition du premier empereur : une ville capitale descendit des cieux sur un nuage éclatant, et sous les yeux des Mercuriens se fixa au centre du continent. Ces empereurs ne règnent ordinairement que cent ans. Ce terme expiré, ils retournent au Soleil, laissant sur Mercure leur corps pétrifié, dans l'attitude qui lui était la plus ordinaire. Ce corps incorruptible ne perd rien des agréments qu'il possédait étant animé ; excepté la parole et le mouvement, il conserve tout le reste : le coloris, la fraîcheur, le brillant des yeux et l'éclat du teint. Tous les empereurs sont gardés dans une galerie destinée à ce seul usage.

Ce qu'il y a de très remarquable dans la constitution des habitants de Mercure, c'est qu'ils sont absolument maîtres de tous les mouvements qui se font dans leur corps. Ils règlent la circulation de leur sang selon ce qu'ils ont dessein d'en faire; ils entretiennent leur estomac par l'usage de certains élixirs dont l'effet est immanquable. Tous les ressorts qui refusent si souvent de nous obéir, sont chez eux soumis à la volonté.

Ces habitants ne dorment jamais : la proximité du Soleil entretient un mouvement perpétuel dans la planète, qui ne peut être ralenti que par de grands accidents, et alors tout ce qui tombe dans l'inaction se trouve dans un péril manifeste. C'est pourquoi l'un des plus grands supplices auxquels on condamne les criminels, c'est de dormir un certain nombre de jours. L'état de l'âme règle l'état du corps. Un présomptueux, par exemple, enfle comme nos hydropiques, etc.

La nature a pris soin elle-même de préparer et d'assaisonner d'une manière exquise les repas de ces heureux habitants. Il n'en coûte point la vie aux animaux, comme dans notre monde; au contraire, ce sont eux qui ont soin de la nourriture des hommes. Sur le sommet de chaque montagne croissent des mets précieux. De grands oiseaux domestiques, sur un signe, partent à la recherche d'un fruit et le rapportent; de sorte qu'en se rangeant autour d'une table vide et en envoyant ces aigles avec la carte, ils rapportent immédiatement de quoi couvrir la nappe des primeurs les plus succulentes, etc., etc.

On le voit, les colonisateurs de planètes ont beau vouloir s'affranchir des idées terrestres, leurs créations ne sont jamais que des développements ou des transformations des choses de la nature terrestre. Heureux quand ce ne sont pas des déformations. Sans reproduire ici les images sous lesquelles ces colonisateurs ont essayé de représenter des conceptions qu'ils croyaient étrangères à notre planète, nos lecteurs ne trouveront peut-être pas inopportun d'en voir figurer ici, entr'autres, deux spécimens assurément fort originaux. Cet *homme-plante* et cet *homme-guitare*, sont, peut-être, parmi toutes les relations de voyages imaginaires, les types qui ont la prétention de s'éloigner le plus possible des formes physiologiques de l'homme terrestre; c'est à ce titre que nous les présentons ici. Le premier coup d'œil suffit néanmoins pour établir que ce sont là de simples monstruosités (¹).

(¹) Ces deux figures d'hommes extrà terrëstres, sont tirées de l'ingénieux roman de Holberg, le Molière danois : *Voyage de Nicolas Klimius dans les planètes souterraines.* Copenhague, 1741. Cet ouvrage du baron Holberg est l'un de ceux qui ont eu le plus de succès au siècle dernier. C'est une fiction fine et profonde.

. Il nous est de toute impossibilité de deviner les *formes* organiques qui peuvent peupler les autres planètes; mais ce que nous savons, c'est que ces formes sont nécessairement appropriées aux conditions organiques spéciales de chaque monde, et que *les différences inévitables de ces conditions ont amené des diversités corréla_ tives dans l'organisation des êtres.*

Les corps diffèrent des nôtres, mais non les âmes, ni les principes

Fig. 174. — Êtres imaginaires empruntés à un voyage dans les planètes (HOLBERG, 1741.)

de la raison; car il ne peut exister entre les esprits que des degrés, et non des dissemblances. Tandis que partout les hommes ne mangent pas, que partout ils ne marchent pas sur deux pieds, que partout ils n'ont pas nos dents, notre chevelure, nos oreilles ou nos yeux; partout au contraire ils raisonnent en vertu des mêmes principes absolus : sur tous les mondes 2 et 2 font 4; partout les trois angles d'un triangle valent deux angles droits; partout aussi la conscience s'approche plus ou moins des *mêmes* vérités morales absolues. Si les corps diffèrent, toutes les âmes pensantes de l'univers sont sœurs.

Les habitants de Mercure ont dû conclure des variations constantes du disque solaire, l'opinion que l'astre du jour ne peut pas
subir lui-même ces variations, mais que c'est sa distance qui varie
d'un jour à l'autre. Ils auront admis que le Soleil tourne autour
d'eux, non suivant une circonférence, mais suivant une ellipse,
dans la période de 87 jours mercuriens dont se compose leur année.

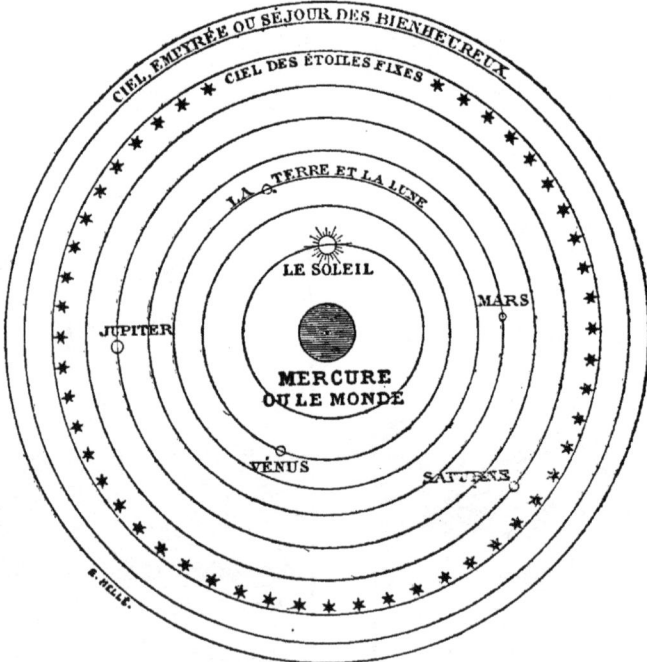

Fig. 175. — Le système du monde pour les habitants de Mercure.

Pour les planètes, il les auront fait tourner régulièrement autour
de leur monde pris pour centre. Et sans doute aussi, ils auront
placé le trône du Très-Haut, et le « paradis » au delà de la sphère
des étoiles fixes.

Le ciel étoilé est exactement le même, vu de Mercure et vu de
toutes les planètes, que vu de la Terre. Les étoiles sont si éloignées
du système solaire (*la plus proche* gisant au delà de 8 000 milliards
de lieues), que les perspectives ne changent pas, qu'on les voie de la
Terre, de Mercure, d'Uranus. ou même de Neptune. Les constellations

du ciel de Mercure, sont donc les mêmes que les nôtres. Là comme ici on voit planer au sommet des cieux les sept étoiles de la grande Ourse; là comme ici trônent au sein de la nuit silencieuse les splen-dides étoiles d'Orion, suivies par l'étincelant Sirius, précédées par les douces et contemplatives Pléiades; là comme ici Arcturus, Véga, Procyon, Capella, versent du haut des plaines éthérées leur mélan-colique pluie de lumière. Mais ce ne sont pas les mêmes noms qui les distinguent. Quelles formes a-t-on reconnues, quelles similitudes a-t-on trouvées, quelle histoire a-t-on conservée sur ces célestes archives? et quelle langue ou quelles langues parle-t-on en ce monde voisin du Soleil?...

Lorsque Mercure se trouve sur son orbite entre le Soleil et nous, on

Fig. 176. — Marche de la planète Terre dans le ciel des habitants de Mercure.

voit de là notre planète à 20 millions de lieues au minimum. A cette distance, la Terre est une belle étoile de première grandeur, brillant dans le ciel de Mercure exactement comme Jupiter brille dans notre ciel. L'étoile Terre est la seconde étoile de leur ciel, comme éclat, car Vénus la surpasse et Jupiter ne l'atteint pas; elle se déplace le long du zodiaque, et c'est ainsi que les astronomes de Mercure auront reconnu que c'est une planète. Pendant le cours d'une année mercurienne, elle décrit dans le ciel la singulière route tracée ici (*fig.* 176.)

Ainsi la Terre est pour les habitants de Mercure une planète extérieure, dont le maximum d'éclat et la meilleure condition de visibilité se présentent lorsqu'elle se trouve en opposition avec le

Soleil, c'est-à-dire lorsqu'elle brille au milieu du ciel à minuit pour l'hémisphère nocturne de Mercure. Elle fait alors à l'œil nu l'effet d'une magnifique étoile. C'est ce que nous avons essayé de représenter par notre dessin (*fig.* 177) où l'observateur, transporté sur Mercure à minuit, peut chercher et reconnaître à son éclat notre planète brillant au milieu des constellations zodiacales.

Tel est l'aspect de la Terre à l'œil nu, vue de Mercure. Que pensent de nous les philosophes de cette planète? Supposent-ils que cet astre soit habitable et habité? Ont-ils des savants qui démontrent que la Terre est un désert glacé et stérile à cause de son éloignement du Soleil? Ou bien permettent-ils à la Nature d'avoir une puissance suffisante pour peupler tous les mondes? Oui, sans doute, ils croient la Terre habitée, et comme elle est un astre brillant dans leur ciel, ils l'ont divinisée, comme nous avons divinisé nous-mêmes leur planète, et pensent que dans une telle splendeur cette terre céleste ne peut être que le séjour de la lumière, de la paix et du bonheur... Qu'ils seraient désabusés, s'ils pouvaient nous voir d'un peu plus près !

Si la science de l'optique a fait sur cette planète les progrès qu'elle a accomplis sur la nôtre, les télescopes des astronomes de Mercure, grossissant l'image de la Terre, comme nous le faisons pour Mars et pour Jupiter, auront permis de découvrir nos taches permanentes, nos continents et nos mers, malgré les nuages qui les masquent si souvent. L'aspect des deux Amériques est celui qui aura le premier frappé les astronomes mercuriens. Ils auront pu dessiner peu à peu la géographie de la Terre, comme nous avons dessiné celle de la Lune et celle de Mars.

Les bonnes vues doivent distinguer à l'œil nu, à côté de la Terre, la Lune comme un point lumineux oscillant de chaque côté d'elle, à l'est et à l'ouest. Mais l'astre le plus magnifique de leur ciel étoilé est sans contredit la planète Vénus, dont l'éclat peut en certaines époques resplendir d'une lumière dix à douze fois plus grande que celle que Jupiter nous envoie. Mars y paraît moins brillant que vu d'ici; Jupiter et Saturne offrent à peu près le même aspect que vus de notre séjour.

C'est ainsi que toutes les planètes gravitent simultanément dans le Ciel, et que leurs habitants contemplent, sans se connaître et sans se voir, leurs séjours célestes réciproques. Ces vérités modifient

La Terre, étoile du zodiaque, vue du monde de Mercure.

sensiblement les croyances fondées sur la prétendue dualité du Ciel et de la Terre. Il n'est pas tout à fait indifférent à la philosophie de savoir que nous sommes actuellement dans le Ciel, oui, actuellement, tout aussi complètement que chacun de nous pourrait y être dans un siècle, après avoir quitté la Terre, ou que les êtres qui habitent Sirius ou les royaumes de la Voie lactée.

En résumé, si nous récapitulons les conditions qui caractérisent le séjour mercurien, nous avons sous les yeux la situation suivante :

ÉTAT PARTICULIER DU MONDE DE MERCURE

Durée certaine de l'année. . . .	88 jours terrestres, ou moins de trois mois.
Durée probable du jour.	24 heures 21 minutes.
Nombre de jours dans l'année.	87.
Saisons.	Analogues aux nôtres, mais très rapides : 22 jours.
Atmosphère.	Probablement plus dense et plus élevée que la nôtre.
Température moyenne.	Probablement plus chaude que la nôtre.
Densité des matériaux.	$\frac{1}{3}$ plus forte qu'ici = 1,376, celle de la Terre étant 1,000.
Pesanteur à sa surface.	$\frac{1}{2}$ plus faible qu'ici = 0,521, celle de la Terre étant 1,000.
Dimensions de la planète.	Inférieures à celles de la Terre. Diamètre = 0,378, ou 1200 lieues.
Tour du monde de Mercure. . . .	3780 lieues.
Diamètre moyen du Soleil. . . .	Presque 3 fois plus large que vu d'ici. = 1° 23'.
Diam. maximum de la Terre. . .	= 20″. Brille dans le ciel comme une étoile de première grandeur.

Tel est l'état particulier du monde de Mercure. Il est probable que la Nature a su approprier à cet état des êtres en harmonie avec ces conditions d'habitabilité.

A chaque pas, sur la Terre, la contemplation de la nature nous offre des témoignages nouveaux en faveur de cette belle et grande doctrine de la vie universelle, témoignages qu'il est difficile de ne pas recevoir et de ne pas comprendre. Il y a quelques jours encore, il me semblait entendre une de ces voix de la Nature annonçant la vérité à tous ceux qui l'écoutent dans la simplicité de l'esprit. Dans une promenade solitaire le long des plages de la basse Bretagne, je contemplais l'Océan immense, ayant sous les yeux le golfe qui s'étend de l'embouchure de la Loire à celle de la Vilaine, et je m'étais assis au sommet d'un amoncellement de rochers que la haute mer couvre de ses flots, mais qui à marée basse restent sur la rive sablonneuse comme les témoins pétrifiés de quelque antique cataclysme. La plage était couverte de coquillages, hier vivants, aujourd'hui vides ; le sable lui-même fourmillait d'animalcules dansant aux rayons du soleil couchant ; les flaques d'eau laissées par la mer entre les roches étaient peuplées de petits poissons, de crevettes sillonnant l'eau limpide, et de crabes qui se poursuivaient les uns les autres ; quelques marsouins, annonçant une tempête qui éclata la nuit suivante au milieu des flammes d'une mer phosphorescente, s'avançaient jusqu'aux derniers rochers battus par les vagues. On entendait au loin les petits oiseaux des bois gazouillant leurs dernières notes du soir...

Il n'était pas difficile à l'imagination d'aller au delà du visible, et de contempler l'Océan tout entier peuplé d'espèces animales et végétales plus nombreuses que les étoiles que nous voyons au ciel. Les sondages merveilleux opérés depuis quelques années sous toutes les latitudes océaniques déroulèrent dans ma mémoire le riche tableau de leurs découvertes, apprenant à la science classique qu'elle s'est trompée jusqu'ici en imposant une limite au développement de la vie, et que les abîmes de la mer sont peuplés à toutes les profondeurs d'êtres organisés pour vivre dans leur sein... abîmes noirs, éternellement obscurs, où des mollusques fabriquent de la lumière et ont des yeux pour la sentir !... profondeurs supportant des pressions inouïes capables de faire éclater de massives pièces d'artillerie, et habitées par de charmants êtres, délicats, frêles, décorés de légères broderies, et se jouant dans ce lourd milieu comme les papillons sur les fleurs ! Et tandis que l'Océan immense m'apparaissait peuplé comme la terre et l'air d'êtres sans nombre, depuis la baleine jusqu'à l'infusoire microscopique dont les légions brûlent le soir dans les vagues agitées, mes yeux s'arrêtèrent sur le rocher où j'étais assis, et s'aperçurent qu'il était vivant lui-même ! Oui, ce bloc de pierre était *tout entier recouvert d'êtres vivants*, de la grosseur de grains de chènevis, amoncelés sur toute sa surface : pas un centimètre carré n'était perdu, et c'étaient ces petits crustacés qui lui donnaient sa teinte grise. Mais ce rocher n'est pas unique : toutes les roches qui m'entouraient offraient le même tableau, étaient habitées par le

même animal. Or, ces roches occupent tout le rivage, sur une longueur de plusieurs kilomètres. En ne comptant que quatre coquilles
par centimètre, soit 16 par centimètre carré, on en trouve 160,000
par mètre carré, c'est-à-dire que sur ces seuls rochers, cette espèce
vivante règne sur une couche de milliards de milliards d'individus !
Et qu'est-ce, sur la Terre, que ce point d'un rivage solitaire, remarqué par hasard? Un rien en vérité. Mais quoi ! ces rochers eux-mêmes
renferment mille débris d'espèces fossiles qui se sont succédé pendant
les longs siècles des périodes géologiques, et dont les squelettes
entassés forment des montagnes telles que les Alpes et les Pyrénées !
« La pierre, la terre, l'eau, l'air, tout est plein d'êtres ! pensais-je
en me sentant ainsi entouré de toutes parts par la vie. Dans le temps
comme dans l'espace, la vie règne en souveraine, et lors même que
les corps célestes ne seraient que des rochers comme ceux-ci, la
nature nous témoigne qu'elle ne les aurait point laissés stériles et
déserts. Il faut que la vie apparaisse, il faut qu'elle s'éveille, il faut
qu'elle éclate, il faut qu'elle s'élève dans le Progrès; car c'est elle
vraiment qui existe, et le monde matériel n'est que son support... »
Je pensais ces choses en reprenant le chemin des dunes, quand mes
yeux, s'élevant vers l'occident encore rouge des dernières lueurs du
soleil couché, y reconnurent *Mercure*, qui brillait comme un phare
dans le crépuscule, où deux étoiles seulement, Arcturus et Véga,
étaient allumées... « Tu nous regardes, m'écriai-je, ô silencieuse
planète ! et tu nous vois de loin briller dans ton ciel; mais tu te
caches pour nous dans la lumière de ton beau soleil, et tu voiles
discrètement pour nos yeux mortels la forme de ta patrie. Nous ne
pouvons distinguer tes continents et tes mers, tes forêts et tes campagnes, ni cueillir encore les fleurs enchanteresses de la vie qui
palpite sur ton sein. Mais la Nature qui t'a enfantée est la même
mère qui a enfanté la Terre, et les leçons qu'elle nous donne ici
sont faites pour nous apprendre à apprécier toutes ses œuvres. En
brillant ce soir au-dessus de cette plage inondée de vie, tu viens
toi-même de compléter ma pensée, et de t'associer à la voix immense qui monte de l'Océan, des rivages et de la Terre vers le Ciel,
pour célébrer l'*hymne universel de la vie infinie.* »

LIVRE IV

LA PLANÈTE QUE NOUS HABITONS

LIVRE IV

LA PLANÈTE QUE NOUS HABITONS

CHAPITRE PREMIER

La Terre, astre du ciel.

Après avoir visité les planètes Mars, Mercure et Vénus, nous allons, sans nous arrêter au Soleil, qui n'est pas une « Terre du ciel » et dont la description a été donnée en détail dans l'*Astronomie populaire*, nous diriger vers les planètes extérieures de notre système, en nous arrêtant toutefois un instant sur la Terre et un peu plus longtemps sur la Lune.

Il peut paraître surprenant aux yeux d'un grand nombre de voir figurer la *Terre* que nous habitons parmi les sujets d'un traité d'astronomie, et de la voir classée ici au milieu des astres du Ciel, comme toute autre planète. Cependant rien n'est plus logique, et cet ouvrage ne serait ni complet ni exact, si nous oubliions le globe qui porte nos destinées.

Notre petit plan (*fig.* 179) représente nos stations successives. Il est tracé à l'échelle de 1ᵐᵐ pour 2 millions de lieues.

Lorsqu'on part du Soleil pour visiter successivement les provinces de sa république, la Terre est la troisième province que l'on rencontre. Elle marche accompagnée de la Lune. C'est une planète au même titre que les autres, ni plus ni moins importante, qui vogue comme ses sœurs sous la puissante et douce influence de la gravitation universelle, vibre dans sa note particulière au milieu du

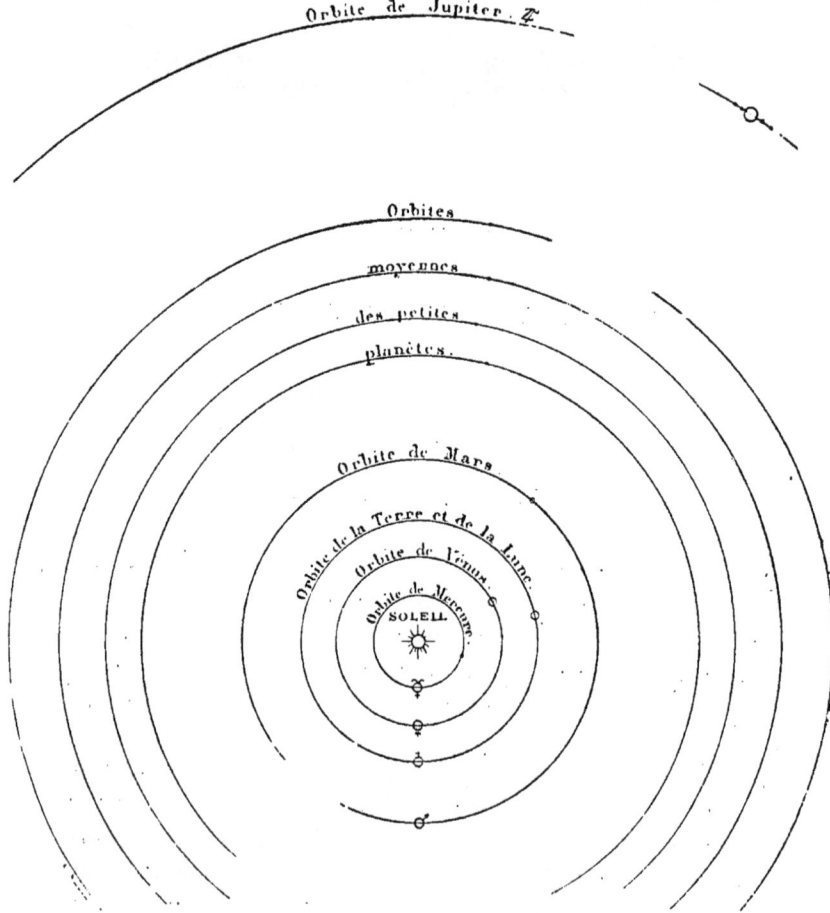

Fig. 179. — Orbite de la Terre et des planètes voisines
(Échelle 1ᵐᵐ = 2 millions de lieues)..

divin concert, tressaille sous les rayons fécondants du brillant foyer, tourne avec rapidité dans l'espace, et distribue à ses enfants, par la succession de ses mouvements, leurs années, leurs saisons et leurs jours.

Oui, ce globe autour duquel végètent un milliard quatre cents millions de petits êtres humains prétendus raisonnables, est un astre du Ciel, isolé de toutes parts dans le vide infini, situé à 37 millions de lieues du Soleil, et tournant autour de lui à cette distance, en une révolution qui demande 365 jours 6 heures 9 minutes 10 secondes pour s'accomplir.

Il y a même une importance philosophique si capitale à considérer la Terre comme un astre, que ce fait renferme en lui la plus grande révolution que l'humanité ait jamais accomplie, et que le résumé des efforts faits par l'esprit humain pour le découvrir et s'en convaincre donnerait le tableau de toute l'histoire astronomique et religieuse de notre monde. La première défense que les représentants du dogme chrétien firent à Galilée, en commettant la faute si grave de le condamner, fut de lui interdire de donner le nom d'*astre* à la Terre, car ils sentaient déjà que les sublimes vérités de l'astronomie allaient modifier profondément les anciennes croyances fondées sur une prétendue supériorité de la Terre et de l'Homme dans la création.

Toutes les idées vulgaires issues des apparences tombent devant ce simple changement de mot. Il est incontestable que le premier pas, et le plus difficile, que doit faire tout homme désireux de connaître la vérité, c'est de s'efforcer de se représenter exactement comment la Terre est posée dans l'espace; de s'affranchir absolument de son patriotisme de clocher; de ne plus se supposer habiter un séjour privilégié ; et de voir les choses de haut et dans leur ensemble, comme s'il arrivait d'une autre région de l'infini. Posons-nous donc ici ces deux grandes questions qui se complètent l'une l'autre : *Qu'est-ce que la Terre et qu'est-ce que le Ciel ?*

Parmi les hommes, ou du moins parmi les hommes qui pensent et qui se sentent à certaines heures de la vie animés du noble désir de connaître, il en est peu qui ne se soient demandé avec une inquiète curiosité ce que c'est que ce Ciel dont notre habitation terrestre est couronnée. Soit au milieu de la splendeur des jours, lorsque ce magnifique azur plane glorieusement sur nos têtes et qu'à peine de légers flocons d'argent y dessinent leur contraste ; soit au recueillement du soir, quand l'astre brûlant descend majestueux dans son lit de pourpre aux franges d'or, et que la lune rougissante apparaît

au levant derrière les montagnes; soit au sein des nuits silencieuses, lorsque les étoiles scintillantes versent dans l'espace leur
mélancolique pluie de lumière : en ces instants de contemplation et
d'entretien avec la nature, l'âme se sent anxieuse de sonder les mystères de la création ; elle reçonnaît que l'ignorance est un état inférieur, et qu'il doit être doux et satisfaisant de savoir ; elle demande à l'Être universel qui respire en toutes choses la révélation
de ses œuvres, et la curiosité devient presque pour elle un énergique
besoin de sortir des ténèbres et de saisir dans sa grandeur l'ordre et
le cours de l'immense univers.

Efforçons-nous donc de nous élever au-dessus des apparences,
affranchissons-nous des illusions des sens, et apprenons à juger dans
leur beauté les réalités absolues de la création. Les poètes de l'antiquité et des temps modernes se sont imaginé que la fiction était
plus belle et plus séduisante que la vérité ; ces poètes se sont trompés. Comme l'exprimait un mathématicien profond, Euler : pour
celui qui sait comprendre la science, la nature telle qu'elle est dépasse de cent coudées toutes les fables et toutes les créations humaines.

Notre vue, bornée à la sphère où nous sommes, nous montre au-
dessus de nos têtes un pavillon bleu, enrichi pendant les ténèbres
d'une multitude de points brillants. Nous sommes portés à croire
que c'est là une voûte surbaissée, formée d'une substance aériforme
et enfermant la surface terrestre comme le ferait une coupole immense. Tel est en esquisse le système des apparences. C'est celui
que nous nous représentions lorsque, enfants, nous raisonnions
d'après l'impression des sens. C'est celui que les peuples enfants
avaient adopté, car l'humanité est comme un individu qui grandit
successivement de la faiblesse ignorante au jugement analysateur.
C'est celui qu'un grand nombre d'hommes gardent aujourd'hui
même, parce qu'ils ne réfléchissent pas à sa naïveté et restent indifférents aux progrès des sciences. Souvenons-nous des essais antiques de la pensée humaine, depuis les anciens Aryas qui portèrent
leurs tentes de fleuve en fleuve au sein des vastes Indes ; depuis les
Égyptiens dont les sphinx regardent pensivement l'horizon lointain
des grands déserts ; depuis les pasteurs chaldéens veillant la nuit
sur les montagnes, depuis les récits du Pentateuque, jusqu'à la

cosmogonie des Grecs, et jusqu'aux craintes léthargiques de notre sombre moyen âge. Dans cet immense panorama rétrospectif de l'humanité, nous voyons dominer les idées fondées sur les apparences. Les systèmes astronomiques diffèrent, il est vrai, dans leur forme, selon les méthodes de raisonnement, selon les latitudes, les tempéraments, les caractères, les croyances religieuses ; mais au fond on reconnaît que la charpente de tous ces systèmes, est le type que nous venons d'esquisser : la Terre est une surface place indéfinie, entourée au delà de ses limites inconnues par des abîmes de ténèbres ; le Ciel est un dôme au-dessus duquel les religions ont généralement placé le séjour des récompenses après la mort, comme elles ont placé le séjour des châtiments sous les profondeurs du sol : *in inferis*.

La Terre était fixe et immobile, au bas du monde. De plus, chaque peuple avait naturellement la petite vanité de se croire au milieu de la surface habitée. Au-dessous de cette surface se perdaient les fondations mystérieuses dont parlait déjà Job il y a trois mille ans, lorsqu'il s'écriait : « Où étiez-vous quand je jetais les fondements de la Terre ? » On était naturellement convaincu que cette terre était solide, qu'il n'y avait aucun danger à ce qu'elle s'enfonçât, et qu'elle était immuable. Quant à ses limites, les uns la voyaient entourée d'océans ou de marais ; d'autres parlaient de ténèbres mélangées avec du mouvement et du repos ; d'autres plus hardis, des moines du X° siècle de notre ère, déclarent que, en faisant un voyage à la recherche du paradis terrestre, ils avaient trouvé le point où le ciel et la terre se touchent et avaient même été obligés de baisser les épaules ! Le dôme transparent posé sur le royaume des vivants devint assez sûr lui-même pour servir de base à un royaume de morts, ou plutôt d'âmes trépassées, et plus tard de ressuscités, qui devait durer toute l'éternité.

Nos espérances sur la vie future, et notre conception de l'Être suprême, doivent aujourd'hui prendre une tout autre forme : empyrée, paradis, purgatoire, enfer, limbes, ont disparu depuis l'invention du télescope ; il n'y a pas d'autre ciel que l'espace au sein duquel nous planons nous-mêmes, et pas d'autres lieux de séjour extra-terrestre que les astres qui gravitent dans l'infini.

Comme Mercure, comme Vénus, notre planète plane dans le Ciel.

Il faut que nous voyions clairement en elle un globe *suspendu sans aucune espèce de support*, au milieu du vide immense. Nous avons déjà vu que pour les habitants de Mars, Vénus et Mercure, elle brille de loin comme une étoile.

La Terre est une sphère isolée dans l'espace et *cet espace se prolonge à l'infini* dans tous les sens et tout autour d'elle.

A l'infini!... et tout autour de nous! en haut, en bas, de côté, partout. Comment concevoir une telle immensité? Et qu'est-ce que le globe terrestre au sein d'un pareil abîme?... Supposons que, voulant mesurer cet infini, nous partions de la Terre comme point de départ, et que nous nous dirigions *vers un point quelconque* du Ciel. Eh bien! quelle que soit la région de l'espace vers laquelle nous nous dirigions en ligne droite et sans jamais interrompre notre course, — lors même que nous nous enfoncerions dans ce vide avec la vitesse de la lumière, 75 000 lieues par seconde, 450 000 lieues par minute, 270 millions de lieues par heure, — quel vertige!... nous pourrions voler pendant des jours, des semaines, des mois, des années entières... avec cette vitesse constante... pendant des siècles, pendant des milliers et des millions de siècles... et nous n'atteindrions jamais, *jamais*, aucune limite à cette immensité... A mesure que les abîmes se refermeraient derrière nous, d'autres abîmes s'ouvriraient en avant, perpétuellement, sans fin ni trêve, quel que soit le nombre des siècles accumulés en notre voyage ; sans cesse l'immensité resterait béante; et nous épuiserions plutôt la série des siècles possibles, nous absorberions le temps, nous nous identifierions avec l'éternité, plutôt que de vaincre cette puissance de l'infini, qui, inaccessible, fuirait toujours et toujours...

Enfin, nous arrêtant, exténués, repliant nos ailes fatiguées de cet essor séculaire, désespérés du but, nous voulons mesurer du regard et de la pensée l'espace que nous avons parcouru; nous voulons deviner où nous sommes et nous reconnaître... Mais quoi! nous voici seulement au... vestibule de l'Infini... Que disons-nous au vestibule! En réalité, notre long et incommensurable voyage, après des millions de siècles de ce vol insensé, serait identiquement *comme si nous étions restés dans le repos le plus complet*. Devant l'Infini nous n'aurions pas avancé d'un seul pas ! ! !

Si donc, considérant un instant le globe terrestre comme unique dans cet infini qui l'environne de toutes parts, nous supposions qu'il pût y tomber comme un boulet dans un abîme, ce globe tomberait, tomberait pendant des siècles de siècles, et continuerait de tomber incessamment, toujours, sans que *dans toute la durée de l'éternité* il pût jamais approcher du fond de l'abime. Après mille siècles de chute, il continuerait de tomber pendant mille siècles encore, et pendant mille siècles, et cela *sans jamais descendre* en réalité ! Ce serait absolument comme s'il restait en repos, car, en fait, le chemin qu'il aurait parcouru ne serait jamais que *zéro*, comparé à l'Infini.

Porté dans l'étendue par les lois mystérieuses de la gravitation universelle, notre globe court dans l'espace avec une rapidité que notre pensée la plus attentive peut difficilement saisir. Obéissant au Soleil, il tourne autour de lui à la distance moyenne de 37 millions de lieues, sur une orbite qui ne mesure pas moins de 232 millions 500 mille lieues à parcourir en 365 jours 6 heures. Pour accomplir cette translation, il faut voler avec une vitesse de 643000 lieues par jour, 26800 lieues à l'heure, 29450 mètres par seconde.

Le train express le plus rapide, emporté par l'ardeur dévorante de la vapeur aux ailes de feu, ne peut parcourir au maximum plus de 100 kilomètres à l'heure, c'est-à-dire 25 lieues : sur les routes invisibles du Ciel, la Terre vogue avec une vitesse 1100 fois plus rapide. La différence est telle qu'on ne saurait l'exprimer géométriquement ici par une figure. Si l'on représentait par 1 millimètre seulement la longueur parcourue en une heure par la locomotive, il faudrait tracer à côté une ligne de 1 mètre 10 centimètres pour représenter le chemin comparatif parcouru par notre planète pendant le même temps. Nulle vitesse appréciable ne peut nous donner une idée de celle de la Terre. Ajoutons, comme point de comparaison, que la marche d'une tortue est environ 1100 moins rapide que celle d'un train express. Si donc on pouvait envoyer un train express courir après la Terre, c'est exactement comme si l'on envoyait une tortue courir après un train express ! Nous volons, du reste, soixante-quinze fois plus vite qu'un boulet de canon !... Et c'est ce jouet dont les Bibles anciennes faisaient la base de toute la création !

Situés comme nous le sommes autour du globe, mollusques infiniment petits collés à sa surface par son attraction centrale et

emportés par son mouvement, nous ne pouvons apprécier ce mouvement ni nous en rendre compte directement. La seule méthode
que nous puissions employer pour sentir exactement la condition
cosmographique de la Terre, serait de nous supposer placés non plus
sur elle, mais à côté, dans l'espace, et immobiles, au lieu d'être,
comme nous le sommes, entraînés par son propre mouvement.
Ainsi isolés de ce globe, nous pourrions l'observer sans parti pris,
sans idée préconçue, et constater son mouvement, étant dans la
situation de celui qui voit passer devant lui un train rapide sur
une voie ferrée.

Ainsi placés dans l'espace, non loin de la route céleste suivie par
le globe dans son cours, nous verrions d'abord ce globe venir de
loin, *sous l'aspect d'une étoile grandissante.* Son volume apparent s'accroissant à mesure qu'il approche, nous le verrions ensuite
avec le diamètre de la Lune dans son plein. Alors déjà nous pourrions distinguer sa surface, les continents et les mers, le pôle éclatant de blancheur, l'atmosphère marbrée de nuages. Bientôt le
globe, s'enflant davantage, nous apparaîtrait grandissant toujours.
Nous reconnaîtrions les diverses parties du monde, les deux vastes
triangles verts de l'Amérique, l'Europe déchiquetée dans ses rivages,
l'Afrique ocrée, les bandes nuageuses équatoriales. Notre attention
chercherait à distinguer les plus petits détails de sa surface, entre
autres, sans doute, une région verdoyante qui n'en occupe que la
millième partie et qu'on appelle la France... Mais quoi ! voilà ce
boulet tourbillonnant qui grossit, qui grossit encore. Soudain il
occupe le ciel entier, *se dressant, monstre colossal, devant
notre vision effrayée.* Nous percevons un instant le vague tu-
multe des bêtes féroces des tropiques et aussi celui de l'artillerie toujours grondante de notre intelligente humanité... Mais
l'immense sphère est passée avec la rapidité de l'éclair : la voilà
qui *s'enfonce dans les profondeurs béantes de l'espace;* puis,
se rapetissant à mesure qu'elle s'éloigne, elle s'enfuit, diminue,
et disparaît en se perdant dans l'infini...

C'est sur ce boulet que nous rampons tous, disséminés autour de
sa surface comme d'imperceptibles fourmis, et emportés dans l'espace insondable par la force vertigineuse de la gravitation universelle.

Ce boulet mesure 12 732 kilomètres, ou 3 183 lieues de largeur, et 40 000 kilomètres, ou 10 000 lieues de tour. Sa surface est de 509 millions de kilomètres carrés, ou environ 50 milliards d'hectares, terres et eaux comprises. Les terres n'occupent que 130 millions de kilomètres carrés, c'est-à-dire 13 milliards d'hectares. Son volume mesure environ 1 000 milliards de kilomètres cubes. Sa densité surpasse de cinq fois et demie celle de l'eau. Le poids de ce globe, cinq fois et demie plus lourd qu'un globe d'eau de même dimension, est de 5 875 *sextillions* de kilogrammes : 5 875 000 000 000 000 000 000 000.

Ce volume et ce poids nous paraissent énormes! Et pourtant le volume du Soleil surpasse celui de la Terre de 1 279 000 fois, et son poids égale celui de 324 000 globes terrestres réunis!

L'atmosphère qui entoure la Terre pèse 6 263 quatrillions de kilogrammes, c'est-à-dire environ un million de fois moins que le globe. C'est sous cette couche d'air que nous rampons, comme les huîtres sous la mer, en supportant sur nos épaules une pression de 1 000 kilogrammes par mètre carré, ou de 15 500 kilogrammes pour la surface totale de notre corps. Et nous ne pouvons pas, même seulement comme les oiseaux, nous élever au-dessus de ces bas-fonds, auxquels nous retient le boulet de la pesanteur. Quelquefois, il est vrai, l'aérostat céleste daigne nous transporter dans les régions aériennes, mais ce n'est que pour nous faire regretter davantage notre condition ordinaire.

En outre du mouvement de *translation* qui vient de s'offrir à nos regards, la Terre est le jouet d'un grand nombre d'autres mouvements que nous pouvons résumer comme il suit :

D'abord sa *rotation* la fait tourner sur elle-même, pirouetter en quelque sorte, en 24 heures ('), donnant à ses différentes latitudes une vitesse

---

(') La Terre tourne sur elle-même en 23ʰ 56ᵐ 4ˢ. Ce serait la durée exacte du jour et de la nuit réunis, si notre globe ne tournait pas autour du Soleil ; mais comme il se déplace dans l'espace, lorsqu'un point quelconque du globe revient au bout de cet intervalle dans la même position absolue qu'il occupait au commencement, le Soleil paraît s'être déplacé en sens contraire du mouvement de translation de la Terre, et pour que notre point arrive de nouveau devant lui, il faut que la Terre continue de tourner sur elle-même pendant encore 3ᵐ 56ˢ.

C'est ce qu'il est très facile de saisir sur une figure. Considérons le globe terrestre en un moment quelconque, et supposons que le point A se trouve juste devant le Soleil

différente, suivant leur distance à l'axe de rotation. A l'équateur, où
la vitesse est maximum, la surface terrestre est forcée de parcourir
40000000 de mètres par jour, ce qui donne 464 mètres par seconde. A la
latitude de Paris, où le cercle est sensiblement moins grand, la vitesse
est de 305 mètres par seconde; aux pôles mêmes elle est nulle. — Un
troisième mouvement fait osciller la Terre sur le plan de l'orbite qu'elle
décrit autour du Soleil et diminue actuellement l'*obliquité de l'écliptique*
pour la relever dans l'avenir. — Un quatrième fait varier la courbe que
notre planète décrit autour du Soleil, et tempère l'*exentricité* de cette
ellipse pour la rapprocher d'un cercle, qui de nouveau s'allongera sous

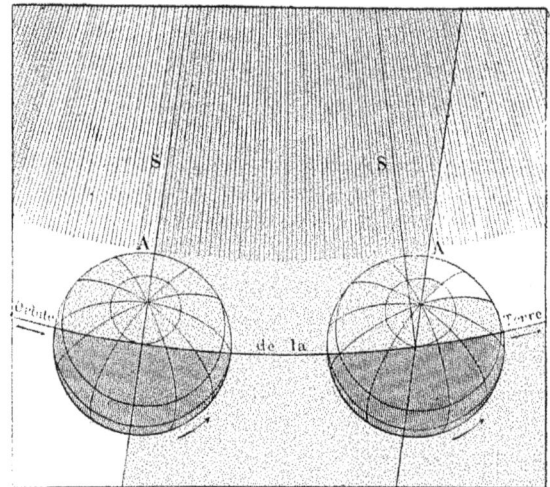

Fig. 180. — Translation et rotation de la Terre. — Jour sidéral
et jour solaire.

les influences planétaires. — Un cinquième mouvement déplace lentement le *périhélie*, qui fait le tour de l'orbite en 21000 ans, si bien que
dans cet autre cycle les saisons prennent successivement la place l'une
de l'autre. — Un sixième mouvement, celui qui constitue la *précession des*

(figure 180, position de gauche). Lorsque la Terre aura accompli sa rotation, elle se sera
transportée à la position de droite, et le méridien A se retrouvera comme il était ; mais
le Soleil aura reculé vers la gauche pendant que la Terre avançait dans son cours vers
la droite, et pour que le point A revienne de nouveau devant le Soleil, il faut ajouter
3ᵐ56ˢ; et cela, tous les jours de l'année. Ainsi entre deux midis il y a 24 heures juste,
ou 86400 secondes ; tandis qu'entre deux passages d'une étoile au méridien il n'y a que
23ʰ56ᵐ4ˢ, ou 86164 secondes. Le jour de 24 heures est le *jour solaire* ou *civil*. Le jour
de 23ʰ56ᵐ4ˢ est le *jour sidéral*. Il en est de même pour toutes les planètes : le

équinoxes, fait accomplir à l'axe terrestre une rotation lente qui ne dure pas moins de 25765 ans, et en vertu de laquelle toutes les étoiles du ciel changent chaque année de position apparente, pour ne revenir au même point qu'après ce grand cycle séculaire. — Un septième mouvement, dû à l'action de la Lune et nommé *nutation*, fait décrire au pôle de l'équateur sur la sphère céleste une petite ellipse de 18 ans et 8 mois. — Un huitième mouvement, dû à la même attraction lunaire, accélère la marche de notre globe un peu plus vite lorsque la Lune est devant lui (premier quartier) et la retarde lorsqu'elle est en arrière (dernier quartier). — Un neuvième mouvement, causé par l'attraction des planètes, et principa-

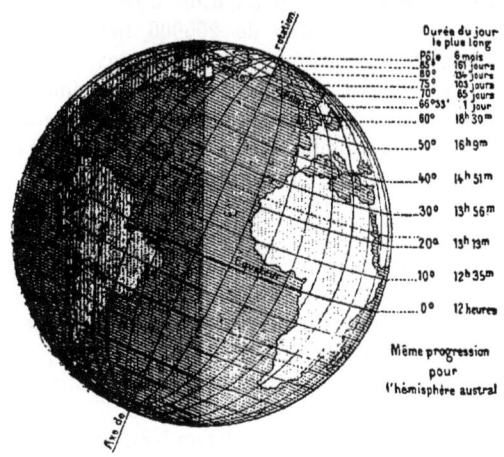

Fig. 181. — La Terre au solstice de juin : durée du jour selon les latitudes.

nombre de jours solaires dont se compose leur année est toujours inférieur d'une unité à celui de leurs jours sidéraux.

Le globe terrestre ayant 10000 lieues de circonférence, on voit qu'en vertu de sa rotation, un point de l'équateur court en raison de 1670 kilomètres par heure. Surface du globe, mers, atmosphère, nuages, *tout* ce qui appartient à la Terre est emporté par ce même mouvement diurne, et par conséquent tout paraît en repos autour de nous. Cette force est si considérable, que si le mouvement de rotation de notre planète était enrayé brusquement, si une main colossale l'arrêtait, la catastrophe la plus épouvantable en serait la conséquence. Tous les êtres vivants en seraient instantanément brisés par un choc sans cause matérielle apparente ; les mers se jetteraient sur les continents, qu'elles engloutiraient, et le mouvement, arrêté, se transformant en chaleur, élèverait le globe entier à une si haute température, qu'il brûlerait sur place, dans une chaleur rouge égale au feu d'une masse de houille quinze fois plus grosse que le globe terrestre... Le mouvement de translation est beaucoup plus énergique et plus formidable encore. Si une volonté suprême ordonnait à la Terre de s'arrêter dans son cours autour du Soleil, son mouvement de translation se transformant en chaleur, notre planète tout entière se volatiliserait et s'évanouirait à l'état de vapeur, comme une nébuleuse.

lement par le monde gigantesque de Jupiter et par notre voisine Vénus, occasionne des *perturbations*, calculées d'avance, sur la ligne décrite par notre planète dans sa révolution annuelle, la gonflant ou l'aplatissant, selon les variations de la distance. — Un dixième mouvement fait tourner le Soleil le long d'une petite ellipse dont le foyer est dans l'intérieur de la masse solaire, et fait tourner le système planétaire tout entier autour de ce *centre commun de gravité.* — Enfin, un onzième mouvement, plus considérable encore que les précédents, nous montre le *transport* du système planétaire entier à la remorque du Soleil à travers les cieux incommensurables. Le Soleil n'est pas immobile dans l'espace, mais il se meut et nous emporte avec lui vers la constellation d'Hercule. La vitesse de ce mouvement général est de plus de 200000 lieues par jour. Les lois du mouvement invitent à croire que le Soleil gravite autour d'un centre encore inconnu pour nous. Mais peut-être aussi tombe-t-il en ligne droite dans l'infini, entraînant avec lui tout son système de planètes et de comètes... Il pourrait tomber *éternellement*, sans jamais atteindre le fond de l'espace, et sans que nous puissions même nous apercevoir de cette chute immense autrement que par l'examen minutieux des perspectives changeantes des cieux.

Avant que ces vérités fussent devenues populaires, on pouvait encore garder pour notre planète l'illusion patriotique de la croire au milieu du système solaire, entourée du chœur des harmonies planétaires, comme le rappelle la vignette placée en tête de ce chapitre, fac-simile d'une figure composée sous Louis XV. Maintenant notre petite planète ne peut même plus garder cet apparent privilège.

L'examen de notre planche II (p. 402) fera bien exactement comprendre le mouvement annuel de notre planète autour du Soleil et l'inclinaison de son axe de rotation diurne. On voit qu'aux équinoxes le jour est égal à la nuit pour toute la Terre et qu'aux solstices chaque pôle est tour à tour plongé dans la lumière et dans la nuit. Si nous suivons la Terre dans sa marche, nous verrons qu'à mesure qu'elle avance vers l'été, le pôle nord est de plus en plus éclairé jusqu'au solstice de juin, où le Soleil illumine tout le cercle polaire. A cette époque nous comptons, à la latitude de Paris, 16 heures de jour et seulement 8 heures de nuit : le Soleil est alors élevé dans le ciel de 23°27′ plus haut que l'équateur. Puis la Terre s'avance dans son cours, en abaissant le pôle nord et relevant le pôle sud, jusqu'à l'équinoxe de septembre, où la situation est symétrique à celle de mars, et jusqu'au solstice de décembre, où elle est l'opposée du solstice de juin. Alors c'est le pôle sud qui est éclairé, tandis que le pôle nord est dans l'ombre; la journée n'est plus que de 8 heures ici, et la nuit règne pendant 16 heures (abstraction faite des crépuscules); le Soleil ne s'élève qu'à 23°27′ au-dessous de l'équateur, c'est l'hiver pour notre hémisphère et l'été pour l'hémisphère sud.

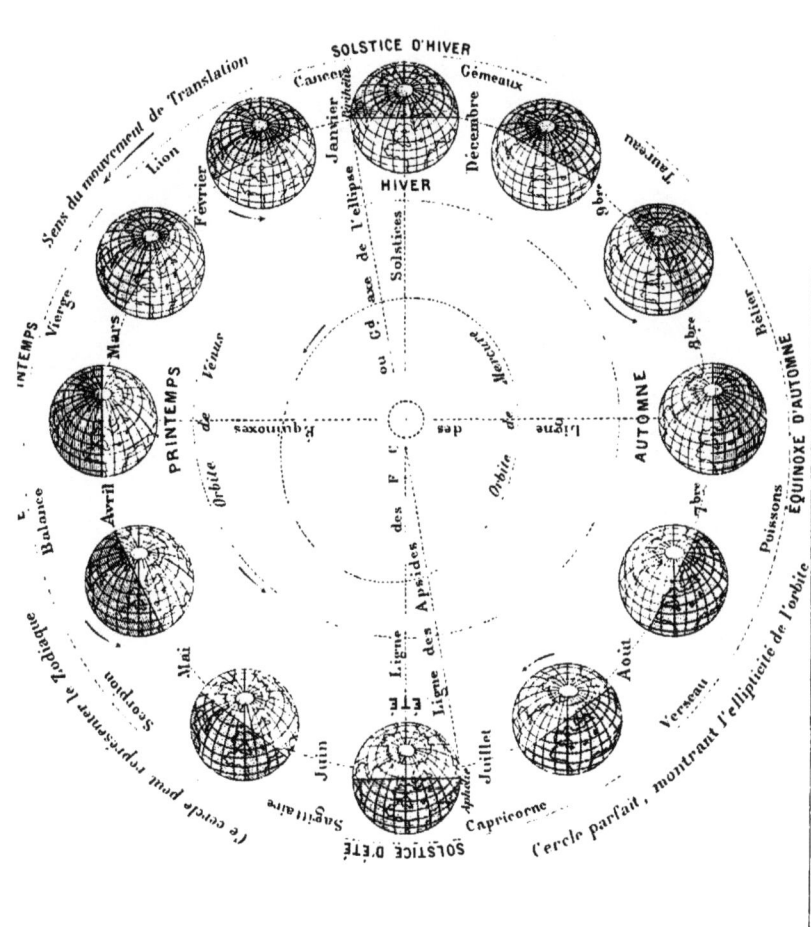

MOUVEMENT ANNUEL DE LA TERRE AUTOUR DU SOLEIL, ET PRODUCTION DES SAISONS.

Grave par E. Morieu

Lith Le

Pour bien apprécier l'influence de cette inclinaison de la Terre sur les climats et sur les conditions de la vie, il sera utile d'examiner le dessin précédent (*fig.* 181) sur lequel sont inscrites les durées du jour qui correspondent à chaque latitude. .

Cette appréciation de la situation de la Terre dans l'espace sera complétée par l'examen du tableau suivant (*fig.* 182 et 183), qui représente, d'après les croquis de Proctor, la position de notre globe, vu du Soleil à midi, pour chaque mois de l'année. On voit au premier coup d'œil le pôle sud se retirer à partir du solstice de décembre, les deux pôles s'effacer à l'équinoxe de Mars, le pôle Nord arriver progressivement devant le Soleil, pour s'éloigner après le solstice de juin, et ainsi tour à tour les diverses contrées du globe recevant plus ou moins obliquement l'illumination solaire. La position de la Terre est donnée pour le 21 de chaque mois.

La rotation de la Terre a produit à ses pôles un aplatissement de $\frac{1}{194}$.

Ces mouvements différents qui emportent l'astre-Terre dans l'immensité sont connus, grâce au nombre colossal d'observations faites sur les étoiles depuis plus de quatre mille ans, et grâce à la rigueur des principes modernes de la mécanique céleste. Leur connaissance constitue la base essentielle de la plus haute et de la plus solide des sciences. La Terre est désormais inscrite au rang des astres, malgré le témoignage des sens, malgré des illusions et des erreurs séculaires, et surtout malgré la vanité humaine, qui longtemps s'était formé avec complaisance une création à son image. Sollicité par tous ces mouvements divers, dont quelques-uns, comme celui des perturbations, sont d'une complication extrême, le globe terrestre vogue dans le vide, tourbillonnant, se balançant sous des inflexions variées, saluant les planètes ses sœurs, courant avec une vitesse insaisissable vers un but qu'il ignore. Les ondulations successives de son cours forment un système continu d'hélices entrelacées.

Depuis qu'elle existe, *la Terre n'est pas passée deux fois au même endroit,* et le lieu que nous occupons à l'heure même où vous lisez ces lignes, s'enfonce avec rapidité derrière notre sillage éthéré pour ne plus jamais revenir ! La surface terrestre elle-même, du reste, se modifie chaque siècle, chaque année, chaque jour, et les conditions de la vie changent à travers l'éternité comme à travers l'espace. C'est ainsi que la marche du monde effectue son cours mystérieux, et que les êtres, comme les choses, ne continuent d'exister qu'en subissant de perpétuelles métamorphoses.

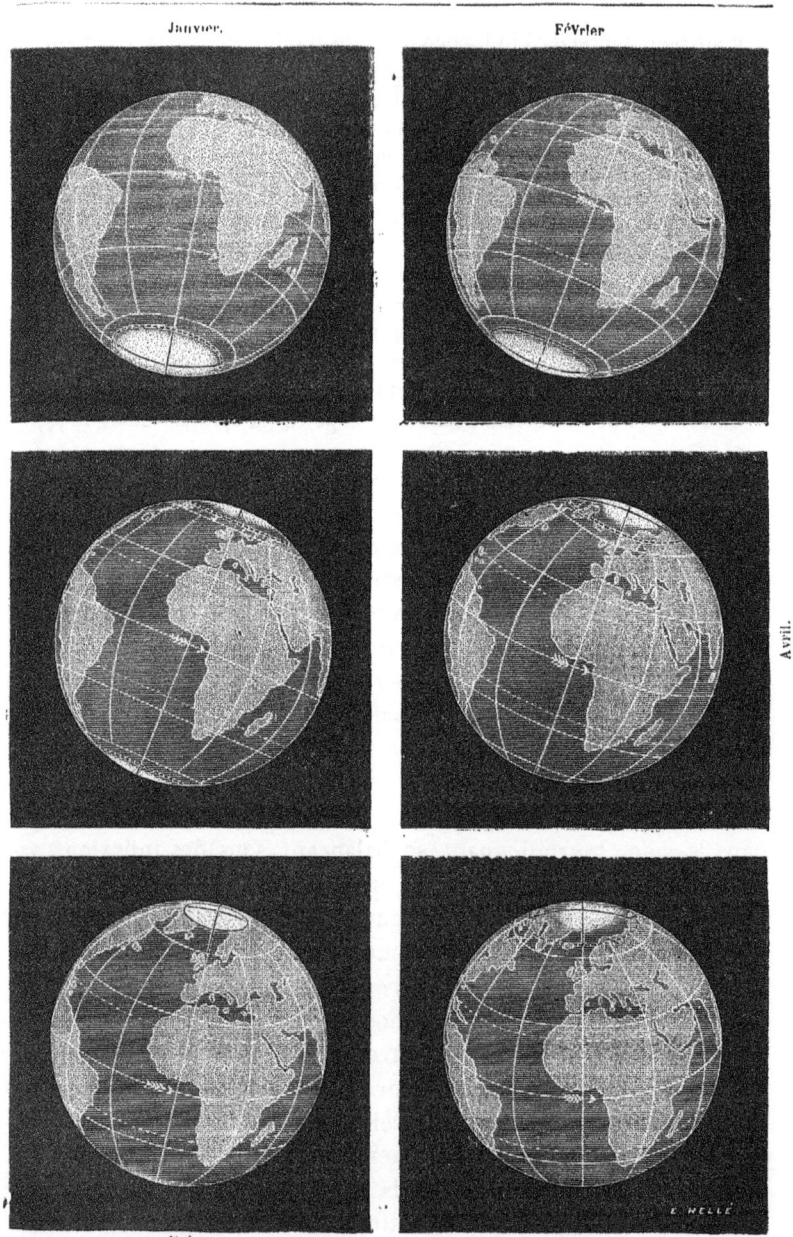

Fig. 182. — Positions de la Terre devant l'éclairement solaire, à midi, pendant les douze mois de l'année.

Juillet.

Août.

Septembre.

Octobre.

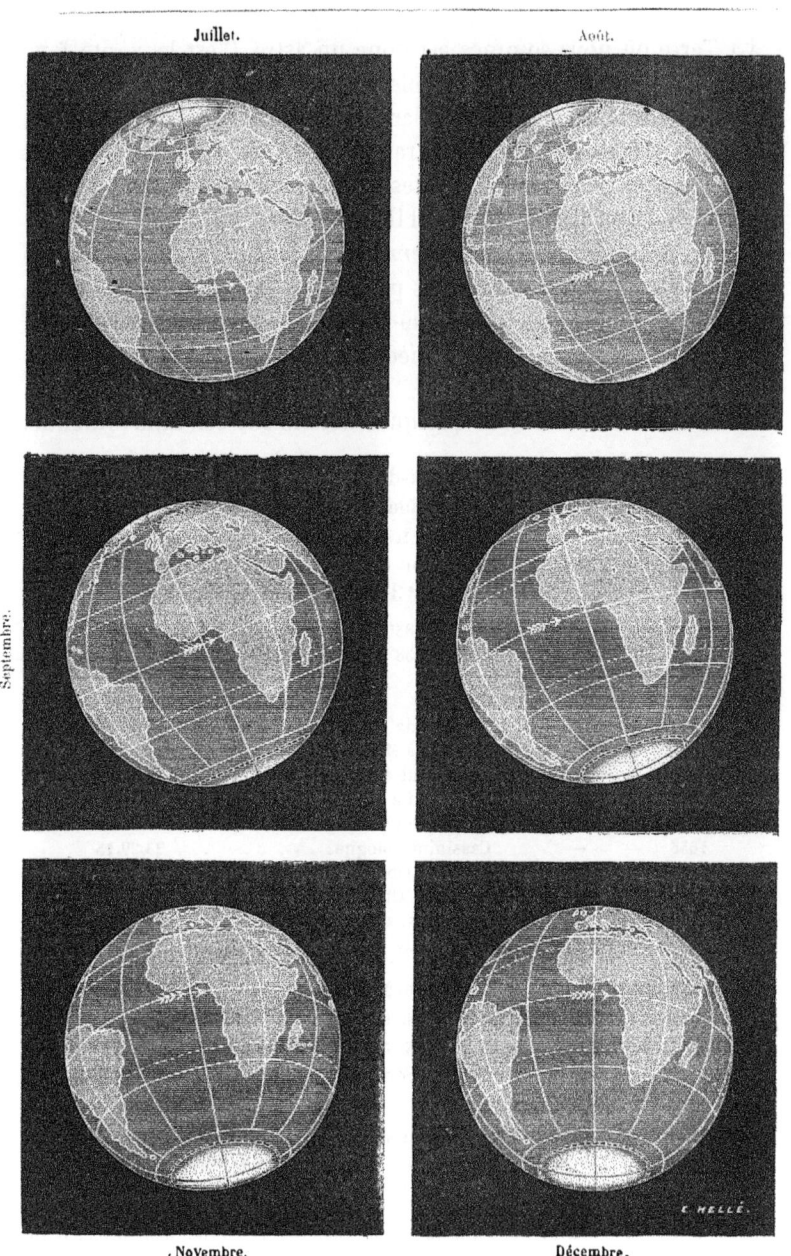

. Novembre.

Décembre.

Fig. 183. — Positions de la Terre devant l'éclairement solaire, à midi, pendant les douze mois de l'année.

La Terre où nous sommes est donc un astre. C'est la vérité fondamentale dont nous devons bien nous pénétrer une fois pour toutes. Elle est une planète circulant annuellement autour du Soleil; en même temps qu'elle, les autres planètes du système gravitent dans le même sens, avec des vitesses différentes, formant un harmonieux concert autour du Soleil illuminateur.

Ainsi, *nous sommes actuellement dans le Ciel;* nous y avons toujours été, et nous ne pouvons pas en sortir. Telle est la VÉRITÉ, importante à plusieurs titres, que la connaissance de l'astronomie nous invite à comprendre et à méditer (¹).

Entrons maintenant dans quelques détails sur ces mouvements :

L'obliquité de l'écliptique, c'est-à-dire l'inclinaison de l'équateur de la Terre sur le plan dans lequel notre planète se meut annuellement autour du Soleil, diminue actuellement, en raison de 47″ par siècle. Mais cette diminution s'arrêtera, et l'oscillation est renfermée entre des limites restreintes. L'amplitude n'est que de 2° 37′ 22″ et ses limites sont :

$$24° \; 35′ \; 58″$$
$$\text{et} \quad 21 \; . \; 58 \; . \; 36$$

Principales *mesures :*

1100 ans avant J.-C.	Thou-Kong à Loyang (Chine). . .	23°54′2″
350 — —	Pythéas à Marseille.	23.49.20
140 — —	Hipparque à Alexandrie.	23.51.20
890 ans après J.-C.	Albategni à Antioche.	23.35.41
1430 — —	Ulugh Beigh à Samarkande. . .	23.31.48
1655 — —	Cassini à Bologne.	23.29.15
1757 — —	Bradley. Obs. de Greenwich. . .	23.28.14
1841 — —	Bouvard. Observatoire de Paris.	23.27.35
1868 — —	Airy. Obs. de Greenwich.	23.27.22
Elle est actuellement (1883) de.		23.27. 7

Cette diminution ne se continuera pas, et nous n'aurons jamais de *printemps perpétuel*, de même qu'on en a jamais eu. Cette variation est due à l'attraction que les planètes exercent sur la Terre, et se trouve ainsi liée à un cycle de toutes leurs influences réunies. La mécanique céleste

(¹) Cette vérité est si capitale au point de vue philosophique que le premier soin de la congrégation de l'*Index*, a été d'ordonner d'effacer des ouvrages de Copernic et de Galilée, le mot **astre** toutes les fois qu'il était appliqué à la Terre, et que même au foyer de Paris, à la Sorbonne, il fut interdit de donner ce nom à notre planète et d'enseigner son mouvement. Lorsque, sous la pression de la vérité démontrée, il fut impossible de continuer ce système, on permit d'enseigner le mouvement de la Terre comme une hypothèse *commode* mais *fausse!*

démontre que cette diminution s'arrêtera dans les siècles à venir, et qu'un mouvement contraire du plan de l'écliptique succédera au premier. Cette variation n'est d'aucune influence sur les climats de la Terre (¹).

Nous avons vu que l'orbite terrestre n'est pas circulaire, mais elliptique. Son excentricité est de 0,01679. En effet, si nous prenons pour unité la distance moyenne de la Terre au Soleil, ou le demi-grand axe de l'orbite, nous avons :

		En kilomètres.
Distance périhélie.	0,98321	146 000 000
— moyenne.	1,00000	148 000 000
— aphélie.	1,01679	150 000 000

La Terre est donc de 5 000 000 de kilomètres, ou de 1 250 000 lieues plus près du Soleil lorsqu'elle passe à son périhélie que lorsqu'elle passe à son aphélie. La première position arrive le 1ᵉʳ janvier, et la seconde le 1ᵉʳ juillet. Cette différence d'éloignement n'empêche pas que la température ne soit moins élevée sur notre hémisphère boréal à la première de ces dates qu'à la seconde, parce que cette température est déterminée par l'inclinaison des rayons solaires et par la durée du jour. Toutefois, comme l'hémisphère austral a alors l'été, il reçoit plus de chaleur du Soleil que nous dans la proportion de la différence d'éloignement : environ un quinzième.

Cette excentricité de l'orbite terrestre n'est pas constante non plus. Elle diminue lentement de siècle en siècle. Voici quelques chiffres qui montrent la lenteur de sa variation séculaire :

EXCENTRICITÉ DE L'ORBITE TERRESTRE.

Il y a 100000 ans (maximum).	0,0473
70000 ans.	0,0316
50000 ans.	0,0131
10000 ans.	0,0187
Aujourd'hui	0,0168
Dans 10000 ans.	0,0155
23900 ans (minimum).	0,0033
50000 ans	0,0173
70000 ans	0,0211
100000 ans	0,0189

(¹) Un de nos savants astronomes anglais contemporains, M. Hind, trouve (*Solar System*, p. 33) que « cette découverte des limites auxquelles elle est soumise s'accorde avec la promesse que Dieu a faite à Noé après le déluge de ne plus rien changer *désormais* à la surface de la Terre, et qu'elle explique quels moyens le Créateur a employés pour réaliser sa volonté, moyens restés cachés jusqu'à ce que la science moderne les ait ainsi découverts. » C'est là assurément une singulière idée. Outre que Dieu n'a jamais « ouvert la bouche » pour parler à Noé, et que le genre humain n'a jamais été noyé comme le suppose la Bible, il est bien certain que *l'obliquité de l'écliptique avait avant le déluge les mêmes éléments de stabilité qu'aujourd'hui*, et

Arrivera-t-elle un jour à être nulle, et notre planète suivra-t-elle alors une circonférence parfaite autour du Soleil ? — Non.

L'excentricité des orbites planétaires varie sous l'influence réciproque que les planètes exercent les unes sur les autres. Ce fait est d'une importance capitale, car la longueur de l'année, le mouvement angulaire, la quantité de lumière et de chaleur reçues du Soleil varient avec le grand axe. Or, celui-ci s'allonge-t-il ou diminue-t-il avec l'excentricité ? Le système planétaire n'est-il donc pas stable ? La Terre et les autres planètes sont-elles destinées à voir leurs orbites s'accroître dans l'avenir, et à s'éloigner de plus en plus du Soleil pour aller mourir dans les déserts de l'espace ? ou doivent-elles se rapprocher peu à peu du Soleil, voir leurs années se raccourcir, et tomber un jour dans le foyer qui les attire ?

Non. Le grand axe est invariable. De plus, les actions planétaires n'agissent pas constamment dans le même sens, et la combinaison de leurs révolutions neutralise bientôt les effets qu'elles avaient amenés. L'excentricité des orbites, la variation de la ligne des apsides, la marche des périhélies, ne peuvent recevoir que des changements périodiques, et leur état moyen doit constamment rester le même tant que les planètes dureront. Si nous considérons par exemple les deux plus importantes planètes de notre système, Jupiter et Saturne, nous trouvons que leur attraction mutuelle produit une variation séculaire dans l'excentricité de l'orbite de Saturne depuis 0,08409 (son maximum) jusqu'à 0,01345 (son minimum), tandis que celle de Jupiter varie de 0,06036 à 0,02606 : la plus grande excentricité de Jupiter correspondant à la plus petite de Saturne, et *vice versâ*. La période de cette variation totale est de 70414. Il faudrait des millions d'années pour ramener le système planétaire dans son état primitif, seulement en ce qui concerne l'excentricité des orbites. La triple période des excentricités de Jupiter, Saturne et Uranus prises ensemble embrasse 900000 ans.

L'excentricité de l'orbite terrestre continuera de diminuer jusqu'à ce qu'elle soit descendue à 0,003314, ce qui n'arrivera qu'en l'an 25780 de notre ère.

Loin d'être stable et toujours pareil à lui-même, l'univers subit, comme nous le voyons, des transformations incessantes. Mais les précédentes ne sont pas encore les plus importantes ni les plus fortes. Il en est d'autres

---

que cette stabilité ne date pas plus que l'arc-en-ciel de l'inondation rapportée par l'historien juif. C'est là une illusion religieuse analogue à celle de Milton, qui nous montre, dans le *Paradis perdu* (chant X). les anges poussant avec effort l'axe du globe pour l'incliner : « They with labour pushed oblique the centric globe », Jéhovah furieux de la faute d'Adam (ou d'Ève?), supprimant le printemps perpétuel dont la Terre aurait joui jusqu'alors ; ce qui est contraire à la vérité, attendu que l'axe n'a *jamais* été perpendiculaire au plan de l'orbite. — Que d'astronomes de nos jours, dont on pourrait citer les noms, sont, comme M. Hind, inconséquents avec leur propre science!

dont la connaissance résumée n'est pas moins intéressante pour notre
instruction générale.

La ligne idéale qui joint le périhélic à l'aphélie, et qu'on nomme
ligne des apsides, se déplace, elle aussi, lentement ; ce qui fait changer la
position du périhélie et celle de l'aphélie. Voici quelques positions du
périhélie qui montrent sa marche :

Date de la mesure.	Longitude.
140 (Ptolémée)	65° 30'
1515 (Copernic).	96° 40'
1690 (Cassini)	97° 35'
1750 (Bradley)	99° 3'
1800 (Delambre)	99° 30'
1850 (Leverrier)	100° 21'
Elle est actuellement (1883) de. . . . . , . .	101° 11'

En l'an 1520 de notre ère le périhélie arrivait le jour du solstice d'hiver,
le 21 décembre : il arrive maintenant le 1ᵉʳ janvier. A cette époque la
durée du printemps était égale à celle de l'été, et la durée de l'automne
égale à celle de l'hiver. En l'an 4000 avant notre ère, époque à laquelle
plusieurs chronologistes avaient imaginé de fixer la création du monde,
le périhélie coïncidait avec l'équinoxe d'automne. Il coïncida, disons-
nous, avec le solstice d'hiver, en l'an 1250. Alors nos hivers arrivant
dans la section de l'orbite la plus proche du Soleil, étaient les moins froids
qu'ils puissent être, et nos étés, se trouvant dans la section de l'orbite la
plus éloignée, étaient les moins chauds qu'ils puissent être. Comme la
différence de distance est de plus d'un million de lieues et la différence
de chaleur reçue de un quinzième, cette variation doit avoir une influence
réelle sur l'intensité des saisons. Le périhélie marche dans le sens des
mois. Depuis l'an 1250, il a marché du 21 décembre au 1ᵉʳ janvier. Il
arrivera au 21 mars, à l'équinoxe de printemps, l'an 6590, et au 22 juin,
au solstice d'été, en 11900. Alors nos étés seront les plus chauds, et nos
hivers les plus froids qu'ils puissent être : ce sera l'opposé de notre situation actuelle. Enfin l'an 17000 de notre ère, le périhélie sera revenu au
point où il se trouvait quatre mille ans avant notre ère, c'est-à-dire à
l'équinoxe d'automne. Le mouvement est de 61″, 9 par an, ou 1 degré en
58 ans, et le cycle est de 21000 ans ([1]).

([1]) Les traités d'astronomie mettent en général la plus grande confusion dans l'exposé de cette variation du périhélie. Tantôt ils ne la distinguent pas de la précession
des équinoxes: tantôt ils n'envisagent que le mouvement apparent du périgée; tantôt
ils se trompent de sens dans la direction. Ainsi, on lit dans les *Outlines* de sir John
Herschel, § 369 *b*, que le périhélie coïncidait avec l'équinoxe de *printemps* l'an 4000
avant J.-C. Cet erreur se retrouve dans l'*Astronomy* de Chambers, chap. vi. On peut
même remarquer que si l'on consulte à cet égard la belle *Astronomie populaire*
d'Arago en quatre volumes, on n'y trouve *rien*, seulement le mouvement du périgée

Ce mouvement de la ligne des apsides est dû principalement à l'attraction de Vénus et de Jupiter sur notre planète.

Examinons maintenant la variation séculaire célèbre, connue sous le nom de *précession des équinoxes*.

L'équinoxe du printemps ne revient pas tous les ans au même moment, mais avance chaque année. Supposons qu'au moment de l'équinoxe on prolonge le rayon vecteur mené de la Terre au Soleil jusqu'à une étoile placée derrière le Soleil. L'année suivante, lorsque l'équinoxe reviendra, notre ligne idéale n'aura plus l'étoile à son extrémité, et la Terre devra continuer pendant quelque temps sa course pour que cette rencontre ait lieu, c'est-à-dire pour que la révolution totale, ou l'année sidérale de la Terre, soit accomplie. Ainsi entre deux équinoxes de printemps il y a moins de temps qu'entre deux retours de la Terre au même point de son orbite. La différence est de 20 minutes 23 secondes. On donne le nom d'année tropique à ce retour de la Terre au même équinoxe : sa durée est de 365 jours 5 heures 48 minutes 47 secondes. C'est sur elle que le calendrier est fondé, et c'est pour faire concorder l'année civile avec la marche apparente du Soleil, que tous les quatre ans l'année est bissextile, à l'exception de trois années séculaires sur quatre (¹).

Chaque année, le Soleil paraissant avancer de la sorte sur les étoiles, il en résulte que les constellations du zodiaque rétrogradent sur lui. Ainsi, lorsqu'on a *fixé* son cours annuel apparent le long du zodiaque actuel, il y a environ 2000 ans, l'équinoxe du printemps arrivait lorsque le Soleil entrait dans la constellation du Bélier. Maintenant, le 21 mars, le jour de l'équinoxe du printemps, il se trouve devant les étoiles de la constellation des Poissons. Le ciel tout entier se déplace donc de l'ouest à l'est avec une grande lenteur. L'ascension droite de toute étoile, c'est-à-dire sa distance

rapporté aux apparences, en supposant la Terre immobile! Il est facile de s'assurer cependant que la longitude du périhélie de la Terre s'avance dans le sens de la numération des degrés. Elle était de 90° 30' en 1800, et de 100° 21' en 1850. Elle avance donc actuellement vers 180°. Or, 180°, c'est la longitude de la Terre à l'équinoxe de printemps, puisqu'alors celle du Soleil est 0. Donc le périhélie vient de l'automne et marche vers le printemps, au lieu de venir du printemps et de marcher vers l'automne.

(²) Cet avancement séculaire de l'équinoxe n'est pas tout à fait uniforme, et il en résulte que l'année tropique n'est pas absolument invariable. Ainsi elle est maintenant plus courte de 11 secondes que du temps d'Hipparque et de 30 secondes que du temps où la ville de Thèbes en Égypte était la capitale du monde. Au commencement de ce siècle, elle était de 365 jours 5 heures 48 minutes 51 secondes. Sa plus longue durée a eu lieu l'an 3040 avant notre ère ; sa plus courte durée aura lieu en l'an 7600, avec 76 secondes de moins qu'en l'an 3040 avant J.-C. A notre époque, l'année perd en durée à peu près trois quarts de seconde par siècle. Un centenaire de nos jours a réellement vécu vingt minutes de moins qu'un centenaire du siècle d'Auguste, et une heure de moins qu'un centenaire égyptien du temps de l'érection des pyramides.

au méridien de l'équinoxe de printemps pris comme origine pour compter, augmente chaque année d'un peu plus de 3 secondes de temps. Il en résulte qu'il faut à chaque instant recommencer les cartes célestes.

En quelques siècles l'écart est considérable. Le meilleur exemple à citer serait celui-là même qui a fait découvrir la précession des équinoxes par l'astronome Hipparque. L'an 128 avant notre ère, il observa la position de l'étoile nommée l'Épi de la Vierge, et trouva qu'elle avait avancé de beaucoup sur la position observée par les astronomes antérieurs. Il put même fixer avec une étonnante précision l'amplitude de ce mouvement. A cette époque la longitude de cette étoile était de 174 degrés; aujourd'hui elle est de 202 degrés. Elle a donc avancé de 28 degrés en 2000 ans.

Il est probable qu'Hipparque n'a pas *découvert* la précession des équinoxes, mais qu'il en a seulement *calculé* la valeur. Ce mouvement était connu longtemps avant lui par les astronomes indiens et chinois, qui se sont même servis de cette connaissance pour supposer des états du ciel antérieurs à ceux qu'ils avaient observés, et créer ainsi à leurs sciences et à leurs patries une antiquité fabuleuse.

Il en résulte que le pôle céleste change d'année en année, et que le ciel entier paraît tourner lentement autour du pôle de l'écliptique. Actuellement la ligne des pôles terrestres aboutit dans le ciel près de l'étoile α de la constellation de la Petite Ourse, nommée à cause de cela l'étoile polaire. Mais ce pôle ne restera pas toujours là. Il tourne dans le ciel, suivant un cercle de 47 degrés de diamètre, en 25 765 ans.

Continuant de s'approcher de l'étoile α de la Petite Ourse, le pôle, qui en est encore éloigné de 1° 23', c'est-à-dire de trois fois environ la largeur de la Lune, arrivera tout près d'elle l'an 2105. A partir de cette époque, il s'éloignera de cette étoile, passera successivement dans le voisinage de plusieurs autres plus ou moins brillantes, qui recevront tour à tour le nom d'*étoiles polaires* par les générations futures, jusqu'à ce que dans douze mille ans environ il arrive vers l'éclatante Véga, de la Lyre, qui pendant mille ans au moins marquera dans le ciel la place du pôle, comme elle l'a déjà marqué il y a quatorze mille ans.

Si nous avions des observations qui eussent consigné la place de cette étoile au pôle, ou qui eussent placé l'équinoxe du printemps près d'une étoile de la Balance, nous pourrions en conclure que ces observations datent de quatorze mille ans. Malheureusement, quoique bien des histoires politiques et religieuses aient prétendu à une antiquité plus haute encore, nous n'avons aucune observation astronomique qui l'affirme. J'ai fouillé un grand nombre de vieux documents pour en découvrir, mais je n'ai rien trouvé d'aussi reculé.

Les annales chinoises nous ont conservé des observations d'éclipses de Soleil depuis l'an 2158 avant notre ère. La grande Encyclopédie chinoise récemment publiée en cent volumes peut maintenant être consultée par tous les Européens. Nous avons une observation chinoise de l'étoile η des Pléiades comme marquant l'équinoxe du printemps l'an 2357 avant notre ère, et des observations d'éclipses faites en Egypte depuis l'an 2720. Les Pléiades sont pour eux, comme pour les Chinois, comme pour Hésiode, les premières étoiles de l'équinoxe. La constellation du Taureau, dont elles font partie, est celle qui ouvre l'année dans les anciens zodiaques. Le bœuf Apis en était un symbole en Égypte. Chez les Hébreux, la belle étoile Aldébaran, l'œil du Taureau, représente l'*aleph*, l'œil de Dieu, et Jéhovah lui-même. Mais nous n'avons rien de plus ancien. Malgré l'autorité de Laplace et de Dupuis, il ne semble pas qu'on puisse scientifiquement faire remonter la construction du zodiaque à plus de trois mille ans avant notre ère, à l'époque où la précession place l'équinoxe dans le Taureau. Aucun zodiaque connu n'a commencé au signe suivant : aux Gémeaux.

La précession des équinoxes a pour cause l'attraction combinée de la Lune et du Soleil sur le renflement équatorial de la Terre. Si la Terre était parfaitement sphérique, ce mouvement rétrograde séculaire n'existerait pas. Mais elle est aplatie à ses pôles et renflée à son équateur. Les molécules de ce bourrelet équatorial retardent un peu le mouvement de rotation : l'action du Soleil et de la Lune les fait rétrograder, et elles entraînent dans leur mouvement rétrograde le globe auquel elles sont adhérente (¹).

Telles sont les grandes inégalités séculaires et périodiques qui affectent le mouvement de la Terre. La combinaison des masses planétaires ajoute encore à ces inégalités des *perturbations* de moindre valeur qui dérangent l'ellipticité de l'orbite, font onduler la courbe, attirent même parfois le centre de gravité du système planétaire en dehors du Soleil, et modifient ainsi la forme elliptique des orbites. Notre globe si massif n'est qu'un jouet léger dans l'éther, balancé de mille façon par les forces cosmiques.

Ce n'est pas tout. Nos lecteurs ont déjà pu voir, dans notre ouvrage

---

(¹) La plupart des traités d'astronomie enseignent à tort que la précession des équinoxes est due à l'action du Soleil seul. Arago, *Astronomie populaire*, tome IV, p. 101, s'exprime ainsi : « Tandis que *le Soleil* agissant sur la partie renflée de la Terre *produit la précession, la Lune*, par une action analogue, *produit la nutation*. » Delaunay, dans son *Cours d'astronomie*, p. 559, dit à son tour : « L'action du Soleil sur les différentes parties du renflement occasionne un mouvement rétrograde de l'intersection du plan de l'équateur avec le plan de l'écliptique, c'est-à-dire de la ligne des équinoxes. La Lune, en agissant comme le Soleil, tend à produire un effet analogue; mais le changement assez rapide de la position du plan de son orbite fait que le résultat de son action ne suit pas les mêmes lois. En un mot, tandis que le Soleil produit la précession des équinoxes, la Lune, par une action analogue, produit la nutation. » C'est là une erreur. La *précession* est due aux deux astres réunis, et la nutation à la Lune seule. Notre satellite entre pour les deux tiers dans la précession et le Soleil seulement pour un tiers, à cause de son éloignement. Si la Lune n'existait pas, la précession annuelle ne serait que de 16″ au lieu de 50″,3. Les planètes agissent aussi, mais en sens contraire et faiblement. Elles enlèvent 0″,3 à cette quantité, qui sans elles serait de 50″,6.

Les Étoiles, qu'au lieu d'être fixes comme on le pensait autrefois, les étoiles sont animées chacune d'un mouvement propre. Celle-ci marche dans un sens, celle-là dans un autre. Ce mouvement est très lent pour chacune; mais enfin il est sensible. Ainsi la belle étoile double 61ᵉ du Cygne se déplace de la largeur apparente de la Lune (31′) en 350 ans, o Eridan en 440 ans, μ Cassiopée en 483 ans, α du Centaure en 500 ans, Arcturus en 800 ans, Sirius, en 1 300 ans, etc. Ces mouvements propres sont dirigés dans tous les sens, il est vrai; mais, à travers toutes ces directions, il en est une qui domine et qui est due au changement de perspective céleste causé par notre propre déplacement dans l'espace, — non pas notre déplacement annuel sur notre orbite (74 millions de lieues) qui n'est qu'un point en comparaison des distances stellaires. — mais un déplacement séculaire continuel dû au mouvement propre du Soleil dans l'espace. De même qu'en traversant en wagon les paysages d'une vaste campagne, nous voyons les perspectives changer, les arbres, les habitations, les bois, les collines, être emportés par un mouvement apparent en sens opposé au nôtre, de même ce déplacement général des étoiles nous a appris que le Soleil nous emporte, nous et toutes les planètes de son système, vers la constellation d'Hercule. Nous arrivons des parages étoilés où scintille Sirius, et nous voguons vers ceux où brillent les astres de la Lyre et d'Hercule.

On peut, assez facilement, se représenter cette chute dans l'infini. Comme il n'y a ni haut ni bas dans l'univers, nous pouvons pour mieux sentir cette translation au milieu des étoiles, et pour l'orienter relativement au plan général du système planétaire, prendre pour point de comparaison l'écliptique. Toutes les planètes et les satellites tournant autour du Soleil dans le zodiaque, avec une faible inclinaison sur l'écliptique, nous pouvons nous demander si le système solaire, comparable à un disque lancé dans l'espace, voyage dans le sens de son étendue, dans son horizon, pourrions-nous dire, ou bien s'il tombe à plat, ou s'il glisse obliquement. Si donc nous prenons pour horizontale le plan de l'écliptique, et pour verticale le pôle de l'écliptique, nous pouvons tracer la figure de notre chute dans l'espace, — chute réelle, puisque c'est la pesanteur qui la produit. Or ce point fait un angle de 38 degrés avec le pôle de l'écliptique. La direction du mouvement du système solaire dans l'espace est représentée par la grande flèche (*fig.* 184ᵉ. On voit que nous ne tombons pas à plat, ni dans le sens du disque planétaire, mais obliquement. — (Le plan de l'écliptique étant supposé horizontal, on ne devrait pas voir les orbites planétaires; mais on a un peu incliné le système et dessiné à leur distance mutuelle du Soleil les orbites des quatre planètes extérieures. Mars, la Terre, Vénus et Mercure sont trop près du Soleil pour avoir pu être dessinés à cette échelle.)

Aux complications précédentes de l'orbite terrestre, il faut donc en

ajouter une incomparablement plus importante et plus gigantesque, quoiqu'elle soit restée jusqu'à ce jour étrangère aux calculs de la mécanique
céleste. Au lieu de décrire une ellipse fermée et de revenir tous les ans
au point où elle se trouvait l'année précédente, la Terre décrit une hélice
sans fin, tournant autour de la flèche de la figure précédente considérée
comme axe de ces spires héliçoïdales. Si nous plaçons horizontalement
devant nous la flèche de la figure précédente et que nous dessinions
l'hélice réelle décrite par la Terre ♁, ainsi que par Jupiter ♃, Vesta ⚶,
Mars ♂, Vénus ♀ et Mercure ☿, nous trouvons la figure 185. Le Soleil

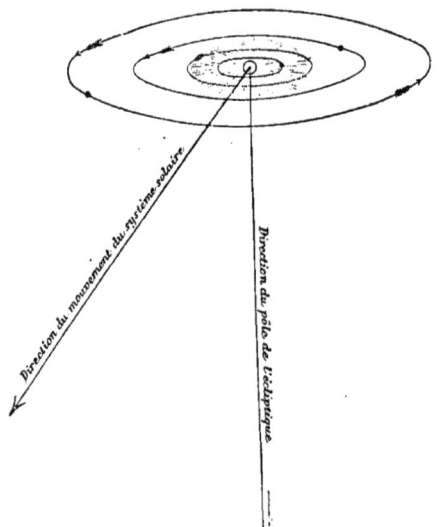

Fig. 184. — Chute du système solaire dans l'espace.

avance dans l'espace suivant la ligne droite AB, et les planètes tournent
en hélices autour de cette flèche.

Maintenant, cette orbite du Soleil dans l'espace est-elle une courbe
fermée? Tourne-t-il lui-même autour d'un centre? Ce centre inconnu est-
il fixe à son tour, ou se déplace-t-il de siècle en siècle, et fait-il aussi
décrire au Soleil et à tout autre système planétaire des hélices analogues
à celles que nous venons de trouver pour la Terre? Ou bien, le Soleil, qui
n'est qu'une étoile, fait-il partie d'un système sidéral, d'un amas d'étoiles
animé d'un mouvement commun. — C'est ce que nous ne pouvons encore
décider. Mais quoi qu'il en soit, le Soleil dans son cours doit subir des
influences sidérales, de véritables perturbations qui ondulent sa marche,
et compliquent encore sous des formes inconnues le mouvement de notre
petite planète.

Telle est l'uranographie de la Terre. Rotation diurne sur son axe,
— révolution annuelle autour du Soleil, — balancement de l'écliptique, — variation de l'excentricité, — déplacement du périhélie,
— précession des équinoxes, — nutation, — perturbations plané-

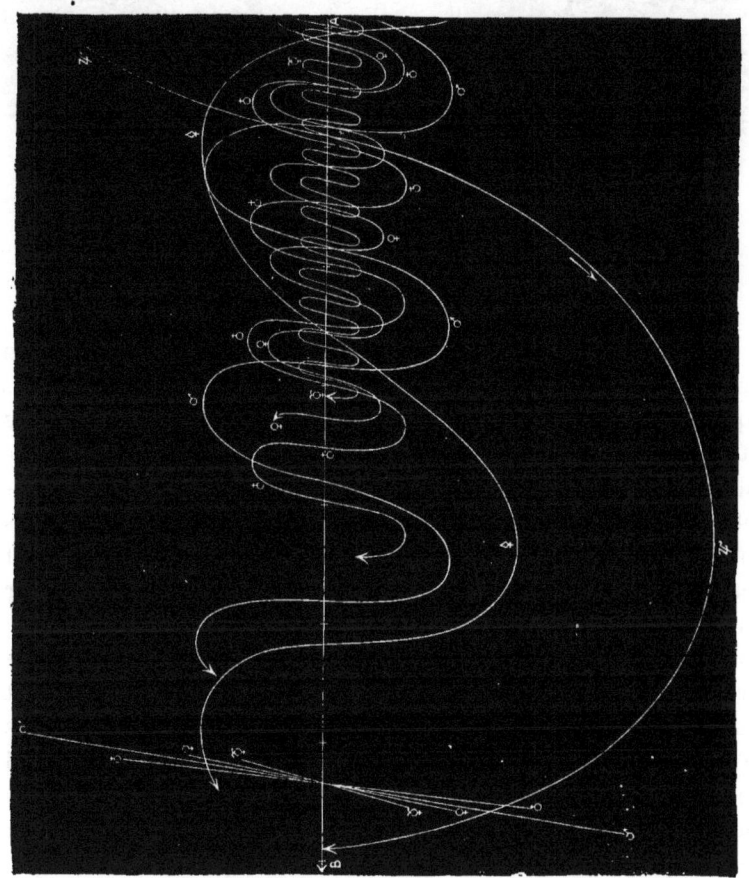

Fig. 185. — Hélices parcourues par Jupiter, Vesta, Mars, la Terre, Vénus et Mercure,
dans leur mouvement annuel autour du Soleil.

taires, — translation du système solaire. — actions sidérales inconnues, — font pirouetter notre petit globe, qui roule avec rapidité
dans l'espace, perdu dans les myriades de mondes, de soleils et de
systèmes dont l'immensité des cieux est peuplée. L'étude de la Terre
vient de nous faire connaitre le Ciel, et dans l'atome microscopique
que nous habitons se sont révélées les vibrations de l'infini.

CHAPITRE II

La Terre, séjour de vie.

Notre planète vogue dans l'espace en emportant avec elle un immense rayonnement de vie. Cinq cent mille espèces végétales tapissent les continents de leur parure verdoyante et parfumée. Les eaux océaniques sont imprégnées d'une translucide gelée vivante qui domine dans l'étrange faune des mobiles profondeurs. Les forêts continentales et insulaires sont peuplées de milliers d'espèces animales, les airs sont animés de toutes parts par le bruissement des insectes multicolores et par le vol des oiseaux. Et tout autour du globe règne la race dite raisonnable, actuellement composée de 1400 millions d'humains irrégulièrement distribués sur la surface terrestre. Tous ces êtres, plantes, animaux et hommes sont les enfants de la même mère; tous sont les fils de la Terre; tous se succèdent de générations en générations, avec une rapidité qui tient du prodige, les uns vivant quelques heures, les autres quelques jours, quelques mois, quelques années, aucun ne dépassant un siècle, à part de rarisimes exceptions, tous frères par la vie comme par la mort, tous composés des mêmes atomes d'oxygène, d'hydrogène, d'azote, de carbone, de phosphore, de calcium, etc., échangeant entre eux leurs molécules constitutives, réincorporant les molécules abandonnées par les êtres antérieurs, se formant de la cendre des morts et de la poussière des siècles disparus, se décomposant et retombant eux-mêmes par atomes dans la circulation générale, et obéissant perpétuellement, soit qu'ils le sachent, soit qu'ils

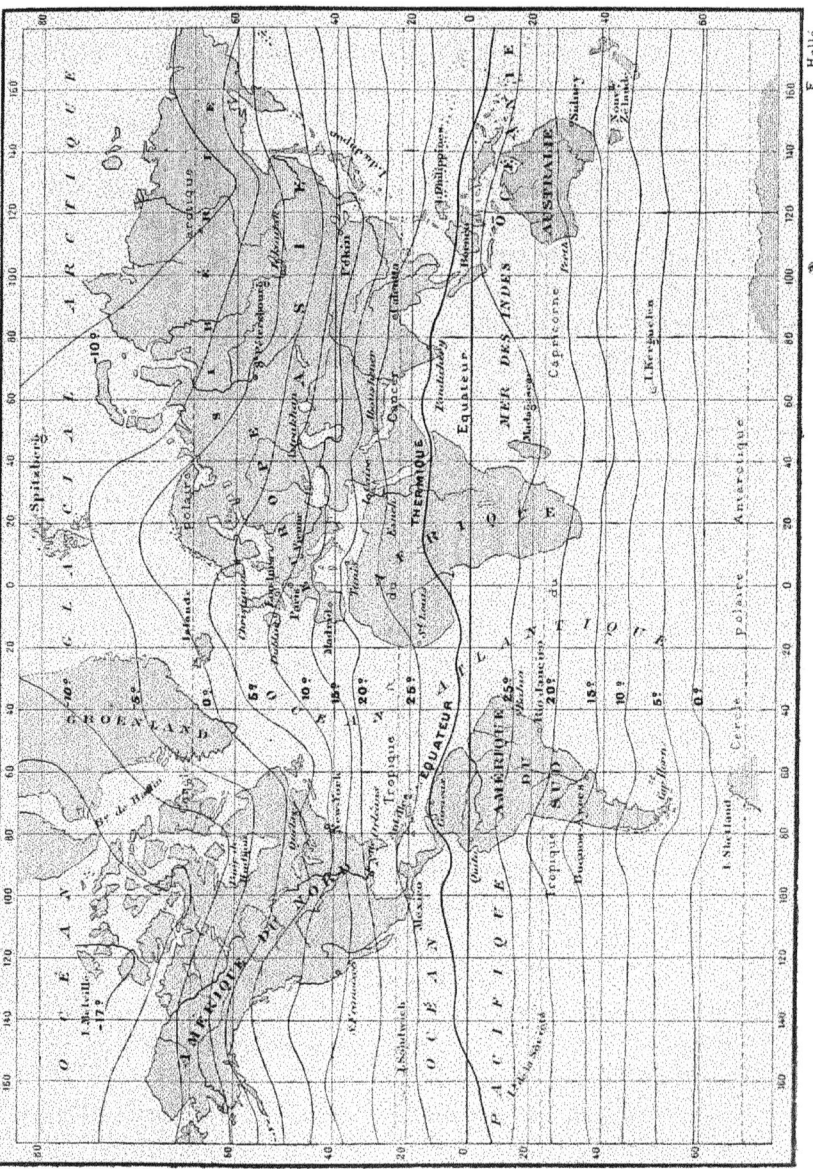

Fig. 186. — Distribution de la température sur le globe terrestre.
Lignes isothermes ; température moyenne de l'année aux diverses contrées.

E. Helle.

l'ignorent, à tous les mouvements et à toutes les lois qui emportent notre planète dans les abîmes de l'infini.

C'est l'atmosphère qui fait vivre la multitude des êtres; c'est en elle que le nouveau-né puise son premier souffle, et c'est en elle que le moribond exhale son dernier soupir. Nos corps, ceux des animaux, ceux des plantes, ne sont, pour ainsi dire, que de l'air solidifié. Les végétaux se nourrissent d'acide carbonique et exhalent de l'oxygène; les animaux respirent par un mode contraire; mais la molécule d'acide carbonique ou d'oxygène qui a été, un instant fixée dans la fleur, le fruit, l'arbre de la forêt, va s'incorporer dans l'enfant, la femme, le vieillard, et réciproquement le même échange s'opère entre l'homme et la plante; ce que nous respirons, mangeons, buvons, a déjà été respiré, bu, mangé des millions de fois. Perpétuellement, sans arrêt ni trêve, tout passe de vie en vie, de mort en mort, la vie et la mort se succédant dans la même circulation. Sans l'atmosphère terrestre, la vie disparaîtrait sur notre planète avec l'arrêt de la circulation générale; le cœur de la Terre ne battrait plus; le silence et la mort régneraient désormais sur un éternel tombeau.

Par l'assimilation et la distribution de la lumière et de la chaleur solaires, l'atmosphère entretient la fécondation terrestre. Sans elle, le Soleil se lèverait et se coucherait durement dans un ciel noir, sans être précédé ni suivi des gloires de l'aurore et des splendeurs des crépuscules. Le globe, désert et silencieux, passerait chaque jour de la chaleur équatoriale au froid polaire, sans jamais être charmé par les lumières et les ombres des nuages parsemant le ciel, par les perspectives ondoyantes de l'atmosphère, par l'apparition de l'arc-en-ciel succédant à l'orage, du mirage sur le sol échauffé des tropiques, ou de l'aurore boréale déployant son éventail fluide dans le ciel électrisé et frémissant. Adieu le ciel bleu, adieu toute circulation aérienne et aquatique, adieu la verdure des prairies et l'ombre des bois, adieu les ruisseaux, les fleuves et les mers, adieu le mouvement, adieu la vie.

Cette enveloppe atmosphérique diminue rapidement de densité avec la hauteur : dès 6000 mètres d'altitude en ballon, nous laissons sous nos pieds la moitié du poids de l'atmosphère; à 7000 mètres, on en a laissé les trois cinquièmes, et à 11000 mètres

les quatre cinquièmes. Toute vie est devenue impossible à ces hauteurs; et l'on peut considérer l'atmosphère effective de la planète
comme s'évanouissant à quinze ou vingt kilomètres. Toutefois,
tout en devenant de plus en plus raréfiée, elle s'étend plus loin
encore tout autour du globe. Les observations d'étoiles filantes
et celles des crépuscules élèvent cette limite jusqu'à 100, 200
et même 300 kilomètres, et certaines aurores boréales la porteraient même à 700. — Ce n'est qu'à 42000 kilomètres de hauteur
que la force centrifuge développée par la rotation du globe s'oppo-
serait à l'adhérence des dernières couches atmosphériques.

Oui, c'est le rayonnement solaire qui, par l'intermédiaire de
l'atmosphère, fertilise et féconde, et c'est à lui que plantes, animaux
et hommes, doivent la vie. Le Soleil est le grand moteur. C'est lui
qui souffle dans le vent, zéphir ou tempête, car le vent n'a pour
cause que des différences de température. C'est lui qui coule dans
l'eau, car sans lui l'eau serait pierre. C'est lui qui verdoie dans la
forêt, qui rayonne dans la rose ou le camélia, qui embaume dans
la violette ou la fleur d'oranger, car c'est sa chaleur qui fixe la
molécule de carbone dans le végétal. C'est lui qui brûle en hiver
dans la cheminée du foyer, car le bois, c'est du soleil emmagasiné.
C'est lui qui brille dans la lampe, la bougie, le gaz ou la lumière
électrique, car c'est l'énergie solaire que l'industrie humaine remet
en liberté. C'est lui qui nous conduit par la locomotive; c'est lui
qui chante par la fauvette et le rossignol, et c'est lui aussi, ce sont
les climats, ce sont les saisons, ce sont les fruits du Soleil, qui ont
organisé la distribution géographique des plantes, des animaux et
des hommes à la surface de la planète.

Si la Terre était un globe d'une régularité parfaite, la température serait
réglée par la latitude, maximum à l'équateur, minimum aux pôles, diminuant harmonieusement de l'équateur aux pôles. D'après la formule calculée par le mathématicien Lambert, en représentant par le nombre 1000
la température à l'équateur, celle des tropiques serait représentée par le
nombre 923 et celle des cercles polaires par 500. Mais l'existence des
mers, dont l'absorption diffère de celle des terres, la direction des rivages,
les reliefs du sol, les chaînes de montagnes, la direction des vents domi-
nants, la distribution des pluies, les variétés de sol et de culture agissent
pour modifier cette régularité théorique et produire des climats qui sont

loin de suivre servilement la distance à l'équateur ou la latitude des diverses contrées.

Si l'on réunit par une même ligne tous les points sur lesquels les observations ont établi une égalité de température moyenne, on obtient
une carte géographique de lignes *isothermes*. La ligne qui unit les contrées
de température maximum a reçu le nom d'équateur thermique : elle ne
suit pas l'équateur géographique, mais oscille de part et d'autre en se
tenant surtout au nord de la ligne équatoriale ; au centre de l'Afrique et
dans la mer des Indes, elle dépasse même le 15° degré de latitude boréale.
Cette ligne de température maximum atteint 24° pour la moyenne de
l'année. Les autres lignes d'égale température montrent des inflexions
analogues, plus ou moins prononcées ; la ligne de 0°, par exemple, descend à travers l'Amérique du Nord, remonte ensuite sur l'Atlantique, au-
dessus de l'Islande et jusqu'au-dessus de la Suède et de la Norwège, pour
redescendre par la Russie et la Sibérie. Les terres refroidissent, les mers
égalisent la température ; plus on avance dans l'intérieur des continents,
vers l'est, plus le froid s'accentue. On se rendra compte de cette distribution de la température et la surface de notre planète par l'examen de la
carte ci-dessous qui représente les lignes isothermes tracées de 4° en 4°
sur l'ensemble du globe.

Ce sont là les températures *moyennes* de l'année. Comme valeurs
extrêmes mesurées au thermomètre, on peut signaler le froid de — 62°5
observé à Nijniy-Oudinsk, en Sibérie, par le voyageur russe Kropotkin et
la chaleur de + 67°,7 observée dans le pays des Touareg, par M. Duvey-
rier : c'est une échelle de 130° supportés et mesurés par l'homme.

La France est située sur la ligne moyenne de 11° : c'est sa température
annuelle ; la moyenne de l'été est de 19°, et celle de l'hiver de 4°.

La chaleur intérieure du globe n'a aucune action sur la surface : c'est
le Soleil seul qui régit les phénomènes de la végétation comme ceux de
l'animalité. Les plantes se distribuent, se propagent, se fixent, suivant
les moyennes et les extrêmes de la température en chaque lieu et suivant
la climatologie qui en résulte, et il en est de même des espèces animales.
Chaque plante demande pour arriver à maturité une certaine somme de
chaleur que l'on peut évaluer pour chaque espèce en additionnant les
heures pendant lesquelles la température s'est maintenue au-dessus du
degré qui est pour chaque plante le point initial de son développement.
Ainsi, par exemple, l'orge entre dans sa période de croissance lorsque la
température a dépassé 6° ; mais il lui faut un total de 1000 degrés pour
arriver à maturité et on trouve toujours cette somme de chaleur en comptant chaque jour les degrés de température moyenne qui ont dépassé
6 degrés et en faisant le total de toutes ces chaleurs quotidiennes. Le blé
commence sa végétation à 7° et demande 2000 degrés pour arriver à maturité ; le maïs a son point de départ à 13° et demande 3500 degrés accu-

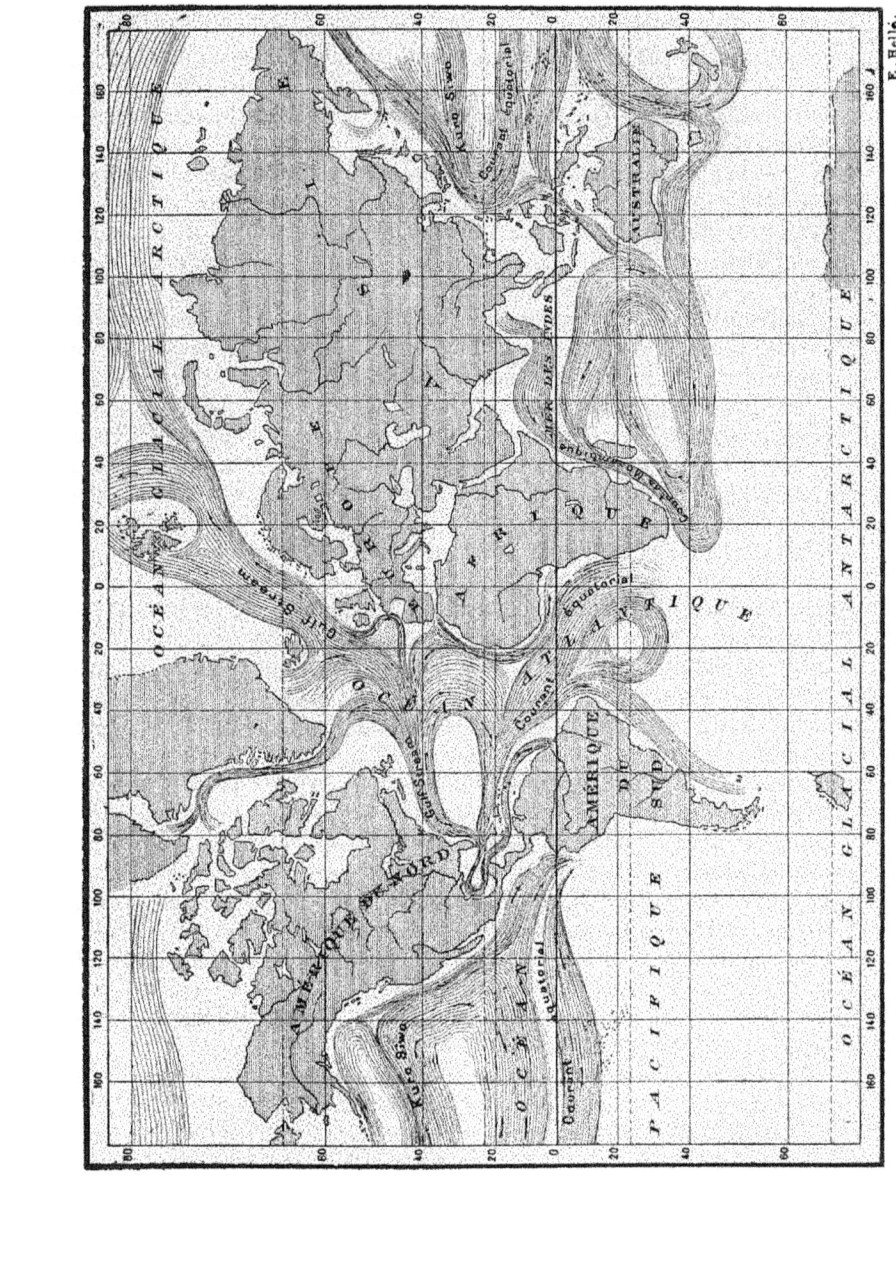

E. Hellé.

mulés avant de pouvoir être moissonné; la vigne commence à 10° et exige
une accumulation de 2900 degrés; le dattier en demande 5000; etc. Les
aires végétales sont réglées par la nature sur cette distribution des températures.

Trois causes principales agissent de concert pour abaisser la température reçue du Soleil : la distance à l'équateur, l'éloignement des mers et
l'élévation du terrain. Plus on s'élève, plus la température diminue. Au
point de vue de la climatologie et de la botanique, l'ascension du Mont
Blanc est un voyage analogue à celui de l'Italie au pôle nord.

La distribution de l'humidité de l'air et des pluies ne joue pas un rôle
moins important que celui de la température au point de vue de la vie
végétale et animale sur la planète que nous habitons. Il y a des contrées,
telles que l'Égypte, le Sahara, l'Arabie, la Mongolie, où la pluie est
presque inconnue; où il ne tombe pas une couche de 5 centimètres d'eau
pendant toute la durée d'une année. Il en est d'autres, telles que l'est des
États-Unis, le Mexique, la Perse, le Turkestan, la Sibérie, où la couche
d'eau moyenne est inférieure à 20 centimètres. En France, la couche
d'eau annuelle varie depuis 0ᵐ30 jusqu'à 1ᵐ50, suivant les régions,
le minimum se manifestant en Champagne, le maximum sur les rives de
l'Océan et dans les montagnes. Mais il y a des contrées incomparablement
plus inondées, telles que Sumatra, Java, Bornéo, le golfe du Bengale et les
côtes de Malabar : il parait qu'on a recueilli au pluviomètre jusqu'à
15ᵐ d'épaisseur d'eau pour la *moyenne* annuelle (à Cherra-Ponjie). La distribution des pluies est réglée par les courants aériens. En Europe, par
exemple, ce sont les vents océaniques d'ouest et du nord-ouest qui
règnent de préférence; ils versent d'abord une certaine quantité d'eau le
long des rivages, en distribuent moins dans l'intérieur des terres qui sont
au niveau de la mer; mais à mesure que le relief des terrains s'accentue,
les vents retardés dans leur marche et refroidis — laissent tomber leurs
nuages sous forme de pluies, et lorsqu'ils sont arrêtés par des montagnes,
telles que l'Auvergne, les Ardennes, les Cévennes, les Vosges, le Jura, les
Alpes, les Pyrénées ou les Apennins, la précipitation est considérable et
verse 1ᵐ50 ou 2ᵐ d'eau sur des paysages à la végétation opulente, sur
des pâturages toujours verts. Plus haut encore, c'est sous forme de neige
que la précipitation aqueuse s'effectue.

La chaleur solaire régit ainsi la vie du globe par la distribution des
pluies fécondes répandues sur toute la surface de la planète, par les harmonies et les contrastes des températures et par la marche des courants
aériens à travers toutes les latitudes. Ces pluies — et nous pouvons dire
toute la météorologie du globe — ont pour origine primordiale l'évaporation des eaux océaniques sous l'influence de cette chaleur solaire.
Silencieusement, insensiblement et perpétuellement, tandis que la Terre
tourne dans la lumière et présente tour à tour ses divers méridiens au

rayonnement de l'astre radieux, l'énergie solaire cueille, en quelque sorte, les eaux de la surface océanique et les élève dans les airs, à la hauteur moyenne des nuages. Chaque molécule d'eau monte dans l'atmosphère, voyage sur l'aile du vent, devient nuage, pluie, neige ou glace, et redescend à la mer par les sources, les ruisseaux et les fleuves, en achevant son grand circuit. « En admettant que sous les tropiques la couche superficielle qui s'évapore pendant l'année soit de 1^m seulement, la quantité de liquide enlevée à l'Atlantique dans la zone tropicale, serait approximativement de 27 trillions de mètres cubes et représenterait une masse cubique d'eau de près de 30 kilomètres de côté » [Élisée Reclus]. Dans les régions équatoriales, l'évaporation enlève à l'Océan plus d'eau que ne lui en rendent les nuages du ciel, et il se produit ainsi perpétuellement dans l'Océan un abaissement de niveau que viennent combler les masses liquides des froides régions boréales et australes. C'est ce qui donne naissance, dans le bassin de la zone torride, aux deux grands courants qui, des pôles opposés du globe, vont à l'encontre l'un de l'autre, dans l'Atlantique et le Pacifique, et marchent sans cesse en décrivant un orbe régulier comme celui des corps célestes.

A cette différence de niveau causée et entretenue par l'évaporation s'ajoutent les différences de densité dues à la température des eaux et à leur salure. La rotation diurne du globe vient ensuite modifier elle-même la direction des courants en portant les eaux dans le sens du mouvement de la terre. Le Gulf-stream, qui prend naissance dans le golfe du Mexique, se dirige vers le nord-ouest, coulant à la surface de la mer comme un fleuve écumeux et intarissable, se divise avant d'atteindre l'Europe, en deux fleuves océaniques, dont l'un coule vers le nord en baignant les côtes de l'Irlande et de l'Écosse, et dont l'autre se dirige vers le sud en baignant les rives du Portugal, du Maroc et de l'Afrique. Il mesure, à sa sortie du golfe, 52 kilomètres de largeur et 370 mètres de profondeur, et coule avec la vitesse des grands fleuves continentaux : 7 à 8 kilomètres à l'heure, débitant une masse d'eau de 40 millions de mètres cubes par seconde. A mesure qu'il avance, l'épaisseur de cette nappe d'eau chaude diminue, et elle s'étale en quelque sorte à la surface de l'Océan. On le reconnaît à la couleur de ses eaux, azur foncé, à sa salure et à sa température ; parfois sa limite est aussi précise que celle d'un fleuve terrestre.

Ces grands courants océaniques jouent un rôle important dans les harmonies générales de la vie terrestre, dans l'établissement des climats surtout, en tempérant les influences continentales parfois un peu rudes. Chacun sait, par exemple, que c'est au Gulf stream que l'Islande, l'Irlande, Jersey, Guernesey et les côtes occidentales de notre Bretagne, doivent la douceur relative de leur climat et la végétation magnifique qui les enrichit même pendant les mois les plus froids de l'hiver.

Les marées ajoutent leur action à celle des courants océaniques pour animer perpétuellement les mers et modifier la forme des rivages. L'attraction de la Lune produit une double vague de marée qui fait le tour du globle en 24ʰ 50ᵐ (durée du jour lunaire), et l'attraction du Soleil donne naissance à une double vague, beaucoup moins forte, qui fait le tour du monde en 24ʰ 0ᵐ (durée du jour solaire) ; mais ces deux flots d'origine distincte ne se séparent point dans leur marche autour du globe, et les deux intumescences réunies font le tour de la planète de l'est à l'ouest, en sens inverse du mouvement de rotation du globe, en 24ʰ 50ᵐ, ce qui donne pour le retour de chaque marée la période de 12ʰ 25ᵐ. A peine sensible au milieu de l'Océan, la hauteur de la marée s'accroît sur les rivages selon leurs directions et en subissant l'influence des obstacles apportés à sa marche. A Taïti, par exemple, les influences se neutralisent et la marée n'a pas plus de 30 centimètres de hauteur ; elle est également presque nulle à Courtown, en Irlande, tandis qu'elle atteint 1ᵐ tout près de là, à Arklow, près de 4ᵐ à Dublin, 6ᵐ à l'île de Man, 7ᵐ à Granville et au Mont-Saint-Michel, 8ᵐ à Santa-Cruz, dans le détroit de Magellan, et 10ᵐ dans la baie de Fundy : c'est donc ici une différence de 20ᵐ entre la haute et la basse mer.

Les marées, en se propageant de l'est à l'ouest, en sens contraire du mouvement de rotation diurne de la Terre, agissent comme un frein pour ralentir ce mouvement. Il en résulte que la durée du jour augmente lentement de siècle en siècle. Anciennement, il y a des millions d'années, à l'époque de la naissance de la Lune, notre globe tournait probablement en trois heures au lieu de vingt-quatre. Le temps viendra où, sous l'action continuelle de cette influence, la Terre finira par être arrêtée et par tourner constamment la même face à la Lune. A cette époque, bien lointaine assurément — dans cent cinquante millions d'années si aucune autre cause ne vient déranger cette opération — le jour serait près de 70 fois plus long que maintenant, il n'y aurait plus que cinq jours un quart par an. La Lune tournerait autour de nous en cette même période, à la distance de 160000 lieues d'ici, au lieu des 96000 qui nous en séparent actuellement.

Mais c'est peut-être dans les intenses et mystérieux courants magnétiques qui la parcourent que notre planète manifeste le mieux encore la vie astrale dont elle est animée. Nul n'ignore qu'une aiguille aimantée librement suspendue se dirige d'elle-même vers un point voisin du nord. Comme un doigt inquiet et agité elle montre sans cesse, dans la nuit, dans la tempête, le pôle invisible qui l'attire. Palpitante, nerveuse, elle oscille sans repos. Enfermée dans une cave de l'Observatoire de Paris, si une aurore boréale s'allume en Suède ou en Norwège, elle la sent, elle tressaille, elle semble s'étonner, craindre une catastrophe et on la voit trembler comme la feuille au souffle du vent.... Prenez une boussole, étudiez ses oscillations au moindre dérangement, retournez-la le sud au

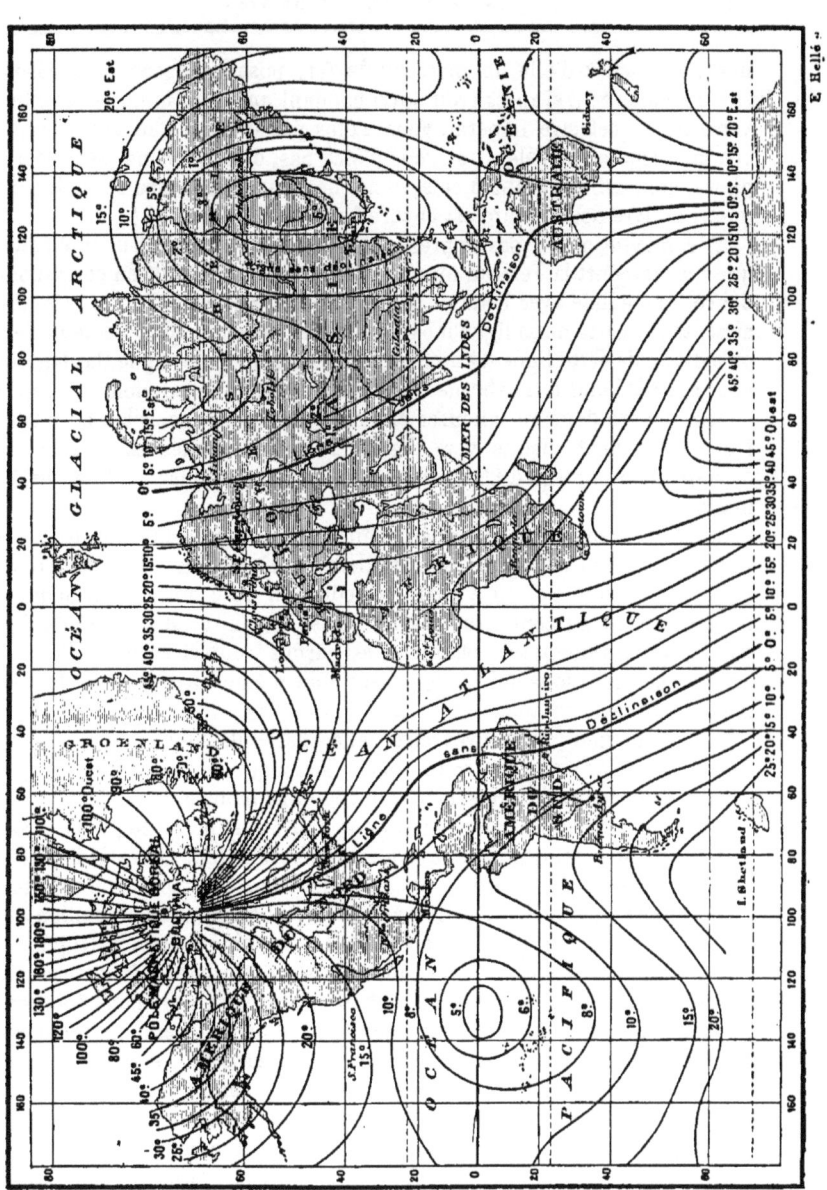

nord, approchez d'elle un morceau de fer, posez une seconde boussole
sur la première ;... si après avoir suivi pendant quelques minutes les mouvements de cet être minéral, vous n'êtes pas intéressé au mystère que
ces mouvements décèlent ; si vous n'êtes pas, disons même, sans métaphore, ému en songeant à ce système nerveux d'un genre spécial, c'est
que... le livre de la nature est encore fermé pour vous.

Et comment n'être pas impressionné par cette sorte de frisson électrique qui parcourt la Terre d'un pôle à l'autre et qui paraît en correspondance immédiate avec l'état de santé du Soleil ? Tous les jours, l'aiguille
aimantée s'écarte de sa ligne moyenne, tourne légèrement du côté de l'est
ou à droite de cette ligne (8ʰ du matin), revient sur cette ligne, la dépasse
pour aller à l'ouest (1ʰ 15ᵐ de l'après-midi). Cette excursion de l'est à
l'ouest s'opère donc en 5 heures environ, plus ou moins, selon la saison.
L'aiguille revient ensuite vers l'est, s'arrête vers 8 heures du soir, re-
brousse chemin jusqu'à 11 heures et repart vers l'est jusqu'à 8 heures du
matin.

Ce phénomène est absolument général ; il se présente sur toute la
Terre, en suivant les mêmes lois ; seulement, l'amplitude de l'oscillation,
qui est en moyenne de 10′ à Paris, se réduit à 1′ ou 2′ entre les tropiques,
et va croissant au contraire vers les pôles. En outre, la marche de l'aiguille, ordinairement très régulière, est parfois troublée accidentellement
par des perturbations qui se font sentir au même moment sur de très
grands espaces.

En chaque lieu, les heures auxquelles l'aiguille atteint le maximum
de son excursion, soit à droite, soit à gauche, sont si constantes, que
l'observateur pourrait s'en servir pour régler sa montre.

Cette oscillation diurne de l'aiguille aimantée est produite par la variation diurne de la température, à laquelle se surajoutent celles de l'électricité, de la vapeur d'eau, de la pression atmosphérique, etc. Si l'on examine
la variation mensuelle, on arrive à la même conclusion : l'oscillation est
plus faible en hiver, plus forte en été. La variation thermométrique est
également plus faible en hiver, plus forte en été. Cette même variation
va également en croissant des régions tropicales vers les régions polaires.
On peut donc affirmer que cette ocillation diurne dépend en première
ligne de la variation de la température, due au Soleil, et agissant, par
l'intermédiaire de l'électricité atmosphérique, sur le magnétisme terrestre, dont l'aiguille aimantée indique les variations.

L'amplitude des oscillations diurnes varie chaque jour, chaque mois,
chaque année. Si l'on prend la moyenne des observations d'une année
entière, on constate que cette *oscillation* peut s'étendre du simple au
double, dans une période de onze ans environ, laquelle correspond à celle
des taches solaires, *le maximum des oscillations coïncidant avec le maximum des taches, et le minimum avec le minimum.* Il y a plus : l'aiguille

aimantée manifeste de temps à autre des agitations anormales, des perturbations causées par des orages magnétiques; *ces perturbations coïncident aussi avec les grandes agitations observées dans le Soleil!* Ce sont les
années où il y a le plus de taches, le plus d'éruptions, le plus de tempêtes
dans le Soleil que ces oscillations sont les plus fortes, les plus ardentes;
et les années où son balancement diurne est le plus faible sont celles où
l'on ne voit dans l'astre du jour ni taches, ni éruptions, ni tempêtes!
Existe-t-il donc un lien magnétique entre l'immense globe solaire et notre
ambulant séjour? Le Soleil est-il magnétique? Est-ce un influx électrique
qui se transmet du Soleil à la Terre à travers un abîme de 37 millions de
lieues? L'électricité s'envole-t-elle du Soleil avec l'hydrogène des explosions solaires, des nuàges roses, de la Couronne, et avec les rayons de
gloire qui partent de l'astre du jour? L'analyse spectrale nous a appris
que le fer domine dans les vapeurs de l'atmosphère incandescente du
Soleil, et nous savons que le même métal, si éminemment magnétique,
domine aussi dans les uranolithes qui se volatilisent en tombant dans le
foyer central, ainsi que dans la constitution interne du globe terrestre.
Quoi qu'il en soit, l'influence magnétique vient certainement du Soleil.

Aimantation du Soleil et de la Terre; courants d'électricité circulant autour
du globe de l'est à l'ouest; rotation diurne de la Terre sur elle-même et
action directe du Soleil par la température de l'air et du sol; révolution
annuelle de notre planète; froids de l'hiver, chaleurs de l'été; différences
de vitesse de rotation aux diverses latitudes; variations de la vitesse de
la Terre sur son orbite, au périhélie et à l'aphélie; variations de la
chaleur solaire elle-même selon le nombre de ses taches, selon l'état
des flammes solaires et l'électricité versée par torrents dans l'espace :
telles sont les causes principales de production et de variation du
magnétisme terrestre.

Nous avons dit tout à l'heure que la boussole ne se dirige pas juste au
nord. C'est ce qui déjà avait tant effrayé les matelots de Christophe
Colomb qui craignaient qu'ayant « perdu le nord » le navire ne fût destiné à s'égarer tout à fait en des abîmes inconnus. La boussole pointe
(à Paris, actuellement, 1883), à gauche ou à l'ouest du nord géographique
et astronomique, avec un angle de 16 degrés d'écart. Cet écart se nomme
la *déclinaison* magnétique. L'écart est le même, observé à Lille, Orléans,
Limoges, Périgueux, Pau, c'est-à-dire le long d'une ligne tracée non pas
juste du nord au sud, mais un peu obliquement au méridien (les deux
lignes faisant entre elles un angle de 16°). Si l'on réunit par une courbe
tous les points pour lesquels la déclinaison est la même, on construit une
carte des lignes dites « isogones » ou de même déclinaison. C'est ce que
l'amiral Duperrey a fait en 1825, en construisant la carte reproduite ici
(*fig.* 188). A cette époque, la déclinaison était de 22° à Paris. On voit que
les pôles magnétiques du globe ne correspondent pas avec les pôles géo-

graphiques, le pôle magnétique nord se trouvant par 70° de latitude et 100° de longitude ouest, près de l'ile Boothia Felix, et le pôle magnétique sud se trouvant par 76° de latitude et 135° de longitude est, au sud de l'Australie.. Depuis cette époque, ces pôles ont certainement changé, le premier a dû se déplacer vers l'est et le second vers l'ouest.

En effet, et ce n'est pas là le moindre phénomène, la déclinaison de l'aiguille aimantée varie d'une année à l'autre. Tandis qu'elle était de 22° (à Paris) en 1825, elle est maintenant de 16°. Cette variation a été observée sur une grande partie du globe, mais non partout; car il y a des contrées où elle ne change pas : par exemple, l'Amérique du Nord et la Chine. Dans nos contrées, la variation est rapide. Voici les observations qui ont été faites à Paris jusqu'à l'époque actuelle :

VARIATION SÉCULAIRE DE LA DÉCLINAISON DE L'AIGUILLE AIMANTÉE A PARIS

ANNÉE	DÉCLINAISON	ANNÉE	DÉCLINAISON	ANNÉE	DÉCLINAISON	ANNÉE	DÉCLINAISON	ANNÉE	DÉCLINAISON
1550	8° . 1' (Est)	1704	9° .20' (Ouest)	1737	14° .45' (Ouest)	1781	20° .47' (Ouest)	1835	22° . 4' (Ouest)
1580	11 .30	1705	9 .35	1738	15 .10	—	20. 57	1848	20 .41
1610	8 . 0	1706	9 .48	1739	15 .20	1782	21 . 1	1849	20 .34
1622	6 .30	1707	10 .10	1740	15 .30	1783	21 .12	1850	20 .32
1630	4 .30	1708	10 .15	1741	15 .40	1784	21 .27	1851	20 .25
1634	4 .16	1709	10 .30	1742	15 .10	1785	21 .35	1852	20 .19
1640	3 . 0	1710	10 .50	1743	15 .10	1786	21 .36	1853	20 .17
1660	1 . 0	1711	10 .50	1744	16 .15	1789	21 .56	1854	20 .11
1664	0 .40 (Est)	1712	11 .15	1745	16 .15	1790	22 . 0	1858	19 .35
1666	0 . 0	1713	11 .12	1746	16 .15	1791	22 . 4	1859	19 .29
1667	0 .15 (Ouest)	1714	11 .30	1747	16 .30	1798	22 .56	1860	19 .23
1670	1 .30	1715	11 .10	1748	16 .15	1806	21 .51	1861	19 .16
1680	2 .30	1716	12 .30	1749	16 .30	1807	22 .25	1862	19 . 8
1681	2 .30	1717	12 .40	1750	17 .15	1808	22 .19	1863	19 . 1
1682	2 .30	1718	12 .30	1751	17 . 0	1809	22 . 6	1864	18 .53
1683	3 .50	1719	12 .30	1752	17 .15	1810	22 .16	1865	18 .46
1684	4 .10	1720	13 . 0	1753	17 .20	1811	22 .25	1866	18 .39
1685	4 .30	1721	13 . 0	1754	17 .15	1812	22 .29	1867	18 .32
1687	5 .12	1722	13 . 0	1755	17 .30	1813	22 .28	1868	18 .24
1688	4 .30	1723	13 . 0	1756	17 .45	1814	22 .34	1869	18 .16
1689	6 . 0	1724	13 . 0	1757	18 . 0	1816	22 .25	1870	18 . 7
1691	4 .40	1725	13 . 0	1758	18 . 0	1817	22 .19	1871	17 .58
1692	5 .50	1726	13 .45	1759	18 .10	1818	22 .26	1872	17 .49
1693	6 .20	1727	14 . 0	1760	18 .30	1819	22 .29	1873	17 .40
1695	6 .48	1728	13 .50	1765	19 . 0	1821	22 .25	1874	17 .32
1696	7 . 8	1729	14 .10	1770	19 .53	1822	22 .11	1875	17 .24
1697	7 .40	1730	14 .25	1771	19 .50	1823	22 .23	1876	17 .17
1698	7 .40	1731	14 .45	1772	20 . 2	1824	22 .23	1877	17 .10
1699	8 .10	1732	15 .15	1773	20 . 0	1825	22 .22	1878	17 . 3
1700	8 .12	1733	15 .45	1777	20 .27	1826	22 .20	1879	16 .56
1701	8 .48	1734	15 .35	1778	20 .41	1828	22 . 6	1880	16 .49
1702	8 .48	1735	15 .45	1779	20 .32	1829	22 .12	1881	16 .41
1703	9 . 6 (Ouest)	1736	15 .40 (Ouest)	1780	20 .35 (Ouest)	1832	22 .13 (Ouest)	1882	16 .33 (Ouest)
								1883	16 .25

On voit que la boussole se dirigeait à l'est du nord à l'époque des premières observations. Cet écart a diminué jusque vers 1666 : alors l'aiguille pointait juste au nord; puis elle a marché du côté de l'ouest jusqu'au commencement de notre siècle, en ralentissant sa marche vers la fin, car de 1790 à 1835 la déclinaison est restée aux environs de 22°. Le maximum paraît avoir eu lieu vers 1814, à 22°½.

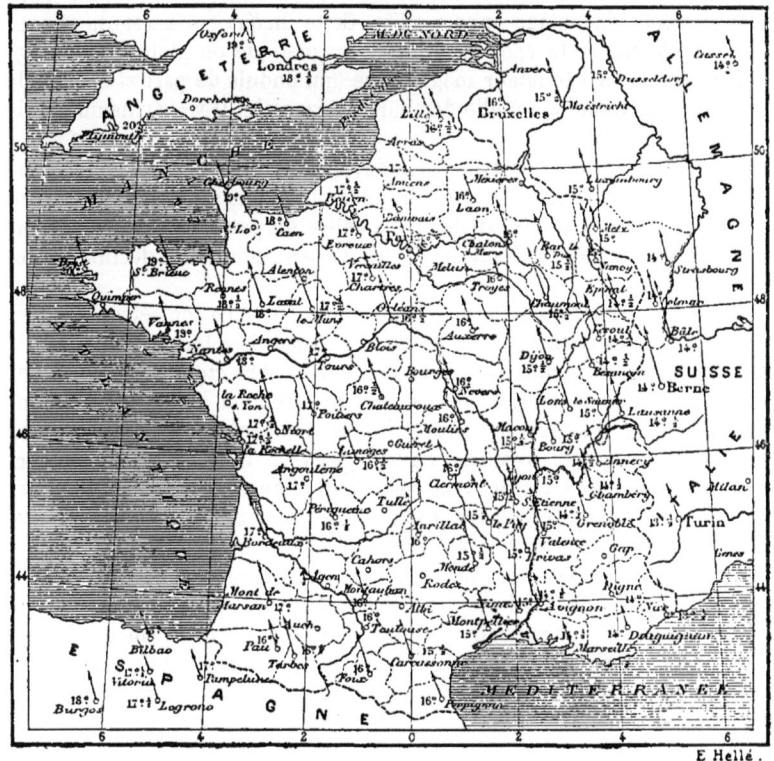

Fig. 189. — Déclinaison de l'aiguille aimantée.

Depuis lors l'aiguille se rapproche du méridien. Notre petite carte (*fig.* 189) représente la déclinaison magnétique actuelle (1883) pour les principales villes de la France et des environs.

Cette oscillation séculaire nous montre un cycle évidemment périodique. L'aiguille aimantée va se rapprocher graduellement du méridien, et reviendra probablement vers l'an 1965 dans la direction du nord géographique. L'intervalle 1666-1814 pourrait être considéré comme représentant environ la moitié d'une demi-oscillation, ou le quart de la période totale, qui serait ainsi de 592 ans environ, si l'on admettait que l'axe du cône décrit soit parallèle à l'axe du monde; mais il doit être incliné un peu vers l'ouest, car il ne semble pas que l'incursion à l'est s'étende jusqu'à 22° : elle n'était qu'à 12° en 1580. La période véritable doit être de 500 ans; mais l'oscillation occidentale est plus longue que l'orientale.

Ajoutons que l'aiguille aimantée n'est pas dirigée horizontalement par les courants magnétiques du globe, mais que sa pointe nord descend, plonge au-dessous de l'horizon, de 65° (à Paris, actuellement). En 1675 elle plongeait davantage encore : 75°. Cette *inclinaison* a régulièrement diminué depuis cette époque. Au pôle magnétique du globe elle plonge verticalement. A l'équateur magnétique (qui ondule de part et d'autre de l'équateur géographique) elle demeure horizontale. Il y a évidemment là un mouvement conique.

Ce n'est pas tout. Que l'on fasse dévier l'aiguille de sa direction normale : pour y revenir, elle oscillera plus ou moins rapidement, suivant les pays. Ces oscillations, analogues à celles du pendule, sont en rapport avec l'intensité des courants, et elles varient comme la déclinaison et l'inclinaison.

Cette vie magnétique du globe (dont nous pourrions peut-être retrouver bien des indices chez les êtres vivants : exemple, la « lumière odique » de Reichenbach) se manifeste visiblement dans les *aurores boréales*. Ces illuminations de l'atmosphère se montrent rarement à l'équateur ou sur les tropiques, quelquefois aux latitudes tempérées, et d'autant plus fréquemment qu'on s'avance davantage vers le pôle. Nos lecteurs peuvent avoir été témoins d'un certain nombre, entre autres de celles des 13 mai 1869, 24 octobre 1870, 4 février 1872, 17 avril, 14 mai et 2 octobre 1882, qui ont été fort belles en Europe. Cet écoulement silencieux des orages atmosphériques supérieurs revêt toutes les formes imaginables. Tantôt l'œil étonné saisit à peine des ondoiements rapides, blancs et roses, parcourant le ciel comme un frémissement. Tantôt c'est une draperie de moire, d'or et de pourpre qui semble tomber des célestes hauteurs. Tantôt c'est une rosée de feu accompagnée d'un lointain bruissement. Tantôt encore ce sont des gerbes de zones enflammées s'élançant du nord dans toutes les directions. C'est surtout vers les cercles polaires, où les orages sont si rares, que, par contraste, ces manifestations de l'électicité terrestre déploient leurs douces splendeurs. Les courants magnétiques venus du pôle et de l'équateur se rencontrent là dans une lumineuse effusion; il semble que ce soit l'âme même de la planète qui s'y révèle.

Au pôle même, et au nord du Groenland, ces phénomènes paraissent complètement absents. D'après une statistique (faite par M. Loomis) des aurores vues à Newhaven (Connecticut) depuis 1785 jusqu'en 1854, leur distribution s'étend le long de la zone circumpolaire représentée figure 191. Elles paraissent se développer en un immense anneau de lumière, à 700 kilomètres de hauteur en moyenne, autour d'un foyer qui ne doit pas être éloigné du pôle magnétique. Quelquefois elles sont beaucoup plus basses. Parfois aussi elles n'ont de boréal que le nom. Celles du 2 septembre 1859 et du 4 février 1872, par exemple, illuminaient à la fois le globe tout entier !

Ces phénomènes sont en relation intime avec les mouvements de l'aiguille aimantée et en relation lointaine avec l'activité du Soleil.

Fig. 190. — Une aurore boréale.

Terminons cet exposé général de l'état physiologique de notre planète en ajoutant que, selon toute probabilité, ce globe est, non pas liquide, mais pâteux jusqu'en son centre, et que la chaleur interne n'augmente pas, comme on l'enseignait, jusqu'à une grande profondeur. Immédiatement au-dessous du sol, la proportion d'accroissement est de 1° par 30^m; mais cet accroissement paraît s'arrêter à quelques kilomètres. Les volcans et les tremblements de terre sont des phénomènes locaux et ne proviennent pas des profondeurs du globe, lequel est ainsi plus solide qu'on ne l'admettait à l'époque où les géologues le comparaient à une coquille d'œuf.

Telle est, exposée dans ses grandes lignes, la physiologie générale de notre planète. Il nous reste maintenant à juger les *conditions de la vie* qui la caractérisent.

Quoi qu'on en dise, notre planète ne se trouve pas dans les meilleures conditions imaginables d'habitabilité ; bien des lacunes, bien des défauts, bien des obstacles se font reconnaître à l'œil philosophique qui analyse l'état vital de ce globe ; et si la Terre est habitée, ce n'est pas qu'elle fasse exception au milieu de ses compagnes, mais c'est parce qu'il est dans la nature des planètes d'être habitées.

Il est bien probable, pour ne pas dire certain, que les astronomes de Saturne et de Mars déclarent la Terre inhabitable, et ils ont d'excellentes raisons pour cela. Supposons-nous un instant habiter la première de ces deux planètes. Quel effet produit la Terre vue de là ?

Sur Saturne, globe magnifique, 675 fois plus gros que la Terre, on se croit au centre même de l'univers. Des anneaux radieux se succèdent dans le ciel, paraissant créés exprès pour soutenir les voûtes célestes. Le Soleil, astre fort petit, mais source de la lumière et de la chaleur, parcourt sa route apparente au delà de ces anneaux. Huit satellites énormes, beaucoup plus gros en apparence que le Soleil lui-même, tournent dans le même sens, se diversifiant par mille phases variées. Le ciel étoilé enferme tout cet immense système en accomplissant chaque jour son rapide mouvement diurne. A travers ce ciel circulent trois belles planètes : Jupiter, Uranus et Neptune. Là, dans cette noble sphère, chaque année surpasse trente fois celles de la Terre en durée, et se compose de 25069 jours saturniens !

Ces êtres ne connaissent probablement même pas l'existence de la Terre, attendu qu'elle est invisible pour eux. Elle a beaucoup moins d'importance optique pour eux que les satellites de Jupiter n'en ont pour nous. Ce n'est qu'*un point*, à peine lumineux, situé à plus de 300 millions de lieues d'eux, et tout à fait imperceptible, même en leur supposant des télescopes beaucoup plus puissants que les nôtres. Ce point erre à gauche et à droite du Soleil, sans jamais s'en éloigner à plus de 6 degrés, c'est-à-dire à plus de douze fois la largeur que nous présente cet astre : il est donc constamment éclipsé dans ses rayons, et par conséquent invisible. Seulement, de temps en temps, ce petit point passe sur le Soleil, comme une piqûre d'aiguille, et c'est le seul cas dans lequel on puisse le voir et constater son existence. Nous sommes donc pour les Saturniens *un petit point noir* passant de temps en temps devant leur Soleil. Et encore, quand nous disons pour les Saturniens, nous ferions mieux de dire seulement pour les astronomes de

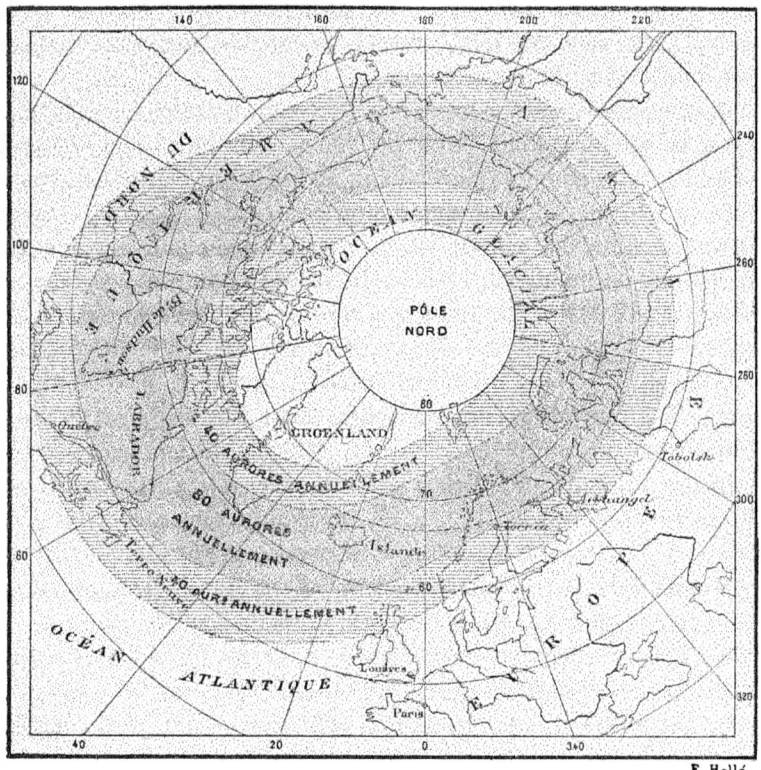

Fig. 191. — Distribution circompolaire des aurores boréales.

Saturne, car pour le reste de la population notre planète tout entière n'a pas la moindre importance : nous ne signifions rien.

Tel est l'effet que notre orgueilleuse Terre, si avidement partagée par les conquérants, produit à la distance de cette planète. Que serait-ce si nous nous demandions ce qu'elle devient, vue d'Uranus, de Neptune, et surtout vue des étoiles ! Et c'est sur ce petit point noir que les religions avaient prétendu concentrer toute la pensée du Créateur ! !

Cette vue astronomique de la Terre est bien propre à modérer l'admiration et l'estime que nous pouvions avoir à son égard, et à nous affranchir de ce faux patriotisme qui fait croire aux citoyens de chaque pays que leur patrie est la première nation du monde. Les comparaisons faites en voyage sont utiles pour corriger cette myopie, et vues de loin, surtout en astronomie, ces illusions perdent vite leur fausse grandeur.

Comme dimensions, comme poids, comme densité, comme distance au Soleil, comme durée de l'année, comme saisons, comme situation astronomique particulière, la Terre n'a reçu aucun avantage, et d'autres planètes sont à plusieurs égards beaucoup mieux privilégiées. La vie, telle qu'elle est à la surface de notre planète, est en parfaite harmonie avec les conditions d'habitabilité du globe : il n'en pouvait être autrement, puisque *ce sont ces conditions-là elles-mêmes qui ont fait la vie ce qu'elle est.* Cette vie terrestre ne pourrait être transportée à la surface d'une autre planète sans y subir des transformations radicales. Aussi devons-nous prendre soin de ne pas tomber dans l'erreur générale où tombent presque toujours ceux qui établissent des comparaisons entre les autres planètes et la nôtre. Il y a ici un effort d'esprit à faire sous peine de ne rien comprendre à la question. C'est au point de vue *général* qu'il faut envisager la physiologie d'un autre monde, et non au point de vue *particulier* de l'état de la vie terrestre transportée ailleurs. Et la Terre elle-même, c'est au point de vue général qu'il faut l'examiner pour la juger, et non au point de vue particulier de l'adaptation des espèces aux conditions qui leur ont donné naissance.

Ainsi, considérons d'abord l'intensité des saisons. Il est incontestable que l'hiver est aussi nécessaire que l'été pour que le blé, les céréales, la vigne, les diverses plantes, germent, fleurissent et arrivent à maturité. Mais conclure de cet arrangement terrestre, comme le faisait mon ancien maître et ami Babinet, de l'Institut, que Jupiter n'est pas habitable parce que le blé n'y pourrait pas former d'épis, et qu'on y mourrait de faim, c'est évidemment trop se resserrer dans le mesquin cercle terrestre, et faire une faute de traduction des paroles de la nature.

L'influence des saisons est assurément favorable à la végétation.

aussi bien qu'à l'animalité terrestres. Mais les trop grands froids comme les trop grandes chaleurs ne sont pas utiles et ne sont au contraire que trop souvent funestes. Supposons un instant que l'axe de la Terre soit moins oblique sur l'écliptique. Le règne végétal comme le règne animal se seraient organisés plus délicatement. Les espèces, n'ayant pas à supporter de pareilles alternatives de température, seraient moins rudes et plus sensibles. Il y aurait moins d'âpreté dans le régime de la planète, et les choses n'en iraient que mieux. A ce point de vue si important, puisque ce sont les saisons et les climats qui règlent en partie l'état de vie, notre planète est bien loin d'être excellente ; et les habitants de la Terre en avaient conçu eux-mêmes une mieux organisée, en inventant, au berceau des sociétés, l'*âge d'or*, avec le printemps perpétuel et l'axe perpendiculaire à l'écliptique.

La distribution des eaux à la surface de notre monde n'est pas moins imparfaite que celle des températures. Il y a des contrées où la pluie est trop abondante et presque toujours diluvienne. Il en est d'autres où il ne pleut jamais. Dans les régions tempérées et privilégiées elles-mêmes, comme la France, l'Italie ou la République argentine, des années entières sont parfois d'une sécheresse qui stérilise tout, tandis qu'en d'autres temps des inondations épouvantables fondent sur une province, la dévastent de fond en comble, jonchant de cadavres les rives des fleuves, et ne laissant après elles que la ruine et la mort.

Les trois quarts du globe terrestre sont couverts d'eau ! Un quart seulement de la planète est habitable, et sur ce quart de terre ferme, que de régions sont encore vouées à la solitude, ici par les glaces polaires, là par les dévorantes ardeurs d'un soleil tropical ? Le but général des planètes est d'être habitées. Mais combien peu habitable était la Terre à l'époque déjà oubliée où la vie commença d'y apparaître ! et combien ses conditions d'habitabilité sont encore médiocres aujourd'hui !

Notre pauvre mère ne nourrit pas ses enfants. Il faut par un travail opiniâtre lui arracher l'alimentation fatalement nécessaire à nos organismes, et pour vivre, il faut, dans ce singulier monde, que tous les êtres se mangent entre eux !

Le fait qui peut le mieux frapper peut-être ici l'esprit du penseur, c'est de songer que sur cette planète on peut mourir de faim. Il n'est malheureusement pas contestable que sur les 90 000 humains qui meurent chaque jour à la surface de la Terre, plusieurs centaines meurent d'inanition. Pourquoi? Parce que ce globe a toujours été stérile et qu'il ne peut pas nous donner de lui-même ce qui nous est nécessaire. Combien toute l'économie vitale serait simplifiée si l'atmosphère elle-même était nutritive (¹).

Déjà l'oxygène de l'air, mélangé à l'azote qui en tempère l'activité, nous nourrit aux trois quarts. Par son action incessante, notre sang renouvelle constamment ses propriétés vitales, et entretient gratuitement le fond même de notre existence. Seulement, la respiration seule ne suffit pas pour nourrir entièrement l'être vivant; elle laisse une lacune qu'il nous faut impérieusement combler par le pain quotidien. Cette lacune n'était pas nécessaire. Que l'atmosphère contienne en elle les principes que nous sommes obligés d'aller chercher dans les aliments, et elle nous nourrissait entièrement.

La faim n'existant plus, n'ayant jamais existé sur cette planète! le règne animal se serait développé sous une forme bien différente de celle qu'il a revêtue, et eût été moins opposé au doux règne des plantes et des fleurs qui l'a précédé aux époques géologiques. Le ventre qui digère, l'estomac qui broie, la mâchoire qui déchire la proie, ne se fussent point formés dans ces organismes plus purs, que l'air lui-même eût silencieusement nourris. Les êtres ne ressembleraient point à ce qu'ils sont ici. Nous n'aurions ni ventre, ni estomac, ni mâchoires. Nous serions organisés autrement que nous ne le sommes, et certes dans une condition incomparablement préférable, à tous les points de vue (¹).

Utopie! chimère! rêverie! se disent certainement, en lisant ces lignes, plusieurs de mes lecteurs. Eh non! Détrompez-vous. Il n'y a dans ces études de physiologie astronomique ni utopie, ni chimère,

(¹) C'eût été un avantage considérable pour les âmes incarnées sur la Terre. Plus de ces besoins matériels et grossiers qui courbent toutes les têtes vers le sol, et condamnent l'humanité à gratter la terre pour arracher de son sein l'alimentation de chaque jour! Plus de ces massacres perpétuels d'animaux immolés au dieu du ventre! Ils se tairaient, ces perfides conseils de la faim qui conduisent au vol et à l'assassinat! Quelle transformation, quelle transfiguration ce simple perfectionnement de l'atmosphère terrestre n'aurait-il pas établie à la surface de notre monde! On vivrait plus simplement et plus longuement. Les maux provenant de la singulière

ni rêverie. Parce que vous n'avez vu que votre village, vous voulez que tous les villages ressemblent au vôtre, et qu'à Constantinople on construise les maisons sur le modèle de la vôtre! Parce que vous vous noyez dans la mer, vous supposez que la vie y est impossible! Mais songez donc que là où vous mourez, d'autres êtres vivent, et que là où vous vivez d'autres meurent. Songez donc que déjà sur notre propre planète (où la vie est organisée dans le système de la nutrition féroce) il **y a** des êtres qui vivent sans manger, nourris par le fluide ambiant : tels sont les mollusques récemment découverts au fond des mers. Quoi! parce que nous mangeons de la sorte ici, nous voudrions que la nature incommensurable eût construit tous ses enfants sur le modèle de notre fourmilière!... Et pourquoi?... Pour que dans tous les mondes de l'espace on ait faim? pour que partout on ait soif? pour que partout on tue? pour que partout on digère?... Ah! c'est un singulier spectacle que l'on développe ainsi dans l'étendue des cieux.

On mange ici, parce que la planète n'est pas parfaite. Mais, d'ailleurs, elle pourrait être à ce point de vue beaucoup plus imparfaite encore. Nous avons dit plus haut que l'atmosphère nous nourrit aux trois quarts en régénérant constamment notre sang et nos tissus. Or, cette alimentation par l'air, cette respiration se fait toute seule, automatiquement, gratuitement, constamment, nuit et jour, sans que nous ayons rien à faire pour la conquérir. Mais de quel droit respirons-nous ainsi gratuitement? De quel droit, bons ou méchants, savants ou ignorants, riches ou pauvres, recevons-nous, sans même y penser et en dormant, cette alimentation pulmonaire gratuite? Nous pourrions être beaucoup plus malheureux, et condamnés à accomplir un certain travail pour dégager cette nourriture fluidique et l'assimiler. Et qui nous assure qu'il n'y a pas, non

conformation des dents, ainsi que de celles de l'estomac et des entrailles n'eussent jamais existé. Le *mens sana in corpore sano* serait la règle et non l'exception.

(1) La science physiologique nous permet même de concevoir comment l'entretien des corps vivants pourrait s'opérer de la sorte. La nutrition s'effectue ici à l'aide du tube digestif, que les aliments traversent dans toute sa longueur, en laissant à l'organisme, par le travail de l'estomac, les produits assimilables. Or, au lieu de s'effectuer du dedans au dehors, l'assimilation pourrait se faire du dehors au dedans, par les pores, intussusception ou endosmose. L'échange des molécules, le remplacement des anciennes par les nouvelles, n'en serait pas moins accompli. Un tel régime serait sans contredit moins grossier et plus parfait que celui qui domine ici.

loin de nous peut-être dans l'espace, de malheureuses planètes privées d'air respirable, où l'on n'a rien gratuitement, où il faut tout conquérir par le travail; non pas seulement comme ici le quart de son entretien organique, mais les quatre quarts... et où tous les êtres se combattent sans trêve dans un perpétuel et incessant combat pour la vie?

Si l'entretien de nos corps ne s'effectuait pas par la méthode d'alimentation vulgaire que nous connaissons, nos corps n'auraient pas la même forme. Nous pouvons donc être assurés que les hommes des autres planètes n'ont pas les mêmes corps que nous ([1]).

Non, l'humanité terrestre n'est pas la plus idéale des humanités, et la Terre n'est pas le meilleur des mondes. Un monde où l'on mange, où l'on se vole, où l'on se bat; un monde où « la force prime le droit »; un monde où règne l'hydre infâme de la guerre; un monde de soldats, où les nations sont incapables de se gouverner elles-mêmes; un monde où cent religions qui se prétendent révélées enseignent l'absurde et se contredisent mutuellement : un tel monde n'est pas parfait.

Formée, à l'origine d'un petit nombre d'individus, l'espèce humaine n'a cessé de s'accroître en nombre et en puissance, malgré de nombreuses défaillances circonscrites à certains temps et à certains pays. Quel est le nombre actuel des habitants de notre

---

([1]) Le sentiment du beau est par conséquent essentiellement relatif; s'il varie déjà d'un peuple à l'autre sur la Terre, à plus forte raison varie-t-il d'une planète à une autre. Le beau est constitué par l'harmonie des formes, dans leur adaptation au but pour lequel elles existent. Sans doute pour nous, habitants de la Terre, l'Apollon que l'on admire au Belvédère du Vatican, l'Antinoüs du même musée, la Vénus de Médicis de la tribune de Florence, celle du Capitole à Rome, ou la Vénus Callipyge de Naples, sont de véritables types de beauté qui nous frappent et nous charment. Mais c'est la beauté humaine terrestre, beauté qui serait monstrueuse dans un monde où l'on ne mange pas. Et même, considérée en elle-même, cette organisation humaine terrestre laisse bien un peu à désirer. N'est-il pas singulier en effet — avouons-le entre nous — que les organes auxquels la nature a confié le rôle le plus important pour la conservation de l'espèce, et qu'elle a gratifiés (avec une habileté providentielle) de la sensation des plus vifs plaisirs, soient précisément placés vers des régions du corps incontestablement fort peu poétiques, et tout à fait rebelles à l'idéalisme? N'y a-t-il pas là une anomalie bizarre, nous montrant que la race humaine terrestre n'est pas angélique, et que, malgré les plus pures aspirations du sentiment, elle est condamnée à rester toujours un peu trop grossière?... L'homme, *image* de Dieu !.. Peu probable...

planète ? A défaut de dénombrements exacts qui manquent dans beaucoup de contrées, les calculs les plus probables que l'on ait pu faire donnent le résultat approximatif de 1430 millions d'humains distribués à peu près comme il suit sur les 136 millions de kilomètres carrés continentaux (l'eau en occupe 374) :

En Asie. . . . . 758 millions.
En Europe . . . , ... 328
En Afrique 206   }   1430 millions.
En Amérique. . .'. 101
En Océanie. 37

En adoptant pour la population totale de la Terre ce chiffre de 1430 millions d'habitants, et une vie moyenne de 39 ans, il meurt :

Chaque année. . . . . 33 135 000 individus.
Chaque jour. 90 720
Chaque heure. . . . . : 3 780
Chaque minute. 63
Chaque seconde, un peu plus de 1

Ainsi, à chaque seconde, du tronc de l'humanité une feuille se détache, remplacée aussitôt par une feuille nouvelle. Entre le monde visible et le monde invisible s'établit une procession continue de vivants et de morts, où la vie gagne cependant de jour en jour un peu de terrain sur la mort, puisque le chiffre des naissances dépasse celui des décès. Nous ne naissons ici que pour mourir, et pour mourir vite, quelle que soit l'heure. Aussi ne s'explique-t-on pas que tant d'hommes se tourmentent du désir de la fortune, de l'ambition, de la gloire, ou de la vaine et éphémère fumée des prétendues grandeurs terrestres.

Notre monde pourrait facilement nourrir dix fois plus d'habitants, soit quatorze milliards et davantage. Mais l'homme n'est pas mieux réussi que sa planète : il ne sait pas vivre. Chaque individu se suicide plus ou moins vite, et chaque peuple se stérilise et se tue lentement. Si l'homme était sage dans sa conscience, raisonnable dans ses volontés, bon dans ses actions, sa vie, si courte et si tourmentée ici-bas, serait plus longue et plus heureuse ; les lois sociales seraient plus simples et plus équitables, et l'on ne rencontrerait pas à chaque instant, dans les sociétés humaines, des anomalies et des absurdités légales, respectables mais insensées. Nous devons croire et espérer que le *Progrès*, force si incontestablement agissante dans la succession des espèces végétales et animales, se manifestera un jour dans le règne humain. Déjà la condition de notre race n'est plus ce qu'elle était du temps de l'âge de pierre; déjà nos sentiments sont plus élevés, nos goûts moins barbares, notre esprit plus éclairé.

Oui, le progrès marche. Nos cœurs ne bondissent-ils pas aujourd'hui d'indignation et d'horreur, lorsque nous lisons le récit des tortures que les prêtres et les moines de la sainte Inquisition faisaient subir aux infortunés qui vivaient sous leur règne? Deux siècles seulement se sont passés depuis que, sous un prétexte chrétien, au nom d'un Dieu de paix et de miséricorde, on brûlait vif à Rome l'infortuné Jordano Bruno, parce qu'il enseignait la pluralité des mondes; depuis qu'on versait du plomb fondu dans les plaies déchirées, depuis qu'on rôtissait la plante des pieds d'un accusé, depuis qu'on emplissait d'eau un homme jusqu'à ce que mort s'en suivît, depuis qu'on chaussait les jambes de brodequins de fer rougis au feu, depuis qu'on écartelait lentement les membres disloqués, depuis que les auto-da-fé tordaient les victimes sous les yeux des pontifes et des rois... Les esprits les moins tolérants ne se sentent-ils pas aujourd'hui révoltés jusqu'au fond de l'âme, lorsqu'ils se souviennent que l'immortel et vénérable Galilée a été condamné par le pape Urbain VIII *à mentir* à sa conscience et à la vérité, sous peine de la torture et du sort de Bruno?... Oui; il y a du progrès dans l'humanité. Mais il faut la soutenir courageusement cette cause sacrée du progrès, car nos défaillances pourraient facilement la laisser sombrer encore (¹).

Malheureusement, le progrès n'est pas continu, et il y a de temps en temps d'inexplicables oublis, de profondes défaillances dans l'intelligence des peuples. Il est donc probable que ce n'est ni

(¹) Quel chemin nous reste encore à faire! Quand on songe que le premier ministère de chaque nation est le *ministère de la guerre*, ne se sent-on pas honteux d'être citoyens d'une telle planète! On connaît l'emploi intelligent qui est actuellement fait en Europe des fruits du travail :

BUDGET ANNUEL DE LA TUERIE INTERNATIONALE

Russie	603 *millions*	Angleterre	387 *millions*
Allemagne	600 —	Autriche	305 —
France	571 —	Italie	213 —

Ce sont là les dépenses annuelles du militarisme sur le pied de paix, lorsqu'on en

Le CHAMP D'HONNEUR de l'humanité terrestre

dans ce siècle, ni dans le prochain, que nos aspirations philosophiques et politiques seront réalisées. Mille ans même ne sont
rien dans la vie d'une humanité. Il y a peut-être cinquante mille
ans que l'espèce humaine s'est dégagée de l'espèce simienne, et
nous ne sommes encore guère avancés! Elle n'atteindra pas son
apogée avant cent mille ans peut-être. Et encore, arrivée à la cime
de sa grandeur, sera-t-elle bien loin de la perfection, notre monde
ne le permettant pas.

Tel est, simplement et mathématiquement, notre petit monde.
Nous l'avons constaté tout à l'heure, son organisation est loin d'être
parfaite, et jamais, dans les rudes conditions d'existence qui lui ont
été départies, la vie terrestre n'atteindra le degré d'élévation qu'elle
occupe sur les mondes supérieurs.

Et pourtant, quel enseignement nous donne ici la Nature! La
Terre est stérile, elle est petite, elle est dans le voisinage du Soleil,
elle subit des alternatives funestes de température, elle est aux
trois quarts couverte d'eau et inhabitable, etc.; et malgré cette situation d'insuffisance et de médiocrité, non seulement elle est habitée,
mais elle l'est encore au-delà de toute expression. Le sol, les eaux,
l'air, fourmillent d'êtres vivants. On ne peut analyser un litre d'air,
en quelque heure du jour ou de la nuit, en quelque saison de
l'année que ce soit, sans trouver dans les résidus mille témoignages
de la vie, êtres microscopiques vivants ou morts, germes animaux
ou végétaux, débris de toute sorte (que nous respirons sans cesse).
L'Océan avait été déclaré par les naturalistes dépourvu de vie à
partir d'un faible niveau au-dessous de la surface, et les sondages
récents ont ramené la vie de toutes les profondeurs. Depuis le fond
des vallées jusqu'aux neiges perpétuelles des montagnes, depuis les
abîmes des mers jusqu'aux rivages, depuis l'équateur jusqu'aux

---

fait rien. Quand on « travaille » on se ruine et on s'extermine tout à fait sur le
Champ d'honneur de l'humanité terrestre. Et l'homme a osé se qualifier d'animal raisonnable! Et l'on prétendrait qu'il n'y a pas d'êtres mieux réussis que nous dans
l'Univers!...

Actuellement (an de grâce 1883) toute la jeunesse valide de l'Europe est consciencieu-
sement occupée, du matin au soir, et *sans une minute de répit*, à faire l'exercice, net-
toyer des fusils, frotter les cuirs, balayer des casernes, panser des chevaux, etc., et c'est
ans ces nobles devoirs que les gouvernements du XIXᵉ siècle font consister l'honneur
des nations!.. C'est à se demander si l'on ne rêve pas tout éveillé. — Il est juste de
reconnaître que l'on fait de temps en temps un peu de musique. C'est une excuse.

régions polaires, partout, dans le sol, dans l'eau, dans l'atmosphère, partout abonde la vie, à tous les degrés, sous toutes les formes, dans toutes les conditions : elle palpite dans la Nature comme la poussière dans un rayon de soleil; elle remplit tout, elle couvre tout, naît de la mort elle-même, et s'entasse à l'état parasite sur les êtres vivants, se consumant pour ainsi dire aveuglément elle-même plutôt que de s'arrêter dans son expansion infinie.

La Terre est une coupe trop étroite pour contenir cette surabondance d'activité, et la vie déborde de toutes parts, se perdant en flots inutiles. Telle est notre planète, quoique pauvre et déshéritée à bien des égards; quoique improductive, quoique imparfaitement développée. Et non seulement elle déborde actuellement d'existences, dans les conditions de tranquillité auxquelles elle est aujourd'hui parvenue, mais encore, dans des conditions tout autres, absolument différentes, moins propices à la conservation des êtres, au milieu des flammes de l'époque primaire, dans les eaux chaudes et tumultueuses, sous une atmosphère épaisse, lourde et empoisonnée, avant la formation de la terre ferme, déjà elle s'était vêtue d'une toison d'êtres vivants, végétaux et animaux se développant et se succédant pour obéir à la LOI DE VIE et de Progrès, qui est inscrite en caractères ineffaçables au fronton du temple de la création.

Telle est, telle a été, telle sera la Terre, astre médiocre jeté au milieu des mondes de la grande république solaire. Son spectacle nous apprend à juger celui des autres « terres du Ciel », que nous ne voyons pas d'aussi près, et son infériorité organique rehausse encore la conclusion qu'il nous inspire en nous conduisant à voir dans ces autres patries une création vitale en harmonie avec leur grandeur, leur importance et leur beauté.

Mobile et minuscule dans l'*espace*, notre planète n'a pas plus d'importance au point de vue du *temps*. Pendant une série de siècles si innombrables qu'ils équivalent pour nous à l'éternité, elle n'existait pas, ni la Lune, ni le Soleil, ni les planètes de notre système. Et pourtant, alors comme aujourd'hui l'immensité était peuplée d'astres éclatants, de soleils, de systèmes et d'humanités.

L'humanité terrestre n'aura elle-même, au surplus, qu'une durée éphémère. Combien est insignifiant l'intervalle écoulé depuis que l'homme a ici-bas sa demeure ! Nous contemplons avec une silencieuse admiration ce que les musées conservent des restes de l'Égypte et de l'Assyrie, et nous désespérons de pouvoir reporter nos pensées jusqu'à des époques si reculées. Cependant la race humaine doit avoir existé et s'être multipliée pendant bien des siècles, antérieurement à la fondation des Pyramides. Lors même qu'on estimerait à cinquante mille années le passé de l'existence de l'homme, si vaste que ce temps puisse nous paraître, qu'est-ce en comparaison des périodes durant lesquelles la Terre a nourri des séries successives de plantes et d'animaux gigantesques, qui ont précédé l'homme? périodes qui ont duré des *millions* d'années. Or, tous ces siècles de vie sont eux-mêmes un temps singulièrement court, lorsqu'on leur compare la période primitive pendant laquelle la Terre n'était qu'un amas de roches fondues : les expériences sur le refroidissement des minéraux semblent prouver que pour se refroidir de 2000 degrés à 200, notre globe a eu besoin de 350 millions d'années !

L'histoire de l'humanité terrestre n'est qu'une petite vague à la surface de l'immense océan des temps. La persistance d'un état de la nature favorable à la continuation du séjour de l'homme sur la Terre semble assurée pour une période de temps bien plus longue que celle durant laquelle ce monde a déjà été habité, de sorte que nous n'avons rien à craindre pour nous-mêmes ni pour de longues générations après nous. Mais ces mêmes forces qui ont produit la vie et l'ont déjà tant de fois transformée, s'épuisent et changent et le Soleil lui-même voit sa chaleur se disséminer dans l'espace. Le temps viendra où nous disparaîtrons à notre tour pour céder la place à des formes vivantes nouvelles et plus parfaites, comme l'ichthyosaure et le mammouth ont été remplacés par nous et nos contemporains, et où les hommes futurs disparaîtront finalement eux-mêmes... Qui sait ce qui sommeille dans les espaces reculés de l'avenir ?

Le globe a été des millions d'années avant d'être habité par l'humanité, et lorsque la dernière paupière humaine se sera fermée, il restera des millions d'années à tourner autour du Soleil éteint. La durée de l'habitation de la Terre par l'intelligence ne formera peut-

Et d'ailes et de faux dépouillé désormais,
Sur les mondes détruits le Temps dort immobile.

être pas plus de la millième partie de la durée totale du globe : ce
n'est donc qu'un instant dans l'éternité et qu'un point dans l'espace.
Et c'est dans cet instant et dans ce point que nos contradicteurs vou-
draient renfermer l'infini !!... quand des milliards de soleils brillent,
brillaient avant nous, et brilleront toujours dans l'immensité sidérale, et quand nous recevons seulement aujourd'hui la lumière qu'ils
émettaient avant la création de l'homme!

Le jour viendra où toute la vie terrestre aura disparu, où l'histoire de notre humanité sera fermée et scellée, où la nuit éternelle
enveloppera notre antique système solaire :

> Et d'ailes et de faux dépouillé désormais,
> Sur les mondes détruits le Temps dort immobile

écrivait le poète Gilbert dans son ode du jugement dernier.

Et pourtant aussi, alors comme aujourd'hui, des milliards d'autres
soleils verseront dans l'infini les rayons d'or de la vie — sur de nouveaux printemps, — sur de nouveaux regards heureux de s'ouvrir vers
le ciel, — sur de nouveaux cœurs palpitant des émotions de la jeunesse, — sur des humanités arrivant à l'apogée de la force et de la
grandeur... La Terre entière, de son premier à son dernier jour,
n'aura été qu'un chapitre passager, rapidement lu, de la « Divine
Comédie. »

Mais c'est assez nous occuper de cette médiocre planète. Continuons notre voyage uranographique, et arrêtons-nous un instant sur
notre inséparable compagne la Lune, qui nous regarde du haut de
la nuit en attirant sympathiquement nos pensées vers sa candeur.

LIVRE V

LA LUNE, SATELLITE DE LA TERRE

LIVRE V

LA LUNE, SATELLITE DE LA TERRE

CHAPITRE PREMIER

La Lune dans le ciel. Sa distance. Son diamètre. Son volume. Son poids. Mouvement autour de la Terre et autour du Soleil.

☽

Reine mystérieuse de la nuit, toi dont la blanche lumière descend comme un rêve sur le sommeil de la Nature ; toi qui glisses au sein des vagues éthérées plus doucement que la gondole sur l'onde de Venise, et qui demeures suspendue entre le Ciel et la Terre comme un point d'interrogation appelant nos regards vers les célestes énigmes, combien je voudrais connaître les mystères cachés dans ta gracieuse auréole ! Soit que tu trônes solitaire au sommet des cieux, soit que tu mires ta blonde image sur la mer transparente, soit que tu reposes, globe immense et empourpré, dans les vapeurs de l'horizon terrestre, tu te distingues de tous les astres par ton apparente grandeur et par ta lumière, et tu planes comme une mélodie au-dessus du silence attentif de la nuit. Appartiens-tu au Ciel ou à la Terre ? Marques-tu la limite entre les deux sphères, comme le supposait la divination de nos pères ? ou bien es-tu ber-

cée dans cet intervalle pour nous apprendre que tu es à la fois terrestre et céleste, et qu'il n'y a pas deux natures dans l'Univers?
Permets-nous de nous élever vers toi, ou bien descends de tes hauteurs, et laisse-nous contempler de plus près ton corps voilé jusqu'ici, afin que nous avancions d'un nouveau pas dans l'admiration des œuvres de l'Architecte éternel.

Étudier cet astre vigilant des nuits, c'est à peine quitter la Terre:
aucun globe céleste n'est aussi voisin de nous ; aucun ne nous appartient aussi intimement. Elle est de la famille. Elle seule accompagne la Terre dans son cours ; elle seule est liée indissolublement
à notre propre destinée. Qu'est-ce, en effet, que cette faible distance
de 96 000 lieues qui la sépare de nous ? C'est un pas dans l'Univers.

Une dépêche télégraphique y arriverait en une seconde et demie ;
le projectile de la poudre volerait pendant 9 jours seulement pour
l'atteindre ; un train express y conduirait en 8 mois et 26 jours. Ce
n'est que la 400ᵉ partie de la distance qui nous sépare du Soleil, et
seulement la cent-millionième partie de la distance des étoiles les
plus rapprochées de nous ! Bien des hommes ont fait à pied, sur la
Terre, tout le chemin qui nous sépare de la Lune...Un pont de trente
globes terrestres suffirait pour relier entre eux les deux mondes.

Cette grande proximité fait que de toutes les sphères célestes la
Lune est la mieux connue. On a dessiné sa carte géographique —
ou pour mieux dire sélénographique — depuis plus de deux siècles,
d'abord comme une esquisse vague, ensuite avec plus de détails,
aujourd'hui avec une précision comparable à celle de nos cartes
géographiques terrestres. Tous les hectares de l'hémisphère lunaire
qui nous regarde sont arpentés et nommés ; toutes ses montagnes
sont mesurées à quelques mètres près; toute sa topographie est
faite, et l'on peut certainement dire que cet hémisphère lunaire est
mieux connu que la sphère terrestre, attendu qu'il y a sur notre
globe des centaines de lieues carrées, et même des milliers, que
l'œil de l'homme n'a jamais vues, et qui sont tout aussi inconnues
de nous que si elles appartenaient à un astre très éloigné de notre
portée. La Lune a même été photographiée, et admirablement.
Dans les photographies stéréoscopiques que l'on doit à Warren De
la Rue, on saisit très facilement sa sphéricité, (et même, mais pour
une cause optique, un allongement de sa forme dans le sens de la

Terre). On comprendra facilement la possibilité de tous ces progrès, si l'on se rappelle qu'un télescope armé d'un grossissement
de 2000 rapproche la Lune à 48 lieues de notre œil? Or un globe
de 869 lieues de diamètre, vu à cette faible distance, est extraordinairement rapproché de nous. Si l'on a soin surtout d'examiner ses
différentes contrées, ses montagnes, ses cratères, ses vallées, ses plaines, à l'époque où le soleil
levant les éclaire successivement en dessinant les
ombres en profils gigantesques, aucun détail de la
surface n'est perdu de vue,
et de légers accidents de
terrain sont même parfai-
tement reconnaissables.

Le diamètre angulaire de
la Lune est de 31′ 24″.

Ce diamètre apparent
correspond à une ligne de
3475 kilomètres; c'est à
peu près les trois onzièmes
ou un peu plus du quart du
diamètre de la Terre. On
en conclut que le tour du
monde lunaire est de 10925
kilomètres, et que sa su-
perficie totale est de 38
millions de kilomètres car-

Fig. 195.
Grandeur comparée de la Terre et de la Lune.

rés : c'est à peu près quatre fois celle de l'Europe, ou la treizième
partie de celle du globe terrestre. De cette superficie nous en connaissons un peu plus de la moitié : 21 883 000 kilomètres carrés, ou
1 368 000 lieues carrées : c'est environ 41 fois l'étendue de la France.

La Lune est 49 fois plus petite que la Terre, tandis que le Soleil
est 1 279 000 fois plus gros; il n'en faudrait pas moins de 70 millions
pour former un globe de l'ampleur de l'astre du jour! Si leurs disques nous paraissent égaux, c'est parce que la Lune est tout près
de nous, tandis que le Soleil plane presque 400 fois plus loin.

Nous n'avons pas à revenir ici sur les méthodes astronomiques qui ont permis de déterminer ces dimensions, ni sur la distance de notre satellite, son mouvement autour de la Terre, les éclipses, les marées et les divers phénomènes qui en résultent : toutes ces notions techniques ont été exposées et expliquées dans notre *Astronomie populaire*. Ce qui nous intéresse spécialement ici, c'est l'état physique de ce monde voisin considéré comme séjour d'habitation.

A la distance moyenne de 96109 lieues (variant de 90833 à 101385), la Lune tourne autour de la Terre, suivant une ellipse qui mesure environ 600000 lieues de longueur, et qu'elle parcourt en 27 jours 7 heures 43 minutes 11 secondes. Sa vitesse sur son orbite est donc de plus d'un kilomètre par seconde.

La durée que nous venons d'inscrire est celle de la *révolution sidérale* de la Lune autour de la Terre, c'est-à-dire du temps qu'elle emploie pour revenir au même point du ciel. Si la Terre était immobile, cette durée serait aussi celle de ses phases. Mais notre planète se déplace dans l'espace, et, par un effet de perspective, le Soleil paraît se déplacer en sens contraire. Lorsque la Lune revient au même point du ciel au bout de sa révolution, le Soleil s'est déplacé d'une certaine quantité, dans le même sens, et pour que la Lune revienne entre lui et la Terre, il faut qu'elle marche encore pendant plus de deux jours. Il en résulte que la lunaison, ou l'intervalle entre deux nouvelles Lunes, est de 29 jours 12 heures 44 minutes 3 secondes. C'est ce qu'on appelle le *mois lunaire*.

Il serait superflu d'ajouter pour nos lecteurs que la Lune n'a aucune lumière propre, pas plus que la Terre, et qu'elle n'est visible pour nous dans le ciel que parce que le Soleil l'éclaire. Ses phases résultent de sa position relativement à cet astre [1]. Lorsqu'elle passe entre lui et nous, nous ne la voyons pas, puisque c'est son hémisphère non éclairé qui est tourné vers nous. Lorsqu'elle forme un angle droit avec le Soleil, nous

---

[1] En tournant autour de la Terre, la Lune *nous présente toujours la même face*. Il ne reste aux habitants de la Terre aucun espoir de voir jamais l'autre hémisphère, à moins de découvrir le point d'appui *hors de la Terre* que demandait Archimède. Nous ne verrons jamais l'autre côté de la Lune, car elle ne s'est pas complètement séparée de l'attraction terrestre : elle tourne simplement autour du globe terrestre comme nous le ferions nous-mêmes si nous nous mettions en route pour accomplir le tour du monde. De même que nous avons toujours les pieds contre terre, ainsi ses pieds, ou son hémisphère inférieur, sont toujours tournés vers la Terre. Un ballon faisant le tour du monde nous donne une image exacte du mouvement de la Lune autour de la Terre : il accomplit lentement un tour sur lui-même pendant son voyage, puisque,

Sa lumière descend comme un rêve sur le sommeil de la nature...

voyons la moitié de son hémisphère éclairé : c'est le premier ou le dernier quartier. Lorsqu'elle est à l'opposé du Soleil, nous voyons tout son
hémisphère éclairé, et la pleine Lune brille à minuit dans notre ciel.
Chacun peut facilement s'expliquer ces phases, par l'examen de notre
planche III, qui contient en même temps les circonstances principales du

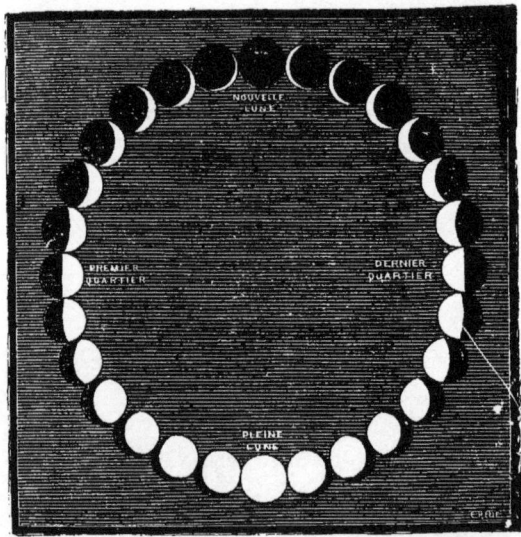

Fig. 197. — Aspects de la Lune pendant les 29 jours de la lunaison.

mouvement de la Lune. La figure ci-dessus montre les 29 phases correspondant aux 29 jours de la lunaison.

La translation annuelle de la Lune autour du Soleil étant la même que
celle de la Terre, il semble que son *année* devrait être exactement de
même durée que la nôtre, c'est-à-dire de 365 jours un quart. Mais une

lorsqu'il passe aux antipodes, sa situation est diamétralement contraire à ce qu'elle
était au point de départ, de même que nos antipodes ont une position diamétra-
tralement opposée à la nôtre. Ainsi, la Lune accomplit une rotation sur elle-même
juste dans le temps qu'elle accomplit sa révolution. Autrement, si elle ne tournait pas
du tout sur elle-même, nous verrions successivement tous ses côtés pendant sa révolution.

De ce fait que la Lune nous présente toujours la même face, on a conclu qu'elle est
allongée comme un œuf, dans le sens de la direction de la Terre. L'un des astronomes
qui se sont le plus occupés de la théorie mathématique de la Lune, Hansen, était même
arrivé à conclure que le centre de gravité doit être situé à la distance de 59 kilomètres
au delà du centre de figure; que l'hémisphère qui nous regarde est dans la condition
d'une haute montagne, et que « l'autre hémisphère peut parfaitement posséder une

FLAMMARION. TERRES DU CIEL.

Lith Imprimerie et Cie de Sèvre 37

Gravé par E. Morieu, r. de Buci 23, Paris

ÉCLIPSE DE SOLEIL.

RAYONS LUMINEUX
DU SOLEIL
arrivant parallèlement

ÉCLIPSE DE LUNE.

ÉPICYCLOÏDE LUNAIRE.

LA LUNE ET SES PHASES.

particularité qui affecte très légèrement l'année terrestre et la diminue de 20 minutes, quant au cours réel des saisons, sur la durée précise de la révolution autour du Soleil, affecte beaucoup plus l'année lunaire (quant au cours des saisons également, c'est-à-dire à l'année civile), et la dimi-

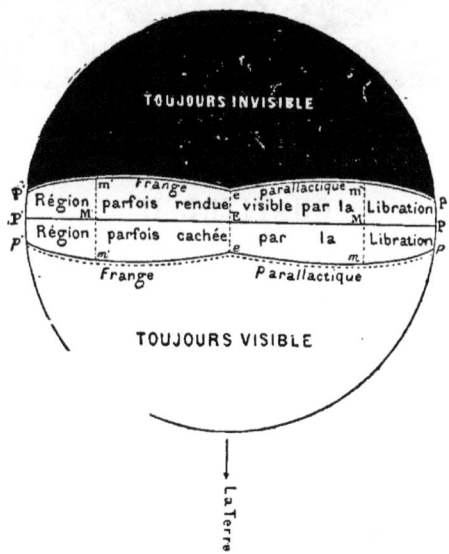

Fig. 198. — Étendue du globe lunaire que nous connaissons.

nue de 19 jours, de sorte qu'elle n'est que de 346 jours (346^j 14^h 34^m). Le mouvement rétrograde de l'axe terrestre demande 25765 ans pour s'accomplir ; celui de l'axe lunaire s'effectue en 18 ans 7 mois.

La Lune pèse 81 fois moins que la Terre.

atmosphère ainsi que tous les éléments de la vie végétale et animale, » attendu qu'il est situé au-dessous du niveau moyen. — Sur ce point-là, il n'y a rien de certain.

Nous avons dit tout à l'heure que la Lune nous présente toujours la même face : mais c'est seulement en gros, car elle éprouve un balancement ou *libration* qui nous laisse voir tantôt un peu de son côté gauche, tantôt un peu de son côté droit, tantôt un peu au delà de son pôle supérieur, tantôt un peu au delà de son pôle inférieur. Il en résulte que la partie toujours cachée est à la partie visible dans le rapport de 420 à 580. (L'évaluation d'Arago, 430 à 570, est un peu trop faible ; nous en voyons un peu plus.) Proctor en a fait le dessin, que nous reproduisons ici (*fig.* 198).

La topographie lunaire est la même sur ces huit centièmes de l'autre hémisphère que sur toute la surface de celui-ci. Il est donc probable que cet autre hémisphère ne diffère pas essentiellement du nôtre comme géologie.

CHAPITRE II

Aspect général de la Lune.
Sa lumière. — Ses taches principales. — Les plaines grises ou mers.
Géographie de la Lune ou sélénographie.

Le premier regard humain qui s'éleva vers les cieux à l'heure silencieuse où l'astre solitaire des nuits verse sa froide lumière, ne put contempler ce globe suspendu dans l'espace sans remarquer les teintes singulières qui le parsèment d'un dessin énigmatique. C'est par l'observation de la Lune que l'astronomie a commencé. Il y a bien des milliers d'années que les hommes ont remarqué cette bizarre figure de Phœbé regardant la Terre, et ont constaté qu'elle reste constante, n'est pas produite par des brouillards dans cet astre, mais est causée par l'état du sol lunaire, invariable lui-même. La première carte dé la Lune fut certainement une représentation grossière de la figure humaine, attendu que la position des taches correspond suffisamment à celle des yeux, du nez et de la bouche pour justifier cette ressemblance. Aussi voyons-nous partout et dans tous les siècles cette face humaine reproduite. Cette ressemblance n'est due qu'au hasard de la configuration géographique de notre satellite ; elle est d'ailleurs fort vague et disparaît aussitôt qu'on analyse la Lune au télescope. D'autres imaginations ont vu, au lieu d'une tête, un corps tout entier, qui pour les uns représente Judas Iscariote et pour les autres Caïn portant un fagot d'épines. Nos ancêtres, les Aryas, y voyaient un chevreuil ou un lièvre (les noms sanscrits de la Lune sont les mots *mrigadahra,*

A minuit, dans les ruines solitaires, la Lune faisait sortir des tombeaux les ombres réveillées, qui se précipitaient Vers sa lumière.

TERRES DU CIEL

qui signifie porteuse du chevreuil, et *sa'sabhrit*, qui signifie porteuse du lièvre). Les Chinois mettent un lièvre dans son disque, et c'est sous cette forme qu'on la trouve représentée sur les brode-ries des anciens costumes. Mais, évidemment, des diverses ressem-blances imaginées, c'est celle du visage humain qui est la plus naturelle.

L'astre de la nuit a joué un grand rôle dans la mythologie et dans l'histoire de tous les peuples. On lui attribuait des influences de toutes sortes sur les hommes, les animaux et les plantes, et même de nos jours ces croyances imaginaires n'ont pas encore complète-ment disparu, soutenues qu'elles sont par les influences réelles de notre satellite sur les éléments mobiles de notre planète, sur la Mer et sur l'atmosphère. Les heures nocturnes du clair de lune, l'obscurité, la solitude, le silence, l'enveloppent d'un certain mystère. Isis, Diane ou Phœbé, elle était à la fois admirée et redoutée. A minuit, dans les ruines solitaires, elle faisait sortir du tombeau les ombres réveillées, qui se précipitaient vers sa lumière en souvenir de la vie et des soleils d'autrefois...

On croyait que la Lune exerçait une influence occulte, mais réelle, sur le genre humain. Tandis que les hommes subissaient principale-ment l'action du Soleil, les femmes subissaient celles de la Lune, qui réglait une partie de leurs fonctions. Toutefois, les hommes qui nais-saient le lundi et à l'époque de la pleine lune étaient prédestinés à un caractère mélancolique, taciturne, flegmatique. Sa conjonction avec Vénus était très favorable et produisait les meilleurs effets ; mais avec Saturne, elle était si fatale qu'elle pouvait conduire à l'échafaud. On avait partagé le corps humain en sept parties, ayant chacune un astre protecteur : le Soleil gouvernait la tête, la Lune le cou et le bras droit, Vénus la poitrine et le bras gauche (la main gauche égale-ment), Jupiter l'estomac et l'ensemble du torse ; Mars était confiné à une région plus spéciale ; enfin Mercure tenait la jambe droite et Saturne la jambe gauche. Ces diverses parties du corps étaient en même temps soumises aux douze signes du zodiaque. Le Bélier gou-vernait la tête, — le Taureau le cou, — les Gémeaux les bras et les épaules, — le Cancer la poitrine et le cœur, — le Lion l'estomac, — la Vierge le ventre et la Balance les reins. Le Scorpion avait les mêmes attributions que Mars ; le Sagittaire dirigeait les jambes jusqu'aux genoux, le Verseau pouvait agir au-dessous des genoux et les Poissons, plus humbles, n'avaient d'influence que sur les pieds. C'est par toutes ces influences combinées que l'on expliquait les chances ou les périls de la vie, et même les maladies. Morin, médecin de Louis XIII et du jeune Louis XIV ne se dirigeait guère que d'après ces préceptes, — qui étaient d'ailleurs, presque aussi efficaces que ceux de la médecine actuelle.

Mais revenons à la Lune.

Pour saisir à l'œil nu l'ensemble du disque lunaire, c'est l'époque de la pleine Lune qu'il faut choisir de préférence. Il importe d'abord de bien s'orienter. Supposons pour cela que nous regardions la Lune à cette époque, vers minuit, c'est-à-dire au moment où elle passe au méridien, et trône en plein sud. Les deux points extrêmes du diamètre vertical du disque donnent les points nord et sud; le nord étant en haut et le sud en bas. A gauche se trouve le point est, et à droite le point ouest. Si l'on observe à l'aide d'une lunette astronomique, l'image est *renversée :* le sud se trouve en haut et le nord en bas; l'ouest à gauche et l'est à droite. Cette dernière orientation est celle de toutes les cartes de la Lune, et de la nôtre en particulier (pl. IV).

Il n'y a guère que deux siècles que nous avons des cartes de la Lune un peu détaillées (mais il y a des humains tellement en retard sur la marche du progrès, qu'on les étonnerait encore aujourd'hui en leur disant que la carte géographique de la Lune est déjà faite). La première description systématique de la surface de la Lune a été donnée par HÉVÉLIUS dans sa *Sélénographie* (1647). Nous la reproduisons ici (*fig.* 201). L'auteur baptisa les diverses contrées lunaires de désignations tirées de la géographie terrestre : mer Méditerranée — mer Adriatique, — Propontide, — Pont-Euxin, — Mer Caspienne, — Sicile, — Palestine, — Mont Sinaï, etc. L'ouvrage d'Hévélius, avec ses nombreuses figures télescopiques, est encore aujourd'hui, malgré son âge, l'un des plus curieux que l'on ait écrits sur la Lune.

Comme comparaison avec cette carte antique, nos lecteurs pourront examiner aussi (*fig.* 202) celle de RICCIOLI, *Almagestum novum* (1651) de la même époque comme on le voit, sur laquelle les configurations lunaires portent une nouvelle nomenclature : les plaines appelées mers, sont nommées d'après les idées anciennes sur les influences lunaires : mers du Sommeil, des Songes, du Nectar, de la Fécondité, des Humeurs, des Tempêtes, de la Sérénité, de la Tranquillité, des Crises, etc.;

terres de la Santé, de la Chaleur, de la Sécheresse, de la Vie, de
la Vigueur, de la Stérilité, etc.; monts Tycho, Copernic, Képler, Archi-
mède, Platon, Aristote, Eudoxe, Aristarque, Eratosthènes, Ménélas,
Zoroastre, Hypathia, Posidonius, Pythagore, Pythéas, Hyginus, Galilée,
Cardan, Bayer, Kircher, etc., sans compter plusieurs saints chrétiens :
Ste Catherine, St Cyrille, St Théophile, St Isidore, St Denis l'aréopagite,
Bède le vénérable, Alcuin, Raban Lévi : il y a là un éclectisme qui fait
du reste le plus grand honneur au libéralisme de l'auteur.

On lit en tête de cette carte du savant jésuite : « *Il n'y a pas d'hommes
dans la Lune ; — les âmes n'y émigrent pas non plus.* » Précaution prise
d'avance contre l'hérésie de la pluralité des mondes.

Ces deux cartes indiquent les librations ou balancements de la Lune,
dont nous avons parlé plus haut.

L'usage a fait adopter la nomenclature de Riccioli de préférence à celle
d'Hévélius, à l'exception cependant des « terres » dont les noms sont
tombés en désuétude. Quant aux montagnes, à part quelques noms
comme ceux des Alpes, des Apennins et des Pyrénées, qui rappellent
les chaînes de montagnes terrestres, on a continué à leur donner ceux des
astronomes et des savants. On peut dire que la Lune est le *cimetière des
astronomes.* C'est là qu'on les enterre : lorsqu'ils ont quitté la Terre, on
inscrit leurs noms sur les terrains lunaires comme sur autant d'épi-
taphes...

Sur notre carte, les grandes plaines grises sont désignées sous les noms
de *mers,* qu'elles portent depuis plus de deux siècles, et les principales
montagnes sont marquées par des chiff.es correspondant aux noms qu'on
trouvera plus loin. Il ne faut attacher à ce nom de *mers* aucun sens
spécial : c'est la dénomination commune sous laquelle les premiers observateurs ont désigné toutes les grandes taches grisâtres de la Lune : ils
prenaient ces espaces pour des étendues d'eau. Mais aujourd'hui nous
savons qu'il n'y a pas plus d'eau là que dans les autres régions lunaires.
Ce sont de vastes plaines.

Examinons rapidement cette surface générale. Remarquons d'abord
que les grandes taches grises et sombres occupent surtout la moitié boréale du disque, tandis que les régions australes sont blanches et montagneuses; cependant, d'un côté, cette teinte lumineuse se retrouve sur le
bord nord-ouest, ainsi que vers le centre, et, d'autre part, les taches en-
vahissent les régions australes du côté de l'orient, en même temps
qu'elles descendent, mais moins profondément, à l'ouest. Suivons d'abord
sur la carte la distribution des plaines grises ou mers, et esquissons la
géographie lunaire, ou pour mieux dire, la *sélénographie* (σελην ; lune).

Commençons notre description par la partie occidentale du disque
lunaire : celle qui est éclairée la première après la nouvelle Lune,
lorsqu'un mince croissant se dessine dans le ciel du soir et s'élargit de

Fig. 201.

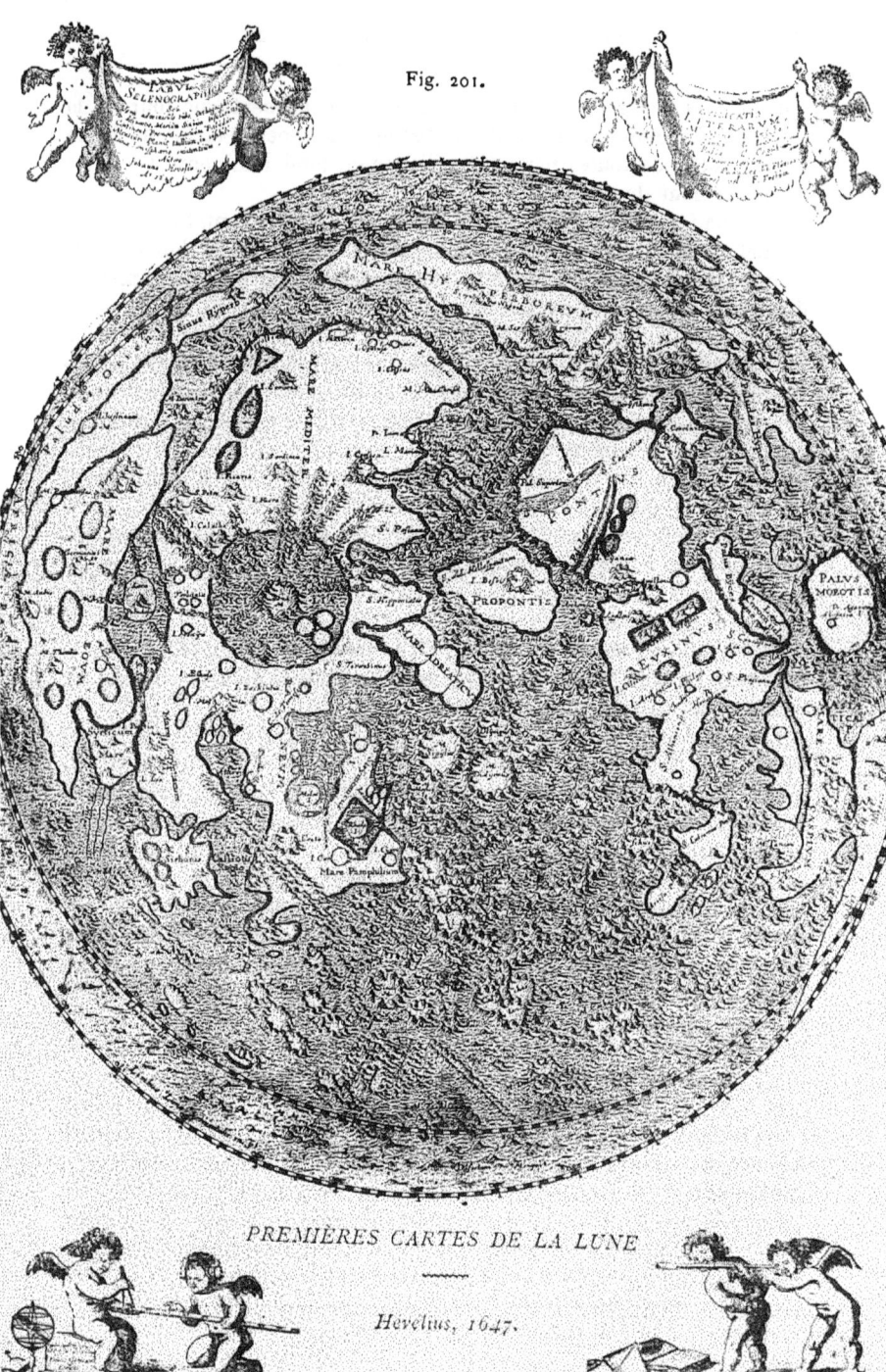

PREMIÈRES CARTES DE LA LUNE

Hevelius, 1647.

jour en jour, pour devenir le premier quartier au septième jour de la lunaison. Là, non loin du bord, on distingue une petite tache, de forme ovale, isolée de toutes parts au milieu d'un fond lumineux. On lui a donné le nom de *mer des Crises*.

La situation de la mer des Crises, sur le contour occidental de la Lune, permet de la reconnaître dès les premières phases de la lunaison, et jusqu'à la pleine Lune ; pour la même raison, elle est la première à disparaître à l'origine du décours.

A l'est de la mer des Crises, un peu au nord, se dessine une tache plus grande et de forme irrégulièrement ovale, que l'on reconnaît facilement aussi à l'œil nu : c'est la *mer de la Sérénité*.

Entre ces deux plaines grises, au-dessus, on en remarque une autre, dont les rivages sont moins réguliers, qui se nomme la *mer de la Tranquillité*. Elle jette vers le centre du disque un golfe qui a reçu le nom de *mer des Vapeurs*.

La mer de la Tranquillité se sépare en deux branches qui représentent les jambes du corps humain que l'on imagine quelquefois. La branche la plus voisine du bord forme la *mer de la Fécondité* ; la plus rapprochée du centre est la *mer du Nectar*.

On distingue encore, au-dessous de la mer de la Sérénité, et dans le voisinage du pôle boréal, une tache étroite, allongée de l'est à l'ouest, et connue sous le nom de *mer du Froid*.

Entre les mers de la Sérénité et du Froid s'étendent le *lac des Songes* et le *lac de la Mort*. Les *marais de la Putréfaction* et *des Brouillards* occupent la partie occidentale de la mer des Pluies, dont la rive septentrionale forme un golfe arrondi désigné sous le nom de *golfe des Iris*.

Toute la partie du disque lunaire située à l'est est uniformément sombre. Les bords de l'immense tache disparaissent en se confondant avec les parties lumineuses de l'astre. La partie nord de cette tache est formée par la *mer des Pluies*, laquelle donne naissance à un golfe débouchant dans l'*océan des Tempêtes*, où brillent deux grands cratères, Képler et Aristarque. Les parties les plus méridionales de cet océan mal délimité sont désignées, vers le centre, par le nom de *mer des Nuées*, et, vers le bord, par celui de *mer des Humeurs*.

Il est très curieux de remarquer que la plupart de ces plaines ont des contours arrondis. Ex. : La mer des Crises, la mer de la Sérénité, et même la vaste mer des Pluies, bordée au sud par les Karpathes, au sud-ouest par les Apennins, à l'ouest par le Caucase et au nord-ouest par les Alpes.

En dehors de ces taches, qui occupent environ le tiers du disque, on ne distingue à l'œil nu que des points lumineux confus. Cependant, dans la région supérieure, on remarque inévitablement la principale montagne de la Lune : le cratère de Tycho, qui brille d'une vive lumière blanche, et envoie des rayons à une grande distance.

Fig. 202.

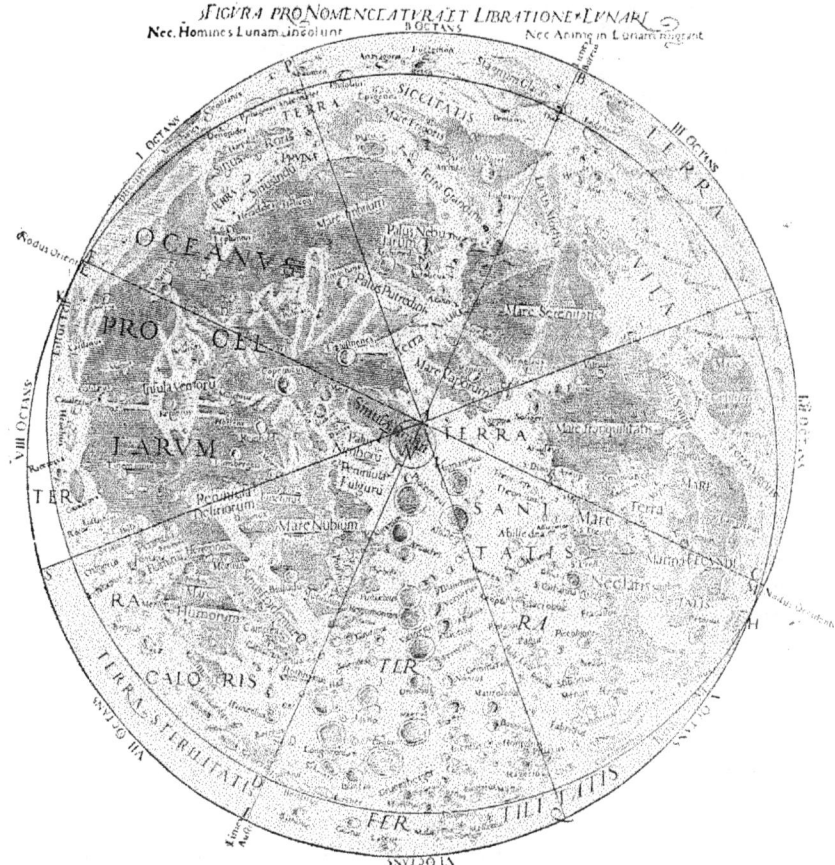

Premières cartes de la Lune : RICCIOLI, 1651

N'oublions pas la recommandation faite plus haut : les cartes mo-dernes de la Lune sont dessinées renversées, comme on voit l'astre dans une lunette; pour comparer la Lune vue àl'œil nu à notre carte, il faut donc retourner celle-ci, mettre le nord en haut et l'ouest à droite.

On a exactement mesuré tous ces terrains lunaires. La superficie de l'hémisphère que nous voyons au moment d'une pleine Lune est de 1182600 lieues carrées. La partie montagneuse, qui est la plus générale, s'étend sur 830000 lieues, et la région occupée par les taches grises que nous venons de passer en revue embrasse 352600 lieues. Ces grandes plaines qualifiées du nom de mers sont partagées comme il suit :

Océan des Tempêtes................	82 080	lieues carrées.
Mer des Nuées...,...............	46 200	
Mer des Humeurs................	11 050	
Mer des Pluies..................	48 250	
Mer du Froid et lac de la Mort..........	19 000	
Mer de Humboldt................	1 620	
Mer de la Sérénité et lac des Songes.......	21 600	
Mer des Crises..................	8 650	
Mer de la Fécondité...............	54 830	
Mer de la Tranquillité..............	30 370	
Mer de Nectar..................	7 200	
Mer des vapeurs et golfe du centre........	15 500	
Mer Australe...................	6 250	
Total.......	332 600	lieues carrées.

Voici les noms des principales montagnes lunaires, avec les numéros qui leur correspondent sur notre carte :

1. FABRICIUS.	16. WALTER.	31. DELAMBRE.	46. ERATOSTHÈNE.
2. CLAVIUS.	17. FRACASTOR.	32. GASSENDI.	47. CLÉOMÈDE.
3. MAUROLYCUS.	18. PILATE.	33. TARUNTIUS.	48. COPERNIC.
4. MAGINUS.	19. THÉOPHILE.	34. PTOLÉMÉE.	49. POSIDONIUS.
5. FURNERIUS.	20. PURBACH.	35. AGRIPPA.	50. KÉPLER.
6. LONGOMONTANUS.	21. CYRILLE.	36. HERSCHEL.	51. CASSINI.
7. ALIACENSIS.	22. THÉBIT.	37. RHETICUS.	52. HEVELIUS.
8. TYCHO.	23. CATHARINA.	38. LANDSBERG.	53. AUTOLYCUS.
9. PETAVIUS.	24. BULIALDUS.	39. PLINE.	54. ARCHIMÈDE.
10. HAINZEL.	25. PARROT.	40. GRIMALDI.	55. ARISTILLUS.
11. PICCOLOMINI.	26. ARZACHEL.	41. MANILIUS.	56. EULER.
12. SCHICCARDUS.	27. ALBATEGNIUS.	42. PALLAS.	57. LINNÉ.
13. VERNER.	28. ALPHONSE.	43. MACROBE.	58. ARISTARQUE.
14. LEXELL.	29. LANGRENUS.	44. STADIUS.	59. ARISTOTE.
15. VENDELINUS.	30. GUERICKE.	45. ROEMER.	60. PLATON.

Nous nous occuperons des montagnes dans le chapitre suivant. Continuons notre examen de la surface lunaire.

On est généralement porté à croire que cette surface est plus blanche, plus lumineuse, que celle de la Terre. C'est là une erreur dont il importe de se désabuser.

On ne s'imagine pas, en général, que la Terre, vue de loin, puisse briller avec autant d'éclat que la pleine Lune. Cependant rien n'est si vrai. Le sol lunaire n'est pas plus blanc que le sol terrestre ([1]). Ce qui fait l'éclat de notre satellite pendant la nuit, c'est, d'une part, la nuit elle-même, et, d'autre part, la condensation de tout l'hémisphère lunaire en un petit disque. En agrandissant ce disque par le télescope, cet éclat disparaît.

([1]) La Lune n'est pas blanche, mais d'un gris jaune. Elle paraît blanche pendant le jour, à cause du contraste de la couleur bleue du ciel. Il résulte d'expériences spéciales que j'ai faites pendant les années 1874 et 1875, que la véritable couleur de la lumière de la Lune est celle du cuivre jaune ou *laiton*.
Chacun peut remarquer que pendant le jour la Lune est moins lumineuse que cer-

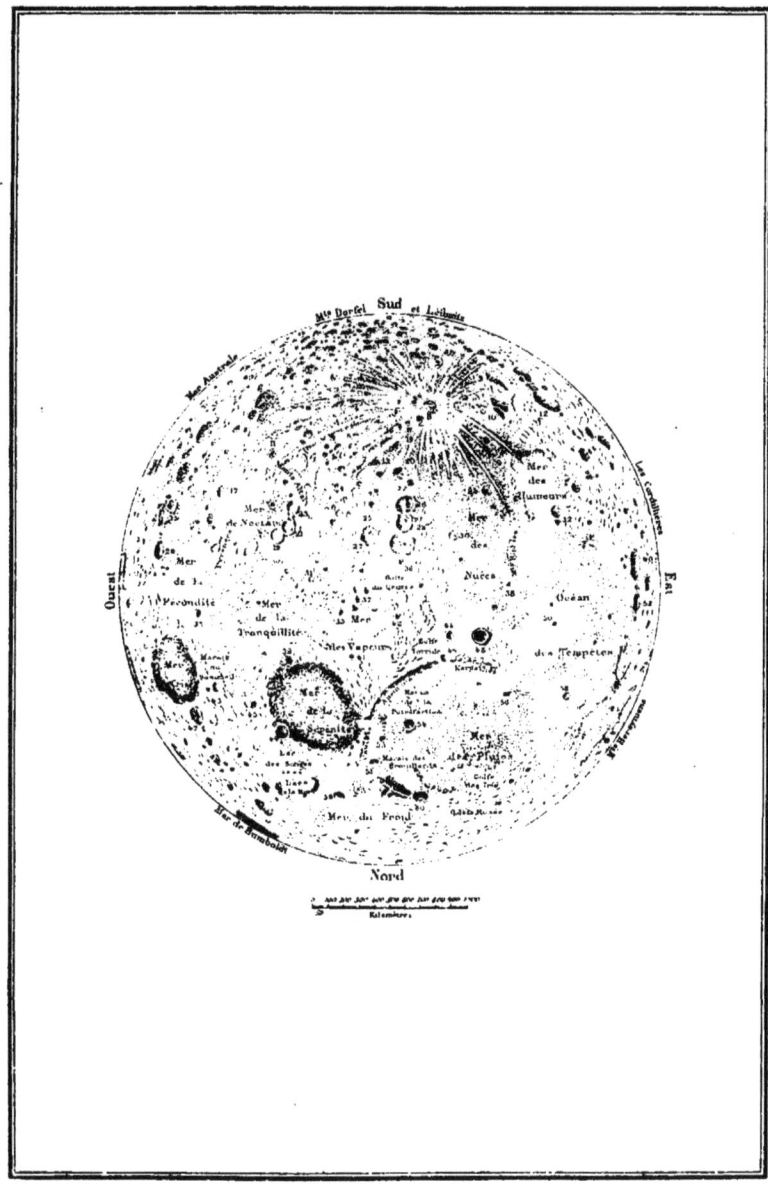

CARTE GÉOGRAPHIQUE DE LA LUNE
ou
SÉLÉNOGRAPHIE

Lorsque l'on compare la lumière de la Lune à celle des nuages, on la trouve toujours moins brillante. D'un autre côté, en plaçant des pierres dans une chambre obscure et en faisant arriver sur elles un rayon solaire, ou bien en regardant à travers un tuyau noirci la campagne éclairée par le Soleil, on constate que tout cela brille avec autant d'intensité que la Lune. Les principes de l'optique prouvent que dans ces comparaisons on ne doit pas tenir compte des différences de distances,

La lumière solaire que la Lune nous renvoie est d'ailleurs suffisante pour permettre de faire sa photographie directe, exactement comme on fait celle d'une personne ou d'un monument. Depuis plus de trente ans qu'on a entrepris les premiers essais de photographie lunaire, on est parvenu aujourd'hui à obtenir des épreuves d'une netteté admirable, sur lesquelles les moindres accidents de terrain et les détails des paysages sont visibles pour tous les yeux et peuvent même être considérablement agrandis. Notre planche V reproduit une des meilleures photographies de la Lune qu'on ait obtenues. Elle est due à l'habileté de l'astronome américain Rutherfurd. Elle représente notre satellite au premier quartier, et est absolument *sans retouche:* l'astre seul a posé et s'est peint lui-même.

Sur les photographies de la Lune, les différences de teinte entre les mers et les régions montagneuses sont beaucoup plus marquées qu'à la vue : les régions montagneuses sont très blanches et les mers

tains nuages et que les murs blancs éclairés par le Soleil. Pendant la nuit notre rétine est plus sensible, notre attention est moins distraite, nos impressions sont plus profondes ; les ombres des vieux châteaux, des remparts, des ravins, des arbres même et des maisons paraissent plus longues, plus noires, tristes et sépulcrales.

Si l'on représente par 1000 la blancheur absolue d'une surface mate réfléchissant en totalité la lumière incidente, la valeur réfléchissante de la Lune n'en sera guère qu'*un sixième.* Voici les nombres qui résultent des expériences faites par Zöllner :

Neige pure qui vient de tomber	0,783
Papier blanc	0,700
Sable blanc	0,237
La Lune	0,174
Marne argileuse	0,156
Terre mouillée	0,079

Comme valeur totale, d'après ces expériences la pleine Lune réfléchit la 618 000° partie de la lumière du Soleil ; autrement dit, le flambeau des nuits est 618 000 fois moins brillant que l'astre du jour. D'après les expériences du même physicien, la lumière renvoyée par notre satellite est beaucoup plus forte que celle qui serait renvoyée par un globe mat uni ; elle est égale à celle qui proviendrait d'un globe couvert d'aspérités, d'une hauteur quelconque d'ailleurs, mais dont la pente moyenne serait de 52 degrés. Ainsi, la Lune est non seulement moins claire que la neige, mais elle est encore in-

presque noires. Il est certain par là que la surface de ces plaines n'est pas photogénique, et qu'elle absorbe fortement les rayons lumineux. Longtemps avant l'invention de la photographie, l'astronome Hooke avait remarqué cette absorption, analogue à celle que produirait de la mousse, et il l'avait attribuée à des végétaux. La plupart des astronomes du siècle dernier, depuis Cassini jusqu'à William Herschel, ont été d'opinion que c'étaient des forêts. Mais, comme on n'a pu reconnaître ni air ni eau à la surface de la Lune, on est disposé maintenant à nier l'existence de ces végétaux. Les observations sont loin de suffire toutefois pour autoriser cette négation, et les astronomes contemporains qui se sont le plus occupés des photographies lunaires, Warren de la Rue et Secchi, sont au contraire personnellement d'opinion que les différences photogéniques doivent provenir d'une réflexion *végétale* : ils pensent que plusieurs de ces plaines sombres sont couvertes de forêts. Ajoutons qu'une nuance de vert est visible sur la mer des Crises, la mer de la Sérénité et la mer des Humeurs. Warren de la Rue a écrit, entre autres, que « la Lune doit être environnée d'une atmosphère peu épaisse, mais relativement dense, et que de la végétation doit exister dans les plaines désignées sous le nom de mers. » Telle est aussi l'opinion qui est résultée pour moi de l'observation attentive de ces régions depuis plus de vingt ans.

férieure au sable, et à peu près égale à la nuance des roches grises.

Telle est la valeur réfléchissante de l'ensemble de la surface lunaire. Mais cette surface est très diversifiée : elle présente des régions encore plus sombres, telles que le sol du cirque de Platon et celui de Grimaldi, qui sont très bruns, et des cratères lumineux comme celui d'Aristarque, qui a certainement la blancheur de la neige.

Pour exprimer les teintes, on est convenu de les désigner par degrés, 0° représentant l'ombre la plus noire et 10° représentant le blanc éclatant. Les degrés 1 à 3 correspondent au gris foncé, 4 à 5 au gris clair ; 6 à 7 au gris blanc ; 8 à 10 au blanc brillant. La teinte 1° ne se présente que très rarement : on ne la trouve que dans certaines régions de Riccioli et de Grimaldi, parfois dans Platon ; les teintes 1° et 2° se trouvent en général dans Platon, Boscovich, Schickhardt, Jules César, et dans quelques taches autour de la mer des Vapeurs. La mer des Crises, certaines régions de la mer de la Tranquillité, et le bord de la mer de la Sérénité, offrent les teintes 2 à 3. Les teintes 4 et 5 représentent celles des régions montagneuses de la Lune en général ; la teinte 6, celle des bandes rayonnantes ; la teinte 7, celle des montagnes brillantes comme Képler et Tycho, le degré 8 est appliqué aux parties les plus brillantes de ces montagnes ; 9, aux régions lumineuses de Proclus et 10 au blanc si éclatant d'Aristarque, région la plus lumineuse de la Lune.

J.-M. Rutherfurd   Phot. E Bernard et

PHOTOGRAPHIE DIRECTE DE LA LUNE
LE 10ᵉ JOUR DE LA LUNAISON

J'ajouterai même, à ce propos, que j'ai plus de cent fois observé
et dessiné une région singulière située sur les rives orientales de la
mer de la Tranquillité, dans le détroit qui la réunit à la petite mer
des Vapeurs. Il y a là une longue vallée profonde et tortueuse, qu'on
appelle la rainure d'Hyginus, qui commence au pied des montagnes
d'Agrippa, descend du sud-ouest au nord-est, et finit par un lac
ovale. Elle mesure 160 kilomètres de long et 1500 mètres de large
(quelquefois seulement 1200 et 1000). Au nord-ouest de cette rainure j'ai toujours remarqué un *paysage bizarre* extrèmement
difficile à dessiner et remarquable par sa teinte enfumée. La première fois que mes yeux s'y arrètèrent, j'ai eu l'impression d'un
nuage de fumée étendu sur la campagne. Mais cette teinte, étant
persistante, appartient au terrain. Elle varie un peu, comme celle
de la plaine de Platon. Ce terrain doit être revêtu de végétaux. —
Nous reviendrons plus loin sur cette intéressante question.

Ne quittons pas le sujet de la lumière lunaire sans rappeler que la
lumière cendrée qui se montre sur la partie obscure de la Lune, dans
l'intérieur du croissant, n'est autre chose que de la lumière terrestre
(celle de la Terre éclairée par le Soleil) qui va frapper la Lune, c'est donc
« le reflet d'un reflet ». La lumière que la Terre renvoie à la Lune est
d'ailleurs 13 fois et demie plus intense que celle qu'elle en reçoit; elle
est telle qu'après une seconde réflexion nous pouvons encore l'apprécier.
Cette lumière cendrée permet de reconnaître, au télescope, les taches
principales et les montagnes les plus blanches.

L'état météorologique de notre atmosphère modifie l'intensité de la lumière terrestre, qui accomplit le double trajet de la Terre à la Lune et de la
Lune à notre œil. Aussi peut-on quelquefois lire en quelque sorte dans la
Lune l'état moyen de cette transparence de notre atmosphère. En observant avec soin l'intensité de lumière cendrée, nous pouvons deviner qu'elle
est la région de la Terre qui la produit : lorsque c'est l'Océan qui est tourné
du côté de la Lune, cette lumière est très faible; lorsque ce sont des régions claires, comme le Sahara, comme les neiges de l'hiver, ou comme
les nuages, elle est plus vive. Remarquons même que Castelli, l'ami de
Galilée, avait deviné en 1637 l'étendue du continent australien par l'observation de cette clarté longtemps avant que ce continent eût été reconnu géographiquement. Les habitants de la Lune ont dû découvrir
l'Amérique longtemps avant Christophe Colomb.

CHAPITRE III

Géologie lunaire, ou sélénologie.
Topographie de notre satellite. — Montagnes. — Volcans.
Cratères. — Rayonnements. — Rainures. — Paysages lunaires.
La naissance de la Lune et son histoire.

Nous venons de passer en revue, dans le chapitre précédent, l'ensemble de la surface lunaire, et déjà nous avons remarqué que cette surface est parsemée de nombreuses montagnes. Il n'est certainement aucun lecteur attentif qui, en examinant notre petite carte de la Lune, n'ait été frappé de *la forme* de ces montagnes. En effet, elles ne ressemblent pas à celles de la Terre : les chaînes de montagnes y sont l'exception. Le relief de ce globe n'a pas été sculpté par la même main que la nôtre; l'ossature n'est pas la même. Le type général des montagnes lunaires, c'est l'*anneau*.

Rien n'est plus curieux que les montagnes de la Lune vues au télescope. Vers l'époque du premier quartier surtout, le Soleil, qui les éclaire obliquement, fait ressortir leur relief, et projette derrière elles de fantastiques ombres noires. Avant le premier quartier, les dentelures du croissant lunaire ressemblent à de l'argent fluide suspendu dans le ciel du soir. Quoique depuis bien des années déjà j'observe l'astre des nuits pour le bien connaître, je ne vois jamais sans émotion et sans joie ces magiques illuminations de notre satellite, ces cratères d'argent, ces ombres échancrées, ces plaines grises, ces ruines et ces crevasses qui traversent le champ du télescope...

Ah! que de soirées délicieuses les gens du monde oisif et même les travailleurs les plus fatigués passeraient, *s'ils savaient*.

Prenons tout de suite une idée exacte de cette forme si curieuse de la topographie lunaire. La figure ci-dessous (extraite des savantes

Fig. 201. — Région montagneuse au sud de la mer de la Fécondité.

et intéressantes études sélénographiques publiées par M. Gérigny, dans la *Revue mensuelle d'Astronomie populaire*), fait apprécier dès le premier coup d'œil cette singulière topographie. Elle représente l'une des contrées les plus montagneuses de la Lune, au sud de la mer de la Fécondité. Pour mieux juger encore de ces formes caractéristiques, on a représenté séparément les groupes formés par les trois cratères de Catharina, Cyrille et Theophile.

Anneaux, grands et petits, minces ou puissants, énormes ou

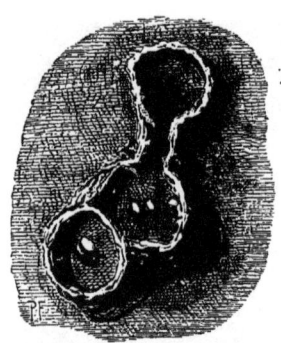 microscopiques, semblent jetés à profusion sur tout le sol lunaire, tous circulaires, mais paraissant elliptiques quand ils se trouvent vers le tour du globe, que nous voyons en raccourci. Cette forme annulaire est même si étonnante, que les premiers astronomes qui l'ont observée, au XVIIᵉ siècle, après l'invention des lunettes, ne pouvaient en croire leurs yeux, et, refusant de l'attribuer à la nature, supposèrent que c'étaient là autant de constructions artificielles commandées par le climat et dues aux habitants de la

Fig. 205.
Les montagnes lunaires de Catharina,
Cyrille et Théophile.

Lune. Képler lui-même croyait à cette origine artificielle. On ne réfléchissait pas alors aux énormes dimensions de ces constructions (¹).

Oui, toutes les montagnes de la Lune sont creuses. Supposons un

---

(¹) En feuilletant dernièrement un petit volume d'une longue collection intitulée : *Histoire des ouvrages des Savants*, j'y ai trouvé, à la date du mois de mai 1695, un curieux résumé de la *Dioptrique* de Hartsoeker, publié en 1694. Il s'agit du grand cratère lunaire de Tycho. Selon l'auteur, « c'est une espèce de puits rond, d'une profondeur extrême et d'une très grande largeur. Il y a dans le milieu de son fond une élévation qui passe en hauteur ses bords, et qui nous paraît en forme de dôme. On voit depuis le bord de ce puits plusieurs traits blancs et illuminés, dont la plupart s'étrécissent à mesure qu'ils s'en éloignent, et s'étendent jusqu'à d'autres puits d'une semblable construction, mais dont la largeur et la profondeur sont beaucoup moindres. Quelques-uns de ces puits paraissent n'avoir point de dôme. On peut supposer que *les habitants de la Lune ont creusé ce puits* pour s'y garantir de l'ardeur du soleil pendant leurs jours d'un demi-mois chacun, et qu'ils ont élevé le dôme à la hauteur dont nous le voyons, de ce qu'ils ont tiré de ce puits en le creusant. Ils auront creusé dans ce dôme, et dans la circonférence de ce puits des cavernes et des trous à peu près comme font nos lapins, pour s'y cacher et pour s'y garantir du froid pendant leurs longues nuits : ces puits, étant leurs habitations ordinaires, ne seraient que des espèces de villes ; et l'on pourrait croire que ces traits blancs et illuminés, qui vont de la ville dont on vient de voir la description, et d'autres qui sont situés autour, ne sont que de grands chemins aplanis par ces habitants, et que peut-être cette ville est la capitale de toutes les autres. »

voyageur traversant les campagnes lunaires et approchant de l'une
d'elles. Il rencontre d'abord une série de talus, de remparts, s'élevant les uns sur les autres; il grimpe sur ces contreforts, atteint
à grand'peine leurs sommets élevés, d'où il jouit d'une vue sans
égale; mais s'il veut traverser le sommet de la montagne pour redescendre du côté opposé à celui de son arrivée, il ne le peut pas : la

Fig. 206. — La montagne lunaire de Copernic. Type des grands cratères.

montagne est sans sommet! Au lieu d'être dominée par un plateau,
elle est creuse, et son cratère descend *plus bas* que la plaine avoi-
sinante. Il faut donc, ou bien descendre au fond du cratère, le
traverser (et il a souvent plus de cent kilomètres de diamètre),
remonter le gigantesque ravin à l'opposé, puis le redescendre; ou
bien faire le tour par le rempart abrupt et hérissé de pics démantelés. Quoique les muscles se fatiguent six fois moins sur la Lune

que sur la Terre, de telles excursions doivent être incomparablement plus difficiles que celles des héros les plus téméraires de nos
clubs alpins terrestres : Joanne lui-même refuserait sans doute d'en
rédiger le *Guide*.

Parcourons d'un regard d'ensemble les plus importantes d'entre
ces montagnes.

Au milieu de la région australe domine la montagne grandiose de
Tycho (8). Elle occupe, avec les chaînons qui en rayonnent en tous sens,
le centre de cette partie du disque lunaire, c'est-à-dire la région la plus
accidentée de l'astre. C'est la plus colossale et la plus majestueuse de
toutes les montagnes annulaires de la Lune. On la devine à l'œil nu, et
on la distingue nettement dans une jumelle. Tycho renferme, à son centre,
une vaste cavité en forme de cirque qui mesure près de 87 kilomètres
de diamètre.

Du fond de cette cavité, s'élève un groupe de montagnes très intéressantes, dont la principale est haute de 1560 mètres au-dessus du fond.
Les montagnes qui en forment les remparts annulaires ont, à l'est et
à l'ouest, une élévation de plus de 5000 mètres. On remarque au dehors
un grand nombre de cratères, presque tous circulaires, ruines de volcans
éteints. Cette montagne, au reste, paraît être le grand centre où l'action
volcanique a eu le plus d'intensité, et elle en conserve, pétrifiés, de
gigantesques et fantastiques souvenirs.

Au moment de la pleine Lune, Tycho est entouré d'une auréole lumineuse tellement rayonnante, qu'elle éblouit les yeux et empêche d'observer
les curiosités géologiques du cratère.

La montagne lunaire la plus remarquable après Tycho est certainement
celle de Copernic (48). Vu pendant la pleine Lune, Copernic est, comme
Tycho, un foyer très brillant ; mais cette surabondance de lumière disparaît aussitôt que le soleil ne l'éclaire plus en plein, et alors on peut
distinguer les hautes cimes centrales qui s'élèvent du fond de son
cratère et les deux versants de la montagne annulaire qui en forme l'enceinte. Ce volcan dépend de la chaîne des Karpathes lunaires. Le
cratère est entouré d'une double enceinte : l'extérieure, qui est la plus
basse, a un diamètre moyen de 87 kilomètres ; l'intérieure, qui forme
les bords du cratère, a un diamètre moyen de 69 kilomètres.

L'intérieur du cratère, assez escarpé d'ailleurs, présente lui-même une
triple enceinte de rochers brisés et un grand nombre d'énormes fragments
amoncelés au pied de l'escarpement, comme s'ils étaient des masses détachées du haut de la montagne et roulées en bas. (Voy. la fig. 206). Le terrain d'alentour est criblé de milliers de petits cratères gros comme notre
Vésuve.

Ce sont là deux types bien curieux des montagnes lunaires. Signalons

encore le cirque de Clavius (2), au sud de Tycho. Son diamètre est de près
de douze lieues ; il est entouré d'une enceinte de massifs énormes ayant
plusieurs kilomètres d'épaisseur et offrant des espèces de terrasses ; un
sommet situé au sud-ouest de cette enceinte domine d'environ 5400 mètres le point le plus bas du cirque.

Clavius est loin d'avoir les dimensions de quelques-uns des principaux
cirques de la Lune ; celui de Théophile a près de vingt-cinq lieues de

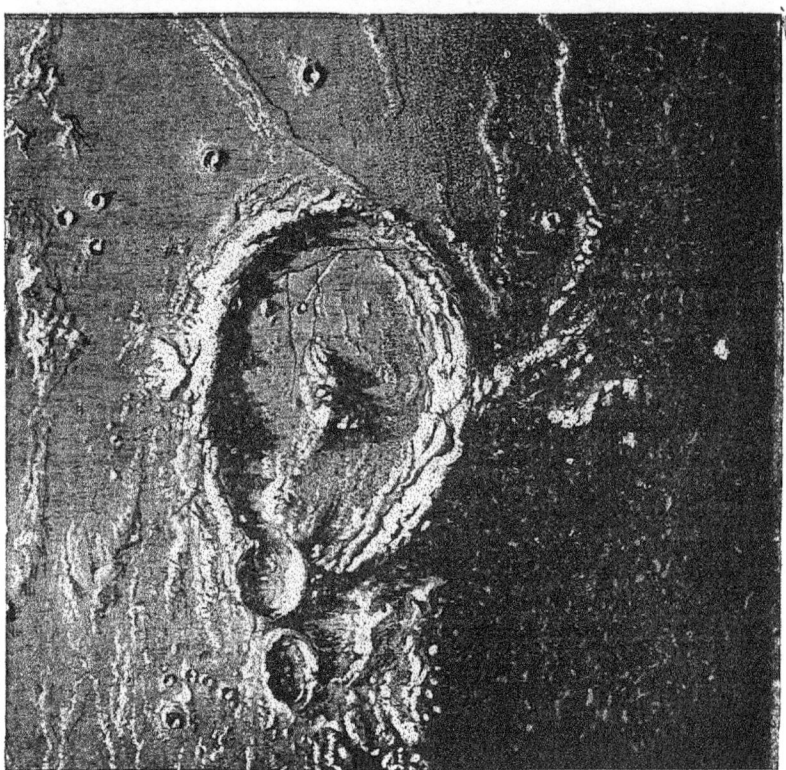

Fig. 207. — La montagne lunaire de Gassendi, au lever du soleil.

diamètre et Piccolomini plus de vingt-trois. Mais ce qui fait l'originalité
de Clavius, c'est que de nombreux cratères de toutes dimensions (plus
d'un cent) occupent le sol tourmenté de son cirque, ainsi que les montagnes bouleversées de son enceinte. La partie orientale de cette enceinte,
garnie d'une terrasse irrégulière, s'élève au-dessus du fond à une hauteur
au moins égale à celle du Mont-Blanc (1810 mètres).

Képler (50), Aristarque (58), sont deux montagnes blanches comme de la neige, projetant comme Tycho des rayonnements autour d'elles. Archimède (54), Autolycus (53), et Aristillus (55), se découpent admirablement en profil à l'époque du premier quartier, ainsi que Ptolémée (34), Alphonse (28) et Arzachel (26). Gassendi (32) est magnifique, observé sur le bord de la Lune trois jours après le premier quartier. On jugera de sa beauté par le dessin de l'astronome anglais Nasmyth, reproduit ici (*fig.* 207.) d'après son célèbre ouvrage (¹). Ce dessin a été fait le 7 novembre 1867, à 10 heures du soir, au moment où le Soleil, venant de se lever pour ce méridien, en illuminait tous les reliefs.

Il y a dans les Alpes lunaires, montagnes qui le cèdent en hauteur au Caucase et aux Apennins du même astre, une vallée transversale remarquablement large, qui coupe la chaîne dans la direction du sud-est au nord-ouest. Elle est bordée de montagnes rocheuses colossales, murs cyclopéens de trois à quatre mille mètres de hauteur, qui la surplombent à pic, géants noirs et terribles au pied desquels la pauvre vallée coule plus sinistre que celles de Pfeiffer ou du Saint-Gothard.

Ce sont là les principales montagnes lunaires; mais nous en rencontrerons d'autres encore dans notre voyage. Aucun dessin ne saurait mieux rendre l'aspect si caractéristique de ces montagnes que le scrupuleux tableau fait par Nasmyth (*fig.* 209), lequel en donne véritablement une image vivante.

Les hauteurs de toutes les montagnes de la Lune sont mesurées à quelques mètres près (²). [On ne pourrait pas en dire autant de celles de la Terre.] Voici les plus élevées :

Monts Leibnitz.	7610 mètres.
Monts Dœrfel.	7603 —
Cratère de Newton.	7264 —
Cratère de Clavius.	7091 —
Cratère de Casatus.	6956 —
Cratère de Curtius.	6769 —
Cratère de Calippus.	6216 —
Cratère de Tycho.	6151 —
Mont Huygens.	5560 —

Les monts Leibnitz et Dœrfel se trouvent près du pôle sud de notre satellite. Ces deux chaînes se voient quelquefois en profil pendant les éclipses de Soleil : c'est ce que j'ai observé et dessiné notamment pendant

(¹) The Moon, *considered as a Planet, a World, and a Satellite*, by J. Nasmyth and Carpenter. London, John Murray, 1874.

(²) Comment mesure-t-on la hauteur des montagnes de la Lune, qui nous sont si absolument inaccessibles ? La méthode est extrèmement simple, tout en étant très sûre, et l'on peut affirmer que l'élévation des montagnes lunaires est connue avec au moins autant de certitude que celle des montagnes de la Terre. D'abord les dimensions

l'éclipse du 10 octobre 1874. La montagne annulaire de Newton est si élevée, que jamais le fond n'en est éclairé, ni par le Soleil, ni par la Terre, à cause de sa position.

Les pôles de la Lune offrent un caractère physique digne d'une attention particulière. Par suite de la position du globe lunaire dans l'espace, le Soleil ne descend jamais au-dessous de l'horizon de l'un et l'autre de ses pôles que de 1 degré et demi (inclinaison de l'équateur de la Lune), c'est-à-dire qu'il glisse juste sous l'horizon. Or, en raison de la petitesse du globe lunaire, une élévation de 595 mètres suffit pour voir de 1 degré et demi au-dessous de l'horizon vrai. Or, il y a, à la place même du pôle nord, des montagnes de 2 800 mètres, et, juste au sud, des pics de 4 000 mètres; il en résulte que les sommets de ces montagnes sont toujours éclairés par le Soleil.

La figure suivante représente le plan topographique des environs du

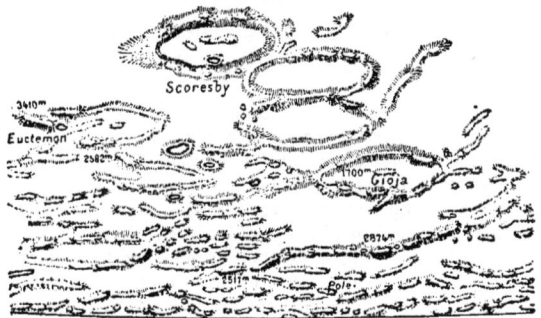

pôle boréal de la Lune. On voit là, tout près du pôle, une montagne qui mesure 2 874 mètres, et non loin de là, à quelques lieues les unes des autres, des montagnes dont la hauteur varie de 2 500 à 1 000 mètres. On peut les appeler *les montagnes de l'éternelle lumière*. Là le Soleil jamais ne se

transversales d'un cirque ou d'une plaine s'obtiennent immédiatement par la mesure, très facile à faire, de la distance angulaire des points extrêmes par le micromètre dont nous avons parlé p. 253 : Si l'on trouve, par exemple, qu'un cirque lunaire *vu de face* sous-tend un angle apparent de 20″, on n'a plus qu'à imaginer un triangle dont l'angle au sommet serait de 20″, et dont la base serait éloignée du sommet d'une distance égale à celle qui nous sépare de la Lune, laquelle est parfaitement connue. La formule est fort simple : $x = d$ tg Δ, dans laquelle x désigne la longueur cherchée, d la distance de la Lune à la Terre, et Δ la dimension angulaire apparente : dans notre exemple numérique, $x = d$ tg 20″. Or $d = 384400^{km}$, tg 20″ = 0,0000970, d'où $l = 384400 \times 0,0000970$ = 37287 mètres.

Si le cirque est vu obliquement, ce qui arrive toutes les fois qu'il n'est pas au centre

couche, et le reflet de ces hauteurs éclatantes doit répandre toujours une intense clarté dans les vallées et les plaines environnantes. Ces vallées étranges n'ont jamais connu la nuit; mais elles n'ont jamais connu le Soleil non plus, car le fond des paysages reste toujours dans l'ombre des montagnes, et l'astre du jour ne s'élève jamais au zénith de leur ciel. — Les montagnes du pôle austral sont plus élevées encore.

On n'y remarque ni neige ni glace, ni rien qui les distingue spécialement du reste du monde lunaire. Les cratères sont ovales au lieu d'être circulaires; mais c'est, comme sur tout le contour de la Lune, un raccourci dû à la perspective, et dont chacun peut très facilement se rendre compte en supposant des anneaux posés sur une sphère (¹).

Ces montagnes « de l'éternelle lumière » doivent présenter, vues de plusieurs kilomètres de distance, un aspect analogue à celui que nous avons essayé de représenter par notre fig. 211.

Quelle étendue que celle des cratères lunaires! Les plus vastes volcans terrestres en activité n'atteignent pas mille mètres de diamètre. Si l'on considère les anciens cirques dus aux éruptions

de la Lune, il faudra nécessairement tenir compte de cette obliquité, qui a pour effet de rétrécir les dimensions apparentes dans un certain sens.

Quant à la hauteur d'une montagne lunaire, on peut l'obtenir par deux méthodes différentes dont il est facile de se faire une idée.

1°. — Lorsque la Lune n'est pas pleine, sa partie visible est limitée d'un côté par la ligne qui sépare, à la surface de la Lune, la région éclairée de la région obscure. Si notre satellite était un globe uni, cette ligne, nommée le méridien terminateur, serait régulière; mais les aspérités du sol font qu'elle prend au contraire une forme dentelée et déchiquetée. Ces cimes des hautes montagnes apparaissent ordinairement au-delà du méridien terminateur, éclairées par leur base, par le Soleil longtemps qu'il est après couché, comme il arrive en Suisse pour les Alpes. Le temps qui s'écoule entre l'éclairement de la cîme et celui de la base est d'autant plus long que la montagne est plus élevée. On peut donc déduire de ce temps la hauteur de la montagne au-dessus du niveau de la plaine environnante.

2°. — La deuxième méthode est fondée sur la longueur de l'ombre que la montagne projette derrière elle : elle est plus commode en ce sens qu'elle n'oblige pas à attendre le moment où le sommet de la montagne est encore éclairé, tandis que la base est dans l'ombre. Après avoir mesuré la dimension angulaire apparente, on en déduit d'abord sa longueur en kilomètres, par la méthode que nous venons d'indiquer pour calculer les dimensions transversales d'un cirque. Il est facile de déterminer quelle, est à un moment donné l'inclinaison des rayons solaires sur une région quelconque de la surface lunaire; quand on connaît cette inclinaison, la longueur de l'ombre fait aisément connaître la hauteur du pic. Comme les ombres se dessinent sur la Lune avec une netteté parfaite, cette méthode est susceptible d'une très grande précision. Notre figure 207 permet de juger des deux méthodes.

(¹) L'attraction que la Terre exerce sur la Lune étant très puissante, on pourrait croire qu'elle a joué dans la formation des montagnes lunaires un rôle analogue à celui des marées, et que les plus hauts reliefs du terrain se trouvent vers la région centrale du disque, où l'attraction terrestre est la plus directe. Mais il n'en est rien. C'est vers le pôle austral, entre les deux hémisphères, que se dressent les sommets les plus élevés.

antérieures, on voit qu'au Vésuve, le cirque extérieur de la Somma mesure 3 600 mètres, et qu'à l'Etna, celui du val del Bove mesure 5 500 mètres (¹). Quelques cirques, formés par des volcans éteints, offrent de plus vastes dimensions : tels sont, par exemple, le cirque du Cantal, dont la largeur est de 10 kilomètres; celui de Ténériffe, qui mesure 13 kilomètres; celui d'Haleakala (île Sandwich), qui mesure 16 kilomètres; celui de l'Oisans, en Dauphiné,

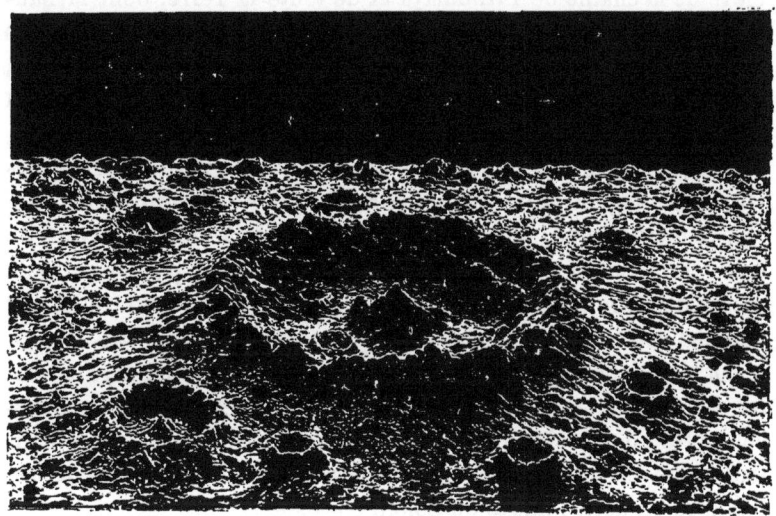

Fig. 209. — Type des montagnes lunaires.

qui n'a pas moins de 20 kilomètres, et enfin celui de l'île Ceylan, le plus vaste du globe, dont le diamètre est évalué à 70 kilomètres.

Mais qu'est-ce encore qu'une pareille étendue auprès de celle de plusieurs cirques de la Lune ? Ainsi le cirque de Clavius offre un diamètre de 210 000 mètres, celui de Schickard mesure plus de 200 000ᵐ, celui de Sacrobosco 160 000, celui de Petau dépasse 120 000, etc. On compte sur notre satellite une vingtaine de cirques dont le diamètre est de plus de 100 000 mètres. Et la Lune est 49 fois plus petite que la Terre ! Notre *fig.* 210 met en comparaison ces dimensions comparées. Tous ces cratères ont un cône central.

(¹) Vésuve : bouche actuelle = 600ᵐ : cirque de la Somma = 3600ᵐ. Etna; bouche actuelle = 300ᵐ; cirque du val del Bove = 5500ᵐ.

Quant à la hauteur des montagnes, les plus élevées du satellite sont, il est vrai, de mille mètres inférieures à celles de la planète ; mais cette faible différence rend les montagnes lunaires prodigieuses par rapport aux petites dimensions de l'astre qui les supporte. Proportions gardées, le satellite est beaucoup plus montagneux que la planète, et les géants plutoniens sont en bien plus grand nombre là qu'ici. S'il y a chez nous des pics, comme le Gaurisankar, le plus élevé de la chaine de l'Himalaya et de toute la Terre, dont la hauteur de 8837 mètres est égale à la 1440ᵉ partie du diamètre de notre globe, on trouve dans la Lune des pics de 7600 mètres, comme ceux de Dœrfel et de Leibnitz, dont la hauteur équivaut à la 470ᵉ partie du diamètre lunaire ([1]).

Arrêtons-nous maintenant sur un aspect tout particulier de certaines montagnes lunaires, sur les *montagnes rayonnantes*.

A la pleine Lune, ainsi que nous l'avons déjà dit, les rayons du Soleil tombent de face sur l'hémisphère lunaire ; par suite, toute espèce d'ombre disparaît, et l'on ne trouve plus aucun relief aux montagnes (ne jamais choisir cette phase pour observer la Lune).

Lorsqu'on examine l'astre à cette époque, néanmoins, l'œil est inévitablement attiré par certaines montagnes resplendissantes, entourées d'auréoles dont les rayons s'étendent au loin dans toutes les directions. Ces montagnes rayonnantes semblent reproduire en petit l'image du Soleil.

([1]) Il y a toutefois ici une remarque importante à faire, et que nul traité d'astronomie n'a encore signalée, quoiqu'il semble cependant que l'idée ait dû s'en présenter facilement aux Herschel ou aux Arago. On a coutume de prendre le niveau de la mer pour base de la hauteur des montagnes terrestres, et d'appliquer la comparaison à la hauteur des montagnes de la Lune. C'est une faute d'analogie. Les situations des deux topographies diffèrent fort l'une de l'autre. Pour que la comparaison soit exacte, il faut supposer l'eau des mers disparue et prendre le relief des terrains à partir du fond des mers : la hauteur des Alpes au-dessus du fond de la Méditerranée, ou celle des Pyrénées au-dessus de l'Atlantique, est ainsi singulièrement augmentée. D'après les sondages maritimes, on peut estimer que les plus hauts sommets du globe sont doublés. Le relief de l'Himalaya au-dessus du fond du lit des mers représente donc, non la 1440ᵉ, mais la 720ᵉ partie du diamètre du globe.

Cette correction faite n'empêche pas les montagnes lunaires d'être relativement beaucoup plus élevées encore que les montagnes terrestres. Pour que nos montagnes fussent dans le même rapport de hauteur, il faudrait que les cimes de l'Himalaya s'élevassent à une hauteur perpendiculaire de 13 kilomètres. Il est donc aussi étonnant de voir sur la Lune des sommets de plus de 7 kilomètres qu'il serait d'en voir sur la Terre d'une hauteur de trois lieues et plus.

Ces rayons apparaissent comme de vastes traînées lumineuses dont la largeur atteint 20 et même 40 kilomètres, et dont la longueur est considérable, car elle dépasse parfois 1000 kilomètres. Ces projections lumineuses ne portent point d'ombre, et dès lors elles ne sauraient être des contre-forts de montagnes. Elles courent avec une égale intensité de lumière sur les plaines et sur les monts jusqu'à des hauteurs de 3000 mètres, et cela sans effacer les contours des accidents de terrain sur lesquels elles passent.

Les principales montagnes rayonnantes de la Lune sont Tycho, Copernic, Képler et Aristarque; mais la plus importante et la plus admirable est *Tycho,* avec laquelle nous avons déjà fait connaissance.

De cette montagne grandiose s'élancent dans toutes les directions d'immenses rayons, au nombre de plus de cent, formant une sorte d'auréole et s'étendant presque sur la moitié de l'hémisphère sud. L'un d'eux, dirigé sensiblement vers l'ouest, atteint le cirque de Néandre, à une distance de près de 300 lieues. Au-dessous glisse un rayon d'une prodigieuse longueur, qui parcourt toute la région des montagnes, s'étend sur la mer du Nectar, et va s'éteindre au pied des Pyrénées, après s'être développé sur une étendue de 375 lieues (voy. notre carte).

De quelle nature sont ces bandes rayonnantes? Après les avoir longuement et attentivement observées, à l'aide d'instruments de toutes puissances, je suis arrivé à penser qu'elles représentent des étoilements du globe lunaire ayant cédé sous une forte pression interne, principalement autour des foyers de cratères les plus importants; non pas des étoilements qui se soient remplis de lave issue de l'intérieur, comme le suppose Nasmyth, mais seulement des raies ayant servi de passage à la chaleur, aux vapeurs et aux gaz qui auront *vitrifié,* blanchi, le terrain sur leur parcours. Il reste dès lors de simples traces, un simple dessin du phénomène. C'est une opération plutôt chimique que mécanique. Ces fentes ne forment pas crevasses, car elles ne sont pas creuses, ni bourrelets, car elles ne sont pas en relief.

Si les rayonnements dont nous venons de parler forment un des caractères spéciaux de la sélénologie, il y a encore d'autres aspects de terrain qui appartiennent en propre à la constitution de notre

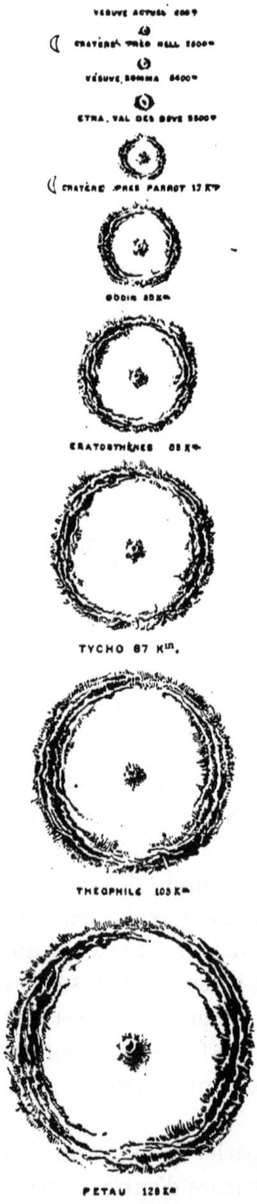

CRATÈRE THEO HILL 1500ᵐ

VÉSUVE, SOMMA 5400ᵐ

ETRA, VAL DEL BOVE 5500ᵐ

CRATÈRE PRÈS PARROT 17 Kᵐ

ODDIN 25 Kᵐ

ÉRATOSTHÈNES 62 Kᵐ

TYCHO 87 Kᵐ.

THÉOPHILE 103 Kᵐ

PÉTAU 128 Kᵐ

Fig. 210.
Dimensions des cratères lunaires.

satellite, ce sont notamment les *rainures* ou crevasses qui coupent souvent de vastes plaines.

Elles présentent des formes que nous ne connaissons pas sur la Terre. Ce sont des espèces de tranchées étroites et longues qui s'étendent, soit en ligne droite, soit avec des courbures très légères, entre des bords parallèles très roides, ordinairement sans remparts. Dans la pleine Lune elles se montrent comme de légères lignes blanches; pendant les phases elles paraissent noires, parce qu'on ne voit alors que l'ombre d'un des bords. Elles traversent souvent des cratères ou passent immédiatement à côté d'eux; quelques-unes aussi se terminent à ces cratères. Plusieurs autres s'étendent dans des plaines, et rien n'indique le point où elles se terminent. Leur largeur est la même, ou du moins très peu variable, pendant toute l'étendue de leur cours. Plusieurs sont bornées de chaque côté par des montagnes, mais jamais elles ne traversent ces montagnes. La plupart sont isolées; un très petit nombre s'unissent comme des veines ou se croisent. Leur longueur varie depuis quinze jusqu'à deux cents kilomètres; leur largeur ne dépasse pas 1000 à 1500 mètres, et souvent elle est beaucoup plus étroite; leur profondeur atteint plusieurs centaines et parfois plusieurs milliers de mètres.

Si l'on s'était toujours représenté leurs dimensions exactes, jamais on n'aurait sérieusement imaginé que ces rainures pussent être des routes, des canaux ou d'autres productions de l'art des habitants de la Lune ([1]). Elles datent de la dernière époque de la géologie lunaire.

([1]) Schrœter y voyait des canaux creusés par les Sélénites pour leurs transactions commerciales; il croyait même reconnaître une ville au nord du cratère Marius. Gruithuysen y voyait des routes nationales. Schwabe, de Dessau, avait cru y distinguer des rangées de grands arbres.

PAYSAGES LUNAIRES. — Les montagnes de L'ÉTERNELLE LUMIÈRE.

TERRES DU CIEL

61

La formation des grandes montagnes circulaires, et celle des cratères moyens, était déjà terminée lorsque des forces purement locales leur ont donné naissance.

Malgré certaines analogies, il est difficile de voir dans ces sillons des fleuves, ou des lits desséchés de fleuves lunaires qui auraient existé là dans les temps primitifs. On ne peut certainement nier que de l'eau ait pu autrefois couler dans ces lits maintenant arides, car notre Terre a été elle-même autrefois entièrement recouverte d'eau, et maintenant plus d'un quart de sa surface est composé de terre ferme, et la masse des eaux continue à diminuer. Cependant un examen plus approfondi de la nature de ces rainures conduit à une explication contraire. Plusieurs parcourent des pays de montagnes sans atteindre les plaines; d'autres naissent et se terminent dans une plaine, ou s'étendent d'une montagne à une autre en traversant un bas pays. Elles ont presque toutes une largeur constante, ou sont au milieu plus larges qu'aux *deux* extrémités. Il est rare que plusieurs se réunissent. Un grand nombre s'étendent en ligne directe et toutes ont une profondeur considérable. Il est invraisemblable qu'une eau courante ait pu creuser de tels canaux, d'autant plus que la pesanteur est 6 ⅔ fois moins intense sur la Lune que sur la Terre. Si donc, à une époque quelconque, il y a eu de l'eau dans ces canaux, on n'en doit pas moins penser que ce n'est pas à elle qu'ils doivent leur existence. Au surplus, les eaux ont pu suivre leurs cours, comme nos rivières terrestres, qui suivent le thalweg des vallées qu'elles n'ont pas creusées elles-mêmes; plusieurs rainures descendent des hauteurs et vont se perdre dans les mers.

Les rainures paraissent appartenir exclusivement à la dernière époque de la formation de la surface lunaire. Certaines crevasses, certains ravins (par exemple, la grande vallée transversale dans le plateau des Alpes et quelques fissures dans les montagnes qui, par leur direction en ligne droite et leurs parois escarpées, rappellent tout à fait les rainures) appartiennent probablement à une époque antérieure. Mais, en général la formation des grandes montagnes circulaires, comme aussi celle des cratères de diamètres moyens, était certainement déjà terminée, lorsque des forces purement locales se sont fait jour et ont donné naissance aux rainures (¹).

_____

(¹) La rainure d'Hyginus, dont nous avons déjà parlé, traverse dix cratères, dont Hyginus lui-même est le cinquième, en comptant du nord-est. La rainure traverse Hyginus en brisant sa paroi et en passant avec ses bords élevés par son intérieur, preuve évidente qu'elle s'est formée plus tard que ce cratère. Quant aux 9 autres cratères, leur petitesse empêche de constater le fait; mais sur d'autres points de la surface lunaire on trouve encore des rapports semblables : il serait d'un grand intérêt de les examiner dans des circonstances favorables avec de forts grossissements.

Schrœter est le premier qui les ait aperçues, et il en découvrit 11 de 1788 à 1801. Lohrmann en découvrit 75 nouvelles pendant la période de 1823 à 1827, qu'il consacra à la construction de son immense carte de la Lune à la suite de laquelle il perdit la vue. Mädler en ajouta 55 nouvelles, de 1832 à 1841, et Jules Schmidt, 278 de 1842 à 1865. Depuis cette époque, Neison, Webb, Birt, Gaudibert en ont découvert un grand nombre d'autres et leur nombre s'élève aujourd'hui à près d'un millier. Les plus belles et les mieux visibles sont celles d'Hyginus (la première découverte : 5 décembre 1788), de Triesnecker et d'Archimède.

Ces formations sont tout à fait spéciales à la Lune et il n'y a rien d'analogue sur la Terre. Jusqu'à présent, elles restent inexpliquées. On a supposé qu'elles représentent des crevasses du sol lunaire desséché et destiné à se fendre un jour tout à fait en morceaux de toutes dimensions; mais leur aspect général, leurs relations avec l'orographie lunaire, des intersections qu'elles présentent, ne permettent point d'adopter une pareille hypothèse, d'ailleurs contraire aux lois de la gravitation.

On se formera une idée exacte de la nature des terrains lunaires par l'admirable photographie que nous avons reproduite sur notre planche VI; elle est due au talent et à la longue persévérance de Nasmyth, et est extraite du magnifique ouvrage que nous avons déjà signalé plus haut à l'attention de nos lecteurs. Ne dirait-on pas, à l'aspect de cette photographie, que l'on est transporté en ballon à quelques lieues seulement au-dessus du sol lunaire, et que de là nous en saisissons dans tous ses détails le relief si étrange? Chaque cirque, chaque cratère, chaque crête de la chaine de montagnes, chaque rocher, pour ainsi dire, est visible, non seulement par lui-même, mais encore par l'ombre qu'il projette à l'opposé de l'éclairement solaire. L'astre du jour, élevé depuis peu au-dessus de l'horizon de gauche, éclaire le relief du sol par ce côté, et les ombres se projettent sur la droite en s'allongeant sur le terrain, comme nous le voyons ici au soleil levant et au soleil couchant. La grande chaine qui s'étend sur la région supérieure et tout l'angle gauche de la photographie est la plus élevée et la plus accidentée des chaines de montagnes lunaires : c'est la chaine des Apennins qui ne mesure pas moins de 720 kilomètres de longueur, et dont les plus hauts sommets dépassent 6 000 mètres de hauteur. Le terrain s'élève insensiblement, comme on le voit, à partir du nord-ouest, et atteint de montagne en montagne ces hauteurs formidables qui surplombent à pic la plaine où l'on voit s'allonger leurs ombres. C'est

assurément là une des scènes les plus grandioses et les plus sublimes
de la nature lunaire… Combien de fois ne suis-je pas resté l'œil
attaché au télescope, pendant des heures entières, dans les soirées
qui avoisinent le premier quartier, en contemplation et presque en
extase devant cette merveille éblouissante, apparaissant précisément telle qu'on la voit ici photographiée, et attirant invinciblement
l'œil et la pensée sur ce grand spectacle, vu de trop loin encore!

Au nord des Apennins, le grand cratère béant qui domine est Archimède (54° de notre carte), dont le diamètre est de 83 kilomètres et la
hauteur de 1900 mètres. A côté de lui on remarque deux autres cratères :
le premier, à l'ouest (le supérieur), est Aristillus; le second, au-dessous,
est Autolycus (comparer cette région sur notre carte de la Lune).

Cette même photographie montre les rainures bizarres qui se sont ou-
vertes à travers certaines plaines lunaires. L'une commence au rempart
sud d'Archimède et s'étend à près de 150 kilomètres, d'abord large d'un
kilomètre et demi, puis s'amincissant; l'autre commence de l'autre côté
du même cratère et descend en serpentant vers le nord. Ces fissures ont
plusieurs *kilomètres* de profondeur, et en certains endroits des éboulements
en ont obstrué le fond : leur chute est presque à pic. Deux autres rainures
considérables filent le long des Apennins, au soleil comme à l'ombre
des montagnes, etc. — Supposons qu'un voyageur, arrivant du petit
groupe de montagnes situé à l'ouest de ces deux cratères, pense traverser
la plaine pour arriver entre eux et continuer son chemin par le nord
d'Archimède pour se rendre vers le cratère Ératosthènes qui borde l'est
(droite) de notre photographie. Le voilà tout à coup arrêté par un abîme
de 1300 mètres de large! Quel détour ne devra-t-il pas faire pour le con-
tourner! Et quel autre détour ne devra-t-il pas subir encore lorsqu'en
arrivant au nord d'Archimède, il trouvera à ses pieds un autre précipice
non moins formidable!

Que l'on juge, du reste, de l'importance de tous ces accidents de terrain
par l'échelle kilométrique tracée au bas de notre photographie!

Comment les volcans lunaires se sont-ils formés?

Les astronomes et les géologues qui se sont occupés de la topographie de la Lune ont coutume de dire qu'elle nous présente
exactement l'aspect originaire de la Terre, après la période pluto-
nienne primitive, et avant que les périodes secondaire, tertiaire et
quaternaire en eussent modifié la surface par les agents météorologiques et les terrains de sédiment. Il nous semble que cette opinion
n'est pas légitime. Et voici les raisons qui nous empêchent de
l'admettre :

1° Les volcans sont l'exception sur la Terre, et la règle générale sur la Lune. Celle-ci est littéralement couverte de cratères. Il y en a partout, de toutes les dimensions, et dans certaines régions ils s'empilent même les uns sur les autres. Autour du mont Copernic seulement il y en a plusieurs milliers. Sur la Terre, les choses ne sont point ainsi. Sur la France entière, nous n'avons que l'Auvergne qui soit de formation volcanique ; les Alpes, les Pyrénées sont des chaînes de montagnes, non des agglomérations de volcans. Jetons les yeux sur un planisphère terrestre, et nous passerons en revue

Fig. 212. — Le cratère terrestre de Ténériffe : analogie remarquable avec les cratères lunaires.

toute l'Europe, toute l'Asie, toute l'Afrique, toute l'Amérique, sans y découvrir, si ce n'est en de rares régions toutes spéciales, ces soulèvements volcaniques que l'on trouve à chaque pas sur la Lune. Ainsi, le globe terrestre, fût-il dépouillé du vêtement vital que les dernières périodes géologiques ont jeté sur lui, présenterait un système orographique tout à fait différent de celui que la Lune nous présente.

2° Les forces qui ont agi pour former le sol lunaire ne sont pas du tout les mêmes que celles qui ont été en jeu ici-bas. Tandis qu'ici une lourde atmosphère pleine d'eau et surchargée d'acide carbonique pesait sur le sol et agissait de concert avec les éruptions, les tempêtes, les pluies et les orages pour modeler la surface, sur la Lune la pression a toujours été légère, et les matières en fusion vomies par les cratères devaient s'élancer au loin dans l'espace avec une vitesse prodigieuse. D'autre part, la pesanteur y étant six fois plus faible qu'ici, les explosions pouvaient s'élever ou s'étendre sans obstacle et projeter leurs matériaux aux plus grandes distances.

3° Les substances dont la Lune est formée ne sont pas les mêmes que celles qui constituent la Terre, et par conséquent les combinaisons chimiques et les conflagrations y ont été d'une tout autre nature. La vapeur d'eau, entre autres, n'y a probablement pas joué le rôle capital qu'elle joue dans nos éruptions volcaniques. Indépendamment de la différence de constitution chimique, il y a aussi la différence de densité : il ne faut pas oublier que celle des matériaux lunaires est à peine égale aux deux tiers de celle des minéraux terrestres. Toutes ces différences ont nécessairement produit des modes de formations géologiques fort éloignés de ceux qui ont présidé à l'organisation de la surface terrestre.

Ainsi, même dans son squelette géologique, notre satellite est un monde bien différent de celui que nous habitons. Toutefois, son caractère volcanique n'est pas discutable, et, à ce titre, les formations volcaniques terrestres lui sont parfaitement comparables. Voici par exemple (*fig.* 212), d'après l'amiral Smyth, un plan en relief du pic de Ténériffe, de son grand cratère (13 kilomètres de diamètre) et de ses cônes parasites : l'analogie avec les cratères lunaires en est extrêmement remarquable.

Mais, d'ailleurs, la Lune est fille de la Terre, et il n'est pas sans intérêt pour nous de connaitre les circonstances qui ont accompagné sa naissance.

Il y a bien des millions de siècles, notre planète, au lieu d'être solide et sphérique, était gazeuse, avait la forme d'une immense lentille et tournait rapidement sur elle-même. Lumineuse et brûlante, quoique vaporeuse, la nébuleuse terrestre tournait son son axe en 3 heures environ, lorsqu'un anneau gazeux, détaché de son équateur par la force centrifuge, aidée par la marée solaire, s'en échappa.

Cet anneau gazeux, formé des matières terrestres supérieures, par conséquent les plus légères, et continuant de graviter autour de la Terre en 3 heures, ne resta pas à l'état d'anneau, parce qu'il n'était pas homogène,

Phototypie E. Bernard et Cie

MONTAGNES LUNAIRES PHOTOGRAPHIÉES

CHAÎNE DES APPENNINS

mais se condensa en un globe qui est le globe lunaire, et qui était alors, comme notre planète, incandescent, liquide et lumineux par lui-même.

La température de l'espace est de 270 degrés plus froide que celle de la glace fondante. Tout objet placé dans l'espace se refroidit donc plus ou moins vite, suivant sa chaleur primitive, sa nature et son volume. En vertu de ce rayonnement, la Lune s'est refroidie plus vite que la Terre, d'abord parce que ses matériaux constitutifs sont moins denses que les nôtres, ensuite à cause de la différence de son volume. C'est par sa surface extérieure qu'un globe se refroidit. Le volume de la Terre est 49 fois plus fort que celui de la Lune, mais sa surface n'est que treize fois plus grande. La lune a donc de ce chef un pouvoir d'émission ou de refroidissement presque quatre fois plus grand que celui de la Terre. Ainsi la Lune s'est refroidie plus vite que la Terre : *c'est une fille plus vieille que sa mère.*

La Lune a continué de tourner autour de la Terre, en s'éloignant d'elle et en ralentissant sa marche. L'attraction de la Terre a produit sur elle des marées qui ont agi comme un frein sur sa rotation primitive et l'ont forcée à nous présenter toujours la même face. Maintenant, à son tour, la Lune agit sur nous par les marées et ralentit le mouvement de rotation de la Terre jusqu'à ce que notre globe, lui aussi, présente toujours la même face à la Lune, époque à laquelle, d'après les calculs de M. H. Darwin, la rotation de la Terre et la révolution de la Lune s'effectueront synchroniquement en 70 jours... Il n'y aura plus que cinq jours par an.

Le refroidissement commençant par l'extérieur, la surface lunaire s'est figée, solidifiée avant l'intérieur ; à une certaine époque de ces temps primitifs, nous pouvons comparer la Lune à un globe de verre très mince, rempli d'un liquide brûlant.

L'intensité de la pesanteur y est six fois plus faible qu'ici ; la déperdition de sa chaleur cosmique a été plus rapide que celle de la Terre, et l'énergie volcanique a été d'autant plus grande ; enfin les matières projetées, n'éprouvant pas de résistance atmosphérique, ont été libres de poursuivre leurs jets jusqu'à d'énormes distances. Voilà de grandes différences avec la Terre.

Le point initial de tout volcan est un jet liquide qui se fait jour de bas en haut, à travers l'écorce extérieure, et qui, en arrivant au dehors, forme un petit cône. Si la force éruptive est violente, elle lance les matériaux qu'elle rencontre à une grande hauteur, et les disperse tout autour d'elle, en formant un cratère circulaire. La continuité de cette action élargira la cavité primitive, et amènera peu à peu l'élévation d'un rempart plus ou moins vaste tout autour de la bouche volcanique. Telle est la théorie fort rationnelle exposée par Nasmyth. Notre figure 213 représente une coupe verticale d'un cratère lunaire à cette période de son développement.

Aussi longtemps que chaque éruption sera plus violente que celle qui
l'a précédée, l'excavation grandira et le rempart annulaire s'étendra davantage. Mais lorsque cette violence aura cessé et que des éruptions pos-
térieures plus faibles et plus calmes succéderont aux premières, les
matériaux élancés retomberont sur la bouche volcanique elle-même et
formeront un cône central plus ou moins élevé. C'est ce type de volcan
dont notre figure 214 représente une coupe verticale.

Supposons maintenant que postérieurement à ce dernier effet, la lave
volcanique se fraye un chemin, soit à travers la bouche primitive, soit
sur les flancs du cône, et vienne inonder le fond du cratère, ce fond sera
formé par une nappe horizontale qui occupera tout l'intérieur du cratère.
Un grand nombre de volcans lunaires offrent cet aspect.

Si l'éruption a été arrêtée à une époque où la base du cratère était

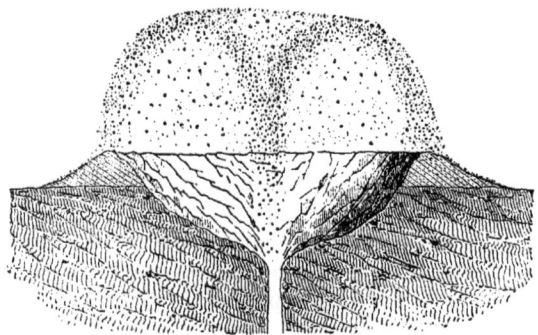

Fig. 213. — Coupe géologique d'un volcan lunaire
dans sa période maximum.

encore très mince, cette base sera déprimée, enfoncée sur le noyau
encore pâteux, et c'est ce qui explique pourquoi la plupart des cratères
ont leur fond situé beaucoup au-dessous du niveau des terrains envi-
ronnants.

Des dislocations et des éboulements ont dû se produire lorsque, par
exemple, dans le cours des éruptions volcaniques, la base du cône central s'est trouvée trop faible pour supporter l'accumulation des matériaux
s'empilant les uns sur les autres, ou bien lorsque ces matériaux perdant
leur cohésion, la pesanteur a fait tomber pics et remparts. C'est ce que
l'on peut observer sur un grand nombre de cratères.

Tel a été le mode de formation de la surface lunaire. Que ses
cratères soient volcaniques, leurs pics centraux qui restent encore
visibles en sont la preuve incontestable. Or ces cratères présentent

toutes les dimensions, depuis quelques centaines de mètres jusqu'à 124 kilomètres. Mais on remarque sur la Lune de nombreuses
formations circulaires dont l'étendue surpasse celle-ci, et qui n'ont
pas de pic à leur centre : par exemple, Ptolémée, Grimaldi, Schickard, Schiller et Clavius, qui mesurent tous plus de 160 kilomètres
de diamètre. On peut aller plus loin encore, et signaler des plaines,
comme la mer des Crises, et même celles de la Sérénité et des
Pluies, dont le périmètre est également circulaire. Ces vastes formations sélénologiques doivent être les plus anciennes de toutes.

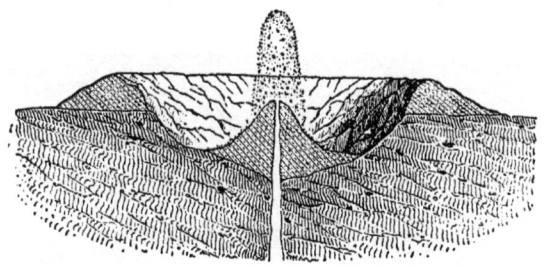

Fig. 214. — Coupe géologique d'un volcan lunaire
dans sa dernière période.

On peut les expliquer en supposant que dans l'intérieur du globe
lunaire primordial, à une grande distance au-dessous du sol, il y a
eu origine d'une force d'expansion considérable. La croûte lunaire
étant alors homogène, toute force d'expansion partie d'une certaine profondeur a dû briser l'enveloppe suivant des lignes circulaires. Quelle qu'ait été cette force intérieure d'explosion, et de
quelque façon qu'elle se soit manifestée, elle a dû certainement
exister, car les formations annulaires de la Lune sont trop évidentes
pour ne pas avoir une cause générale de production.

Mais n'y avait-il, à ces époques comme aujourd'hui, ni air, ni
vent, ni nuages, ni pluies, ni eaux à la surface de la Lune ? Certains
cratères à demi-ensevelis sur les rives des mers semblent parler
encore aujourd'hui avec éloquence du fond de leur passé, et témoigner que des nivellements postérieurs à leur formation ont dû être
causés, soit par des alluvions, soit par des sédiments, dans une certaine phase plus météorologique que géologique. Considérez, par

exemple, la figure ci-dessous, faite par Chacornac, mon ancien collègue de l'Observatoire de Paris : ne semble-t-il pas que les ruines
de ce cratère ont été inondées à leur pied, et que son aire comme ses
alentours ont été ensevelis sous un déluge de boue ou sous un em-
piètement de sables poussés par le vent? Le sol lunaire offre un
grand nombre d'exemples analogues. Il est donc anti-scientifique
d'affirmer, comme le font certains astronomes, qu'il n'y ait jamais
eu ni eau ni air, ni liquides, ni fluides à la surface de ce monde
voisin.

Il nous reste maintenant à nous demander si ces opérations sélé-

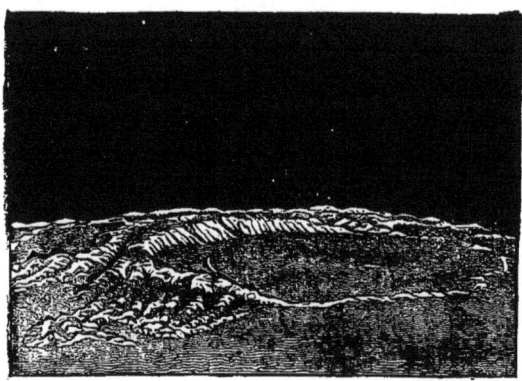

Fig. 215. — Cirque enseveli sous les rives de l'Océan des Tempêtes.

nologiques sont terminées, s'il n'y a plus de mouvement éruptif
dans ces terrains, si les volcans lunaires sont tous éteints, et si aucune variation n'arrive encore aujourd'hui à la surface de ce monde
voisin. Mais examinons d'abord la question particulièrement intéressante de l'atmosphère lunaire.

CHAPITRE IV

L'atmosphère de la Lune.

Aucune question n'a été plus vivement et plus diversement controversée que celle de l'existence d'une atmosphère autour de la Lune. Sa solution devait, sans équivoque, faire savoir si notre satellite peut être habité par des êtres construits sur une organisation analogue à la nôtre.

Nous pouvons affirmer d'abord que, s'il existe une atmosphère autour de la Lune, cette atmosphère ne donne jamais naissance à aucun nuage, comme celle au milieu de laquelle nous vivons, car ces nuages voileraient pour nous certaines portions de la surface de l'astre, et il en résulterait des variations d'aspect, des taches blanches plus ou moins étendues et douées de divers mouvements. Mais ce disque se présente toujours à nous avec le même aspect, et rien ne s'oppose jamais à ce que nous en apercevions constamment les mêmes détails.

Ainsi, nous savons déjà que l'atmosphère de la Lune, si elle existe, reste toujours entièrement transparente. Mais nous pouvons aller plus loin. Toute atmosphère produit des crépuscules. Une moitié de la Lune recevant directement la lumière du Soleil, les rayons solaires qui éclaireraient les hauteurs de cette atmosphère au-dessus des régions encore dans la nuit répandraient le long du bord obscur une certaine clarté s'accroissant graduellement jusqu'à l'hémisphère éclairé. La Lune, vue de la Terre, devrait donc présenter une dégradation insensible de lumière le long du cercle terminateur. Or, il n'en est rien : la partie éclairée et la partie obscure de la Lune sont séparées l'une de l'autre par une ligne nettement tranchée. Cette ligne est plus ou moins sinueuse et irrégulière, à cause des montagnes; mais elle ne présente aucune trace de cette dégradation de lumière. On voit donc que si la Lune a une atmosphère, elle doit être très faible, puisque le crépuscule auquel elle donne lieu est tout à fait insensible.

Mais on possède un autre moyen plus précis d'apprécier l'existence de cette atmosphère. Lorsque la Lune, en vertu de son mouvement propre sur la sphère céleste, vient à passer devant une étoile, on peut constater l'instant précis de la disparition de l'étoile, et aussi l'instant précis de sa réapparition, et en conclure la durée de l'occultation de l'étoile. D'un autre côté, on peut parfaitement déterminer par le calcul quelle ligne l'étoile suit derrière le disque lunaire pendant son occultation, et en déduire le temps que la Lune emploie à s'avancer dans le ciel d'une quantité égale à cette ligne. Or, si les rayons de lumière étaient tant soit peu dérangés de leur route par la réfraction d'une atmosphère, au lieu de disparaître à l'instant précis où la Lune vient la toucher, l'étoile resterait visible encore quelque temps après, parce que les rayons seraient infléchis par l'atmosphère lunaire; par la même raison, l'étoile commencerait à reparaître du côté opposé du disque lunaire quelque temps avant que cette interposition de la Lune eût complètement cessé : la durée de l'occultation serait donc nécessairement diminuée par cette cause. Mais on trouve généralement une égalité complète entre le calcul et l'observation. On a pu reconnaître par là que l'atmosphère de la Lune, s'il en existe une, est moins dense au bord visible de l'hémisphère lunaire que l'air qui reste dans le récipient de nos meilleures machines pneumatiques, lorsqu'on y a fait le vide.

D'un autre côté encore, lorsque la Lune passe devant le Soleil et l'éclipse, son contour se présente toujours absolument net et sans pénombre.

L'analyse spectrale a été appliquée avec un soin tout particulier à la recherche des traces de l'atmosphère lunaire. Si cette atmosphère existe, il est évident que les rayons solaires la traversent une première fois avant d'atteindre le sol lunaire, et une seconde fois en se réfléchissant vers la Terre. Le spectre formé par la lumière de la Lune devrait donc présenter les raies d'absorption ajoutées au spectre solaire par cette atmosphère. Or, toutes les observations faites prouvent que la Lune renvoie simplement la lumière solaire comme un miroir, sans que la moindre atmosphère sensible la modifie en quoi que ce soit.

Un autre moyen de découvrir l'existence d'une atmosphère quelconque de vapeurs, brouillards, etc., sur le bord de la Lune, c'est d'examiner le spectre d'une étoile au moment d'une occultation. Le moindre gaz modifierait la couleur de ce spectre, ainsi que certaines lignes, et il ne disparaîtrait pas instantanément sans avoir éprouvé la plus légère modification. Or, une observation de ce genre s'est présentée le 4 janvier 1865 : la Lune passait devant l'étoile ε des Poissons. M. Huggins a examiné le spectre avec la plus minutieuse attention au moment de l'entrée de l'étoile derrière le disque de la Lune. Le spectre disparut, non pas instantanément, mais comme si un écran opaque égal en longueur avait été passé rapidement devant lui dans la direction de sa largeur : aucune variation, ni dans le bleu, ni dans le rouge, ni dans les raies, ne s'est produite. C'est une nouvelle preuve que si l'atmosphère lunaire existe, elle n'est pas sensible au bord de la Lune.

Tels sont les faits qui militent contre l'existence d'une atmosphère lunaire. Après les avoir exposés, il importe maintenant de déclarer qu'ils ne sont pas suffisants pour *prouver l'absence totale d'air* à la surface de notre satellite, et de faire connaître certaines observations qui tendent au contraire à montrer qu'il pourrait bien exister là quelque atmosphère, faible et basse, mais réelle. On se croit généralement en droit d'enseigner qu'il ne peut y avoir là même l'ombre d'une atmosphère, et qu'il ne peut s'y produire aucune manifestation vitale analogue aux nôtres. Cette proposition est beaucoup trop générale. Exposons les faits observés :

Dès la fin du siècle dernier, Schrœter a remarqué que les cimes des montagnes lunaires qui se présentent sur le bord non éclairé comme des points détachés, sont d'autant moins lumineuses qu'elles se trouvent à une plus grande distance de la ligne de séparation d'ombre et de lumière, ou, ce qui revient au même, suivant que les rayons éclairants ont rasé le sol lunaire sur une plus grande étendue.

Pendant qu'il observait, un soir, le mince croissant de la Lune, deux jours et demi après la nouvelle Lune, il s'avisa de rechercher si le contour obscur de cet astre, celui qui ne pouvait recevoir que la lueur cendrée, se montrerait tout à la fois, ou seulement par parties, devant l'affaiblissement de notre crépuscule : or il arriva que le bord obscur se montra d'abord dans le prolongement de chacune des deux cornes du croissant, sur une longueur de 1' 20" et une largeur d'environ 2", avec une teinte grisâtre très faible, qui perdait graduellement de son intensité et de sa largeur en s'avançant vers l'est. Au même moment, les autres parties du bord obscur étaient totalement invisibles, et cependant, comme plus éloignées de la portion éblouissante du croissant, on aurait dû les voir les premières. Une lueur réfléchie de l'atmosphère de la Lune sur la portion de cet astre que les rayons solaires n'atteignaient pas encore directement, une véritable lueur crépusculaire, semble seule pouvoir expliquer ce phénomène.

Schrœter trouva, par le calcul, que l'arc crépusculaire de la Lune, mesuré dans la direction des rayons solaires tangents, serait de 2° 34', et que les couches atmosphériques qui éclairent l'extrémité de cet arc devraient être à 452 mètres de hauteur.

Une observation du même genre a été faite, en 1876, à l'Observatoire de Paris, par MM. Paul et Prosper Henry. Ils ont constaté qu'une lueur crépusculaire continue les cornes du croissant éclairé et reste visible en dehors du disque obscur, lueur très mince à la vérité, mais dont ils ont constaté la présence certaine dans des conditions particulières de transparence atmosphérique.

D'un autre côté, en discutant attentivement 295 occultations soigneusement observées, l'astronome Airy en a conclu que le demi-diamètre lunaire est diminué de 2",0 dans la disparition des étoiles derrière le côté obscur de la Lune, et de 2",4 dans leur réapparition également au bord obscur. Les observations relatives aux occultations près du bord lumineux donnent de plus fortes valeurs pour le demi-diamètre qu'on ne l'eût attendu à priori, tant à cause de l'extrême délicatesse de ces constatations que de l'irradiation du bord lunaire, qui éteint la lumière de l'étoile avant le contact. D'après ces analyses on ne ferait pas d'erreur sensible en admettant que le demi-diamètre conclu des occultations est inférieur de 2" au demi-diamètre télescopique.

Cet excès du diamètre télescopique est généralement attribué à l'irradiation, qui l'agrandit à la vue. « Cependant rien ne prouve que l'atmosphère lunaire n'entre pas pour quelque chose dans la différence, dit, avec raison, M. Neison; et si l'on compare le diamètre si sûr déterminé par Hansen à celui qui est conclu des occultations observées de 1861 à 1870, on trouve une correction de — 1",70, qui ne paraît pas devoir être raisonnablement attribuée à l'irradiation. Il serait plus satisfaisant d'admettre que la réfraction horizontale d'une atmosphère lunaire entre dans cet effet pour 1″. Les demi-diamètres lunaires, calculés dans les éclipses totales de soleil, où l'irradiation de la Lune est nulle, et au contraire où la lumière solaire diminue la largeur de la Lune noire, s'accordent avec cette hypothèse en montrant que l'effet de l'irradiation n'est pas supérieur à une demi-seconde. » Telle était aussi l'opinion d'Airy, l'ancien directeur de l'Observatoire royal d'Angleterre.

D'un autre côté, l'absence de réfraction que nous avons exposée tout à l'heure n'est pas absolue. Que dans les occultations ont ait vu des étoiles se projeter sur le disque de la Lune, c'est un fait incontestable, et la meilleure explication est celle qui attribue le fait à une atmosphère existant surtout sur l'hémisphère que nous ne voyons pas, et qui serait amenée de temps en temps vers le bord de la Lune par la libration : dans ce cas, et dans ce cas seulement, la projection des étoiles occultées se produirait. En voici plusieurs exemples :

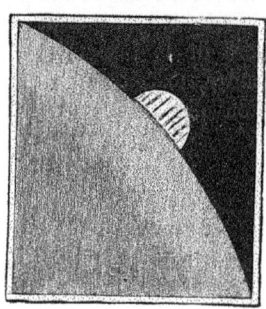

Lors de l'occultation de l'étoile σ du Taureau, le 28 mars 1868, l'astronome Plummer attendit le phénomène spécialement dans ce but, et il fut émerveillé lui-même de son observation. Le côté obscur de la Lune, dit-il, était visible par le clair de Terre ; l'étoile arriva en contact avec le bord, entra sur le disque et y resta au moins 5 secondes, à une distance étonnante du bord. La libration était, ce jour-là, de 8°16′.

Fig. 217. — Occultation de Jupiter par la Lune, le 24 mai 1860.

Le 14 octobre 1870, la même étoile fut occultée par le bord lumineux de la Lune, et elle se projeta également dans l'intérieur du disque lunaire. Observateur : M. Christie, à Greenwich. La libration était de 5°3′. .

Le 4 avril 1854, Castor fut occulté aussi par le bord brillant, se projeta dans la Lune et y resta 4 secondes. Observateur : M. Dunkin, à Greenwich. Libration = 4°6′.

Le 19 mars 1866, l'étoile 31 du Bélier fut occultée par le bord sombre. M. Talmage l'observa projetée dans le disque. La libration était de 3°27′.

A l'occultation de Régulus, arrivée le 19 mai 1858, deux observateurs virent cette brillante étoile projetée pendant 5 secondes dans l'intérieur du disque lunaire. La libration était de 7°10′. .

Le 24 mai 1860, Jupiter fut occulté par la Lune. Le capitaine Noble, qui l'observait attentivement en Angleterre, remarqua, à la réapparition de la planète, que pendant plusieurs secondes une ombre foncée borda extérieurement le bord lunaire à l'endroit où elle sortait. Jupiter était déjà émergé des deux tiers. Le même astronome avait remarqué un fait analogue dans une occultation de Mars, arrivée le 13 octobre 1857. C'était en plein soleil, à 5 heures du soir; on distinguait les bandes de Jupiter; les satellites étaient invisibles.

La même observation a été faite, indépendamment, par M. Thomas Gaunt : il a vu la ligne sombre du double plus large que les bandes de Jupiter pendant les deux derniers tiers du temps de l'émersion. A l'entrée, Jupiter parut éclairer le bord obscur de la Lune par derrière, car on distinguait ce bord jusqu'à environ 3 diamètres de la planète.

Le 12 mai 1874, la Lune étant totalement éclipsée, une étoile de huitième grandeur, qui fut occultée par elle, se projeta légèrement en dedans du bord avant de disparaître.

Il est plus naturel de supposer que ces faits sont causés par une atmosphère que d'imaginer qu'il y ait eu justement des vallées lunaires creusées au bord du disque aux points où ces projections ont eu lieu.

Parmi les exceptions aux disparitions instantanées d'étoiles derrière le bord de la Lune, dans les occultations, on peut encore signaler les suivantes, extraites des observations faites par M. John Tebbut à Windsor (Nouvelles-Galles du Sud) :

9 mai 1867.	Disparition pas tout à fait subite.
2 mars 1868	Disparition graduelle.
27 avril 1868.	Graduelle.
28 avril 1868.	Graduelle.
1ᵉʳ juin 1868.	Presque graduelle.
26 septembre 1868. . . .	Graduelle.
22 octobre 1868	Pas tout à fait instantanée.
27 octobre 1868.	Pas tout à fait instantanée.
6 décembre 1868	Graduelle.
10 décembre 1868. . . .	Non instantanée.
4 juillet 1870.	Graduelle.

Voici maintenant un autre genre d'observations :

Le 29 septembre 1875, M. Noble, qui pendant une longue série d'années a été frappé par l'absence de réfraction dans les occultations d'étoiles et de planètes qu'il a observées, examinant, en compagnie de deux autres personnes, l'éclipse partielle du soleil, fut tout surpris, ainsi que ses deux compagnons, de voir qu'aux deux extrémités de la courbe de contact de la Lune éclipsant le Soleil, le bord solaire était légèrement rejeté en deux petites pointes (*fig.* 218). Le 17 mai 1882, le même observateur a revu le même effet pendant l'éclipse de soleil de ce jour-là. Craignant une illusion d'optique, il changea l'oculaire de sa lunette et projeta l'image du Soleil sur un écran : les deux petites pointes lumineuses étaient parfaitement visibles. — Cette observation s'ajoute aux précédentes en faveur de l'existence d'une faible atmosphère lunaire.

Pendant cette même éclipse de soleil, qui était totale en Égypte, et que plusieurs astronomes sont allés observer sur les bords du Nil, M. Thollon a remarqué un épaississement des raies du spectre solaire paraissant indiquer une absorption due à l'influence d'une légère atmosphère lunaire.

Maintenant, quelle serait l'étendue d'une atmosphère lunaire qui pro. duirait une réfraction horizon-
tale de 1″? Notre satellite est dans une condition singulière de densité, de pesanteur et de température. Sa surface passe tour à tour d'une chaleur tor-ride à un froid glacial, comme nous l'avons vu. La tempéra-ture maximum du bord occi-dental arrive vers le huitième jour de la lunaison, et sa tem-pérature minimum environ deux jours après la pleine Lune; tandis que la tempéra-ture maximum du bord oriental arrive le lendemain du der-nier quartier, et sa température minimum deux jours avant la pleine Lune.

Fig. 218. — Points observées aux bords de la Lune pendant une éclipse, le 29 septembre 1875.

La hauteur de l'atmosphère lunaire pourrait être d'environ 32 kilo. mètres, d'après les calculs de M. Neison; sa densité, à la surface, à 0 degré de température et à la pression ordinaire, serait de $\frac{23}{10000}$ compa-rativement à la densité de l'atmosphère terrestre au niveau de la mer et à zéro. Cette atmosphère donnerait au bord lunaire les réfractions sui. vantes :

Température de la surface.		Réfraction horizontale.
— 30°	} Bord non éclairé.	1″,27
0		1 03
+ 25		0 88
+ 100	} Bord éclairé.	0 59
+ 200		0 39

Un tel état de choses serait d'accord avec les différentes observations faites dans les occultations, et aucun fait ne contredit cette hypothèse. L'étendue de cette atmosphère sera mieux comprise si nous remarquons que son poids, sur une surface d'un mille carré (1609 mètres de côté), serait d'environ 400 millions de kilogrammes. Elle serait en proportion de la masse de la Lune, un huitième de ce qu'est l'atmosphère terrestre en proportion de la Terre.

Une telle atmosphère n'est pas insignifiante, et elle *peut* exister.

Après l'exposé de ces observations, remarquons maintenant que la Lune pourrait posséder une espèce d'atmosphère toute différente de la nôtre.

Notre air est un *mélange* d'oxygène et d'azote, non une combinaison chimique de ces gaz, et il n'y a aucune nécessité pour que la proportion du mélange soit telle qu'elle est. Cette proportion pourrait être toute différente dans l'atmosphère d'un corps céleste. On peut même concevoir une atmosphère composée d'autres gaz. L'acide carbonique, par exemple, qui n'existe qu'en très faible quantité dans notre atmosphère, pourrait former la majeure partie de la composition d'une autre. Il ne serait même pas étonnant que ce gaz, qui se dégage de la plupart des opérations de la chimie minérale, et en particulier des volcans, existât à la surface de notre satellite et s'écoulât vers les bas niveaux, comme il arrive ici dans les régions volcaniques, telles que la grotte du Chien, près de Naples. Ce gaz subsiste longtemps après les éruptions, comme nous le voyons aussi en Auvergne. La teinte sombre et variable de certains cirques et de certaines vallées, attribuée très rationnellement à des végétaux, s'expliquerait parfaitement ainsi. Il se pourrait aussi qu'il y eût là des gaz tout à fait inconnus de nous.

Mais il faut remarquer que la densité de l'air sur une planète quelconque dépend de l'attraction de la planète. Tout poids sur la Terre serait doublé si l'attraction terrestre était doublée, et diminué de moitié si cette attraction était diminuée de moitié, et ainsi de suite; or ce fait s'applique aussi bien à l'atmosphère qu'à tout autre substance. Si la gravité terrestre était réduite à celle de la Lune, la pression atmosphérique et la densité de l'air seraient réduites au sixième de leur état actuel; une quantité donnée d'air, au niveau de la mer, occuperait plus d'espace, et l'atmosphère entière se dilaterait dans une proportion correspondante : elle s'élèverait six fois plus haut. Si donc il y avait sur la Lune une atmosphère constituée comme la nôtre, cette atmosphère serait six fois plus élevée que la nôtre : au niveau moyen des plaines lunaires, la pression serait égale au sixième de celle de notre air au niveau de la mer. Ainsi, lors même que les Sélénites auraient autant d'air par mètre carré que nous, ils auraient néanmoins une atmosphère beaucoup plus rare : ce serait encore une atmosphère irrespirable pour nous. Si nous supposons maintenant qu'elle soit différemment constituée et d'une densité six fois plus grande que la nôtre, elle n'aurait, à cause de la faiblesse de la pesanteur lunaire, que la densité de celle que nous respirons, et s'élèverait aussi haut qu'elle. Il lui faudrait une densité plus forte encore pour rester dans les bas-fonds. C'est probablement ce qui existe. Rappelons ce que nous disions plus haut, à propos de Mars, qu'une couche de vapeur d'éther sulfurique, d'iodure d'éthyle, de chloroforme, de quelques mètres seulement d'épaisseur, serait plus efficace pour l'absorption de la chaleur que toute l'atmosphère terrestre.

J'ai maintes fois observé, notamment sur la région si bouleversée qui s'étend au nord de la rainure d'Hyginus, dont j'ai parlé plus haut, une teinte grise variable qui, si elle n'est pas un simple effet d'optique, pourrait être produite, soit par un brouillard, soit par des végétaux. D'autre part, il m'est fort souvent arrivé d'avoir l'impression d'un effet de crépuscule en observant la vaste plaine orientale de la mer de la Sérénité le sixième jour de la lunaison. Au nord, le cirque ovale irrégulier du Caucase, et, au sud, la chaine de Ménélas, ressortent comme deux pointes lumineuses visibles dans une simple jumelle. Le bord éclairé de la plaine ne finit pas brusquement par une ligne abrupte séparant nettement la lumière de l'ombre, mais se dégrade doucement, *comme si le niveau s'abaissait*. C'est une véritable pénombre. Le calcul montre que le disque solaire doit produire par sa largeur une pénombre de 32′ d'un arc de grand cercle sur la Lune, ce qui fait une largeur d'environ 16 kilomètres. Mais j'ai souvent constaté l'existence d'une pénombre beaucoup plus large.

En plusieurs circonstances, M. Trouvelot a remarqué certains aspects qui semblent indiquer la présence de *vapeurs*, notamment une clarté empourprée qui empêchait des détails bien connus de la topographie lunaire d'être aussi nettement visibles que d'habitude, embrumés qu'ils étaient dans une espèce de brouillard. L'une de ses observations les plus caractéristiques, à cet égard, a été faite le 4 janvier 1873. Ce soir-là, le cratère de Kant et son entourage semblaient voilé sous de claires vapeurs empourprées. Dans une autre circonstance, le grand cratère de Godin, qui était entièrement enseveli dans l'ombre de son rempart occidental, parut illuminé dans son intérieur par une légère lumière empourprée assez intense pour permettre de reconnaitre les détails du fond du cratère. Ce fait, remarque l'observateur lui-même, ne pourrait pas être attribué à la réflexion de la lumière solaire, car à ce moment le soleil, se levant justement pour le rempart occidental du cratère, n'avait pas encore atteint le côté oriental, lequel était invisible. Il n'est pas impossible, ajoute le même auteur, qu'une atmosphère très rare, formée de ces sortes de vapeurs, n'existe dans les régions basses de la Lune.

Au mois de mai 1883, M. Jackson, observateur à Hockessin (États-Unis), a remarqué au lever du soleil, sur la mer des Crises, vers le bord, un aspect qu'il compare à un léger brouillard, ou à de la buée, dans tous les cas, à un dépôt vaporeux assez dense, éclairé par les rayons du soleil levant.

Dans la région orientale du cirque de Platon, un aspect rappelant tout à fait celui du brouillard, a été observé par MM. Neison et Elger, en 1871, et par M. Klein, de Cologne, en 1878.

En résumé donc, il peut (et il doit) exister sur la Lune une atmosphère, de faible densité, et probablement de composition très différente de la nôtre. Peut-être existe-t-il aussi certains liquides, comme l'eau, mais en minime quantité. S'il n'y avait pas d'air du tout, il ne pourrait pas subsister là une seule goutte d'eau, attendu que c'est la pression atmosphérique seule qui maintient l'eau à l'état liquide, et que sans elle, toute eau s'évaporerait immédiatement. Il est possible, enfin, que l'hémisphère lunaire que nous ne voyons jamais soit plus riche que celui-ci en fluides. Mais on voit, dans tous les cas, qu'il serait contraire à l'interprétation sincère des faits d'affirmer, comme on le fait trop souvent, qu'il n'y a absolument aucune atmosphère ni aucun liquide ou fluide à la surface de la Lune.

CHAPITRE V

Changements observés sur la Lune.

Le seul moyen que nous ayons de nous former une opinion exacte de l'état du monde lunaire, c'est d'observer avec soin et de dessiner séparément certains districts, puis de comparer d'année en année ces dessins avec la réalité, en tenant compte de la différence des instruments employés. Il faut accorder une certaine cause de variété à la différence des yeux des observateurs ainsi qu'à la transparence de l'atmosphère. Il faut aussi — et surtout — tenir compte de la différence d'éclairement suivant la hauteur du soleil, attendu que plus le soleil est oblique et plus les reliefs du terrain sont visibles : les différences observées sont même extraordinaires ; on n'y croirait pas si on ne les voyait pas.

Or, cette méthode critique, appliquée depuis quelques années, ne confirme pas l'hypothèse de la mort du monde lunaire. Elle nous apprend, au contraire, que des changements géologiques et même météorologiques paraissent encore s'accomplir actuellement à la surface de notre satellite.

Et, d'abord, la surface lunaire ne peut guère faire autrement que de changer, aussi bien que la surface terrestre. Sur notre planète, il est vrai, nous avons encore de violentes éruptions volcaniques et de désastreux tremblements de terre; nous avons les vagues de l'Océan, qui, rongeant les rivages sous les falaises et pénétrant les embouchures des fleuves, modifient incessamment les contours des continents (comme je l'ai constaté de mes yeux par moins d'un

quart de siècle seulement d'observation le long des côtes françaises);
nous avons les mouvements du sol, qui s'élève et s'abaisse au-
dessous du niveau de la mer, comme chacun peut le voir à Pouzzolles,
en Italie, et sur les digues des Pays-Bas; nous avons le soleil, la gelée,
les vents, les pluies, les rivières, les plantes, les animaux et les
hommes, qui modifient sans cesse la surface de la Terre. Néanmoins,
sur la Lune, il y a deux agents qui suffisent pour opérer des modifications plus rapides encore : c'est la chaleur et le froid. A chaque
lunaison, la surface de notre satellite subit des contrastes de température qui suffiraient pour désagréger de vastes contrées, et avec le
temps, faire écrouler les plus hautes montagnes. Pendant la longue
nuit lunaire, sous l'influence d'un froid plus que glacial, toutes les
substances qui composent le sol doivent se contracter plus ou moins,
suivant leur nature. Puis, arrive une chaleur qui doit surpasser celle
de l'eau bouillante, et tous les minéraux qui, quinze jours auparavant, étaient réduits à leurs plus petites dimensions, doivent se
dilater dans des proportions diverses. Si nous considérons les effets
que l'hiver et l'été produisent sur la Terre, nous concevrons ceux
qui doivent être produits au centuple sur la Lune par cette succession de condensations et de dilatations dans des matériaux qui sont
moins cohérents, moins massifs que ceux de la Terre. Et si nous
ajoutons que ces contrastes sont répétés, non pas année par année,
mais mois par mois, et que toutes les circonstances qui les accompagnent doivent les exagérer encore, il ne paraîtra certainement pas
étonnant que *des variations topographiques se produisent actuellement* à la surface de la Lune, et, loin de désespérer de les
reconnaître, nous pouvons au contraire nous attendre à les constater.

D'ailleurs, nous ne pouvons pas affirmer qu'indépendamment des
variations dues au règne minéral, il n'y en ait pas qui puissent être
dues à un règne végétal, ou même à un règne animal, ou — qui sait ?
— à des formations vivantes quelconques, qui ne soient ni végétales
ni animales.

Exposons ici les principales variations observées :

Et d'abord, les volcans lunaires sont-ils tous éteints?

Le cratère qui se présente le premier pour répondre à cette question
est celui d'Aristarque. Parfois il paraît si lumineux, lors même que la

lumière du soleil n'est pas arrivée jusqu'à lui, qu'on le remarque à première vue. Il brille souvent dans la partie obscure de la Lune comme une étoile de sixième grandeur, un peu nébuleuse. Ainsi, je trouve, entre autres, sur mes registres d'observation, que les 6 et 7 mai 1867, il y avait, à cet endroit du disque lunaire, sur le côté gauche d'Aristarque, un point lumineux très brillant, offrant l'apparence d'un volcan. Je l'ai observé pendant plusieurs heures ces deux soirs-là ; ensuite la lumière du soleil l'atteignit. Quoique peu disposé à admettre l'existence de volcans actuellement enflammés dans la Lune, cependant j'ai toujours gardé de cette observation l'impression d'avoir assisté à une éruption volcanique lunaire, peut-être non de flammes, mais tout au moins de matière phosphorescente.

Ce point est, du reste, si remarquable, que depuis le XVIIᵉ siècle, plusieurs astronomes, notamment Hévélius et Herschel, l'ont considéré comme un véritable volcan en ignition. Telle était la conviction d'Herschel sur sa réalité, qu'il écrivait le 20 avril 1787 : « Le volcan brûle avec une grande violence. » Le diamètre réel de la lumière volcanique était d'environ 5000 mètres. Son intensité paraissait très supérieure à celle du noyau d'une comète qui était alors sur l'horizon. L'illustre astronome ajoutait : « Les objets situés près du cratère sont faiblement éclairés. Cette éruption ressemble beaucoup à celle dont je fus témoin le 4 mai 1783. »

Comme Herschel, comme Lalande, comme Maskelyne, Laplace croyait à l'existence de ces volcans.

Signalons encore à ce point de vue un fait assez étrange. Dans les Alpes lunaires, tout près du Mont Blanc, le 26 septembre 1788, alors que cette région était entièrement plongée dans la nuit, Schroëter a aperçu une petite lumière, analogue à celle d'une étoile de 5ᵉ grandeur vue à l'œil nu, qui resta visible pendant 15 minutes (le temps d'en bien constater la position), puis disparut irrévocablement. Or, le 1ᵉʳ janvier 1865, à ce même endroit, M. Grover a revu ce point lumineux à l'aide d'une petite lunette de 50ᵐᵐ ; pendant 30 minutes il brilla comme une étoile de 4ᵉ grandeur, puis disparut.

Malgré tout, ces volcans restent plus que douteux. Mais il est juste de remarquer que pour être visibles d'ici, ces éruptions devraient être véritablement formidables, car la fumée qui recouvrirait les flammes serait un obstacle sérieux pour l'observateur. D'autres actions géologiques ne s'accomplissent-elles pas encore aujourd'hui à la surface de notre satellite ?

Beer et Mädler, ces laborieux sélénographes dont la magnifique carte fait encore aujourd'hui autorité, étaient peu disposés, en 1840, à regarder comme probables des transformations actuelles du sol de la Lune. « Nous avouons, disaient-ils, qu'une pareille hypothèse a très peu de probabilité. Si les observations qu'on a faites jusqu'à présent ne l'excluent pas absolument, elles se réunissent cependant à l'hypothèse contraire. Le globe lunaire paraît, comme la Terre, actuellement *terminé ;* et il est difficile de croire que des transformations violentes aient encore lieu maintenant.»

Actuellement, les observateurs sont divisés d'opinion sur cette .question intéressante.

Un cratère plus gros que le Vésuve a dû se former ou tout au moins s'agrandir de manière à devenir visible, au commencement de l'année 1876, au milieu d'un paysage bien connu des sélénographes. Lorsque la Lune arrive à son premier quartier, le soleil commence à éclairer la surface de la « mer des Vapeurs, » région fort heureusement située vers le centre du disque lunaire. On remarque là, parmi plusieurs beaux cratères, ceux qui ont reçu les noms d'Agrippa et d'Ukert. Autour de chacun d'eux, le terrain descend en pente, et une plaine s'étend entre les contreforts de l'un et de l'autre. On distingue à travers cette plaine une sorte de fleuve, coupé presque au milieu du chemin par un petit cratère, nommé Hyginus. Bien souvent, j'ai observé cette curieuse région du monde lunaire, et j'en ai fait un grand nombre de dessins, dont les plus complets sont des 31 juillet 1873, 1ᵉʳ août, 29 octobre, 27 novembre de la même année, 24 avril 1874. Or, au nord-ouest du cratère d'Hyginus, aucun des astronomes qui ont observé et dessiné cette région n'avait jamais vu ni décrit un cirque de 4500 mètres de diamètre, qui y est actuellement visible et que l'un de nos sélénographes contemporains les plus laborieux, M. J. Klein, de Cologne, a vu pour la première fois le 19 mai 1876. N'avoir pas vu une chose, même en regardant à la place où elle pouvait être, ne prouve pas qu'elle n'existait point; mais, lorsque les observateurs ont été nombreux et attentifs et lorsque l'objet est bien apparent, il n'est guère possible de douter. C'est le cas du nouveau cirque, et le doute qui subsiste provient des nombreuses irrégularités de ce terrain, fort difficiles à dessiner rigoureusement.

Pour ma part, comme je le disais tout à l'heure, quoique je n'aie pas fait de notre satellite l'objet exclusif de mes observations, j'ai passé bien souvent de longues soirées à étudier au télescope sa curieuse topographie. Je publie ici (*fig.* 220) mon dessin du 1ᵉʳ août 1873, fait de 8 à 9 heures du soir, sur lequel évidemment il n'y a pas trace de cratère à gauche de la montagne en colimaçon : c'est là que se trouve le nouveau cratère.

Dans la mer du Nectar, on voit un petit cratère, dont le diamètre mesure environ 6000 mètres, s'élevant isolé au milieu d'une vaste plaine. Eh bien, ce cratère est tantôt visible et tantôt invisible... De 1830 à 1837, il était certainement invisible, car deux observateurs, absolument étrangers l'un à l'autre, Mädler et Lorhmann, ont minutieusement analysé, décrit et dessiné ce pays lunaire, et vu, tout près de la position qu'il occupe, des détails de terrains beaucoup moins importants que lui-même, sans en avoir le moindre soupçon. En 1842 et 1843, Schmidt observa cette même contrée sans l'apercevoir. Il le vit pour la première fois en 1851.

On le distingue fort bien sur une photographie directe de Rutherfurd, en 1865. Mais en 1875, le sélénographe anglais Neison examina, dessina et décrivit, avec les détails les plus minutieux et les mesures les plus précises, ce même endroit, sans apercevoir aucune trace de volcan. En 1879, on le voyait fort bien... Il semble que l'explication la plus simple à donner de ces changements de visibilité soit d'admettre que ce volcan émet parfois de la fumée ou des vapeurs qui restent quelque temps suspendues au-dessus de lui et nous le masquent, comme il arriverait pour un aéronaute planant à quelques kilomètres au-dessus du Vésuve aux époques de ses éruptions (¹).

Pour se défendre de ces conséquences nouvelles, il faudrait admettre

Fig. 220. — Le cratère d'Hyginus et ses environs.

que tous les observateurs de la Lune, bien connus pour les soins qu'ils ont apportés dans leurs études et pour la précision qu'ils ont toujours obtenue, aient mal vu toutes les fois que les faits observés semblent

(¹) Ces brumes, brouillards, vapeurs ou fumées, dont il devient de moins en moins possible de douter, avaient même conduit Schroëter à penser que leurs situations parfois singulières semblaient accuser quelque *origine industrielle*, forges, usines, des habitants de la Lune! L'atmosphère des villes industrielles, remarquait-il, varie suivant les heures du jour et le nombre de feux allumés. On rencontre souvent dans l'ouvrage de cet observateur des conjectures « sur l'activité des Sélénites. » Il crut aussi observer des changements de couleur pouvant être dus à des modifications dans la végétation ou à des cultures. Gruythuisen croyait même avoir reconnu des traces non équivoques de fortifications et de « routes royales. »

indiquer un changement réel. Rien n'est certainement plus commode ni plus simple ; mais ce serait là une sorte de parti pris que rien ne justifie-rait — et qui, du reste, couperait court à tout progrès. Lorsque les varia-tions de l'éclairage ne peuvent pas rendre compte des variations obser-vées, il y a grandes probabilités en faveur de changements réels.

Sur le sol grisâtre de la mer de la Fécondité, plaine de sable, d'où l'eau paraît s'être retirée depuis longtemps, on voit un cratère double, formé de deux cirques jumeaux, que Beer et Mädler ont examiné *plus de trois cents fois*, de 1829 à 1837. Ce double cratère présente derrière lui une traînée blanche singulière, qui rappelle la forme d'une queue de comète, et, à cause de cette ressemblance, les deux observateurs allemands lui ont donné le nom de l'astronome français *Messier*, le plus infatigable cher-cheur de comètes. Ils ont étudié, décrit et dessiné avec un soin tout spécial cette formation lunaire, sur laquelle Schroëter avait déjà appelé l'attention en 1796. « Les deux cirques, disent-ils, sont absolument pareils l'un à l'autre. Diamètres, formes, hauteurs, profondeurs, couleurs de l'arène comme de l'enceinte, positions de quelques collines soudées aux cratères, tout se ressemble tellement, qu'on ne pourrait expliquer le fait que par un jeu étrange du hasard ou une loi encore inconnue de la nature. Cette double formation est encore plus remarquable par deux traî-nées de lumière, pareillement égales, rectilignes, dirigées vers l'orient. »

Cette description est si détaillée, l'assertion relative à la parfaite ressem-blance des deux monts circulaires est si précise, qu'on peut partir de là pour faire des comparaisons absolues. Or, rien n'est plus curieux, je dirai même plus mystérieux, plus inexplicable, que le résultat de ces compa-raisons. Gruythuisen, observateur très habile et très scrupuleux, a constaté, en 1825, que le cratère occidental était moitié moins grand que l'oriental, et allongé de l'est à l'ouest. Il croyait que c'étaient là des *fortifications* lunaires, avec des remparts et des tranchées parallèles. Le 13 février 1826, un fait étrange se manifesta dans la traînée blanche : la bande obscure qui en traversait le milieu était entremêlée de points lumineux, « et je crus remarquer, écrit-il, *qu'ils ne restaient pas toujours dans la même position.* » Parfois, un voile, une brume, paraissaient s'étendre sur ces objets, tandis qu'en d'autres circonstances où ils eussent dû être moins visibles par l'effet de l'éclairement solaire, ils l'étaient moins.

Mais le plus curieux est que ces cratères ont changé de forme. En 1855, Webb constata que le cratère oriental était le plus grand des deux, et que l'occidental, plus petit, était allongé de l'est à l'ouest. Des observations ultérieures (1857) apprirent que la figure du cratère oriental n'avait pas varié, mais que celle du cratère occidental avait pris en réalité une forme elliptique·rectangulaire, de 18 kilomètres de longueur sur 12 de largeur. De 1870 à 1875, différents observateurs, munis d'excellents télescopes, ont constaté que le grand diamètre avait

20 kilomètres et le petit 11. « La différence des deux cratères, en forme et grandeur, dit Neison en 1876, est aujourd'hui évidente, même avec la plus faible lunette astronomique. » Toutefois, Klein ajoute que, d'après ses propres observations, en 1877 et 1878, tel n'est plus le cas maintenant Que peuvent être ces bizarres variations? Des illusions d'optique? C'est ce qu'il y a de plus facile à répondre pour les astronomes qui n'aiment pas être embarrassés. Mais la moitié des observateurs ont-ils donc mal vu? D'un autre côté, si ces changements sont réels, comment ont-ils pu échapper à Beer et à Mädler, alors qu'on les avait constatés dès l'année 1824? N'y aurait-il pas eu de changements de 1829 à 1837? On n'a rien appris de positif sur la cause qui a changé la forme du cratère occidental. Quelle force imaginer pour déplacer le grand axe d'un cratère? Cette force est complètement inconnue. On pourrait admettre que le rempart s'est écroulé en dedans au nord et au sud, et en dehors à l'est et à l'ouest. C'est là l'explication la plus plausible, mais elle ne paraît pas suffire à expliquer tous les changements observés. Les deux cratères sont tantôt semblables l'un à l'autre, tantôt différents l'un de l'autre. Ici, le naturaliste à la recherche des causes premières se trouve dans un grand embarras. Le globe lunaire serait-il encore pâteux et mobile en certains points? L'attraction de la Terre y produirait-elle d'étranges marées?

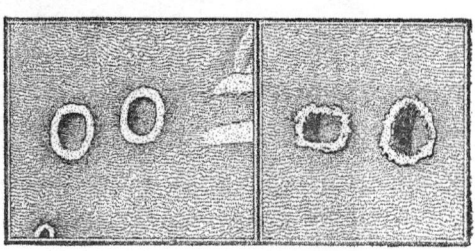

En 1833   En 1837
Fig. 221. — Le double cratère Messier.

L'une et l'autre hypothèse paraissent absurdes, car, d'une part, notre satellite paraît aussi bien minéralisé que la Terre, et, d'autre part, la Terre est fixe dans le ciel de la Lune; mais le soleil marche, et il y a des librations. Notre premier soin devrait être d'abord d'organiser une collaboration systématique d'un grand nombre d'observateurs pour suivre avec persistance ce point-là. — Sur notre carte, ce double cratère est tracé au sud-ouest de l'intersection du 50ᵉ degré de longitude occidentale avec l'équateur.

Un peu moins énigmatique que l'incessante variabilité du double cratère Messier est celle du cirque Linné, dans la mer de la Sérénité. Ce cratère a d'abord été très visible, car on le trouve déjà sur la carte lunaire de Riccioli, en 1651. Schröter l'observa en 1788, et l'a décrit comme « une très petite tache blanche ronde, offrant une vague dépression. » Au temps de Lohrmann et de Mädler, il présentait un diamètre de 30 000 pieds, et son intérieur, noir, ombreux, était visible par un éclairage oblique; au contraire, quand le soleil était élevé, le tout avait l'apparence d'une tache blanchâtre. En octobre 1866, Jules Schmidt, directeur de l'Observatoire d'Athènes, et l'un des astronomes qui se sont le plus occupés de la Lune, annonça le fait au monde savant. Après avoir attentivement réobservé ce point, je résumai mon impression dans une lecture à l'Académie des sciences (20 mai 1867), où je concluais que le cratère dessiné par Beer et Mädler était remplacé par un cône blanc peu élevé et à pente très douce, ne donnant pas d'ombre, même au lever du soleil. Cette opinion fut aussi celle de Chacornac, auquel j'en avais écrit, de Quételet, directeur de l'Observatoire de Bruxelles, du P. Secchi, et en

Fig. 222. — Topographie lunaire : la mer de la Sérénité et le tumulus
de Linné.

général de tous ceux qui l'observèrent. Il est extrêmement probable que *le cratère s'est* plus ou moins *comblé* ou *désagrégé* depuis 1830. Il ressemble maintenant à un tumulus. Je reproduis (*fig.* 222), une réduction du dessin très détaillé que je publiai alors sur cette région. Ce dessin donne une idée très exacte de la topographie lunaire, du sol sablonneux de la mer de la Sérénité, du relief des cratères grands et petits, et des nombreux détails qui, parsemant cette plaine, témoignent à première vue que son sol est loin d'être lisse et uniforme. On voit sur les rives, à l'est, le dôme blanc formé par Linné ; on ne remarque plus de cavité au centre, comme dans tous les autres cratères.

Mais voici une série d'observations plus curieuses encore :

Plusieurs observateurs ont vu sur la Lune des clartés énigmatiques, qu'ils ont attribuées à des aurores boréales. Ainsi, par exemple, le 20 octobre 1824, à 5 heures du matin, Gruythuisen aperçut dans la région obscure de la Lune, sur la mer des Nuées, une clarté qui s'étendit jusqu'au mont Copernic, sur une longueur de près de 100 kilomètres et une largeur de 20. Quelques minutes après, elle disparut ; mais, six minutes plus tard, une lumière pâle brilla quelques instants pour disparaître ensuite ; puis, des palpitations électriques se succédèrent depuis 5 heures et demie du matin jusqu'à l'aurore, qui mit fin aux observations. L'observateur attribua ces lumières vacillantes à une aurore boréale lunaire, et cette explication n'a rien d'anti-scientifique. Un phénomène analogue a été vu par un ami de l'astronome Lambert, le 25 juillet 1774.

Le grand cratère d'Eudoxe paraît avoir manifesté récemment certains témoignages de changements. Le 20 février 1877, entre 9ʰ 30 et 10ʰ 30 du soir, M. Trouvelot, observant ce cratère, a été frappé par la présence d'un mur étroit et rectiligne, le traversant de l'est à l'ouest un peu au sud. Cette muraille était fort élevée, car elle était bordée au nord par une ombre bien marquée. A son extrémité ouest elle apparaissait comme une ligne lumineuse sur l'ombre noire portée par le rempart occidental du cratère. Un an plus tard, le 17 février 1878, le même observateur, examinant de nouveau ce cratère, fut tout surpris de ne plus reconnaître les moindres traces de la muraille et, depuis cette époque, c'est toujours en vain qu'il la cherchait au moment des mêmes phases et dans les mêmes circonstances d'illumination. La conclusion est que sans doute cette muraille s'est écroulée, quoiqu'il soit néanmoins assez singulier qu'elle n'ait pas été notifiée précédemment.

L'arène du grand et admirable cirque de Platon (n° 60 de notre carte, au bas de la Lune) a été, depuis quelques années surtout, l'objet d'observations fort importantes. Une carte très détaillée en a été construite, d'abord par M. Birt, en 1872, ensuite par M. Stanley Williams en 1883. Nous reproduisons ici (fig. 223), cette dernière carte, sur laquelle 44 points ont été soigneusement suivis, d'abord pendant les années 1869, 1870 et 1871 ; ensuite, de 1879 à 1882. Sur ces 44 points, six observés en 1869-71, n'ont pas été revus en 1879-82 : ce sont les numéros 8, 10, 27, 28, 29 et 35 ; au contraire, sept nouvelles taches ont été découvertes pendant les dernières observations : ce sont celles qui portent les numéros 37, 38, 39, 40, 41, 42 et 43. Parmi les taches observées dans les deux périodes, huit ont offert des variations considérables d'éclat, les numéros 11, 12, 13, 14, 16, 22, 24 et 30. Voici une petite table qui montre les estimations faites de l'éclat de ces taches pendant chaque période, en prenant pour unité de comparaison celui de la tache la plus brillante (n° 1). On jugera par la dernière colonne des différences observées : le signe + indique que la tache s'est montrée plus brillante pendant la dernière période que pendant la première, et le signe — indique le contraire.

TACHES BLANCHES OBSERVÉES DANS LE CIRQUE LUNAIRE DE PLATON

N°ˢ	VISIBILITÉ MOYENNE		DIFFÉRENCE	N°ˢ	VISIBILITÉ MOYENNE		DIFFÉRENCE
	1869-71	1879-82			1869-71	1879-82	
0	0,044	0,031	— 013	22	0,170	0,509	+ 339
1	1,000	1,000	000	23	0,048	0,013	— 035
2	0,039	0,022	— 017	24	0,048	0,261	+ 213
3	0,904	0,865	— 039	25	0,144	0,122	— 022
4	0,891	0,977	+ 086	26	0,004	0,013	+ 009
5	0,528	0,540	+ 012	27	0,009	» »	» »
6	0,214	0,297	+ 083	28	0,004	» »	» »
7	0,105	0,113	+ 008	29	0,035	» »	» »
8	0,013	» »	» »	30	0,166	0,306	+ 140
9	0,218	0,275	+ 057	31	0,026	0,031	+ 005
10	0,057	» »	» »	32	0,070	0,077	+ 007
11	0,144	0,022	— 122	33	0,013	0,018	+ 005
12	0,026	0,351	+ 325	34	0,022	0.045	+ 023
13	0,148	0,401	+ 253	35	0,004	» »	» »
14	0,432	0,667	+ 235	36	0,004	0,009	+ 005
15	0,017	0,027	+ 010	37	» »	0,004	» »
16	0,293	0,189	— 104	38	» »	0°104	» »
17	0,838	0,784	— 054	39	» »	0,068	» »
18	0,083	0,027	— 056	40	» »	0,018	» »
19	0,135	0,162	+ 027	41	» »	0,018	» »
20	0,039	0,027	— 012	42	» »	0,122	» »
21	0,022	0,004	— 018	43	» »	0,009	» »

REMARQUES PRINCIPALES :

N° 4, variable, ordinairement plus faible que 1, mais souvent égale, et quelquefois même plus brillante ;

N° 11, grande diminution de visibilité ;

N° 12, énorme accroissement de visibilité. Elle offre généralement une apparence vaporeuse, comme sa voisine n° 14 ;

N° 13, grand accroissement d'éclat et curieux changement d'aspect ;

N° 14, grand accroissement d'éclat, frappante analogie d'aspect avec le n° 12 ; sans doute connexion physique entre ces deux taches ;

N° 16, diminution d'éclat et oscillation considérable dans cet éclat ;

N° 22, changement énorme. Après le lever du soleil, pendant deux ou trois jours, elle est généralement très blanche et très brillante ; on croirait qu'elle est en relief, mais il n'en est rien ; son éclat offre des oscillations fréquentes ; en deux circonstances, vers le coucher du soleil, elle resta le dernier objet visible ;

N° 34, tache curieuse ; on l'a vue une fois moitié aussi brillante que la tache n° 1.

La bande rayonnante qui va de 22 à 17 paraît nouvelle. Elle a commencé à se montrer en 1872, entre 5 et 14, puis elle s'est allongée. En 1874, elle était *la plus brillante* des bandes qui traversent le cirque.

On a remarqué également des variations certaines et assez fréquentes dans le secteur sud-est.

. Pendant plusieurs jours après le lever du soleil, la contrée occidentale est blanchâtre, ce qui rend invisibles les bandes rayonnantes, et le même effet se remarque aussi dans la région orientale avant le coucher du soleil. On a observé le même aspect dans le cirque de Ptolémée. La convexité de l'arène de Platon a été remarquée plusieurs fois. Le 29 juillet 1887, M. Gray, observant le coucher du soleil sur ce cirque, dont l'intérieur était déjà plein d'ombre, remarqua au sud du centre une traînée lumineuse, qui disparut à 2ʰ 30 du matin.

On peut encore remarquer qu'en général un observateur examinant Platon à l'époque de la pleine Lune verrait cette plaine annulaire très sombre, mais que parfois elle paraît si éclairée qu'elle est aussi blanche qu'au lever du soleil. D'autre part, au contraire, on l'a vue très sombre, au lever comme au coucher du soleil

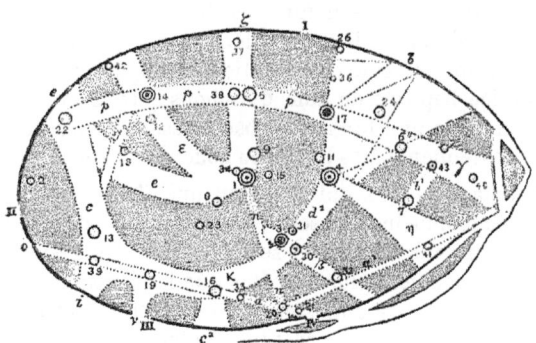

Fig 223. — Plan du cirque lunaire de Platon.

Devant ces faits, il est difficile de ne pas conclure, avec les observateurs, que des changements réels et fort importants se sont produits là, depuis l'année 1871. Cette région remarquable est l'une de celles que nous avions signalées dès la première édition de cet ouvrage (1876, p. 372), comme spécialement indiquée par la nature pour solliciter l'attention des observateurs terrestres.

Toutes les observations s'accordent pour témoigner que des variations réelles se produisent à la surface de cette plaine remarquable. Pour en signaler une encore, rappelons que dans la première édition de leur carte de la Lune, Beer et Mädler ont décrit cette plaine comme traversée par quatre légères bandes lumineuses dirigées du nord au sud (*fig.* 224), tandis que dans leur seconde édition ils ont effacé ces bandes et dessiné le sol d'une teinte plate neutre. Entre leurs premières et leurs dernières observations ces bandes avaient disparu. Ils n'ont vu aucune des nouvelles routes blanches longitudinales, qui sont souvent évidentes aujourd'hui.

Fig. 224.

On sait depuis longtemps que l'arène de ce grand cirque *s'assombrit à mesure que le soleil l'éclaire davantage*, ce qui paraît contraire à tous les effets optiques imaginables. Après la pleine lune, époque qui représente le milieu de l'été pour cette longitude lunaire, la surface apparaît au télescope beaucoup plus foncée qu'aucun autre point du disque lunaire. Il y a 99 à parier contre 1 que ce n'est pas la lumière qui produit cet effet, et que c'est la chaleur solaire, dont on ne tient pas assez souvent compte, lorsqu'on s'occupe des modifications de teintes observées sur la Lune, quoiqu'elle soit tout aussi intimement liée que la lumière à l'action du soleil. Il est hautement probable que ce changement périodique de teinte de la plaine circulaire de Platon, visible chaque mois pour tout observateur attentif, est dû à une modification de nature végétale causée par la température. La contrée du nord-ouest d'Hyginus, dont nous avons déjà parlé à propos du nouveau volcan, présente des variations analogues. On voit aussi, dans la plaine fortifiée baptisée du nom d'Alphonse, trois taches qui sortent pâles, le matin, de la nuit lunaire, s'obscurcissent à mesure que le soleil s'élève, et redeviennent pâles le soir au coucher du soleil.

Ce sont là autant de faits qui montrent que l'observation attentive et persévérante du monde lunaire serait loin d'être aussi dépourvue d'intérêt qu'un grand nombre d'astronomes se l'imaginent. Sans doute, tout voisin qu'il est, ce monde diffère plus du nôtre que la planète Mars, dont l'analogie avec la Terre est si manifeste, et qui doit être habitée par des êtres différant fort peu de ceux qui constituent l'histoire naturelle terrestre et notre humanité même ; mais, quoique très différent de la Terre, il n'en a pas moins sa valeur propre et son originalité. Et d'ailleurs, pourquoi supposer qu'il n'y ait pas sur ce petit globe une végétation plus ou moins comparable à celle qui décore le nôtre ? Des forêts épaisses comme celles de l'Afrique centrale et de l'Amérique du Sud pourraient couvrir de vastes étendues de terres sans que nous puissions les reconnaître. Il n'y a point sur la Lune de printemps et d'automne, et nous ne pouvons nous fier aux variations de nuances de nos plantes boréales, à la verdure de mai ni à la chute des feuilles jaunies par octobre, pour nous figurer étroitement que la végétation lunaire doive offrir les mêmes aspects ou ne pas exister. Là, l'hiver succède à l'été de quinze en quinze jours : la nuit, c'est l'hiver ; le jour, c'est l'été. Le soleil reste au-dessus de l'horizon pendant quinze fois vingt-quatre heures : c'est l'été lumineux auquel succède un noir hiver de quinze jours. Ce sont là des conditions climatologiques absolument différentes de celles qui régissent la végétation terrestre. Dans les climats intertropicaux, où il n'y a ni hiver ni été, les arbres ne changent pas de couleur. Nous avons aussi dans nos climats des plantes à feuillage persistant, des arbustes qui ne varient pas davantage avec les saisons ; et quant au type même de la verdure végétale, à l'herbe des prairies, elle reste aussi verte en hiver qu'en été. Or, il se présente ici une série de questions qui restent sans réponse : Existe-t-il sur la Lune des êtres passifs analogues à nos végétaux? S'ils existent, sont-ils verts? S'ils sont verts, changent-ils de couleur avec la température, et, s'ils varient d'aspect, ces variations peuvent-elles être aperçues d'ici?

Quelle lumière l'observation télescopique nous apporte-t-elle sur ces points obscurs? Assurément, il n'y a dans toute la topographie lunaire aucune contrée aussi verte qu'une prairie ou une forêt terrestre, mais il y a sur certains terrains des nuances distinctes, et même des nuances changeantes. La plaine nommée « mer de la Sérénité » présente une nuance verdâtre traversée par une zone blanche invariable. L'observateur Klein a conclu de ses observations que la teinte générale, qui est quelquefois plus claire, est due à un tapis végétal, lequel d'ailleurs pourrait être formé de plantes de toutes les dimensions, depuis les mousses et les champignons jusqu'aux sapins, aux cèdres, aux *sequoia gigantea* de la Californie et au-delà, tandis que la traînée blanche invariable représenterait une zone déserte et stérile. Les astronomes qui se sont le plus occupés des photographies lunaires sont aussi d'opinion que la teinte foncée des taches nommées mers, teinte si peu photogénique qu'elle impressionne à peine la plaque sensible (de sorte qu'il faut un temps de pose plus long pour photographier les régions sombres que les régions claires) doit être causée par une absorption *végétale*. Cette nuance verdâtre de la mer de la Sérénité varie légèrement, et parfois elle est très marquée. La mer des Humeurs offre la même teinte, entourée d'une étroite bordure grisâtre. Les mers de la Fécondité, du Nectar, des Nuées, ne présentent pas cet aspect, et restent à peu près incolores, tandis que certains points sont jaunâtres, comme par exemple le cratère Lichtenberg et le marais du Sommeil. Est-ce là la couleur des terrains eux-mêmes, ou bien ces nuances sont-elles produites par des végétaux?

Loin d'être en droit d'affirmer que le globe lunaire soit dépourvu d'aucune vie végétale, nous avons des faits d'observation qui sont difficiles, pour ne pas dire impossibles, à expliquer, si l'on admet un sol purement minéral, et qui, au contraire, s'expliquent facilement en admettant une couche végétale, de quelque forme qu'elle soit d'ailleurs. Il est regrettable qu'on ne puisse pas analyser d'ici la composition chimique des terrains lunaires, comme on analyse celle des vapeurs qui enveloppent le Soleil et les étoiles; mais nous ne devons pas désespérer d'y parvenir, car, avant l'invention de l'analyse spectrale, on n'eût point imaginé la possibilité d'arriver à d'aussi merveilleux résultats. Quoi qu'il en soit, nous sommes fondés à admettre actuellement que le globe lunaire a été autrefois le siège de mouvements géologiques formidables dont toutes les traces restent visibles sur son sol si tourmenté, et que ces mouvements géologiques ne sont pas éteints; que ces mers ont été couvertes d'eau, et que cette eau n'a probablement pas encore absolument disparu; que son atmosphère paraît réduite à sa dernière expression, mais n'est pas anéantie, et que la vie, qui depuis des siècles de siècles doit rayonner à sa surface, n'est peut-être pas encore éteinte.

Un certain nombre d'astronomes traitent la Lune dans les termes bien catégoriques que voici :

« La Lune n'a ni eau, ni air, ni gaz, ni liquides : donc elle est impropre à la vie. Elle a toujours été ainsi. Elle n'a jamais eu de mers. Jamais la vie n'y a pris pied. Jamais rien n'a modifié le spectacle qu'elle nous offre. Nous la voyons telle qu'elle est sortie d'un premier jet ; sa création, pour emprunter le langage de la Genèse, n'a compté qu'un jour ([1]). »

Mais ce n'est pas ainsi que raisonnent les astronomes qui étudient eux-mêmes la Lune au télescope. Écoutons un instant l'un des plus actifs et des plus compétents d'entre eux, M. Neison ([2]), sur ce sujet.

« Dans cette assimilation de notre satellite à un désert absolument dépourvu d'eau, d'atmosphère et de vie, il n'y a pas l'ombre de vraisemblance, et aucun étudiant de la sélénographie ne pourrait l'accepter. Des changements physiques arrivent encore actuellement à la surface de ce monde. Les observations de Schrœter, Mädler, Lhormann, Schmidt, Klein, en fournissent des exemples. Les eaux ont été absorbées d'autant plus vite que, relativement à la masse de la Lune comparée à celle de la Terre, la surface de ce globe est plus de six fois plus étendue que celle du globe terrestre, de sorte que la formation de la croûte a incorporé les éléments constitutifs des eaux et de l'atmosphère primitives. Mais on ne peut pas affirmer qu'il ne soit pas resté assez d'humidité et assez de fluides pour soutenir une certaine espèce de vie, et l'existence d'une atmosphère explique seule en bien des cas certains aspects observés ([3]) ».

([1]) FAYE, *Annuaire du Bureau des Longitudes pour* 1884, p. 669 et 672.

([2]) NEISON, *The Moon and the condition et configuration of its surface*, chap. Ier.

([3]) « Étant données les différences de conditions dans lesquelles on voit la surface de la Lune et celle de la Terre, ajoute le même observateur, il est difficile de reconnaître exactement les ressemblances réelles qu'elles peuvent avoir entre elles. Les détails de la topographie lunaire ne sont bien visibles que par un éclairage oblique, comme reliefs contrastant avec les ombres portées ; l'ensemble n'est jamais vu en même temps, et il faut ensuite réunir en quelque sorte, morceau par morceau, les diverses conformations observées. De vastes bassins de fleuves, de larges vallées aux pentes douces, comme on en voit un si grand nombre sur la Terre, seraient extrêmement difficiles à reconnaître sur la Lune, et les moindres irrégularités de reliefs qui les traverseraient en changeraient tout à fait le caractère. Les formations terrestres généralement regardées comme absentes de la Lune sont ordinairement de faible dimension, de sorte qu'il serait difficile de constater leur existence, d'autant plus qu'on n'en reconnaîtrait que successivement les diverses parties, et que les irrégularités des détails déguiseraient le caractère de l'ensemble. Nous ne pouvons donc pas décider encore si ces vallées aux pentes douces, ces bassins de fleuves et ces dépôts diluviens sont vraiment absents de la surface lunaire. Il semble même qu'on en ait plusieurs exemples bien caractérisés, surtout dans la région voisine des cirques de Hell, de Fabricius et des Apennins, et se rattachant avec les rainures les plus fines. Ces vallées aux pentes douces descendent des montagnes élevées vers les rivages des plaines ou mers, et en approchant de ces plaines grises, elles s'évanouissent graduellement. En certains points

Les êtres et les choses lunaires diffèrent inévitablement des êtres et des choses terrestres. Le globe lunaire est 49 fois plus petit que le globe terrestre et 81 fois moins lourd. Un mètre cube de lune ne pèse que les six dixièmes d'un mètre cube de terre. Nous avons vu aussi que la pesanteur à la surface de ce monde est six plus faible qu'à la surface du nôtre, et qu'un kilogramme transporté là et pesé à un dynamomètre n'y pèserait plus que 164 grammes. Les climats et les saisons y diffèrent essentiellement des nôtres. L'année est composée de 12 jours et 12 nuits lunaires, durant chacun 354 heures, le jour étant le maximum de température et l'été, la nuit étant le minimum et l'hiver, avec une différence thermométrique de plusieurs centaines de degrés peut-être, si l'atmosphère est partout extrêmement rare. Voilà plus de divergences qu'il n'en faut pour avoir constitué sur ce globe un ordre de vie absolument distinct du nôtre.

de ces mers on croit reconnaître avec certitude l'action séculaire d'agents destructeurs. La surface de ces vastes plaines sombres doit être restée fluide longtemps après l'époque où les principales formations avaient déjà pris leur relief; les exemples de plaines submergées, de remparts effondrés, et d'éruptions superficielles dans le fond des vallées ne manquent pas ».

CHAPITRE VII

La vie sur le monde lunaire.
Les habitants de la Lune. — Les Sélénites apocryphes.
Différences essentielles entre ce monde et le nôtre. — Le problème
de son habitation. — Un séjour sur notre satellite.
Le ciel et la Terre vus de la Lune.

Celui qui consacre sa vie à étudier les cieux, non pas seulement en astronome, mais encore et surtout en philosophe, et qui, depuis bien des années déjà, n'a laissé passer aucune circonstance pour relever et mettre en évidence tous les témoignages que la science contemporaine apporte en faveur de la doctrine de la vie ultra-terrestre; celui dont la seule ambition serait de convaincre tous les esprits intelligents des vérités sublimes que l'astronomie nous révèle; celui-là, dis-je, serait bien heureux ici de pouvoir présenter sur cet astre voisin des documents incontestables démontrant aux yeux de tous que la vie existe sur cette terre céleste comme sur la nôtre. Malheureusement, ce bonheur lui est refusé. Et pourtant nous rapprochons l'astre des nuits si près de nous! nous en distinguons si admirablement tous les détails! nous en connaissons si exactement aujourd'hui toute la topographie! Pourquoi faut-il que ce soit justement ce globe voisin qui soit le plus différent du nôtre, dans tout le système solaire? Sur toutes les planètes nous constatons la présence d'une atmosphère; sur presque toutes, à l'existence de l'air le spectroscope a ajouté les témoignages de celle de l'eau; sur presque toutes nous devinons des saisons et un régime météorologique plus ou moins analogues aux nôtres; mais sur la Lune tout est si diffé-

rent d'ici, que les déductions par analogie nous font entièrement
défaut.

Pourquoi n'est-ce pas aussi bien la planète Mars qui se trouve
ainsi rapprochée de nos yeux ? Alors la perfection actuelle des instruments d'optique nous permettrait d'y reconnaître, non seulement
les pôles chargés de neige, les continents, les mers, la configuration géographique des diverses contrées, les nuages et les courants

Fig. 226. — On prétendait avoir vu, dans le champ télescopique, des troupes d'hommes ailés
s'élançant vers les montagnes.

atmosphériques ; mais encore nous pourrions y distinguer les grands
fleuves, les montagnes, les vallées, les plaines, les forêts, les plan-
tations, les campagnes aux aspects végétaux variés et multicolores
Mais Mars reste éloigné, et la Lune se laisse pour ainsi dire toucher
du doigt !

On a cru quelquefois surprendre dans la vision télescopique, des
traces non équivoques de mouvement et de vie ; on a cru parfois
distinguer, sinon les Lunariens ou les Sélinites eux-mêmes, du

moins leurs œuvres, telles que tanières, puits, galeries, remparts, fortifications, routes, avenues, etc. ; mais une étude plus approfondie a montré que ces divers détails n'étaient en réalité que des produits naturels de la géologie lunaire. Une mystification restée célèbre avait fort ému, en 1835, tous les curieux des choses de la nature, lorsque sous le nom respecté de sir John Herschel, alors au cap de Bonne-Espérance pour ses recherches astronomiques de l'hémisphère austral, un publiciste en bonne humeur avait lancé dans le public la curieuse brochure portant pour titre flamboyant : « *Découvertes dans la Lune*, faites au cap de Bonne-Espérance, par Herschel fils, astronome anglais ». La première page est brûlante d'enthousiasme : « Venez que je vous embrasse ! Il y a des hommes dans la Lune ! » Ainsi commence l'exorde. Puis l'auteur décrit avec un soin bien calculé la construction du télescope géant d'Herschel, l'usage des lentilles, la série progressive des observations faites. A l'aide du plus puissant oculaire on aurait vu des rochers de rubis et d'améthystes, des grottes de stalactites diamantées, des arbres aux formes indescriptibles, des troupeaux de bisons portant une visière de chair sur les yeux, des chèvres unicornes gambadant dans les campagnes, et, enfin, dans un moment de vision magnifique, une troupe d'oiseaux humains, ou, pour mieux dire, d'hommes ailés, traversant le champ du télescope. « Ils étaient couverts de longs poils touffus comme des cheveux, couleur de cuivre, et leurs ailes étaient formées d'une membrane très mince, analogue à celle des ailes de chauve-souris ». Etc, etc. La mystification fit un tel bruit qu'Arago se crut obligé de la démentir à l'Académie. C'était trop beau. Nous n'en sommes pas encore là (¹).

Nous avons vu que le globe lunaire n'offre aucune variation évidente à sa surface, qu'aucun nuage ne s'y forme, qu'aucun fleuve ne sillonne ses plaines arides, qu'aucun souffle d'air ne caresse ses campagnes invariables. Si quelque atmosphère y étend sa couche, c'est une couche extrêmement légère. Il en résulte que les bases de l'*analogie* nous manquent ici, et que nous ne pouvons nous imagi-

---

(¹) L'auteur, toutefois, n'avait pas pensé à tout. Il décrit les grottes, les rochers, les mouvements, comme on les verrait de face, étant sur la Lune, et non comme nous les verrions ici. En fait, nous voyons la Lune au télescope comme nous voyons la Terre du haut d'un ballon, non de face, mais en projection verticale.

ner en aucune façon comment et par quelles sortes d'êtres la Lune peut être habitée.

Cela ne veut pas dire que nous devions *nier* qu'elle le soit, car nous n'avons aucun droit d'imposer des bornes à la puissance de la Nature. Mais nous n'avons plus en faveur de cette hypothèse les raisons de vraisemblance qui nous inspirent dans nos déductions relatives aux autres planètes.

Des êtres quelconques peuvent-ils vivre sans manger et sans respirer? Des tissus organiques quelconques peuvent-ils se former sans liquides et sans gaz, ou bien certains organismes peuvent-ils être construits de façon à transformer des solides en liquides et en gaz? Des procédés chimiques inconnus sur notre planète peuvent-ils être employés sur la Lune pour rendre vivant ce qui nous paraît mort, sensible ce qui nous paraît inerte, mobile ce qui nous paraît enseveli dans l'immobilité minérale? Pour résoudre ces questions, il faudrait avoir découvert tous les secrets de la Nature. Nous n'en sommes pas là. Mais ne pas les poser, et *affirmer* d'avance que la Lune soit un astre mort, parce qu'elle ne peut pas être habitée par des êtres organisés comme nous, serait le fait d'un esprit étroit, puérilement convaincu de tout connaître et s'imaginant que la science a dit sondernier mot.

Le progrès des sciences inflige chaque jour à ces savants trop présomptueux des démentis et des leçons qui devraient les corriger et les éclairer. Pour n'en citer qu'un exemple, qui nous a déjà frappés plus haut, les naturalistes étaient unanimes à affirmer, il y a quelques années seulement, que la vie animale s'arrêtait à une faible limite au-dessous du niveau de la mer, et que les profondeurs de l'Océan étaient privées de toute forme de vie. Ils en donnaient des raisons très plausibles, dont les principales sont l'*obscurité* absolue qui règne en ces profondeurs et s'oppose à la fixation de l'acide carbonique et à la formation de toute plante, et la *pression* effroyable qui pèse en ces régions et serait capable de broyer net les éléphants les plus massifs et les plus robustes. Quels animaux pourraient donc vivre dans cette nuit éternelle, n'ayant rien à manger, ne voyant pas même ce qui toucherait leur corps, et ne pouvant remuer sous les millions de kilogrammes qui pèseraient sur eux?
— Eh bien ! les recherches persévérantes et courageuses qui vien-

nent de sonder les profondeurs de l'Océan, depuis l'Europe jusqu'à l'Amérique, et de l'équateur jusqu'aux cercles polaires, ont prouvé que la vie animale existe en ces terrifiants abimes aussi bien que sur les rivages. Ces êtres sont organisés pour se nourrir de l'eau de la mer, en absorbant et s'assimilant les principes organiques qu'elle tient en dissolution, créent eux-mêmes de la lumière pour se diriger, trouver leur proie et se reconnaitre, sont phosphorescents, possèdent des yeux sous-marins, et loin d'être broyés par la pression énorme qu'ils supportent, sont ravissants de délicatesse et de couleurs, légers, diaphanes et si sensibles, qu'on les brise en les prenant entre deux doigts! Ils ne sentent pas les 60 atmosphères qui pèsent sur eux, car cette pression s'équilibre parfaitement au sein même de leurs frêles tissus flottants.... Certes, il nous serait aussi impossible de vivre en ces régions, organisés comme nous le sommes, que d'habiter la Lune.

Devant la *diversité* des êtres qui peuplent une *même* planète, depuis les insectes ailés jusqu'aux lourds quadrupèdes, pourquoi refuser à la Nature la faculté d'avoir produit sur un monde si différent de nous des organisations absolument étrangères à tout ce qui existe ici?

Tout esprit accoutumé aux larges contemplations de la pensée est invinciblement convaincu que l'existence des choses a un but, et que la destinée générale des astres est d'être habités, — non point simultanément, puisqu'ils sont de différents âges et qu'ils s'échelonnent le long de l'Éternité, mais successivement, à l'époque de la plénitude de leur vitalité. — Malgré les services variés qu'elle peut rendre à la Terre, la création de la Lune, comme celle de tous les autres mondes, a eu un but en elle-même, et ce but a été l'existence de la vie (¹).

Nous ne devons pas substituer nos intentions à celles de la Nature et nous imaginer qu'en créant les choses et les êtres elle a eu un

---

(¹) Nous ne pouvons donc, en aucune façon, supposer avec certains astronomes, avec Proctor par exemple, que le but principal de l'existence de la Lune soit « de produire des marées pour l'utilité des ports de mer, du lancement des navires, de leur entrée et de leur sortie des ports, ou de remuer les eaux de l'Océan, ou d'éclairer, pendant la Lune des moissons, les cultivateurs occupés aux travaux des champs, ou bien encore de fournir aux marins un moyen de calculer la longitude en mer. » (*The Expanse of Heaven*, p. 27.)

Les geysers de boue de l'Islande donnent peut-être une idée de ce qui se passait alors sur la Lune.

but approprié à nos idées personnelles. Le fait que la Lune nous éclaire plus ou moins quinze jours par mois ne doit pas conduire à la conclusion que ce soit là le but de sa création. Un habitant de la Lune aurait 28 fois plus de droit que nous de prétendre que la Terre a été faite exprès pour l'éclairer, attendu que le disque terrestre est 14 fois plus étendu en surface que le disque lunaire et que la Terre éclaire toutes les nuits sur la Lune, tandis que la Lune n'éclaire pas tout à fait la moitié des nôtres ([1]).

Cette vie lunaire n'a pu être formée sur le même plan que la vie terrestre, car liquides, gaz, densité, pesanteur, température, y ont toujours été fort différents de ce qu'ils sont ici. Tout ce que nous pouvons assurer sur cette question, si ancienne et tant débattue, des habitants de la Lune, c'est que *notre satellite ne peut pas être habité par des êtres organisés sur le type des êtres terrestres*. S'il est habité, c'est par des êtres absolument différents de nous comme organisation et comme sens, et certainement bien plus différents de nous par leur origine que ne le sont les habitants de Vénus et de Mars, — quoi qu'en aient imaginé les nombreux voyages apocryphes que nous avons examinés dans un ouvrage antérieur.

Les forces de la Nature agissent constamment et nécessairement, suivant le but de la création universelle, but à nous inconnu. Comme elles ont détaché la Terre de l'équateur gazeux du Soleil, elles ont détaché la première plante, la première algue, du fond de la mer primitive. Lentement le règne végétal s'est formé, lentement les zoophytes, les *plantes animées* se sont produites, lentement le règne animal s'est développé, suivant toujours les conditions de milieux, de température, d'humidité, de pesanteur, de densité. Ces conditions étant absolument différentes sur la Lune, les êtres n'ont pu s'y produire que sous des formes et avec des organisations absolument différentes de celles que nous connaissons sur la Terre.

Le sol lunaire n'a pas toujours été sec, aride, invariable, nu comme il le paraît aujourd'hui. Des cratères innombrables et

---

[1] Mädler disait à ce propos, en géomètre : « Si nous ne pouvons confirmer les rêves de notre imagination qu'en admettant que la Divinité a dû avoir une certaine intention x, et si nous donnons à la Nature d'après cette intention la forme $y = \varphi\, x$; nous laissons à penser ce que sera la réalité de ces deux grandeurs inconnues.

énormes se sont formés au milieu de conflagrations épouvantables. Puis d'autres cratères, postérieurs aux précédents, sont venus,
à une autre époque sélénologique, briser les premiers et se souder
au-dessus des ruines. Alors, sans doute, dans l'intérieur des grands
cratères, des geysers de boue analogues à ceux de l'Islande fumaient
au fond d'une atmosphère pluvieuse. Ou peut-être étaient-ce des
cratères ne ressemblant ni aux volcans de laves, ni aux geysers de
boue. Puis d'autres bouleversements ont enseveli des cratères
entiers et d'immenses cirques en ruines sous les flots d'une ni-
vellation générale. Heureux temps pour l'observatoire terrestre !
Quel merveilleux spectacle n'eût-ce pas été pour nous d'assister
à ces révolutions lunaires, et d'observer d'ici les combats titanesques des éléments en furie sur ce monde qu'ils devaient
laisser mort et désolé pour notre siècle trop tardif !

Durant ces époques séculaires, la vie a pu se former à la surface de la Lune, comme elle s'est formée à la surface de la Terre.
Du temps de l'ichthyosaure et du plésiosaure, du temps de l'igua-
nodon et du ptérodactyle, notre planète subissait aussi ces douleurs
de la vie naissante, et tremblait sans cesse, agitée par intermittences de convulsions effroyables. Les flots bouillonnants mugis-
saient dans la tempête, les volcans vomissaient jusqu'aux nues leurs
laves embrasées, les rivages retentissaient du fracas du tonnerre,
et la Terre s'agitait jusque dans ses entrailles. Et au milieu de ces
révolutions, les formes de la vie se multipliaient, variant avec les
variations de la surface terrestre elle-même.

Il y a plus de probabilité en faveur de l'existence ancienne de la
vie lunaire qu'en faveur de son existence actuelle, en raisonnant
d'après les notions terrestres que nous avons acquises sur la vie.
Peut-être ces terrains lunaires, que nous observons d'ici avec tant
d'anxiété, pour y surprendre quelques indices de mouvement vital,
renferment-ils dans leur sein, comme nos couches géologiques, les
squelettes et les cadavres pétrifiés des êtres qui ont vécu jadis sur
ce monde. Peut-être aussi la vie, organisée sur un mode tout différent du nôtre, s'y est-elle modifiée lentement avec les variations
séculaires de la surface et de l'atmosphère, et y persiste-t-elle
aujourd'hui dans des types d'animaux et d'hommes absolument
différents de nous. Construits pour vivre dans un air très raréfié, et

obligés sans doute de travailler non seulement pour se nourrir, comme ici, mais encore pour respirer en suffisance, notre atmosphère terrestre serait un véritable liquide pour eux, et le Sélénite qui, par une circonstance quelconque, pourrait s'élever au-dessus du sol lunaire, atteindre la sphère d'attraction de la Terre et descendre sur notre planète, serait noyé avant d'arriver même dans ces régions atmosphériques inhospitalières pour nous, où mes infortunés confrères Sivel et Crocé-Spinelli ont trouvé la mort, et d'où mon savant et sympathique ami Tissandier n'est revenu que par un miracle de la nature.

Il est très curieux de penser que, quoique la Lune soit beaucoup plus petite que la Terre, les habitants de ce monde, s'ils existent, doivent être d'une taille plus élevée que la nôtre, et leurs édifices, s'ils en ont construit, de dimensions plus grandes que les nôtres. Des êtres de notre taille et de notre force, transportés sur la Lune, pèseraient six fois moins, tout en étant six fois plus forts que nous; ils seraient d'une légèreté et d'une agilité prodigieuses, porteraient dix fois leur poids et remueraient des masses pesant 1000 kilogr. sur la Terre. Il est naturel de supposer que, n'étant pas cloués au sol comme nous par le boulet de la pesanteur, ils se sont élevés à des dimensions qui leur donnent en même temps plus de poids et plus de solidité, et sans doute que si la Lune était environnée d'une atmosphère assez dense, les Sélénites voleraient comme des oiseaux; mais il est certain que leur atmosphère est insuffisante pour ce fait organique. De plus, non seulement il serait *possible* à une race de Sélénites égale aux races terrestres en force musculaire de construire des monuments beaucoup plus élevés que les nôtres, mais encore il leur serait *nécessaire* de donner à ces constructions des proportions gigantesques, et de les asseoir sur des bases considérables et massives, pour assurer leur solidité et leur durée.

Or, quoique des observateurs habiles, tels que William Herschel, Schrœter, Gruithuisen, Littrow, aient cru distinguer de leur yeux perçants des traces de constructions « faites de mains d'hommes », un examen plus attentif, à l'aide d'instruments plus puissants, a prouvé que ces constructions (remparts, tranchées, canaux et routes) ne sont pas artificielles, mais de formation purement naturelle. Le télescope ne nous montre, en réalité, aucune trace d'habitation. Et pourtant une grande ville y serait sans doute facilement reconnaissable.

Remarquons toutefois qu'elle y serait reconnaissable *si elle ressemblait aux nôtres*. Mais rien ne prouve que les êtres ni les choses lunaires ressemblent en quoi que ce soit aux êtres et aux choses terrestres; au contraire, tout nous engage à penser qu'il y a la plus extrême dissemblance entre les deux pays. Or, il pourrait très bien se faire que nous eussions sous les yeux des villages et des habitations lunaires, des constructions faites de leurs mains — s'ils ont des mains — à travers les campagnes, sans que l'idée pût nous venir en aucune façon de supposer que ces objets ou ces travaux fussent le résultat de la pensée des Sélénites.

Il ne faut pas d'ailleurs attacher plus de valeur qu'elle n'en a à la vision télescopique appliquée aux paysages lunaires. Le plus fort grossissement pratique que puissent supporter les meilleurs instruments d'optique construits jusqu'à ce jour est de 2000 : ce grossissement rapproche la Lune à 48 lieues. Mais, vue sous ces énormes pouvoirs optiques, la Lune, perd une grande partie de la lumière et de la netteté qu'elle présente sous des grossissements moins forts, et ses *détails* ne sont pas mieux visibles que sous un grossissement moitié moindre ou de 1000 environ. Dans les plus puissants instruments, on ne distingue pas mieux les détails du sol lunaire avec le premier qu'avec le second. Nous pouvons donc affirmer par la pratique que le plus grand rapprochement auquel on voie nettement le sol lunaire, c'est cent lieues, en nombre rond.

Lors donc qu'on déclare que la Lune est inhabitée parce qu'on n'y voit rien remuer, on s'illusionne singulièrement sur la valeur du témoignage télescopique. A 5 ou 6 kilomètres de hauteur, en ballon, par un ciel pur et un beau soleil, on distingue à l'œil nu les villes, les bois, les champs, les prairies, les rivières, les routes ; mais on ne voit rien remuer non plus, et l'impression directement ressentie est celle du silence, de la solitude et de l'absence de vie. Je ne me suis jamais élevé dans les airs sans ressentir cette impression en arrivant à quatre ou cinq mille mètres. Aucun être vivant n'est déjà plus visible ; et si nous ne savions pas qu'il y a des moissonneurs dans ces campagnes, des troupeaux dans ces prairies, des oiseaux dans ces bois, des poissons dans ces eaux, rien ne pourrait nous le faire deviner. Si donc la Terre est un monde mort, vue seulement à 5 ou 6 kilomètres de distance, quelle n'est pas l'illusion humaine d'affirmer que la Lune soit vraiment un monde mort, parce qu'elle le paraît vue à cent lieues et plus ! Que peut-on saisir de la vie à une pareille distance? Rien, assurément ; car forêts, plantes, cités, tout disparaît.

Que devons-nous donc penser, en définitive, du monde de la Lune, maintenant que nous avons entre les mains tous les documents qui le concernent?

Est-ce un monde fini? Est-ce un monde actuellement vivant. Est-ce un monde à naître?.. Est-il passé, présent ou futur?

Son aspect si caractéristique nous répond affirmativement que très certainement les évolutions de ce monde ne sont pas à venir. Il

porte d'une manière trop évidente les stigmates des volcans qui
l'ont criblé de cratères, et ceux des terrains de différentes composi-
tions chimiques qui se sont superposés, pour que nous puissions un
seul instant admettre que ce soit un astre nouveau, qui n'ait pas
encore été le siège de la vie, mais qui doive étre habité dans l'a-
venir.

Son règne n'est pas futur. Cette terre voisine a pendant des
siècles subi des phases d'activité consécutive. Aujourd'hui elle se
repose. Demain, peut-être, elle sera morte.

Que la vie ait existé autrefois à sa surface, nous le croyons sincèrement, et nous l'admettons sans aucune espèce de réticence. Ces
bouleversements géologiques, ces évolutions physiques, ces transformations chimiques, ces activités multiples dont nous reconnais-
sons actuellement les traces sur ces terrains divers, ne se sont pas
produits sans que des formes vitales quelconques se soient manifes-
tées sous l'action combinée du Soleil et des agents de la fécondité
naturelle, formes en rapport avec l'état de température, de climatologie, de densité, de pesanteur, de constitution chimique particulier
au monde lunaire.

La vie lunaire s'est-elle développée jusqu'à un degré suffisant de
progrès physiologique pour que la pensée soit née, comme elle l'a
fait sur la Terre, dans une race animale supérieure, et pour qu'une
humanité, d'une forme certainement différente de la nôtre, mais
ayant comme la nôtre conscience de son existence, progressive,
intellectuelle, douée de facultés plus ou moins analogues à celles
des races humaines terrestres, ait pu se développer et régner sur le
monde lunaire comme nous régnons sur le monde terrestre? A-t-il
existé sur cet astre voisin des hommes, pensant, parlant, étudiant la
Nature, qui aient vu notre Terre dans leur ciel, et qui aient cultivé
là les sciences que nous cultivons ici : l'astronomie, la géologie, la
physiologie, la physique, la chimie, l'histoire, les arts, etc., etc.?

Eh! quel esprit timide ou glacé pourrait en douter? Par quelle
exception inexplicable aux lois de la Nature ce monde aurait-il été
condamné à n'être qu'un bloc inerte depuis l'époque de son ardente
genèse jusqu'à nos jours? Pour soutenir que la Lune n'ait jamais pu
être habitée, il faudrait imaginer qu'elle est (pardonnez-nous
l'expression) un monde manqué, frappé d'arrêt dans son développe-

ment, atrophié et mis de côté par la mère universelle. Or, ce serait là un roman imaginaire et tout à fait gratuit, qui ne peut être fondé sur aucune observation. La Lune nous présente au contraire tous les témoignages d'un monde qui est fort bien arrivé à terme. Sa destinée a donc dû s'accomplir, aussi bien que s'accomplit en ce moment la destinée de la Terre ; et le but de l'existence des mondes, l'habitation par la pensée, a été atteint sur notre satellite comme il l'est ici, mais en d'autres conditions.

L'apogée de la vie lunaire a dû arriver à l'époque où la Terre était un petit soleil. La lumière et la chaleur de l'astre-Terre auront joué un grand rôle dans les éléments de la vie lunaire, et peut-être est-ce à cause de cette coïncidence que ces éléments paraissent aujourd'hui réduits à leur dernière expression.

Mais *les habitants de la Lune existent-ils encore aujourd'hui ?* Aucune observation ne prouve le contraire. Ce qui nous frappe le plus, il est vrai, dans l'examen attentif de la Lune, c'est l'absence de nuages, d'une part, et d'autre part, l'absence de variation de couleurs dans ses terrains. On en conclut qu'il n'y a pas d'eau, ni de végétaux ; mais ces conclusions négatives sont absolument prématurées, et l'on ne doit point désespérer de pouvoir un jour découvrir ces voisins problématiques à l'aide de télescopes perfectionnés. Nous avons vu qu'il peut exister là une atmosphère non insignifiante, que certaines plaines basses présentent souvent des nuances foncées, et que leur photographie a conduit plusieurs observateurs contemporains à admettre l'existence probable d'une végétation. Nous avons vu enfin que dans l'état actuel de l'optique, il nous est impossible de constater directement l'existence d'êtres vivants sur la Lune. Il faut donc être réservés dans nos négations (¹).

(¹) Les volcans de la Lune ne sont pas en activité, il est vrai ; mais les volcans de la Terre sont presque tous éteints aussi, et un monde n'a pas besoin de volcans en activité pour être habité. Ce n'est pas la puissance, calorifique ou autre, intérieure d'un globe qui entretient la vie ; car la chaleur intérieure du globe terrestre n'a aucune action sur les phénomènes vitaux de la surface. La Terre pourrait être dépourvue de chaleur jusqu'à son centre, sans que la vie cessât d'exister. Il en est de même de la Lune.

Si donc la Lune n'était plus habitée actuellement, ce ne serait point par suite de l'absence de sa chaleur intérieure, mais parce qu'il n'y aurait plus à sa surface les fluides nécessaires pour soutenir la vie. Or, une atmosphère peut exister, et ses terrains ne doivent pas être aussi secs, aussi arides qu'on le suppose généralement.

Il y a toutefois une haute probabilité pour que la vie lunaire soit plus avancée que celle de la Terre, et soit actuellement en décadence. L'activité n'est plus là ce qu'elle a été autrefois. Ce monde est certainement dans un état de calme et de repos dont aucun autre monde de notre système ne nous offre d'exemple. C'est là un fait incontestable. Mais ce calme qui environne le monde lunaire, et dont on a l'impression si intime lorsqu'on observe au télescope ses paysages immobiles illuminés dans la nuit, s'il est un témoignage du repos relatif de cette terre jadis si agitée, n'est pas encore un témoignage de sa mort. Sans doute, la vie lunaire est à son déclin ; mais elle n'a probablement pas encore disparu, et peut-être les dernières familles de l'humanité lunaire sont-elles encore là, au fond des vallées, dans la plaine veloutée de Platon, ou dans la vallée onduleuse d'Hyginus, ou bien sur les rives de la mer de la Sérénité, nous contemplant de leur séjour, et se demandant comment une planète aussi agitée que la nôtre et aussi saturée de brouillards peut être habitée par des êtres délicats et intelligents.

Tel qu'il est actuellement, ce monde est bien intéressant à contempler au télescope, et il est surprenant que si peu d'hommes le connaissent. On distingue si admirablement d'ici toute sa géographie et toute sa géologie... Oh ! je vous en prie, vous tous qui lisez ces lignes, ne restez point sans diriger, quelque beau soir, vers cet astre voisin, un instrument astronomique qui vous permette de l'observer, surtout vers l'époque du premier quartier. Quelques minutes seulement d'observation vous raviront. Vous aurez là, ce n'est pas trop dire, un avant-goût des spectacles célestes que votre imagination pourrait rêver, et votre soirée sera mieux occupée encore et plus précieuse que celles que vous passez à entendre les plus beaux chefs-d'œuvre d'une langue ou d'une autre, les plus émouvantes scènes de théâtre, ou même les plus mélodieux accents de la musique aux ailes frémissantes. Vous ne vous doutez point de la pureté de ce spectacle, encore moins de sa grandeur et de son enseignement. Vous aurez là sous les yeux un monde, mort en apparence, mais beau ; silencieux, mais éloquent ; froid, mais lumineux. Ces volcans, ces cratères, ces lacs, ces mers desséchées, ces collines, ces vallées, vous les voyez ; ils vous parlent d'un autre âge, d'un temps où les flammes sillonnaient ces campagnes, où

... Monde mort en apparence, mais beau; silencieux, mais éloquent; froid, mais lumineux...

TERRES DU CIEL

les volcans vomissaient leurs laves, où les cratères crachaient leurs entrailles, où l'air, l'eau, le feu, la boue, la poussière, la tempête, balayaient ces terres ensevelies aujourd'hui au milieu de mille débris encore visibles.... Et ils vous montrent la destinée future de notre propre monde.

Quelle que soit la destinée de la Lune, il est intéressant de nous représenter ce séjour au point de vue des plaisirs intellectuels qu'il peut offrir et des contemplations qui pourraient nous y être données. Le seul mode de voyage à la Lune qui soit pratique, c'est d'ailleurs le voyage en esprit, lorsque le télescope et le calcul nous ont indiqué le vrai chemin. Ce voyage, faisons-le en terminant.

Quels spectacles se révèlent à nos regards étonnés, lorsque nous nous transportons par la pensée à la surface de la Lune? C'est le monde le plus voisin de nous, et c'est le plus dissemblable que puisse nous offrir tout le système planétaire. Essayons de nous représenter les scènes et les paysages qui nous entoureraient si nous habitions la Lune, non des scènes imaginaires comme celles que l'on a souvent inventées dans des voyages fantastiques, mais les tableaux réels que le télescope nous montre d'ici, et que nous savons exister sur ce globe étrange. Ces tableaux, l'œil de l'homme les a déjà vus, et l'esprit humain s'est déjà promené au milieu de ces campagnes, car lorsque, dans le silence des nuits et dans l'oubli de toute agitation terrestre, nous dirigeons nos télescopes vers cet astre solitaire, notre pensée traverse facilement la faible distance qui nous en sépare et se suppose, sans un grand effort d'imagination, habiter un instant au milieu des panoramas lunaires qui se développent dans le champ télescopique.

Aucune contrée de la Terre ne peut nous donner une idée de l'état du sol lunaire : jamais terrains ne furent plus tourmentés ; jamais globe ne fut plus profondément déchiré jusque dans ses entrailles. Les montagnes présentent des amoncellements de rochers énormes tombés les uns sur les autres, et autour des cratères effrayants qui s'enchevêtrent les uns dans les autres, on ne voit que des remparts démantelés, ou des colonnes de rochers pointus ressemblant de loin à des flèches de cathédrales sortant du chaos.

Supposons que nous arrivions au milieu de ces steppes sauvages vers le commencement du jour : le jour lunaire est fort long, car on ne compte pas moins de 354 heures depuis le lever jusqu'au coucher du soleil. Si nous arrivons avant le lever du soleil, l'aurore n'est plus là pour l'annoncer, car sans atmosphère il n'y a aucune espèce de crépuscule ; seulement la lumière zodiacale, que l'on distingue si rarement sur la Terre, mais qui est constamment visible de la Lune, est l'avant-courrière de l'arrivée de l'astre-roi. Tout d'un coup, de l'horizon noir, s'élancent les flèches rapides de la lumière solaire, qui viennent frapper les sommets des montagnes, pendant que les plaines et les vallées restent dans la nuit. La lumière s'accroît lentement, car tandis que sur la Terre, dans les latitudes centrales, le Soleil n'emploie que deux minutes un quart pour se lever, sur la Lune il emploie près d'une heure, et, par conséquent, la lumière qu'il répand est très faible pendant plusieurs minutes et ne s'accroît qu'avec une extrême lenteur. C'est une espèce d'aurore, mais qui est de courte durée, car lorsqu'au bout d'une demi-heure le disque solaire est déjà levé de moitié, la lumière paraît presque aussi intense à l'œil que lorsqu'il est tout entier au-dessus de l'horizon. Ces levers de soleil lunaire sont loin d'égaler les nôtres en splendeur. L'illumination si douce et si tendre des hauteurs de l'atmosphère, la coloration des nuées d'or et d'écarlate, les éventails de lumière qui projettent leurs rayons à travers les paysages, et, par-dessus tout, cette rosée lumineuse qui baigne les vallées d'une si moelleuse clarté au commencement du jour, sont des phénomènes inconnus à notre satellite. Mais, d'autre part, l'astre radieux s'y montre avec ses protubérances et son ardente atmosphère. Il s'élève lentement comme un dieu lumineux au fond du ciel toujours noir, ciel profond et sans forme, dans lequel *les étoiles continuent de briller pendant le jour* comme pendant la nuit, car elles ne sont pas cachées par un voile atmosphérique comme celui qui nous les dérobe pendant le jour.

La perspective aérienne n'existe pas dans les paysages lunaires. Les objets les plus éloignés sont aussi nettement visibles que les plus rapprochés, et l'on peut presque dire que dans un tel paysage il n'y a qu'un seul plan. Plus de ces teintes vaporeuses qui sur la Terre agrandissent les distances en les estompant d'une lumière décroissante ; plus de ces clartés vagues et charmantes qui flottent

sur les vallées baignées par le soleil ; plus de cet azur céleste qui va
en pâlissant du zénith à l'horizon et jette un transparent voile bleu
sur les montagnes lointaines : une lumière sèche, homogène, éclatante, illumine durement les rochers des cratères, l'air absent ne
s'éclaire pas ; tout ce qui n'est pas exposé directement aux rayons
du soleil reste dans la nuit. Rembrandt lui-même n'a jamais
imaginé de contrastes aussi absolus (mais la Lune est peut-être
aujourd'hui son atelier de prédilection).

Lorsque du haut des remparts d'un cratère nous contemplons, au
lever du soleil, comme du haut du Righi, les cimes des montagnes
qui s'illuminent lentement, elles font l'effet de points lumineux
grandissant isolés dans l'espace. Tout est noir autour de ces points,
aussi bien le pied des montagnes que l'espace céleste, et lentement,
à mesure que le soleil s'élève au-dessus de l'horizon derrière nous,
nous voyons les rochers lumineux grandir par la base, jusqu'à ce
qu'ils arrivent à toucher le sol, lorsque le soleil est assez haut lui-
même pour nous montrer que ce sol existe. Le blanc et le noir ne
sont pourtant pas les seuls contrastes existants, car les produits
volcaniques doivent offrir des couleurs variées, comme on le voit
lorsque, du haut du Vésuve, on regarde l'intérieur du cratère : le
soufre, le feldspath, le traehyte, l'obsidienne, les laves, les pouzzo-
lanes, forment un très curieux assortiment de couleurs, depuis la
topaze jusqu'à l'émeraude et jusqu'au rubis : ce n'est pas là une des
moindres curiosités qui attendent le touriste au sommet de cette admirable montagne. Il doit en être de même sur les cratères lunaires,
et le spectacle, quoique tout à fait opposé aux charmants et splendides
tableaux du golfe de Naples, n'en doit pas moins être, dans sa rudesse
et dans sa sauvagerie, fort imposant pour le regard et pour la pensée.

Au coucher du soleil, l'astre du jour descend lentement vers
l'horizon, et les ombres noires des montagnes s'allongent en silence
comme des géantes. Aucune coloration du ciel, aucune gloire,
aucune pompe n'accompagne ce départ. La lumière zodiacale descend lentement à son tour, laissant l'empire de la nuit à l'armée
des étoiles, à la Voie lactée, et surtout à la Terre, dont l'éclat illumine du haut des cieux les paysages endormis.

Les constellations ont les mêmes configurations que vues d'ici,
mais leurs mouvements sont lents, attendu que la Lune ne tourne

Phases de la Terre vue de la Lune.

pas avec la même vitesse que la Terre ; son pôle céleste est situé
dans la constellation du Dragon, tout prés de notre pôle de l'écliptique. Les étoiles sont incomparablement plus nombreuses et plus
brillantes que vues d'ici ; mais elles scintillent à peine. Les planètes
et les étoiles les plus brillantes sont visibles, même lorsqu'elles sont
tout près du Soleil. Mercure, entre autres, si difficile à voir d'ici, est
l'une des premières que l'on y aura découvertes, car elle est constamment en vue en se balançant de part et d'autre de l'astre du jour.

Mais notre vue ne serait pas la seule à s'apercevoir de la rareté
de l'atmosphère ; cette singulière nature agirait encore sur nos
autres sens. Les vibrations du son étant d'une faiblesse extrême, ou
peut-être même n'existant pas du tout, la Lune doit être un monde
muet et silencieux, où jamais le moindre bruit ne se fait entendre.
Le silence du tombeau règne en souverain à sa surface. En vain nos
lèvres remueraient et nos langues essayeraient de parler : nous
serions forcément muets de naissance et incapables de troubler le
silence fatal et éternel du monde lunaire. Les habitants de la Lune
ont dû être des sourds-muets parlant par signes. Mais nos sens
pourraient y être remplacés par d'autres, par des sens électriques,
magnétiques, frémissant à la moindre influence.

On admire de la Lune un astre majestueux, que l'on ne voit pas de
la Terre, et dont le caractère spécial est de rester immobile dans
le ciel, tandis que tous les autres passent derrière lui, et d'offrir les
dimensions les plus grandioses. Cet astre, c'est notre propre Terre,
près de quatre fois plus large en diamètre que la Lune, treize fois et
demie plus étendue en surface et plus lumineuse, et qui offre à la
Lune des phases correspondantes à celles que la Lune nous présente,
mais en sens inverse. Au moment de la nouvelle Lune, le Soleil
éclaire en plein l'hémisphère terrestre tourné vers notre satellite, et
l'on a la *pleine Terre* ; à l'époque de la pleine Lune, au contraire,
c'est l'hémisphère non éclairé de la Terre qui est tourné vers notre
satellite, et l'on a la *nouvelle Terre* ; lorsque la Lune nous offre un premier quartier, la Terre donne son dernier quartier, et ainsi de suite ([1]).

[1] En moyenne, la Terre présente un croissant pendant le jour, un premier quartier
au coucher du soleil, la pleine Terre à minuit, son dernier quartier au lever du soleil,
et son dernier croissant le matin. Ses phases sont ainsi mieux appropriées à l'éclairement de la Lune que celles de la Lune ne sont appropriées au nôtre, d'autant plus que

Un spectateur qui se trouverait vers le centre de l'hémisphère lunaire .qui nous regarde, c'est-à-dire au nord des montagnes de Ptolémée et d'Hipparque, aurait la Terre à son zénith ; celui qui serait placé à quelque distance de ce centre aurait la Terre déjà un peu plus bas, et sa hauteur diminuerait à mesure que notre spectateur s'approcherait vers la circonférence du disque lunaire. Pour les pays situés le long de cette circonférence, la Terre est constamment à leur horizon ; un léger balancement la fait monter et descendre au-dessus des montagnes. Mais si nous allons plus loin et que nous considérions les contrées appartenant à l'hémisphère lunaire que nous ne voyons jamais, il est évident que, réciproquement, de ces pays on n'a jamais vu notre monde ni reçu la belle lumière nocturne du clair de Terre.

Les habitants de l'hémisphère visible de la Lune, disait Mädler, ont dans la Terre, le changement de ses phases et sa rotation, une horloge constante et relativement exacte ; l'hémisphère opposé n'a pas cet avantage, le cours seul du Soleil, et pendant la nuit les étoiles fixes lui servent de montre naturelle qui, lorsqu'on n'a pas recours à des moyens artificiels, le cède de beaucoup à la précédente, en exactitude et en commodité. L'hémisphère invisible ne connaît pas du tout d'*éclipses* : l'hémisphère visible, au contraire, a des éclipses de soleil assez nombreuses (parmi lesquelles sont des éclipses totales qui durent deux heures), et quelquefois même une très petite éclipse de Terre (sans doute à peine visible). Le calendrier de l'hémisphère invisible est bien différent de celui de l'hémisphère visible.

Si nous transportons en pensée un astronome sur l'autre hémisphère de la Lune, nous lui donnons le meilleur observatoire qu'on puisse trouver dans tout le système solaire. Supposons qu'il fasse ses observations dans une plaine qui ne soit pas à une trop grande distance de l'équateur. Le Soleil s'abaissera au-dessous de l'horizon, d'abord à son bord inférieur et une heure plus tard à son bord supérieur. Pendant ce temps l'obscurité a gagné insensiblement et enfin il n'y a plus que quelques hautes sommités des vastes couronnes de montagnes qui soient éclairées ; ces lueurs disparaissent aussi bientôt et tout est plongé dans

la Terre envoie treize fois et demie plus de lumière à la Lune que la Lune ne nous envoie, et que les nuits lunaires sont toujours magnifiquement éclairées, sans que jamais le ciel s'y couvre de nuages pour empêcher le clair de Terre de répandre sa nocturne clarté.

Notre planète n'est pas absolument fixe dans le ciel lunaire, mais tourne lentement dans une petite ellipse mesurant 15° 8' de longitude et 13° 6' de latitude. Le diamètre de la Terre est de 1° 54'.

une profonde nuit. Alors il a pendant 350 heures la liberté la plus complète pour ses observations. Les étoiles n'ont pas pour lui un mouvement
plus rapide que pour nous l'étoile polaire ; il peut entreprendre avec
la plus grande tranquillité des déterminations absolues ou relatives, et il
est assuré de ne pas être troublé par des nuages, de l'agitation dans l'air
ou d'autres inconvénients analogues. Il découvre, par exemple, une
comète : il la poursuit à des intervalles de temps *égaux*, choisis à volonté,
et obtient pendant le cours d'une nuit, une série de positions assez
nombreuses et assez exactes pour déterminer le jour suivant l'orbite de
la comète et calculer des éphémérides pour la nuit suivante. Mais ce
n'est pas tout : il a dessiné dès le commencement la forme de la comète et
a aperçu *sans interruption* les changements qu'elle éprouve dans le
courant de la nuit. Comme l'obscurité de la nuit reste toujours la même et
que la hauteur différente de la comète au-dessus de l'horizon n'a pas une
influence défavorable, il n'y a pas à craindre d'illusions optiques et il ne
dépend que de l'observateur de ne rien laisser échapper de tout ce qui se
passe sur la comète pendant tout ce long espace de temps. Il en est de
même pour la détermination des positions des planètes et des satellites,
pour l'observation des surfaces des planètes, etc. Ce que l'astronome aura
vu dans une nuit quelconque, il ne le cherchera jamais en vain dans
aucune nuit suivante, ou s'il se présente une variation, il en concluera
avec certitude à un changement réel.

Il poursuit de la même manière pendant le jour une tache du Soleil
qu'il a vue le matin entrer sur le bord oriental du disque ; il la suit dans
toutes ses positions jusqu'à ce qu'elle disparaisse au bord occidental, ce
qui arrive encore avant la tombée de la nuit, et il obtient en même temps
une suite non interrompue des changements physiques de cette tache. Le
lendemain il peut sur le champ chercher la tache et décider si elle repa-
raîtra ou non,

Aucune planète ou aucun satellite connu ne réunit de pareils avantages et à un aussi haut degré.

Dans son cours de chaque jour, le Soleil passe au nord et au sud
de la Terre stationnaire. Parfois il se glisse juste derrière elle, et
alors le spectateur lunaire peut jouir du sublime spectacle d'une
éclipse de Soleil par la Terre, au milieu d'un concours de circonstances qui rendent le phénomène beaucoup plus imposant que
toutes nos petites éclipses terrestres. Ici, en effet, notre Lune
n'éclipse jamais le Soleil que pendant un temps très court, qui ne
peut pas dépasser sept minutes. Mais la Terre est pour notre satellite une Lune dont le diamètre est quatre fois plus grand que celui
du Soleil, et l'astre du jour, en s'enfonçant lentement derrière elle,

Dans la Lune : UNE ÉCLIPSE DE SOLEIL PAR LA TERRE.

produit une éclipse totale dont la durée est de plusieurs heures. Le passage de l'astre lumineux derrière l'énorme disque noir de la Terre donne naissance à la plus curieuse succession de phénomènes optiques, par le jeu des réfractions et des dispersions produites dans l'atmosphère terrestre. Notre globe s'entoure peu à peu d'un croissant d'or, brillant autour de lui comme une auréole lumineuse. A mesure que l'éclipse avance et que la totalité approche, cette gloire s'étend autour du disque terrestre tout noir, en produisant un éclat assez grand pour illuminer d'une lumière orangée tout le paysage lunaire couvert de l'ombre de la Terre. C'est comme une *couronne céleste* autour de la sphère terrestre. Cet anneau de lumière est surtout lumineux aux bords mêmes de notre globe, où il revêt une teinte écarlate. Quel étrange spectacle!... C'est pourtant ce qu'on peut voir de la Lune chaque fois que nous avons ici une éclipse de lune.

Quel curieux tableau offre la Terre pendant cette longue nuit de quatorze fois vingt-quatre heures? Indépendamment de ses phases, qui la conduisent du premier quartier à la pleine Terre pour le milieu de la nuit, et de la pleine Terre au dernier quartier pour le lever du soleil, quel intérêt n'éprouverions-nous pas à la voir ainsi stationnaire dans le ciel et tournant sur elle-même en vingt-quatre heures? En ce moment, par exemple, nous reconnaîtrions sur son disque, au milieu de l'immense océan verdâtre qui s'étend de part et d'autre, les deux V superposés qui forment l'Amérique; puis nous verrions ce dessin géographique se déplacer lentement vers l'est; l'océan Pacifique arrive ensuite; l'Asie et l'Australie apparaîtraient, bientôt suivies par le long continent de l'Asie et par l'Océan indien. La Terre, continuant de tourner, nous présenterait ensuite l'Europe et l'Afrique, et peut-être notre vue exercée pourrait-elle distinguer vers l'ouest de l'Europe les contrées qui nous sont les plus chères. Notre planète est ainsi l'*horloge céleste perpétuelle des habitants de la Lune.* C'est un monde éclatant, vu de cette distance, et qui verse tant de lumière sur les nuits lunaires, que d'ici nous en recevons encore le reflet; et ce monde paraît fixé dans l'espace sur les gonds invisibles de l'axe autour duquel il tourne. Lentement les étoiles et les planètes passent derrière lui, mais l'atmosphère terrestre les arrête au passage; elle agit comme

le ferait une immense lentille concentrant en elle tous les rayons des
étoiles qui passent derrière la Terre et s'illuminant d'une blanche
clarté, par suite de cette lumière diffuse. Ainsi, lentement, les
étoiles arrivent, passent derrière elle, lui prêtent leur lumière
et continuent leur cours.

Que nous sommes magnifiques vus de là ! Nous occupons le
trône du ciel étoilé, et notre planète a dû y être adorée et redoutée
comme l'inexorable et sereine déesse de la nuit et de la destinée.
C'est vraiment de cette station que nous pouvons être les mieux
appréciés. Quelle différence avec notre aspect vu de Mercure et de
Vénus !

De la Lune, de Vénus, de Mercure, de Mars, on doit étudier la
Terre comme un astre, observer ses phases, ses taches géographiques, ses neiges polaires, son atmosphère, ses nuages, ses montagnes,
discuter ses aspects, calculer ses mouvements et comparer avec soin
les observations aux calculs d'éphémérides. On se demande alors
quelle est la nature réelle de *cet astre,* s'il est habité, et par
quelles espèces d'êtres. Les sceptiques sourient de cette hypothèse
inutile, les doctes universitaires sont d'avis que ce globe ne vaut
pas l'honneur de fixer un instant leurs pensées, les théologiens
enseignent que le ciel ayant été créé pour eux et leurs disciples,
l'idée même d'imaginer des habitants sur cet astre comme sur les
autres est hérétique et anti-déiste, le public général trouve le problème hors de sa compétence, et ainsi, de par le suffrage universel,
explicite ou implicite, des habitants, notre planète est regardée
comme une superfluité perdue au firmament, ou tout au plus comme
un objet céleste susceptible d'intéresser le télescope de quelque
observateur dépourvu de sujets d'études plus sérieux. Si quelque
astronome de Mars ou de Vénus publie un ouvrage sur *Les Terres
du Ciel* et consacre quelques pages à la description astronomique de
notre planète, l'un de ses confrères, plus avancé en âge et en autorité, ne tarde pas à faire une conférence en Sorbonne pour montrer
à ses auditeurs la témérité de l'avocat des causes célestes, qui ose
émettre l'idée que cette planète pourrait être illustrée, elle aussi,
par des observatoires et des académies.

Ajoutons que le système du monde vu de la Lune est à peu près
le même que celui que nous avons imaginé d'après les apparences.

Le ciel est en haut, ou pour mieux dire tout autour de l'univers : pour les théologiens de la Lune, c'est aussi le séjour des élus. La Terre est un astre du ciel, doué du privilège unique de paraître suspendu immobile dans l'espace : elle a sans doute été considérée comme la première étape des âmes dans leur ascension vers le

Fig. 231. — La pleine-Terre vue de la Lune.

ciel. Le Soleil et les planètes offrent les mêmes aspects que vus d'ici.

Tels sont les panoramas lunaires qu'un artiste pourrait contempler ; tels sont les spectacles célestes dont un astronome pourrait jouir, au milieu des steppes silencieuses, ou du haut des Alpes

géantes de notre étrange satellite. C'est l'observatoire le plus digne
d'envie ; car sur la constitution physique de Soleil, des planètes et
des étoiles, sur l'état des nébuleuses, sur la profondeur de la Voie
lactée, sur le nombre et la variété des étoiles doubles, et sur les
plus grands problèmes de l'astronomie, on en apprendrait plus en

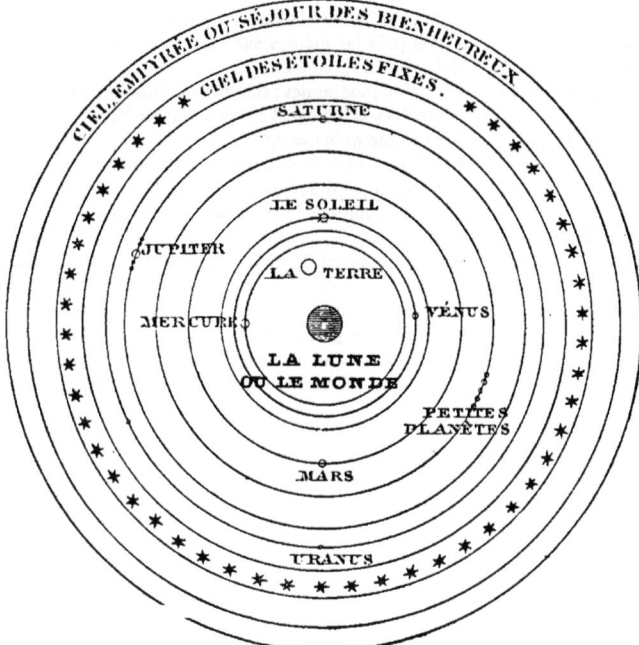

Fig. 232. — Le système du monde, vu de la Lune, selon les apparences vulgaires.

un an d'observations faites sur la Lune qu'en cent ans d'observations
faites sur la Terre. Mais comme séjour d'habitation, ce monde voisin
est un des plus pauvres et des plus déshérités qui existent. Il est bien
inférieur au nôtre, qui pourtant est loin d'être parfait, comme nous
l'avons vu. Le Dante y avait placé l'un des cercles d'expiation de son
Purgatoire : cette hypothèse imaginaire serait mieux appropriée à
sa nature que de voir en lui un paradis.

Comme nous l'avons fait pour Mars, Vénus et Mercure, terminons
ce voyage à la Lune par le résumé de sa condition sidérale comparée à celle de la Terre. Elle est vraiment étrange.

ÉTAT PARTICULIER DU MONDE LUNAIRE.

Durée de l'année et des quatre saisons.	346 jours 14 heures 34 minutes.
Durée du jour et de la nuit.	29 jours 12 heures 44 minutes.
Nombre de jours lunaires dans son année	12.
Saisons.	Insensibles. La plus grande différence de température est entre le jour et la nuit, et elle est extrème.
Climats.	A peu près les mêmes sur toute la surface,
Atmosphère	Extrêmement faible.
Géographie et orographie.	Plaines et montagnes ; celles-ci sont presque toutes d'anciens cratères et s'élèvent jusqu'à 7600 mètres.
Densité des matériaux. . .	Plus faible qu'ici = 0,602.
Pesanteur	Extrêmement faible : 6 fois moindre qu'ici = 0,164.
Vie.	Complètement différente de la vie terrestre. Probablement aujourd'hui très usée et près de s'éteindre.
Tour du monde lunaire . .	2731 lieues.
Dimensions, ...	Environ le quart du diamètre de la Terre = 869 lieues.
Diamètre du Soleil.	Le même que vu d'ici.
Diamètre de la Terre. . . .	Environ quatre fois plus large en diamètre que la pleine Lune nous paraît (= 114′) ; reste à peu près fixe dans le ciel en variant de phases ; éclaire ce monde à minuit comme le feraient quatorze pleines Lunes.

LIVRE VI

LES PETITES PLANÈTES QUI GRAVITENT
ENTRE MARS ET JÜPITER

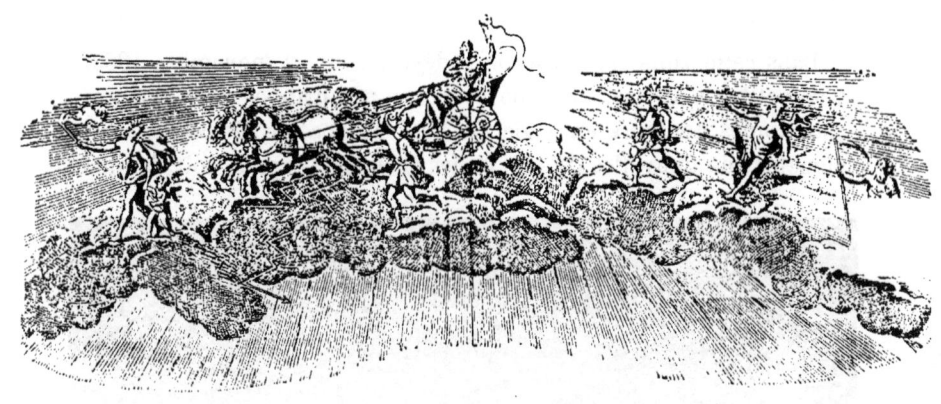

LIVRE VI

Les petites planètes qui gravitent entre Mars et Jupiter.

Nous devons faire encore une halte de quelques instants avant d'arriver au monde gigantesque de Jupiter, retenus ici par la république fort intéressante des petites planètes.

Ces petits cantons célestes sont au nombre de plusieurs centaines et se trouvent tous compris entre l'orbite de Mars et celle de Jupiter. La zone dans laquelle ils se meuvent est fort large d'ailleurs, car il n'y a pas moins de 67 millions de lieues entre l'orbite de la plus proche du Soleil et celle la plus éloignée. On voit que c'est là une immense étendue, qui égale presque le double de la distance de la Terre au Soleil. Nous nous formerons une idée exacte de la position de leurs orbites en revoyant la figure 179, p. 392, que nous avons tracée pour notre voyage uranographique.

Cette figure correspond au petit tableau suivant :

| | DISTANCES AU SOLEIL | | DURÉE DES RÉVOLUTIONS | |
	la Terre étant 1	en millions de lieues.		
LA TERRE.	1,000	37	365 jours, ou 1 an.	
MARS	1,524	56	687 —	1 ans 122 jours.
MÉDUSE.	2,133	79	1138 —	3 — 42 —
	2,380	88	1340 —	3 — 244 —
	2,442	90	1393 —	3 — 297 —
Zones de plus grande condensation	2,590	96	1522 —	4 — 61 —
	2,668	99	1592 —	4 — 131 —
	2,760	102	1673 —	4 — 214 —
	3,120	115	2014 —	5 — 188 —
	3,485	129	2376 —	6 — 185 —
HILDA.	3,952	146	2870 —	7 — 314 —
JUPITER.	5,203	192	4332 —	11 — 314 —

Dans cette zone immense on a déjà découvert (novembre 1883) 234 petites planètes, et il ne se passe pas d'année sans que les astronomes, toujours en vigie au bord de l'océan des cieux, n'en signalent de nouvelles ('), soit en les cherchant exprès, soit, le plus

Fig. 234. — Une carte d'étoiles le long de l'écliptique.

souvent, en ne les cherchant pas, et en construisant des cartes d'étoiles voisines de l'écliptique. C'est, en effet, en construisant ces cartes que la plupart des premières petites planètes on été trouvées.

(') Résumé des découvertes des petites planètes :

	Période.	Total.		Période.	Total.
1801-07	4	4	1861-70	50	112
1845-50	9	13	1871-80	107	219
1851-60	49	62	1881-83	15	234

Examinons, par exemple, la figure 234 qui représente l'une des cartes écliptiques de l'Observatoire de Paris. Tandis qu'on pointe les étoiles fixes qui doivent former la carte, on remarque un astre qui n'y était pas la veille : on examine alors attentivement sa position, et l'on constate qu'il se déplace d'un jour à l'autre. On sait ainsi que cet astre n'est pas une étoile, mais une planète. L'aspect n'est pas différent, car toutes ces petites planètes sont télescopiques, invisibles à l'œil nu, et ne présentent en moyenne que l'éclat d'une étoile de dixième grandeur; mais on peut saisir un mouvement analogue à celui qui est indiqué figure 235. C'est là un piège à prendre les planètes. Lorsqu'on a pu faire trois bonnes observations du nouvel astre, on possède les bases nécessaires pour calculer sa distance et la position de son orbite dans l'espace. Le résultat a toujours été de placer l'astre entre Mars et Jupiter.

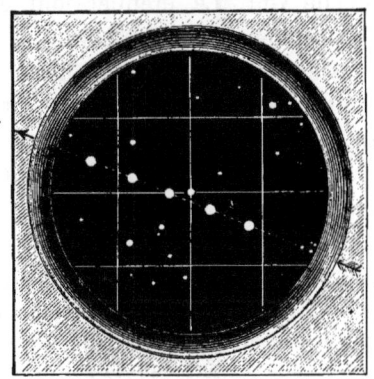

Fig. 235.
Comment on trouve les petites planètes.

C'est ici le lieu de remarquer qu'il y avait une lacune en cette région avant la découverte des astéroïdes : Képler l'avait signalée dans ses recherches sur les *Harmonies du monde*, et plus tard Titius et Bode. On sentira immédiatement cet hiatus par la comparaison suivante. Écrivons la série que voici :

$$0 \quad 3 \quad 6 \quad 12 \quad 24 \quad 48 \quad 96$$

dans laquelle, à partir de 3, chaque nombre est le double du précédent. Ajoutons 4 à chacun d'eux, il en résulte :

$$4 \quad 7 \quad 10 \quad 16 \quad 28 \quad 52 \quad 100$$

Or chacun de ces chiffres représente *à peu près* les distances moyennes des anciennes planètes au Soleil, car ces distances sont à celle de la Terre représentée par 10 dans le rapport suivant :

Mercure.	Vénus.	La Terre.	Mars.	Jupiter.	Saturne.
3,9	7,2	10	15	52	95

Le nombre 28 n'était représenté par aucune planète.

Lorsqu'en 1781 William Herschel découvrit la planète Uranus, cette planète se plaça au-delà de Saturne, à une distance représentée par le nombre 196, qui continue précisément la série précédente. Cette confirmation inattendue de la loi de Titius appela de nouveau l'attention sur l'absence de planète au chiffre 28, et le baron de Zach, un des plus actifs astronomes de son temps, convaincu plus que tout autre de son existence, en calcula d'avance les éléments et organisa une association d'astronomes pour la rechercher. La découverte ne se fit pas attendre, mais c'est d'autre part qu'elle vint. Le premier jour de ce siècle, le 1er janvier 1801, l'astronome Piazzi, observant à Palerme les petites étoiles de la constellation du Taureau, découvrit *par hasard* la première des petites planètes situées entre Mars et Jupiter, laquelle justement se trouva à la distance 28.

Piazzi donna au nouvel astre le nom de *Cérès*, ancienne divinité protectrice de la Sicile.

La lacune ainsi comblée par la découverte de Cérés, personne ne pensa qu'il pouvait exister là d'autres planètes, et si Piazzi l'avait supposé, il aurait pu découvrir coup sur coup une douzaine des petits corps qui flottent dans cette région. Un astronome de Brême, Olbers, observait la nouvelle planète dans la soirée du 28 mars 1802, lorsqu'il aperçut dans la constellation de la Vierge une étoile de 7e grandeur qui n'était pas marquée sur la carte de Bode, dont il se servait. Le lendemain, il la trouva changée de place et reconnut par là en elle une seconde planète. Mais il fut beaucoup plus difficile de lui donner droit de cité qu'à son aînée, parce que, la lacune étant comblée, on n'en avait plus besoin ; et elle était plus gênante qu'agréable. On la regarda donc comme une comète (refuge tout trouvé) jusqu'au jour où son mouvement prouva qu'elle gravitait dans la même région que Cérès. On lui donna le nom de *Pallas*.

Les découvertes inattendues de Cérès et de Pallas portèrent les astronomes à reviser les catalogues d'étoiles et les cartes célestes afin d'y reconnaître les planètes errantes qui passeraient par le zodiaque. Harding était du nombre de ces reviseur zélés. Il ne tarda pas à être récompensé de sa peine. Le 1er septembre 1804, à 10 heures du soir, il vit dans la constellation des Poissons une étoile de 8e grandeur qui, le 4 septembre suivant, avait sensiblement changé de place : c'était une nouvelle planète. Elle reçut le nom de *Junon*.

Après ces trois découvertes, Olbers remarquant que les orbites de ces petits astres se croisent dans la constellation de la Vierge, émit l'hypothèse qu'ils pourraient bien n'être autre chose que les fragments d'une grosse planète brisée. La mécanique montre que, dans ce cas, les fragments doivent repasser chaque année, c'est-à-dire à chacune de leurs révolutions, par l'endroit où la catastrophe s'est opérée. Il se mit dès lors à explorer attentivement cette constellation et y trouva, en effet, le 29 mars 1807, une quatrième petite planète, à laquelle il donna le nom de *Vesta*. Sa distance n'est que de 2,36, et sa révolution n'est que de 1326 jours. C'est la plus brillante des petites planètes, et on la voit quelquefois à l'œil nu (quand on sait où elle est) comme une petite étoile de 6ᵉ grandeur.

On peut s'étonner qu'après ces brillants débuts on soit resté ensuite pendant trente-huit ans sans découvrir une seule petite planète, car ce n'est qu'en 1845 que la cinquième, Astrée, fut découverte par Hencke, pendant qu'il construisait une carte d'étoiles. La raison principale doit être attribuée précisément au manque de bonnes cartes d'étoiles, car, pour trouver ces petits points mobiles, le premier soin est d'avoir une carte très précise de la région du zodiaque que l'on observe pour reconnaître si l'une des étoiles observées est en mouvement.

Ces petites planètes sont toutes télescopiques, invisibles à l'œil nu, à l'exception de Vesta et quelquefois de Cérès, que de bonnes vues parviennent quelquefois à distinguer; elles sont de 7ᵉ, 8ᵉ, 9ᵉ, 10ᵉ, 11ᵉ grandeur, et même encore plus petites, et c'est aussi pour cette raison qu'un si grand intervalle de temps s'est écoulé entre la quatrième et la cinquième découverte. Il est probable que toutes les petites planètes de quelque importance sont connues actuellement, mais qu'il en reste encore un grand nombre, plusieurs centaines peut-être, à découvrir, dont l'éclat moyen ne surpasse pas celui des étoiles de 12ᵉ ordre, dont le diamètre n'est que de quelques kilomètres ou dont la distance est considérable. Le diamètre de la plus grosse, celui de Vesta, est évalué à 400 kilomètres.

Hencke trouva successivement la 5ᵉ et la 6ᵉ en 1845 et 1847; Hind, astronome anglais, la 7ᵉ et la 8ᵉ en 1847; Graham, observateur anglais, la 9ᵉ en 1848; de Gasparis, astronome italien, la 10ᵉ et la 11ᵉ en 1849 et 1850, et ensuite sept autres; Hind en découvrit encore huit autres; Goldschmidt, peintre allemand naturalisé français, en a découvert quatorze de 1851 à 1861, les premières de sa fenêtre, à l'aide d'une petite lunette qu'il avait achetée d'occasion. A l'Observatoire de Paris, MM. Paul et Prosper Henry en ont découvert quatorze. Les *découvreurs* les plus féconds ont été l'astronome C.-H.-F. Péters, des États-Unis (il en a découvert *trente-quatre* à lui seul), et l'astronome Palisa, de l'Observatoire de Vienne, qui en a découvert *quarante*! Maintenant on ne se contente plus de les chercher indirectement en construisant des cartes; on les cherche exprès (¹)

_____

(¹) Comment ne pas remarquer que le mouvement astronomique opéré à dater de 1845 dans la découverte des petites planètes, a été fait, non par les observateurs de

Dans l'*Astronomie populaire*, nous avons donné la liste des petites planètes inscrites dans l'ordre chronologique de leurs découvertes, ce qui est suffisant pour une description générale du système du monde. Mais l'ordre logique, l'ordre véritable des petites planètes, c'est naturellement celui de leurs distances au Soleil. Nous avons pris soin de construire pour les *Terres du Ciel* le tableau de la position de ces planètes dans l'espace, suivant l'ordre de leurs distances moyennes au foyer illuminateur. Dans cette liste, on trouve aussi le chiffre de l'excentricité, afin que l'on puisse, si on le désire, se rendre compte de la plus petite et de la plus grande distance que ces astres peuvent présenter. Viennent ensuite : la durée des révolutions sidérales, en jours ; la longitude du périhélie ; l'inclinaison ; les auteurs et les dates des découvertes.

Les noms donnés à ces petits astres ont commencé par l'armée mythologique des divinités de la Terre et du Ciel antiques ; mais avant même que la liste n'en ait été épuisée, certaines circonstances scientifiques ou même nationales et politiques ont fait choisir des noms plus modernes : La 11ᵉ, découverte à Naples, a reçu le nom de Parthénope ; la 12ᵉ, découverte en Angleterre, celui de la reine Victoria ; la 20ᵉ a été nommée Massalia ; la 21ᵉ, Lutèce ; la 40ᵉ a reçu son nom en souvenir de l'impératrice Eugénie ; la 56ᵉ, en souvenir d'Alexandre de Humboldt. La planète 141, découverte à l'Observatoire de Paris, le 13 janvier 1875, a reçu son nom en souvenir de notre ouvrage *Lumen, Récits de l'Infini*. Nous nous faisons un plaisir de remercier ici de cette gracieuse attention l'astronome qui l'a découverte. — Déjà on nous avait fait l'honneur de nous inviter à baptiser la planète 87 et de nommer en notre intention la planète 107 ; et depuis on a bien voulu nous prier de nommer aussi les planètes 154 et 169.

l'État, mais par de simples amateurs. Hencke (qu'il ne faut pas confondre avec Encke), était maître de poste à Berlin, Hind était un étudiant attaché à l'Observatoire d'un amateur ; Goldschmidt était peintre de paysages, etc. A la même époque, Schwabe, magistrat à Dessau, découvrait la périodicité des taches solaires, et ce n'est qu'avec dédain que les Astronomische Nachrichten publiaient ses observations, encore ne le faisaient-elles que parce que leur éditeur, Schumacher, s'était engagé à publier toutes les observations inédites. A la même époque aussi, deux jeunes savants étrangers aux Observatoires, Leverrier en France et Adams en Angleterre, découvraient Neptune. — Au moment où nous écrivons ces lignes (novembre 1883), nous venons d'observer la petite comète de 1812, qui revient nous visiter après un voyage de 71 ans. Cette comète a été découverte en 1812 par Pons, *concierge* de l'Observatoire de Marseille, qui n'a pas découvert moins de 25 comètes à lui seul !... De tels exemples ne sont-ils pas d'éloquents encouragements pour tous ceux qui ont des dispositions en faveur de l'étude des sciences ? On le voit, l'astronomie, l'astronomie pratique même, n'est pas le domaine d'un petit nombre d'initiés : elle est ouverte à tous les esprits, comme le livre du ciel est écrit pour tous les yeux.

PETÎTES PLANÈTES SÎTUÉES ENTRE MARS ET JUPÎTER

DANS L'ORDRE DE LEURS DISTANCES AU SOLEIL

NOMS	ORDRE chronologique.	DISTANCE MOYENNE	Excentricité.	PÉRIODE EN JOURS	LONGITUDE DU PÉRIHÉLIE	INCLINAISON	AUTEURS ET DATES DE LA DÉCOUVERTE	
Méduse	149	2.133	0.119	1138	247°	1°	Perrotin.	1875
Flore.	8	2.201	0.157	1193	33	6	Hind	1847
Ariane.	43	2.203	0.167	1195	278	3	Pogson	1857
. . . . . .	228	2.204	0.211	1195	331	3	Palisa.	1882
Feronia	72	2.266	0.120	1246	308	5	Peters et Safford	1861
Harmonia	40	2.267	0.047	1247	1	4	Goldschmidt .	1856
Hedda	207	2.284	0.030	1261	217	4	Palisa.	1879
Austria	136	2.286	0.085	1263	316	10	Palisa	1874
Melpomène	18	2.296	0.218	1270	15	10	Hind.	1852
Sapho	80	2.296	0.200	1271	355	9	Pogson	1864
Victoria	12	2.334	0.219	1303	302	8	Hind	1850
Euterpe	27	2.347	0.174	1313	88	2	Hind.	1853
Thusnelda	219	2.354	0.225	1319	341	11	Palisa	1880
Erigone	163	2.356	0.157	1321	94	5	Perrotin.	1876
Zélia	169	2.358	0.131	1322	326	5	Prosper Henry.	1876
Vesta	4	2.362	0.088	1326	251	7	Olbers.	1807
Céluta . . .	186	2.362	0.151	1326	327	13	Prosper Henry.	1878
Clio	84	2.363	0.236	1327	339	9	Luther.	1865
Némausa	51	2.365	0.067	1329	175	10	Laurent.	1858
Uranie.	30	2.367	0.127	1329	32	2	Hind	1854
. . . . . .	220	2.367	0.261	1330	268	8	Palisa.	1881
Athor	161	2.374	0.137	1336	313	9	Watson	1876
Artémis	105	2.374	0.175	1336	243	22	Watson	1868
Amalthée	113	2.376	0.087	1338	199	5	Luther.	1871
Thyra	115	2.379	0.194	1310	43	12	Watson	1871
Baucis.	172	2.379	0.114	1311	329	10	Borrelly.	1877
Athamantis . . .	230	2.381	0.061	1345	18	9	De Ball	1882
Iris	7	2.386	0.231	1346	41	5	Hind.	1847
Métis.	9	2.387	0.123	1347	71	6	Graham.	1848
Barbara	234	2.393	0.244	1352	332	15	C. H. F. Peters.	1883
Echo.	60	2.393	0.184	1352	99	4	Ferguson. . . .	1860
Ausonia	63	2.398	0.121	1356	270	6	De Gasparis. . .	1861
Phocéa	25	2.400	0.255	1358	303	22	Chacornac . . .	1853
Nausicaa	192	2.401	0.211	1359	10	7	Palisa.	1879
Massalia.	20	2.409	0.143	1366	99	1	De Gasparis . .	1852
Elsa	182	2.416	0.185	1371	55	2	Palisa.	1878
Polana.	142	2.419	0.132	1374	220	12	Palisa.	1875
Vala	131	2.420	0.082	1375	259	5	C. H. F. Peters.	1873
Asia	67	2.420	0.187	1375	307	6	Pogson	1861
Nysa.	44	2.422	0.151	1377	112	4	Goldschmidt . .	1857
Hébé.	6	2.425	0.203	1379	15	15	Hencke	1847
Hertha.	135	2.427	0.205	1381	320	2	C. H. F. Peters.	1874
Béatrix	83	2.430	0.086	1384	192	5	De Gasparis . .	1865
Iphigénie	112	2.433	0.128	1387	338	3	C. H. F. Peters.	1870
Lutetia.	21	2.435	0.162	1388	327	4	Goldschmidt . .	1852
Peitho.	118	2.438	0.161	1391	78	8	Luther.	1872
Velléda	126	2.440	0.106	1392	348	3	Paul Henry. . .	1872
Isis.	42	2.440	0.226	1392	318	9	Pogson	1856
Fortuna.	19	2.442	0.159	1393	31	2	Hind.	1852
Eurynome.	79	2.444	0.194	1395	44	5	Watson	1843
Tolosa	138	2.449	0.162	1400	312	3	Perrotin.	1874
Phthia	189	2.450	0.036	1401	7	5	C. H. F. Peters.	1878
Parthénope	11	2.453	0.099	1403	318	5	De Gasparis . .	1850
Bélisane.	178	2.458	0.127	1408	278	2	Palisa.	1877
Ampelle	198	2.460	0.227	1409	355	9	Borrelly.	1879
Thétis.	17	2.473	0.129	1420	262	6	Luther	1852
Hestia	46	2.526	0.164	1467	354	2	Pogson	1857
Julie	89	2.551	0.181	1488	353	16	Stéphan.	1866
Russia.	232	2.552	0.175	1489	200	6	Palisa.	1883
Amphitrite	29	2.555	0.074	1491	56	6	Marth	1854
Maria	170	2.555	0.064	1492	96	11	Perrotin.	1877
Sophrosyne . . .	134	2.565	0.117	1500	68	12	Luther.	1873
Ambrosie	193	2.576	0.285	1510	71	12	Coggia	1879
Egérie	13	2.577	0.087	1511	120	17	De Gasparis . .	1850
Astrée	5	2.579	0.186	1512	135	5	Hencke	1845
Althéa	119	2.582	0.081	1516	11	6	Watson	1872
Déjanire.	157	2.583	0.210	1516	107	12	Borrelly.	1875
Hélène.	101	2.585	0.139	1518	327	10	Watson	1868
Pomone.	32	2.587	0.083	1520	193	5	Goldschmidt . .	1854
Egine	91	2.590	0.109	1522	80	2	Borrelly.	1866
Irène.	14	2.590	0.163	1522	180	9	Hind.	1851
Até.	111	2.593	0.105	1525	109	5	C. H. F. Peters.	1870

PETITES PLANÈTES SITUÉES ENTRE MARS ET JUPITER (Suite).

NOMS	ORDRE chronologique.	DISTANCE MOYENNE	Excentricité.	PÉRIODE EN JOURS	LONGITUDE DU PÉRIHELIE	INCLINAISON	AUTEURS ET DATES DE LA DÉCOUVERTE	
Abundantia	151	2.593	0.036	1525	174°	6°	Palisa	1875
Mélété	56	2.597	0.236	1529	295	8	Goldschmidt . .	1875
Æthra	132	2.603	0.380	1534	152	25	Watson	1873
Diane	78	2.610	0.211	1540	122	9	Luther	1863
Aschera	214	2.611	0.032	1541	116	3	Palisa	1880
Panopée	70	2.614	0.183	1544	280	12	Goldschmidt . .	1861
Calypso	53	2.618	0.206	1547	93	5	Luther	1858
Procné	194	2.619	0.237	1549	320	18	C. H. F. Peters.	1879
Alceste	124	2.630	0.078	1558	246	3	C. H. F. Peters.	1872
Thalie	23	2.631	0.230	1558	124	10	Hind	1852
Eve	164	2.636	0.347	1563	359	24	Paul Henry . . .	1876
Eunomia	15	2.644	0.187	1570	28	12	De Gasparis . . .	1851
Fides	37	2.644	0.176	1570	66	3	Luther	1855
Maïa	66	2.615	0.175	1572	49	4	Tuttle	1861
Océana	224	2.647	0.046	1572	217	6	Palisa	1882
Virginie	50	2.652	0.285	1577	10	3	Ferguson	1857
Vibilia	144	2.653	0.235	1578	7	5	C. H. F. Peters.	1875
Io	85	2.654	0.191	1579	323	12	C. H. F. Peters.	1865
Proserpine	26	2.656	0.087	1581	326	4	Luther	1853
Miriam	102	2.662	0.304	1586	355	5	C. H. F. Peters.	1868
Clytie	73	2.665	0.042	1589	58	2	Tuttle	1862
Adéona	145	2.665	0.127	1589	118	12	C. H. F. Peters.	1875
Lumen	141	2.667	0.211	1591	14	12	Paul Henry . . .	1875
Frigga	77	2.668	0.132	1592	59	2	C. H. F. Peters.	1862
Clotho	97	2.668	0.258	1592	66	12	Tempel	1868
Junon	3	2.668	0.258	1592	55	13	Harding	1804
Bianca	218	2.669	0.114	1593	229	15	Palisa	1880
Eurydice	75	2.672	0.306	1595	336	5	C. H. F. Peters.	1862
Callisto	204	2.673	0.175	1596	258	8	Palisa	1879
Cassandre	114	2.676	0.140	1599	153	5	C. H. F. Peters.	1871
Pénélope	201	2.676	0.182	1599	334	6	Palisa	1879
Angélina	64	2.682	0.127	1604	126	1	Tempel	1861
Circé	34	2.686	0.107	1608	149	5	Chacornac . . .	1855
Ianthe	98	2.689	0.189	1610	148	16	C. H. F. Peters.	1868
Brunhilda	123	2.692	0.115	1613	73	6	C. H. F. Peters.	1872
Rhodope	166	2.693	0.214	1614	31	12	C. H. F. Peters.	1876
Félicité	109	2.695	0.300	1616	56	8	C. H. F. Peters.	1869
Concordia	58	2.700	0.043	1621	189	5	Luther	1860
Héra		2.701	0.080	1622	321	5	Watson	1868
Olympia	59	2.712	0.119	1632	18	9	Chacornac . . .	1860
Alexandra	54	2.714	0.196	1633	295	12	Goldschmidt . .	1858
Weringia	226	2.717	0.203	1636	285	12	Palisa	1882
Garumna	180	2.720	0.169	1639	125	1	Perrotin	1878
Lucine	146	2.722	0.070	1641	216	13	Borrelly	1875
Eugénie	45	2.724	0.080	1643	231	7	Palisa	1874
Una	160	2.729	0.062	1646	56	4	Goldschmidt . .	1857
Siwa	140	2.732	0.216	1649	301	3	C. H. F. Peters.	1876
Lydie	110	2.733	0.077	1650	337	6	Borrelly	1870
Eunice	185	2.737	0.129	1654	17	23	C. H. F. Peters.	1878
Pompéïa	203	2.738	0.059	1654	43	3	C. H. F. Peters.	1879
Dynamène	200	2.738	0.134	1655	47	7	C. H. F. Peters.	1879
Arété	197	2.739	0.162	1656	325	9	Palisa	1879
Lamberte	187	2.740	0.235	1656	214	11	Coggia	1878
Léda	38	2.743	0.153	1660	101	7	Chacornac . . .	1856
Libératrix	125	2.744	0.080	1660	273	5	Prosper Henry.	1872
Ino	173	2.745	0.205	1661	13	14	Borrelly	1877
Atalante	36	2.745	0.302	1661	43	19	Goldschmidt . .	1855
Lacrymosa	210	2.745	0.136	1661	57	5	Palisa	1879
Némésis	128	2.751	0.126	1667	17	6	Watson	1872
Lilæa	213	2.752	0.145	1667	280	7	C. H. F. Peters.	1880
Minerve	93	2.754	0.141	1669	275	9	Watson	1867
Johanna	127	2.755	0.066	1670	123	8	Prosper Henry.	1872
Niobé	71	2.756	0.173	1671	221	23	Luther	1861
Irma	177	2.758	0.233	1673	25	1	Paul Henry. . .	1877
Pandore	55	2.760	0.143	1675	11	7	Searle	1858
Adria	143	2.762	0.073	1677	222	12	Palisa . . . . . ,	1875
Alcmène	82	2.766	0.220	1680	132	3	Luther	1864
Sirona	116	2.767	0.143	1681	153	4	C. H. F. Pertes.	1871
Cérès	1	2.767	0.076	1681	150	11	Piazzi	1801
Thisbé	88	2.767	0.163	1681	309	5	C. H. F. Peters.	1866
Oenone	215	2.768	0.039	1682	316	2	Knorre	1880
Daphné	41	2.769	0.267	1683	221	16	Goldschmidt . .	1856
Gallia	148	2.771	0.185	1685	36	25	Prosper Henry.	1875
Pallas	2	2.772	0.238	1685	122	35	Olbers	1802

PETITES PLANÈTES SITUÉES ENTRE MARS ET JUPITER (Suite.)

NOMS	ORDRE chronologique.	DISTANCE MOYENNE	Excentricité.	PÉRIODE EN JOURS	LONGITUDE DU PÉRIHÉLIE	INCLINAISON	AUTEURS ET DATES DE LA DÉCOUVERTE
Lætitia.	39	2.773	0.111	1686	2°	2°	Chacornac . . . 1856
Martha.	205	2.777	0.085	1690	25	11	Palisa. 1879
Juewa	139	2.779	0.177	1692	161	11	Watson 1874
Leto	68	2.781	0.188	1694	315	8	Luther. 1861
Galathée.	74	2.781	0.237	1694	8	4	Tempel 1862
Bellone	28	2.783	0.150	1696	123	9	Luther. 1854
Cléopâtre	216	2.796	0.249	1708	32	13	Palisa 1880
Diké	99	2.797	0.238	1708	211	14	Borrelly. 1868
Istria.	183	2.802	0.353	1713	45	26	Palisa. 1878
Ménippe	188	2.821	0.217	1730	310	11	C. H. F. Peters. 1878
Terpsychore. . . .	81	2.853	0.211	1760	49	8	Tempel 1864
Polymnie	33	2.861	0.340	1768	342	2	Chacornac . . . 1855
Phèdre.	174	2.863	0.151	1770	253	12	Watson . . . 1877
Euryclée.	195	2.869	0.070	1775	112	7	Palisa. 1879
Coronis	158	2.871	0.054	1777	57	1	Knorre 1876
Isabelle	208	2.872	0.051	1778	233	2	Palisa 1879
Eudore	217	2.876	0.307	1781	315	10	Coggia 1880
Antigone.	129	2.876	0.207	1782	241	12	C. H. F. Peters. 1873
Aglaé.	47	2.882	0.132	1787	313	5	Luther. 1857
Koïga	191	2.897	0.088	1801	23	11	C. H. F. Peters. 1878
Calliope.	22	2.909	0.101	1812	60	14	Hind. 1852
Scylla	155	2.913	0.256	1816	82	14	Palisa 1875
Psyché.	16	2.921	0.139	1823	15	3	De Gasparis . . 1852
Vindobona	231	2.917	0.191	1818	252	5	Palisa 1882
Clytemnestre . . .	179	2.976	0.107	1875	355	8	Watson 1877
Hespérie.	69	2.978	0.171	1877	108	8	Schiaparelli . . 1861
Nuwa	150	2.982	0.129	1881	357	2	Watson 1875
Danaé	61	2.985	0.162	1884	344	18	Goldschmidt . . 1860
Lomia	117	2.991	0.023	1889	49	15	Borelly 1871
Leucothée. . . .	35	2.992	0.224	1891	202	8	Luther 1855
Laurentia	162	3.024	0.173	1931	146	6	Prosper Henry. 1876
Xanthippe. . . .	156	3.038	0.264	1934	150	7	Palisa 1875
Isolde	211	3.046	0.154	1942	74	4	Palisa 1879
Egié	96	3.050	0.140	1945	163	16	Coggia 1868
Cyrène.	133	3.058	0.140	1953	247	7	Watson 1873
Aréthuse.	95	3.076	0.141	1970	31	13	Luther 1867
Chryseïs.	202	3.078	0.096	1972	130	9	C. H. F. Peters. 1879
Hécate.	100	3.090	0.161	1984	308	6	Watson 1868
Palès.	49	3.091	0.233	1985	31	7	Goldschmidt . . 1857
Europe	52	3.095	0.110	1989	107	7	Goldschmidt . . 1858
	223	3.094	0.119	1988	158	2	Palisa 1882
Æmilia	159	3.104	0.111	1997	101	6	Paul Henry. . . 1876
Sémélé.	86	3.107	0.216	2000	30	5	Tietjen 1866
Doris.	48	3.113	0.065	2006	71	7	Goldschmidt . . 1857
	222	3.115	0.138	2008	260	2	Palisa 1882
Médée	212	3.116	0.101	2009	56	4	Palisa 1880
Lachésis.	120	3.121	0.047	2014	214	7	Borrelly. 1872
Philomène. . . .	196	3.122	0.040	2015	288	7	C. H. F. Peters. 1879
Eucharis.	181	3.123	0.220	2015	95	19	Cottenot. 1878
Electre.	130	3.123	0.208	2016	21	23	C. H. F. Peters. 1873
Erato.	62	3.124	0.176	2017	39	2	Förster et Lessert. 1860
Meliboea.	137	3.126	0.207	2019	308	13	Palisa 1874
Loreley	165	3.127	0.073	2020	224	11	C. H. F. Peters. 1876
Mala	152	3.136	0.086	2029	84	12	Paul Henry. . . 1875
Thémis.	24	3.137	0.121	2028	144	0	De Gasparis . . 1853
Hygie	10	3.137	0.116	2029	237	4	De Gasparis . . 1849
Protogénie. . . .	147	3.139	0.025	2032	26	2	Schulhof 1875
Antiope	90	3.142	0.168	2035	301	2	Luther. 1866
Dido	209	3.144	0.064	2036	258	7	C. H. F. Peters. 1879
Euphrosyne. . . .	31	3.147	0.223	2039	93	26	Ferguson 1854
Ophélie	171	3.148	0.121	2040	113	3	Borrelly. 1877
Clymène.	104	3.151	0.158	2043	60	3	Watson 1868
Mnémosyne. . . .	57	3.151	0.115	2043	53	15	Luther. 1859
Aurore.	94	3.160	0.083	2052	49	8	Watson 1867
Dioné	106	3.167	0.170	2059	26	5	Watson 1868
Philosophia. . . .	227	3.179	0.248	2070	221	10	Paul Henry. . . 1882
Undine.	92	3.185	0.102	2076	331	10	C. H. F. Peters. 1867
Leopée.	184	3.188	0.073	2079	169	1	Palisa. 1878
Idunna.	176	3.191	0.164	2082	21	23	C. H. F. Peters. 1877
Berthe.	154	3.192	0.085	2083	184	21	Prosper Henry. 1875
Bylids	199	3.206	0.182	2097	261	15	C. H. F. Peters. 1879
Hécube.		3.211	0.101	2101	174	4	Luther. 1869
Gerda	122	3.215	0.041	2105	201	2	C. H. F. Peters. 1872
Urda.	167	3.219	0.312	2109	33	2	C. H. F. Peters. 1876

PETITES PLANÈTES SITUÉES ENTRE MARS ET JUPITER (Suite).

NOMS	ORDRE chronologique.	DISTANCE MOYENNE	Excentricité.	PÉRIODE EN JOURS	LONGITUDE DU PÉRIHÉLIE	INCLINAISON	AUTEURS ET DATES DE LA DÉCOUVERTE
Henriette	225	3.358	0.248	2248	302°	2	Palisa 1882
Sibylle	168	3.376	0.070	2266	11	5	Watson 1876
Adelinda	229	3.392	0.160	2282	328	2	Palisa 1882
Freïa	76	3.420	0.172	2311	91	2	D'Arrest 1862
Maximiliana . . .	65	3.427	0.110	2317	261	3	Tempel 1861
Hermione	121	3.465	0.125	2356	360	8	Watson 1872
Camille	107	3.485	0.076	2376	176	10	Pogson 1868
Sylvie	87	3.492	0.084	2384	334	11	Pogson 1866
Andromaque . . .	175	3.499	0.349	2390	293	4	Watson 1877
Ismène	190	3.938	0.162	2854	105	6	C. H. F. Peters. 1878
Hilda	153	3.952	0.172	2870	286	8	Palisa 1875

De ces planètes, la plus proche est Méduse (149), dont la distance au Soleil est de 2.133, ou de 78 910 000 lieues, et la plus éloignée Hilda (153), dont la distance est de 3.952, ou de 146 235 000 lieues. Entre ces deux limites extrêmes la largeur de la zone est de 67 millions de lieues. Il serait superflu d'ajouter pour nos lecteurs que pour avoir toutes les distances en lieues, il suffit de multiplier les chiffres donnés par 37 millions.

On peut même voir que, ces planètes ne décrivant pas des orbites circulaires, mais elliptiques, cette zone est grandement élargie par le seul fait des excentricités. Le fait le plus curieux, peut-être encore, est que la zone est parcourue dans toute sa largeur, et même au-delà, par *une* seule de ces planètes dont l'excentrique voyage suffit pour balayer l'espace depuis l'orbite de Mars jusqu'à celle de Hilda, par la planète Æthra (132). L'excentricité de cette orbite s'élève à 0,38, c'est-à-dire à presque 4 dixièmes de la distance moyenne. Celle-ci étant de 2.6025, cette excentricité réelle est donc de 2.6025×0.38, ou de 0.989, presque 1, presque la distance de la Terre au Soleil, presque 37 millions de lieues! Il en résulte qu'à son périhélie, cette planète se rapproche jusqu'à 2,6025 — 0,9890, ou 1,6135. L'aphélie de Mars est 1,6647; il s'étend donc *au-delà* du périhélie de Æthra ([1]).

Dans cette zone immense, ces petites planètes ne sont pas uniformément distribuées. Déjà, en 1879, dans l'*Astronomie populaire*, on a pu remarquer le tableau ([2]) construit par notre savant ami le général Par-

_____

([1]) Il ne serait pas impossible que l'un ou l'autre des satellites de Mars, ou tous les deux, eussent été deux planètes arrivant, comme Æthra, vers l'orbite de Mars avec la même vitesse que lui. Ce n'est pas impossible, mais ce n'est pas probable.

([2]) Ce tableau ainsi que notre diagramme ont été rapidement imité. Voir notamment l'*Annuaire de l'Observatoire de Bruxelles* pour 1880, *The sun its planets and their satellites*, par Ledger, Londres, 1882, etc.

mentier, montrant l'agglomération de ces petits corps célestes vers les distances 2.35, 2.67, 3.12 et 3.43, et des vides remarquables aux distances 2.50, 2.82, 2.96 et 3.28. Nous exposions alors à ce propos les considérations suivantes :

« Pourquoi toutes ces planètes sont-elles ainsi séparées et n'en forment-elles pas une grande? La théorie générale du système planétaire prouve que leur masse totale ne peut pas dépasser le tiers de celle de la Terre. Si ce sont là les débris d'une seule planète, elle pouvait être plus importante que Mars, mais elle l'était moins que la Terre. L'immense étendue de la zone occupée par ces corps célestes diminue considérablement la probabilité de l'hypothèse d'une fragmentation, quoique cette fragmentation ait pu être successive et chasser les fragments nouveaux vers des directions nouvelles, et quoique l'attraction de l'immense Jupiter, qui vogue au delà, ait pu disloquer à la longue toutes les orbites; il est beaucoup plus probable que c'est précisément cette attraction puissante de Jupiter qui a empêché une grosse planète de se former après lui, en favorisant le détachement des moindres fragments de l'équateur solaire sollicités à s'éloigner par la force centrifuge, et, plus tard, en les empêchant de se réunir par les perturbations constantes exercées sur eux. Les lacunes qui existent entre les orbites des petites planètes se trouvent précisément aux distances où des planètes tourneraient autour du Soleil en des périodes formant un rapport simple avec celle de Jupiter, et où, par conséquent, les perturbations, étant pour ainsi dire normales, doivent produire des vides. Ainsi, une période égale à la moitié de celle de Jupiter serait à la distance 3,27 : c'est justement là la principale lacune que l'on remarque; il n'y a pas une seule petite planète, et *il est probable qu'on n'y en trouvera jamais*. Une autre lacune se montre à 2,96; c'est la distance à laquelle une planète graviterait en $\frac{2}{7}$ de la période de Jupiter; une autre à 2,82 $= \frac{2}{5}$; une autre à 2,50 $= \frac{1}{3}$. L'action de Jupiter est aussi claire dans cette distribution des orbites que celle d'une trombe qui traverse une forêt et fait le vide sur son passage.

« Il en est de même dans les anneaux de Saturne, dont les intervalles correspondent aux zones où des satellites tourneraient en des périodes commensurables avec celles des quatre satellites les plus proches. Nous devons ces remarques intéressantes à l'astronome américain Kirkwood. »

Depuis cette époque, les progrès accomplis dans la découverte de ces petits corps n'ont fait que confirmer ces vues. Voici un nouveau tableau, construit par le même géomètre, dans lequel on a rectifié la position de quelques planètes, mieux connues aujourd'hui, et ajouté les quarante-trois planètes découvertes depuis 1878.

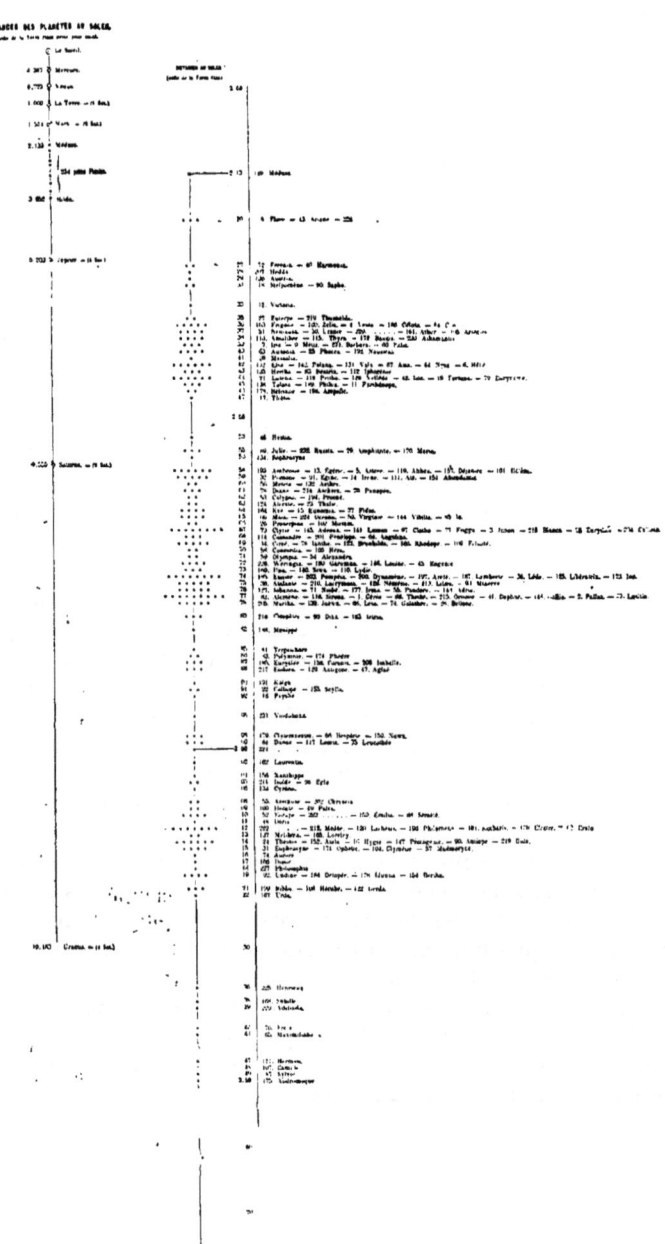

En comparant ce nouveau tableau à l'ancien, on constate que sa physionomie d'ensemble est restée la même, malgré l'adjonction de plus d'un tiers aux 191 planètes du premier tableau. Les quarante-trois nouvellement venues se sont donc rangées dans les groupes existants, et c'est à peine si quelques petites lacunes des moins importantes se trouvent légèrement diminuées, excepté pourtant celle entre 2,92 et 2,98 qui est coupée en deux par la planète récemment découverte (Vindobona, 231), si toutefois les observations ultérieures ne doivent pas corriger sa position, comme il est arrivé pour plusieurs autres.

Il est bien permis de penser que la grande lacune qui se trouve aux confins du groupe des astéroïdes n'est qu'apparente, car à cette distance beaucoup de ces corpuscules pourraient échapper longtemps encore à l'attention des observateurs ou même rester absolument invisibles. Mais il n'en est pas de même dans la première moitié du tableau. Il est de plus en plus probable que les lacunes qui caractérisent le groupement des petites planètes ont une cause physique. Si l'on admet que tous ces petits corps proviennent de l'émiettement d'un anneau planétaire dont les différentes parties n'ont pu se condenser en un seul tout, ou qu'elles sont les fragments d'une seule et même planète mise en pièces par une cause inconnue, tous ces fragments ont dû se séparer de plus en plus les uns des autres (comme nous l'avons vu faire aux deux corps dans lesquels s'est décomposée la comète de Biéla), et chercher une position d'équilibre, c'est-à-dire modifier graduellement les divers éléments de leurs orbites, rayon, excentricité, inclinaison... jusqu'à ce qu'elles soient arrivées à décrire autour du Soleil des orbites régulières et stables. L'attraction de Mars et de Jupiter, cette dernière surtout, ont nécessairement dû exercer leur influence sur la position d'équilibre des petites planètes, et c'est dans les sous-multiples simples ($\frac{1}{2}$, $\frac{1}{3}$, $\frac{1}{4}$, etc.) de la révolution de Jupiter que nous devons trouver la raison d'être des lacunes remarquées dans le groupement des astéroïdes [1].

On le voit, ces vues, primitivement émises par Kirkwood, et que nous avons immédiatement adoptées comme l'expression certaine de la réalité, et appliquées, en les développant, aux découvertes nouvelles si rapides et si nombreuses, sont entièrement confirmées aujourd'hui par l'événement. Le raisonnement est fort simple. Si nous supposons qu'une particule planétaire ait pu se former à la distance moyenne de 3,27, par

[1] Distances correspondantes aux périodes sous-multiples les plus simples de celle de Jupiter :

Périodes.		Distances.
$\frac{1}{2}$	$=$	3,27
$\frac{1}{3}$	$=$	2,50
$\frac{1}{4}$	$=$	2,06
$\frac{2}{5}$	$=$	2,82
$\frac{3}{7}$	$=$	2,96

exemple, cette particule circulerait autour du Soleil en une révolution
égale à la moitié de celle de Jupiter et arriverait par conséquent en
conjonction avec la puissante planète toujours au même endroit de
son orbite, y subissant son attraction prépondérante; son orbite s'allon-
gerait donc inévitablement vers Jupiter.

Les inclinaisons des orbites des petites planètes sur le plan dans lequel
la Terre se meut autour du Soleil (plan de l'écliptique) sont très fortes.
Celle de Pallas (2) s'élève à 35°, celle de Lamberte (187) à 27°, celle
d'Euphosyne (31) à 26°, et ainsi de suite. Un grand nombre surpassent
15°. La majorité est comprise de 5° à 8°. Parmi les grandes planètes, la
plus inclinée est Mercure : 7°.

On peut se demander qu'elle est la cause de la forte inclinaison des
petites planètes. M. Tisserand, reprenant la discussion d'une question
traitée par Lagrange, sur les déplacements séculaires des orbites de
trois planètes, a indiqué un cas particulier qui conduit au résultat
suivant : « Il existe entre Jupiter et le Soleil une position telle que si l'on y
plaçait une petite masse dans une orbite peu inclinée à celle de Jupiter,
cette petite masse pourrait sortir de son orbite primitive et atteindre de
grandes inclinaisons sur le plan de l'orbite de Jupiter par l'action de
cette planète et de Saturne. Il est remarquable que cette position se
trouve à très peu près à une distance double de la distance de la Terre
au Soleil, c'est-à-dire à la limite inférieure de la zone où l'on a rencontré
jusqu'ici les petites planètes (¹)... »

Les périhélies de ces astres sont loin d'être distribués au hasard,
uniformément, tout autour du Soleil : il y a un maximum entre 294 et
72° et un minimum entre 153 et 293°; la différence s'élève au triple,
et ce qu'il y a plus curieux, c'est que le périhélie de Jupiter se trouve
vers le milieu de cette région de plus grande condensation des périhélies.

Mesurer le diamètre de ces petits corps si éloignés de nous est un
problème fort difficile. Les plus grands ne dépassent pas 4 dixièmes de
seconde, et la plupart même se réduisent à de simples points. En combinant les essais de mesures faites avec les évaluations fondées sur
l'éclat (Angelander, Stone, Pickering), on trouve les diamètres suivants,
comme étant les plus probables. Parmi les petites planètes qui ont été
mesurées, voici celles qui surpassent 100 kilomètres, d'après la moyenne
la plus approximative :

Vesta.	400	Hébé.	150	Métis.	123	Massalia.	104
Cérès	350	Iris.	150	Europe.	115	Parthénope.	103
Pallas	270	Lætitia.	144	Niobé	114	Mnémosyne.	101
Junon	180	Amphitrite.	133	Irène.	107	Sybille.	101
Hygie	175	Psyché.	130	Égérie	106	Bellone	100
Eunomia.	169	Calliope	125				

(¹) Les recherches de M. Tisserand confirment et précisent cette conclusion. En dési-

Il en est d'autres, au contraire, telles que Sapho, Maïa, Atalante, Echo, qui ne mesurent pas plus de trente kilomètres de diamètre. Il est probable qu'il en existe de plus petites encore, qui restent absolument imperceptibles dans les meilleurs télescopes, et qui ne mesurent que quelques kilomètres ou moins encore peut-être!

Sont-ce là des globes? Oui, sans doute, pour la plupart. Mais plusieurs, parmi les plus petites, peuvent être polyédriques, résultats de fragmentations possibles : on a observé des variations d'éclat qui pourraient bien indiquer des surfaces brisées irrégulières.

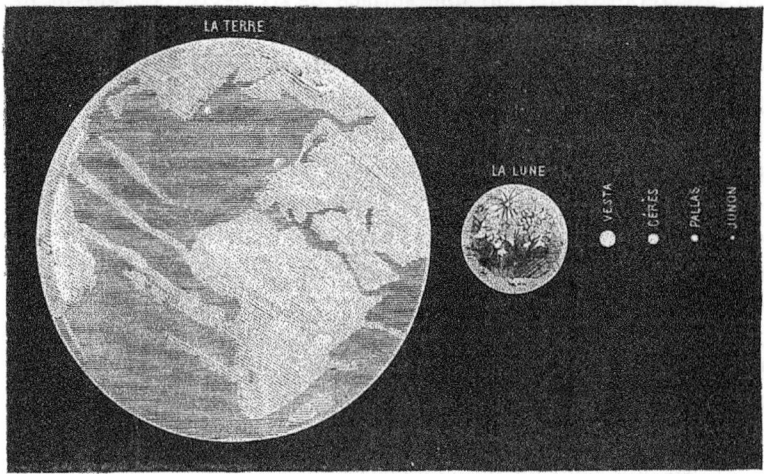

Fig. 236. — Grandeur comparée des quatre principales petites planètes relativement à la Terre et à la Lune.

Telle est cette singulière république. Si l'on en juge par les dimensions des États, sans doute, nous autres habitants de la Terre, nous paraissons avoir quelques droits de mépriser ces mondicules microscopiques qui viennent à peine à notre cheville. Mais est-ce le volume des mondes qui joue le plus grand rôle dans la distribution des existences planétaires?... De même que la Grèce, petite en territoire, grande par son génie, brille au-dessus de toute l'antiquité d'un éclat si splendide, qu'à travers un brouillard de vingt-cinq siècles elle nous éclaire encore, tandis que les contrées plus ou

gnant par *a* le demi-grand axe de l'orbite d'une planète de petite masse *m*, l'auteur montre que l'inclinaison peut s'élever jusqu'à 25°, mais que, pour *a* non compris entre 1,98021 et 2,08021 le maximum de l'inclinaison devient égal à 7°.

moins prétentieuses qui l'environnaient sont pour nous dans la
même obscurité que si elles n'avaient jamais existé, ainsi peut-être
une planète aussi petite que Vesta, et moindre encore, peut conserver le feu sacré de l'esprit et briller dans la république planétaire
d'un éclat plus vif que des mondes gigantesques mais sauvages.
Quelle figure faisait dans la grandeur des nations terrestres l'immense continent américain, il y a quelques siècles, à côté de la
France, même à côté de la seule république de Venise? Quel prince
ne préférerait régner sur une surface de six degrés seulement de
latitude sur autant de longitude dans un rayon ayant Paris, Nimes
ou Florence pour centre, plutôt que sur une surface deux cents fois
plus vaste qui s'étendrait de Saint-Pétersbourg au détroit de
Behring? Il ne faut donc pas nous croire en droit de rayer du
grand livre de vie ces petits cantons célestes, ces îles planétaires,
ces Angleterres, ces Irlandes, ces Grèces, ces Helvéties, ces Siciles,
ces Crimées, ces Sardaignes, ces Corses, ces Majorques et ces Minor-
ques du ciel, parce qu'elles sont à la Terre ce que les contrées précédentes sont à la surface continentale de notre propre planète.
Autrement, nous courrions le risque d'être mis aussi nous-mêmes
hors de cause par les habitants de Jupiter, attendu que la surface de
la Terre entière n'est que la 114e partie de celle de Jupiter et est
plus petite à l'égard de ce monde colossal que les quatre planètes
mesurées plus haut ne le sont à l'égard de la Terre, — Cérès, la plus
petite des quatre, ayant une surface supérieure à la 1300e partie du
globe terrestre.

Sans nous inquiéter donc outre mesure de l'exiguïté relative de
ces provinces, et dans l'ignorance où nous sommes de la destinée
des astres et du but final de l'existence des choses, nous pouvons
nous demander quelles sont les conditions vitales appartenant à
ces petits mondes, quelles analogies les rattachent à la Terre,
quelles différences les en éloignent.

Le premier point qui nous frappe dans cet examen, c'est la faiblesse de la masse ou du poids de ces petits corps, la faiblesse de
leur densité et celle de la pesanteur à leur surface.

Toutes les petites planètes réunies ne forment qu'une masse
insensible et ne produisent qu'une faible perturbation dans le mouvement de Mars. Leur masse totale est au maximum égale au tiers

de la masse de la Terre. Il en résulte que le poids de chacune d'elles est pour ainsi dire. insignifiant. Leur attraction n'a donc aucune énergie : les objets ne pèsent presque rien à leur surface. « Un homme placé sur l'une de ces planètes, écrivait sir John Herschel dans ses *Outlines of Astronomy,* sauterait aisément à la hauteur de soixante pieds, et ne retomberait pas avec un plus grand choc qu'en sautant à la hauteur de deux pieds sur la Terre. Il peut exister des géants sur de pareils mondes. Les animaux énormes qui ne vivent ici-bas que dans les eaux de l'Océan, où ils perdent une partie de leur poids, pourraient aisément vivre et courir sur le sol de ces petites planètes. » Il y a plus. L'attraction qui conserve ces petits mondes à l'état d'unités individuelles est si faible, qu'un volcan de la planète Junon pourrait fort bien lancer des matériaux sur la planète Clotho, car il pourrait leur imprimer une vitesse telle, qu'ils ne seraient plus rappelés par la faible attraction de leur propre sphère et pourraient être dirigés vers l'orbite de Clotho, qui se rapproche à 260 lieues seulement de celle de Junon. Sur les plus petites d'entre elles on pourrait lancer à la main, dans l'espace, des pierres qui ne retomberaient jamais !

Ainsi, le premier fait qui nous frappe dans l'examen de ces mondes, c'est la faiblesse extrême de la pesanteur à leur surface. Quels que soient les produits naturels de leur sol, la dimension des choses qui y croissent, comme celle des êtres qui y marchent, doit être plus considérable que celle des plantes et des animaux terrestres. Ces êtres et ces choses n'y sont point retenus par le boulet d'une attraction énergique qui les cloue au sol, mais toutes les expansions des forces de la Nature, toutes les sèves, toutes les puissances vitales s'y développent avec moins d'entraves. Si nous savions que les forces organiques fussent les mêmes là qu'ici, nous pourrions en conclure avec certitude l'existence d'êtres plus grands que ceux de la Terre par leur taille, et en même temps plus légers et plus agiles. Mais comme il est certain que l'énergie organique, la force vitale considérée en elle-même, varie d'une planète à l'autre en raison de la nature des tissus, de l'activité de la respiration et de l'alimentation, de la température, de la composition chimique de l'atmosphère et des corps vivants, de la pression atmosphérique, de la densité des substances qui entrent dans la composition des corps, etc., nous ne pouvons affirmer cette prédominance de taille, mais seulement la regarder comme possible et même comme probable, dans ces essais « d'anatomie comparée interplanétaire. »

L'examen télescopique de ces petits mondes a montré, d'autre part, que plusieurs sont entourés d'atmosphères, mais moins étendues qu'on l'avait supposé au commencement de ce siècle. L'analyse spectrale appliquée à Vesta a signalé l'existence de quelques bandes d'absorption analogues à celles qui caractérisent l'atmosphère terrestre.

La formation de ces innombrables petits mondes paraît due au dérangement que l'attraction puissante de Jupiter a apporté dans la création de cette zone du système solaire, en empêchant un anneau nébuleux considérable de subsister, et en le fragmentant insensiblement. Peut-être aussi un certain nombre de ces astres proviennent-ils du brisement d'une planète, opéré sous une action soit intérieure, soit extérieure, — accident qui n'a rien d'impossible et qui pourrait fort bien nous arriver quelque jour à nous-mêmes.

Telle est la condition astronomique de ces petits mondes. Quelles formes imaginables la vie n'aura-t-elle pas revêtues en ces singuliers séjours ! Dans le cas de la dislocation d'une ou plusieurs planètes, si des germes ont pu survivre, ils auront été le point de départ de nouvelles flores et de nouvelles faunes singulièrement différentes des premières, surtout à cause de la diminution de l'intensité de la pesanteur. Les forces de la Nature se seront développées en des proportions toutes différentes et sous des formes toutes nouvelles. Les espèces, se modifiant suivant les variations de milieux, se seront transformées sur ceux de ces petits mondes qui n'auront pas opposé par leur stérilité un obstacle invincible aux manifestations organiques. Et quels êtres ont grandi là ? L'imagination des poètes terrestres n'arriverait pas à l'ombre de ces formes étranges. Les dieux de l'Inde fabuleuse, avec leurs bras multiples et leurs têtes élargies, les sphinx et les divinités symboliques de l'antique Égypte, les métamorphoses de la mythologie grecque, ne sont que de pâles créations d'une timide fantaisie à côté des êtres bizarres, prodigieux et étranges que la désarticulation et la transposition des forces de la Nature auront produits sur ces petites terres jetées en dehors du zodiaque par la main colossale d'un Titan inconnu. N'avons-nous pas déjà remarqué, à propos des satellites de Mars, que sur d'aussi petits globes un homme terrestre du poids de 70 kilos ne pèserait que 117 grammes, et qu'une compagnie de cent hommes ne pèserait que 12 kilos !...

Il nous paraît douteux que *toutes* les petites planètes soient habitées (par des êtres quelconques, humains, animaux, végétaux ou autres) ; mais il nous paraît certain que *plusieurs le sont à un degré complet,* aussi bien que la planète où nous vivons en ce moment.

Quoi qu'il en soit, ce sont là de curieuses provinces, dont l'exiguïté et l'humilité forment un étrange contraste avec la splendeur et l'importance des mondes auxquels nous sommes maintenant arrivés.

LIVRE VII

LE MONDE GÉANT DE JUPITER

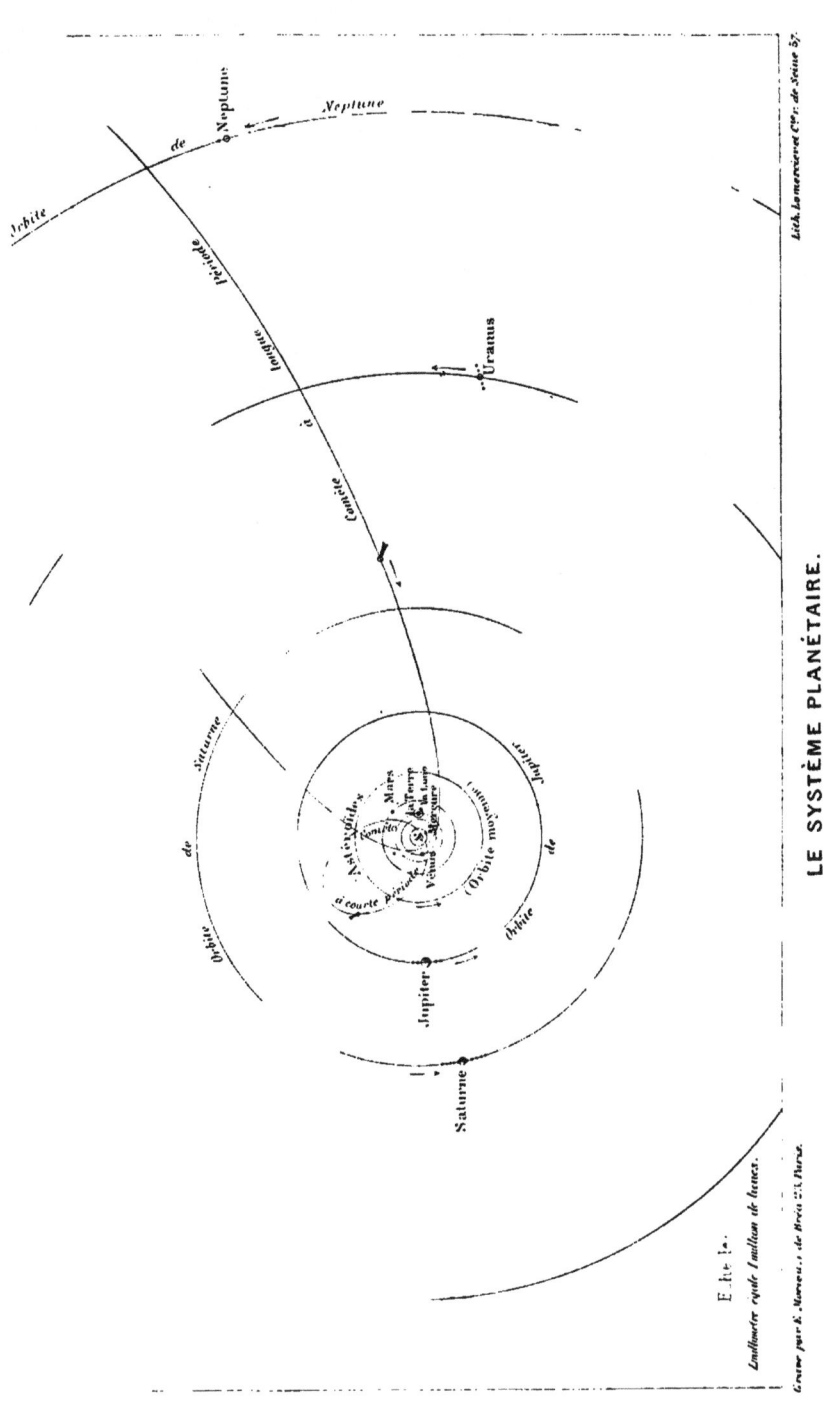

LE SYSTÈME PLANÉTAIRE.

Echelle:
L'millimètre égale 1 million de lieues.

Grave par E. Morieu, r. de Breia 2 A Paris.

Lith. Lemercier et C⁰ r. de Seine 57.

LIVRE VII

LE MONDE GÉANT DE JUPITER

CHAPITRE PREMIER

**Aspect de Jupiter à l'œil nu.
Connaissances des anciens sur cette planète. — Son orbite autour du Soleil.
Sa distance. — Son volume. — Son poids.**

Notre voyage céleste nous transporte en ce moment sur le monde gigantesque de Jupiter, qui trône à la distance de 192 500 000 lieues du Soleil, c'est-à-dire à une distance de l'astre du jour cinq fois plus grande que celle de la Terre. On se rendra compte des proportions de ces vastes orbites à l'examen de notre pl. VII, qui représente le plan général du système solaire, à l'échelle de 1ᵐᵐ pour 1 million de lieues.

Là, ce globe colossal gravite autour du Soleil le long d'une orbite naturellement *extérieure* à la nôtre et cinq fois plus vaste, en une lente révolution qu'il emploie près de douze ans à accomplir. Lorsque la Terre se trouve du même côté du Soleil que lui, nous voyons Jupiter briller dans notre ciel à minuit : il est en opposition avec nous et jette alors un éclat supérieur à celui des étoiles de première grandeur. On ne peut s'empêcher de le remarquer à l'œil nu, ajoutant aux constellations un astre qui ne leur appartient pas.

Si l'on prend soin de l'observer pendant plusieurs mois, on constate
facilement qu'il se déplace parmi les étoiles fixes, comme nous
l'avons constaté plus facilement encore pour la Lune, Vénus,.Mer-
cure et Mars, mais avec un mouvement plus lent. Les anciens lui
avaient, dès l'origine de l'astronomie, donné le nom d'astre mobile,

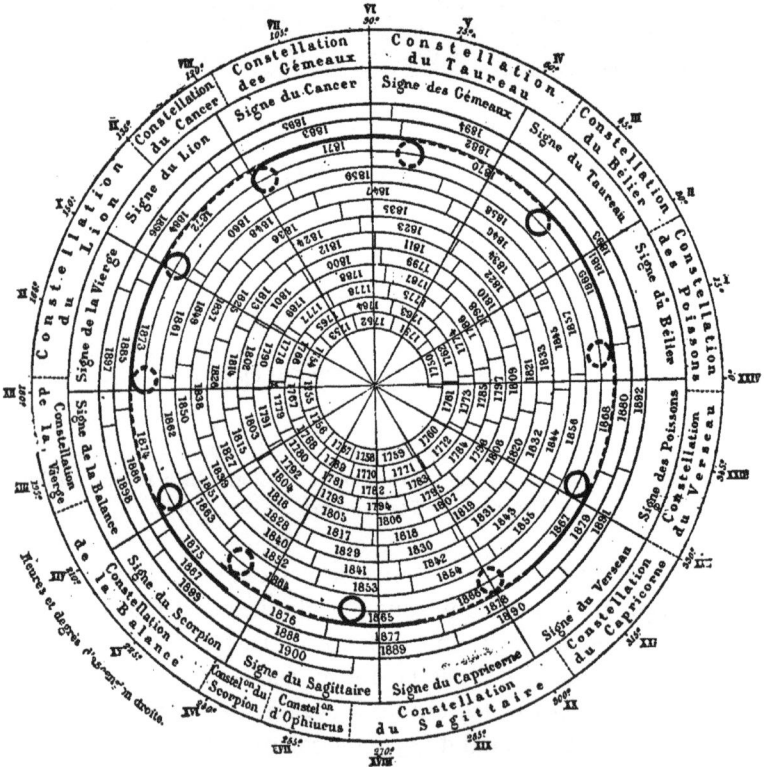

Fig. 238. — Mouvement de Jupiter par rapport à la Terre.

πλανήτης ; nous pouvons penser que dans l'ordre des découvertes
antiques, il est la seconde planète qui ait été remarquée, Vénus
ayant dû le précéder à cause de son mouvement plus rapide et de
son éclat plus vif, impossible à méconnaître pour l'œil le moins
attentif.

Relativement à notre observatoire terrestre, il fait le tour du
ciel en douze ans, en une révolution marquée de onze boucles

formées par ses stations et rétrogradations dues à la perspective causée par notre propre mouvement annuel autour du Soleil. On s'en rend facilement compte à l'inspection de notre diagramme (*fig.* 238), qui représente son mouvement pendant douze ans et la direction de ses positions depuis l'an 1750.

Les regards des contemplateurs du ciel suivent depuis bien des siècles cette rayonnante planète dans son cours le long des constellations. Les traditions chinoises s'accordent pour faire remonter au trente-troisième siècle avant notre ère, à l'an 3250 les premières observations astronomiques organisées sous le règne de Shin-Nung, le successeur immédiat de Fo-Hi, fondateur de l'empire. Le calendrier actuel des Chinois a commencé l'an 2637 avant notre ère, sous le règne de l'empereur Hwang-Te, et l'on rapporte que vers l'an 2441, les planètes Jupiter, Saturne, Mars et Mercure se sont trouvées réunies auprès de la Lune dans la constellation Shih, (étendue de 17° près du Verseau). On lit encore aujourd'hui dans le *Chou-King*, dont les chroniques commencent à l'empereur Yao, qui monta sur le trône l'an 2356 avant notre ère, qu'au printemps de l'an 2306, les astronomes officiels de l'empire furent chargés d'aller observer les étoiles des équinoxes et des solstices, ainsi que les positions du Soleil, de la Lune et des cinq planètes, astres appelés « les sept gouverneurs » dans le *Chou-King* lui-même. Le Soleil, nommé Ji 日 者 est appelé le prince, le père, l'époux et le frère aîné (¹). La Lune, Youe 月 者 était qualifiée de sœur du Soleil (²), de sujette du roi radieux qui l'éclaire et sans lequel elle serait obscure, et on lui attribuait un principe frigorifique et féminin, en opposition avec le principe calorifique et masculin du So-

(¹) 日者昭明之表、光景之太紀、羣陽之精、衆貴之象也。故日出而天下光明、日入而天下冥晦。此其效也故日者君父夫兄之類也。

(²) 月者陰之精。其形圓、其質清。日光照之、則見其光。日光所不照、則謂之魄。日月相望者爲望。望字從臣、從月、從王。蓋月滿與日相望、如臣之朝君

leil. Jupiter , Soui-Sing 歲星 était nommé la planète de l'année ('), soit parce que les douze années de sa période rappellent les
douze mois de l'année, soit parce qu'elle brille dans le ciel tous les
ans, pendant une grande partie de l'année, ce qui n'arrive ni pour
Mercure, ni pour Vénus, ni pour Mars, et ce qui est moins frappant
pour Saturne, à cause de son moindre éclat. On l'appelait aussi
Chi-Ti 霄翌, le régulateur ('). Pour les astrologues chinois,
Jupiter régissait les destinées des chefs d'État, des princes et des
grands hommes ; il présidait à la vertu et au bonheur, pronosti-
quait une longue vie, favorisait les pays au-dessus desquels il brillait
et son stationnement promettait le bonheur et la prospérité.

Les autres planètes étaient comme Jupiter, l'objet de l'observation
constante des astronomes chinois, dès cette haute antiquité.
Saturne, T'ien-Sing 填星, était nommée la *planète sempiternelle*('),
qualification due à ce fait que la lenteur de son mouvement
embrasse celui de toutes les autres planètes. Cette planète était
féminine chez les Chinois : elle veillait sur les femmes, soit pour les
protéger, soit pour les punir. — Mars était nommé Young-
Houo 熒惑 la *lueur vacillante* (') et aussi *Tch'i-Sing*, la planète rouge. Elle était censée gouverner les juges de l'empereur qui
administraient la justice au-dedans et la guerre au-dehors. Vénus
était nommée T'ai-Pé 太白 la grande blanche, très certainement
à cause de son éclatante lumière ('). Elle portait aussi, primitivement, comme chez les Grecs, des noms correspondant à Lucifer et à
Vesper : Khiming, l'ouvreuse de la clarté, comme étoile du matin, et,
comme étoile du soir Tchang-Kang, la tardive. Cette planète était

(') 歲星人主之象．主道德、又主福．明大則君壽民
富．所去國凶、所居國吉．久則其國有福厚．

(') 歲星一日欇提

(') 填星．填音陳、久也．

(') 熒惑居東方爲縣息、西方爲天理、南北爲熒惑．

(') 太白又名滅星、大衰、大囂．
　太白星圓、天下和平．

affectée à l'occident, mais on avait déjà remarqué qu'elle était de temps à autre visible pendant le jour. Il semble même que ses phases aient été connues, car il est écrit que quand elle est parfaitement arrondie, la paix doit régner dans l'univers. — Enfin Mercure était nommé CHIN-SING, la planète de l'heure, à cause de la rapidité de son mouvement ([1]).

Tandis que les Chinois observaient ainsi les planètes et leur donnaient des noms correspondant à leurs aspects célestes, les Babyloniens agissaient de même, comme nous l'avons vu plus haut (page 78). Dans l'ouvrage « Les observations de Bel », trouvé dans les ruines de Ninive, Jupiter était appelé « la planète de l'écliptique. » On avait donc remarqué, il y a quarante siècles et plus, que son orbite coïncide presque avec l'écliptique.

Chez les Égyptiens, comme nous l'avons vu également (page 225), cette même planète de Jupiter était nommée *Hor-Sat* et *Har-Apé-Scheta* (Horus guide de la sphère), comme on le voit en tête de l'hiéroglyphe suivant, découvert à Biban-el-Molouk, et comme on le

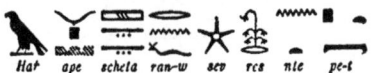

Hat   ape   schela   ran-w   sev   rcs   nle   pe-t

retrouve d'ailleurs sur les zodiaques circulaire et rectangulaire de Dendérah ([2]), monuments astronomiques égyptiens du premier siècle de notre ère. Nous examinerons plus loin, à propos de Saturne, les noms et figures donnés aux planètes sur ces deux monuments, qui ont été l'objet de si nombreuses discussions. Nos lecteurs pourront se rendre compte du grand zodiaque circulaire de Dendérah (transporté à Paris depuis l'expédition de Bonaparte en Égypte) par l'examen de la reproduction publiée ici (*fig.* 239).

Chez les Hindous, Jupiter se nommait *Wrihaspati* et chez les Grecs Φαέθων, qualifications qui correspondent comme les précé-dentes à l'aspect d'astre éclatant, de chef des planètes et des divinités supérieures. Le nom même de Jupiter dérive d'ailleurs du

---

[1] Voir l'*Uranographie chinoise* de SCHLEGEL, fidèle pour les textes, mais en partie erronée dans ses applications et conclusions.

[2] Voir l'étude de M. DE ROUGÉ sur les *Noms égyptiens des planètes.*

Balance. — Scorpion. — Sagittaire. — Capricorne.— Verseau. — Poissons

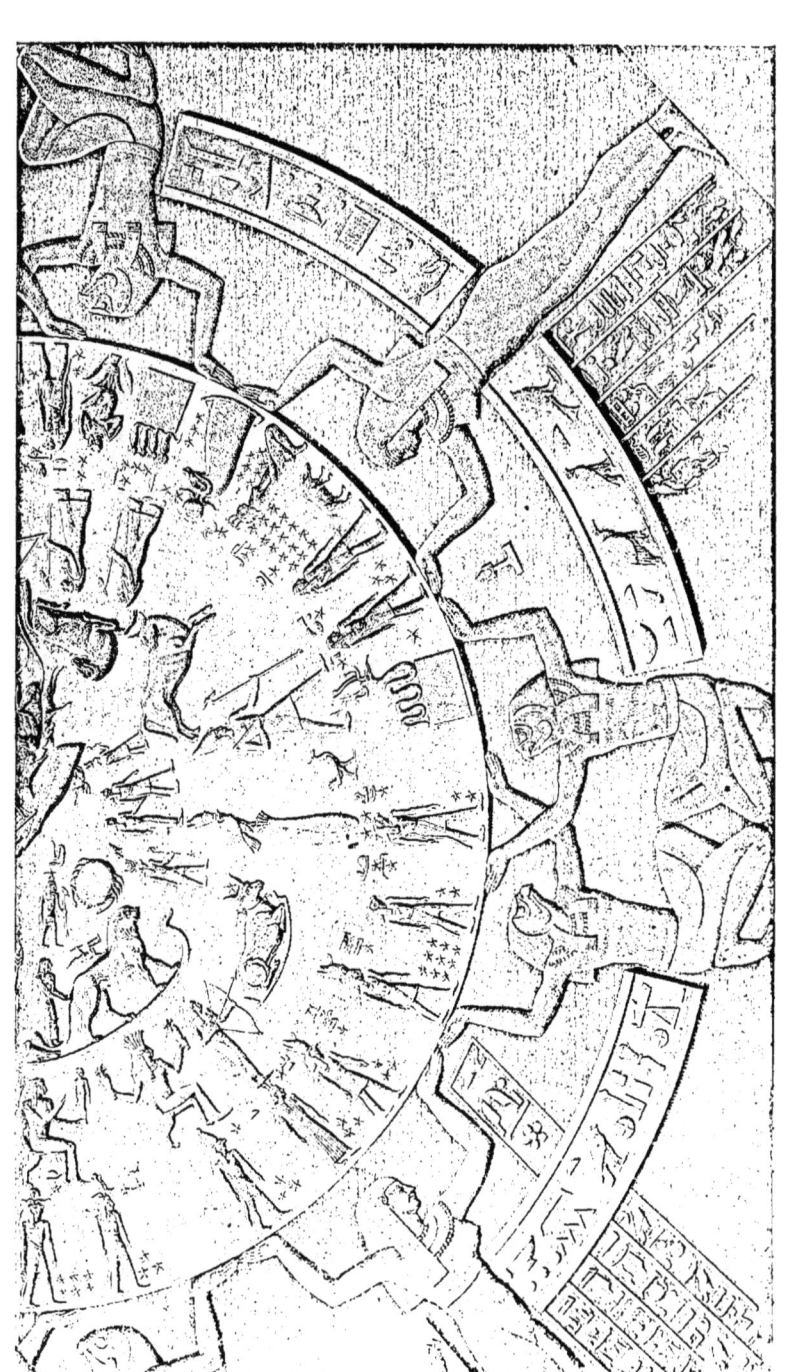

Fig. 239. — ZODIAQUE DE DENDÉRAH : Bélier. — Taureau. — Gémeaux. — Cancer. — Lion. — Épi de la Vierge.

sanscrit *dyu* (ciel) et *pater* (père). L'astre éclatant était admiré,
révéré, comme le père du ciel. La première de ces étymologies a
donné les mots *Deus* (Dieu) et *dies* (jour).

La plus ancienne mesure précise d'une position de Jupiter dans
le ciel qui soit parvenue jusqu'à nous, date du 18 Épiphi, ou
3 septembre, de l'an 140 avant Jésus-Christ, jour où Jupiter éclipsa
l'étoile δ du Cancer.

Jupiter est représenté par le signe ♃ , dans lequel les uns ont cru
voir la première lettre barrée du nom grec de cette planète (Ζεύς),
et d'autres une image des zigzags de la foudre.

L'éclat plus constant, la marche plus lente, le cours plus régulier
de cette planète le long de l'écliptique, en ont fait dès la plus haute
antiquité le symbole du maître du Ciel. A une époque où l'humanité
croyait que tout était réglé par les astres, celui-ci a reçu les
premiers hommages, a occupé le premier rang, et de concert avec
Saturne, Mars, Vénus et Mercure, a fondé la mythologie primitive,
dont la mythologie classique est un vestige encore reconnaissable.
L'aigle, roi des airs, était son symbole, et le dieu puissant tenait à
la main le feu de la foudre, comme on le voit sur le tableau classique de Raphaël (*fig.* 241).

L'astre de Jupiter a conservé son rang supérieur à travers tous les
siècles; et même après l'invention du télescope et après la transformation des idées humaines sur le système de l'univers, il est resté
le premier et le plus important des mondes de l'empire solaire, car
les mesures de l'astronomie moderne ont prouvé que réellement il
surpasse toutes les planètes par son volume et par sa masse.

L'éclat de cette belle planète peut quelquefois être comparé à celui
de Vénus elle-même à son maximum, et, comme la blanche étoile
du soir, sa lumière porte ombre. J'ai rapporté plus haut l'expérience
que j'ai faite relativement à Vénus : elle a été renouvelée plusieurs
fois, et encore tout récemment. Une fois seulement j'ai pu constater l'ombre produite par Jupiter : c'était au mois d'octobre 1868;
elle était moins accentuée que celle de Vénus, que j'ai mesurée
depuis. Cependant alors Jupiter était à son périhélie et à sa plus
petite distance de la Terre, et son diamètre dépassait 50 secondes.
Je me trouvais en Suisse, et je marchais dans un corridor extérieur,
devant un mur blanc.

Le globe de Jupiter ne brille, comme les autres planètes, que par la lumière qu'il reçoit du Soleil et réfléchit dans l'espace. Son orbite étant extérieure à celle de la Terre et éloignée à cinq fois sa distance, on conçoit que son hémisphère éclairé diffère très peu en position de son hémisphère tourné vers la Terre. Cependant une *légère* phase est visible à la quadrature.

Mais examinons ses éléments astronomiques précis.

En représentant par 1,000 la distance de la Terre au Soleil, celle de Jupiter est représentée par 5,203. Il est donc environ 5 fois et 2 dixièmes plus éloigné du Soleil que nous. Son orbite n'est pas circulaire, mais elliptique; la distance périhélie = 4,952; la distance aphélie = 5,454, ce qui donne :

	géométrique	en kilomètres	en lieues
Distance périhélie.	4,952	732 000 000	183 000 000
Distance moyenne	5,203	770 000 000	192 500 000
Distance aphélie.	5,454	807 000 000	201 750 000

Il y a, comme on le voit, près de vingt millions de lieues de différence entre sa distance au Soleil (ou à la Terre) à son aphélie et à son périhélie. Ce sont là les vraies saisons de Jupiter.

La distance minimum qui puisse exister entre Jupiter et nous est d'environ 146 millions de lieues.

Cette vaste orbite offre un développement de plus de un milliard de lieues. La planète vogue avec une vitesse d'environ 278 750 lieues par jour, ou 12 600 mètres par seconde : c'est un peu moins de la moitié de la vitesse de la Terre. La durée précise de sa révolution est de 4332 jours terrestres, ou de 11 ans 10 mois 17 jours.

A la distance moyenne de Jupiter, son diamètre s'élève à 38″,4. Les variations de distance résultant de son mouvement et de celui de la Terre le font décroître jusqu'à 30″ à son plus grand éloignement, et augmenter d'autre part jusqu'à 46″ à son plus grand rapprochement. On aura une idée de ces trois valeurs en traçant trois cercles ayant respectivement 30 millimètres, 38^{mm},4 et 46 millimètres de diamètre.

Connaissant la distance de Jupiter et son diamètre apparent, on détermine facilement son diamètre réel.

En effet, cette étoile qui brille comme un point lumineux dans le zodiaque et que des yeux inexpérimentés regardent comme

beaucoup plus petite que la Lune, cette étoile est un monde
immense, beaucoup plus vaste que la Terre, et qui la surpasse de
telle sorte en grandeur, que notre petit globe n'est à côté de lui

Fig. 240. — Grandeur comparée de Jupiter et de la Terre.

« qu'un pois à côté d'une orange ». Douze cent trente globes aussi
gros que la Terre seraient nécessaires pour former celui de Jupiter.
Sa masse ne surpasse pas celle de la Terre dans la même proportion ;
mais pourtant il faudrait encore plus de trois cents Terres réunies

Fig. 241.

Jupiter

*Saturno proximus. Domus ejus principalis Sagittarius,
minus principalis Pisces.*

sur une balance pour former un poids égal à celui de Jupiter seul. De plus, il marche accompagné de quatre mondes, plus gros eux-mêmes que notre Lune, et dont l'un est supérieur à la planète Mercure.

Remarquons ici que ce globe n'est pas sphérique, mais sphéroïdal, c'est-à-dire aplati à ses pôles. L'œil le moins expérimenté le reconnaît aussitôt qu'il voit cette planète au télescope. L'apla-

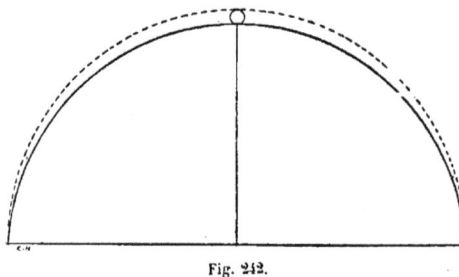

Fig. 242.

tissement est de $\frac{1}{17}$. Le diamètre équatorial surpasse de plus de 11 fois celui de la Terre : il atteint 141 600 kilomètres ou 35 400 lieues, le diamètre qui va d'un pôle à l'autre mesure 133 000 kilomètres ou 33 200

lieues. Il y a donc environ 8 000 kilomètres de différence entre les deux diamètres; l'aplatissement est par conséquent de 4 000 kilomètres ou de 1 000 lieues, de sorte que la Lune, dont le diamètre n'est que de 869 lieues, roulerait facilement dans l'intervalle (*fig.* 242).

Le tour du monde de Jupiter, parcouru à l'équateur, est de 111 100 lieues. Enfin, le volume de la planète surpasse de 1234 fois celui de la Terre. Vu à la distance où nous sommes de la Lune, cet immense globe nous apparaîtrait avec un diamètre de 21°, environ 40 fois plus large que celui de notre satellite; la surface de son disque embrasserait sur la voûte céleste 1600 fois l'étendue de la pleine Lune!

Jupiter est environ 310 fois plus lourd que la Terre. C'est ce que prouve la rapidité du mouvement de ses satellites comparée à celle du mouvement de la Lune.

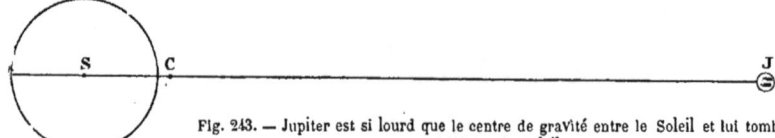

Fig. 243. — Jupiter est si lourd que le centre de gravité entre le Soleil et lui tombe en dehors du Soleil.

En fait, cette planète est si lourde que le centre de gravité entre le Soleil et elle tombe à côté du Soleil, et qu'au lieu de dire que la planète tourne autour du foyer solaire, nous devrions dire que les deux astres, le Soleil et Jupiter, tournent comme les deux composantes d'une étoile double autour de leur centre commun de gravité. En effet, soit S (*fig.* 243) le centre du Soleil, J celui de Jupiter, C leur centre commun de gravité. Le poids de Jupiter étant environ le $\frac{1}{1048}$ de celui de l'astre solaire, la distance CJ doit être environ 1048 fois plus grande que CS (c'est comme un bras de levier pour l'équilibre) et la distance CS doit être la $\frac{1}{1048}$ de SJ. Or la distance SJ étant au minimum de 185 440 000 lieues, nous avons pour la valeur minimum de SC le quotient de ce nombre par 1049 ou environ 176 800 lieues. Or du centre du Soleil à la surface il n'y a que 172 750 lieues. Le centre de gravité du Soleil et de Jupiter tombe donc toujours à côté du Soleil, au minimum à 4000 lieues en dehors.

En tenant compte de l'aplatissement polaire, on trouve que la densité moyenne des substances qui composent ce globe est de 0,243, celle de la Terre étant prise pour unité : elle se rapproche singulièrement du Soleil. Jupiter pèse un tiers en plus du poids d'un globe d'eau de même dimension.

Nous avons vu que la pesanteur à la surface des mondes dépend, d'une part, de la masse du globe que l'on considère, et, d'autre part, de son rayon, de la distance de sa surface à son centre. Si Jupiter n'était pas plus gros que la Terre, tout en ayant le poids que nous venons de lui reconnaître, l'intensité de la pesanteur à sa surface serait 310 fois plus forte qu'elle n'est ici, et un kilogramme y pèserait 310 kilogrammes. Mais comme le diamètre de ce globe est 11 fois plus grand que celui de notre planète, l'intensité de la pesanteur doit être réduite dans la proportion du carré de ce nombre, ou de 121 à 1 (exactement de 124, car 11,15 × 11,15 = 124). Divisons 310 par 124, nous trouvons 2,5 ou $2\frac{1}{2}$. Nous *savons* donc par là que la pesanteur est deux fois et demie plus forte sur Jupiter que sur la Terre. Un homme du poids de 70 kilogrammes, transporté là, y pèserait 175 kilogrammes. Une pierre abandonnée du haut d'une tour à l'influence de la pesanteur parcourrait douze mètres dans la première seconde de chute.

Ainsi, sur Jupiter, les matériaux constitutifs des choses et des êtres sont composés de substances plus légères, moins denses que celles des objets et des corps terrestres; mais la planète attire plus fortement, et en réalité ils sont plus lourds, tombent plus vite vers le sol, pèsent davantage. C'est l'opposé de ce que nous avons remarqué sur Mercure.

' CHAPITRE II

**Taches observées sur Jupiter.
Son mouvement de rotation. — Durée du jour et de la nuit sur ce monde.
Années, saisons, mois et calendrier.**

Observé à l'aide de la plus modeste lunette d'approche, Jupiter, accompagné de son cortège de quatre satellites, offre l'un des plus beaux sujets de contemplation et l'un des plus populaires. Il est difficile de le voir arriver, imposant et radieux, dans le champ télescopique sans en être profondément impressionné. C'est pourtant là un plaisir intellectuel que tout le monde peut très facilement se donner.

En général ce disque paraît blanc. Mais, à l'opposé de Mars, il est plus brillant dans sa région centrale que sur les bords; le bord le plus éloigné du Soleil est même sensiblement plus sombre. On s'aperçoit facilement de cette différence d'éclat entre le centre et les bords du disque, lorsqu'un satellite passe devant la planète. A l'entrée, le satellite est très brillant et ressort comme un point lumineux sur le disque de la planète; mais à mesure qu'il avance, il s'éteint graduellement jusqu'à ce qu'il disparaisse, noyé dans le ton même de la lumière de la planète. Quelquefois même, le premier, le troisième et le quatrième ont paru sombres lorsqu'ils passaient devant les bandes blanches de Jupiter.

Malgré son énorme distance, telle est sa prodigieuse grandeur, que nous le voyons sous un angle visuel à peu près double de celui de Mars, par conséquent, avec un disque quatre fois plus considérable ; aussi a-t-il subi l'examen de nombreux observateurs, et ses aspects ont-ils été décrits avec les plus complets détails. Son diamètre apparent dans l'opposition (lorsqu'il est au méridien, à minuit) égale environ la quarantième partie de celui de la Lune; il en résulte qu'une lunette grossissant 40 fois seulement le présente avec un disque égal à celui de la pleine Lune vue à l'œil nu.

La première remarque qui frappe tout observateur lorsqu'il contemple Jupiter au télescope, c'est que ce globe est sillonné de bandes plus ou moins larges, plus ou moins intenses, qui se montrent principalement vers la région équatoriale. Ces bandes de Jupiter peuvent être regardées comme le caractère distinctif de

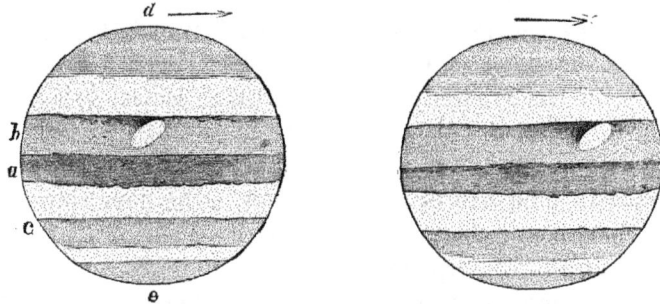

Fig. 245 — Jupiter le 30 mars 1874, à 8 h. 30 min. et à 9 h. 30 min.

cette gigantesque planète. On les a remarquées dès le premier regard télescopique qu'il a été donné à l'homme de jeter sur ce monde lointain, et depuis on ne les a vues absentes qu'en des circonstances extrèmement rares.

Parfois, indépendamment de ces trainées blanches et grises, qui souvent sont nuancées d'une coloration jaune et orangée, on remarque des taches, soit plus lumineuses, soit plus obscures que le fond sur lequel elles sont posées, ou encore des irrégularités, des déchirures très prononcées dans la forme des bandes. Si l'on observe alors avec attention la position de ces taches sur le disque, on ne tarde pas à remarquer qu'elles se déplacent de l'est à l'ouest, ou de la gauche vers la droite, si l'on observe la planète dans un télescope qui ne renverse pas les objets. Lorsque ces taches sont très marquées, une heure d'observation *attentive* suffit pour constater le déplacement. Voici, par exemple, deux dessins télesco-

piques que j'ai faits le 30 mars 1874, le premier à 8 heures 30 minutes du soir, le second une heure plus tard. Sur le premier, on
remarquait d'abord une bande foncée de couleur chocolat (marquée *a*
sur la figure), qui s'étendait au-dessous de l'équateur. Une deuxième
bande *b*, de couleur jaune clair, s'étendait au-dessus de la première et lui était contiguë; elle se terminait au nord par une bordure un peu plus foncée. Une troisième traînée, d'une nuance gris
jaune foncé, se montrait en *c*; elle était également bordée au nord
d'une ligne plus foncée. Les calottes polaires *d* et *e* étaient nuancées
d'un léger gris bleu violacé. Les zones laissées en blanc sur la figure
étaient blanches en réalité.

Le lecteur a déjà remarqué sur ces deux figures la tache blanche
ovale et oblique qui se voyait sur la bande jaune. A 8 heures et
demie, cette tache se trouvait vers le méridien central de la planète.
Une heure après, elle était, comme on le voit, fortement déplacée
vers l'ouest ou vers la droite. Une demi-heure plus tard encore, elle
disparaissait. Cinq heures suffisent à une tache pour traverser le
disque d'un bout à l'autre; mais on ne les distingue pas vers les
bords à cause de l'absorption atmosphérique.

Ces taches appartiennent à l'atmosphère même de Jupiter. Elles
ne voyagent pas autour de la planète comme ses satellites, avec une
vitesse propre indépendante du mouvement de rotation, mais font
partie de l'immense couche nuageuse qui environne ce vaste
monde. D'un autre côté, elles ne sont pas non plus fixes à la
surface du globe, comme le sont les continents et les mers de
Mars, mais relativement mobiles comme nos nuages dans notre
atmosphère.

Leur déplacement, leur disparition à l'ouest et leur réapparition à
l'est, leur retour même exactement mesuré sur le méridien central
ne donnent pas à l'observateur la durée précise du mouvement de
rotation de la planète autour de son axe. Pour déterminer ce mouvement, il faut faire un grand nombre d'observations, et prendre le
résultat moyen, attendu que les nuages poussés par un vent d'ouest
(vus de la planète) vont plus vite que le sol, et que ceux dont un vent
d'est conduit la marche, vont moins vite et retardent. On a
remarqué par ces mesures que les taches voisines de l'équateur
marchent plus rapidement que celles des autres régions. comme il

arrive également sur le Soleil. De plus, les nuages de Jupiter sont
parfois animés d'un mouvement propre considérable, comme nous
le verrons tout à l'heure.

Voici, du reste, un résumé des observations de ces taches, qui
aura l'avantage de nous offrir en même temps un résumé des
recherches faites pour la détermination de la durée du mouvement
de rotation.

La première série d'observations a été commencée par Cassini Iᵉʳ, au
mois de juillet 1665. La tache observée par cet astronome était foncée et
paraissait adhérente à la bande méridionale ; elle lui donna pour la durée
de rotation : 9 h. 56 min. Plus tard, en 1672, des observations analogues
faites sur une tache que cet astronome crut identique avec celle qu'il
avait observée en Italie, lui donnèrent 9 h. 55m. 51 s. En reprenant cette
intéressante recherche en 1677, il arriva à une rotation de 9 h. 55 m. 20 s.
Mais un si bel accord s'évanouit en 1690. Ayant alors observé une tache
qui paraissait adhérente à la bande méridionale voisine du centre, il
trouva 9 h. 51 m. Ce résultat, si différent des premiers, fut confirmé
en 1691 par l'observation de deux taches brillantes placées sur la bande
obscure la plus voisine du centre vers le nord, et aussi par une tache
obscure placée entre les deux bandes centrales. En 1692, d'autres taches
ne donnèrent même que 9 h. 50 min.

Les différences considérables de ces divers résultats avaient déjà
conduit à supposer que les taches sont des nuages nageant dans une
atmosphère très agitée, et qu'elles ont un mouvement d'autant
plus rapide qu'elles occupent une position plus voisine du centre
de la planète. Ainsi, disait déjà Fontenelle, on pourrait comparer
les mouvements de ces taches à celui des courants qui soufflent
près de l'équateur terrestre.

Il règne, en effet, à l'équateur de Jupiter, un vent perpétuel, un
courant atmosphérique poussant les nuages dans le sens de la
rotation du globe et les faisant avancer plus rapidement que la
rotation moyenne. Ces vents sont-ils, comme nos alizés, produits
par la combinaison de la rotation rapide de Jupiter avec l'appel de
la chaleur solaire à l'équateur ? C'est possible. Un nuage se forme à
une certaine latitude, est entraîné vers l'équateur, éprouve un
retard dans sa rotation, et ce retard est d'autant plus considérable, que le nuage vient d'une latitude plus éloignée ; en d'autres
termes, les nuages qui ont des points de départ plus voisins de

l'équateur paraissent se mouvoir plus vite. Cependant il ne faut pas se hâter de faire une assimilation complète entre Jupiter et la Terre, car nous allons voir que le régime général de ses taches ressemble singulièrement à celui des taches du Soleil.

Mais n'empiétons par sur les événements, et revenons aux anciennes observations.

Pendant près de cent ans, le résultat de Cassini ne fut soumis à aucune recherche ultérieure, quoique Maraldi eût cru revoir la même tache noire jusqu'en 1715.

Jacques de Sylvabelle, à Marseille, commença, le 15 octobre 1773, une série d'observations qu'il poursuivit pendant plusieurs mois, et qui le conduisit au chiffre de 9 h. 56 min.

En 1778, William Herschel s'adonna à l'observation attentive du mouvement d'une tache sombre qu'il avait remarquée sur une zone équatoriale, et conclut une période variant de 9 h. 54 m. 53 s. à 9 h. 55 min. 40 s. En 1779, une tache claire, également équatoriale, lui donna tantôt 9 h. 51 m. 45 s. et tantôt 9 h. 50 m. 48 s. Herschel explique les grandes différences de toutes les observations par les mouvements propres des taches; il croit aussi à l'existence, dans les régions équinoxiales de la planète, de vents analogues à nos alizés.

Schrœter, à Lilienthal, obtint un résultat qui s'écarte d'une manière étrange des précédents, dans les observations qu'il fit du mois d'octobre 1785 au mois de février 1786, car il en conclut une période de 6 h. 56 m. 56 s. Mais la suite de ses observations le ramena à la période de Cassini : il suivit pendant trois mois l'extrémité d'une bande grise, et trouva 9 h. 55 m. 17 s. ; une tache plus foncée, qu'il aperçut dans le même temps, lui donna d'abord 9 h. 55 m. 33 s., et ensuite 9 h. 56 m. 33 s.

Viennent ensuite les observations de Beer et Mædler, en 1834. Ces astronomes se sont trouvés dans le même cas que tous ceux qui ont observé avant eux : les taches qu'ils ont suivies ne sont pas des régions fixes, mais, selon toute apparence, des produits atmosphériques analogues aux nuages. Leur grandeur proportionnelle, leur intensité et leur stabilité les distinguent, il est vrai, d'une manière essentielle des nuages de la Terre ; mais l'année de Jupiter, plus longue que la nôtre, la faible variation des saisons, et l'atmosphère plus dense de cette planète, expliquent parfaitement ces différences, d'autant plus que l'intensité de la pesanteur doit apporter un obstacle considérable à tout mouvement atmosphérique. Néanmoins, quoique les taches ne soient pas fixes, elles peuvent servir à indiquer approximativement le mouvement de rotation. En combinant tous les aspects observés, ces deux astronomes ont conclu que la valeur moyenne des rotations ainsi déterminées est de 9 h. 55 m. 26 s. $\frac{1}{2}$.

La même année, Airy, à Greenwich, déduisit une période de 9ʰ 55ᵐ 24ˢ. Bessel fit également quelques observations sur les passages de ces taches par le centre apparent, et trouva un temps de rotation assez rapproché du précédent.

En 1866, Jules Schmidt, d'Athènes, par des valeurs différentes, suivant qu'elles provenaient de l'observation des taches blanches ou des taches sombres, a trouvé pour moyenne 9ʰ 55ᵐ 46ˢ. En 1873, par le retour d'une interruption dans le côté sud de la bande équatoriale, lord Rosse a trouvé 9ʰ 54ᵐ 55ˢ.

Pendant les années 1873, 1874, 1875 et 1876, j'ai assidûment observé la même planète en ces quatre périodes successives d'opposition, et j'en ai pris chaque année une trentaine de dessins. J'en ai conclu qu'il est impossible d'expliquer les mouvements des taches, si l'on suppose une rotation uniforme. D'après les irrégularités des bandes, j'ai trouvé pour la rotation : à l'équateur, 9ʰ 54ᵐ 30ˢ, et vers 35° de latitude, 9ʰ 55ᵐ 45ˢ, et, de plus, un mouvement propre de plusieurs taches blanches indépendant du mouvement de rotation, tantôt plus rapide, tantôt moins ; ce qui montre que ce sont là des nuages supérieurs poussés tantôt par un vent d'ouest et tantôt par un vent d'est.

Trois années consécutives de mesures donnèrent 9ʰ 55ᵐ 35ˢ à M. Marth, de 1878 à 1881 et 9ʰ 55ᵐ 35ˢ à M. Hough pour la même époque. En 1879, M. Pratt et M. Brewin trouvèrent 9ʰ 55ᵐ 34ˢ, et en 1880 M. Cruls 9ʰ 55ᵐ 36ˢ.

Voici un résumé de toutes les observations :

CASSINI	1665	9ʰ. 56ᵐ.			
Id.	1672	9	55	51	
Id.	1692	9	50		
MARALDI.	1708	9	56	48	
Id.	1713	9	56		
SYLVABELLE.	1773	9	56		
HERSCHEL.	1778	9	55	40	
Id.	1779	9	51	45	
SCHROETER	1786	9	55	34	
Id.	1786	9	56	56	
Id.	1786	9	55	18	
MAEDLER	1834	9	55	26	
AIRY.	1834	9	55	24	
J. SCHMIDT,	1866	9	55	46	
LORD ROSSE.	1873	9	54	55	
FLAMMARION.	1875-1876	9	54	30	à l'équateur.
		9	55	45	à 35° de latitude N.
A. MARTH	1879-1881	9	55	35	par la tache rouge.
J. F. SCHMIDT	1879-1880	9	55	34	Id.
G. W. HOUGH	1879-1881	9	55	35	Id.
H. PRATT	1879	9	55	34	Id.
BREWIN	1879	9	55	34	Id.
CRULS	1880	9	55	36	Id.

Les six derniers résultats ont été obtenus par l'observation de la tache rouge, dont nous parlerons plus loin.

D'après toutes ces comparaisons, on peut conclure que la durée de la rotation de l'atmosphère de Jupiter est de 9 heures 55 minutes 35 secondes vers le 25° degré de latitude ; mais qu'elle est plus rapide à l'équateur. C'est aussi ce qui arrive pour le Soleil, dont la durée de rotation est de 24 jours 22 heures 11 minutes à l'équateur, de 25 jours 17 heures 8 minutes à 20° de latitude boréale, et de 27 jours 10 heures 41 minutes à 60°. — Quant au globe de Jupiter lui-même, nous ne le voyons pas : il doit tourner plus vite encore.

Cette immense planète est donc animée d'un mouvement de rotation plus de deux fois plus rapide que celui de la Terre : au lieu d'être de 24 heures, la durée du jour et de la nuit n'est même pas de 10 heures ; on n'y compte que 4 heures 57 minutes entre le lever et le coucher du soleil, et à toute époque de l'année la nuit y est encore plus courte à cause des crépuscules. Comme, d'autre part, l'année est presque égale à douze des nôtres, la rapidité des jours fait que sur Jupiter il n'y a pas moins de 10 455 jours dans l'année.

La vitesse de ce mouvement est telle qu'un point situé à l'équateur court en raison de 12 500 mètres par seconde, 26 fois plus vite qu'un point de l'équateur terrestre. C'est cette rapidité de rotation qui a amené l'aplatissement, et c'est elle évidemment qui produit les bandes atmosphériques. Il va sans dire qu'on ne s'aperçoit pas plus de ce mouvement à la surface de ce monde que nous ne nous apercevons ici de celui de notre globe.

Toutefois, ce mouvement offre une particularité assez curieuse. Nous avons vu que la Terre, en tournant autour du Soleil, court dans l'espace avec la vitesse de 29 500 mètres par seconde, et que son mouvement de rotation diurne la fait tourner à l'équateur avec une vitesse de 464 mètres par seconde. Il en résulte qu'à minuit, à l'opposé du Soleil, un point de l'équateur court en raison de $29\,500^m + 464^m$ ou de 29 964 mètres, tandis qu'à midi, la rotation s'effectuant en sens contraire de la translation, la vitesse est de $29\,500^m - 464^m$, ou de 29 036 mètres. Jupiter roule sur son orbite avec la vitesse de 12 600 mètres par seconde, et tourne sur lui-même avec une telle rapidité que son équateur ne parcourt pas moins de 12 500 mètres par seconde. Il en résulte qu'à minuit, à l'opposé du Soleil, un point B (*fig*. 246), situé à son équateur, se déplace avec la vitesse de 12 600^m + 12 500^m ou de 25 100 mètres par seconde, tandis qu'à midi ce même point (A) ne vogue plus qu'en raison de 12 600^m — 12 100^m ou de 100^m seulement, c'est-à-dire qu'alors un tel point est en repos presque absolu dans le système solaire. Il y a là une condition spéciale intéressante pour les observateurs à la recherche de l'analyse des mouvements sidéraux, et les astronomes futurs de Jupiter ne manqueront certainement pas de l'apprécier.

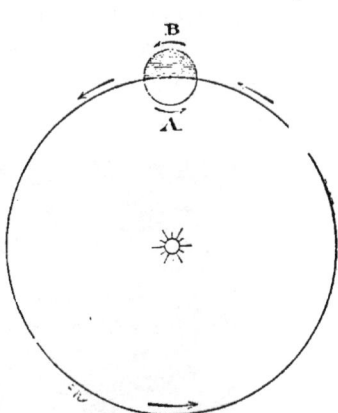

Fig. 246.
Comparaison de la vitesse orbitale de Jupiter avec sa vitesse de rotation.

Le calendrier de Jupiter, avec ses 10 455 jours, est bien différent du nôtre. Une nouvelle différence vient s'y ajouter : l'absence de saisons. Jupiter tourne, en effet, de telle sorte que son axe de rotation est presque perpendiculaire au plan dans lequel il se meut autour du Soleil. La position que la Terre présente le jour de l'équinoxe, Jupiter la conserve toujours, de sorte qu'on peut dire que ce monde immense jouit d'un printemps perpétuel. L'inclinaison de l'équateur n'y est que de trois degrés, c'est-à-dire à peu près insignifiante. Il en résulte que la durée du jour et de la nuit y reste la même pendant l'année entière sous toutes les latitudes, que le jour y est constamment égal à la nuit, un peu plus long, à cause des crépuscules), que la température y demeure toujours pareille à elle-même, que jamais on n'y subit les frimas de l'hiver ni les chaleurs torrides de l'été, et que les climats s'y succèdent doucement et harmoniquement, suivant une gradation lente et uniforme, de l'équateur aux deux pôles ('). Il n'y a là qu'une zone tempérée ; la zone torride est réduite à une ligne de 3 degrés de part et d'autre

('') On a prétendu que l'absence de saisons sur Jupiter, due à la perpendicularité de son axe, était un arrangement providentiel pour compenser sa grande distance au Soleil et lui donner une température sensiblement uniforme. Il faut nous garder d'interpréter aussi naïvement les spectacles de la Nature au point de vue des causes

de l'équateur, et la zone glaciale à un cercle de 3 degrés de rayon autour de chaque pôle.

A sa distance de l'astre radieux, ce monde reçoit 27 fois moins de chaleur et de lumière que nous en recevons. Le Soleil y apparaît sous un disque un peu plus de 5 fois moins large en *diamètre* que celui qu'il nous offre d'ici, et avec une *surface* 27 fois plus petite. L'intensité de la chaleur et de la lumière solaires y est réduite aux 37 millièmes dé l'intensité de la chaleur et de la lumière reçues par la Terre. Une chaleur et une lumière 27 fois plus faibles qu'ici nous paraissent sans doute constituer un état qui serait mieux qualifié par les termes de froid et d'obscurité que par ceux

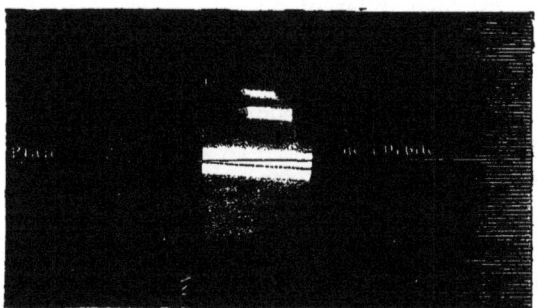

Fig. 247. — Position de Jupiter sur le plan de son orbite.

de chaleur et de lumière. Mais il importe de remarquer ici : 1° que l'atmosphère de Jupiter peut concentrer la chaleur mieux que ne le fait la nôtre; 2° que la radiation solaire peut fort bien n'être pas la seule cause d'échauffement de cette planète, et 3° surtout que l'état de Jupiter ne peut être légitimement jugé par les sensations de la vie terrestre.

Nous avons vu, en étudiant Mars et Vénus, que le climat réel d'une planète dépend en grande partie de la nature de l'atmosphère. On pourrait imaginer une atmosphère composée de telle sorte qu'elle

finales humaines que nous prêtons au Créateur, car nous risquerions fort de nous tromper, comme on l'a fait pendant si longtemps, en raisonnant d'après un point de vue trop étroit. Sans doute, il y a là une certaine compensation de produite, mais n'en remercions pas la Providence au nom des habitants de Jupiter, car l'absence d'hivers eût été beaucoup plus nécessaire encore aux planètes plus éloignées, Saturne, Uranus et Neptune, et malheureusement leur axe est tout aussi incliné que celui de la Terre, et plus encore.

arrêtât au passage tous les rayons venus du Soleil, et qu'elle les emprisonnât comme dans une souricière. Tyndall a montré qu'une couche d'air de deux pouces d'épaisseur, qui serait saturée de vapeurs d'éther sulfurique, laisserait à peu près passer tous les rayons calorifiques, mais arrêterait les trente-cinq centièmes du rayonnement planétaire. Une couche plus épaisse doublerait cette absorption. Il est évident qu'une enveloppe protectrice de cette nature permettant à la chaleur d'entrer, mais l'empêchant de sortir, peut donner aux planètes lointaines une température plus élevée qu'on ne serait porté à le croire.

Mais, après tout, une atmosphère ne peut que conserver la quantité de chaleur reçue, non l'augmenter, et nous savons, de plus, que ce ne sont pas les *gaz* de l'atmosphère terrestre qui jouent le plus grand rôle dans la conservation de la chaleur, mais bien la vapeur d'eau. Or, on peut se demander si l'action de la chaleur solaire sur Jupiter serait capable de produire de la vapeur d'eau dans une grande proportion. Sur la Terre, cette chaleur solaire remplit l'air de vapeur tantôt invisible, tantôt visible, et, soit invisible, soit visible, c'est elle qui, surtout pendant la nuit, s'oppose à ce que la chaleur s'échappe dans l'espace. Mais le faible soleil du ciel jovien peut-il avoir la même action sur ce monde lointain? Ce n'est pas probable. Pourtant l'observation télescopique et l'analyse spectrale démontrent que cette atmosphère est précisément saturée de vapeur. D'un autre côté, dans l'état de cette planète, cette vapeur se forme-t-elle dans les mêmes conditions qu'ici? a-t-elle la même forme moléculaire? est-elle douée des mêmes propriétés? réclame-t-elle le même degré thermométrique pour devenir visible ou invisible, pour former un ciel nuageux ou un ciel transparent?

Ce sont là autant de questions, capitales au point de vue de l'état d'habitation de Jupiter, que nous allons essayer d'élucider dans les chapitres suivants.

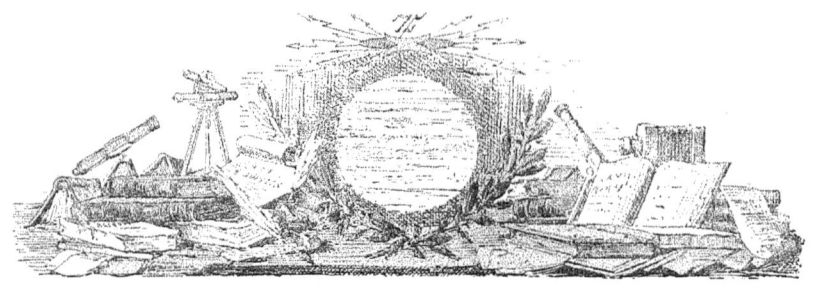

CHAPITRE III

Changements observés sur Jupiter.

Remarquons d'abord que ce monde immense éprouve de singulières métamorphoses. Les bandes si caractéristiques qui le traversent ne gardent pas, comme on l'a cru pendant si longtemps, la même forme, le même éclat, la même nuance, la même largeur, la même étendue, mais au contraire elles subissent des variations rapides et considérables. *En général*, l'équateur est marqué par une zone blanche. De part et d'autre de cette zone blanche, il y a une bande sombre, nuancée d'une teinte rougeâtre foncée. Au delà de ces deux bandes sombres australe et boréale, on remarque ordinairement des sillons parallèles alternativement blancs et gris. La nuance générale devient plus homogène et plus grise à mesure qu'on s'approche des pôles, et les régions polaires sont ordinairement bleuâtres. Ce type général est à peu près celui que l'on a vu sur notre figure 340, qui représente les dimensions comparées de Jupiter et de la Terre.

Or, cet aspect typique varie profondément, et si profondément, qu'il est parfois impossible d'en retrouver aucun vestige. Au lieu de présenter une zone blanche, l'équateur se montre parfois occupé par une bande sombre, et l'on voit une ou plusieurs lignes claires sur telle ou telle latitude plus ou moins éloignée. Quelquefois les bandes sont larges et espacées; quelquefois au contraire elles sont fines et serrées. Tantôt leurs bords sont déchiquetés comme des nuages bouleversés et déchirés; tantôt ils se dessinent sous la forme d'une parfaite ligne droite. On a vu des taches blanches lumineuses flotter au-dessus de ses bandes atmosphériques, et quelquefois des points lumineux tout ronds analogues aux satellites; on a vu aussi des traînées sombres croiser obliquement les bandes et persister pendant longtemps. Enfin la variabilité de ce monde est telle, qu'il offre à l'observateur et au penseur un des plus nouveaux et des plus intéressants problèmes de l'astronomie planétaire.

Ces perturbations atmosphériques peuvent toutefois s'accomplir dans l'immense enveloppe aérienne de Jupiter, sans que la surface de la planète soit pour cela elle-même dans un état d'instabilité correspondant. Cette surface, nous ne la voyons jamais, ou rarement, à travers les éclaircies qui nous paraissent sombres.

Depuis l'année 1868, et surtout depuis 1872, j'ai suivi avec une grande assiduité les variations d'aspect de ce monde immense, et j'ai constaté (ce que chacun, d'ailleurs, peut facilement faire) que de tous les astres de notre système, c'est celui qui présente au télescope les changements les plus considérables et les plus extraordinaires, non seulement dans le dessin, mais encore dans la coloration de son disque. Voici un résumé de son état en ces derniers temps :

Au mois de novembre 1869, par exemple, la zone équatoriale, depuis longtemps blanche et incolore, devint plus sombre que deux bandes blanches situées au nord et au sud, et se colora d'une teinte jaune verdâtre. Cette teinte s'assombrit davantage au commencement de l'année 1870 et atteignit la nuance jaune d'ocre. Le 5 janvier, on voyait sous le bord austral de la bande équatoriale une longue ellipse rougeâtre produisant l'effet d'une ligne de vapeurs dégagées non loin de l'équateur.

En 1871, l'équateur s'est montré occupé par une large zone dont la teinte était d'un brun orangé; les bandes sombres, situées de part et d'autre dans les deux hémisphères, avaient une teinte empourprée; entre l'une d'elles et la bande équatoriale, il y avait une large zone dont la lumière était d'un vert olivâtre; enfin, les régions voisines des pôles étaient d'un gris bleuâtre, surtout aux pôles mêmes. Cette coloration remarquable du disque de Jupiter en 1870 et 1871 a frappé l'attention de tous les observateurs.

Les études faites de décembre 1872 à avril 1873 ont montré l'équateur occupé par une large bande jaune-cuir; la région centrale, ou tout à fait équatoriale, était moins colorée et moins foncée qu'en 1870 et 1871; des taches blanches la parsemaient assez souvent. On remarquait ordinairement de chaque côté une bande blanche au delà de laquelle s'en dessinait une jaune plus foncée, puis une autre blanche; enfin, les pôles se montraient : le sud gris-jaune, le nord gris-bleu.

En 1874, les couleurs ont été différentes de celles de 1873. La zone équatoriale, entre autres, était devenue plus brune, plus bronzée. La calotte polaire sud paraissait jaunâtre, comme la zone équatoriale, tandis que la boréale était d'un gris bleuâtre. J'ai dessiné avec soin ce disque pendant les nuits les plus belles, en désignant toujours par la lettre *a* la bande la plus foncée. Cette bande, colorée d'une teinte marron, a toujours été celle qui souligne l'équateur, c'est-à-dire la bande sud tropicale. La région la plus brillante a toujours été la zone blanche boréale qui règne au-dessus des bandes équatoriales. Des taches blanches elliptiques se sont montrées plusieurs fois : ces taches étaient suivies d'*ombres*, non pas nettes comme elles, mais vagues et finissant par une traînée anguleuse, comme si cette ombre tombait, non sur un terrain solide, mais *à travers une atmosphère étagée de nuées*.

Au-dessus de la bande couleur marron s'étendait une bande jaune clair, qui resta presque contiguë à la première jusqu'au 19 avril, car la sépa-ration fut rarement marquée. Mais, à cette dernière date, la planète a subi une révolution atmosphérique importante : l'équateur présenta des traînées nuageuses irrégulières, et ensuite resta marqué par une fine ligne blanche. J'ai reproduit (*fig.* 249) six des nombreux dessins télesco-piques que j'ai pris pendant cette période. Ils donnent une image exacte des changements qui se produisent sur cette vaste planète. J'ai esquissé ces vues aux dates et heures marquées. Sur celui du 19 mai, on voit l'ombre du IV⁰ satellite passant sur le pôle nord de la planète sur celui du 17 avril, on voit l'une des taches suivies d'ombres dont j'ai parlé tout à l'heure; sur celui du 25, le premier satellite sort de la planète en y projetant encore son ombre.

En 1875, la région équatoriale s'est montrée occupée par une très large bande orangée s'étendant sur presque le tiers de la hauteur du disque et bordée au nord et au sud par de minces zones blanches. Il n'y a pas eu de bande très foncée comme en 1874. Plusieurs fois, sur l'équateur, on a vu des taches blanches suivies d'ombres grises. La nuance générale de la pla-nète était le jaune clair, et il n'y avait pas de différence notable entre le pôle sud et le pôle nord.

En général, les bandes disparaissent en se brisant en longues taches blanches, et c'est par un procédé contraire qu'elles se forment.

En 1876, le disque de Jupiter s'est montré en général fort peu coloré. Une large bande marquait la zone équatoriale; sa bordure, située vers 20° au sud et au nord de l'équateur était formée par une ligne assez large, de nuance orangée foncée. La région centrale de cette zone équatoriale, c'est-à-dire la partie correspondante à l'équateur et aux premiers degrés de lati tude était plus claire, mais, toutefois, encore orangée, et souvent elle a paru formée de lignes parallèles fines. Le reste de la planète était de nuance jaune-citron, généralement homogène. Cependant, j'ai constamment remarqué que le pôle supérieur, c'est-à-dire le pôle nord, offrait

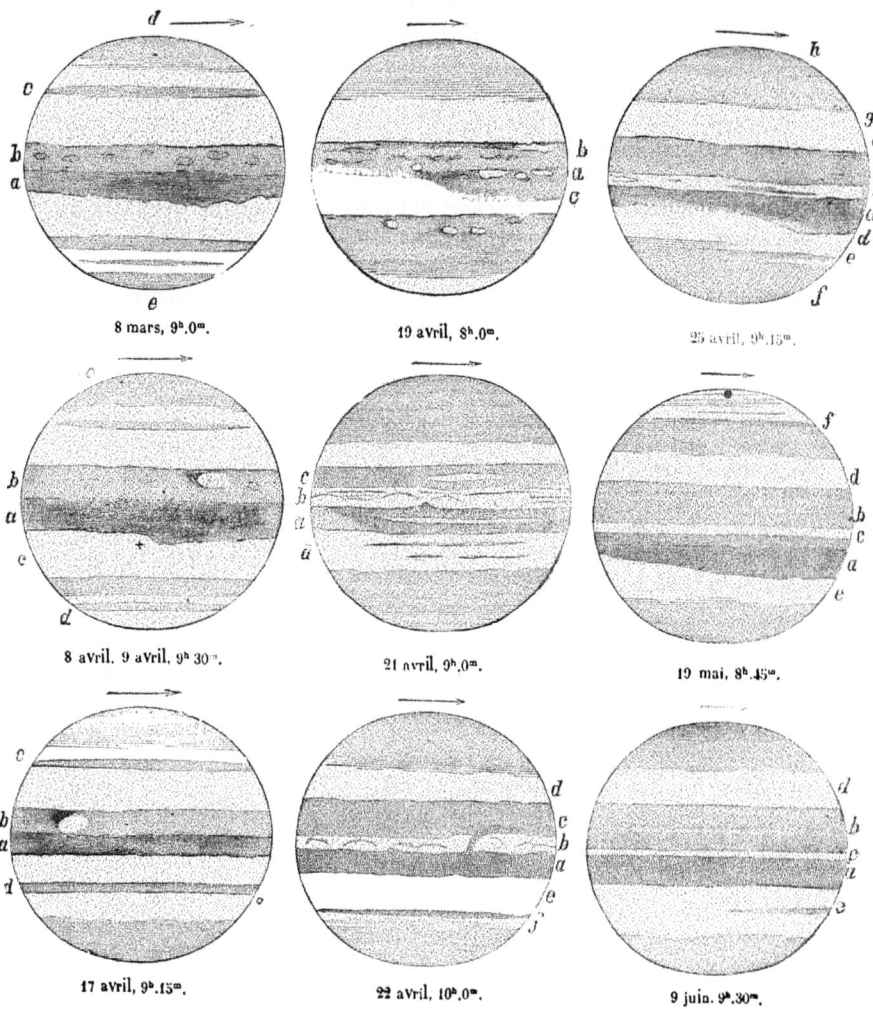

Fig. 249. — Vues télescopiques de Jupiter prises en 1874.

une teinte gris bleuâtre, tandis que l'autre restait jaunâtre, comme l'ensemble de la planète. Cette remarque est intéressante, parce que, l'incli. naison de Jupiter étant presque nulle, les deux pôles restent à peu près dans une même condition relativement au Soleil, et devraient se ressembler tout à fait. Il faut donc qu'il y ait une différence réelle entre les deux.

Ainsi, l'aspect de Jupiter varie non seulement d'une année à l'autre, mais encore du jour au lendemain, — comme notre propre atmosphère.

Si les variations de formes observées sur les bandes de Jupiter sont l'indice de l'existence de forces perturbatrices intenses dans cette atmosphère, les changements de coloration observés en sont un indice plus manifeste encore. Nous avons vu que la bande équatoriale, qui est ordinairement blanche, et a longtemps été considérée comme dessinant un des aspects typiques de la planète, est devenue pendant l'automne de l'année 1869 colorée d'un jaune verdâtre, qui s'assombrit plus encore au commencement de l'année 1870, et offrit la nuance du jaune d'ocre. C'est là un changement considérable, puisque alors, loin d'être la plus banche des zones, elle était au contraire la plus colorée, tandis que les zones situées de part et d'autre étaient plus blanches. Or comme cette bande équatoriale possède une surface égale au cinquième de la surface totale de la planète, une telle variation d'aspect dénote une perturbation météorologique considérable arrivée dans Jupiter.

Un changement de coloration si étendu et si profond ne peut provenir que d'une cause intérieure fort importante, attendu que la chaleur solaire serait incapable de la produire. Si nous attribuons la teinte blanche ordinaire de la bande équatoriale à la réflexion de la lumière solaire sur des masses de nuages, la disparition de cette blancheur notifiera pour nous également la disparition de ces nuages. Mais est-ce la surface de Jupiter que nous voyons alors ? C'est peu probable, car il faudrait supposer que cette surface subisse elle-même des variations de couleur singulièrement rapides. Il semble que cet état de choses soit plutôt dû à des vapeurs intenses occupant le fond de l'atmosphère. Mais d'où viennent ces vapeurs ? Jupiter est-il assez chaud pour les produire ? Dans ce cas il pourrait lui-même subir les variations qui nous embarassent ici.

Il y a certains états moléculaires tels que de faibles variations dans les causes amènent de grands changements apparents dans les effets. Tel est l'état dans lequel se trouve la vapeur d'eau répandue à l'état invisible au sein de notre atmosphère, lorsqu'elle se transforme en nuages visibles. Avant la formation du nuage, le ciel est pur, transparent, et d'un azur profond ; un instant après il est couvert : un refroidissement de l'air a amené la métamorphose. Cependant il n'y a pas plus de vapeur d'eau après la formation du nuage qu'auparavant ; les conditions de température seules ont changé. Dans mes voyages aéronautiques, j'ai souvent trouvé moins de vapeur d'eau dans les nuages qu'au-dessous. L'atmosphère de Jupiter pourrait être dans cet état d'équilibre instable.

Depuis l'année 1878, la planète a été le siège d'un événement considérable.

Dans l'hémisphère sud, au-dessus de l'équateur, sur le 25° degré de latitude environ, une tache allongée, rougeâtre, de couleur brique, ressortant en foncé sur le fond blanc lumineux de la zone sur laquelle elle se détachait, mesurant 12″5, c'est-à-dire 46 000 kilomètres de longueur sur 3″5 ou 14 000 kilomètres de largeur, est apparue pendant l'été de 1878 (premiers observateurs : lord Lindsay à Dun-Echt, Irlande, le 26 juin ; Pritchett à Morrison, États-Unis, le 9 juillet ; Barnard à Nashville, 25 juillet ; Niesten à Bruxelles, 6 août) et est restée là, sans variation sensible, pendant cinq années consécutives. Au moment où nous écrivons ces lignes (octobre

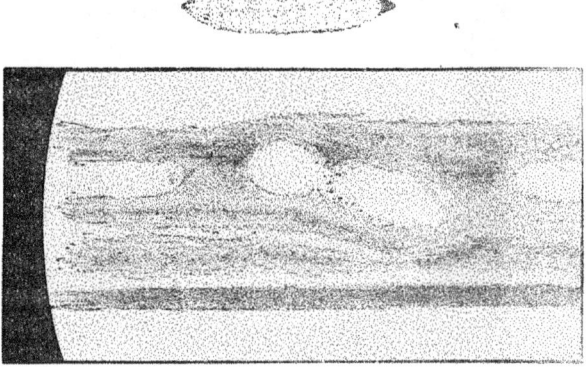

Fig. 250. — Détails de la surface de Jupiter : la tache rouge et l'équateur
(18 octobre 1880).

1883 (¹) elle disparaît en pâlissant et s'efface comme un brouillard blanc et diffus. Mais sa place est encore parfaitement reconnaissable, par sa position, par sa forme, et même aussi par sa teinte encore rougeâtre.

Cette tache rouge de Jupiter a été l'objet d'un grand nombre d'observations. Elle a commencé à se montrer, pâle, vague, nuageuse, et ce n'est qu'insensiblement qu'elle a pris corps et qu'elle s'est colorée. De 1879 à 1882, elle était très apparente, et une lunette de 108ᵐᵐ suffisait pour la reconnaître dès la première vue. Ses deux extrémités se terminaient en pointe. Notre figure 250, dessinée par M. Denning le 18 octobre 1880, montre exactement sa forme et son aspect. Au-dessous, la bande équatoriale était formée de nuages blancs ressemblant à nos *cumuli*. Notre figure 251, due au même astronome, montre l'aspect général de la planète au moment du passage de cette énorme tache par le méridien central.

(¹) Dixième édition des *Terres du Ciel*.

Elle est restée fixe à la même position, tournant avec la rotation de la planète. Attentivement suivie, entre autres, du 26 juillet au 6 décembre 1879, pendant 321 rotations de Jupiter équivalant à 35 726 secondes, elle a donné à un observateur, M. Pratt, $9^h55^m34^s$ pour la durée de la rotation. Du 31 juillet 1879 au 21 octobre 1880, par une autre série d'observations, de 448 jours terrestres ou de 1 083 jours joviens, M. Cruls a trouvé 9^h55^m 36^s. La comparaison d'un grand nombre de mesures analogues donne pour cette rotation, à une seconde près, le chiffre de $9^h55^m 35^s$.

En même temps que cette tache rouge, la planète a présenté des taches blanches, plus petites, et généralement très brillantes, situées sur l'équa-

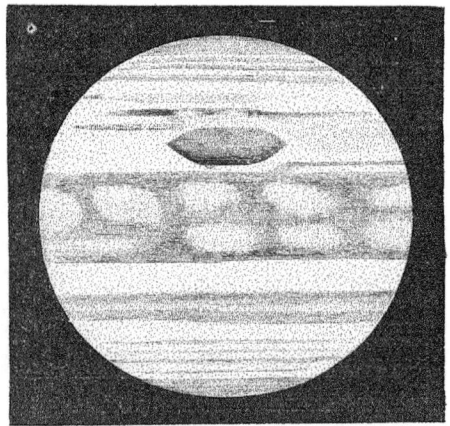

Fig. 251. — Aspect de Jupiter le 7 décembre 1881.

teur. Notre figure 252, dessinée également par M. Denning, en montre une bien caractéristique.

Ces taches blanches étaient emportées comme la rouge par la rotation de Jupiter, mais par une rotation plus rapide. En les observant avec un soin minutieux, M. Denning a constaté que, tandis que la première tournait dans le temps indiqué plus haut, la tache blanche représentée sur cette figure tournait en $9^h50^m6^s$, avançant ainsi de 5^m29^s par jour jovien sur la tache rouge et passant au-dessous d'elle tous les 44 jours environ (44^j10^h 42^m en 1881, $44^j17^h24^m$ en 1882). Depuis le 29 novembre 1880, à 9^h13^m du soir jusqu'au 1er novembre 1882, à 2^h43^m du matin, elle est passée seize fois sous la tache rouge. Ces taches blanches n'offraient pas d'ailleurs à l'observation la stabilité de la tache rouge, car elles allaient tantôt un peu plus vite, tantôt un peu plus lentement, comme des nuages poussés par un vent équatorial. Le diamètre (variable) de la tache blanche principale n'était en moyenne que de 2 secondes, ce qui correspond toutefois à 7 400 kilomètres.

Quelle était la nature de cette tache rouge?

On pouvait d'abord penser qu'on assistait à la formation d'un continent à la surface de la planète, ou peut-être à une déchirure du sol nouvellement formé, à travers laquelle apparaîtrait le noyau incandescent. Mais il est bien certain que ce n'est pas la surface de la planète que nous voyons en général; et pour l'apercevoir en cette circonstance, il eût fallu une ouverture considérable à travers l'enveloppe atmosphérique. On ne s'explique guère qu'une telle éclaircie eût pu rester aussi longtemps au

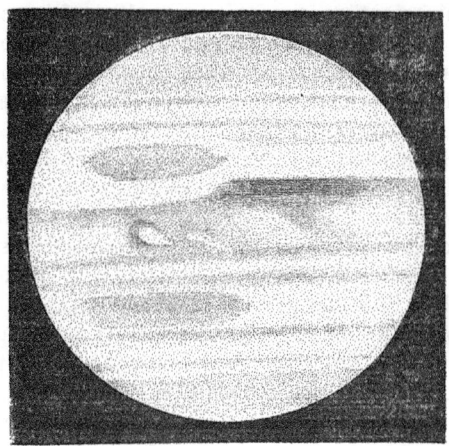

Fig. 252. — Aspect de Jupiter le 6 août 1882.

même point. D'un autre côté, M. Denning a fait à cet égard une observation significative. L'extrémité droite ou orientale était marquée d'un point noir qui restait distinctement visible lorsque la tache arrivait au bord est ou ouest de Jupiter, ce qui n'aurait pas eu lieu si la tache avait été une cavité. Il est bien probable qu'elle était formée de vapeurs émises par la planète et imprégnant l'atmosphère de leur chaude coloration. Sa fixité pendant cinq années montre que ce n'était pas simplement là un ensemble de nuages susceptibles d'être emportés par le vent, mais que c'était bien l'immense atmosphère jovienne qui était ainsi imprégnée d'un brouillard de sang dans toute sa profondeur. Tout autour de la tache, on remarquait une bordure blanche assez épaisse, sans doute formée de nuages refoulés.

M. Draper a réussi à photographier directement le spectre de Jupiter. Ces photographies montrent une telle ressemblance avec le spectre

solaire, qu'il n'y a pas le moindre doute que ce ne soit là de la lumière
solaire réfléchie, et que l'expérimentateur a pu prendre ce spectre
de Jupiter comme terme de comparaison pour les spectres d'étoiles qu'il a
également mesurés.

Toutefois, le 26 septembre 1879, une photographie prise entre 9ʰ 55ᵐ et
10ʰ 45ᵐ (heure de New-York) montra un spectre portant une modification
importante. Il y avait alors dans les régions équatoriales de la planète
une absorption de lumière solaire et, en même temps, une production de
lumière intrinsèque. Cette production de lumière propre à Jupiter coïncide, par sa position au-dessus de l'équateur, avec la présence de la tache
rouge. Ainsi cette tache émettait de la chaleur et de la lumière.

Elle est certainement en connexion avec la surface même de la planète ; car, non seulement elle est restée fixe au même point depuis cinq
années, mais encore on trouve sur d'anciennes vues de Jupiter une tache
de même forme précisément dans la même région. Un travail de genèse
géologique s'accomplit là.

L'action du Soleil seule, si faible à la distance de Jupiter, ne suffisant
pas pour y produire les énormes quantités de vapeur qui y existent et les
perturbations violentes que nous y remarquons, c'est donc de l'intérieur
de ce globe immense lui-même que doivent provenir les causes de ses
variations superficielles. Il doit être plus chaud à sa surface que le Soleil
ne peut le rendre. Peut-être possède-t-il des volcans et des sources de
vapeurs ; peut-être est-il le siège de révolutions capables de produire les
phénomènes que nous observons dans son atmosphère ; peut-être l'électricité est-elle un jeu dans ces variations, et peut-être aussi l'atmosphère
de cette planète s'embrase-t-elle parfois d'immenses aurores boréales [1],

Ajoutons ici une remarque curieuse : ces variations de l'aspect de
Jupiter paraissent en relation avec celles des taches du Soleil, et avoir
aussi leur maximum tous les onze ans.

---

[1] Jupiter renvoie plus de lumière que les sols de la Lune, de la Terre et de Mars :
il réfléchit plus des trois cinquièmes de la lumière incidente ; Saturne en renvoie un
peu plus de la moitié, Mars un quart, la Lune un cinquième. Il est plus photogénique
que la Lune, 6 secondes de pose suffisent pour le photographier, tandis qu'il en faut 60
pour Saturne. Cependant on ne peut pas dire qu'il émette une lumière propre, car
l'ombre des satellites qui passent entre le Soleil et lui est généralement noire, et
ces satellites disparaissent complètement à leur tour quand Jupiter les masque à la
lumière solaire. En 1870, j'ai eu l'impression d'aurores boréales dans l'atmosphère
de cette majestueuse planète.

CHAPITRE IV

L'atmosphère de Jupiter.

Les observations exposées dans le chapitre précédent nous ont déjà amenés à concevoir que l'atmosphère de Jupiter doit être très différente de la nôtre. Pénétrons maintenant plus intimement, s'il est possible, dans l'examen de ce monde, et commençons par son analyse chimique.

Dans ses premières recherches sur le spectre de cette planète, Huggins avait déjà remarqué en 1866 qu'il y a dans ce spectre « des raies prouvant l'existence d'une atmosphère absorbante. Une bande foncée, ajoutait-il, correspond à quelques raies atmosphériques terrestres, et indique probablement la présence de vapeurs sem-blables à celles de notre atmosphère. Une autre bande n'a pas sa correspondante parmi les raies d'absorption de notre atmosphère, et elle révèle la présence de certains gaz ou vapeurs n'existant pas dans l'atmosphère terrestre. »

Un examen plus minutieux a été fait à cet égard par Vogel. Ses dernières recherches prouvent que la plupart des raies du spectre de Jupiter (et elles sont nombreuses) coïncident avec celles du spectre solaire. Une différence digne d'attention, cependant, se fait remarquer par la présence de certaines bandes obscures dans la portion la moins réfrangible, surtout dans le rouge. Les autres raies étrangères au spectre solaire coïncident avec des raies telluriques.

Tandis qu'il se produit des bandes dans les parties les moins réfran-gibles, dit cet astronome, les radiations les plus réfrangibles (bleues et violettes) éprouvent une absorption uniforme. L'enveloppe gazeuse qui entoure Jupiter exerce donc, sur les rayons solaires qui la traversent, une action analogue à celle que produit notre atmosphère; d'où il nous est permis de conclure à la présence de la vapeur d'eau dans celle de Jupiter. Ce spectre offre dans le rouge une bande obscure dont la longueur d'onde est de 618 millionièmes de millimètre. On ne peut pas décider si cette bande résulte de la présence d'un corps spécial qui ne se trouve pas dans notre atmosphère, ou de ce que les gaz seraient mélangés dans des proportions différentes que dans l'air. Il est possible que la composition des deux atmosphères soit la même, mais que leur action sur les rayons solaires diffère par suite des conditions de température et de pression.

Le spectre des bandes sombres se caractérise surtout par une absorption uniforme très marquée que subissent les rayons bleus et violets. On ne voit point apparaître à ces places-là de nouvelles bandes d'absorption, mais les raies y sont plus marquées et plus larges qu'ailleurs, ce qui prouve nettement que *les portions obscures* de la surface de Jupiter *sont plus profondes que les portions avoisinantes*. La lumière solaire pénètre plus profondément en ces places-là dans l'atmosphère de la planète et y subit une altération plus marquée.

La coloration jaunâtre de la planète, et en particulier la teinte plus prononcée des portions sombres, s'explique par l'absorption uniforme que cette atmosphère exerce sur les rayons bleus et violets.

Les bandes blanches de Jupiter et ses taches blanches représentent certainement pour nous les nuages les plus élevés de son atmosphère. Les régions sombres, généralement nuancées d'un brun marron et quelquefois roux, représentent, ou bien le sol de la planète, ou bien les couches inférieures de l'atmosphère. La différence de niveau est certainement considérable entre les deux; pourtant je ne suis jamais parvenu à constater, et aucun astronome n'a jamais remarqué non plus, que cette différence de niveau fût sensible lorsqu'une tache blanche arrive au bord du disque.

Que sont les petites taches blanches rondes que l'on voit parfois sur les bandes sombres? Sont-ce des cirri analogues à ceux qui se forment dans les hautes régions de notre atmosphère? ou bien indiqueraient-elles l'action de volcans situés sous la couche sombre, et lançant verticalement d'énormes jets de vapeur? On les a revues souvent aux mêmes points.

Le cône d'ombre qui s'étend derrière Jupiter, à l'opposite du Soleil, et que la planète forme constamment derrière elle, comme la Terre, la Lune et tous les corps du système planétaire, ne mesure 86 880 000 kilomètres, ou 21 720 000 lieues (l'ombre de la Terre ne s'étend qu'à 344 000 lieues et celle de la Lune à 96 000 en moyenne). Cette ombre, de forme conique et finissant en pointe, doit être entourée d'une pénombre variable, provenant de l'atmosphère de la planète, car parfois les satellites sont éclipsés instantanément au moment même où ils pénètrent dans ce cône et deviennent immédiatement invisibles, puis reprennent instantanément tout leur éclat lorsqu'ils en sortent; et parfois, au contraire, ils ne reparaissent que lentement et ne reprennent que graduellement leur éclat. Ainsi, précisément, pendant que j'écris ces lignes [1er juin 1876, 9h 30m du soir] (¹), le IIIe satellite sort d'une éclipse, et a mis près de trois minutes pour reprendre son éclat habituel : la progression a été très frappante et singulièrement lente. Je me souviens aussi que le 30 janvier 1874, le IVe a mis 3 minutes 30 secondes à s'éclipser et 10 minutes entières à reprendre son plein éclat.

Un grand nombre de faits prouvent cette pénombre.

Le temps que le satellite met à entrer dans l'ombre et à en sortir dépend de la vitesse de son mouvement et de la direction, ainsi que du diamètre apparent du Soleil; mais les différences énormes observées indiquent de plus l'existence d'une pénombre.

L'épaisseur de l'atmosphère se constate d'autre part par les ombres des satellites qui tombent à travers cette atmosphère. J'ai remarqué que ces ombres sont allongées, lorsque nous ne voyons pas Jupiter de face, mais obliquement, comme si elles se marquaient sur une série de nuages étagés sur une grande épaisseur. Les observations de M. Burton, à Dublin, confirment le même fait, et ont même conduit cet astronome à calculer l'épaisseur atmosphérique qui correspond à ces allongements : il a trouvé que l'atmosphère jovienne doit avoir près de 10 000 milles anglais de profondeur, soit 16 000 kilomètres ou 4 000 lieues. Ce serait plus du dixième du diamètre de la planète, puisque celle-ci a 35 000 lieues de large, et c'est assurément exagéré.

Il n'est pas rare, lorsque Jupiter est en quadrature, de voir quelques-uns de ces nuages blancs si lumineux porter à l'opposé du Soleil

(¹) Première édition des *Terres du Ciel.*

une ombre qui tombe sur des nuées étagées à des niveaux inférieurs.

L'atmosphère de Jupiter doit être néanmoins très profonde et très dense. Tous les observateurs ont constaté que les bandes obscures ou brillantes s'affaiblissent considérablement vers les bords du disque. Beer et Mädler disent, à propos des taches qui leur servirent, en 1834 et 1835, à mesurer la durée de rotation :

Les taches dont nous parlons ne purent jamais être poursuivies jusqu'aux bords, elles s'évanouirent toujours $1^h 24^m$ ou $1^h 27^m$ après leur passage par le centre. Cet intervalle répond à 52° ou 55° de longitude jovicentrique à partir du centre. Ainsi, dans une contrée du globe où l'affaiblissement causé par l'atmosphère n'atteignait pas encore le double du minimum, ces taches étaient déjà invisibles, ce qui ne peut s'expliquer qu'en admettant une atmosphère très dense autour de la planète.

Cette atmosphère, toutefois, ne dépasse pas sensiblement la surface *visible* pour nous (la surface nuageuse) ; car, lorsque les satellites passent derrière Jupiter, ils sont occultés sans qu'en général on remarque aucun phénomène de réfraction, et il ne se passe guère de semaines sans qu'on observe ces occultations pendant toutes les périodes de visibilité de Jupiter. Cependant il y a des exceptions.

Jupiter passe de temps à autre devant certaines étoiles et les éclipse pendant un temps plus ou moins long. C'est une bonne opportunité pour chercher à distinguer l'influence de l'atmosphère. Le 14 septembre 1879, à $10^h 7^m$ du soir (heure de Melbourne), les astronomes de l'Observatoire de cette ville ont observé l'arrivée de Jupiter devant l'étoile 64 du Verseau. M. Ellery a vu l'étoile rester pendant deux minutes collée au disque, puis entrer dans l'intérieur du disque, sans doute par un effet de réfraction de l'atmosphère de Jupiter. M. White a fait la même remarque. Ces observations étaient faites à l'aide de lunettes. Au grand télescope, M. Turner a distinctement vu l'étoile disparaître graduellement derrière le disque, puis reparaître pendant 10 secondes à travers l'atmosphère de Jupiter, comme un point lumineux vu derrière une plaque de verre. L'occultation dura jusqu'à $12^h 35^m$.

En 1876, année de grandes perturbations dans Jupiter, comme nous l'avons vu, M. Trouvelot a plusieurs fois observé dans l'hémisphère nord de la planète un très curieux phénomène qui semble prouver que son enveloppe nuageuse est quelquefois partiellement absente en certains points, ces vapeurs étant en apparence ou condensées ou transportées ailleurs, si bien qu'une partie notable du globe de la planète devient visible en ces endroits. Ce phénomène consiste en une déformation du bord septentrional, lequel se montre visiblement déprimé au delà de la bande blanche qui touche la zone équatoriale. Cette dépression est abrupte et très marquée des deux côtés. Le 27 septembre de cette année-là, le troisième satellite, passant le long de ce segment sombre, émergea du bord occidental un peu au-dessous du point où son abaissement commençait. Lorsque le satellite fut entièrement sorti, on put remarquer que si le bord normal avait été prolongé jusque-là, il aurait entièrement emprisonné le satellite, et aurait, par conséquent, retardé le moment de l'émersion. La profondeur de la dépression surpassait donc le diamètre du troisième satellite et mesurait plus de 6 400 kilomètres. En fait, la sortie du satellite arriva ce jour-là quatre minutes avant l'instant calculé dans l'éphéméride américaine.

Voici encore une observation non moins intéressante. Le 25 avril 1877, à $3^h 25^m$ du matin, l'ombre du premier satellite était projeté sur la bande sombre située au nord de l'équateur et arrivait près du bord oriental. Près de cette ombre, du côté de l'ouest, on remarquait une ombre secondaire, plus faible et de même dimension apparente. Cette tache noire, ronde, n'était pas le satellite lui-même, car ce satellite était encore en dehors de la planète à l'est et ne devait arriver devant elle qu'à $4^h 4^m$. L'observateur suivit avec soin ces aspects et, à $4^h 45^m$, lorsque l'ombre avait déjà traversé les ⅔ du disque, on la voyait encore précédée par l'ombre secondaire, gardant toujours avec elle la même distance relative. Cette ombre secondaire ne pouvait être une tache de la planète, car, dans ce cas, elle n'aurait pas marché aussi vite que l'ombre du satellite. Il faut donc admettre, conclut M. Trouvelot, que Jupiter a un noyau solide et liquide situé à plusieurs milliers de kilomètres au-dessous de la surface de son enveloppe nuageuse.

D'autres observations s'accordent avec ce même point de vue. Parfois les satellites occultés ont été vus à travers le bord de Jupiter, comme s'il était à demi-transparent.

La réfraction de l'atmosphère de Jupiter, la transparence de cette atmosphère et la diminution du diamètre du disque nuageux qui en résulte se sont manifestés tout récemment lors d'un phénomène assez rare. Le 15 octobre 1883, tous les satellites de Jupiter devaient disparaître en perspective, de $4^h 5^m$ à $4^h 24$ du matin, le premier passant derrière la planète et les trois autres passant devant, de sorte que *Jupiter* devait paraître alors *sans satellites* (¹). J'ai vainement attendu le phénomène : les nuages et la pluie ne permirent pas de distinguer même une étoile. Mais d'autres observateurs ont été plus heureux en Angleterre, en Allemagne, etc., et purent constater que le IVᵉ satellite est sorti au moment ou le IIIᵉ entrait, 19 minutes plus tôt que le calcul ne l'annonçait, de sorte qu'en réalité Jupiter ne s'est pas montré réellement une seule minute privé de son cortège. Il y a eu là certainement un effet produit par l'atmosphère de Jupiter. On peut, il est vrai, se tromper un peu pour le mouvement précis de ce quatrième satellite, dont les tables ne sont pas même parfaites, mais l'erreur ne peut pas s'élever à 19 minutes.

Les masses nuageuses que l'on voit sur le disque de Jupiter ont-elles une profondeur comparable à leur longueur et à leur largeur ? L'épaisseur des nuages terrestres serait absolument insensible vue à cette distance. La largeur de ce disque représente 142 000 kilomètres, et les satellites, qui ne sont que des points dans les instruments ordinaires, ont tous plus de 3 400 kilomètres de diamètre. On a estimé que les bandes nuageuses de cette colossale planète doivent avoir plus de la vingtième partie du diamètre du plus petit satellite. Quelle ne serait pas la profondeur d'une telle atmosphère, dans laquelle flotteraient des nuages mesurant 160 kilomètres d'épaisseur !

Puisque nous comparons Jupiter à la Terre, supposons, comme base de raisonnement, que dans la région supérieure des couches nuageuses que nous observons, la pression atmosphérique soit égale à celle de notre propre atmosphère à la hauteur de 10 kilomètres au-dessus du niveau de la mer, ou environ un quart de la pression au niveau de la mer. Sur la Terre, la pression atmosphérique devient double lorsqu'on descend de 5 600 mètres ; mais la pesanteur, sur Jupiter, surpasse de deux fois et demie la pesanteur terrestre, et, par conséquent, une descente de 2 200 mètres à travers l'atmosphère de Jupiter doit y doubler la pression

---

(¹) *Voy.* notre *Revue mensuelle d'Astronomie populaire*, nᵒˢ des 1ᵉʳ novembre et 1ᵉʳ décembre 1883.

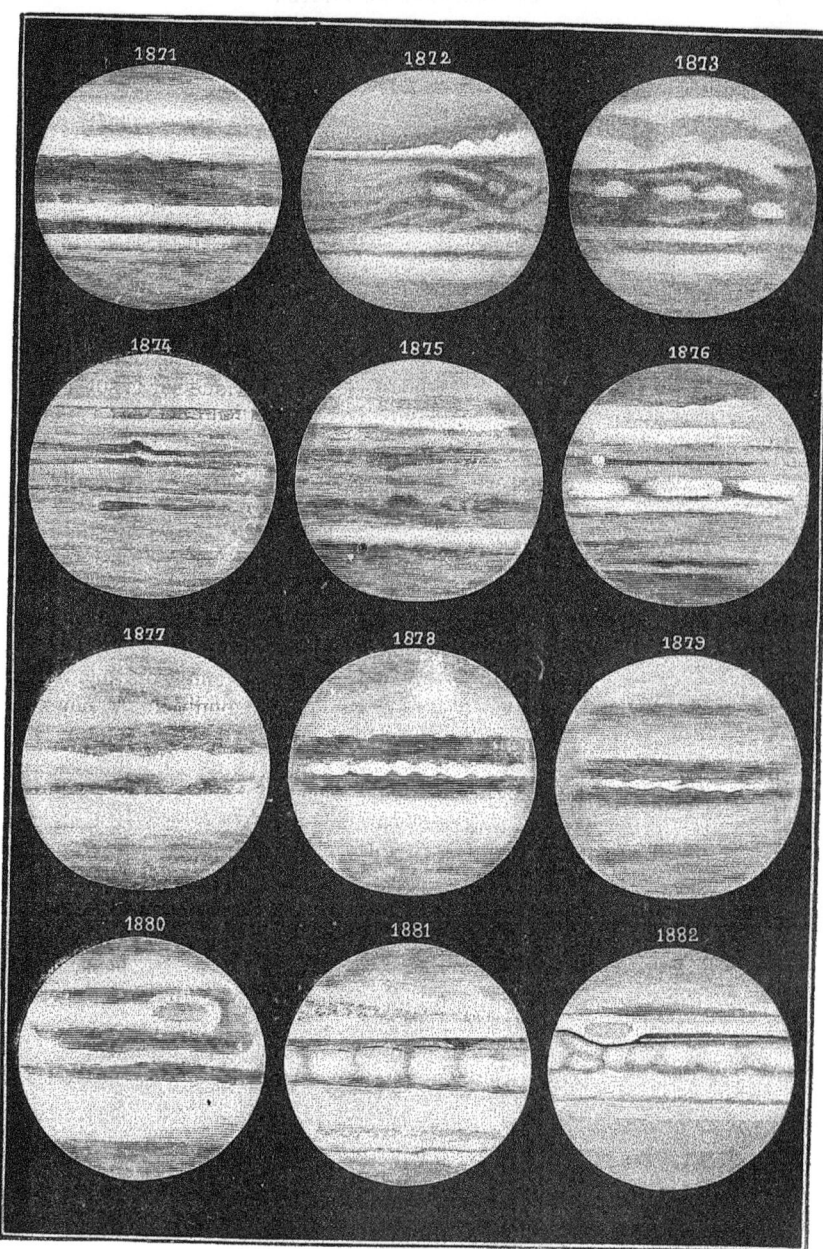

Fig. 254. — Aspect télescopique de Jupiter pendant douze ans.

atmosphérique. Or 160 kilomètres renferment 71 fois le chiffre précédent :
il faudrait donc doubler 71 fois la pression atmosphérique de la région
supérieure pour obtenir celle qui, pour une épaisseur de 160 kilomètres,
existerait à la surface du globe. Le calcul donne un nombre fabuleux composé de vingt et un chiffres, et indique une pression si énorme, que l'air
devrait y être liquéfié. Notre air atmosphérique, dont la densité est égale
à la 900e partie de celle de l'eau, deviendrait égal à la densité de l'eau, et
probablement liquide, s'il était comprimé 900 fois, et il deviendrait égal à
la densité du platine s'il était condensé de 18 000 fois : dans ce cas, ce ne
serait plus seulement de l'*air liquide*, mais encore de l'*air solide*, et aussi
dur que le plus dense des métaux. Mais nous sommes encore loin ici du
chiffre donné tout à l'heure pour la pression atmosphérique sur la surface
de Jupiter, car la densité de l'air devrait y surpasser celle du platine de plus
de 10 000 millions de millions de fois ([1]).

Une pareille supposition est simplement absurde, et elle n'a pour but
que d'indiquer quelles difficultés s'élèvent lorsque nous voulons établir
une ressemblance entre l'état de Jupiter et celui de la Terre. Cependant,
les bases du raisonnement n'étaient pas exagérées, puisque l'on y supposait : 1° que l'air de Jupiter a la même composition que le nôtre ; 2° que la
pression atmosphérique, à la région supérieure de ses couches de nuages,
n'est pas moindre que celle qui existe à la hauteur la plus élevée des
nôtres ; 3° que la profondeur de sa région nuageuse est d'environ 160 kilomètres. Il nous faut donc réduire énormément ces conditions. Et pourtant, en ne supposant même à l'épaisseur de cette enveloppe que la
6 000e partie du diamètre de la planète, c'est-à-dire environ 22 kilomètres,
nous aurions encore une pression de 200 à 300 atmosphères, et certes une
atmosphère comme la nôtre n'y résisterait pas et n'y resterait pas gazeuse,
à moins de supposer une température extrèmement élevée.

Les raisonnements qui viennent d'être exposés sur la possibilité de
l'existence d'une atmosphère gazeuse à de hautes pressions supposent nos
températures habituelles. De plus hautes températures permettraient des
pressions plus considérables, et par conséquent une densité beaucoup
plus grande, sans liquéfaction ou solidification. Et en considérant les effets
de la pression sur les matériaux d'un globe solide, il ne faut pas supposer
que la résistance de ces matériaux pourrait les protéger eux-mêmes contre
les effets d'une telle compression. Il n'en est rien. Ainsi, par exemple,
une colonne de fer de 30 mètres de hauteur se soutient d'elle-même sans
que son poids produise aucun effet moléculaire sensible à sa base. Mais si
nous imaginions une montagne cubique de fer de 30 kilomètres de hauteur, la pression qu'elle exercerait sur sa base serait telle que cette base
cesserait d'être solide pour fondre et couler comme de l'eau, et la mon-

([1]) Proctor : *Our place among Infinities.*

tagne descendrait jusqu'à ce que son poids fût réduit aux limites de la pression que le fer lui-même peut supporter. Sur Jupiter, une montagne deviendrait plastique à sa base à une hauteur beaucoup moindre, à cause de la supériorité de l'attraction.

Cependant, au milieu de toutes ces conditions, le globe de Jupiter est beaucoup moins dense que le globe terrestre, puisque sa densité n'est que le quart de celle de la Terre.

Toutes ces considérations nous prouvent que, tandis que Mars, Vénus et Mercure, ressemblent plus ou moins à notre planète, il n'en est pas de même de Jupiter. Là, les matériaux constitutifs, l'état moléculaire physique et chimique, les forces locales, l'électricité, la chaleur, se trouvent en des conditions tout autres que sur les mondes précédents.

On a cru jusqu'à présent que la température de la surface de Jupiter est inférieure à celle de notre atmosphère, à cause de son plus grand éloignement du Soleil. Or l'existence de la vapeur d'eau qui sature l'atmosphère jovienne et les mouvements formidables que nous voyons s'y accomplir ici, conduisent au contraire à penser que Jupiter est plus chaud que la Terre ([1]).

Quelquefois le monde de Jupiter paraît rester calme et tranquille pendant des mois entiers. Quelquefois, au contraire, nous assistons d'ici à de terribles tempêtes qui sèment le désordre et la confusion sur des étendues beaucoup plus vastes que celles de la terre entière. Le 25 mai 1876, M. Trouvelot a été témoin de l'une de ces formidables tempêtes. Tout l'hémisphère sud de la planète, depuis

[1] Il est très difficile de nous représenter les nuages de Jupiter, car ils ne doivent guère ressembler aux nôtres, ni par leur forme, ni par leur constitution, ni par leur origine. Les zones blanches nous paraissent certainement être des couches nuageuses réfléchissant la lumière solaire, et les taches sombres des ouvertures à travers ces couches de nuages. Or, nous pouvons bien imaginer qu'une vaste zone de nuages existe tout autour de la Terre, le long d'un même cercle de latitude, quoique ce ne soit peut-être jamais arrivé, et nous pouvons imaginer aussi qu'une éclaircie existe dans cette zone nuageuse sur un certain point et y persiste pendant plusieurs semaines. Mais il nous paraîtrait tout à fait invraisemblable d'admettre que cette éclaircie pût voyager sans être détruite d'un pays à l'autre, et y donner régulièrement le beau temps, tandis que les nuages persisteraient sur les pays voisins. Eh bien, un tel fait n'est pas rare sur Jupiter, et il s'est produit en 1860, où une éclaircie de 16000 kilom. de longueur est restée immobile pendant cent jours joviens, puis s'est allongée avec une vitesse de 240 kilomètres à l'heure, justement dans la région équatoriale, en subsistant la nuit comme le jour.

l'équateur jusqu'au pôle, se montrait bouleversé; les bandes et les taches se transportant avec rapidité de l'est à l'ouest, parcourant ce diamètre en une heure, tandis que la bande équatoriale s'étendait vers le sud de deux fois sa largeur primitive. En analysant ces mouvements si rapides, l'observateur arrive à ce résultat, à peine croyable, que ces nuages emportés par la tempête de Jupiter cou- raient avec la vitesse de 178 000 kilomètres à l'heure, c'est-à-dire de 49 kilomètres par seconde. Sur notre globe, un ouragan qui passe avec la vitesse de 160 kilomètres à l'heure détruit tout sur son passage. Que penser d'un ouragan onze cents fois plus rapide et plus violent encore! L'année 1876 a été pour Jupiter une année de per- turbations extraordinaires; il ne se passait pour ainsi dire pas un seul jour sans que son aspect fût entièrement transformé.

Les variations dues à l'action du Soleil ne peuvent y être qu'extrê- mement lentes. Il n'est pas plus extraordinaire de voir une région du monde de Jupiter garder le même aspect nuageux pendant une année entière que de voir sur la Terre le même ciel couvert rester sur nos têtes pendant un mois, comme il arrive presque chaque année, en hiver, dans les pays du Nord. Cependant nous avons vu au chapitre précédent combien ces variations sont parfois rapides, même en des années normales, comme 1874. Nous avons reproduit (*fig.* 254), douze de nos dessins, en choisissant pour chaque année celui qui rappelle le mieux l'aspect moyen de la planète pendant l'année. On voit que d'une année à l'autre la transformation est parfois complète, quoique pourtant il reste un certain air de famille entre les différents aspects consécutifs.

L'action directe du Soleil ne peut produire que des variations lentes; de plus, ces variations devraient n'être que très faibles, puisque Jupiter n'a pas de saisons, et que, dans toute la longueur de son année, sa variation relative de température provenant de l'astre central n'excède pas celle que nous recevons ici pendant les quinze jours qui avoisinent l'équinoxe de printemps et d'automne. Comment cette action si lente et si faible pourrait-elle produire les prodigieuses variations atmosphériques observées sur cette planète?

Mais si l'on suppose que ce globe émette encore une certaine quantité de chaleur, si cette chaleur est suffisante pour maintenir une résistance effective contre la force formidable de la pesanteur, les changements observés reçoivent une explication facile. D'énormes quantités de vapeur doivent se former continuellement dans les couches inférieures et se condenser dans les régions supérieures, soit en s'élevant directement au-dessus de la zone dans laquelle elles prennent naissance, soit en se dirigeant au nord ou au sud, suivant les mouvements généraux de l'atmosphère. Quoique nous ne puissions pas deviner pourquoi la zone équatoriale ou toute autre région varie d'éclat et de couleur, paraissant tantôt nuageuse, tantôt transparente et profonde, tantôt blanche, tantôt grise, nous nous trouvons ici dans un cas correspondant à celui de l'interprétation des taches solaires. Nous ne savons pas pourquoi ces taches augmentent et diminuent pendant une période de onze ans; mais cela ne nous empêche pas d'adopter telle ou telle théorie sur la condition de l'atmosphère solaire s'accordant avec la manière d'être des taches.

On voit que la théorie de Jupiter est en pleine étude; mais ce sont les observations seules qui décideront. M. Brédichin, directeur de l'Observatoire de Moscou, à qui l'on doit de beaux dessins de cette importante planète, est porté à conclure qu'elle est déjà solidifiée, qu'il y a près de l'équateur une zone solide très élevée qui ne dépasse pourtant pas les limites de l'atmosphère, et que l'écorce de l'hémisphère austral transmet actuellement dans l'atmosphère plus de chaleur que celle de l'hémisphère boréal : cet état de choses exercerait une certaine influence sur la direction des courants d'air et de vapeur qui passent d'un hémisphère sur l'autre; la tache rouge serait la surface même de la planète vue à travers l'atmosphère brumeuse trouée par un courant ascendant d'air chaud. M. Hough, directeur de l'Observatoire Dearborn (Chicago), écrit, au contraire, que, selon lui et également d'après une étude spéciale de la planète, il serait plus probable que la surface est couverte d'une masse liquide semi-incandescente; que les bandes, la tache rouge et les autres endroits foncés sont composés d'une matière relativement refroidie; que les calottes polaires blanchâtres sont des ouvertures dans la croûte semi-fluide, et que les taches blanches équatoriales sont des nuages en suspension dans l'atmosphère. Un troisième astronome, M. Russell, de l'Observatoire de Sydney, conclut, de ses nombreuses observations de la tache rouge et des zones nuageuses, qu'il peut bien se faire que nous ayons sous les yeux une planète analogue à la Terre, et que, vue de loin dans l'espace, la Terre doit offrir à peu près le même aspect que Jupiter, avec des zones de nuages éclairés et des vides atmosphériques plus ou moins sombres.

L'observation attentive de Jupiter se fait actuellement par plus de cent observateurs différents. Les promeneurs qui, pendant les belles soirées, voient briller cette belle planète dans le ciel, ne se doutent pas que tant de savants sont occupés à la dessiner et préparés à contrôler mutuellement leurs dessins.

En résumé, le régime météorologique de Jupiter, tel que nous l'observons de la Terre, conduit à la conclusion que l'atmosphère de cette planète subit des variations plus considérables que celles qui seraient produites par la seule action solaire ; que cette atmosphère est très épaisse ; que sa pression est énorme ; et que la surface du globe ne paraît pas arrivée à l'état de fixité et de stabilité auquel la Terre est parvenue aujourd'hui. Il est certain que, quoique né avant la Terre, ce globe a conservé sa chaleur originaire beaucoup plus longtemps, en raison de son volume et de sa masse. Cette chaleur propre que Jupiter paraît posséder encore est-elle assez élevée pour empêcher toute manifestation vitale, et ce globe est-il encore actuellement, non pas à l'état de soleil lumineux, mais à l'état de soleil obscur et brûlant, tout entier liquide ou à peine recouvert d'une première croûte figée, comme la Terre l'a été avant le commencement de l'apparition de la vie à sa surface ? Ou bien cette colossale planète se trouve-t-elle dans l'état de température par lequel notre propre monde est passé pendant *la période primaire des époques géologiques*, où la vie commençait à se manifester sous des formes étranges, en des êtres végétaux et animaux d'une étonnante vitalité, au milieu des convulsions et des orages d'un monde naissant ? — Cette dernière conclusion est la plus rationnelle que nous puissions tirer de la discussion précédente, faite sans aucune idée préconçue, des observations les plus récentes et les plus précises auxquelles nous devons la connaissance de l'état actuel de ce vaste monde.

CHAPITRE V

Les habitants de Jupiter.
Les époques de la nature. — Habitabilité successive des mondes.
Le monde éternel. — Un séjour sur Jupiter.
Le Ciel et la Terre vus de ce monde.

Nous avons exposé et discuté sincèrement toutes les données que l'astronomie d'observation nous fournit actuellement sur le monde de Jupiter, sans nous préoccuper de faire concorder ces faits avec notre conviction de l'existence de la vie sur les mondes différents du nôtre, et surtout sans rien modifier, sans rien dissimuler, même dans les cas où les observations paraissaient plutôt contraires que favorables à notre doctrine. Nous avons agi de la sorte pour deux raisons : la première par respect pour *les faits*, qu'il faut toujours établir et reconnaître avant tout, puisque ce sont là les témoignages de la réalité, et non pas cacher ou frauder, comme on l'a fait trop souvent dans l'histoire des religions et même dans l'histoire des sciences; la seconde raison qui nous a toujours commandé la sincé. rité (indépendamment du sentiment naturel qui l'inspire, et qu'il est superflu d'invoquer), c'est la confiance absolue où nous sommes que la doctrine de la vie universelle et éternelle n'a absolument rien à craindre de tous les faits de détail, ni même de toutes les contradictions apparentes. Ces contradictions servent au contraire à l'agrandir, cette doctrine, et à développer nos idées jusqu'en des proportions extra-terrestres, que nous ne devinerions pas si les planètes étaient toutes identiques à celle que nous habitons.

Oui, c'est avec bonheur que pendant nos nuits transparentes et

silencieuses, nous observons de loin ce globe gigantesque de
Jupiter, cherchant à saisir chaque témoignage de mouvement et
d'activité qui s'opère dans son immense atmosphère. Lors même
que cette atmosphère se montre chargée de nuages dont les couches
se succèdent impitoyablement et enveloppent toute la planète d'un
voile impénétrable ; lors même que ses variations d'aspect et de
couleur nous invitent à considérer cet astre comme encore doué
peut-être d'une chaleur trop élevée pour permettre l'existence d'organismes analogues à ceux que nous connaissons; eh bien ! toujours
nos yeux s'attachent avec intérêt aux détails que le télescope révèle,
et toujours notre esprit analysateur s'envole dans ce rayon de
lumière et va reposer ses ailes sur ce globe lui-même, comme s'il
pouvait déjà l'habiter et y vivre, bercé et charmé au sein des curiosités captivantes d'un monde nouveau, puissant et magnifique.

Son atmosphère est chargée de vapeurs, chaudes sans doute, qui
s'élèvent dans les hauteurs nuageuses et retombent en pluie sur les
flots agités ; les continents, sans doute, ne sont pas encore formés ;
c'est la genèse d'un monde qui s'accomplit.

Eh ! que nous fait l'heure à laquelle l'humanité arrivera sur
Jupiter ? Le cadran des cieux est éternel, et l'aiguille inexorable qui
lentement marque les destinées tournera toujours. C'est nous qui
disons *hier* ou *demain ;* pour la Nature, c'est toujours *aujourd'hui.*
Faibles mortels que nous sommes, nous rapportons tout à notre
misérable mesure. Ainsi, par exemple, celui qui écrit ces lignes est
né sur cette planète-ci en 1842, et il est hautement probable qu'il
l'aura quittée avant la fin de ce siècle : les choses qui se sont accom-
plies en Europe pendant la Révolution française, ou bien aux temps
de Louis XIV, de Henri IV, de Philippe-Auguste, de Charlemagne,
des Mérovingiens, des Romains, de Vespasien ou de Jules César, lui
paraissent enfoncées dans la nuit du passé; et lorsque son âme vibre
sous le sentiment des grands progrès qui s'accomplissent actuellement dans les sciences, et voit marcher ensemble dans une même
ascension vers la lumière : le télégraphe, la vapeur, l'aérostation,
la photographie du Soleil et des étoiles, l'analyse chimique des
astres, la mesure du ciel, la conquête de l'infini! il regrette parfois
d'être né trop tôt, et voudrait n'avoir aujourd'hui que vingt ans...,
que dix ans..., ou même n'être pas né et n'être destiné à venir

Les vapeurs chaudes s'élèvent et retombent en pluies... C'est la genèse d'un monde.

en ce monde que pendant le cours des siècles prochains, dont la pacifique grandeur sera sans doute merveilleuse. Mais la Terre tourne, nous vieillissons tous, les générations se suivent, se poussent, se renversent, le flot monte, monte toujours, puis retombe; il naît un enfant par seconde sur la surface de notre petite boule tournante, et aussi à chaque seconde une âme laisse son corps terrestre et rentre dans la vie céleste, et pour chacun de nous demain n'est jamais arrivé. A la fin de la vie, les années passées ne paraissent plus aussi longues, et comme les arbres d'une avenue que la perspective resserre, elles s'unissent et se confondent l'une dans l'autre. Or, pour la Nature, le passé n'est pas différent de l'avenir; les événements ont toujours la même valeur relative, et une journée terrestre accomplie du temps de Romulus ou d'Hérode a la même durée que la journée présente. Il y a mieux, cette journée dure toujours, grâce à la transmission successive de la lumière, et on la voit toujours, d'une certaine sphère de l'espace. Nous ne voyons aucune étoile dans son état actuel, parce que la lumière qui nous en arrive ne nous atteint pas instantanément, mais emploie un certain temps pour traverser l'espace qui nous en sépare.

La lumière employant huit minutes pour venir du Soleil à la Terre, lorsqu'une conflagration subite se produit sur un point de la surface solaire, nous ne la voyons pas au moment même où elle se produit, mais huit minutes après, parce que l'onde lumineuse a employé tout ce temps pour bondir jusqu'à nous; de même un son nous arrive d'autant plus longtemps après avoir été produit que nous sommes plus éloignés de sa cause. La planète Neptune étant trente fois plus éloignée de nous que le Soleil, lorsque nous l'observons, nous ne la voyons pas telle qu'elle est au moment où nous la regardons, mais telle qu'elle était au moment où est partie la photographie lumineuse qui nous en arrive, c'est-à-dire quatre heures auparavant: s'il lui arrive quelque chose en ce moment, nous ne le verrons que dans quatre heures. La distance qui nous sépare des étoiles est si vaste, que le rayon lumineux emploie des années entières à la traverser. Nous voyons actuellement telle étoile dans son état d'il y a dix ans, telle autre dans son état d'il y a cinquante ans; celle-ci nous apparaît telle qu'elle était il y a cent ans, celle-là telle qu'elle était il y a mille ans. Donc, en s'éloignant de la Terre à la distance à laquelle la lumière réfléchie par notre planète dans l'espace emploie une heure à arriver, on reçoit les événements terrestres avec un retard d'une heure; si l'on se place à la distance où cette lumière n'arrive qu'après un jour, le retard est de vingt-quatre heures; plus loin, il est d'un an; plus loin, il est de dix ans, de cinquante ans, de cent ans, de mille ans, etc. (¹).

Ainsi nous ne voyons pas l'Univers tel qu'il est, ni tel qu'il a jamais été simultanément à une époque quelconque; mais nous le voyons *en même temps* tel que ses différentes parties ont été *à différentes époques*. Nous voyons notre système planétaire tel qu'il est cette année, le système de Sirius tel qu'il était il y a 16 ans, l'étoile polaire telle qu'elle était il y a 42 ans, Capella telle qu'elle était il y a 72 ans, Rigel telle qu'elle était il y a plusieurs centaines d'années, une nébuleuse telle qu'elle était il y a dix mille ans, une autre telle qu'elle était il y a un million d'années : les différences de distances qui nous séparent des astres font que les rayons lumineux que nous recevons en même temps sont partis à des époques différentes et nous montrent non pas un état simultané des différentes provinces de la création, mais des états successifs que nous voyons simultanément par hasard. En d'autres points de l'espace, ce sont d'autres époques que l'on voit. Dans l'infini de l'espace, tout ce qui est passé est encore présent, et les astres morts eux-mêmes brillent toujours.

(¹) Il suffit de supposer une vue, spirituelle ou corporelle, capable de distinguer à de pareilles distances la surface de la Terre, pour qu'il s'ensuive ce fait étrange et réel : qu'une journée du temps d'Hérode pourrait encore être vue, en s'éloignant assez loin dans l'espace; que les rayons de lumière réfléchis incessamment par la Terre emportent avec eux la photographie successive de tous les instants de notre planète; et que ces rayons, quoique s'affaiblissant en raison du carré de la distance, ne sont jamais détruits : de telle sorte que pour l'éther infini traversé par les ondes lumineuses, ou pour Dieu, qui remplit l'infini, des millions d'esclaves sont toujours visibles en Égypte, bâtissant les pyramides; les troupeaux humains de Xercès et d'Alexandre traversent toujours les déserts de l'Asie; Numa Pompilius se promène toujours dans les bosquets de la nymphe Égérie; Cléopâtre perd toujours la bataille d'Actium sur les flots bleus de la Méditerranée; Jésus expire toujours sur le gibet du Golgotha; Charles-Martel écrase toujours les Sarrasins; Copernic contemple toujours le ciel du jardin de son presbytère de Thorn; les bûchers de l'inquisition sont toujours allumés en Espagne; Napoléon est toujours à Waterloo; le printemps de l'année 1876, où j'écris ces lignes, dure et durera toujours, et chacune de nos existences, ô lecteurs, est inscrite en caractères ineffaçables dans les rayons de la lumière.

(Voyez notre ouvrage, *Récits de l'Infini: Lumen*, histoire d'une âme.)

L'intérêt avec lequel l'astronomie est étudiée aujourd'hui par un grand nombre de personnes qui n'ont pourtant aucun goût spécial pour les sciences, est dû principalement aux idées que la vue des corps célestes suggère sur la vie en d'autres mondes que le nôtre. Aucun sentiment ne touche plus profondément le cœur humain, — ni l'espérance de l'immortalité, ni la pensée de la mort, — que cette contemplation intime des royaumes de la vie établis en des conditions différentes de celles qui régissent les existences terrestres. Ce n'est pas une vulgaire curiosité ou une oiseuse fantaisie qui suggère l'idée de la vie sur les autres mondes, car cette idée a été soutenue par les plus profonds penseurs comme par les esprits doués de l'imagination la plus élevée. Le mystère des profondeurs étoilées a du charme pour le mathématicien aussi bien que pour le poète, pour l'observateur pratique aussi bien que pour le théoricien, pour l'homme occupé des intérêts positifs de la vie aussi bien que pour celui qui pense et rêve en communion avec la Nature. Si nous analysons l'intérêt avec lequel un si grand nombre de personnes s'occupe aujourd'hui des questions astronomiques, nous trouvons toujours au fond cette vague préoccupation de la possibilité de la vie au delà de la Terre. Il semble, par exemple, que les grandes découvertes faites en ces dernières années sur la constitution physique du Soleil soient étrangères au sujet de la pluralité des mondes; car quoique William Herschel, Humboldt, Arago aient cru le Soleil habitable par des êtres organisés comme nous, quoique sir John Herschel ait même un jour supposé que les granulations brillantes de la surface solaire puissent être dues à des créatures vivantes dont la phosphorescence correspondrait à une intense vitalité, les découvertes modernes rendent assurément ces théories insoutenables, attendu qu'à la surface de l'ardente fournaise, tous les éléments que nous connaissons seraient réduits en vapeurs. Cependant il n'en est pas moins vrai que l'intérêt principal qui s'attache à la connaissance de la constitution du Soleil vient surtout de ce que nous le considérons comme le foyer de chaleur et de lumière de la vie terrestre, comme le centre du système du monde et comme le soutien de toutes les autres planètes qui puisent également dans ses rayons leur lumière et leur vie. S'agit-il d'observations faites sur la topographie lunaire? Immédiatement le lecteur se demande si les découvertes nouvelles dénouent l'énigme de l'existence passée ou présente de la vie à la surface de la Lune. L'étude d'une planète conduit plus vite encore à la même éternelle question. Il n'est pas jusqu'aux comètes que l'on ne rattache malgré elles au problème du commencement et de la fin des mondes ; et lorsqu'on étudie une étoile au télescope ou au spectroscope, c'est encore, sans toujours s'en rendre compte, en étant pénétré de l'idée que ce sont là autant de soleils qui peuvent, comme le nôtre, gouverner d'autres systèmes de mondes, dans les profondeurs de l'espace.

Cette grande doctrine de la vie ultra-terrestre a subi de siècle en siècle des transformations correspondant à l'état de la science aux différentes époques de l'histoire. Lorsqu'on supposait que la Terre formait la base et le pivot de l'univers, l'imagination ne s'éloignait guère dans l'espace que pour le peupler d'êtres théologiques imaginaires, liés de près ou de loin aux destinées humaines. Et en effet, jusqu'au XVIIe siècle de notre ère, on ne compte guère, comme esprits libres, comme véritables philosophes et comme partisans de la doctrine de la pluralité des mondes, que les hommes supérieurs dont la raison éclairée avait su s'élever au-dessus des apparences vulgaires et admettait en principe le mouvement de la Terre. Tels furent entr'autres les pythagoriciens. L'ouvrage de Copernic, publié en 1543, resta à peu près inconnu pendant un demi-siècle, et durant tout le XVIIe siècle les écoles régnantes interdirent absolument d'enseigner la théorie copernicienne, principalement à cause de ses conséquences philosophiques. En perdant sa position comme centre et but de la création, la Terre perdait en même temps le rôle que les théologiens lui avaient attribué, et, dès les premières découvertes de Galilée sur les montagnes de la Lune, l'imagination humaine s'envola pour découvrir dans les autres planètes des terres actuellement identiques à la nôtre.

On pourrait dire que la conception de l'*espace* et le développement proportionnel de l'idée humaine représentent la phase par laquelle la doctrine de la pluralité des mondes vient de passer depuis deux siècles en s'inspirant des conquêtes télescopiques. Elle doit entrer maintenant dans une seconde phase, complémentaire de la première et qui nous est offerte par la conception du *temps*.

En effet, si l'espace est infini, le temps est éternel : ce sont là deux dimensions de l'existence de l'univers qui se complètent l'une par l'autre, mais que l'on n'a pas encore pris l'habitude d'associer ensemble.

Affirmer, supposer même que tous les mondes soient actuellement habités, c'est appliquer, sans s'en douter, à notre grande doctrine de la vie universelle une conception du temps tout à fait erronée ; c'est s'imaginer que l'époque présente a une importance spéciale, parce que *nous* vivons actuellement. Or, il n'en est rien : notre siècle personnel n'a pas plus d'importance que notre situation personnelle dans l'espace. Un siècle écoulé il y a cent mille ans ou un siècle qui arrivera dans cent mille ans ont tout autant de valeur que le nôtre dans l'histoire générale de la nature. Il est donc logique d'associer l'idée du temps à celle de l'espace, et, lorsqu'on envisage le développement de la vie dans l'univers, de savoir que ce développement doit s'étendre le long de l'éternité, et que, par conséquent, il y a à toute époque une quantité innombrable de mondes inhabités et inhabitables. Tout astre qui accomplit sa destinée passe par trois phases : 1° la période de préparation pour la vie ; 2° le règne de la vie ; 3° la période qui succède à la vie et pendant laquelle l'astre désert se dissout dans la consomption de la mort. La première et la dernière période sont beaucoup plus longues que la seconde, et, par conséquent, il y a actuellement dans l'espace, aussi bien qu'à toute autre époque, plus de berceaux et de tombes que d'hyménées.

De même que la Terre, qui nous semble très grande si nous la comparons à la dimension de notre corps, devient très petite lorsqu'on la compare au système solaire, se réduit à un point imperceptible dans l'immensité étoilée et disparaît comme un atome, lorsqu'on songe à l'infini de l'espace ; ainsi la durée de notre planète, qui est extrêmement longue comparativement à celle de notre vie, devient au contraire très courte, si on la compare à la durée du Soleil et de son système, se réduit à un moment comparée aux ères séculaires du développement des nébuleuses et des systèmes stellaires, et s'évanouit tout à fait lorsqu'on la pose en face de l'éternité.

Les théories cosmogoniques les mieux établies montrent que les différentes planètes n'ont pas été formées à la fois et que les durées de leur organisation ont été différentes. On sait que les expériences de Bischoff portent à conclure que la Terre n'a pas employé moins de 350 millions d'années pour se refroidir et devenir habitable pour le règne végétal. Il n'est pas douteux que Saturne, qui contient cent fois plus de matière que notre planète, et que Jupiter, qui en contient trois cent dix fois plus, n'aient réclamé une période de temps incomparablement plus considérable encore. Que serait-ce si nous considérions la durée d'un système solaire tout entier? Toutes ces vastes périodes sont successives et non pas simultanées, lorsqu'on passe d'un système à l'autre et qu'on envisage l'ensemble de l'univers.

Lorsque la Terre était regardée comme l'objet le plus important de la création, il était rationnel d'assigner une durée limitée au temps regardé lui-même comme l'intervalle qui devait s'étendre *du commencement à la fin du monde terrestre.* Maintenant que nous connaissons l'insignifiance de la Terre dans l'espace, il est également rationnel d'en conclure l'insignifiance de la durée de l'existence de notre planète, au point de vue du temps. Nous devons même transporter cette conclusion au système solaire tout entier, et sentir que sa genèse elle-même n'a pas commencé avec l'origine des choses.

Si la durée d'une planète telle que la Terre ne peut s'évaluer que par des centaines de millions d'années, celle d'un monde tel que Jupiter par des milliards et celle d'un astre comme le Soleil par des dizaines de milliards, la durée entière d'un système solaire doit s'étendre sur des centaines de milliards d'années et celle d'un système stellaire sur une longueur plus formidable encore. Mais dans l'éternité, ces innombrables siècles n'occupent pas plus de place qu'une minute dans notre vie, et les mondes succèdent aux mondes dans l'ordre du temps comme dans l'ordre de l'espace.

Devant cette contemplation du temps, les dernières objections contre la pluralité des mondes tirées d'une trop faible densité ou de la trop haute température de globes, tels que Jupiter ou Saturne, s'évanouissent d'elles-mêmes, puisque la jeunesse, l'âge mûr et la vieillesse de ces mondes appartiennent à des ères absolument différentes de celles qui ont marqué les périodes analogues de la Terre.

Pour raisonner sur la vie universelle et éternelle, nous nous trouvons, nous autres habitants de la Terre, dans une situation comparable à celle

d'une famille d'insectes microscopiques qui habiterait un fruit et dont la
vie serait liée à la durée de la maturité de ce fruit. Pendant la première
journée de leur existence, ces petits êtres, tout en voyant d'autres fruits
sur leur arbre, n'auraient certainement pas l'idée de supposer que ces
autres objets puissent être habités comme le leur, et, au contraire, il
serait naturel de leur part d'admettre en principe, que leur planète
(nous voulons dire leur poire) est l'objet le plus important de leur
création, que cet objet a été créé et mis au monde exprès pour eux,
que sa formation a précédé de très peu leur existence, et que lorsqu'ils
mourront, ce fruit étant inutile, devra mourir lui-même. Si ces êtres microscopiques vivent trois jours, nous pouvons admettre que le second
jour de leur existence ils seront plus avancés dans leurs observations,
auront une idée plus claire de la réalité, et pourront supposer que les
autres fruits de leur arbre n'ont pas moins de valeur que le leur. Cet
agrandissement de la pensée sera le signal d'une mémorable révolution
religieuse et philosophique, car les conservateurs du passé mettront
plusieurs heures à abandonner la croyance de la veille : à leurs yeux,
leur existence et celle de leur petit monde, représentent la plus haute
manifestation de la puissance créatrice. Par contraste, les novateurs
enthousiastes s'imagineront et affirmeront que *tous* les autres fruits sont
habités par les *mêmes* familles d'insectes et qu'il n'y a pas d'autres races
d'insectes supérieures à la leur. Ils iront même plus loin et ajouteront,
sans se douter qu'il existe dans le verger des arbres d'espèces différentes : pommiers, pêchers, abricotiers, cerisiers, figuiers, etc., que
tous les arbres qui les entourent sont identiques au leur et servent de
séjours aux mêmes populations. Mieux encore, n'ayant guère plus la
notion du temps que celle de l'espace, ces éphémères supposeront que
tous les fruits de tous les arbres sont mûrs en même temps et habités en
même temps. Il leur faudrait des instruments d'optique appropriés à leur
vue pour leur montrer qu'il n'en est pas ainsi, et leur donner une vague
idée de l'existence des saisons. Les plus grands philosophes d'entre eux
seulement seront en état de concevoir que les cerises aient été mûres
avant les poires et celles-ci avant les pêches. Appliquons cette comparaison toute populaire, non pas à un verger ni à une forêt, mais à l'habitant de la Terre, aux diverses planètes du système solaire, aux systèmes sidéraux, aux nébuleuses et à la succession des univers dans
l'infini, et nous concevrons alors l'insignifiance de l'humanité terrestre
et de son histoire, et la doctrine de la pluralité des mondes, loin de
s'amoindrir des différences observées entre les autres mondes et le
nôtre, s'agrandit au contraire en nous montrant dans le ciel des germes,
des fleurs et des fruits à tous les âges de leur développement ([1]).

([1]) Voy. PROCTOR. *Myths and Marvels of Astronomy*.

Ne parlons donc plus d'hier ni de demain. Pour nos successeurs sur la scène du monde terrestre, notre XIX° siècle, actuel pour nous, s'enfoncera, comme le XVIII°, comme le XVII°, comme le XVI°, comme le moyen âge, comme l'antiquité, dans la nuit du passé : notre vie actuelle entière n'est qu'une ride légère sur le front d'une vague, perdue elle-même dans les flots de l'océan des âges. Le temps viendra où le pasteur errant sur les rives de la Seine cherchera la place où Paris aura brillé et ébloui le monde de sa splendeur. Cherchez la place de Babylone, de Thèbes, de Memphis, de Ninive, et de tant d'autres capitales ensevelies aujourd'hui dans l'oubli et perdues sous la poussière des siècles disparus !

Que Jupiter soit habité actuellement, qu'il l'ait été hier, ou qu'il le soit demain, peu importe à la grande, à l'éternelle philosophie de la Nature ! La vie est le but de sa formation, comme elle a été le but de la formation de la Terre. Tout est là. Le moment, l'heure n'y font rien.

Sans doute, cette belle planète pourrait être maintenant habitée par des êtres différents de nous, vivant peut-être à l'état aérien, dans les hautes régions de son atmosphère, au-dessus des brouillards et des vapeurs des couches inférieures, se nourrissant du fluide aérien lui-même, se reposant sur le vent comme l'aigle dans la tempête, et demeurant toujours dans les hauteurs du ciel jovien. Ce ne serait point là un séjour désagréable, quoiqu'il fût anti-terrestre (ce serait le séjour de l'ancien Jupiter Olympien et de sa gracieuse cour.) Mais si nous ne voulons point dans notre conception de la vie nous écarter trop des lisières du berceau terrestre, rien ne nous empêche d'attendre que la planète soit refroidie, comme la nôtre, et jouisse d'une atmosphère épurée qui permette de l'assimiler à la Terre. Et quel monde serait mieux préparé pour être le séjour d'une vie supérieure ? C'est le globe prépondérant de toute la famille solaire, le plus vaste en surface, le plus important par sa masse, le mieux favorisé par la position de son axe, le plus harmonieux dans son cours, riche de quatre satellites, et trônant comme un chef au milieu des orbites planétaires. Quelles merveilleuses conditions sont préparées en ce séjour pour le développement de la vie, de l'intelligence et du bonheur ! Ah ! combien une telle humanité sera supérieure à la nôtre !... Heureuses plages de Jupiter,

vous ne connaîtrez point ces tourmentes et ces douleurs sous lesquelles frémissent encore les malheureuses contrées de notre
Terre ! vous ne serez point arrosées du sang des martyrs versé tant
de fois ici au nom de tant de dieux contradictoires ! vous ne por-
terez pas de tumultueuses armées de frères s'égorgeant périodiquement à l'ordre de quelques infâmes potentats ! vous ne serez point
souillées des crimes que la faim, l'ambition ou l'orgueil commettent
chaque jour ici-bas ! Mais vous préparez dans le ciel les États-Unis
d'une république immense bénie du Créateur, flottant pacifique-
ment dans l'éther lumineux, baignée dans la tiède température
d'un éternel printemps, sans hivers et sans étés, et grandissant lentement au sein de la paix et de l'harmonie vers un état de perfection
dont n'approchera jamais notre imparfaite et misérable petite
planète !

Nous devons considérer les habitants de Jupiter sans nous préoccuper de leur époque ; qu'ils soient nés avant nous, qu'ils soient
nos contemporains, ou qu'ils ne naissent qu'après notre mort, c'est
là une question d'intérêt secondaire. Examinons donc le monde de
Jupiter comme séjour d'habitation, sans nous préoccuper de la
date à laquelle s'appliquent nos considérations, et parlons au présent, puisque pour la Nature éternelle *le présent seul existe*.

Remarquons d'abord que ces êtres sont plus lourds que nous ; car
l'attraction de ce globe est plus de deux fois supérieure à celle du
nôtre : la chute des corps y est de 12 mètres dans la première
seconde (au lieu de 4m90) ; 1 kilogramme y en pèse 2 $\frac{1}{2}$, et un
homme du poids de 70 kilogr. en pèse 174 sur ce monde. Cependant les organismes y sont composés de substances d'une faible
densité, et d'autre part l'atmosphère est et restera très dense. Il
résulte de ces conditions que les espèces vivantes de la zoologie
jovienne sont nécessairement sans analogie avec les nôtres.

L'année de Jupiter se compose de 10455 jours de 9 heures
55 minutes chacun. C'est là un calendrier bien différent du calendrier chrétien. On ne connaît là ni nos jours, ni nos semaines, ni
nos mois, ni nos années. Le temps y est divisé d'une manière toute
différente. La journée, en particulier, est deux fois et demie plus
courte que la nôtre, tandis que l'année est près de douze fois plus
longue. Au lieu d'un satellite offrant une division du temps par

mois de trente jours, Jupiter en a quatre lui offrant quatre mesures
différentes, mais toutes très rapides. Car la révolution du Ier satellite ne dure qu'un jour terrestre et 18 heures, soit *quatre* jours
joviens seulement, pendant lesquels toutes ses phases sont accom-
plies : un quartier par jour ; la révolution du IIe satellite dure
8 jours et demi de Jupiter : c'est une deuxième espèce de mois et de
phases ; le IIIe parcourt son orbite en 17 jours joviens, produisant
ainsi une troisième espèce de mois et de phases ; enfin le IVe accomplit sa révolution en 40 jours joviens : quatrième espèce de mois.
C'est assurément là une singulière chronologie !

Nous continuons à associer la Terre aux spectacles intéressants
du ciel, comme nous l'avons fait pour la vue de l'Univers prise de
la Lune, de Mars, de Vénus et de Mercure, quoique déjà, à la distance de Jupiter, notre planète commence à perdre beaucoup de
son intérêt relatif : malgré nous, il nous reste toujours quelque sympathie patriotique pour ce monde où nous sommes nés, et nous aimons à savoir quel effet il produit vu à bord des autres navires célestes. La Terre, vue de Jupiter, est un point lumineux oscillant
dans le voisinage du Soleil, dont elle ne s'éloigne jamais à plus de

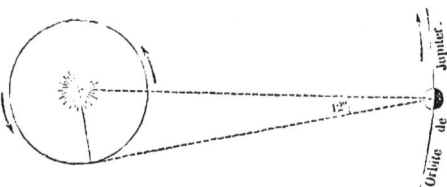

Fig 257. — Relation entre l'orbite de Jupiter et celle de la Terre.

12°, c'est-à-dire à plus de 23 fois le diamètre sous lequel nous
voyons cet astre. Elle ne peut donc pas être admirée pendant la
nuit, comme le croyaient Fontenelle, Jean Reynaud et d'autres penseurs, mais elle ne peut être aperçue que le *soir* ou le *matin*,
comme Mercure pour nous, et moins encore, très difficilement
visible à l'œil nu, mais offrant dans les instruments d'optique
l'aspect d'une petite lune en quadrature.

On appréciera exactement la relation qui existe entre la position de
Jupiter et l'orbite terrestre en examinant la petite figure précédente, construite géométriquement à l'échelle de 3 millimètres pour 10 millions de

lieues. La Terre ne s'écarte qu'à 12° du Soleil. L'arc de l'orbite de Jupiter dessiné sur cette petite figure représente le chemin parcouru par ce monde pendant une année terrestre. Les planètes offrent les relations suivantes :

Mercure s'écarte à 4°16' : invisible à l'œl nu.
Vénus   —   8° : invisible à l'œil nu.
La Terre   —   12° : rarement visible.
Mars   —   17° : étoile du matin et du soir
Saturne : circonférence entière du ciel.
Uranus.   Id.
Neptune.   Id.

Si les astronomes joviens observent le Soleil avec attention, c'est

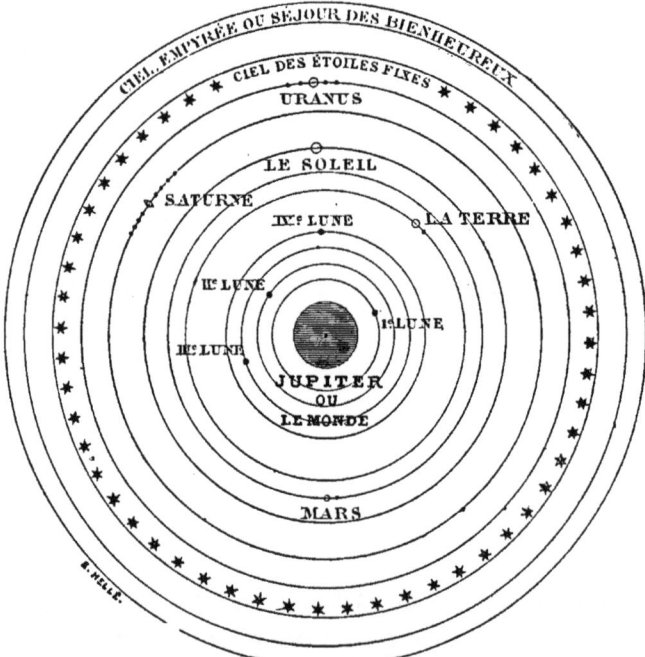

Fig. 258. — Le système du monde pour les habitants de Jupiter.

dans les passages de notre petit globe devant lui qu'il leur aura été le plus facile de nous découvrir, comme nous pourrions le faire pour une planète intra-mercurielle. C'est ce que représente la figure suivante, sur laquelle la Terre n'est qu'un *petit point noir devant le Soleil*. C'est ainsi qu'on nous voit de là-bas. Assurément, si le bruit courait sur Jupiter que les pontifes de ce petit point noir affirmen

Vue de Jupiter, notre Terre n'est qu'un minuscule point noir
devant le Soleil.

que tout l'univers a été créé et mis au monde exprès pour les habitants de ce globule, on peut croire que cette naïve prétention serait saluée là-bas par un rire si colossal que nous l'entendrions sans doute jusqu'ici.

On n'y voit certainement à l'œil nu ni Mercure ni même Vénus, toujours dans le Soleil. Mars lui-même n'y est que rarement visible à l'œil nu. Saturne est, au contraire, une magnifique planète, vue de là, et, de fait, la plus belle du ciel de Jupiter. On en distingue peut-être les anneaux à l'œil nu. Quant aux étoiles, le spectacle du ciel vu de Jupiter est le même que celui que nous voyons de la Terre. Là brillent, comme ici, Orion, la grande Ourse, Pégase, Andromède, les Gémeaux et toutes les autres constellations, ainsi que les diamants de notre ciel : Sirius, Véga, Capella, Procyon, Rigel et leurs rivaux. Les 195 millions de lieues qui nous séparent de Jupiter ne changent *rien* aux perspectives célestes.

Mais la vitesse de rotation produit une bien plus grande différence qu'ici entre le mouvement des étoiles voisines de l'équateur et [celui des étoiles qui environnent le pôle : les premières et le zodiaque marchent avec une rapidité facile à suivre à l'œil nu. Le pôle nord de Jupiter aboutit au cœur du Dragon : là réside l'étoile polaire de ce monde; le pôle sud aboutit près du grand nuage de Magellan.

De jour, l'aspect du ciel est absolument différent du nôtre, non seulement parce que l'atmosphère n'y est ni de la même couleur ni de la même composition que l'atmosphère terrestre, mais encore parce que le Soleil y est 5 fois plus petit que vu d'ici, en diamètre, et 27 fois plus petit en surface, et parce qu'il marche beaucoup plus vite dans son cours diurne apparent. Ce mouvement est facile à suivre, et l'on voit également se déplacer à l'œil nu l'ombre du style d'un cadran solaire. En effet, l'astre du jour n'emploie pas cinq heures à se rendre de son lever à son coucher, c'est-à-dire qu'il parcourt environ 6° en dix minutes. C'est un espace égal au diamètre de notre Soleil parcouru en 50 secondes; cet astre se déplace là-bas de son propre diamètre en 10 secondes. Quelle rapidité !

Pour les habitants de Jupiter, l'univers se compose essentiellement de six corps : 1° leur propre globe, 2° le Soleil, 3° leurs quatre lunes. Le reste n'a pas d'importance. Ils auront aussi enveloppé leur idée de la création par un ciel empyrée (voy. *fig.* 258).

Mais le caractère le plus curieux du ciel de Jupiter, c'est sans contredit le spectacle de ses quatre lunes, qui offrent chacune un mouvement différent. La plus proche court dans le firmament jovien avec une vitesse de 8° par heure; celui de notre lune serait pareil si elle se mouvait dans un espace égal à son propre diamètre apparent en moins de quatre minutes : elle pourrait alors être l'aiguille d'une gigantesque horloge céleste.

Nous voyons d'ici, lorsque ces satellites passent devant la planète, leur *ombre*, sous la forme d'une petite tache ronde noire de la dimension du satellite lui-même. Cette ombre du satellite est visible sur l'enveloppe nuageuse de Jupiter, et elle est analogue à l'ombre portée par la Lune sur la Terre pendant les éclipses de Soleil. En fait, toutes les régions de Jupiter traversées par ces ombres ont l'astre du jour totalement éclipsé.

La position de ces quatre lunes dans le plan de l'équateur fait qu'elles produisent presque tous les jours des éclipses totales de soleil pour les habitants des régions équatoriales. Le cône d'ombre que Jupiter projette derrière lui mesure pour longueur 13 780 fois le diamètre de la Terre. Les trois lunes intérieures ne passent jamais derrière la planète sans traverser cette ombre immense : elles sont, par conséquent, éclipsées à chaque révolution, juste aux heures où elles se montreraient dans leur plein. La quatrième seule arrive à la pleine phase.

Ces circonstances, jointes à la révolution si rapide des lunes, doivent procurer aux peuples de Jupiter un ensemble de phénomènes célestes fort variés, et compliquer étrangement leur chronologie. Une éclipse totale de la première lune se produit toutes les 42 heures terrestres, ou tous les 4 jours joviens, et durant un temps considérable, soit avant, soit après les équinoxes, une éclipse totale ou partielle de soleil alterne avec elle à des intervalles de 21 heures terrestres, ou 2 jours joviens. Le même fait arrive pour le II° satellite, à des intervalles de 8 jours joviens et demi; pour le III°, en des périodes de 17 jours; et pour le IV°, tous les 40 jours.

Il y a même là un genre d'éclipses assez bizarre, complètement inconnu à la Terre. L'ombre d'un satellite produit une éclipse totale de Soleil sur un pays; quand l'éclipse est finie, comme la rotation équatoriale de la planète est plus rapide que le déplacement de l'ombre, l'éclipse se reproduit en sens rétrograde lorsque la station approche du méridien; et, ensuite, l'éclipse se reproduit une troisième fois lorsqu'après midi le pays repasse par l'ombre du satellite. Ce fait curieux peut se produire pour les éclipses dues au IV° satellite, dans les régions équatoriales. Aux latitudes lointaines, l'éclipse allongée par cette combinaison peut durer de deux à trois heures.

On peut se figurer sans peine tous les étranges, tous les intéressants phénomènes nocturnes qui se manifestent aux habitants de Jupiter, lorsque les grandeurs diverses de ces quatre lunes s'unissent à la succession rapide de leurs phases.

Les mouvements des trois premiers satellites sont ordonnés de telle

Fig. 260.— Les nuits ont toujours un clair de lune, et sont souvent éclairées par deux ou trois lunes.

façon que jamais ils ne peuvent à la fois se trouver du même côté de la planète; quand l'un fait défaut au firmament jovien, l'un au moins des autres doit y briller. Les nuits, en conséquence, ont toujours un clair de lune, et sont souvent éclairées à la fois par trois lunes de grandeurs et de phases différentes. Ne serions-nous pas surpris nous-mêmes de voir nos nuits éclairées par deux lunes?

Cependant ces astres ne donnent pas à Jupiter toute la lumière qu'on leur attribue généralement dans les traités d'astronomie.

Nous pourrions croire, en effet, comme on l'a écrit si souvent, que ces quatre lunes éclairent ses nuits relativement quatre fois mieux que ne le fait notre unique lune à notre égard, et qu'elles suppléent en quelque sorte à la faiblesse de la lumière reçue du Soleil. Mais leurs distances sont telles que les trois plus éloignées paraissent beaucoup plus petites que la Lune ne nous paraît. Lorsque les quatre satellites sont visibles à la fois, ils couvrent, il est vrai, une étendue de ciel plus grande que notre lune ; mais ils réfléchissent la lumière d'un soleil 27 fois plus petit que le nôtre : en définitive, la lumière totale réfléchie n'est égale qu'au seizième seulement de celle de notre pleine lune, en supposant encore le sol de ces satellites aussi blanc, ce qui ne paraît pas être, surtout pour le IVᵉ. Ainsi, en définitive, les quatre lunes de Jupiter ne rendent pas à ses habitants tout le service qu'on imaginerait.

Mais une dernière remarque doit être ajoutée ici : c'est que le nerf optique de ces êtres inconnus s'étant formé et développé dans une intensité de lumière 27 fois plus faible qu'ici, doit être plus sensible que le nôtre dans la même proportion, et il est naturel de penser que les habitants doivent voir « aussi clair » chez eux que nous chez nous. Notre organisation terrestre ne doit pas être considérée comme type, car elle est simplement relative à notre planète. Chaque planète a son ordre d'organisation propre à ses conditions spéciales. Or, si les yeux des habitants de Jupiter sont 27 fois plus sensibles que les nôtres, leur soleil est aussi éblouissant, aussi lumineux pour eux que le nôtre pour nous, et il ne faut pas diminuer de 27 fois la clarté des satellites pour juger de son effet sur eux. En réalité, donc, l'ensemble de leurs lunes leur donne un maximum de lumière compté intégralement par l'étendue de leur surface réfléchissante, et qui, par conséquent, surpasse de moitié celle que la pleine lune nous envoie.

Tel est le monde de Jupiter au double point de vue de son organisation vitale et du spectacle de la nature extérieure vu de cet immense observatoire. Mais ne devons-nous point nous adresser les mêmes questions pour les quatre globes qui forment son magnifique système ?

CHAPITRE VI

Les satellites de Jupiter. — La vie à leur surface.

Nous avons déjà vu par les chapitres précédents que le globe colossal de Jupiter est accompagné d'un beau système de quatre satellites en faction autour de lui. La première fois que la curiosité scientifique dirigea la lunette de Galilée vers la brillante planète, l'heureux scrutateur des mystères célestes eut la joie de découvrir ces quatre petits mondes, qu'il prit d'abord pour des étoiles, mais qu'il reconnut vite comme appartenant à Jupiter lui-même. Il les vit alternativement s'approcher, puis s'éloigner de la planète, passer derrière, puis devant elle, osciller à sa droite et à sa gauche, à des distances limitées et toujours les mêmes. Galilée ne tarda pas à conclure que ce sont là des corps qui tournent autour de Jupiter, dans quatre orbites différentes, formant en quelque sorte une miniature du système solaire. Ces corps appartiennent à Jupiter comme la Lune appartient à la Terre : c'est un système de quatre lunes l'accompagnant dans son cours autour du Soleil.

Le satellite le plus proche de la planète tourne autour d'elle à la distance de 430 000 kilomètres ou 107 500 lieues, le second à la distance de 170 000 lieues, le troisième à 272 000, et le quatrième suivant une orbite tracée à 478 500 lieues du même centre.

La découverte des satellites de Jupiter est liée d'une manière indissoluble au nom immortel de Galilée. A peine avait-il construit sa lunette, d'après les récits que l'on faisait de l'invention de cet instrument d'optique, qu'il l'avait dirigée vers le ciel et qu'il avait doublé du premier coup l'étendue des connaissances célestes. Il raconte lui-même, dans son journal « le Messager du Ciel », *Nuncius Sidereus*, mars 1610, que se trouvant à Venise au mois de mai 1609, il avait entendu parler de cette invention faite par un Belge ('), et que quelques jours après il avait reçu une lettre d'un de ses amis de Paris (²) lui confirmant le même fait. Il y réfléchit, conclut que le rapprochement des objets ne devait être qu'un agrandissement causé par la réfraction des images à travers la lentille (peut-être en eut-il une entre les mains, car il en circulait déjà), se fabriqua un tube de plomb aux bouts duquel il adapta une lentille plano-convexe et une plano-concave. En plaçant l'œil près de celle-ci, on voyait les objets trois fois plus grands en diamètre ou neuf fois plus étendus. Que

Fig. 262. — Jupiter et ses quatre satellites.

l'on juge de sa joie, de son bonheur, de ses extases!... Ce premier instrument, il l'offrit au doge de Venise, Leonardi Deodati, qui le reçut solennellement, en présence du sénat assemblé. Puis il s'en construisit un second grossissant trois fois (³).

Inventée, selon toute probabilité, par un opticien hollandais, dans le cours de l'année 1608, la lunette d'approche restait inféconde entre toutes les mains. Mais à peine Galilée la posséda-t-il, qu'il transforma l'astronomie. Les montagnes de la Lune se révélèrent à ses yeux émerveillés, en même temps que les taches du

---

(¹) Rumor ad aures nostras increpuit, fuisse a quodam Belga Perspicillum elaboratum.

(²) Idem paucas post dies mihi per literas a nobili Gallo Jacobo Badovere ex Lutetia confirmatum est.

(³) Galilée n'a jamais eu à sa disposition de lunette grossissant plus de 32 fois. Que de découvertes il a faites avec ces modestes instruments! Il est juste de dire que *tout* était alors à découvrir dans le ciel.

Soleil, les amas d'étoiles se multiplièrent. Vénus offrit ses phases, Jupiter apparut accompagné d'un cortège de quatre satellites.

Sa première observation des satellites de Jupiter est du 7 janvier 1610. Il remarqua deux petites étoiles à gauche de la planète et une à droite ; il supposa d'abord que c'étaient des étoiles fixes

1609				
7 Januarii.	Orient. ✶	★ ♃	✻	Occident.
8 Januarii.	Orient.	♃ ✻ ✻ ✻		Occident.
10 Januarii	Orient.	✻ ✻ ♃		Occident.
11 Januarii.	Orient.	✻ ★ ♃		Occident.
12 Januarii.	Orient.	✻ ★♃ ✻		Occident.
13 Januarii.	Orient.	✶ ♃ ✶ ✶ ✶		Occident.
13 Januarii.	Orient.	♃ ✶ ✻ ✻ ✻		Occident.

Premières observations des satellites de Jupiter,
Galilée, 1609. (*fac-similé*.)

devant lesquelles Jupiter passait. Le lendemain, ayant de nouveau dirigé sa lunette vers le même point, et sans se douter davantage de quoi que ce soit « nescio quo fato ductus », poussé par le hasard, il revit les trois étoiles, mais à droite. Forcé d'attribuer ce changement à un mouvement propre de ces astres, il y attacha dès lors le plus vif intérêt, et attendit avec impatience la nuit suivante pour voir le changement qui se reproduirait. Naturellement, le ciel se couvrit. Mais le surlendemain, le 10, il put continuer ses observations : il

Galilée présentant la première lunette astronomique au doge de Venise.

n'y avait plus que deux étoiles et elles étaient à gauche. Il en fut de même le 11, mais les deux astres étaient très différents d'éclat. Ainsi, de soir en soir, l'astronome poursuivit son étude; le 13, les quatre satellites lui apparaissaient pour la première fois, et bientôt après il en calculait les mouvements et reconnaissait leurs orbites. Le ciel lui offrait comme gage de la vérité une miniature du système de Copernic. — Nous reproduisons ici, d'après les dessins mêmes de Galilée, ces premières observations des satellites de Jupiter. On voit que sa lunette ne renversait pas les images; l'Orient est à gauche, l'Occident à droite.

L'astronome italien offrit ces nouveaux astres au duc Cosme de Médicis, son protecteur, et proposa de les nommer « les planètes de Médicis ». La postérité n'a pas ratifié ce désir un peu mondain.

La lunette à l'aide de laquelle Galilée a fait ces premières observations est précieusement conservée à l'Académie de Florence. C'est un modeste tube de carton, plus long que le premier instrument de Venise, et dont les verres existent encore. Un jour, le 31 octobre 1872, étant de passage dans cette capitale des arts, j'eus le bonheur de tenir entre mes mains cette vénérable relique des premières observations télescopiques. Il me semblait, en la touchant, que je prenais part aux joies qu'elle avait procurées à l'heureux scrutateur des célestes merveilles, et aussi il me semblait que je prenais part aux douleurs et aux amertumes du pauvre persécuté... Non loin de là on conserve le doigt du grand astronome, l'index de la main droite qui montra le ciel aux théologiens de l'enfer.

La plus petite lunette d'approche suffit pour observer ces satellites. Vus ainsi, ils offrent l'aspect de petites étoiles disposées suivant une ligne conduite par le centre de la planète, presque parallèle aux bandes, et dans le prolongement de l'équateur.

Le système entier est compris dans une surface visuelle d'environ les deux tiers du diamètre apparent de la Lune terrestre. Si donc on appliquait par son centre le disque de la Lune sur celui de Jupiter, non seulement tous les satellites joviens seraient couverts, mais celui d'entre eux qui est le plus éloigné de la planète n'approcherait pas même du bord de la Lune de plus d'un sixième de son diamètre apparent.

Les configurations variées et toujours changeantes de ces quatre globes dans le ciel de Jupiter doivent offrir un curieux spectacle. Déjà nous rêvons sympathiquement au sein du profond silence de la nuit, lorsque notre pâle Phœbé verse du haut de l'immensité sa douce et froide lumière, et dans notre âme descend lentement l'influence poétique de sa céleste clarté. Que serait-ce si dans ce même ciel plusieurs lunes mariaient leurs lumières, glissant en silence dans les plages éthérées, éclipsant tour à tour les constellations lointaines qui s'enfoncent et se perdent au fond de la nuit infinie?

Ces quatre satellites tournent autour de la puissante planète sui-

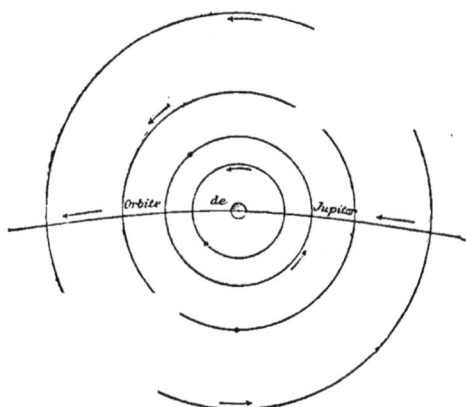

Fig 261. — Le système de Jupiter.

vant les orbites représentées par ce petit diagramme, aux distances inscrites dans le tableau suivant. Il importe seulement que le lecteur sache que le plan de ces orbites n'est pas perpendiculaire à notre rayon visuel, c'est-à-dire que nous ne les voyons pas tourner de face; au contraire, ce plan, comme l'équateur de Jupiter, est couché sur l'écliptique (plan dans lequel nous sommes), de sorte que pour nous ils ne font qu'osciller à droite et à gauche de Jupiter: nous ne les voyons jamais au-dessus ni au-dessous. C'est comme si, pour regarder la figure précédente, nous placions cette page non de face, mais couchée suivant notre rayon visuel et vue presque par la tranche.

Voici les éléments astronomiques et les relations que ces quatre satellites offrent avec leur monde central :

DIST. AU CENTRE DE ♃		DURÉE DES RÉVOLUTIONS			DIAMÈTRES			VOLUMES	MASSES	DENSITÉS
en ray. de ♃	en kil.	en jours terr.	en j. jov.	appar.	δ=1	♃=1	en kil.	♃=1	♃=1	δ=1
I. Io...... 6,05	430000	1j 18h27m33s	4,27	1"03	0,32	0,017	3800	0,000020	0,000017	0,198
II. Europe.... 9,62	682000	3 13 14 36	8,58	0 91	0,27	0,024	3390	0,000014	0,000028	0,374
III. Ganymède.. 15,35	1088000	7 3 42 33	17,29	1 49	0,47	0,040	5800	0 000060	0,000088	0,325
IV. Callisto.... 27,00	1914000	16 16 31 50	40,43	1 27	0,33	0,034	4400	0,000039	0,000043	0,253

On voit que c'est là une fort belle famille. Les dimensions de ces mondes sont respectables. Le III°(Ganymède) a un diamètre égal aux $\frac{47}{100}$ de celui de la Terre, c'est-à-dire à presque la moitié : il mesure 5 800 kilomètres ou 1 450 lieues : comme importance, c'est une véritable planète. Non seulement il surpasse de beaucoup, comme ses frères, toutes les petites planètes qui gravitent entre Mars et Jupiter, mais encore *il surpasse de près du double le volume de Mercure* et égale les deux tiers de celui de Mars. Il est cinq fois plus gros que notre Lune. Régner sur un tel monde ne serait pas une ambition à dédaigner pour un César ou un Napoléon.

Pour la première fois, nous avons donné place à ces satellites sur un tableau représentant les grandeurs des différents mondes de notre système (*fig.* 265). On y remarquera Ganymède, et Titan (du système de Saturne) : ils méritaient bien cet honneur, et l'on voit qu'ils ne font pas trop médiocre figure à côté des petits disques de Vesta, la Lune, Mercure et Mars.

·En examinant le petit tableau qui précède, n'est-on pas frappé d'un fait bien remarquable : de la vitesse avec laquelle ces mondes tournent autour de Jupiter? Io accomplit sa révolution en 42 heures, et son orbite mesurant 430 000 kilom. de rayon, en compte 2 702 000 de longueur. Sa vitesse est donc de 1 060 kilomètres par minute ou 17 670 mètres par seconde !

Le mouvement propre des satellites dans le ciel Jovien est beaucoup plus rapide que celui de la Lune dans notre ciel. Pendant la journée jovienne de 10 heures, en effet, le premier satellite avance de 84°, le second de 42, le troisième de 20 et le quatrième de 9. Le premier satellite passe de la nouvelle lune à son premier quartier en moins d'un jour jovien ; le quatrième emploie 10 de ces jours pour atteindre la même phase.

Ces mondes sont-ils habités ?

On a eu jusqu'à ce jour l'habitude de les assimiler à la Lune, qui ne *paraît* pas habitée ; on a assuré que, comme elle, ils sont autant

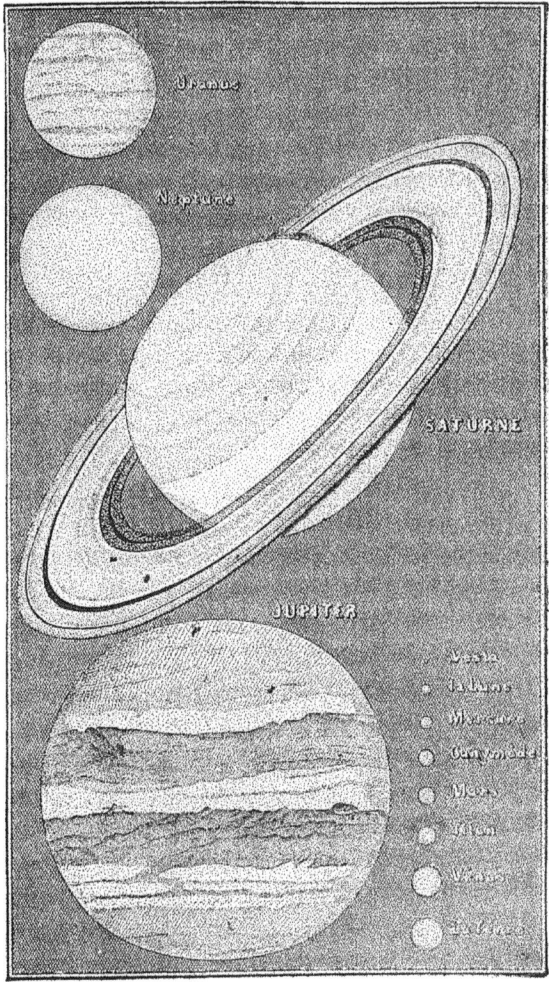

Fig. 265. — Grandeur comparée des différents mondes du système solaire.

de globes inertes, déserts, invariables, privés d'air et d'eau, flottant dans l'espace comme des spectres décharnés endormis du dernier sommeil. Cependant nous n'avons *aucune* raison pour admettre

que ces quatre mondes ressemblent en quoi que ce soit à notre
satellite, et encore moins pour priver de vie tous les satellites.

Depuis une quinzaine d'années j'ai voulu contrôler ces idées par
l'observation directe, et je me suis donné — non la peine, — mais le
plaisir d'examiner attentivement ces astres aussi souvent que possible.
Je me suis servi pour cela d'un télescope de 20 centimètres de diamètre
et de grossissements variant depuis 100 jusqu'à 400 fois, suivant l'état
de l'atmosphère. Le résultat de ces nombreuses observations a été que
ces quatre mondes sont fort loin d'être invariables, comme notre Lune,
mais subissent au contraire des variations parfois considérables, conduisant à la conclusion qu'ils sont environnés d'atmosphères et souvent
couverts de nuages.

L'éloignement énorme où nous sommes de Jupiter fait que ces astres
sont excessivement petits, même vus avec de forts grossissements, et,
pour prendre une comparaison familière, sont comparables par leur
exiguïté à des têtes d'épingles. On ne distingue leur surface que lorsqu'ils passent devant la planète ; lorsqu'ils sont à côté, ils paraissent de
simples points lumineux sur le fond noir du ciel.

Pour savoir s'ils varient d'éclat, et dans quelles proportions, j'ai
examiné chaque soir d'observation leur éclat relatif, surtout pendant les
années 1873, 1874, 1875 et 1876. Comme les différences sont souvent
faibles, et qu'il importe de n'être influencé par aucune idée préconçue,
je les ai notées sans savoir à quel satellite elles se rapportaient, et sans
me préoccuper de l'identification, qui n'a été faite qu'à la fin des observations (¹).

Plusieurs faits intéressants ressortent de la comparaison de ces observations. Le premier, c'est que la nature intrinsèque de ces quatre mondes
n'est pas la même, et que la surface réfléchissante est bien différente
pour chacun d'eux.

Comme *dimensions*, l'ordre décroissant a été celui-ci : III, IV, I, II
Parfois le premier a paru plus petit que le deuxième.

Comme *lumière intrinsèque*, à surface égale, nous avons I, II, III, IV.
Quelquefois le deuxième a paru un peu plus lumineux que le premier.

Comme *variabilité*, l'ordre décroissant est IV, I, II, III.

Ces observations prouvent que les quatre satellites de Jupiter varient
d'éclat d'un jour à l'autre. Le IVᵉ est celui dont les variations sont les

(¹) On trouvera les détails de ces observations dans les *Comptes rendus de l'Académie
des sciences*, et dans le tome VII de mes *Études sur l'Astronomie*, 1876.

Les observations du Dʳ Engelmann, de Leipsig, l'ont conduit à conclure qu'il y a une
connexion certaine entre l'éclat du IVᵉ satellite de Jupiter et sa position sur son orbite,
de telle sorte que sa période de rotation serait la même que celle de sa révolution.
William Herschel avait déjà été conduit à la même conclusion.

plus fortes : il oscille depuis la 6ᵉ jusqu'à la 10ᵉ grandeur. Comme ses phases sont insensibles vues de la Terre, nous en concluons que sa constitution physique est absolument différente de celle de la Lune. Il y a probabilité en faveur de l'hypothèse qu'il tourne, comme la Lune, en présentant toujours la même face à la planète. Mais *cette hypothèse ne rend pas compte de toutes les variations observées*, et ce petit monde paraît subir des révolutions atmosphériques variées.

Une observation rare m'a confirmé dans les conclusions précédentes sur l'existence d'une atmosphère autour de ces globes.

Le 25 mars 1874, je vis deux satellites (le II⁰ et le III⁰) passer devant la planète : le II⁰ était blanc et le III⁰ était gris sombre ; l'ombre du II⁰ était grise, et celle du III⁰ était noire. A quoi étaient dues ces différences que j'ai observées et dessinées pendant près de deux heures? La meilleure explication est d'admettre que ces globes sont entourés d'atmosphères variables. Leurs disques varieront d'éclat suivant la quantité des nuages qui occuperont cette atmosphère ; lorsque l'hémisphère tourné de notre côté sera pur, il paraîtra plus sombre que lorsqu'il sera couvert de nuages blancs. Cette même atmosphère produira parfois des pénombres qui rendront grise l'ombre des satellites.

Le IV⁰ satellite est particulièrement digne d'attention. Non seulement il subit d'énormes fluctuations d'éclat, non seulement il paraît quelquefois absolument noir pendant ses passages devant la planète, mais encore il cesse parfois d'être rond en apparence, pour offrir une figure polyédrique.

Ainsi, par exemple, le 30 décembre 1871, l'astronome anglais Burton, qui l'avait remarqué une fois ou deux comme singulièrement sombre et bordé au sud par un croissant brillant, le trouva tout à fait rond. Le 8 avril 1872, il le trouva au contraire allongé dans le sens des bandes de Jupiter, et plus aigu du côté de l'est qu'à l'ouest : il était presque entièrement noir. M. Erck fit la même remarque le 4 février 1872 : il parut également allongé dans la direction des bandes et gris foncé, tandis que son ombre était ronde et noire. Le 26 mars 1873, il était très sombre, mais pourtant plus clair que l'ombre, et offrait une forme polyédrique.

Le même jour, à la même heure, un autre astronome, M. W. Roberts, observait ailleurs, et fut frappé de l'obscurité de ce satellite et de sa forme. Il la dessina également. Ce n'est pas exactement la forme vue par l'observateur précédent, mais elle concorde néanmoins par ce fait capital que le côté oriental du satellite était plus aigu que le côté occidental. Deux observateurs ont fait en même temps un dessin, chacun de leur côté, et ces deux dessins ont été parfaitement d'accord.

Nos figures 266 et 267 représentent ces différents aspects observés sur les III⁰ et IV⁰ satellites de Jupiter. La première offre trois dessins télescopiques faits par Dawes, les 11 février 1849, 31 janvier 1860 et 21 août

1867 (sont-ce là des océans ?). La seconde reproduit les trois dessins du
IVᵉ satellite, dont nous venons de parler : 8 avril, 4 février 1872, et
26 mars 1873.

Tels sont ces quatre mondes. On voit que leur étude est loin d'être
aussi insignifiante qu'on le supposerait par un coup d'œil superficiel.

Il nous est impossible d'imaginer que l'existence des astres puisse

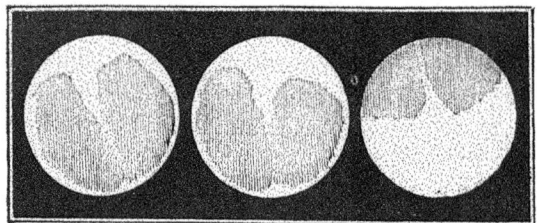

Fig. 266. — Aspects observés sur le IIIᵉ satellite de Jupiter.

avoir un autre but que celui de recevoir ou de donner la vie. La
vie, tel est le grand but que nous voyons briller dans les destinées
de la création. Le contraire de l'absence de la vie est synonyme
pour nous de mort ou de néant. Notre logique se refuse à croire
que les millions de soleils qui brûlent dans l'infini ne servent à
rien, n'échauffent et ne gouvernent rien ; et s'ils servent à quelque

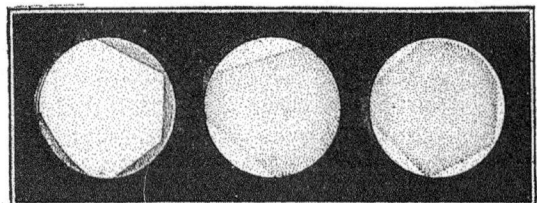

Fig. 267. — Aspects observés sur le IVᵉ satellite de Jupiter.

chose, ce « quelque chose », pour nous, c'est la vie, quelle qu'elle
soit d'ailleurs, depuis le brin d'herbe le plus simple jusqu'à l'esprit
le plus supérieur, le plus instruit et le plus puissant.

Cette affirmation que notre propre logique nous impose, c'est
aussi celle de la Nature entière, dont la fécondité infinie a semé la
vie autour de nous sur tous les points capables de la recevoir, dont
la prévision singulière donne même un double et un multiple but
à l'existence des choses et des êtres, produit plusieurs effets par une

même cause, et va jusqu'à accumuler la vie aux dépens des êtres vivants eux-mêmes.

Si le monde gigantesque de Jupiter se trouve actuellement dans les conditions de température des époques primitives de la Terre, nous ne pouvons pas le considérer comme étant actuellement le siège de la vie intellectuelle. C'est la terre de l'ichthyosaure, mais non celle de l'homme, le monde calme et tranquille nécessaire aux manifestations d'un système nerveux délicat et de la pensée contemplative. Plus tard seulement, dans les siècles futurs, Jupiter sera habité par une race intellectuelle, et — qui sait ? — peut-être par nous-mêmes. Sa situation sera alors incomparablement supérieure à celle de la Terre : un empire immense, un printemps perpétuel, de longues années et une douce température toujours semblable à elle-même, formeraient un séjour de paix et de bonheur véritablement digne d'ambition.

D'un autre côté, si nous considérons le système de Jupiter, que la planète soit actuellement habitée ou non, il nous semble qu'elle est beaucoup plus utile à ses quatre satellites qu'ils ne lui sont utiles eux-mêmes.

Lorsqu'on approfondit rigoureusement les rapports naturels des systèmes de satellites, avec leurs planètes respectives, on constate que ces rapports sont peu favorables au but principal qu'on leur suppose d'éclairer leur planète. Pour Jupiter, *toutes* les conjonctions supérieures des trois satellites intérieurs sont entièrement perdues; on n'y peut apercevoir que la moitié de celles du quatrième, lequel ne donne d'ailleurs qu'une très faible lumière. Les régions polaires de Jupiter (justement celles qui, d'après nos idées, auraient le plus besoin de la clarté des satellites) ne les voient même pas, car, déjà, au delà de 80° de latitude jovicentrique, la lune intérieure ne se lève plus, et, au delà de 88°, non plus la quatrième lune. En général, chaque lune de Jupiter reste beaucoup plus longtemps *au-dessous* qu'*au-dessus* de l'horizon, en quelque lieu de la planète que ce soit. Sur les huit satellites de Saturne, il n'y a guère que le sixième qui mérite d'être pris en considération, car les autres ont une lumière trop faible ou sont trop éloignés pour pouvoir l'éclairer sensiblement; et même ce satellite est également caché pour les pôles. Pour l'anneau de Saturne, nous verrons plus tard qu'il n'éclaire par-

tiellement les habitants de Saturne que pendant les courtes nuits
d'été, et, qu'au contraire, pendant le semestre d'hiver il leur enlève
complètement une grande partie du jour, — et même, pour plusieurs régions, la plus grande partie, — en leur cachant le Soleil
pendant des années entières.

Dans quel état se trouvent ces quatre mondes? Ne sont-ils pas
eux-mêmes, et depuis longtemps, le siège de la vie organique et
même de la vie intellectuelle? Le globe de Jupiter ne leur donne-
t-il pas un supplément de chaleur, et n'est-il pas pour eux un
soleil à peine éteint? Sa supériorité de volume et de masse reproduit au milieu d'eux une image du Soleil lui-même au milieu de
ses quatre planètes les plus voisines, Mercure, Vénus, la Terre et
Mars ; car les distances et les volumes relatifs de ces quatre satellites forment un système singulièrement analogue à celui des quatre
premières planètes du grand système solaire.

Chacun des quatre mondes du système jovien possède en effet
ses années spéciales, ses jours et sans doute aussi ses saisons, et les
habitants de chacun d'eux ont les mêmes raisons, pour se croire au
centre de l'univers entier, que les habitants de notre petite Terre,
qui pendant tant de siècles ont fait le même rêve. Le globe de
Jupiter leur offre l'aspect d'une lune gigantesque, capable de compenser efficacement la faible quantité de lumière qu'ils reçoivent
du Soleil : pour le premier des satellites, ce globe immense mesure
19° 49' et paraît 1 400 fois plus grand en surface que notre pleine
Lune. Quel colosse! Même pour le satellite extérieur, la surface apparente de Jupiter surpasse encore de 75 fois celle que la Lune nous
présente.

Les quantités de lumière réfléchies par Jupiter ne sont pas égales
à ces supériorités de surface à cause de l'affaiblissement de la lumière
solaire; mais comme son pouvoir réflecteur est presque trois fois
plus grand que celui de la Lune, nous déterminerons à peu près cette
clarté en multipliant les chiffres précédents par 3 et en les divisant
par 27. Ce petit calcul nous donne les chiffres 155 et 8 (la Lune étant
représentée par 1) pour exprimer la quantité de lumière renvoyée
par Jupiter à son premier et à son dernier satellite.

L'effet de cette lumière doit être considérable pour les yeux des
habitants des satellites, auxquels nous devons appliquer la même

réflexion qu'à ceux du monde de Jupiter : ces yeux doivent être beaucoup plus sensibles que les nôtres, et l'intensité relative de la lumière qui les frappe doit être 27 fois plus grande que celle qui est indiquée par le calcul précédent.

Quels magnifiques spectacles on contemple de ces observatoires ! Le colossal Jupiter est l'objet le plus merveilleux de leur ciel; il est pour eux le souverain de l'univers, le véritable Jupiter, et ils ne l'admirent pas moins que nous n'admirons le Soleil. Car pour eux le Soleil n'est qu'un petit disque brillant, tandis que vu du premier satellite, le globe immense de Jupiter le surpasse de 35 000 fois! Ajoutons les colorations magiques qui décorent ce disque de nuances ardentes, depuis l'orangé et le rouge jusqu'au violet et à la pourpre; ajoutons encore ces variations rapides d'aspect produites par son mouvement de rotation, et ses phases immenses correspondant à la position des satellites voguant autour de lui, et nous aurons une idée approchée de la magnificence des tableaux de la nature sur ces quatre mondes emportés par l'astre géant dans ces lointaines profondeurs de l'immensité !

Nous pouvons donc, en terminant, résumer comme il suit nos connaissances acquises sur le monde de Jupiter. Sa situation uranographique diffère fort de celle des séjours visités plus haut.

ÉTAT PARTICULIER DU MONDE DE JUPITER

Durée de l'année............	11 ans 10 mois 17 jours.
Durée du jour............	9 heures 55 minutes.
Nombre de jours dans son année.	10455.
Satellites............	Quatre lunes et quatre sortes de mois.
Dimensions............	1234 fois plus gros que la Terre.
Tour du globe de Jupiter.....	111100 lieues.
Densité des matériaux.......	Le quart de la densité moyenne de la Terre.
Pesanteur à la surface......	Deux fois et demie plus énergique qu'ici.
Atmosphère............	Haute, dense, tourmentée, et saturée de vapeurs.
Température............	Probablement plus élevée que sur la Terre.
Saisons............	Nulles. Printemps perpétuel.
État probable de la vie......	A son aurore, comme sur la Terre avant l'apparition de l'homme.
Satellites............	Sans doute actuellement habités.
Diamètre du Soleil........	Cinq fois plus petit que vu d'ici = 6'.
Aspect de la Terre........	Faible étoile du matin et du soir, et petit point noir passant tous les ans devant leur Soleil.

LIVRE VIII

LE SYSTÈME DE SATURNE

♄

LIVRE VIII

LE SYSTÈME DE SATURNE

CHAPITRE PREMIER

**Saturne vu à l'œil nu. — Dernière planète connue des anciens.
Symbole du Destin et du Temps. — L'astrologie et la religion.**

Du Soleil à la Terre nous avons parcouru 37 millions de lieues; de la Terre à Jupiter nous en avons traversé 155; pour atteindre Saturne il nous faut maintenant franchir d'un bond un nouvel abîme de 163 millions de lieues encore, cette planète gravitant à la distance de 355 millions de lieues de l'astre central de notre système, — distance presque dix fois supérieure à celle de la Terre au même centre.

Là s'arrêtaient, il y a moins d'un siècle, les frontières de la république solaire, car Saturne est la dernière planète visible à l'œil nu, la dernière connue des anciens, et depuis l'antiquité sa lente révolution, trente fois plus longue que notre année, était considérée comme formant la limite du système planétaire. Cette planète offre l'aspect d'une pâle étoile de première grandeur; elle se traine à pas lents sur sa route lointaine; elle symbolise le Destin et le Temps, et pendant les siècles où l'astrologie régna sur les âmes elle fut regardée comme une divinité fatale, comme un astre de malheur exerçant une funeste influence sur les destinées. Quel mortel alors eût pu se douter de la vérité? Quel prophète, quel saint, quel dieu terrestre eût pu imaginer que cette lointaine étoile est un monde incomparablement plus vaste et plus magnifique que le nôtre? et non seulement un monde, mais un groupe de mondes, composé, comme le système solaire, d'un astre central et de huit globes principaux, couronné d'un diadème extraordinaire, peut-être unique dans le ciel entier, un véritable univers, enfin, dont les mondes sont dignes d'être élevés au rang de planètes, puisque l'un d'entre eux est supérieur à Mercure et à Mars! Qui eût pu supposer qu'à cette prodigieuse distance du Soleil, et si loin au delà de la portée de notre vue, le télescope devait révéler l'existence d'un tel univers? Ah! la découverte du système saturnien a été bien faite pour nous convaincre que le Ciel n'a pas été créé pour nous, et que notre situation dans l'espace n'importe en rien à l'organisation générale des mondes et des humanités sidérales.

Quoique Saturne fasse partie des cinq planètes connues des anciens, sa découverte a dû venir après celle des planètes les plus brillantes. Il est probable que Vénus aura été la première remarquée, la première détachée de la sphère des étoiles fixes, à cause de son vif éclat et de son rapide mouvement dans le ciel du soir comme dans le ciel du matin. Jupiter aura été le second dans l'ordre chronologique, Mars le troisième, Saturne le quatrième et Mercure le cinquième. Toutefois, les cinq « astres mobiles » sont reconnus dès les plus anciens vestiges qui nous soient restés des observations astronomiques planétaires : Chine, vers l'an 2450 avant notre ère ; — Chaldée, vers l'an 1700 avant notre ère; comme déjà nous l'avons constaté plus haut.

Les mouvements apparents des planètes dans le ciel dépendent de la combinaison de leur mouvement réel autour du Soleil, et de notre propre translation autour du même astre. Si nous habitions le Soleil, nous verrions les planètes circuler régulièrement autour de nous, sans jamais s'arrêter, ni rétrograder. — Mercure en 88 jours, — Vénus en 225 jours, — La Terre en 365 jours, — Mars en 687 jours, — Jupiter en 4 332 jours, — Saturne en 10 759 jours, — Uranus en 30 688 jours, — et Neptune en 60 181 jours. Mais par suite de notre propre situation dans l'espace, au delà des orbites de Mercure et de Vénus, et à cause de notre révolution annuelle autour de l'astre central, Mercure fait le tour du ciel plusieurs fois par an,

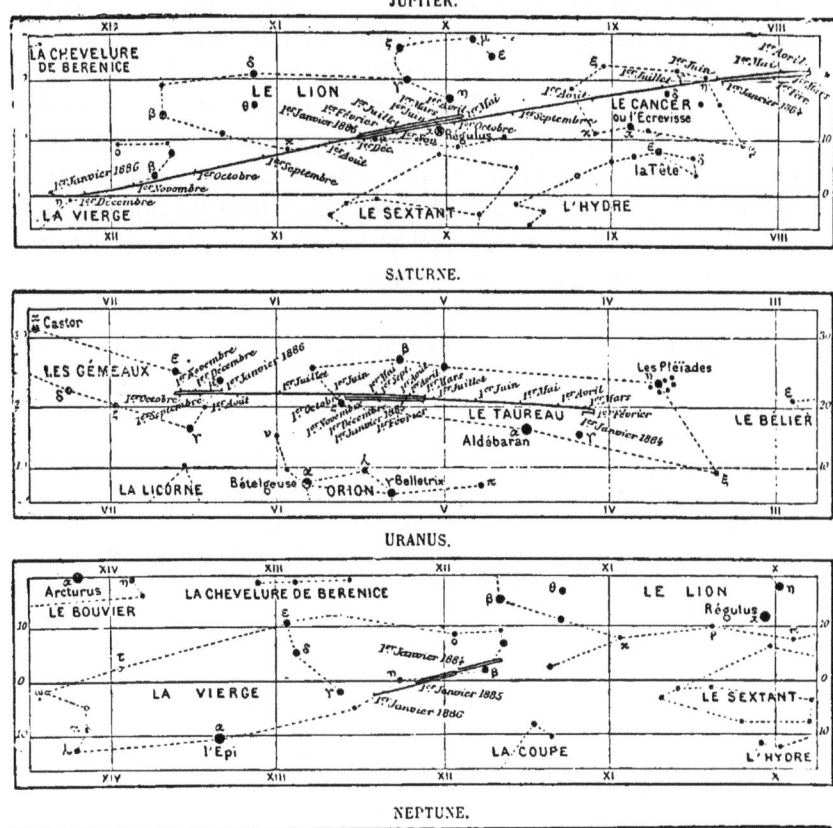

Fig. 269. — Mouvement et positions des planètes Jupiter, Saturne, Uranus et Neptune pendant deux années (1884 et 1885).

Vénus le fait en moins d'un an, mais avec des irrégularités, et Mars en deux ans environ. Jupiter, Saturne, Uranus et Neptune

TERRES DU CIEL.   82

reviennent à leurs positions célestes après des périodes respectives
de 12 ans, 29 ans, 84 ans et 165 ans, mais en décrivant chaque
année une oscillation d'autant plus petite que la planète est plus
éloignée, oscillation qui est en quelque sorte le reflet du déplacement annuel de notre observatoire. On se rendra très bien compte
de l'amplitude de ces oscillations et de l'aspect de ces mouvements planétaires, par l'examen des diagrammes précédents, qui
représentent la marche et les positions célestes des quatre planètes Jupiter, Saturne, Uranus et Neptune, pendant les années 1884
et 1885 : on y reconnaît avec précision, et l'amplitude et la forme
apparente de ces perspectives célestes.

Saturne était, comme nous l'avons vu, nommé chez les Chinois *Tien-
Sing* ou « la planète sempiternelle »; chez les Égyptiens *Hor-Ka* et *Hor-
Ka-Ker*, ou « Horus, générateur supérieur »; chez les Aryens (sanscrit)
Sanaistschara « qui se meut lentement »; chez les Assyriens *Nisroch*, le
« dieu du Temps »; chez les Grecs *Kronos*, qui a le même attribut. Il devint,
chez les Hébreux, l'astre du Sabbat, et le dernier jour de la semaine, le
samedi, lui fut consacré. De nos jours encore, le samedi se nomme le
jour de Saturne en plusieurs langues : *Saturday* en anglais, Zaturday en
hollandais, etc. Les Italiens, les Portugais et les Espagnols, le nomment
encore Sabbato, Sabado, « le jour du Sabbat ».

Les recherches de Layard, dont nous avons parlé plus haut (p. 78)
sur les antiquités de Ninive et de Babylone, nous montrent le dieu assy-

Fig. 270.
Le Saturne des Assyriens.

rien Nisroch (Saturne) enveloppé d'un
anneau, comme le représente la petite
figure ci-incluse. On peut certainement
se demander avec Proctor, si ce ne serait pas là l'indice que les astronomes
chaldéens possédaient des instruments
d'optique suffisants pour leur avoir permis de découvrir cet anneau. Quoique
le verre ait été connu dès ces temps
anciens, et qu'on ait même trouvé
dans les ruines de Ninive une lentille plano-convexe en cristal de roche,
cependant il n'est pas probable que l'anneau de Saturne ait été découvert, attendu que : 1° nul auteur ancien n'en a parlé, et que 2° si on
avait pu découvrir l'anneau de Saturne, on aurait inévitablement découvert aussi les satellites de Jupiter, les phases de Vénus, les taches du
Soleil, les montagnes de la Lune, la multitude des pléïades, etc. Il est
plus simple de penser que, le cours du temps étant très naturellement

représenté par un anneau, c'est simplement ce symbole que l'on aura attaché à la personnification du dieu du Temps.

Dans la mythologie, Saturne ne pouvait régner qu'à la condition de dévorer ses enfants, et Jupiter n'aurait été épargné que grâce à la substitution faite le jour de sa naissance. Soit comme symbole de l'inexorable Destin, soit comme recteur des mouvements célestes, soit comme divinité lointaine perdue jusque dans la région des étoiles fixes, Saturne était le plus redouté des dieux antiques. Son influence néfaste semait tous les malheurs sur le monde ; sa froide et lente lumière apportait la mort avec elle.

Il y aurait tout un ouvrage à écrire sur l'influence de l'astronomie dans l'histoire de l'humanité. Si l'on songe que, dans les siècles passés surtout, les pratiques religieuses ont constitué une partie notable de la vie humaine, on comprendra que, le culte des astres ayant été, en général, l'origine primitive de ces pratiques, l'astronomie ait joué un rôle beaucoup plus universel et beaucoup plus intime qu'on ne serait d'abord porté à le supposer. Aujourd'hui encore, la cosmographie se trouve mêlée à la plupart de nos chants lithurgiques. La lampe qui brûle constamment devant l'autel, dans les plus modestes églises de nos campagnes et dans les moindres chapelles, n'est autre que l'*ignis* des prêtresses de Vesta, l'*agni* des pontifes aryens, antérieur de bien des milliers d'années à l'« Agneau » de Dieu et à la sainte « Agnès » du canon de l'autel. Dans toutes les églises chrétiennement construites, le rayon du soleil couchant doit arriver droit sur l'autel le jour des équinoxes, etc., etc...

L'histoire des religions égyptiennes est particulièrement intéressante à cet égard. Parmi les nombreuses momies qui ont été rapportées d'Égypte par Caillaud, et que l'on peut étudier aujourd'hui (sarcophages ou momies) à la Bibliothèque nationale, au Louvre et au Muséum d'histoire naturelle, il en est une qui mériterait assurément le titre spécial de momie astronomique. Cette momie, rapportée de Thèbes, a été ouverte pour la première fois le 30 novembre 1823 et a fourni à Letronne le sujet d'une savante dissertation. Tout d'abord elle désappointa un peu les espérances, car lorsqu'on eût déroulé sept enveloppes consécutives de bandelettes de toile — ne mesurant pas moins de 380 mètres de longueur ! — on ne découvrit qu'un cadavre bien conservé et doré. Les derniers vêtements du mort, sa tunique brodée, son écharpe marquée de ses initiales n'apprenaient rien d'extraordinaire.

Mais si le mort était muet, il n'en était pas de même de son riche cercueil. L'intérieur est complètement peint de figures suffisamment conservées pour pouvoir être reconnues et même dessinées. On remarque d'abord une grande figure de déesse, les bras élevés au-dessus de la tête, analogue aux divinités debout qui soutiennent le zodiaque circulaire de Dendérah. Le long de son corps on a dessiné onze signes du zodiaque, formant ainsi deux bandes, l'une à gauche, l'autre à droite, se suivant dans cet ordre : le Lion — la Vierge — la Balance — le Scorpion — le Sagittaire; puis : le Verseau — les Poissons — le Bélier — le Taureau — les Gémeaux — et le Cancer. Remarque significative : telle est précisément la disposition adoptée pour les zodiaques de Dendérah, où le premier signe est le Lion et le dernier le Cancer; de plus, la configuration des signes est tout à fait semblable et tient au même système de représentation. Toutefois, le Capricorne manque dans la série : il en a été retiré et placé à droite de la tête, dans une position isolée, au-dessus de deux scarabées.

Toutes ces peintures ont été faites avec un soin consciencieux, et sont si bien conservées qu'on les croirait exécutées d'hier. De quelle époque est cette momie?

Le long du cercueil on lit l'inscription suivante :

Πετεμένων ὁ καὶ Ἀμμώνιος Σωτῆρος Κορνηλίου Πολλίου μητρος Κλεοπατρας Ἀμμωνίου, ἐτῶν εἴκοσι ἑνὸς, μηνῶν Δ καὶ ἡμερῶν εἴκοσι δύο, ἐτελεύτησε ΙΘL Τραϊανου του κυρίου, παϋνὶ Η.

Comme on le voit, l'inscription n'est pas égyptienne, mais grecque. D'ailleurs, le profil du mort, ses cheveux, fins et frisés, la couronne d'olivier posée sur sa tête, la bouche et les yeux fermés et recouverts de lames d'or ayant leur forme, les tuniques, les serviettes et le linge mis à la disposition du mort, tout cela est grec. La momie était un jeune homme de 21 ans, mort le 2 juin de l'an 116 de notre ère, comme le porte catégoriquement l'inscription précédente, complètement restituée par Letronne, et qui se traduit ainsi :

PÉTÉMÉNON, dit *Ammonius*, ayant pour père Sôter, fils de Cornélius Pollius Sôter, et pour mère Cléopâtre, fille d'Ammonius, est mort, âgé de 21 ans 4 mois et 22 jours, la XIXᵉ année du règne de Notre Seigneur Trajan, le 8 du mois de payni.

Dans le même caveau, on a trouvé une autre momie, celle d'une jeune fille de la même famille, née le 8 novembre de l'an 120, morte le 16 janvier 127, âgée de six ans. Le petit sarcophage contient également un zodiaque. Le chef de cette famille, Sôter, était archonte, ou premier magistrat de Thèbes.

On a vu tout à l'heure que le signe du Capricorne a été supprimé de la série des signes du zodiaque peints sous le couvercle du cercueil de Pétéménon et placé près de sa tête. Deux explications se présentent pour ce fait. Le Capricorne étant le signe de la vie dans la religion égyptienne, on a pu le placer là, auprès du scarabée, symbole de l'éternité, comme désignant la vie éternelle à laquelle le défunt est appelé. Ou bien si le défunt est né sous le signe du Capricorne, on a simplement reproduit là son thème généthliaque. Or, ce jeune homme était né le 12 janvier de l'an 95. Comme les almanachs n'ont pas changé à cet égard depuis cette époque, il suffit d'en ouvrir un, par exemple, l'*An-*

Fig. 271. — Zodiaque peint dans le sarcophage d'une momie

nuaire du Bureau des Longitudes, pour y lire que le Soleil entre dans le *signe* du Capricorne le 21 décembre, et en sort le 20 janvier (à un jour près, selon l'année). Donc, le 12 janvier, on est dans le signe du Capricorne, et Pétéménon était né sous ce signe. Il est donc très probable que cette particularité s'applique personnellement au défunt. Dans le cas contraire, on devrait trouver la même disposition dans toutes les représentations de cette nature. (Mais, jusqu'à présent, on n'en connaît que deux, et je n'ai pu voir encore la seconde, celle du sarcophage de la petite fille dont nous parlions tout à l'heure).

On lit autour du sarcophage et sur le couvercle des *consolations* au mort assez curieuses, quoique appropriées à la richesse de sa funèbre demeure :

Ce sarcophage excellent dans lequel tu es, n'a pas son pareil...
Le contemplent tous les Rechitai !
Le protègent tous les génies Hammou !
Les dieux de la nuit vont illuminer autour de son couvercle aux horizons d'éternité.
Gracieuse est cette sépulture où ce dieu vénérable est caché, donnant la royauté à l'hon-nouter qu'il renferme, l'Osiris Fedou-Amen-Apt, véridique, né de Cléopâtre.
L'âme est au ciel. *Le corps vit éternellement.*

Ces Égyptiens, qui mettaient un soin si minutieux, si sacré, dans l'embaumement des corps, croyaient à sa conservation séculaire, à sa résurrection et à son éternité. C'est ce que croyaient aussi les premiers chrétiens : ils s'imaginaient sincèrement ressusciter avec leur propre corps. Le dogme de la résurrection de la chair est, du reste, un article du symbole des apôtres (CREDO RESURRECTIONEM CARNIS), et celui qui n'y croit pas littéralement *n'est pas chrétien,* serait-il évêque ou pape.

Les siècles, les nations, les langues, les religions changent; mais l'homme reste le même. Ces coutumes funéraires des Égyptiens, ces formules de prières pour les agonisants, ces souhaits de bonne mort et d'immortalité, le « *requiem æternam dona eis, Domine !* », les litanies funèbres, les processions, etc., nous retrouvons toutes ces pratiques dans la religion chrétienne. Les prières pour les âmes du purgatoire des catholiques offrent elles-mêmes les plus singuliers rapports avec celles des Égyptiens pour les ancêtres morts. Nos prêtres s'imaginent, comme le faisaient leurs ancêtres égyptiens, qu'il y a dans l'autre monde des années, des semaines, des jours, et il ne se passe pas de fête qu'en France même on ne voie des femmes, en apparence intelligentes, faire le pèlerinage de Notre-Dame-des-Victoires, de Lourdes, de Paray-le-Monial, du Mont-Saint-Michel, pour gagner des indulgences de 40 jours, 365 jours, dix ans, etc. Ces croyances, ces pratiques, ces coutumes, on les retrouve, avec de très légères variantes, chez les prêtres et les moines du Thibet; il n'est pas jusqu'aux jeûnes, aux bénédictions, au chapelet, au célibat ecclésiastique, à l'eau bénite, et à mille détails chrétiens que l'on ne retrouve identiques chez les lamas. On sait qu'ils ont même inventé le moulin à prières, perfectionnement du chapelet machinal marmotté par les dévotes. Oui, l'homme est le même partout.

Nous avons vu plus haut, à propos de Jupiter, le monument astronomique de Dendérah, qui a été l'objet de tant de dissertations depuis les recherches de Dupuis, Laplace, Fourier, Champollion, Letronne, Halma, Biot, etc., et sur lequel plus de vingt volumes de la grosseur de celui-ci ont été spécialement imprimés depuis moins d'un siècle. Ce zodiaque est de la même époque que la momie précédente et que le carnet astrologique publié plus haut (p. 222). Nous avons attribué à la rédaction de ce carnet l'année 133 de notre ère, et la momie précédente est de l'année précédente est de l'année 116. Dans une autre circonstance (p. 74) nous avons rencontré des médailles planétaires et zodiacales frappées sous la 8ᵉ année du règne d'Antonin (29 août 145 à 29 août 146 de notre ère). On a pu remarquer aussi (p. 227) un fragment de planisphère gréco-égyptien de la même époque. Alors l'astrologie florissait dans tout son éclat, à un tel degré même que Lucien de Samosate, qui critique avec une si libre désinvolture les dieux et les usages religieux du paganisme mourant, ose à peine s'attaquer à elle. Les zodiaques de Dendérah et d'Esné sont de la même époque, un peu antérieurs, mais romains et non égyptiens, et ne datent ni de trois mille, ni de quinze mille ans, comme on l'avait d'abord imaginé. Le zodiaque rectangulaire de Dendérah date de Tibère, sous le règne duquel le pronaos a été construit, et le circulaire paraît dater de Néron ; les sculptures du grand temple d'Esné sont du règne de Claude Germanicus et celles du petit temple ont été exécutées du temps d'Adrien et d'Antonin, comme le prouvent les inscriptions elles-mêmes.

Nous reproduisons ici un fragment du zodiaque rectangulaire de Dendérah suffisant pour permettre de reconnaître les cinq planètes, et nous adoptons la lecture suivante, proposée par M. Brugsh, en lisant de la droite vers la gauche à partir de l'angle de droite et des rayons du Soleil :

La déesse de la première heure de la nuit.
La planète SATURNE, à tête de bœuf, *Hor-ka* « Bœuf-Horus ».
Dieu à tête de vautour debout sur une oie.
Dieu avec un couteau dans la main droite, offrant une antilope en sacrifice.
Homme sans tête.
La déesse de la deuxième heure de la nuit.
La déesse de la troisième heure de la nuit.

Le Verseau

La planète MARS à tête d'épervier, avec l'inscription *Hor-tos*, « Horus le rouge ».
La déesse de la quatrième heure de la nuit.

Les Poissons

La déesse de la cinquième heure de la nuit.
Homme tenant un cochon par la queue. (Cette figure dans un disque.)

La planète Jupiter avec l'inscription *Hor-api-Seta*.
La déesse de la sixième heure de la nuit.
La déesse de la septième heure de la nuit.

Fig. 272. — Zodiaque de Dendérah. Planètes et constellations.

Le Bélier

La planète Vénus à double tête, avec l'inscription *Pnouter-ti* « dieu du matin ».
La déesse de la huitième heure de la nuit.
La déesse de la neuvième heure de la nuit.

Fig 273. — Zodiaque de Dendérah. Planètes et constellations (suite).

Le Taureau, avec le disque de la nouvelle lune sur le dos.
Dieu avec plumet sur la tête.
La planète MERCURE avec son sceptre et l'inscription *Sewek*.

Fig. 274. — Zodiaque de Dendérah. Planètes et constellations (suite).

On retrouve le même genre de figures dans le zodiaque sculpté au plafond du temple de Latopolis, au nord d'Esné, comme on peut en juger par le fragment ci-dessous, sur lequel on voit se succéder les Poissons, le

Fig. 275. — Zodiaque de Dendérah. Planètes et constellations (suite).

Bélier, le Taureau, etc., entre deux processions allégoriques dont l'inférieure représente une momie embarquée pour le voyage éternel.

A Ermont (Hermonthis), un bas-relief astronomique sculpté au plafond du sanctuaire (représenté *fig.* 277), la Nature enveloppant l'Univers de

Fig. 276. — Fragment du zodiaque de Latopolis (Esné).

son corps allongé. On remarque dans l'intérieur le Taureau, le Bélier, Orion, Sirius, etc.

Toutes ces allégories, ces personnifications célestes, ces figures symboliques; ont été associées aux religions diverses qui ont répondu dans tous les âges aux aspirations de l'âme humaine ou aux besoins de sa crédulité. La religion chrétienne n'en a pas été affranchie. On trouve les mêmes associations jusqu'à la fin du moyen âge.

Sur la porte latérale gauche du portail de Notre-Dame de Paris, par exemple, on remarque un zodiaque sculpté vers la fin du XII⁰ siècle, accompagné des symboles des travaux champêtres correspondant à chaque

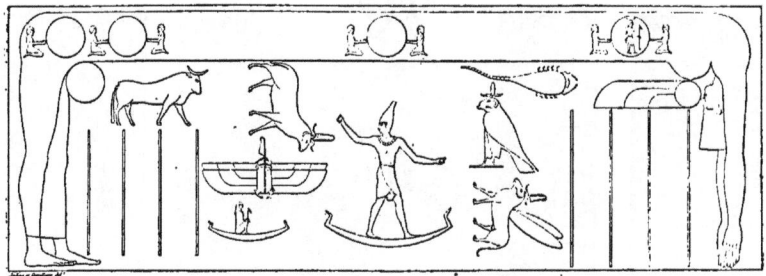

Fig. 277. — Bas-relief astronomique au plafond du temple d'Hermothis.

mois. Les signes se succèdent, l'un au-dessous de l'autre, dans l'ordre suivant, à partir du premier à gauche :

Zodiaque.	Symboles des mois.	Mois.
Lion.	Porteur d'une gerbe.	Juillet.
Gémeaux.	Porteur d'un faucon.	Mai.
Taureau.	Porteur d'épis.	Avril.
Bélier	Jardinier taillant.	Mars.
Poissons. . . . . ·.	Homme qui se sèche.	Février.
Verseau	Homme qui se chauffe.	Janvier.

La colonne de droite, lue de droite à gauche, paraît devoir se traduire ainsi :

Écrevisse	Faucheur.	Juin.
Tailleur de pierres	Moissonneur.	Août.
Porteur d'une *Balance*. . .	Vigneron dans la cuve.	Septembre.
Scorpion.	Semeur.	Octobre.
Sagittaire	Gardeur de porcs,	Novembre.
Capricorne.	Tueur de porcs.	Décembre.

Il y a une transposition du Lion pour le Cancer (Écrevisse) et récipro-quement. La série des douze signes est complète, à l'exception de *la Vierge*, que le sculpteur a enlevée de sa place pour s'y installer lui-même, jugeant sans doute que puisqu'elle devait être au centre, à la première place, selon la prédiction de la sibylle d'Auguste, il était inutile de faire double emploi.

Enfin, remarquons encore, parmi les nombreuses représentations qu'on a faites de la planète dont nous résumons l'histoire, celle de Raphaël, qui complète notre galerie. Le dieu du Temps domine le monde, prêt à faucher les destinées, associé dans le ciel au Verseau et au Capricorne. — Il n'y a pas plus de deux siècles que nous ne croyons plus à ces influences célestes. Mais ne croyons-nous pas à d'autres, non moins imaginaires?

On le voit, l'astronomie et la religion ont entre elles les plus intimes rapports.

Fig. 278. — Zodiaque sculpté au portail de Notre-Dame de Paris.

Parmi les observations antiques, les plus anciennes mesures de position qui nous aient été conservées sont une occultation par la Lune, observée à Athènes le 21 février de l'an 583 avant J.C., par un certain Thius, et une conjonction avec l'étoile λ de la Vierge, constatée par les

Fig. 279.

Saturnus

Omnium Planetarum supremus. Domus ejus principalis Aquarius, minus principalis Capricornus.

astronomes chaldéens à Babylone, le 14 *Tybi* de l'an 519 de Nabonassar, qui correspond au 1ᵉʳ mars de l'an 228 avant notre ère.

Ajoutons enfin que le signe ♄ par lequel la planète lointaine est représentée depuis l'époque romaine rappelle la faux du dieu du Temps.

CHAPITRE II

Mouvement de Saturne autour du Soleil.
Années de 29 ans 167 jours. — Mouvement apparent vu de la Terre.
Distance. — Volume. — Poids. — Rotation. — Pesanteur.

A la distance de 355 millions de lieues du Soleil, la planète lointaine gravite en une période près de trente fois plus longue que celle
de la révolution annuelle de la Terre. Comme nous l'avons remarqué
au début du chapitre précédent, la combinaison de notre circuit
annuel avec le sien fait que pour nous Saturne, tout en accomplissant le tour du ciel en 29 ans, 67 jours, paraît subir des arrêts, en
perspective, et même des rétrogradations dont l'amplitude correspond à notre distance. Ce mouvement apparent se compose, en fait,
comme on le voit (*fig.* 281), de 28 boucles annuelles. Tous les
29 ans et demi à peu près, il revient au même point du zodiaque.
L'aspect de son anneau vu de la Terre varie en vertu de la même
perspective; il nous paraît le plus ouvert possible lorsqu'il passe
dans les deux constellations diamétralement opposées du Taureau
et du Scorpion, et, au contraire, il nous paraît fermé lorsqu'il se
trouve à angle droit des constellations précédentes, dans le Verseau
ou le Lion.

La révolution de Saturne autour du Soleil demandant 10 759 jours
pour s'accomplir, et le développement de son orbite mesurant
2 milliards 215 millions de lieues, le mouvement de cette planète
dans l'espace est de 9500 mètres par seconde, par conséquent trois
fois moins rapide que celui de la Terre.

L'excentricité de l'orbite est de 0,056, ce qui donne pour ses variations de distance :

	Géométrique.	En kilomètre.	En lieues.
Distance périhélie	9,0046	1 330 000 000	332 500 000
Distance moyenne	9,5388	1 411 000 000	352 750 000
Distance aphélie	10,0730	1 490 000 000	372 500 000

Il y a donc plus de la distance de la Terre au Soleil, quarante mil-

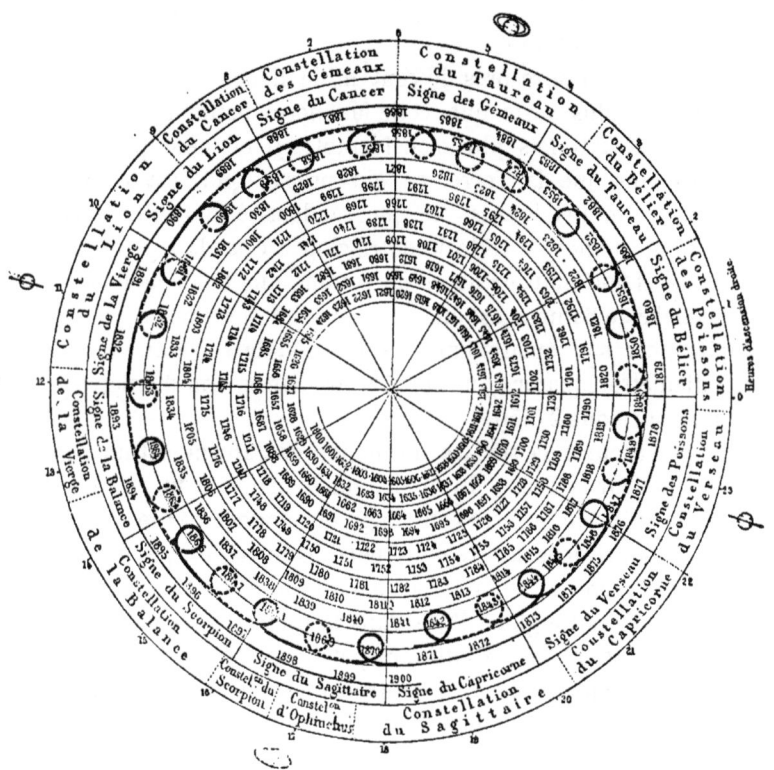

Fig. 281. — Mouvement apparent de Saturne relativement à la Terre et positions dans le ciel, de 1600 à 1900.

lions de lieues de différence, entre la distance de Saturne au Soleil (ou à la Terre également) à son aphélie et à son périhélie.

Le diamètre apparent de Saturne mesure en moyenne 17″5 et varie de 15″ à 20″ suivant ses distances à la Terre.

En combinant cette grandeur apparente avec la distance, on

trouve que son diamètre équatorial est près de dix fois supérieur à celui de la Terre et dépasse 30 000 lieues, de sorte que nous avons les chiffres suivants pour les dimensions de cette importante planète comparée à la Terre.

Diamètre polaire.	8,92	
Diamètre équatorial.	9,94	
Surface.	90	La Terre
Volume.	720	étant 1.
Masse	92	
Densité.	0,128	

Ce monde mesure près de cent mille lieues de tour; sa surface est 90 fois plus vaste que celle de notre petite planète, et son volume est 720 fois plus considérable. Il ne pèse pourtant que 92 fois plus que la Terre, ce qui prouve qu'il est composé de matériaux moins lourds, et que sa densité moyenne n'est que les 128 millièmes de celle de notre globe : c'est la légèreté du bois d'érable. Il flotterait sur un océan comme une boule de bois.

Le globe de Saturne est encore plus aplati à ses pôles que celui de Jupiter, car son aplatissement est de $\frac{1}{10}$; de sorte que tandis que son diamètre équatorial mesure 30 500 lieues, son diamètre polaire n'en mesure que 27 450.

La pesanteur à la surface du monde de Saturne est un peu plus faible que sur la Terre, du moins sur la majorité du globe, attendu que par suite de la force centrifuge développée par le mouvement de rotation, si dans les régions polaires les objets pèsent plus que que sur la Terre, à l'équateur ils pèsent moins. Un corps qui tombe parcourt sur notre globe 4^m,90 dans la première seconde de chute, et sur Saturne 5^m,34 aux latitudes polaires, et seulement 4^m,51 dans les régions équatoriales. Si Saturne tournait seulement deux fois et demie plus vite, les objets n'auraient *plus de poids du tout* dans ces régions !

Il y a plus : l'attraction contraire de l'anneau diminue encore les poids dans une proportion notable, et il y a une zone, entre l'anneau intérieur et la planète, où les corps sont également attirés en haut et en bas. Il ne faut pas un grand effort d'imagination pour deviner que si une atmosphère intermédiaire le permet, les habitants aériens de Saturne peuvent jouir de la faculté de s'envoler jusque dans les anneaux! Remarquons à ce propos que notre propre globe, en tournant, détermine une force centrifuge qui est à la pesanteur dans

le rapport de la fraction $\frac{1}{289}$. Un objet qui pèse, par exemple,
289 kilos aux pôles n'en pèse que 288 à l'équateur. Pour que cette
diminution devint égale à la pesanteur, il faudrait que la Terre
tournât 17 fois plus vite (car $17 \times 17 = 289$). Alors les objets
n'auraient plus aucun poids. Celui qui sauterait seulement à
quelques centimètres de hauteur ne retomberait plus!

L'aplatissement si considérable de Saturne prouverait sans autre
observation la rapidité du mouvement de rotation de la planète, car
il faut qu'elle tourne sur elle-même avec une énorme vitesse pour

Fig. 282. — Grandeur comparée de Saturne et de la Terre.

que la force centrifuge développée à son équateur ait ainsi déformé
le globe. Les observations s'accordent avec cette conclusion théorique. Dès la fin du siècle dernier, William Herschel trouva, par le
déplacement de quelques irrégularités perceptibles sur les bandes
nuageuses de son équateur, que le globe saturnien tourne sur lui-
même en $10^h 16^m$, résultat obtenu d'après cent rotations suivies
pendant l'année 1793... Cette date fameuse nous rappelle que tandis
que des esprits supérieurs s'occupaient ainsi paisiblement à scruter
les grands problèmes de la Nature et à conquérir le véritable
progrès, d'autres semblaient avoir pris à tâche d'obscurcir sous un
brouillard de sang le lever du soleil de la Révolution française.

Les résultats obtenus par Herschel ont été confirmés par des mesures plus récentes. L'astronome Hall de Washington a trouvé en 1877 : $10^h 14^m 24^s$.

Ainsi le jour saturnien est, comme le jour jovien, plus de deux fois plus court que le nôtre, tandis que l'année de ce monde est près de trente fois supérieure à la nôtre. Il en résulte que le calendrier de ces habitants compte le chiffre, fabuleux pour nous, de 25 217 jours par an !

L'axe de rotation de Saturne est incliné de 64° 18′ sur le plan de l'orbite ; l'obliquité de l'écliptique est donc sur ce monde de 25° 42′. C'est là une inclinaison peu différente de celle de la Terre ; d'où nous pouvons conclure que les saisons de ce monde lointain, tout en durant chacune plus de sept ans, sont néanmoins peu différentes des nôtres quant au contraste entre l'été et l'hiver. De même les climats s'y partagent, comme ceux de la Terre, en zones torrides, tempérées et glaciales. Mais quelle durée ! *sept ans chacune.* Chaque pôle et chaque côté de l'anneau restent quatorze ans et huit mois sans soleil !

Quant à la quantité de chaleur et de lumière que cette planète reçoit du Soleil, comme elle est presque dix fois plus éloignée que nous de l'astre central, elle le voit près de dix fois plus petit en diamètre, 90 fois moins étendu en surface, et en reçoit également 90 fois moins de chaleur et de lumière. Ce sont là, évidemment, de tout autres conditions d'existence que celles de la Terre.

CHAPITRE III

Les anneaux de Saturne.

Lorsque, pour la première fois, on voit arriver cette planète dans le champ d'une lunette astronomique, on est véritablement émerveillé, et c'est à peine si l'on peut en croire ses yeux. En effet, nous avons beau avoir vu Saturne dessiné dans les ouvrages d'astronomie, il nous reste toujours quelque doute dont nous ne nous rendons pas compte nous-mêmes sur l'authenticité de ces figures, et nous sommes souvent portés à supposer que les astronomes exagèrent... comme si l'on pouvait exagérer la science de l'infini! — Mais lorsque, l'œil à la lunette, nous voyons tranquillement arriver devant nous cette création sublime environnée de son cortège, il faut bien nous rendre à la réalité, et la sentir (si nous avons cette faculté, car il y a beaucoup d'êtres qui n'ont jamais rien senti, qui ne peuvent jamais éprouver la moindre émotion, et qui ne seraient pas du tout surpris, par exemple, si un voyageur revenait de la Lune et en rapportait quelque curiosité!) Pour ma part, de mes premières observations astronomiques, il en est quatre qui ont laissé dans mon âme un *ineffaçable* souvenir; ce sont : celle de l'anneau de Saturne, celle de la Lune aux cratères d'argent, celle de l'étoile triple (orangée, verte et bleue) d'Andromède, et celle de la nébuleuse d'Orion, la première fois qu'il m'a été donné de les contempler au télescope. Or, et rien n'est si vrai, ce sont là des plaisirs intellectuels que chacun peut aujourd'hui se procurer avec une étonnante facilité (').

(') *Voy.* notre ouvrage *Les Étoiles,* au chapitre des instruments. Des lunettes d'un prix fabuleusement médiocre (100 fr. à 200 fr.) suffisent pour observer les cratères de la Lune, les satellites de Jupiter, les phases de Vénus, les taches du Soleil, les plus

En effet, Saturne présente un phénomène unique dans le systéme solaire : le globe qui forme la planète proprement dite est entouré, à une distance considérable, d'un anneau presque plat et fort large, que nous voyons obliquement, et qui, au lieu de nous paraître circulaire, nous semble elliptique et d'une dimension transversale variable ; le plus petit diamètre apparent n'est jamais supérieur à la moitié du plus grand.

Une portion de l'anneau paraît passer sur la planète, tandis que la partie opposée passe derrière. Quelquefois il paraît très ouvert,

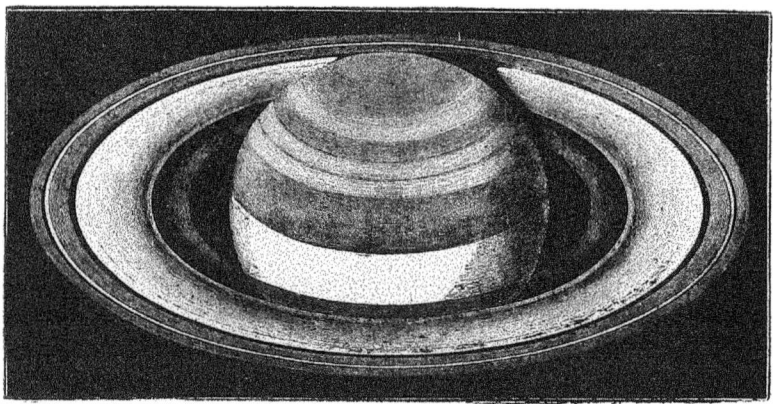

Fig. 284. — Saturne et ses anneaux.

comme dans le dessin ci-dessus, qui correspond à l'aspect actuel (novembre 1883) et qui a été fait au télescope par Warren de La Rue, en mars 1856; quelquefois, au contraire, il est vu presque fermé. Dans ce dernier cas, près de la région où l'anneau se projette sur la planète, on voit, à la surface de celle-ci, une ombre marquant évidemment la portion où, à cause de l'interposition de l'anneau, la lumière du Soleil ne pénètre pas. La planète n'est point lumineuse par elle-même : elle est, comme ses sœurs, simplement éclairée par le Soleil.

belles étoiles doubles, les amas d'étoiles et nébuleuses, l'anneau de Saturne et les principales curiosités de la voûte céleste. Pour se trouver cónstamment dans le ciel, il suffit d'avoir entre les mains l'*Almanach astronomique* de l'année, et, pour plus de détails, si on le désire, la *Revue mensuelle* d'astronomie populaire, qui tient au courant des progrès de la science.

Cette conclusion peut être étendue à l'anneau, car, dans la partie diamétralement opposée à celle qui montre une ombre sur la planète, celle-ci projette au contraire, sur l'anneau, une ombre noire très facile à distinguer et à reconnaître par son parallélisme aux bords de la planète qui la produit.

L'anneau n'est pas continu, il est nettement divisé en trois. Peut-être même ce système annulaire est-il partagé en un très grand nombre d'anneaux concentriques, car de puissants instruments ont parfois montré des traces d'un plus grand nombre de divisions.

Voici les mesures des deux anneaux principaux, faites par l'habile William Struve, en 1826, à l'Observatoire de Pulkowa :

Diamètre extérieur de l'anneau extérieur.	40″00	284000 kil. ou	71000 lieues
Diamètre intérieur de l'anneau extérieur.	35 29	250560	62640
Diamètre extérieur de l'anneau central. .	34 47	244800	61200
Diamètre intérieur de l'anneau central . .	26 67	189360	47340
Largeur de l'anneau extérieur.	2 40	17040	4260
Largeur de la division entre les anneaux.	0 41	2880	720
Largeur de l'anneau central.	3 90	27720	6930
Distance de la planète à l'anneau central.	4 34	37240	9310

Quel étonnant système ! C'est le seul exemple de ce genre que nous connaissions dans l'univers, et cet anneau, qui, comme on le voit, n'a pas moins de 71 000 lieues de grand diamètre n'a pas plus de 60 à 70 kilomètres d'épaisseur ! Il est plat des deux côtés et nous présente tour à tour chacune de ses faces par la combinaison du mouvement de Saturne avec celui de la Terre.

La première fois que Galilée dirigea sur Saturne la lunette qu'il venait d'inventer, il fut étrangement surpris de sa vision. C'était pendant l'été de l'année 1610. Sa lunette n'était pas assez puissante pour lui montrer la forme réelle de l'anneau, et il ne distinguait que deux appendices lumineux de chaque côté de la planète. C'étaient, dit-il, « comme deux serviteurs qui aident le vieux Saturne à faire son chemin et restent toujours à ses côtés. »

En attendant l'explication, il nomma pour cette raison Saturne *Tri-corps,* et annonça cette découverte dans ce singulier logo-gryphe :

Smaismrmilmepoetaleumibunenugttaviras

Képler chercha vainement le mot de l'énigme, qui consistait dans

une transposition de lettres fortement emmêlées. Après y avoir consacré bien des heures, il finit par arranger les lettres de façon à
former les mots suivants :

Salve umbistineum geminatum Martia proles !
Saluez les gémeaux qui sont la progéniture de Mars!

Et il en conclut que l'astronome de Florence venait de découvrir

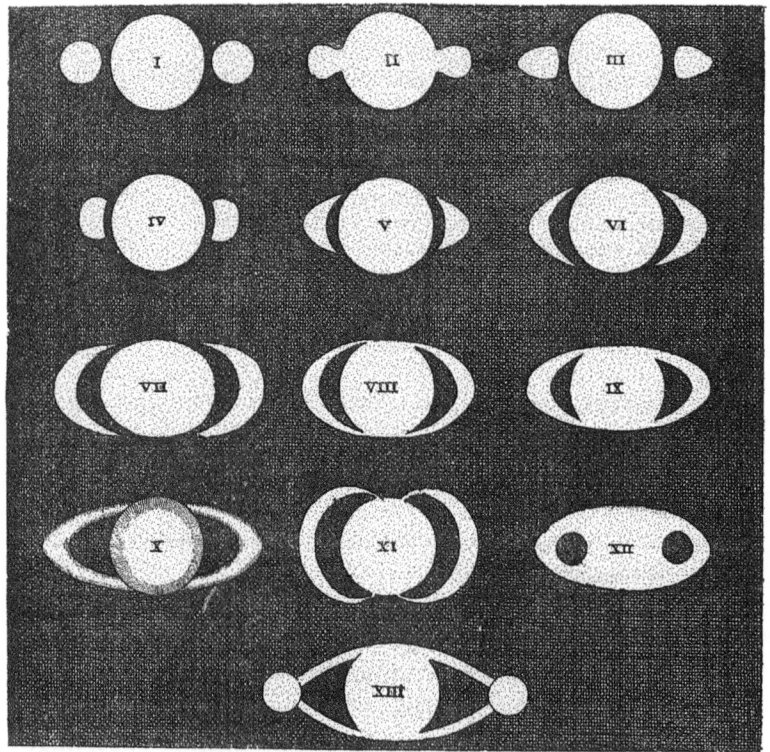

Fig. 285. — Premières représentations de Saturne (1).

deux satellites à Mars. C'était être à trois cents millions de lieues
du sujet. Mais nous avons vu plus haut, que Képler attribuait logi-

(1) Ces dessins correspondent aux auteurs suivants : I. Galilée, 1610. — II. Schei-
ner, 1614. — III. Riccioli, 1640. — IV à VII. Hévélius, 1640 à 1650. — VIII et IX. Riccioli, 1648 à 1650. — X. Eustache de Divinis, 1647. — XI. Fontana, 1648. —
XII. Gassendi, 1643. — XIII. Riccioli, 1650.

quement deux satellites à Mars, 267 ans avant qu'on ne les eût découverts.) Galilée rétablit ces lettres dans leur ordre véritable et publia la phrase latine que voici :

Altissimum planetam tergeminum observavi.
J'ai observé que la planète la plus élevée est trijumelle.

Par suite de la combinaison des mouvements de Saturne et de la Terre, les anneaux se présentent à nous par la tranche tous les quinze ans, et alors ils deviennent invisibles. L'année 1612 était une de ces époques de disparition, et Galilée, après avoir vu diminuer ses deux petites étoiles, cessa de les apercevoir. Comment expliquer une telle disparition? L'illustre astronome en chercha vainement la cause, arriva à penser qu'il s'était trompé dans ses observations antérieures, et en prit un tel découragement qu'à partir de cette époque, il cessa de s'occuper de cette étonnante planète. « Saturne a dévoré ses enfants! » disait-il en souriant tristement, et il ajoutait : « Quelque perfide ne m'aurait-il pas joué? » Cependant il vécut encore trente ans, et aurait pu s'apercevoir de la réalité de ses premières découvertes. (Mais l'infortuné philosophe devait ressentir bientôt d'autres douleurs plus cruelles que cette déception.

Plus tard, Hévélius déclara de même qu'on y perdait son latin; ce n'est qu'en 1659 que Huygens, le véritable auteur de la découverte de l'anneau, en fit la première description et en donna la première explication. Encore cacha-t-il sa découverte sous le masque suivant :

aaaaaaa, ccccc, d, ceeee, g, h, iiiiiii, llll, mm, nnnnnnnnn, oooo, pp, q, rr,
s, ttttt, uuuuu.

Trois ans après seulement, il déclara que cet anagramme voulait dire :

Annulo cingitur, tenui, plano, nusquam cohærente, ad eclipticam inclinato
Il est entouré d'un anneau léger, n'adhérant à l'astre en aucun point, et incliné sur l'écliptique.

Ces mots renferment les trois faits fondamentaux de la situation de ce mystérieux appendice. Il faut avouer toutefois que les savants de cette époque avaient encore de singuliers modes de publication.

Avant que cette réalité d'un anneau indépendant, entourant le globe de Saturne sans le toucher en aucun point, n'eut été reconnue,

on avait représenté l'aspect de Saturne par les dessins les plus
curieux. Nous avons reproduit plus haut (*fig.* 285), d'après Huygens

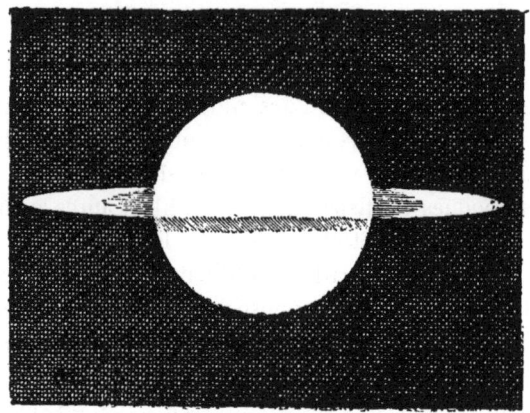

Fig. 286. — Premiers dessins de l'anneau de Saturne : Huygens 1656.

lui-même, les principales de ces figures. Celles de Riccioli (VIII et IX
approchent singulièrement de la réalité, et l'on peut être surpris
qu'il n'ait pas deviné.

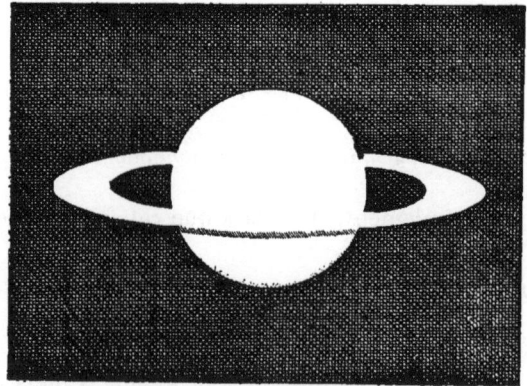

ig. 287. — Premiers dessins de l'anneau de Saturne : Huygens 1657.

Huygens a publié dans son *Systema Saturnium* (La Haye, 1659),
plusieurs des dessins qu'il avait pris depuis le commencement de
ses observations (25 mars 1655), à l'aide d'un télescope de 7 mè-

tres construit de ses propres mains. Parmi ces dessins, nous reproduisons ceux des 13 octobre 1656, 17 décembre 1657 et

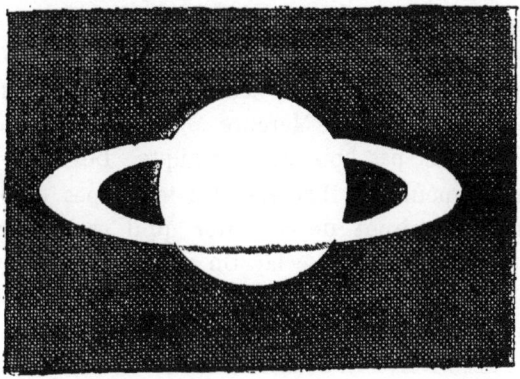

Fig. :88. — Premiers dessins de l'anneau de Saturne . Huygens 1659.

12 février 1659, qui, pour la première fois, montrèrent l'*anneau* autour de la planète et servirent à la description réelle du système de Saturne. En 1655, Saturne passant par le plan de notre rayon

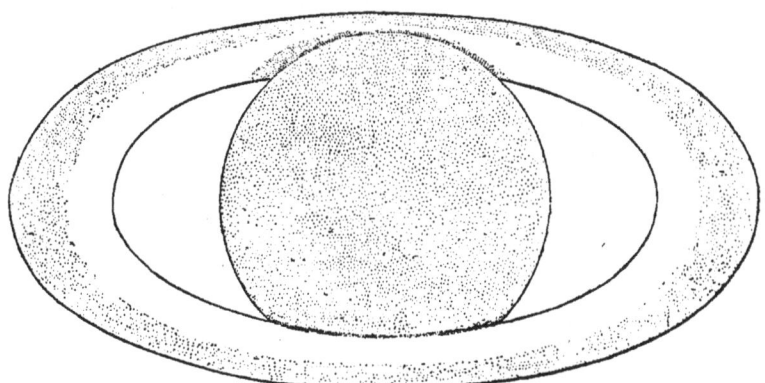

Fig. 289. — Premier dessin du *double* anneau de Saturne. Campani, 1664.

visuel, a été dessiné dépourvu de tout appendice annulaire, absolument rond.

Depuis cette époque, on a expliqué tous les aspects de Saturne par la perspective des anneaux vus de la Terre. Au XVIIe siècle, no-

tamment sous Louis XIV, les traités de science plus ou moins populaires s'ingéniaient à associer aux représentations de Saturne des
roues de moulins, des tours, des arches de pont, devenant elliptiques
par la perspective. Nous reproduisons plus loin (*fig.* 292) une vue de
ce genre extraite du même ouvrage (*Description de l'Univers*, par
A. M. MALLET. Paris 1693) que celles que nous avons déjà données à propos de Mars et de Mercure.

Cet anneau n'est pas homogène, unique. Dès cette époque et
pendant la vie même de Huygens, les télescopes de plus en plus
perfectionnés permirent de constater qu'il est partagé en deux
zones concentriques d'inégal éclat. On a attribué — M. Otto Struve
(*Dimensions des anneaux de Saturne*, Saint-Pétersbourg, 1852),
et à sa suite l'amiral Smyth et un grand nombre d'autres astronomes — la découverte du double anneau et de la division qui les
sépare, à un observateur anglais nommé William Ball, qui aurait
fait cette remarque en 1665. Nous trouvons dans le *Theatrum
cometicum*, publié avec tant de luxe par Lubienietz, à Amster-
dam, en 1667, le dessin publié plus haut (*fig.* 289), fait par Campani
à Rome, le 9 juillet 1664. L'existence d'un double anneau, l'intérieur plus clair et l'extérieur plus sombre, y est parfaitement
établie. Toutefois, il n'y a aucune ligne de séparation entre les
deux. Cette ligne a été signa-
lée pour la première fois par
Cassini, lorsqu'en publiant un
dessin fait en 1675, et assez
analogue à celui de Campani
(*fig.* 290), il écrivait (*Journal
des Savants*, 1677) : « Après la
sortie de Saturne hors des
rayons du Soleil, l'an 1675, on
vit la largeur de l'anneau divi-
sée par une ligne obscure en
deux parties égales, dont l'intérieure était fort claire et l'extérieure un peu obscure. »

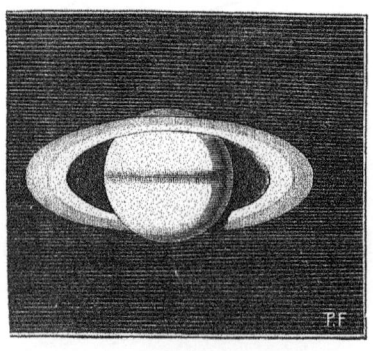

Fig. 290.
Premier dessin d'une ligne de séparation
entre les anneaux. Cassini 1675.

Quant à la découverte du double anneau ou de la division par
Ball, elle est apocryphe, comme on le reconnaît, à première vue, à

l'inspection de son propre dessin (*fig.* 291), publié par M. Lynn, dans *The Observatory*, nov. 1882.

Un troisième anneau, intérieur aux deux précédents, a été signalé en 1850 par l'astronome américain Bond, à l'aide de la grande lunette de Harvard College (États-Unis), et par les astronomes anglais Dawes et Lassell. Cet anneau est obscur et transparent, car on distingue le

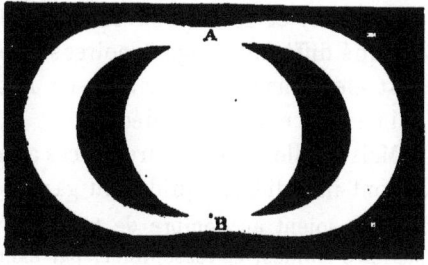

Fig. 291.
Dessin de Saturne fait par Ball en 1665.

globe de Saturne au travers. Il avait déjà été découvert en 1838 par Galle, de Berlin; mais cette observation n'avait frappé que très peu l'attention des astronomes. On le voit fort bien représenté sur le grand dessin de Saturne reproduit plus haut (*fig.* 284).

M. Trouvelot a fait, de 1871 à 1875, des observations précises d'où il résulterait que cet anneau transparent intérieur a changé d'aspect depuis sa découverte en 1850. Au lieu d'être entièrement transparent, comme le représentent les dessins de 1850 à 1870 (*fig.* 284), il ne l'est plus que dans sa moitié intérieure : le globe saturnien reste visible à son entrée sous ce voile, mais s'efface insensiblement et n'est plus perceptible en arrivant sous le bord extérieur. Est-ce là un changement réel, ou bien cette remarque n'est-elle due qu'à l'attention scrupuleuse que l'auteur a apportée dans ses observations? Il est difficile de se prononcer sur des détails d'une telle délicatesse. Cependant il est probable que si Bond, Dawes, Lassell, Warren De La Rüe, etc., n'avaient pas suivi le tracé du globe sous l'anneau gris, jusqu'à l'anneau brillant, ils ne l'auraient pas dessiné aussi nettement marqué. Il résulterait d'ailleurs, d'une analyse spéciale faite en 1852 par M. O. Struve, que le système saturnien aurait subi depuis l'époque de sa découverte des changements surprenants, attendu que le bord intérieur des anneaux parait s'approcher peu à peu de la planète et que leur largeur totale s'accroit en même temps; l'anneau du milieu paraît augmenter plus vite que l'anneau extérieur. Allons-nous, quelque jour, assister au grandiose et formidable spectacle de la dislocation des anneaux de Saturne et de leur chute sur la planète?

Plusieurs astronomes armés de puissants instruments, Vico à Rome, Bond aux États-Unis, Struve en Russie, Dawes et Lassell en Angleterre, et récemment M. Trouvelot à Harvard College, ont remarqué différentes lignes noires sur les trois anneaux. Leur nombre s'est élevé jusqu'à onze. Sont-ce là des divisions réelles? C'est ce qui ne peut encore être décidé.

Mais quelle est la nature de ces anneaux?

Sont-ils solides, liquides ou gazeux?

Qu'ils soient au nombre de trois, ou plus multipliés, ils ne peuvent pas être solides, et ressembler, par exemple, à des cerceaux plats plus ou moins larges. Les variations constantes de l'attraction centrale de la planète, combinée avec celle des huit satellites, les auraient non seulement disloqués et brisés, s'ils avaient pu se former, mais encore auraient d'avance absolument interdit cette formation. Il serait plus facile d'admettre qu'ils fussent liquides, car, dans ce cas, leur élasticité pourrait pour ainsi dire se prêter à toutes les fantaisies de l'attraction; mais, comme l'a démontré M. Hirn, il y aurait, dans ce cas, transformation du mouvement en chaleur, diminution du mouvement et chute définitive sur la planète. Sont-ils donc gazeux? La transparence du dernier pourrait le laisser croire, mais il n'en est rien non plus. Que devons-nous donc, en définitive, penser de leur nature?

.C'est là un problème dont j'ai abordé la discussion mathématique en 1866, discussion qui m'a conduit à admettre ([1]) que « le seul système d'anneaux qui puisse exister, c'est un système composé d'un nombre infini de *particules distinctes tournant autour de la planète avec des vitesses différentes, selon leurs distances respectives.* » Ces particules, ajoutais-je, peuvent se ranger en séries d'anneaux étroits ou peuvent se mouvoir les unes et les autres irrégulièrement. Aucune réfraction n'étant observée sur le bord de la planète, vu à travers l'anneau intérieur, il en résulte que cet anneau n'est pas gazeux et que les rayons ne passent pas à travers un gaz. Les deux autres anneaux peuvent être de même nature, mais formés de particules assez multipliées pour ne pouvoir être transparents. Dans tous les cas, leur mouvement de rotation s'accomplit dans le temps indiqué ci-dessous :

	DISTANCE en rayons de τ		PÉRIODES	
Anneau intérieur transparent...	1,36 à	1,57	5^h50^m à	$7^h 11^m$
Large anneau central.......	1,57	2,09	7 11.	11 9
Anneau extérieur	2,14	2,40	11 36	12 5
Premier satellite.........	3,36		22 37	

([1]) *Cosmos* des 6 et 13 février 1867, p. 150 et 175; *Études sur l'Astronomie*, t. III, p. 30. Cinq ans après la publication de ces articles, et six mois après celle de ce volume, M. Hirn a publié un travail conduisant aux mêmes conclusions. En 1859, M. Clarck

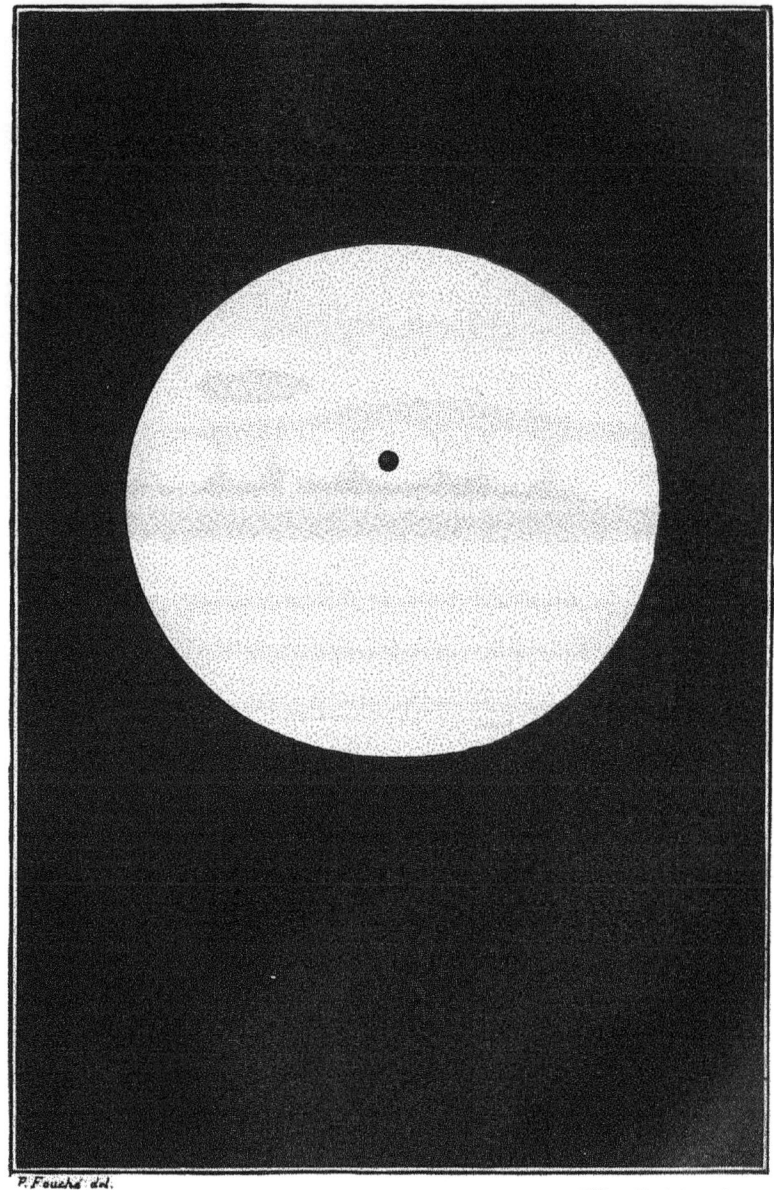

P. Fouché del.   10960 — Typ. A. Lahure. Paris.

ASPECT DE JUPITER EN 1882

D'après mes calculs, les particules formant l'anneau transparent doivent tourner autour de la planète en des temps compris entre $5^h 50^m$ et

Fig. 292. — L'anneau de Saturne et les perspectives (Figure du XVII* siècle.)

$7^h 11^m$, suivant leur distance à Saturne, la zone la plus rapprochée tournant la plus rapidement; celles qui composent le large anneau lumineux

Maxwell, sans donner les chiffres du petit tableau ci-dessus, était arrivé à des résultats analogues, quant à la division des anneaux en astéroïdes. C'était, du reste, la première idée de Cassini.

doivent tourner en des périodes comprises entre 7^h11^m et 11^h9^m, également selon leurs distances; enfin, la limite extérieure de ce singulier système doit accomplir sa révolution en 12^h5^m. Mais les huit satellites qui gravitent en dehors des anneaux doivent apporter des perturbations considérables dans ces mouvements, perturbations telles que, peut-être, est-ce à l'équilibre instable qu'elles perpétuent que l'on doit la conservation de l'appendice saturnien, car il semble que sans leur soutien extérieur, des frottements et des chocs inévitables mettraient à chaque instant en péril la stabilité de cette étrange couronne.

En supposant l'anneau solide, Laplace avait conclu à une durée de 10 heures et demie, William Herschel avait cru observer précisément un déplacement de cette durée. Mais cette période ne peut appartenir qu'à une zone située dans le quart supérieur du·large anneau central, et non au reste du système (¹). En effet, elle n'a pas été vérifiée par les observations modernes. L'anneau ne pourrait tourner d'une seule pièce que si, sa masse étant énorme, ses parties obéissaient plutôt à cette masse qu'à l'attraction de la planète. Sans doute augmente-t-il d'épaisseur jusque vers le milieu de l'anneau central.

J'ai calculé, d'autre part, que la limite mathématique de toute atmosphère étant la distance à laquelle graviterait un satellite dans le temps précis de la rotation de la planète, cette distance est (en demi-diamètres) 6,64 pour la Terre, 2,31 pour Jupiter, et 1,98 pour Saturne. Ainsi, Saturne pourrait être environné d'une atmosphère s'étendant jusqu'au large anneau central; dans ce cas, les anneaux intérieurs, faisant partie de l'atmosphère saturnienne, tourneraient avec la planète et dans le même temps. — On voit que, tout en étant étudié de divers côtés, le problème n'est pas encore résolu.

L'anneau ne peut échapper à la destruction qui résulterait de l'attraction de la planète que par un mouvement de rotation; mais si ce système était parfaitement circulaire et avait pour centre le centre même de Saturne, l'équilibre serait instable; ce n'est donc qu'en raison d'une excentricité et d'un mouvement que l'anneau peut se conserver. Cette excentricité a été constatée par les observations. Elle a été annoncée dès

(¹) Tandis que le globe de Saturne tourne sur lui-même en 10 h. 16 m., les matériaux qui constituent ses anneaux tournent eux-mêmes avec la vitesse nécessaire pour développer une force centrifuge égale à leur pesanteur vers la planète: c'est la seule condition possible de leur équilibre, et pour cela il faut que les astéroïdes les plus proches tournent beaucoup plus vite que Saturne lui-même. Il en serait de même sur la Terre si nous avions un satellite, ou un chapelet de satellites, peu éloigné de la surface, peu élevé au-dessus de nos têtes. Pour qu'un boulet, par exemple, lancé horizontalement de la hauteur de nos plus hautes montagnes, pût circuler autour de la Terre sans tomber, il lui faudrait courir 17 fois plus vite que l'équateur terrestre et effectuer le tour du monde en une heure 24 minutes. Il faudrait pour cela qu'il fût lancé avec une force de 8000 mètres par seconde, abstraction faite de la résistance de l'air.

l'année 1684 par Gallet d'Avignon. « Dans la quadrature, dit cet astronome, le centre de la planète paraît plus près du bord oriental de l'anneau. »

Schwabe, sans avoir connaissance de l'observation si ancienne de
l'astronome français, fit la même remarque en 1827 ; mais l'espace obscur
compris entre l'anneau et la planète lui parut plus large à l'est qu'à
l'ouest. Harding, à qui ce fait fut communiqué, le trouva exact ; il en fit
part à William Struve, qui entreprit de déterminer la différence des

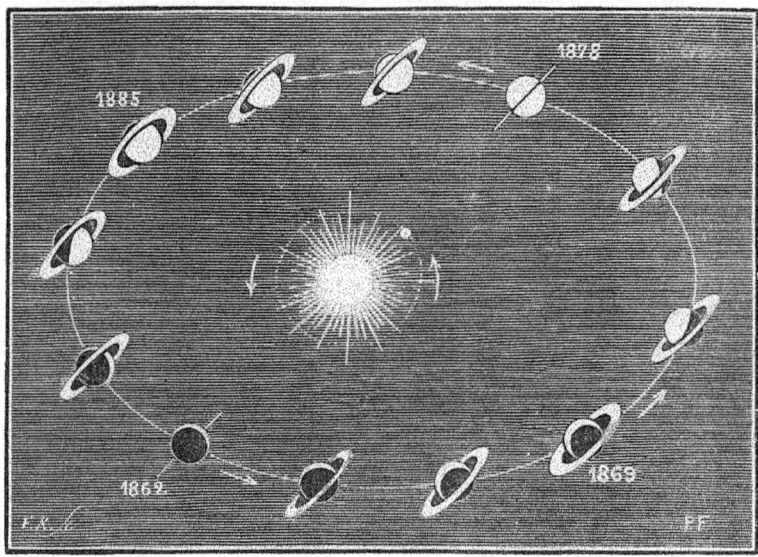

Fig. 293. — Perspective variable des anneaux de Saturne vus de la Terre.

deux espaces obscurs à l'aide de la grande lunette de Dorpat. Il trouva
que l'espace oriental était plus grand que l'espace occidental de 0″21 (¹).

(¹) Ces anneaux se sont échappés de l'équateur saturnien, comme la Terre s'est
échappée du Soleil, et la Lune de la Terre, et ils restent comme le seul et le dernier
exemple de la création des mondes dans notre système. Mais pourquoi demeurent-ils
en cet état au lieu de se condenser aussi en satellites, comme les huit autres du système
de Saturne? Ce sont ces huit satellites eux-mêmes qui les en empêchent. Par leurs
révolutions ils changent à chaque instant l'équilibre et interdisent la continuité de tout
procédé d'agrégation. La lacune même qui sépare les deux anneaux principaux est due
à l'influence des satellites, car un satellite qui circulerait dans ce vide effectuerait sa
révolution en une période sous-multiple de celles de Dioné, Encelade, Mimas et Téthys,
et l'attraction reviendrait périodiquement l'enlever. Les satellites de Saturne main-
tiennent les anneaux et l'intervalle qui les sépare, comme l'attraction de Jupiter a
empêché la formation d'une grosse planète entre Mars et lui, et maintient les lacunes
que nous avons reconnues entre les différentes zones des petites planètes.

Nous avons dit que, de temps en temps, l'anneau disparait à nos yeux par suite de la combinaison du mouvement de la Terre avec celui de Saturne. C'est ce qu'il est facile de s'expliquer. Remarquons d'abord que si nous nous trouvions dans le prolongement de l'axe de rotation de Saturne, c'est-à-dire au-dessus de l'un ou de l'autre de ses pôles, nous verrions de face les anneaux, qui alors nous apparaîtraient tout à fait *circulaires*, comme ils le sont en réalité. Au contraire, si nous nous supposons placés dans le plan de l'équateur de Saturne, dans le prolongement de ces anneaux équatoriaux, nous ne les verrons plus que par la tranche, comme une ligne traversant la planète et la dépassant de chaque côté. Entre ces deux positions extrèmes, les anneaux se présenteront à nous plus ou moins elliptiques, suivant que nous les verrons plus ou moins obliquement. Or, il suffit de considérer avec quelque attention la figure précédente pour comprendre que lorsque Saturne, dans son mouvement autour du Soleil, passe dans le plan du Soleil, ses anneaux disparaissent pour nous : 1° parce que nous ne les apercevons que par la tranche, et 2° parce qu'ils cessent d'être éclairés. Cette disparition arrive naturellement toutes les demi-années saturniennes, c'est-à-dire tous les quinze ans. Réciproquement, ces anneaux ont pour nous un maximum d'ouverture aux extrémités de l'axe de l'orbite de Saturne perpendiculaire au précédent, c'est-à-dire à 7 ans ½ de distance. La disparition dure plusieurs mois, avec des variations dépendantes du mouvement de la Terre.

Dans les plus puissants instruments, un mince filet lumineux reste encore. Ainsi, au mois de juin 1877, la Terre est passée par le plan : ils ont disparu une première fois, ont reparu, puis, en février 1878, ont disparu de nouveau, n'étant plus éclairés que par la tranche. Leur surface boréale, qui était illuminée depuis 1862, a perdu de vue le Soleil pour quinze ans, et la surface australe a commencé à être éclairée. Notre planche VIII représente les trois aspects principaux de Saturne correspondant aux situations que nous venons d'indiquer.

Ajoutons encore que ces anneaux ne sont pas distribués suivant une surface absolument plane, mais portent des irrégularités qui sont visibles lorsqu'ils se présentent à nous par leurs tranches, et qui produisent des ombres sur la planète. De plus, ils varient sensiblement en longueur et en épaisseur. Lorsque la lumière des anneaux est réduite à un fil, on remarque sur ce fil des nœuds brillants. William Herschel avait cru constater un déplacement dans ces points lumineux, et leur rotation en $10^b 32^m$. Nous ne pouvons accepter maintenant cette conclusion que sous bénéfice d'inventaire, attendu que Schroëter et Harding en 1802 et 1803, Schwabe en 1833 et 1848, de Vico en 1840 et 1842, Schmidt et Bond en 1848, Secchi en 1862, Trouvelot en 1874, ont toujours trouvé ces points immobiles. Schroëter les avait pris pour des montagnes, et Olbers y avait

ASPECTS PRINCIPAUX DE SATURNE VU DE LA TERRE

I. Anneaux vus de champ
II. Anneaux ouverts
III. Anneaux vus

vu des effets de perspective de certaines parties de l'anneau montrant
une plus grande étendue de lumière. Bond croyait qu'ils étaient produits
par la réflexion de la lumière venant des bords intérieurs, vus obliquement à travers les ouvertures des anneaux, tout le système n'étant pas
dans le même plan.

Considéré dans son ensemble, l'anneau fait avec le plan de l'orbite de
la planète un angle de 28 degrés. Par conséquent, à un observateur
situé sur Terre, il paraît toujours elliptique et d'une dimension transversale variable, comme nous venons de le voir.

Fût-il en fer forgé, l'anneau ne durerait pas un jour sans être disloqué
par les attractions contraires et les mouvements des satellites et de la planète. Les investigations mathématiques s'accordent avec les observations

Fig. 294. — Divisions probables des anneaux de Saturne.

physiques pour confirmer la conclusion qu'il est formé d'une grande
quantité d'anneaux concentriques composés de molécules distinctes emportées par un vol rapide autour de la planète. La fig. 294, due à Proctor[1]
montre à la fois et la disposition probable de ces zones concentriques, et
les effets d'optique produits par cette disposition. Le premier anneau
intérieur est l'anneau transparent ou crêpé ; le second, le plus brillant,
montre, aussi bien que les deux extérieurs, comment aux deux anses
de l'anneau les séparations sont plus visibles que sur le restant. Ces séparations ne sont pas des *ombres*, comme on le dit quelquefois, car elles

[1] *Saturn and its system*, 2ᵈ edition, London, 1882.

se montrent toujours dans les mêmes parties apparentes de l'anneau quoique la direction de notre rayon visuel à l'égard de Saturne varie constamment. C'est la perspective seule qui est en cause ici, et l'effet est le même, que ce soient des cercles solides ou des anneaux d'astéroïdes. Ces séparations doivent varier de largeur et de visibilité selon la disposition de ces zones concentriques, variables et instables elles-mêmes.

Cette disposition explique également comment, lorsque les anneaux de Saturne se présentent à nous par la tranche, on peut voir des irrégularités produites par l'attraction des satellites sur des parties d'anneaux détachées du plan moyen de l'équateur.

L'anneau du milieu est toujours plus brillant que la planète, et c'est sur son bord extérieur que son éclat est le plus vif. Cet éclat diminue graduellement jusqu'au bord intérieur, où il a parfois paru si faible, qu'il était difficile de le distinguer de l'anneau obscur intérieur. Examiné en 1874 au grand équatorial de Washington, il n'offrait aucun contraste remarquable entre son bord intérieur et le bord extérieur de l'anneau transparent ; les deux bords paraissaient au contraire se fondre insensiblement l'un dans l'autre. Il y a eu là certainement un changement réel depuis le temps de Huygens. L'anneau sombre ne s'augmente-t-il pas aux dépens de l'anneau brillant ?

Dans un travail publié en 1852, *Sur les dimensions des anneaux de Saturne*, M. Otto Struve a conclu que les mesures effectuées depuis Huygens semblent indiquer que le système des anneaux est le siège d'importantes modifications que l'on pourrait expliquer d'une manière suffisante en admettant que le système des anneaux s'élargisse, le diamètre extérieur restant constant tandis que le diamètre intérieur diminuerait. D'après les données de cette époque, et après avoir tenu compte de l'irradiation, qui joue un grand rôle dans les plus anciennes mesures, cet astronome a cru pouvoir conclure que l'anneau intérieur se contracterait de $0'',013$ par an. Il a repris les mêmes mesures en 1882. Si, depuis 1851, l'anneau avait continué à se rapprocher de la planète avec une vitesse uniforme, il aurait avancé vers celle-ci de $0'',4$, quantité fort appréciable, d'autant plus que les erreurs probables des mesures ne dépassent pas $0'',04$.

Les deux séries de mesures (1851 et 1882) ont été faites par M. O. Struve avec le même instrument (la lunette de 14 pouces de Pulkowa), avec le même grossissement (412 pour la plupart des observations), et dans les mêmes conditions d'illumination solaire. Ces circonstances éliminent toute correction personnelle.

En 1851, l'anneau sombre de Saturne était partagé en deux par une ligne noire près de son bord externe ; sa zone intérieure se trouvait ainsi nettement détachée du deuxième anneau brillant. Il était au contraire difficile de saisir la démarcation entre ce dernier et la partie externe de l'an neau sombre. En 1882, l'observateur n'a pu retrouver aucune trace de cette séparation, ce qu'il attribue à des changements dans les anneaux.

Nommons A l'anneau extérieur, B le grand anneau du milieu, toujours clair, et C l'anneau sombre intérieur. Les distances sont comptées à partir du bord de la planète, en désignant par :

ab la distance de la planète au bord interne de C
ad »   »   »   » » B
ae »   »   » externe de B
ag »   »..   »   » » A

Les mesures faites en 1882 ont donné les résultats suivants :

	ab	ad	ae	ag
Anse occidentale. . , ...	1″,44	3″,72	8″,27	11″,20
Anse orientale	1 ,53	3 ,61	8 ,13	11 ,20
Différences	+ 0 ,09	— 0 ,11	— 0 ,14	0 ,00

Les mesures des deux anses ont été faites séparément; on voit que les différences sont négligeables et qu'il n'y a pas lieu d'admettre une excentricité du système des anneaux (pour l'époque de ces mesures).

La mesure ad a présenté de grandes difficultés, comme nous l'avons vu tout-à-l'heure, la limite entre l'anneau central et l'anneau intérieur n'est pas nettement tranchée.

En prenant les moyennes arithmétiques des résultats obtenus pour les deux anses, on trouve :

	1851	1882	Différence 1882-1851
ab.	1″,61	1″,49	— 0″,12
ad	3 ,64	3 ,66	+ 0 ,02
ae.	8 ,24	8 ,20	— 0 ,04
ag.	11 ,03	11 ,20	+ 0 ,17

On voit que l'anneau sombre s'est un peu rapproché de la planète (de 0″12) tandis que le bord extrême de l'anneau externe s'est un peu éloigné (de 0″17). Cela montre que le système des anneaux s'élargit et que son diamètre extérieur n'est pas plus constant que son diamètre intérieur.

La disparition de la raie noire dans l'anneau sombre et les mesures que que nous venons de résumer prouvent que cet étrange système subit des changements notables. De quelle nature sont ces variations et comment influeront-elles sur la forme et l'équilibre du système saturnien? Ce n'est qu'une longue et persévérante suite d'observations, appuyée de mesures précises, qui pourra nous éclairer à ce sujet.

Il nous paraît intéressant de donner ici (*fig.* 295) le diagramme des me‑ sures dont il vient d'être question. Cette figure est construite à l'échelle de 1ᵐᵐ pour 4″. Les distances des anneaux à la planète sont respective‑ ment : $ab = 1″,49$, $ad = 3″,66$, $ac = 8″,20$ et $ag = 11″,20$. On a adopté pour le diamètre équatorial de la planète le nombre 17″42, tel qu'il ré‑

suite des mesures micrométriques faites en 1880 par M. Meyer, à l'équatorial de l'Observatoire de Genève. Cet astronome a pris les mesures micrométriques suivantes :

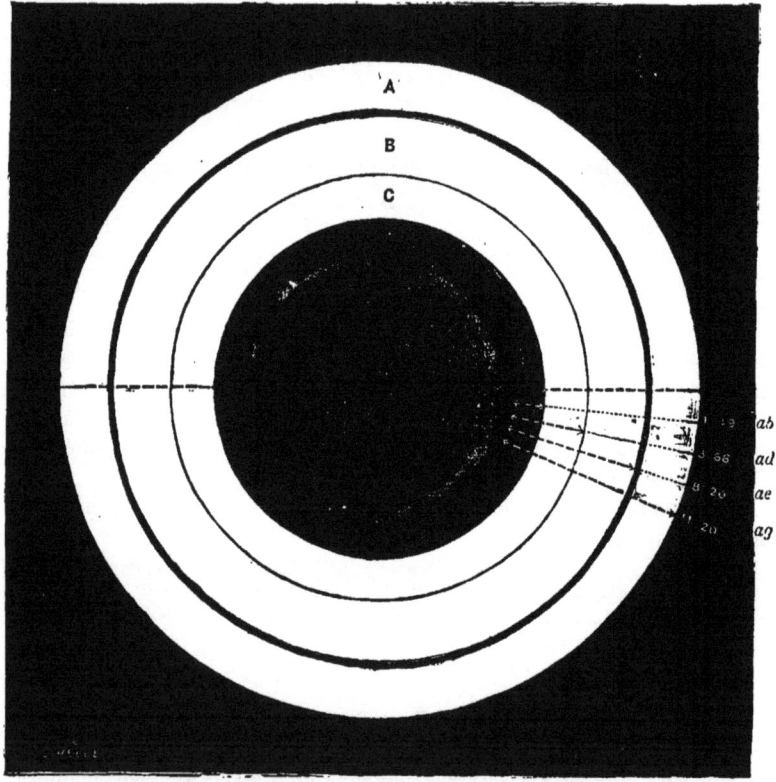

Fig. 295. — Le système de Saturne (mesures de M. Struve, 1882).

Diamètre extérieur du système des anneaux. . . . . 40″,47
Distance entre le bord ouest et la séparation cassinienne. . 3 ,00
Diamètre intérieur de l'anneau brillant. . . . . 26 ,32
Largeur moyenne de cet anneau . . . . 7 ,08
Diamètre intérieur de l'anneau obscur . . . . 21 ,17
Largeur moyenne de cet anneau . . . . 2 ,58
Distance moyenne de la planète à l'anneau brillant . . . . . 4 ,44
Diamètre équatorial de la planète. . . . . 17 ,42

A l'aide de ces mesures, nous avons construit, à la même échelle que le premier, le second diagramme (*fig.* 296), qui ne concorde pas avec le précédent.

On peut placer ces deux figures l'une sur l'autre : elles ne se superposent pas. Les mesures de l'astronome de Genève comparées à celles de l'astronome de Pulkowa donnent :

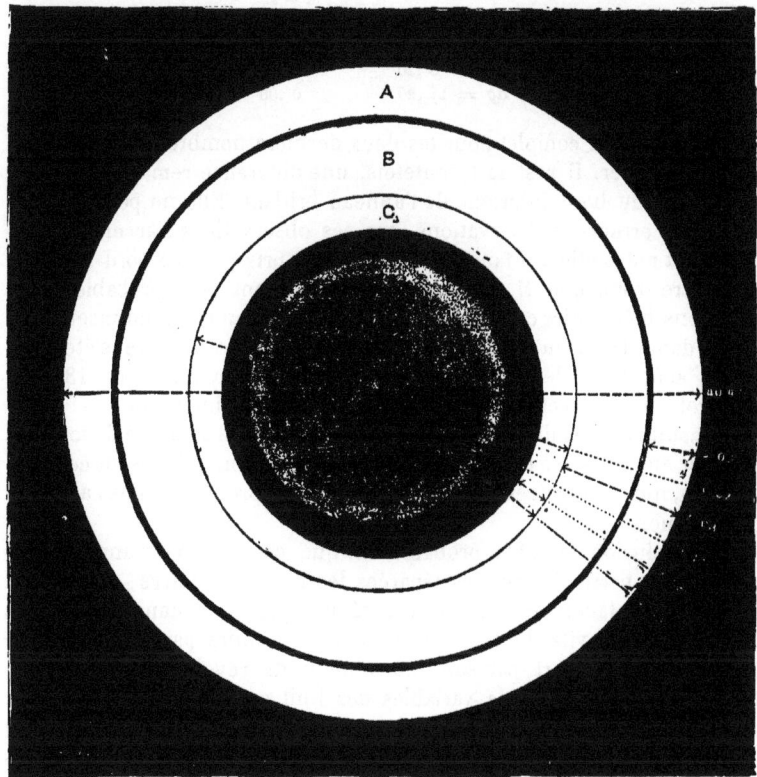

Fig. 296. — Le système de Saturne (mesures de M. Meyer, 1880).

	O. Struve.	Meyer.	M — S
ab.	1″,49	1″,88	+ 0″,39
ad.	3 ,66	4 ,45	+ 0 ,79
ae.	8 ,20	8 ,59	+ 0 ,32
ag	11 ,20	11 ,52	+ 0 ,32

Les différences sont toutes positives en faveur de M. Meyer. On peut en conclure que, dans ses mesures, la distance est un peu trop forte entre le bord de la planète et les anneaux, et que probablement il admet pour la planète un diamètre un peu trop faible. Comme ces mesures sont prises d'une extrémité à l'autre d'un diamètre des anneaux, et non du bord de la planète aux anneaux, si l'on suppose que la planète est un peu plus grosse qu'il ne l'a mesurée, on corrige une partie de la différence. En donnant, par exemple, à ce diamètre 18″,06 au lieu de 17″,42, on obtiendrait, par les distances en question,

		м — s.
$ab =$	1″,55	+ 0″,06
$ad =$	4 ,13	+ 0 ,47
$ae =$	8 ,20	0 ,00
$ag =$	11 ,20	0 ,00

L'accord serait complet pour les deux derniers nombres et satisfaisant pour le premier. Il resterait, toutefois, une différence remarquable pour la distance du bord intérieur de l'anneau brillant. Elle ne peut pas être due à des erreurs d'observations, car ces observations s'accordent parfaitement entre elles. Il faut que M. Meyer ait pris pour ce bord intérieur une autre zone que M. Struve, et c'est d'autant plus probable (nous pourrions même dire certain) que cet anneau brillant se fond insensiblement dans l'anneau sombre. Les observations de Genève s'étendent du 12 août au 6 décembre 1880; celles de Pulkowa sont de 1882. Il est probable que cette zone a varié d'éclat dans l'intervalle. ·

Il résulte de ces divergences la conséquence que nous ne devons pas attacher aux mesures de M. O. Struve une précision qu'elles ne comportent pas, quant aux jugements à porter sur le rapprochement des anneaux de Saturne.

La conclusion la plus probable est que ce système d'anneaux, — composé de particules solides séparées les unes des autres — gravitant autour de la planète en des périodes réglées par les distances des zones au centre de gravité du système, tenu en équilibre par l'attraction de la planète d'une part, par son mouvement de révolution d'autre part, et aussi par les positions variables des huit satellites, — est dans un état d'équilibre *instable*, variant très rapidement, puisque la circulation des satellites est très rapide elle-même. Les ellipses dessinées par les zones d'anneaux, tout en se maintenant concentriques par suite de l'attraction même des particules constitutives de l'anneau considéré dans son ensemble, se déplacent assez néanmoins, pour qu'en certains moments ·Saturne n'occupe pas le centre de son système, mais soit visiblement porté à l'ouest ou à l'est, (en septembre 1877, j'ai toujours dessiné l'anse occidentale plus longue que l'orientale) tandis qu'en d'autres moments, on ne parvient à reconnaître aucune excentricité. Il en est de même pour les lignes de séparation entre les zones, tantôt visibles, tantôt si resserrées qu'elles disparaissent. C'est certainement à ces variations périodiques, inhérentes à la constitution même de ce vaste système, que nous devons attribuer les différences observées.

Il n'en est pas moins vrai, néanmoins, que l'ensemble du système se modifie de siècle en siècle, et que les anneaux se sont élargis depuis les anciennes observations. Il est impossible de regarder Saturne avec n'importe quel instrument, sans remarquer que la largeur totale des anneaux brillants est environ deux fois plus grande que celle de l'espace sombre qui sépare ces anneaux de la planète. Or, Huygens voyait, au contraire, en 1657-1659, cet espace sombre aussi large que les anneaux. « Le diamètre de la circonférence extérieure de l'anneau, écrit-il, surpasse

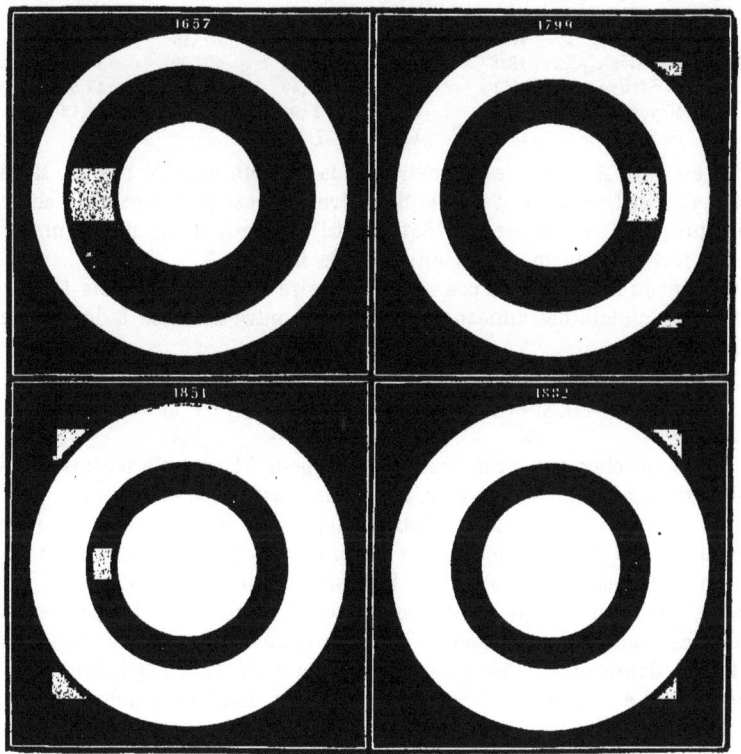

Fig. 297. — Diagrammes des mesures des anneaux de Saturne depuis 225 ans.

celui du globe de Saturne dans la proposition de 9 à 4, et la largeur de l'anneau est à peu près égale à celle de l'espace qui sépare l'anneau de la planète. » Les anciens dessins (Riccioli, 1648; Gassendi, 1650; Cassini, 1675, etc.) représentent cet espace comme plus large encore. Cette différence ne peut pas être due à l'imperfection des instruments, car, au contraire, elle exagérait les parties claires à cause de l'irradiation.

On se rendra compte de cet accroissement de la largeur des anneaux de Saturne par la comparaison des nombres suivants :

		Distance entre l'anneau brillant et la planète.	Largeur totale des anneaux brillants.	Diamètre du système.	Diamètre de la planète.
Huygens. . .	1657	6″,5	4″,6	43″ ±	18″
Cassini. . . .	1695	6 ,0	5 ,1	45 ±	18
Bradley. . . .	1719	5 ,4	5 ,7	41 ,25	17,64
Herschel. . .	1799	5 ,12	5 ,98	46 ,68	—
W. Struve. .	1826	4 ,34	6 ,74	40 ,10	17,99
Galle.	1838	4 ,04	7 ,06	40 ,90	17,91
O. Struve.. .	1851	3 ,64	7 ,43	39 ,74	17,61
Meyer.	1880	4 ,45	7 ,0	40 ,47	17,42
O. Struve. . .	1882	3 ,66	7 ,54	—	—

Il est probable que le diamètre de la planète mesuré par M. Meyer (17″,42) est trop petit et que le diamètre réel est plus voisin du chiffre obtenu par M. O. Struve en 1851 (17″,61), et sans doute même un peu plus fort probablement aux environs de 18″.

L'anneau lumineux n'a pas continué de se rapprocher depuis 1851, et la largeur totale des anneaux brillants se montre soumise à des oscillations.

Quant à l'anneau obscur, voici ses distances mesurées :

O. Struve.		1851	1″,61
id.		1882	1 ,49

Le rapprochement n'est que de 0″, 12 pour 31 ans. Ce n'est pas insignifiant, mais il paraît n'y avoir là qu'une variation d'intensité.

Conclusion : Selon toute probabilité, les anneaux de Saturne ne se rapprochent pas de la planète et ne s'effondreront pas prochainement à sa surface, comme M. Otto Struve le faisait craindre en 1851 ; mais leur éclat, c'est-à-dire leur puissance réflective, varie selon les années. La zone contiguë intérieurement à l'anneau médian (B) est plus lumineuse et sans doute plus dense qu'au dix-septième siècle, ce qui donne plus de largeur à cet anneau, lequel maintenant se fond insensiblement dans l'anneau intérieur. Ce sont probablement là des variations périodiques.

CHAPITRE IV

Les Satellites de Saturne

Le merveilleux système annulaire que nous venons d'admirer ne suffisait pas à l'ambition de Saturne. Il a, de plus, reçu du Ciel le plus riche cortège de satellites qui existe dans tout le système solaire : huit mondes l'accompagnent dans sa destinée.

Ces huit mondes forment un empire de deux millions de lieues de largeur. Cependant, Saturne est si éloigné de nous, que cette largeur est réduite pour nous à un espace que la Lune nous cacherait entièrement ! Si le centre de la Lune était appliqué sur le centre de Saturne, le satellite le plus éloigné, loin de déborder le disque lunaire, n'approcherait pas même de ses bords ; il s'en faudrait encore du tiers du demi-diamètre de la Lune.

Voici les noms des huit compagnons de Saturne, avec leurs distances au centre de la planète évaluées en lieues, et les durées de leurs révolutions évaluées en jours solaires terrestres :

	DISTÁNCE AU CENTRE DE SATURNE				ORDRE	
	appa-rente.	en rayons de ♄	en lieues.	DURÉE DES RÉVOLUTIONS	DE DÉCOUVERTE	DÉCOUVREURS
I. Mimas. . .	0,27″	3,36	51750	0j 22ʰ37ᵐ23ˢ	7	W. Herschel . . 1789
II. Encelade.	0,35	4,81	64400	1 8 53 7	6	Id. . . . 1789
III. Téthys . .	0,43	5,31	82200	1 21 18 26	5	Cassini. 1684
IV. Dioné. . .	0,55	6,84	105300	2 17 41 9	4	Id. 1684
V. Rhéa . . .	1.16	9,55	147100	4 12 25 11	3	Cassini. 1672
VI. Titan . . .	2,57	22,14	341000	15 22 41 25	1	Huygens. 1655
vII. Hypérion.	8,33	26,78	412500	21 7 7 41	8	Bond et Lassel. 1848
VIII. Japet. . .	8,33	64,36	991000	79 7 53 40	2	Cassini 1761

Les trois premiers satellites sont tous plus voisins de Saturne que la Lune ne l'est de la Terre ; et ils le seraient plus encore, si l'on mesurait leurs distances à la surface de la planète : Mimas n'est plus guère alors en moyenne qu'à 36 350 lieues, et même le quatrième, Dioné, n'en est qu'à 90 000 lieues, c'est-à-dire à moins de la distance

Fig. 299. – Le cortège de Saturne.

de la Lune aussi. Leurs distances à l'arête de l'anneau extérieur sont plus courtes encore, et Mimas s'en rapproche jusqu'à 17 450 lieues.

Notre figure 300 montre le système des orbites avec leurs dimensions relatives projetées sur le plan de l'équateur de Saturne. Ces orbites coïncident à peu près avec le plan de l'anneau et de l'équateur. Le VIIIe satellite, Japet, fait seul exception, et l'inclinaison de son orbite atteint 12° 14′. D'après Laplace, cette différence s'explique par l'action prépondérante de Saturne, « qui, en vertu de son aplatissement, retient les six premiers orbes et ses anneaux dans le plan de son équateur ; tandis que l'action du Soleil, qui tend à les en écarter, n'est sensible que pour le satellite le plus éloigné. »

Les satellites de Saturne n'ont été découverts que successivement, selon leur gradation d'éclat et le progrès des instruments d'optique. Le premier remarqué (le plus gros, Titan) fut découvert par Huygens en 1655 : il l'avait trouvé le 25 mars de cette année-là, en cherchant l'anneau alors disparu, et l'avait assez observé pour en déterminer l'orbite. Mais, par suite de l'idée préconçue que le nombre des satellites ne devait pas surpasser celui des planètes, et que ce satellite réuni à ceux de Jupiter et à la Lune complétait six corps secondaires répondant aux planètes du système, il n'en chercha pas d'autres. Autrement, avec les instruments dont il disposait, il eût pu en découvrir au moins deux autres. — L'histoire des sciences montre qu'à chaque instant les préjugés classiques ont retardé le progrès : chaque époque a les siens ; il est difficile de s'en affranchir, et ceux qui ont assez d'indépendance pour le faire ne sont généralement ni compris ni appréciés de leurs contemporains.

Le principal satellite de Saturne et le premier découvert est même si facile à observer, lors de ses plus grandes élongations, dans les plus médiocres instruments, qu'on peut être surpris qu'il n'ait pas été découvert plus tôt. Hévélius aurait pu le découvrir tout aussi bien que Huygens. Mais, chose singulière, on préférait encore les anciens instruments aux nouveaux, et les lunettes paraissaient encore « du superflu » quarante ans après leur première application à l'astronomie par Galilée. Ainsi, dans son *Prodromus Astronomiæ* (publié en 1690, trois ans après sa mort), Hévélius, qui ne

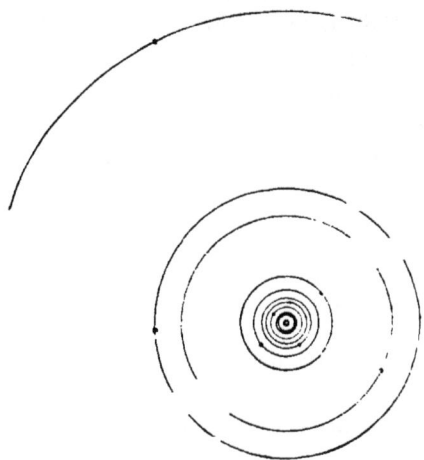

Fig. 300. — Le système de Saturne.

s'était servi des lunettes qu'à son corps défendant, montre encore, au-dessus de son cénacle d'astronomes présidé par Uranie, une terrasse sur laquelle sont installés tous les anciens instruments antérieurs à l'optique.

Titan est le VIᵉ satellite ; le deuxième découvert est Japet ([1]), le plus éloigné : il le fut en 1671, à l'Observatoire de Paris, par J. D. Cassini. L'année suivante, le même astronome en signala un nouveau : le Vᵉ, Rhéa ; et douze ans plus tard, en 1684, il en découvrit encore deux autres : le IIIᵉ (Téthys) et le IVᵉ (Dioné). Il proposa de les nommer « Sidera Lodoicea », en l'honneur du roi de France, de même que Galilée avait proposé de nommer les satellites de Jupiter « les astres

([1]) JAPET, l'un des Titans, fils d'Uranus et frère de Saturne, et non *Japhet*, fils de Noë, comme on l'écrit à l'Académie des sciences et au Bureau des Longitudes.

de Médicis ». Mais les flatteries ne laissent pas de trace dans la postérité. L'une des académies royales de l'époque fit frapper une
médaille commémorative, avec cette inscription : *Saturni satellites primum cogniti.*

Les environs de Saturne avaient été dès lors si complétement
explorés, qu'on n'imaginait point qu'il pût exister d'autres satellites,
et ce n'est que plus d'un siècle après que William Herschel, à l'aide
du grand télescope construit de ses propres mains, en découvrit deux
nouveaux : le 28 avril 1789 il trouva Encelade, et le 17 septembre
suivant il trouva Mimas. Enfin on en a découvert un huitième, le
plus faible de tous, Hypérion, en 1848. A l'aide de leurs puissants
instruments, Bond à Cambridge, et Lassell à Liverpool, le découvri-
rent simultanément, en Amérique et en Angleterre. Les noms sous
lesquels ces *globes* sont désignés leur ont été donnés par sir John
Herschel.

« Il y avait, écrit-il (*Outlines of Astronomy*, § 548), une grande confusion dans la nomenclature de ces huit satellites, car on confondait presque toujours l'ordre de la découverte avec l'ordre de la distance, et cette
confusion devint encore plus grande après la huitième découverte de
1848. »

Cet astronome — élégant écrivain et poète à ses heures — proposa
la nomenclature suivante, écrite en vers latins, réunissant ensemble
les noms des Titans, et elle est généralement adoptée aujourd'hui
(l'auteur s'est excusé lui-même des petites fautes de quantités de
cette prosodie non classique) :

> *Japetus cunctos supra rotat, huncce sequuntur*
> *Hyperion, Titan, Rhea, Dioné, Tethys*
> *Enceladus, Mimas.*

On a observé sur ces satellites, notamment sur Japet, des variations d'éclat qui montrent que probablement ils tournent autour de
leur planète en lui présentant toujours la même face, comme la
Lune le fait à l'égard de la Terre.

A l'effrayante distance qui nous en sépare, il est difficile de
mesurer leurs dimensions. Cependant le principal, Titan, offre
l'éclat d'une étoile de huitième grandeur, et on lui a reconnu un
diamètre de près d'une seconde, ce qui correspond à 1600 lieues : il
est donc plus gros que deux des planètes principales du système

solaire, Mercure et Mars. Japet sous-tend un angle de 0″30, qui correspond à 1000 lieues, c'est-à-dire presque au diamètre de Mer-

Cénacle d'astronomes présidé par Uranie (*Hevelius*, 1690).

cure. Rhéa paraît avoir le diamètre de notre Lune. Les cinq autres ont de 200 à 500 lieues de diamètre. On a vu sur notre figure 265 (p. 637) Titan mis par sa grandeur au rang des planètes.

A quelles conclusions ces documents nous conduisent-ils relativement à l'état probable de la vie, tant sur Saturne que sur ses huit royaumes?

CHAPITRE V

La vie dans l'univers de Saturne.

Ainsi, le globe immense de Saturne est le centre d'un véritable univers, d'un univers lointain plus grand que l'univers entier de l'imagination de nos pères et que celui des peuples et des individus qui vivent dans l'ignorance de l'astronomie. Hésiode croyait donner une idée suffisante des dimensions de l'Univers en disant que l'enclume de Vulcain avait mis neuf jours et neuf nuits pour tomber du Ciel sur la Terre, et autant pour tomber de la Terre aux enfers. Or le chemin mesuré par cette chute, quoique supérieur au diamètre de l'orbite lunaire, ne serait pas égal à celui du système saturnien ! Les mesures précises de l'astronomie sont incomparablement plus poétiques que les fictions des poètes les plus audacieux. L'univers saturnien, si éloigné de nous, qu'une tête d'épingle tenue au bout du bras le cache entièrement pour notre œil, est un véritable système solaire en miniature — en miniature par comparaison, car l'orbite du dernier satellite ne mesure pas moins de 6 millions de lieues d'étendue, ce qui n'est plus le cadre d'une miniature ! Comme, d'ailleurs, il n'y a ni grand ni petit dans l'absolu, ce système est tout aussi riche en vérité, et tout aussi digne d'attention que le système planétaire tout entier ; et pour les habitants de ces différents mondes, c'est un véritable univers.

Quelles sont les conditions d'habitabilité de toute cette république de mondes ? Quelles analogies et quelles différences ce globe central et ses compagnons présentent-ils avec la Terre ? Sous quelles formes

la vie a-t-elle pu apparaître sur l'astre saturnien et dans son système?

Le premier point qui frappe notre attention en étudiant attentivement cette planète lointaine, c'est l'existence de bandes analogues
à celles de Jupiter. Il y en a une surtout, qui s'étend sur l'équateur
de la planète et qui est permanente, tandis que les autres varient;
elle est généralement teintée d'une légère nuance rouge-carmin, et
tout le globe de Saturne est, du reste, plus jaune que l'anneau blanc
lumineux. Quoique plus difficiles à observer que celles de Jupiter,
à cause de l'éloignement, les bandes de Saturne ont pu néanmoins
être, depuis vingt ans surtout, assez souvent dessinées pour qu'on
ait constaté leurs variations rapides et pour ainsi dire quotidiennes.
Elles sont formées de nuages, de la nature de nos cirri, qui se dis-
posent en longues traînées dans les hauteurs de l'atmosphère saturnienne à cause de la rapidité du mouvement de rotation. Si la bande
équatoriale est la plus permanente, cela tient certainement à ce que
la cause qui la produit est permanente aussi, et cette cause, c'est
l'attraction de l'anneau. Bessel a calculé que la masse de l'anneau
doit être $\frac{1}{118}$ de celle du globe de Saturne; comme l'attraction agit
en raison directe des masses et en raison inverse du carré des distances, et que l'anneau est tout proche de la surface, il doit en résulter une marée diurne d'une élévation prodigieuse, tant dans l'atmosphère que dans les mers saturniennes, et la bande atmosphérique
équatoriale doit être un bourrelet, un gonflement nuageux de plusieurs centaines de kilomètres d'épaisseur. — L'action des satellites
est beaucoup plus faible.

William Herschel, l'infatigable scrutateur des mystères célestes,
a observé que lorsque les satellites sont occultés par Saturne, ils
paraissent, en arrivant derrière le disque comme en en sortant, attachés au disque plus longtemps qu'ils ne le devraient d'après leurs
dimensions. Ce fait s'explique par la présence d'une atmosphère
considérable environnant la planète à une grande épaisseur.

Nous venons de voir que Saturne est environné d'une atmosphère
qui rappelle celle de Jupiter quant à la disposition générale, mais
qui présente cette différence essentielle d'une bande équatoriale
permanente due à l'attraction de l'anneau. L'analyse spectrale a
confirmé cette analogie :

Le spectre de Saturne est faible, dit Huggins, mais on y découvre quelques raies semblables à celles qui distinguent celui de Jupiter. Ces raies sont moins fortement indiquées dans la lumière des anses des anneaux, et nous montrent ainsi que le pouvoir absorbant de l'atmosphère autour des anneaux est plus faible que celui de l'atmosphère entourant le globe de la planète. Les raies d'absorption de ce spectre paraissent être celles de la vapeur d'eau.

Le P. Secchi a trouvé cette même analogie entre les spectres des deux planètes. Il a signalé en outre dans celui de Saturne des lignes qui ne coïncident avec aucune de celles de notre atmosphère terrestre, et en a conclu que l'atmosphère saturnienne renferme des gaz qui n'existent pas dans la nôtre. Voici, d'autre part, les résultats obtenus par Vogel :

Dans le spectre de Saturne, on a pu reconnaître les raies les plus marquées du spectre solaire. Quelques bandes, surtout dans le rouge et l'orangé, n'y ont pas leurs correspondantes; mais elles coïncident avec des groupes de raies du spectre de notre atmosphère, *à l'exception toutefois d'une bande très intense* (longueur d'onde = 618). Les rayons bleus et violets subissent une absorption uniforme dans leur passage à travers l'atmosphère de Saturne; cette absorption est surtout très marquée dans la zone équatoriale obscure. Le spectre de Saturne présente donc la plus grande analogie avec celui de Jupiter. — Il n'en est pas de même de l'*anneau*. La bande caractéristique dans le rouge ne s'y retrouve pas, ou du moins n'y est marquée que par une faible trace. Il est donc probable que l'anneau n'a pas d'atmosphère ou n'en a qu'une très faible.

L'atmosphère de Saturne est si épaisse d'ailleurs, et si chargée de nuages, que nous ne voyons jamais la surface du sol, pas plus que sur Jupiter, excepté peut-être vers les régions polaires, qui sont ordinairement plus blanches que les zones tempérées et tropicales, peut-être parce qu'elles sont aussi couvertes de neige, et qui paraissent d'autant plus blanches, alternativement sur chaque pôle, que l'hiver est plus avancé. Mais nous ne distinguons point, comme sur Mars, le sol géographique, les continents, les mers et les configurations variées qui doivent les diversifier.

L'intensité de la pesanteur à la surface de Saturne surpasse d'un dixième environ celle qui existe ici; mais la densité des substances y est sept fois plus faible qu'ici, et, de plus, la forme sphéroïdale de la planète prouve que, comme dans Jupiter, comme dans la Terre,

cette densité va en s'accroissant de la surface vers le centre, de
sorte que les substances extérieures sont d'une légèreté inimaginable. D'un autre côté, si cette atmosphère est aussi profonde qu'elle
le paraît, elle doit être à sa base d'une forte densité et d'une énorme
pression, et plus lourde que les objets de la surface. C'est là une
situation fort étrange. Les habitants de Saturne sont-ils donc des
êtres aérostatiques incapables de demeurer sur le sol et flottant
dans l'atmosphère, comme nous en avons ici des images artificielles
peu respectueuses dans ces animaux de baudruche gonflés d'hydrogène, dont on égaye les populations au milieu de certaines fêtes
publiques? Saturne est-il un monde aérien dont les indigènes vivent
assis sur des trônes de nuages, comme le fut, aux temps mythologiques, l'Olympe, où régnaient autrefois Saturne lui-même, Jupiter,
Mars, Vénus et toute la cour divine? Sir Humphry Davy avait-il
pénétré les secrets du ciel lorsqu'il donnait la curieuse description
suivante des habitants de cette planète :

« Ces êtres gigantesques, d'une forme indescriptible, disait-il, me
parurent munis d'un système de locomotion analogue à celui du cheval
marin, mais leurs mouvements s'effectuaient à l'aide de six membranes
dont ils se servaient comme si c'eussent été des ailes; leurs couleurs
étaient belles et variées, surtout azur et rose; la partie antérieure de
leur corps était munie d'un grand nombre de tubes enroulés mobiles,
dont la forme rappelait un peu celle de trompes d'éléphants... J'éprouvai
une peur insolite lorsque je vis l'un d'eux prendre son vol et s'élever
vers les nues... Ces êtres vivent dans l'atmosphère. Leur degré de sensibilité et de bonheur surpasse de beaucoup celui des Terriens; ils sont
doués de nombreux sens, ont asservi les forces de la nature, et grâce à
la densité de leur atmosphère et à la pesanteur spécifique de leur planète, ils ont pu déterminer avec précision tous les mouvements du
système solaire : le premier venu d'entre eux pourrait dire où est la
Lune terrestre, sans la voir, et par le seul calcul; leurs esprits sont dans
une activité incessante, et cette activité est une source perpétuelle de
jouissances. Ils se nourrissent de fluides, vivent sur leurs nuages, qu'ils
dirigent comme des chars aériens, etc., etc. (¹). »

Un fait incontestable, c'est que le monde de Saturne est plus
aérien que le nôtre, et que son atmosphère joue un rôle considérable, tandis que la densité des corps y est extrêmement faible. Cette

(¹) *Les Derniers Jours d'un Philosophe*, trad. de l'auteur, p. 50.

pression atmosphérique serait même effrayante, si ce monde était aussi froid que son éloignement semblerait l'indiquer; mais elle peut être grandement diminuée par la chaleur. Or les observations télescopiques nous invitent à croire qu'en effet il y a là, comme dans Jupiter, une quantité de chaleur plus forte que celle qui résulterait de la distance du Soleil; car l'astre du jour vu de Saturne est, comme nous l'avons dit, 90 fois plus petit en surface, et sa chaleur et sa lumière y sont réduites dans la même proportion. L'eau ne devrait pouvoir y subsister qu'à l'état solide de la glace, et la vapeur d'eau ne devrait point pouvoir s'y produire pour former des nuages analogues aux nôtres. Or on y observe des variations météoriques analogues à celles que nous avons remarquées sur Jupiter, mais moins intenses.

Les faits s'ajoutent donc à la théorie pour nous montrer que le monde de Saturne est dans un état de température au moins aussi élevé que le nôtre, sinon davantage.

D'où vient cette chaleur? Sans doute du globe saturnien lui-même, qui n'est pas encore refroidi comme le nôtre, à cause de son énorme volume. Qui sait, d'ailleurs, si la constitution physique et chimique de son atmosphère, et les influences cosmiques résultant de son mystérieux assemblage d'anneaux et de son cortège de huit satellites, ne s'unissent pas pour produire certaines effluves électriques et pour transformer certains mouvements en chaleur? La Nature tient en réserve mille procédés à nous inconnus. Ce que nous pouvons assurer, c'est que les mouvements observés sur ce monde lointain interdisent toute pensée de mort ou d'inertie, et prouvent qu'il est actuellement le siège d'une activité non moins puissante que celle dont un observateur pourrait constater les effets sur notre propre planète.[1].

[1] Il y a plus. Soit par un effet de la chaleur intérieure, soit par des variations dépendantes de l'attraction des anneaux, soit par suite de causes inconnues, cette atmosphère nuageuse qui dessine pour nous le contour du globe saturnien vu d'ici, a présenté parfois d'étranges changements de forme. Ainsi, en 1805, William Herschel a trouvé que le plus grand diamètre du globe saturnien n'était pas le diamètre équatorial, mais un diamètre faisant avec l'équateur un angle de 45°, de sorte que Saturne cessait d'être rond pour s'approcher de la forme rectangulaire. Et cela ne peut pas être une illusion d'optique, car l'éminent astronome a recommencé plusieurs fois ses mesures, fort surpris, comme on le pense, d'une telle figure. Cette déformation de la planète n'a pas été vue seulement par cet astronome, car j'ai sous les yeux des observa-

Nous avons vu que l'inclinaison de l'équateur de Saturne est de 28°. Les saisons auraient donc à peu près la variété des nôtres, si c'était le Soleil qui réglât la température de Saturne. Mais nous venons de conclure que ce monde jouit d'une source de chaleur indépendante de celle des rayons solaires. Il résulte de tous ces faits que les saisons de cette planète sont tempérées dans leurs extrêmes de froid, et que, sans doute, malgré la faiblesse de l'action solaire, les hivers saturniens sont moins froids que les hivers terrestres.—Pendant longtemps, sur la Terre, il n'y a pas eu de saisons non plus, car on retrouve les mêmes espèces de plantes fossiles en Sibérie que sous les tropiques. — Mais si elles sont peu marquées, elles sont longues : chacune de ces saisons dure plus de sept de nos années !

Mais le caractère le plus bizarre du calendrier saturnien, c'est sans contredit d'être compliqué non seulement du chiffre fabuleux de 25 217 jours par an, mais encore de huit espèces de mois différents, dont la durée varie depuis 22 heures jusqu'à 79 jours, c'est-à-dire depuis 2 jours saturniens environ jusqu'à 167. C'est comme si nous avions ici huit lunes différentes, dont la plus proche parcourrait toutes ses phases en deux jours, et dont les sept autres échelonneraient leurs mois jusqu'à occuper près d'une demi-année. Et nous ne parlons pas encore du spectacle des anneaux vus de Saturne !

Les habitants d'un tel monde doivent assurément différer étrangement de nous à tous les points de vue. La légèreté spécifique des substances saturniennes et la densité de l'atmosphère auront conduit l'organisation vitale dans une direction extra-terrestre, et les manifestations de la vie s'y seront produites et développées sous des formes inimaginables. Supposer qu'il n'y ait là rien de fixe, que la planète elle-même n'ait pas de squelette, que la surface soit liquide, que les êtres vivants soient gélatineux, en un mot, que tout y soit instable, serait sans doute dépasser les limites de l'induction purement scientifique. Mais sans contredit, de tous les mondes du

tions du même ordre faites depuis le commencement du siècle par Schroëter, Kitchener, Bond (1848), Coolidge (1855), Airy (1861) et Schiaparelli (1861 et 1862). Il y a donc là des forces incomparablement plus puissantes que les forces terrestres, agissant sur ce monde et dans son atmosphère.

système, c'est celui qui se rapproche le plus d'un tel état. Les conditions de pesanteur y sont non seulement étrangères, mais elles varient même d'une latitude à l'autre([1]).

Si les sphinx parlaient, si les statues de Memnon se faisaient comprendre, les voix de la Nature nous apprendraient peut-être que les Saturniens ont des corps transparents à travers lesquels on voit circuler la vie, qu'ils ne sentent jamais le poids de la matière, qu'ils volent sans ailes au sein d'une atmosphère nutritive; qu'ils ne sont pas astreints comme nous à une alimentation grossière et à ses ridicules conséquences; qu'ils sont doués d'un système nerveux incomparablement plus sensible que le nôtre, qu'ils en reçoivent pour ainsi dire la science infuse, étudient au milieu d'un perpétuel bonheur les mystères des cieux et des mondes, et vivent, dans un état presque angélique, une vie trente fois plus longue que la nôtre.

C'est là un merveilleux séjour d'habitation, et nous ne devons pas nous mettre en peine que la Nature ait su tirer le meilleur parti possible de toutes ces conditions, comme elle l'a fait ici des médiocres conditions terrestres. Mais, parmi tous ces spectacles extra-terrestres, celui qui nous frapperait le plus, si nous pouvions nous transporter en ce séjour, ce serait sans doute encore l'étrange aspect des anneaux qui s'allongent dans le ciel comme un pont suspendu dans les hauteurs du firmament. Supposons-nous habiter l'équateur saturnien lui-même : ces anneaux nous apparaissent comme une ligne mince tracée au-dessus de nos têtes à travers le ciel et passant juste au zénith, s'élevant de l'est en augmentant de largeur, puis descendant vers l'ouest en diminuant selon la perspec-

([1]) A cause de la vitesse du mouvement de rotation, la pesanteur est diminuée d'un sixième à l'équateur, de sorte que tandis que dans les régions polaires les objets pèsent plus que sur la Terre, à l'équateur ils pèsent moins. Un corps qui tombe parcourt sur notre globe 4^m,90 dans la première seconde de chute, et sur Saturne 5^m,34 aux latitudes polaires, et seulement 4^m,51 dans les régions équatoriales. Si Saturne tournait seulement deux fois et demie plus vite, les objets n'auraient *plus de poids du tout* dans ces régions! Il y a plus : l'attraction contraire de l'anneau diminue encore les poids dans une proportion notable, et il y a une zone, entre l'anneau intérieur et la planète, où les corps sont également attirés en haut et en bas. Il ne faut pas un grand effort d'imagination pour deviner que si une atmosphère intermédiaire le permet, les habitants aériens de Saturne peuvent jouir de la faculté de s'envoler jusque dans les anneaux!

tive. Là seulement nous avons les anneaux précisément au zénith.
Le voyageur qui se transporte de l'équateur vers l'un ou l'autre
pôle sort du plan des anneaux, et ceux-ci s'abaissent insensiblement, en même temps que leurs deux extrémités cessent de
paraître diamétralement opposées pour se rapprocher peu à peu
l'une de l'autre. Le céleste arc de triomphe diminue de hauteur et
de largeur à mesure que nous nous rapprochons du pôle. Lorsque
nous arrivons au 63ᵉ degré de latitude, le sommet de l'arc est des-
cendu au niveau du prolongement de notre horizon, et le merveilleux système disparaît du ciel, de sorte que les habitants des
pôles, jusqu'à cette latitude (qui correspond à celle de notre golfe
de Botnie), ne le connaissent pas, ne l'ont jamais vu, à moins
d'avoir voyagé, et se trouvent dans une position moins avantageuse
pour étudier leur propre monde que nous, qui en sommes à plus
de 300 millions de lieues de distance.

Le problème de l'aspect des anneaux dans le firmament saturnien, de
leur effet en occultant et en éclipsant occasionnellement et temporai-
rement le Soleil, les huit lunes, les planètes et les étoiles est du plus haut
intérêt. Ce merveilleux appendice annulaire de Saturne ne saurait être
une cause de ténèbres prolongées, de désolation, pour les habitants de la
planète, comme on eût pu le croire d'après le raisonnement de Beer et
Mädler et de plusieurs astronomes éminents qui ont adopté leurs conclusions.

Au contraire, Lardner a démontré que, par le mouvement apparent du
ciel, mouvement dont la cause est la rotation diurne de Saturne, les
objets célestes, et naturellement le Soleil et les huit lunes, ne sont pas
entraînés parallèlement aux bords des anneaux, mais se meuvent de
manière à passer alternativement d'un côté à l'autre de chacun de ces
bords, et qu'en général, les astres qui passent derrière les anneaux ne
sont qu'occultés par eux, pendant une courte durée, avant et après leur
culmination méridienne. A la vérité, dans quelques circonstances rares,
exceptionnelles, certains astres, le Soleil entre autres, sont occultés
depuis leur lever jusqu'à leur coucher; mais la continuité de ce phénomène n'est pas telle qu'on l'a supposé, et les lieux où il se produit sont
beaucoup moins nombreux. En un mot, ce système n'est pas assez ma-
lencontreux pour dépouiller la planète des conditions essentielles à son
habitabilité.

L'aspect offert par l'anneau aux habitants de Saturne varie considérablement avec la latitude de l'observateur et la saison de l'année. Pendant
l'été (la demi-année saturnienne), l'observateur et le Soleil se trouvant

du même côté de l'anneau, celui-ci se montre sous la forme d'un arc assez
semblable à celui d'un arc-en-ciel, mais avec une surface probablement
analogue à celle de la lune terrestre.

Le sommet de cet arc est sur le méridien, et de chaque côté, on voit
deux moitiés égales symétriques, descendant vers l'horizon à des points
également distants du méridien. La largeur apparente de cet arc éclairé
diminue, par la perspective de part et d'autre du méridien.

Pour se former une idée exacte des variétés d'aspect présentées par l'anneau dans les différentes latitudes de la planète, il suffit de suivre en imagination un observateur partant du pôle saturnien, pour se rendre le long
d'un méridien vers l'équateur. D'abord, la convexité de la planète inter-
ceptera complètement la vue de l'anneau pour les régions polaires. Soit,
en effet, *fig.* 303, une coupe de la planète saturnienne, au centre le plan

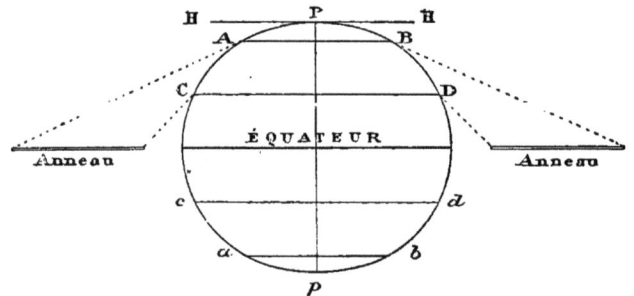

Fig. 303. — Coupe géométrique à travers Saturne et ses anneaux.

de l'équateur, et aux extrémités de l'axe les pôles. Un spectateur placé
au pôle supérieur ou pôle nord aurait à son zénith, l'étoile polaire de
Saturne (dans le pied boréal de Céphée, par $2^h 23^m 2^s$ d'ascension droite
et 82° 52′ de déclinaison, à 6° environ de notre étoile polaire et à 3° environ
de l'étoile 2 de la Petite Ourse, de 5ᵉ grandeur). Son horizon rationnel
serait la ligne H H parallèle à l'équateur, et en quelque direction qu'il
regardât, il lui serait complètement impossible d'apercevoir même le bord
extérieur des anneaux, situés tout à fait au-dessous de son horizon. Pour
arriver à voir sortir les anneaux de l'horizon, il faut s'avancer jusqu'au
cercle de latitude A B, à 63° 11′, où le bord extérieur de l'anneau extérieur
commence à sortir de l'horizon. A mesure que nous avançons vers l'équateur, nous voyons les anneaux s'élever de plus en plus, et, à 47° 34′ de latitude au cercle C D, les deux anneaux principaux sont tous les deux sortis
de l'horizon. De là jusqu'à l'équateur ils continuent de s'élever dans le
ciel, leur largeur diminuant à mesure qu'ils s'élèvent davantage, et diminuant aussi, en perspective, du méridien jusqu'à l'horizon.

Les observateurs n'étant pas placés sur l'axe de la planète, mais à la surface du globe, les anneaux sont vus excentriquement. Or un cercle vu excentriquement d'un point situé au-dessus de son plan, devient une ellipse, et plus la distance du point de vue à la perpendiculaire menée au centre du cercle sera grande, plus allongée sera l'ellipse. Il en résulte que les anneaux ne suivent pas des cercles de déclinaison, et que la déviation est plus grande pour les anneaux intérieurs que pour les anneaux extérieurs; le cercle de déclinaison, qui touche le bord d'un anneau à son point culminant du passage au méridien, descend au-dessous de chaque côté du méridien.

Prenons un exemple. D'après les calculs de Proctor, plus approfondis que ceux de Lardner, si l'on considère l'aspect des anneaux, vus de 40° de latitude nord, ce qui correspond à la position géographique de New-York, de Madrid, de Naples, de Scutari et de Pékin, on trouve qu'à cette latitude le bord extérieur de l'anneau extérieur s'élève de l'horizon en deux points situés à 60° 36′ à l'est et à l'ouest du méridien, atteint une hauteur de 30° en décrivant un arc total de 114° 2′ (un peu moins du tiers de la circonférence complète). De même le bord intérieur de cet anneau coupe l'horizon à 65° 57′ à l'est et à l'ouest du point sud, et

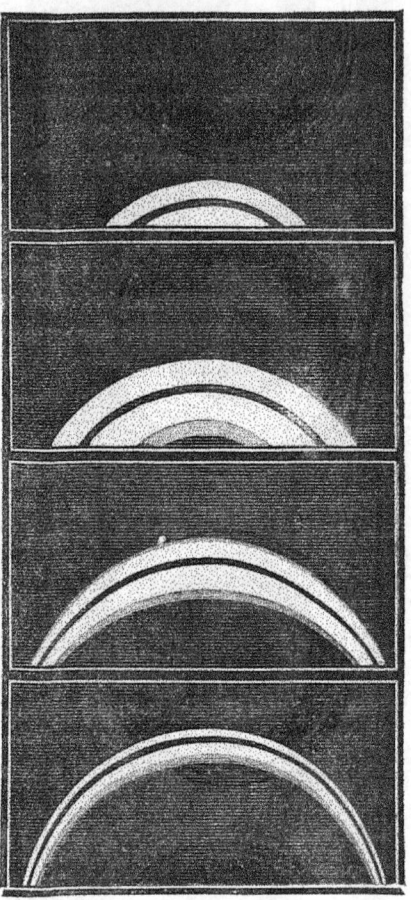

Fig. 314.
Aspects des anneaux aux diverses latitudes de la planète

atteint au méridien une hauteur de 26° 11′ en décrivant un arc de 104° 2′. Ainsi la largeur de cet anneau est de 3°49 au méridien et de 3°39 à l'horizon. Ce n'est là au premier aspect, qu'une faible différence de largeur, mais en réalité, elle est beaucoup plus grande, par la raison que le plan de l'horizon coupe l'arche à angle aigu, tandis que le méridien la coupe à angle droit. On voit ainsi que l'anneau extérieur s'élève de l'est-sud-est et de l'ouest-sud-ouest jusqu'à 30° de hauteur en augmentant de largeur de

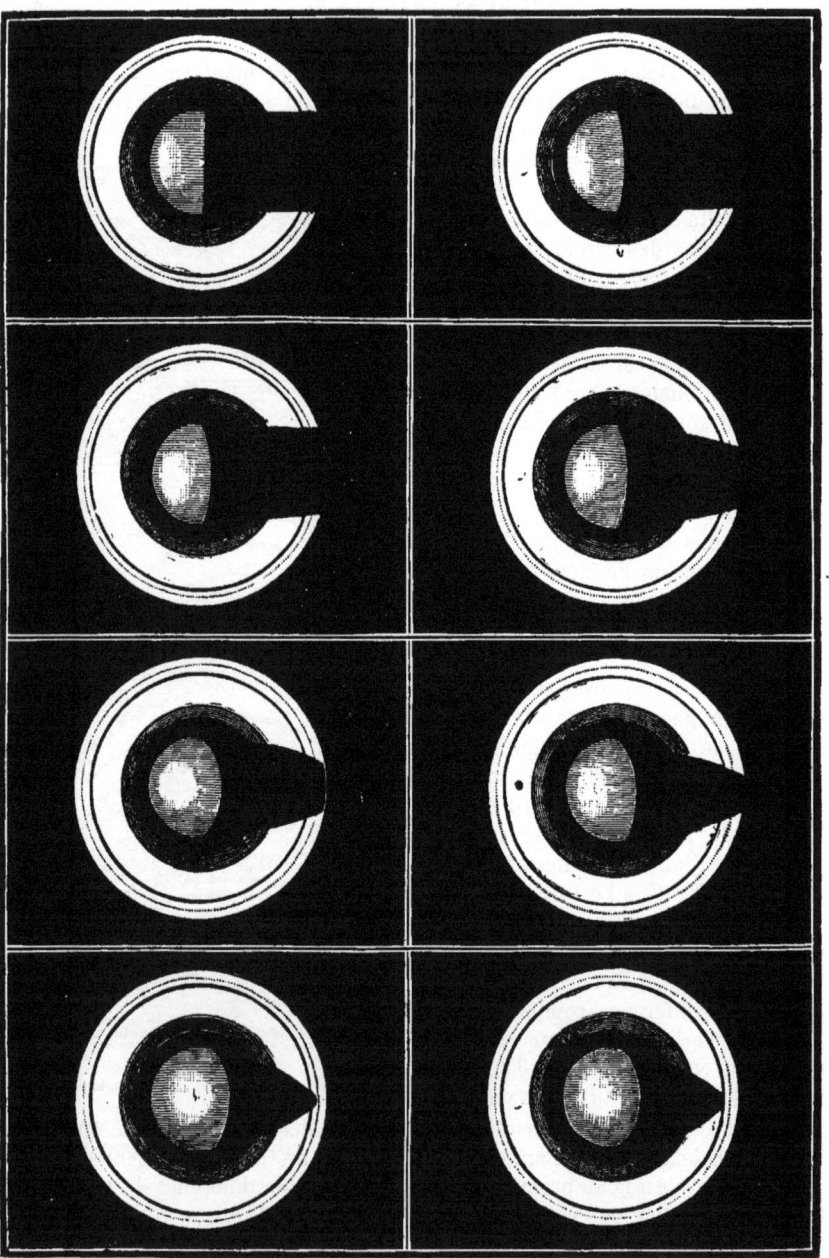

Fig. 305. — Ombre du globe de Saturne sur ses anneaux
aux différentes saisons de l'année saturnienne.

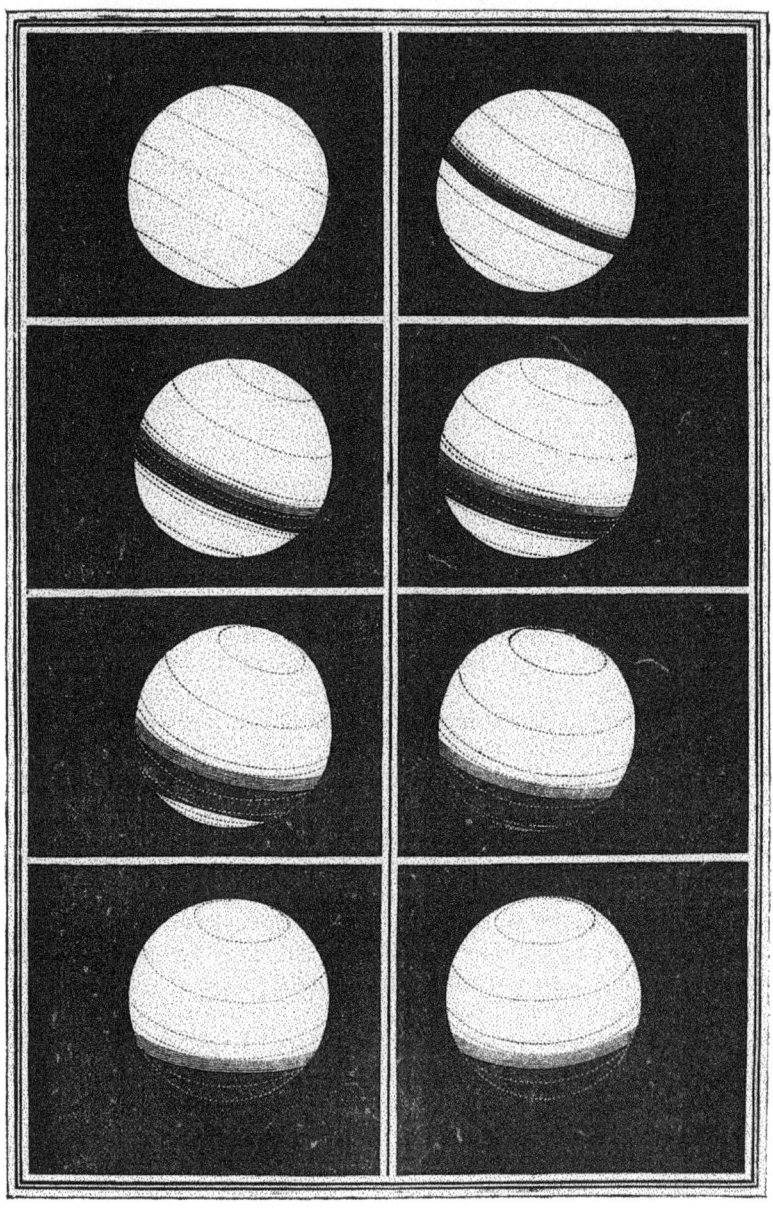

Fig. 306. — Ombre des anneaux de Saturne sur la planète
aux différentes saisons de l'année saturnienne.

l'horizon au méridien où son diamètre apparent surpasse de sept fois celui de notre pleine lune. En dedans de cet anneau extérieur, l'anneau intérieur s'élève comme une zone plus large et plus grandiose encore, son bord supérieur atteignant une hauteur de 25° 22′ et son bord inférieur seulement 12° 22′; de sorte que sa largeur au méridien surpasse de 25 fois le diamètre apparent de notre lune. La grande division qui sépare les deux anneaux n'a que 49′ de plus grande largeur au méridien, c'est-à-dire qu'elle surpasse seulement du tiers environ celle de la pleine lune (sans doute elle est un peu moins grande encore, en tenant compte de l'épaisseur des anneaux). A ces deux arches célestes, il faut encore ajouter l'anneau sombre intérieur, lequel vu également de cette latitude, couvre presque l'espace tout entier qui reste dans le ciel au-dessous des anneaux, car le bord intérieur de l'anneau sombre s'élève de l'horizon à 13° 55′ de chaque côté du méridien, et ne monte, au méridien même, qu'à 46′, de telle sorte qu'il ne reste là qu'un segment libre à peine un tiers plus grand que la largeur de la lune.

Il est clair qu'on ne voit les anneaux, ainsi brillant dans le ciel, que du côté de leur face éclairée par le soleil. De l'autre hémisphère, ces anneaux sont obscurs et ne produisent pas d'autre effet que d'occulter les étoiles, les planètes ou les lunes, qui passent derrière eux. De jour, ils doivent être invisibles comme de nuit, ou peut-être apparaissent-ils comme de faibles nuages au-dessous du mouvement diurne apparent du soleil.

Considérons un instant encore certains aspects curieux dus à l'existence de ces anneaux, entr'autres l'ombre de la planète sur leur système pendant l'année saturnienne, ainsi que l'ombre des anneaux sur la planète pendant la même période. Entre l'équinoxe de printemps et le solstice d'été de chaque hémisphère, l'ombre de la planète sur les anneaux présente successivement toutes les formes indiquées sur notre *fig.* 305, construite, comme la suivante, d'après celles de Proctor. A l'équinoxe, les bords de l'ombre sont des lignes droites; mais à mesure qu'on avance vers le solstice d'été, cette ombre devient une ellipse d'autant moins allongée qu'on approche davantage du solstice. L'intervalle entre chacune des figures ci-dessus est de 384 jours environ. C'est à l'époque du solstice d'été que le système doit présenter l'aspect le plus splendide, car alors à minuit le bord extérieur de l'anneau n'est pas atteint par l'ombre de la planète, et l'anneau doit ressembler à une immense arche de lumière s'élevant de part et d'autre de l'horizon, et éclipsée au sud par une ombre elliptique. Cet état de chose dure environ trois ans, à chaque année saturnienne. Les changements qui arrivent de l'équinoxe de printemps au solstice d'été, se reproduisent en sens contraire du solstice d'été à l'équinoxe d'automne. Les éclipses de soleil produites par l'ombre de l'anneau sur la planète, ne sont pas moins curieuses. On peut s'en rendre compte par les dessins de la *fig.* 306, qui représentent Saturne vu du Soleil, depuis l'équinoxe d'automne de l'hémisphère nord jusqu'au solstice d'été, à des situations correspondant à celles de la *fig.* 305 et séparées aussi par des intervalles de 384 jours; les anneaux sont enlevés pour que leurs ombres soient visibles. Il y a d'abord des éclipses de soleil arrivant chaque jour, mais le matin et le soir seulement, pour les pays qui sont situés dans l'ombre des anneaux; la durée de ces éclipses augmente jusqu'à ce qu'elle s'étende sur la journée tout entière. « Si l'on prend comme exemple le 40ᵉ degré de latitude, déjà choisi plus haut, on trouve que le Soleil commence à être éclipsé le matin et le soir environ trois ans après l'équinoxe d'automne, que ces éclipses s'allongent chaque jour jusqu'à ce qu'un an plus tard, elles durent la journée entière. Cet état de choses continue jusqu'au solstice d'hiver; en somme le Soleil est totalement éclipsé pendant six ans 236 jours, ou pendant 5 543 jours saturniens; après quoi il y a une nouvelle période d'éclipses du matin et du soir durant un peu plus d'un an. La période totale caractérisée par des éclipses d'un genre ou d'un autre, s'élève à huit ans 293 jours sur vingt-neuf ans 167 jours, dont se compose l'année saturnienne. Si l'on remarque que le 40ᵉ degré de latitude correspond à la situation de Madrid sur la Terre, on concevra quelle influence considérable les anneaux doivent exercer sur les conditions d'habitabilité de Saturne, si ce globe est habité par des êtres organisés comme ceux qui peuplent la Terre ([1]). »

Dans les années d'été, le *clair d'anneau*, qui s'ajoute d'ailleurs aux *clairs de lune* multipliés, est produit par deux arcs qui paraissent s'élever du sud-est et du nord-ouest, et qui sont séparés par l'ombre ovale de la planète, comme on peut s'en rendre compte par le croquis ci-dessous (*fig.* 307).

Pendant la moitié de l'année saturnienne, les anneaux donnent un admirable clair de lune sur un hémisphère de la planète, et pendant l'autre moitié illuminent l'autre hémisphère; mais il y a toujours une demi-année sans « clair d'anneau », puisque le Soleil n'éclaire qu'une face à la fois. Peut-être pendant cette demi-année (de quinze ans, ne l'oublions pas), la face obscure répand-elle une certaine clarté phosphorescente. Malgré leur volume et leur nombre, les satellites ne donnent pas autant de lumière nocturne qu'on le supposerait, car ils ne reçoivent, à surface égale, que la 90ᵉ partie de la lumière solaire que notre lune reçoit. Titan lui-même paraît avec un diamètre égal aux deux tiers seulement de celui de la Lune et n'envoie à Saturne que la 200ᵉ partie de la lumière de notre pleine Lune. Japet n'a que le septième du diamètre apparent de

[1] Proctor, *Saturn and its system.*

notre satellite et ne réfléchit qu'une clarté 3850 fois plus faible ; Hypérion n'en réfléchit que la 9000ᵉ partie. Tous les satellites saturniens qui
peuvent être à la fois au-dessus de l'horizon et aussi voisins que possible
de la pleine phase, n'envoient pas plus de la 100ᵉ partie de notre lumière
lunaire. Toutefois, en définitive, le résultat doit être à peu près le même
pour eux que notre clair de lune pour nous, car le nerf optique des Saturniens doit être 90 fois plus sensible que le nôtre.

Ces anneaux doivent avoir encore une autre propriété, celle de réfléchir non seulement de la lumière, mais encore de la chaleur, car exposée
comme elle l'est pendant quinze années consécutives à la chaleur
solaire, la surface des anneaux doit, lors même que ses particules cons-
titutive tourneraient sur elles-mêmes, s'échauffer sensiblement et ren-
voyer sur la planète si voisine, une partie notable de cette chaleur.

En résumé, le caractère spécial du monde Saturnien est de posséder
dans son ciel ces anneaux illuminés par le soleil et constamment

Fig. 307. — Les anneaux de Saturne et l'ombre de la planète

visibles, soit d'un hémisphère, soit de l'autre, jusqu'aux latitudes
indiquées. Cette arche immense s'élève jour et nuit dans les cieux ;
mais sa largeur est telle que son ombre s'étend sur la plus grande
partie des latitudes moyennes. Pendant quinze ans, le soleil est
au sud des anneaux, et pendant quinze ans il est au nord. Les pays
du monde de Saturne qui ont la latitude de Madrid subissent une
éclipse totale de soleil qui dure plus de sept ans, et ceux qui ont la
latitude de Paris la subissent pendant plus de cinq ans. Pour l'équateur, cette éclipse est moins longue et ne se renouvelle que tous les
quinze ans ; mais il y a là, toutes les nuits, pour ainsi dire, des
éclipses des lunes saturniennes par les anneaux et les unes par les
autres. Pour les régions circompolaires, l'astre du jour n'est jamais
éclipsé par les anneaux ; mais les satellites tournent en spirale en

Cette arche immense s'élève jour et nuit dans les cieux...

décrivant des rondes fantastiques, et le Soleil lui-même disparaît pour le pôle pendant une longue nuit de quinze années.

On le voit, ce monde n'offre aucune analogie avec le nôtre, et la vie doit y être absolument différente. On peut concevoir que les habitants des pays situés sur le passage de l'ombre que nous venons de décrire émigrent à ces époques pour les pays du soleil, comme nous le faisons ici en janvier et février pour Nice et les villes du soleil.

Tout ce que nous avons dit plus haut sur la rapidité des phases dont les lunes de Jupiter offrent le tableau si remarquable, s'applique également à Saturne. Le spectacle, toutefois, a plus de brillant, plus de richesse ; les acteurs sont plus nombreux. Saturne possède deux fois plus de lunes que Jupiter. Le premier satellite passe du croissant le plus faible à l'état de demi-lune en 5 heures terrestres 1/2 ; ce changement doit être aussi visible que la marche de l'aiguille d'un chronomètre. Le second satellite procède moitié plus lentement, c'est-à-dire qu'il passe d'un croissant faible à la demi-lune en 8 heures. Le premier passe de la nouvelle lune à la pleine lune en 11 heures, et le second en 16 heures. L'intervalle entre la nouvelle et la pleine lune pour le troisième satellite est de 22 heures ; pour le quatrième, 32 heures ; pour le cinquième, 53 heures ; pour le sixième, 8 jours terrestres ; pour le septième, 11, et pour le huitième, 40 jours.

Les éclipses solaires et lunaires produites et subies par ces huit satellites, ne sont pas aussi fréquentes que dans le système de Jupiter, car l'équateur de Saturne s'incline sur l'orbite solaire, de manière à former un angle de près de 27 degrés (encore plus incliné que l'obliquité de notre écliptique 23°27′) ; d'où résulte que le Soleil, au moment des solstices d'hiver et d'été de Saturne, paraît considérablement s'éloigner de l'équateur, où le mouvement des satellites, sauf le huitième, est confiné. Par la même raison, les satellites s'éloignent davantage du centre de l'ombre, et tous, sauf les plus voisins, se meuvent en général hors de l'ombre planétaire au moment de l'opposition. Les Saturniens ont, en conséquence, sur le peuple futur de Jupiter, l'avantage de posséder fréquemment plusieurs pleines lunes dans leur ciel.

De là le Soleil n'apparaît que sous l'aspect d'un petit disque

éblouissant presque dix fois plus petit que le nôtre en diamètre,
c'est-à-dire de 3′22″, et les planètes inférieures à l'orbite de
Saturne s'en écartent seulement :

Mercure à	2° 19′
Vénus.	4° 21′
La Terre	6° 1′
Mars	9° 11′
Jupiter	33° 3′

Pour les habitants de Saturne, la Terre est, comme pour Jupiter
— mais plus minuscule encore, — un *petit point* lumineux qui
ne s'écarte pas à plus de 6° du Soleil, c'est-à-dire à environ 12 fois
la largeur apparente qu'il nous offre. Elle aura été encore plus dif-

Fig. 309. — Relation entre l'orbite de la Terre et la distance de Saturne.
(1 mm = 5 millions de lieues).

ficile à découvrir que de Jupiter, car elle n'est qu'un point *imper-*
ceptible, et il est fort douteux qu'on ait même pu la remarquer
lorsqu'elle passe devant le Soleil, ce qui lui arrive tous les quinze
ans ; — à moins d'admettre, ce qui est d'ailleurs possible, que les Saturniens jouissent de facultés visuelles transcendantes. Quoi qu'il
en soit, *cette planète est la dernière* d'où l'on puisse distinguer
notre petit mondicule, et pour le reste de l'univers, pour l'infini
tout entier, nous sommes comme si nous n'existions pas. Il est évident d'ailleurs que si l'on y a découvert notre globe, on ne songe
pas à *nous* pour cela, car ce petit point y est déclaré par les Académies saturniennes médiocres, brûlé, désert et inhabitable.

Mercure et Vénus y sont complètement invisibles. Mars y est un
peu moins difficile à voir que la Terre, mais il est si minuscule et si
complètement perdu aussi dans l'entourage solaire, qu'on ne l'aura pas
découvert à l'œil nu. En revanche Jupiter y est le véritable dieu du
firmament, brillant le matin et le soir, comme Vénus pour nous, et
oscillant de part et d'autre du Soleil jusqu'à 37°([1]). Uranus est pour

([1]) Déjà dans sa description du ciel vu des habitants de Saturne, Huygens avait
écrit (*Cosmotheoros* : « De même que Saturne est la seule belle planète visible pour

eux une étoile brillante visible dans les constellations de minuit, et
Neptune une petite étoile reconnaissable également à l'œil nu. Les
cosmographes auront représenté le système du monde sous une
forme analogue au tableau esquissé ci-dessous. Quel contraste avec
le nôtre et avec toutes nos anciennes idées classiques !

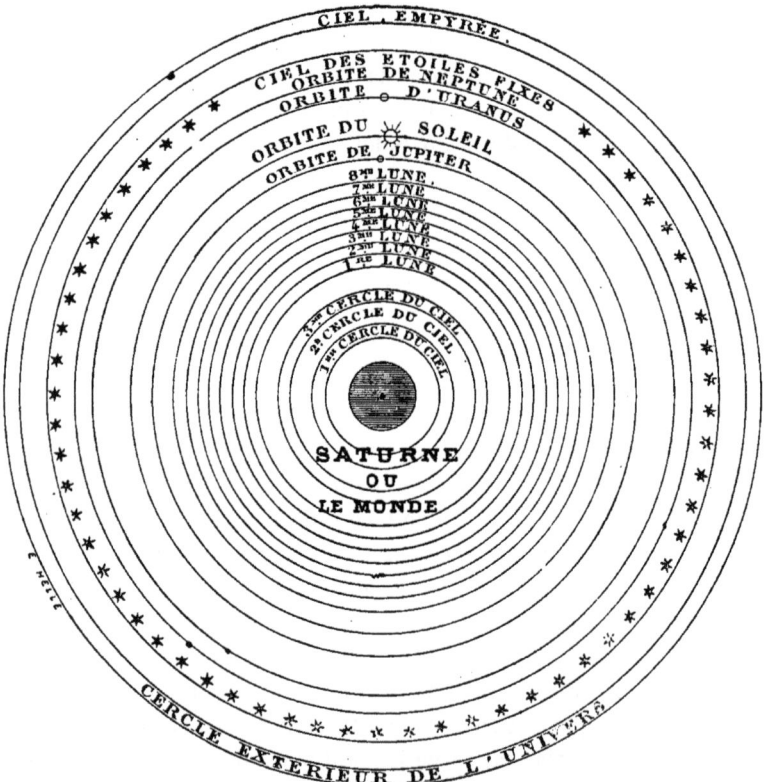

Fig. 310. — Le système du monde vu de Saturne.

Tel est le spectacle de l'univers vu du globe de Saturne. Vu des
satellites, il est peut-être plus extraordinaire encore.

les habitants de Jupiter, de même Jupiter est la seule aussi que les Saturniens
puissent admirer : il est pour eux ce que Vénus est pour nous, ne s'éloignant qu'à
37 degrés du Soleil. Quant à la longueur de leurs jours, on ne la connaît pas. Mais
d'après la distance et la période du satellite le plus proche, comparées aux mêmes
éléments du premier satellite de Jupiter, il est vraisemblable que les jours n'y sont
sont pas plus longs que ceux de Jupiter, que nous savons être de 10 heures ou un
peu moins. » —-L'événement a confirmé la prévision.

JORDANO BRUNO, brûlé vif à Rome pour avoir proclamé la doctrine de la Plura

Il ne faut pas oublier que ce sont là de véritables mondes, dont plusieurs sont plus gros que Vesta, Cérès, Pallas et Mercure, et ressemblent mieux à la Terre que Saturne lui-même. Il est hautement probable qu'ils sont habitables et habités, tout aussi bien que les provinces du système de Jupiter; et certes le colosse autour duquel ils gravitent semblerait, au point de vue des causes finales, plutôt fait pour eux qu'eux pour lui. Vu de Mimas, le globe de Saturne occupe dans le ciel un espace de 17° de large, c'est-à-dire 900 fois plus étendu en surface que notre pleine Lune! Il paraît de moins en moins colossal à mesure qu'on s'éloigne de satellite en satellite; mais du VII° il est encore 16 fois, et du dernier 4 fois plus vaste en surface que notre pleine Lune. Quel globe et quelles phases! L'anneau n'est visible que par la tranche : c'est une ligne de lumière céleste qui s'étend de part et d'autre de la planète et occupe, vue de Mimas, un espace de 93° : la moitié du ciel! Ajoutons à ce spectacle que pour chaque satellite les sept autres sont des lunes tournant en cadence et offrant les plus admirables successions de phases, d'éclipses mutuelles, et de jeux optiques variés de mille manières par la baguette féerique qui enroula l'anneau de Saturne autour de la merveilleuse planète, — nuances translucides, que nous ne pourrions peindre que s'il nous était donné de choisir l'arc-en-ciel pour palette et l'azur du zénith pour tableau.

Il serait superflu d'ajouter que malgré la meilleure volonté du monde, il est difficile d'imaginer que les anneaux puissent être habités par des êtres quelconques.

Comme conclusion, ce merveilleux système se présente donc à nous dans les conditions physiologiques suivantes, qui résument toutes les observations précédentes :

ÉTAT PARTICULIER DU MONDE DE SATURNE

Situation astronomique.	Globe central, entouré d'anneaux et de huit satellites.
Durée de l'année.	29 ans ou 10759 jours terrestres.
Durée du jour sur le globe . . .	10 heures 14 minutes.
Nombre de jours dans l'année .	25217 jours saturniens.
Saisons et climats.	Probablement faibles. Température constante.
Température.	Sans doute plus élevée que celle de la Terre.
Atmosphère	Dense et chargée de vapeurs.
Diamètre du globe à l'équateur.	Presque dix fois plus large que la Terre = 30500 lieues.
Tour du monde saturnien. . . .	100000 lieues environ.
Densité des matériaux.	Sept fois plus faible qu'ici = 0,130. ..

Pesanteur à la surface	Un dixième plus forte qu'ici.
Etat probable de la vie.	Êtres aériens, habitant sans doute au sein de l'atmosphère même.
État probable sur les satellites.	Séjours étranges, mais différant sans doute moins de la Terre que Saturne lui-même.
Grand diamètre des anneaux. .	71000 lieues.
Grand diamètre du système. . .	1982000 lieues.
Diamètre du Soleil.	dix fois plus petit que vu d'ici = 3'22''.
La Terre appréciée de Saturne.	Presque invisible : un point télescopique passant tous les quinze ans devant le soleil.

De là, il n'y a plus ni terre, ni humanité terrestre, ni histoire, ni politique, ni religion, telles que nous les avons conçues sur notre planète errante. De là on ne comprendrait point l'orgueil pontifical qui fit monter à Jordano Bruno les marches du bûcher parce que l'étude de la nature l'avait conduit à la conviction philosophique que la Terre ne constitue pas à elle seule l'univers tout entier et que les autres mondes n'ont pas moins d'importance qu'elle dans la création. Eh ! comment un astronome comprendrait-il l'intolérance et l'iniquité de ces barbaries hypocritement cachées sous le masque de la religion ? Étrange vanité de l'homme se substituant à Dieu ! Inconcevable théocratie dominant les esprits et les cœurs ! Et comment n'y pas songer lorsqu'on voit l'insignifiance de notre planète dans la création ? Comment ne pas sentir l'affranchissement lumineux donné aujourd'hui à l'humanité par l'Astronomie ! Quelle époque que ce quinzième siècle, prétendu puissant et glorieux, en comparaison de l'ère astronomique qui s'ouvre actuellement devant l'essor de la pensée humaine ! Temps obscurs, temps léthargiques ! Le fourbe et superstitieux Philippe II d'Espagne avait versé le sang de vingt millions de ses « sujets » sans jamais s'être montré sur un champ de bataille, et avait ordonné, complice de Torquemada, l'exécution de six mille auto-da-fé. San Severina ambitionnait la tiare après avoir applaudi aux massacres français de la saint Barthélemy et avoir persécuté pêle-mêle à Naples humanistes et protestants. Campanella avait subi sept fois la torture, avec une telle fermeté qu'il écrivait dans sa prison même ses sublimes canzones sur la liberté dans les fers, l'inattaquable et invisible indépendance de l'âme. Jordano Bruno, arrêté en 1592, avait gémi pendant six ans sous les plombs de Venise et pendant deux ans dans les cachots de

l'inquisition romaine : il fut condamné, le 9 février 1600, en présence du collège des cardinaux, des théologiens consulteurs du
Saint Office, à s'agenouiller aux pieds des représentants de la
« sainte Église » et à entendre la sentence qui le déclarait hérétique
et le livrait au bûcher en expiation de ce « crime », qu'il ne voulut
pas répudier. Huit jours après, le 17 février, par une belle journée
ensoleillée, il fut conduit en grande pompe au champ de Flore où
le bûcher avait été dressé, et on lui lut de nouveau son jugement.
Son courage ne l'abandonna pas un seul instant (il avait alors
cinquante ans — à l'époque de sa rétractation, Galilée en avait
soixante-douze). Après avoir entendu avec calme la longue sentence :
« Je soupçonne, répliqua-t-il avec fierté, que vous prononcez cet
arrêt avec plus de crainte que je ne l'entends ». Sa contenance,
dit un témoin oculaire, resta admirable au sein même du brasier.
Quand le supplice fut accompli, les cendres du philosophe astronome furent jetées au vent « afin qu'il ne restât de lui que la
mémoire de son expiation »…. C'était alors grande fête de jubilé à
Rome, et le bûcher brûla au milieu d'un immense concours de
population. On applaudit l'Église de sa puissance, on tourna le
pauvre martyr en ridicule, et un pamphlétaire du jour (Fusilius) fit
même de lui cette tendre épitaphe : « Grillé tout vif, il a péri
misérablement afin d'aller conter dans les autres mondes inventés
par lui de quelle manière les Romains traitent les blasphéma-
teurs »…

Au nom de la Liberté de conscience, au nom de l'Humanité, au
nom du Progrès, nous demandons à l'Italie d'élever — avant la fin
de notre dix-neuxième siècle — deux statues au sein de la ville de
Rome ; la première sur la place de la Minerve : Galilée à genoux, la
main sur les évangiles, renonçant à l'hérésie du mouvement de la
Terre ; la seconde au Champ de Flore : Jordano Bruno sur son bûcher, expiant le crime de croire à la vie éternelle dans l'univers infini.

On rapporte que, sur le point de rendre le dernier soupir, le noble
penseur proféra ces belles paroles de Plotin expirant : « Je fais un
dernier effort pour ramener ce qu'il y a de divin en moi à ce qu'il
y a de divin dans l'univers. »

Sur ce même champ de Flore, situé en face du théâtre de Pompée,

et où le cadavre de Dominis fut encore brûlé en 1624, quinze
siècles auparavant, les gladiateurs expirants avaient jeté le cri :
« *Ave Cæsar, morituri te salutant!* » Mais au moins, sous les
Césars, c'était « pour s'amuser » qu'on se massacrait au cirque,
tandis que, sous les papes, la mort des libres-penseurs était décrétée
pour étouffer la liberté de conscience et arrêter l'ascension de la
pensée humaine dans le progrès et dans la lumière. Sous Clé-
ment VIII encore, le Soleil et la Lune tournaient autour de la
Terre obscure, et la tiare de l'évêque de Rome planait sur l'axe du
monde.

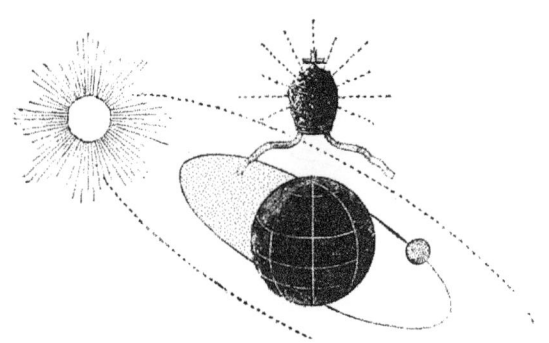

LIVRE IX

LE MONDE D'URANUS

LIVRE IX

LE MONDE D'URANUS

⛢

Notre voyage planétaire nous a transportés dans les régions extrêmes du domaine du Soleil, régions découvertes seulement par les dernières conquêtes de l'astronomie. Pour l'antiquité, Saturne marquait la limite du système, et jusqu'à la fin du siècle dernier cette planète resta l'*ultima Thule* de la navigation céleste. Toujours disposé à mesurer l'Univers à sa taille, l'esprit humain n'osait point s'aventurer au delà, et lorsqu'il essayait de se représenter l'abime inconnu qui s'étend par delà cette antique frontière, cette distance saturnienne dix fois supérieure à celle qui nous sépare du Soleil paraissait déjà si immense, qu'on n'osait placer les étoiles beaucoup plus loin, et que certains savants supposaient même que l'ombre de Saturne devait éclipser les étoiles du Zodiaque ! Tout d'un coup, la découverte d'une planète nouvelle faite en 1781 par William Herschel recula d'un bond la limite du système, de 355 à 733 millions de lieues ! Ce fut une véritable révolution.

On donna à cette planète le nom d'Uranus, et on la désigna par le signe ⛢, qui rappelle l'initiale d'Herschel.

A cette distance du centre commun des orbites planétaires (revoir le tableau, p. 566), Uranus gravite en une lente révolution, qui demande pour s'accomplir 84 de nos années. Chaque année d'Uranus est donc égale à 84 des nôtres : si la biologie y est dans le même rapport que la nôtre avec la translation de la planète, un enfant de dix ans compte 840 ans terrestres, une « jeune fille » de dix-huit ans n'a pas moins de 1700 printemps, et un centenaire a vécu 8400 de nos années, — c'est-à-dire qu'il est né 4000 ans avant l'élévation des pyramides...

La longueur de cette orbite est de 4300 millions de lieues, qu'il

Uranie emportée sur l'aigle de la contemplation.

parcourt en 30 686 jours, de sorte que sa vitesse, inférieure à celle de la Terre, est de 144 700 lieues par jour, ou de 6 700 mètres par seconde.

Qui aurait pu croire à cet agrandissement du système du monde, lorsqu'au XVIIe siècle nos pères en astronomie croyaient dominer l'univers en représentant Uranie emportée sur l'aigle de la contemplation, s'élevant entre le Soleil et la Lune « l'astre du jour » et « l'astre des nuits » et s'arrêtant à l'orbite de Saturne, qui paraissait toucher à l'infini et enveloppait le monde de son immensité ! La science du XIXe siècle a centuplé l'étendue de cette contemplation, et celle du XXe siècle l'agrandira démesurément encore.

De cet éloignement, la planète d'Herschel est invisible à l'œil nu. Son éclat apparent se trouve du reste juste à la limite de la portée de la vue humaine, car il varie aux environs de la 6ᵉ grandeur ('), et dans certaines circonstances, de bonnes vues peuvent le distinguer, en sachant où il est. Son diamètre mesure environ 4″. En le combi-nant avec la distance, on trouve qu'il correspond à une ligne de 53 000 kilomètres, quatre fois supérieure au diamètre de notre globe. Il en ré-sulte que le volume de cette planète est 74 fois plus con-sidérable que celui de la Terre. C'est la moins volu-mineuse des quatre planè-tes extérieures; mais elle est encore beaucoup plus grosse à elle seule que les quatre planètes intérieures (Mercure, Vénus, la Terre et Mars) réunies. On a pu

Fig. 315.
Grandeur comparée d'Uranus et de la Terre.

déterminer sa masse, d'après les principes exposés plus haut, par la vitesse de ses satellites autour de lui et par son influence sur Neptune, et l'on a trouvé qu'il pèse quinze fois plus que notre

(') J'ai observé Uranus le 5 juin 1872, dans une circonstance toute particulière. J'avais calculé d'avance qu'il devait passer à cette date juste contre Jupiter, à la faible dis-tance de 1′10″, distance moindre que le demi-diamètre de l'orbite du *premier* satellite. Le jour venu, je ne manquai pas de l'observer, et la conclusion fut que son éclat est un peu plus grand que celui du IIIᵉ satellite de Jupiter, c'est-à-dire un peu supérieur à la 6ᵉ grandeur, ou de 5,7 environ.

Avant la découverte d'Uranus, on l'avait déjà observé, sans le reconnaître comme planète, en dix-neuf circonstances différentes. Il fut observé, en effet, par Flamsteed en 1690, 1712 et 1715; Bradley en 1748, 1750 et 1753; Mayer en 1756; et Lemonnier en 1750 (quatre fois), 1768 (deux fois), 1769 (six fois), et 1771. Si cet astronome avait transcrit régulièrement ses propres observations, il n'est pas douteux qu'il n'eût enlevé à Herschel la gloire de sa découverte : mais il avait un tel désordre dans ses écritures, qu'on a retrouvé à l'Observatoire l'une de ses observations d'Uranus écrite sur un sac de papier qui avait contenu de la poudre pour les cheveux !

On trouve dans les livres hindous la mention d'une 8ᵉ planète, invisible, qu'ils appelaient *Rahu*. On peut, en effet, distinguer Uranus à l'œil nu, et on aurait pu le découvrir par des observations très attentives : mais Rahu était un monstre chargé de produire les éclipses, et non une planète lointaine.

planète. Il en résulte que la matière qui le compose est beaucoup plus légère que celle de notre monde : sa densité n'est que le cinquième de la nôtre (= 0,209); elle est plus forte que celle de Saturne, mais plus faible que celle de Jupiter.

A la surface d'Uranus, la pesanteur agit avec une intensité un peu plus faible qu'à la surface de la Terre (= 0,88), de sorte que les conditions d'équilibre et de mouvement des corps y sont à peu près les mêmes qu'ici, avec la différence cependant d'une moindre densité dans les substances dont ils sont formés.

La planète vient de passer (1883) en d'excellentes conditions d'observation, et les astronomes en ont profité pour continuer son étude. De 25 séries d'observations faites à Milan par M. Schiaparelli, du 12 avril au 7 juin 1883 (équatorial de 8 pouces = 218^{mm}), il résulte que le diamètre équatorial de la planète, vu à la distance moyenne (19,1826), est de 3"91 et le diamètre polaire de 3"556. L'ellipticité serait donc de $\frac{1}{10,98}$ et différerait peu de celle de Saturne.

Ces mesures confirment celles de Mädler et de Safarik.

La position du grand axe du contour apparent de la planète a été trouvée à 197°. Cette position confirme l'hypothèse non encore vérifiée que le plan de l'équateur d'Uranus coïncide à très peu près avec celui dans lequel se meuvent les satellites.

L'excellent équatorial de Milan a permis de distinguer quelques taches sur la planète; mais un instrument plus puissant (et d'une même netteté) serait nécessaire pour pouvoir apprécier la rotation.

Si l'équateur d'Uranus coïncide, comme il semble certain, avec le plan de l'orbite des satellites, le disque, vu de la Terre, a dû paraitre elliptique en 1797, 1839 et 1881, tandis qu'il a dû paraître circulaire eh 1818 et 1860. Les observations de W. Herschel, Mädler, Safarik et Schiaparelli s'accordent sur ce point.

D'avril à mai 1883, M. Young a fait, de son côté, à l'Observatoire de Princeton (New-Jersey), à l'aide du grand équatorial de 23 pouces (584^{mm}) de nouvelles mesures qui lui ont donné 4"280 pour le diamètre équatorial et 3"974 pour le diamètre polaire, ce qui conduit à une ellipticité de $\frac{1}{13,79}$.

Pendant la même période également, M. Millosevich, à Rome, (équatorial de 9 pouces = 243^{mm}) a pris également des mesures de la même planète, qui lui ont donné 3″965 pour le diamètre moyen, sans aplatissement bien sensible.

En 1881, M. Meyer, à Genève, avait trouvé 4″00 sans trace d'aplatissement (équatorial de 10 pouces = 270ᵐᵐ).

Ces mesures sont délicates et difficiles, et les différences des résultats n'ont rien de surprenant.

Uranus tourne sur son axe en une période que les observations n'ont encore pu déterminer, à cause de l'exiguïté du disque de cette

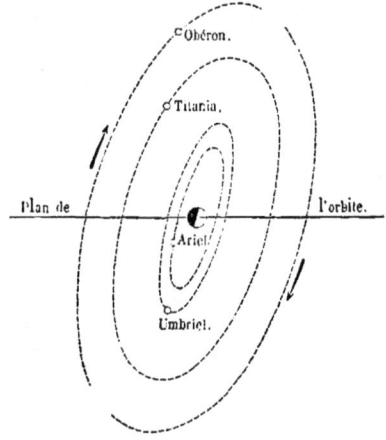

Fig. 316. — Le système d'Uranus.

planète vue de la Terre, mais qui doit être d'une rapidité analogue à la rotation de Jupiter et de Saturne, car ses satellites tournent très rapidement (¹).

Il y a ici une particularité surprenante : les satellites d'Uranus ne tournent pas comme les autres. Que nous considérions la Terre, Jupiter, Saturne ou Neptune, leurs lunes tournent de l'ouest à l'est, dans le plan des équateurs de ces planètes ou à peu près, et ce plan ne fait pas un angle considérable avec celui de leurs orbites autour

(¹) Un corps libre situé à une faible hauteur au-dessus de la surface d'Uranus effectuerait sa révolution en 2 h. 53 m. Si l'on admet 0,209 pour la densité, la rotation devrait être de 10 h. 40 m.; un centième de plus seulement la porterait à 11 heures, si toutefois cet élément joue dans le système du monde le rôle que j'ai cru lui reconnaître.

du Soleil. Les satellites d'Uranus tournent au contraire de l'est à l'ouest, et dans un plan presque perpendiculaire à celui dans lequel la planète se meut. Nous pouvons en conclure que l'axe de rotation d'Uranus est presque couché sur le plan de son orbite, et que le Soleil tourne en apparence dans le ciel uranien d'occident en orient, au lieu de tourner d'orient en occident. On pourrait presque dire que c'est là un monde renversé. Mais il y a plus. L'équateur de ce singulier globe étant incliné de 76°, le soleil uranien s'éloigne pendant le cours de sa longue année jusqu'à cette même latitude : c'est comme si notre Soleil abandonnait le ciel étonné de l'Afrique centrale et des tropiques pour s'en aller dans les régions boréales où nos courageuses expéditions cherchent, depuis dix ans surtout, à travers la glace, la solitude et le crépuscule, la route mystérieuse du pôle ! ou comme si, à Paris, nous voyions en été l'astre du jour tourner autour du pôle, sans se coucher, même à minuit, pendant 21 ans (quel été !) et rester invisible, en hiver, pendant 21 ans aussi... Les saisons y sont encore incomparablement plus étranges que celles que nous avons remarquées sur Vénus, car les régions équatoriales n'y sont pas plus privilégiées que les régions polaires. Oui, relativement à la Terre, c'est vraiment là un monde renversé !

Mais, d'autre part, qu'est-ce que des saisons produites par un soleil 390 fois moins chaud que le nôtre ? Uranus étant 19 fois plus éloigné que nous de l'astre central, cet astre lui offre un disque 19 fois plus petit en diamètre, par conséquent 390 fois plus petit en surface. Si nous représentions par un cercle de 19 centimètres de diamètre la grandeur apparente du Soleil vu de la Terre, celui d'Uranus n'aurait qu'un centimètre. D'après ce que nous avons vu plus haut sur la lumière de la Lune, ce petit soleil uranien éclaire comme 1584 pleines lunes. Quoique plus petit, il est aussi éblouissant que le nôtre; son diamètre n'est que de 1'40".

Dans ces conditions de lumière, le nerf optique n'a pu se former comme il s'est formé sur la Terre. Un habitant d'Uranus, transporté dans notre lumière, serait ébloui et aveuglé, comme le fut le vertueux Régulus après son supplice. Leurs yeux sont faits pour cette clarté tempérée, et tandis qu'ici les nyctalopes et les yeux nocturnes sont l'exception, là-bas ils sont la règle. Plus sensibles que les nôtres, ces organes. en harmonie avec le milieu dans lequel ils se sont développés, leur permettent de voir aussi clair pendant le jour, et plus clair pendant la nuit, que nous ici. Sans doute distinguent-ils à l'œil nu les étoiles de la 7ᵉ grandeur.

L'atmosphère d'Uranus a été constatée par l'analyse spectrale. Elle diffère de la nôtre par ses facultés d'absorption, ressemble plus à celles de Saturne et de Jupiter qu'à celle que nous respirons, et renferme des gaz *qui n'existent pas sur notre planète.*

Voilà donc un monde qui diffère du nôtre à tous les points de vue, autant et plus que les conditions d'habitabilité du fond obscur de nos océans diffèrent de celles des montagnes ensoleillées de l'Amérique du Sud. Nous en concluons qu'il ne peut pas être habité... par des êtres semblables à nous. Sans être aussi passionné que le monde de Vénus, où l'on passe en 56 jours des chaleurs de l'été aux froids de l'hiver, et des orages de la canicule aux neiges de Noël, cependant, malgré la lenteur de ses années, il offre un séjour très varié au point de vue des climats et des saisons. Il a sans doute donné naissance à des êtres d'une légère densité matérielle et d'une extrême sensibilité. Quelles longues années, et sans doute aussi quelle longue vie ne peut-on pas y employer à l'étude de la nature, à la recherche des secrets de l'Univers, au plaisir du travail intellectuel, au bonheur des affections profondes, que l'on craint ici à chaque instant de voir se briser sur notre rapide planète.

Comme nous l'avons dit, ce monde est accompagné d'un système de plusieurs satellites. Jusqu'en ces dernières années on a cru que leur nombre était de huit, car William Herschel, en étudiant sa propre planète, avait cru lui-même en découvrir six, et, en 1851, Lassell en découvrit deux plus rapprochés de la planète que ceux d'Herschel. Mais en même temps cet astronome vérifia attentivement le voisinage de cette lointaine planète, et ne parvint, sur les six satellites d'Herschel, à n'en revoir que deux. Les quatre autres n'avaient été, du reste, revus par personne. Enfin, en 1875, les astronomes de Washington dirigèrent leur grand équatorial de 66 centimètres de diamètre vers cette même région, et confirmèrent définitivement les conclusions de Lassell. Ainsi donc Uranus n'a que quatre satellites, dont voici les éléments :

	DISTANCE			DURÉE DES RÉVOLUTIONS			
	En rayons de ♅	En kilomètres	En lieues				
I. Ariel . . .	7,44	196000	49000	2 j.	12 h.	29 m.	21 s.
II. Umbriel. .	10,37	276000	69000	4	3	28	7
III. Titania. . .	17,01	450000	112500	8	16	56	26
IV. Obéron . .	21,75	600000	150000	13	11	6	55

Les Uraniens ont donc, outre les bizarres diversités signalées plus haut, quatre espèces de mois différents.

On conçoit que si déjà, à la distance immense qui nous en sépare, la planète Uranus n'offre qu'un petit disque sur lequel les plus puissants instruments ne sont encore parvenus à distinguer ni nuages, ni variations authentiques, ses quatre satellites ne soient que des points pour ainsi dire mathématiques, que l'on n'a encore pu ni mesurer ni peser. Mais ce dont nous pouvons être assurés, c'est que ces points sont des globes d'une dimension respectable, plus volumineux que les petites planètes qui flottent entre Mars et Jupiter, et qui peuvent être le siège de la vie aussi bien que ces planètes elles-mêmes. L'analogie nous porte à croire que le maximum de vitalité de ces mondes aura coïncidé, comme celui de la Lune, des satellites de Jupiter et de ceux de Saturne, avec la période cosmogonique où leur planète aura été leur soleil, temps passé pour la Lune, présent pour Jupiter, non simultané, comme nous l'avons vu, pour les différents mondes.

Vu d'Uranus, l'univers étoilé est le même que vu d'ici, mais il n'en est pas de même du système solaire. Mercure et Vénus y sont absolument inconnus, et nous pouvons, malgré les regrets qu'une telle conclusion peut nous causer, en dire autant de la Terre. En effet, notre minuscule planète, outre qu'elle est tout à fait invisible

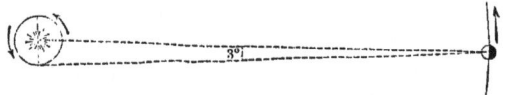

Fig. 317. — Relation entre l'orbite de la Terre et la distance d'Uranus,

par sa petitesse, est de plus perdue dans le rayonnement du Soleil, dont elle ne s'éloigne pas à plus de 3 degrés. La figure géométrique ci-dessus (tracée à l'échelle de 1 millimètre pour 10 millions de lieues) montre exactement le rapport qui existe entre la position d'Uranus et le mouvement de la Terre autour du Soleil. — Ainsi, pour les habitants de ce monde, nous n'existons pas, la Terre elle-même tout entière *n'existe pas*, et c'est fini pour tout le reste de l'Univers.

Mars non plus n'est pas visible d'Uranus, et Jupiter lui-même, le

colossal Jupiter, toujours éclipsé dans le rayonnement solaire, n'a
pu être découvert que par une observation assidue, quoiqu'il soit
parfois visible à l'œil nu, mais avec une clarté cinq fois inférieure
à celle qu'il nous envoie. Saturne est pour les Uraniens une étoile
du matin et du soir, encore n'est-ce qu'une faible étoile; car à ses
élongations il est deux fois plus loin d'Uranus que de nous et ne

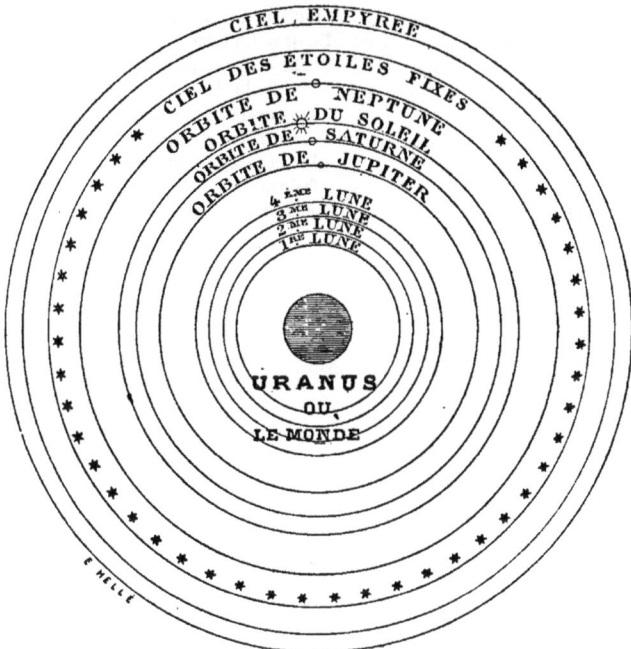

Fig 318. — Le Système du monde pour les habitants d'Uranus.

présente qu'un demi-disque, de sorte que sa lumière est réduite
au huitième de celle que nous lui connaissons. Neptune vu de ce
séjour est également une petite étoile. Ainsi, de cette planète, on
n'en voit que trois autres, dont aucune ne surpasse en éclat les
brillantes étoiles du ciel. Pour eux l'univers se résume dans le petit
cadre esquissé ci-dessus.

Si donc nous récapitulons ici les conditions astronomiques du
monde d'Uranus, nous avons sous les yeux le tableau suivant :

ÉTAT PARTICULIER DU MONDE D'URANUS.

Durée de l'année.	84 fois plus longue que la nôtre = 30 686 jours.
Durée probable du jour.	Environ 11 heures.
Saisons et climats.	Paraissent très variés, mais adoucis par une source de chaleur propre à la planète.
Nombre de satellites.	Quatre ; donc quatre espèces de mois.
Diamètre du globe.	Quatre fois plus grand que celui de la Terre = 13 400 lieues.
Tour du monde uranien.	42 000 lieues.
Densité des matériaux.	Cinq fois plus faible qu'ici = 0,209.
Pesanteur à la surface	Environ un dixième plus faible qu'ici (= 0,88).
Atmosphère.	Dense et différente de la nôtre.
État probable de la vie.	Sans doute beaucoup plus longue qu'ici et tout autrement organisée.
Grandeur du Soleil.	Dix-neuf fois plus petit que vu d'ici (1' 40″). Sa lumière et sa chaleur y sont 390 fois plus faibles.
La Terre appréciée d'Uranus	*Complètement invisible.*

LIVRE X

NEPTUNE ET LES PLANÈTES EXTRÊMES

LIVRE X

NEPTUNE ET LES PLANÈTES EXTRÊMES

☿

CHAPITRE PREMIER

Le monde de Neptune.

☿

Tandis qu'en 1781 la découverte d'Uranus avait reculé les frontières du système solaire de 335 à 733 millions de lieues du Soleil,
en 1846 la découverte de Neptune rejeta, par un autre bond, ces
frontières de. 733 à 1 100 millions! — Les étoiles, qui au commencement de notre siècle, étaient supposées peu éloignées au
delà d'Uranus (comme avant 1781 on les avait supposées peu
éloignées au delà de Saturne), se trouvèrent immédiatement
portées, par la force même des choses, à une distance supérieure
à un milliard de lieues. C'est ainsi que l'idée de l'Univers s'est
agrandie dans l'esprit humain en raison directe des découvertes de
l'astronomie.   •

Un plan du système planétaire représentant l'orbite de Neptune
et celles des principaux mondes de la famille du Soleil, et tracé à
une échelle en rapport avec le format de ces pages, s'arrêterait à
Jupiter comme orbite intérieure; car Mars, la Terre, Vénus et

Mercure seraient absolument perdus dans le Soleil. Ce dernier
plan (*fig.* 320) forme un contraste frappant avec le premier que
nous avons tracé (p. 18) à propos de Mars, au début de notre voyage
uranographique.

Il importe ici de remarquer que la découverte de Neptune diffère

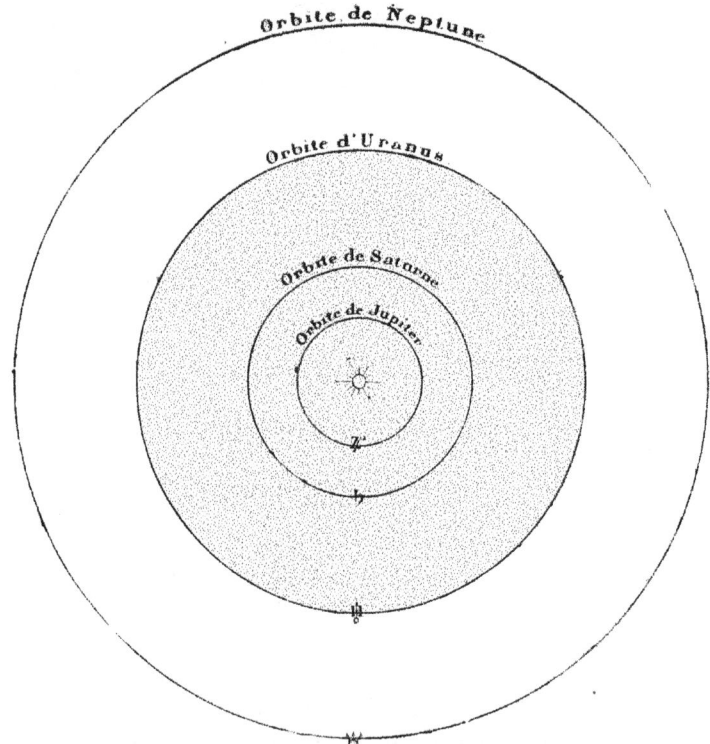

Fig. 320. — Les mondes principaux du système solaire.
(Échel': 1 $\overline{c} \cdot m$ = 50 millions de lieues).

de celle de toutes les autres planètes par la méthode employée pour
y parvenir. Tandis qu'Uranus, les satellites de Jupiter, de Saturne
et d'Uranus, et les petites planètes situées entre Mars et Jupiter, en
un mot les astres invisibles à l'œil nu et inconnus de l'antiquité,
ont été découverts par l'observation optique, Neptune a été révélé
par le calcul.

En formant les tables du mouvement d'Uranus, l'astronome français Bouvard avait remarqué, dès 1821, que cette planète offre dans son mouvement certaines irrégularités indiquant qu'elle est troublée par l'attraction d'une planète extérieure à elle. Pendant vingt ans et plus, les astronomes restèrent convaincus de l'existence de cette planète perturbatrice, mais sans qu'aucun d'eux terminât les calculs nécessaires pour fixer *sa position*, — calculs commencés par Bouvard lui-même, en France et par Bessel en Allemagne. Sur les conseils d'Arago, un jeune mathématicien français, Le Verrier, que la solution du problème a rendu immortel, entreprit ce travail et mena cette recherche à bonne fin : le 31 août 1846, il annonça à l'Académie des sciences la position théorique de la planète inconnue. Moins d'un mois après, le 23 septembre, un astronome de Berlin, M. Galle, la cherchait à l'aide d'une lunette, et la découvrait non loin de la position assignée.

C'était là une démonstration irréfutable de la réalité des lois de l'attraction et de l'exactitude des calculs astronomiques. Le mathématicien avait trouvé la planète « au bout de sa plume ». Une telle découverte prouvait une fois de plus que, par l'induction, l'esprit humain peut découvrir « les vérités éternelles cachées dans la majesté des théories ».

En même temps que le géomètre français, un étudiant de l'université de Cambridge, M. Adams, avait entrepris la solution du même problème, et l'avait résolu juste de la même façon huit mois auparavant, sans que le directeur de l'Observatoire national d'Angleterre jugeât opportun d'en avertir le monde savant? — Cette double découverte n'a rien d'étonnant : l'histoire des sciences offre à chaque instant de pareilles coïncidences.

On s'accorda à donner au nouvel astre le nom de Neptune, et son signe abréviatif fut un globe surmonté d'un trident ♆.

D'après la formule empirique de Titius signalée plus haut (p. 547), l'auteur de la découverte avait cru naturel de supposer la distance de Neptune à 36 fois celle de la Terre, ce qui lui donnait une période de 217 ans. Mais, après la découverte, on constata que cette distance est sensiblement moindre, qu'elle est de 30, et que la révolution s'effectue en 165 ans, ou, plus exactement, en 60181 jours.

Cette orbite offrant un développement de près de 7 milliards de lieues, la vitesse de la planète est de 116000 lieues par jour ou de 5400 mètres par seconde. C'est, naturellement, la plus faible des vitesses planétaires.

A une pareille distance, ce monde, malgré ses dimensions réelles, qui sont loin d'être insignifiantes, n'offre plus que l'éclat d'une étoile de 8° grandeur, avec un disque télescopique de 2″,42 (Arago, 1846 : 2″,60; Lassell et Marth, 1867 : 2″,24). Le calcul géométrique montre que son diamètre est de 4,387, celui de la Terre étant représenté par 1,000, ce qui lui donne 14000 lieues de diamètre et 44000 lieues de tour. Sa surface est 19 fois plus vaste que celle de notre globe, et son volume vaut à lui seul 84 terres. Au point de vue des dimensions, Neptune est donc la troisième planète du système, par ordre de grandeur, comme on a pu le voir déjà, du reste, sur notre figure 265.

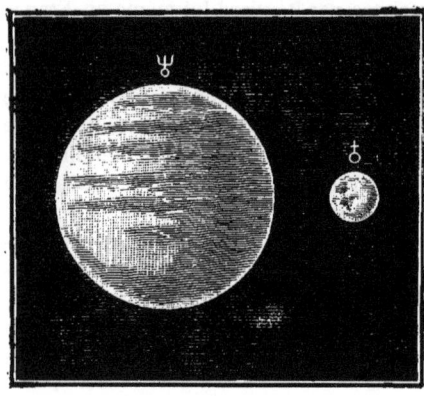

Fig. 321.
Grandeur comparée de Neptune et de la Terre.

Immédiatement après la découverte de Neptune, M. Lassell dirigea l'un des meilleurs instruments de cette époque vers la nouvelle planète, et découvrit, le 10 octobre 1846, un satellite offrant l'aspect d'une petite étoile de 14° grandeur. La distance moyenne de ce satellite est de 13 demi-diamètres de la planète, ce qui correspond à 100000 lieues environ, et sa révolution s'effectue en 5 jours 21 heures. Le mois des Neptuniens ne dure même pas six de nos jours. Cette vitesse de translation prouve que Neptune doit tourner sur lui-même en une période rapide, comme Jupiter, Saturne et Uranus. (Cette période doit être d'environ 11 heures.)

Ce satellite gravite, comme ceux d'Uranus, dans un plan considérablement incliné sur l'écliptique et en sens rétrograde. Ainsi la zone qui sépare Saturne d'Uranus divise le système solaire en deux parties distinctes. Dans la première, la plus voisine du Soleil, les rotations des planètes et les circulations des satellites sont directes. Dans la seconde, elles sont rétrogrades. Il est probable que les planètes extra-neptuniennes tournent, comme Uranus et Neptune, en sens rétrograde.

Chaque année neptunienne est égale à 165 des nôtres! Comme

nous le remarquions pour Uranus, si l'on y vit en moyenne autant
d'années qu'ici, les enfants y sont encore en nourrice à l'âge de
200 ans, on y tire au sort à l'âge de 3300 ans (si cette heureuse
invention de la guerre permanente y a été imaginée comme sur
notre intelligente planète), et les centenaires y gémissent sous le
poids de 16500 hivers! On y vit plus lentement; une pensée qui
chez nous n'emploie qu'une seconde pour frapper notre cerveau,
reste deux minutes avant d'agir ; un repas terrestre d'une heure

Fig. 322. — Grandeur comparée du Soleil vu de la Terre et vu de Neptune.

y dure une semaine ; sans doute toutes les fonctions organiques
s'y accomplissent-elles avec une extrême lenteur...

On conçoit qu'à l'éloignement de plus d'un milliard de lieues qui
sépare toujours cette planète de la nôtre, nos plus puissants télescopes ne parviennent à rien distinguer à sa surface. Sa constitution
physique nous reste donc à peu près inconnue. Nous savons cependant, d'après la vitesse de son satellite et d'après les perturbations
exercées sur Uranus, que sa masse est 18 fois plus forte que celle de
la Terre, que sa densité moyenne n'est que le cinquième de celle
de notre globe (= 0,216), et que la pesanteur y est à peu près la
même qu'ici (= 0,953). L'analyse spectrale a constaté de plus,

comme dans le cas d'Uranus, l'existence d'une atmosphère
absorbante dans laquelle se trouvent des gaz *qui n'existent pas
dans la nôtre*, et offrant presque une identité de composition
chimique avec celle d'Uranus.

La distance de Neptune au Soleil étant 30 fois plus grande que
celle de la Terre, l'astre du jour (devons-nous encore lui donner ce
nom?) offre un diamètre 30 fois plus petit que notre Soleil terrestre.
Pour nous former une idée exacte de cette extrême différence, nous
avons représenté (*fig.* 322) le Soleil vu de la Terre à une échelle de
2 millimètres pour 1′; son disque apparent mesure ainsi 64 millimètres de diamètre. Eh bien ! vu à la distance de Neptune, ce disque
n'offre à la même échelle qu'un diamètre de 2 millimètres. Il en
résulte que la *surface* du soleil neptunien est 900 fois plus petite
que celle du nôtre, et que la chaleur et la lumière solaires y sont
réduites dans la même proportion ([1]).

Vue de Mercure, la surface du Soleil est 6673 fois plus considérable que vue de Neptune. Remarquons néanmoins que le soleil
neptunien présente encore un éclat bien supérieur à celui de
toutes les étoiles que nous voyons au ciel. Son diamètre, de 64″,
surpasse à peine de moitié celui de notre Jupiter, qui atteint 45″;
mais l'éclat est incomparablement plus brillant. Il faut s'éloigner
jusqu'aux étoiles pour que ce cher Soleil perde tout à fait sa supériorité apparente, et se perde comme un point au milieu de l'espace
étoilé.

Le diamètre des plus brillantes étoiles, de Sirius même, n'est pas
égal à un centième de seconde. Le Soleil, vu de Neptune, ayant
encore 64″, la surface de son disque surpasse de 41 millions de fois
celle de Sirius. Ainsi, dans la planète la plus reculée du système, le
Soleil illumine encore comme plus de quarante millions d'étoiles
de première grandeur.

([1]) C'est là un soleil lilliputien, 900 fois moins étendu en surface. On croirait que
cette lumière est si faible que le jour diffère à peine de la nuit sur ce monde ; cependant, si nous la comparons à celle que nous envoie la pleine lune à minuit, nous
serons étonnés de la différence. En effet, la clarté lunaire est 618 000 fois moins
intense que le Soleil ; il en résulte que tout en étant 900 fois plus faible qu'ici, la
lumière du jour neptunien est encore égale à celle qui serait donnée par 687 pleines
lunes répandant leurs rayons dans les hauteurs d'un ciel pur.

Le raisonnement que nous avons fait à propos de la sensibilité du nerf optique dans les yeux uraniens, peut être, à plus forte raison, appliqué aux yeux neptuniens. S'étant formés au sein de cette faible intensité lumineuse, ils doivent être plus sensibles que les nôtres, et ces êtres seraient aveuglés par la lumière du jour terrestre. Nous n'imaginerons pas avec l'Allemand Wolff que la rétine soit sur les différents mondes d'une dimension correspondante à l'affaiblissement lumineux, et que la taille des hommes des planètes soit à son tour proportionnée à ce développement des yeux planétaires ; car, de même que ce raisonnement l'a conduit à évaluer la taille des habitants de Jupiter à « quatorze pieds deux tiers, taille du géant Og, roi de Bazan », la même idée nous conduirait à supposer aux Neptuniens une taille de 57 mètres ; tandis que non seulement la grandeur de l'œil n'est pas en proportion avec celle des êtres (exemples : l'éléphant et la libellule), mais encore les dimensions comme le poids des êtres sont réglés en partie par la force vitale de chaque planète et en partie par l'intensité de la pesanteur.

Si le monde de Neptune n'avait d'autre source de chaleur que celle qu'il reçoit du Soleil, sa température moyenne serait, non pas précisément 900 fois plus froide que celle de la surface terrestre (car son atmosphère peut conserver, accumuler, thésauriser la quantité proportionnellement reçue), mais elle serait toujours néanmoins incomparablement inférieure à celle de nos pôles couverts de neiges éternelles, et, au point de vue terrestre, cette patrie lointaine serait un grand désert perdu dans la nuit de l'espace et voué à une incurable stérilité. Sans doute, par sa situation, Neptune semble symboliser un monde de glace. Mais lors même que le simple bon sens ne suffirait pas pour nous conduire à une conclusion plus en harmonie avec les enseignements de la Nature, la différence radicale qui sépare ces mondes lointains du nôtre au point de vue de la constitution matérielle et de la densité, et les révélations de l'analyse spectrale sur leurs atmosphères, s'accordent pour nous prouver que Neptune et Uranus sont des mondes d'une tout autre nature que celui que nous habitons ; qu'ils ne peuvent pas être peuplés par un état de vie analogue au nôtre, et que les forces de la nature ont donné naissance à des productions entièrement différentes des productions organiques terrestres, — si extra-terrestres, en vérité, que les voyant de nos yeux, nous ne les reconnaîtrions pas pour des êtres organisés, et qu'un voyage accompli de la sphère de Saturne à celle de Neptune serait incomparablement

plus prodigieux, plus fantastique, plus inénarrable que tous les rêves
des *Mille et une Nuits*, tous les contes de fées et toutes les
créations sorties des bulles de savon soufflées par la folle du logis.

Quels qu'ils soient, les habitants de Neptune occupent un observatoire unique pour l'étude de l'astronomie sidérale. Nous autres
habitants de la Terre, nous sommes fort mal installés pour cette
étude, car les étoiles sont si éloignées de nous, que, pour en mesurer la distance, il faut nous placer aux deux extrémités d'un
même diamètre de l'orbite terrestre, à six mois d'intervalle, et
former un triangle avec ce diamètre de 74 millions de lieues et
l'étoile dont nous voulons connaitre l'éloignement; et cet éloignement est tel, même pour les étoiles les plus proches, que ces
74 millions de lieues s'effacent et suffisent à peine pour la formation du triangle ! L'étoile *la plus rapprochée* de nous est en effet
à plus de 100 000 fois ce diamètre! Mais de Neptune, la base du
triangle est trente fois plus longue, et la mesure trente fois plus
facile. Les astronomes neptuniens ont pu facilement mesurer le
ciel, déterminer la distance de toutes les étoiles de notre région,
et prendre mieux possession de l'infini que nous, pauvres pygmées
réduits à une mesquine base de 74 millions de lieues seulement. —
Mais aussi il faut supposer, pour cela, que les opticiens de Neptune aient inventé des instruments aussi parfaits et aussi finement
divisés que les nôtres (pourquoi pas?), et que l'on vive assez longtemps dans ce pays-là pour pouvoir continuer comme ici un
même travail pendant plusieurs *années*, — et dix ans de Neptune
en valent 1650 des nôtres.

Neptune est-il plus rapproché des étoiles que nous? Oui, comme
nous venons de le voir. Mais combien les distances de l'astronomie
sidérale sont supérieures encore à celles de l'astronomie planétaire,
puisque de Neptune pour se rendre à l'étoile la plus proche, il faudrait ajouter successivement près de 8 000 fois la distance qui le
sépare du Soleil!

Il va sans dire que de ce monde la Terre est *complètement invisible*. C'est un simple point mathématique perdu dans le rayonnement de leur petit soleil, dont elle ne s'écarte pas à plus de 1°54' :
elle ne sort pas de cet astre. — Mercure et Vénus y sont,
à plus forte raison, tout aussi inconnus. Quoique plus éloigné du

Neptune semble symboliser un monde de glace...

Soleil, Mars n'y est pas plus visible, car il ne s'en écarte pas à plus de 3°. Jupiter lui-même est inconnu de Neptune, car, de cette distance, il n'est, lui aussi, qu'un point éclipsé dans les rayons solaires : sa plus grande élongation est de 10". Saturne a peut-être été découvert, si l'on suppose aux astronomes neptuniens d'excellents instruments et une observation assidue du Soleil : c'est une petite étoile

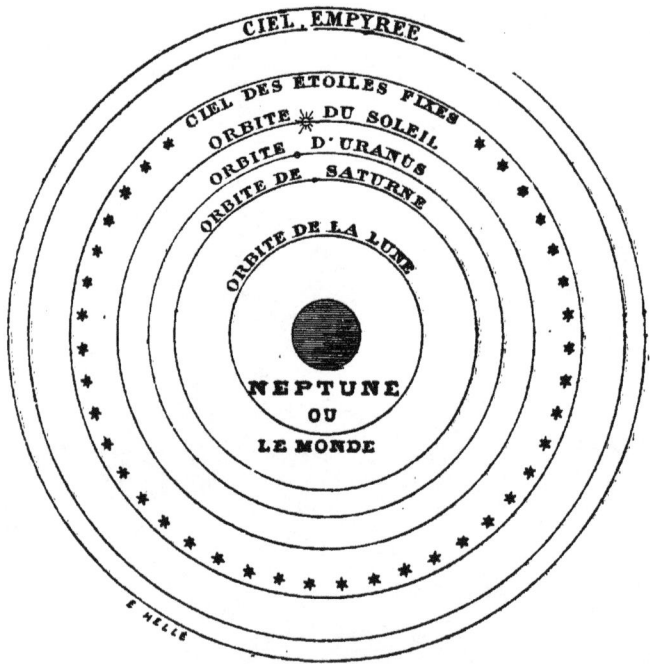

Fig. 324. — Le système du Monde vu de Neptune.

qui s'en éloigne parfois jusqu'à 18°. Très probablement, Uranus est la seule planète qu'ils connaissent : elle est pour eux l'étoile du matin et du soir, et s'écarte jusqu'à 40° du Soleil ; mais elle reste encore à plus de 400 millions de lieues à l'époque la plus favorable pour l'observation, de sorte qu'elle n'offre aux Neptuniens que l'aspect d'une simple étoile ; son plus grand diamètre est de 7",07, celui de Saturne est de 7",91, et celui de Jupiter de 7",95. Pour Neptune, le système du monde se trouve esquissé dans le petit tableau ci-dessus

(*fig.* 325), sur lequel il n'est pas plus question de notre planète que
si elle n'avait jamais existé.

Ainsi, en définitive, la dernière planète connue de notre système
nous présente la situation suivante :

ÉTAT PARTICULIER DU MONDE DE NEPTUNE.

Durée de l'année . . . . 165 ans terrestres, ou 60 181 jours.
Durée probable du jour. . . . . Environ 11 heures.
Lune et mois. . . . . Révolution en 5 jours 21 heures.
Diamètre du globe. . . . . Quatre fois supérieur à celui de la Terre
                                     = 14 000 lieues.
Tour du monde neptunien. . . . . . . 44 000 lieues.
Densité des matériaux. . . . . Presque cinq fois plus faible qu'ici (= 0,216).
Pesanteur à la surface. . . . . A peu près la même qu'ici (= 0,953).
Atmosphère. . . . . Très différente de la nôtre.
État probable de la vie. . . . . Sans doute beaucoup plus longue qu'ici. Orga-
                                     nismes absolument différents.
Grandeur du Soleil. . . . . Trente fois moins large qu'ici (64"). Petit
                                     disque lumineux; 900 fois moins de lumière.
La Terre appréciée de Neptune.. . . . *Complètement inconnue.*

Telle est la dernière île de notre archipel planétaire; telle est la
dernière province de la république solaire, dernière étape de notre
céleste voyage.

CHAPITRE II

Les planètes extérieures à Neptune.

En arrivant aux limites du grand voyage que nous venons de parcourir, il importe que nous ne fermions pas les yeux, et que nous observions encore un instant l'espace qui nous environne. Insensiblement, nous nous sommes éloignés jusqu'au delà de 1 000 millions de lieues, éloignement dans lequel nous avons perdu de vue la Terre et ses compagnes, mais dans lequel pourtant nous ne sommes pas sortis du domaine du Soleil. Nous avons maintenant devant nous un horizon qui, loin de s'arrêter, se développe désormais jusqu'à..... *l'infini*. Sommes-nous arrivés aux frontières de l'empire solaire, comme il le semblerait à première vue ? Non. Des astres obéissant à la domination du puissant foyer s'éloignent encore au delà de l'orbite de Neptune; de faibles comètes, légères et vagabondes en apparence, s'envolent par delà les solitudes silencieuses de l'espace transneptunien, jusqu'à des *milliards* de lieues, et là, dans l'espace obscur et glacé, ralentissant leur marche comme si elles étaient devenues aveugles, elles semblent attentives au moindre signal, s'arrêtent en sentant à travers la nuit la main invisible du dieu lointain qui vient encore les rappeler, penchent vers lui leur tête vaporeuse, le reconnaissent, quoiqu'il ne soit plus qu'une étoile, et s'en retournent vers lui en se précipitant avec une vitesse croissante dans sa chaleur et dans sa lumière, comme si elles étaient emportées par l'ardeur dévorante d'un insondable amour. Elles tombent échevelées dans ses serres avec une telle vitesse, qu'elles dépassent le but et côtoient l'astre du jour dans le feu de leur périhélie... Telles les comètes de 1680, de 1843, de 1880 et de 1882, qui après s'être approchées de l'atmosphère même de l'astre radieux et avoir même effleuré ses flammes, se sont éloignées avec majesté dans l'espace, traversant successivement les orbites de toutes les planètes, abandonnant Neptune lui-même, et poursuivant leur essor jusque dans l'immensité sidérale, d'où la puissance magnétique du Soleil sait doucement les faire revenir!

Aucune raison ne peut nous laisser penser que Neptune soit la dernière planète du système. Ceux qui l'affirment sont dans le même cas que ceux qui affirmaient il y a cent ans qu'il n'y avait rien au delà de Saturne, ou que ceux qui affirmaient il y a cinquante ans qu'il n'y avait rien au delà d'Uranus : ils sont même moins excusables, à cause des faits acquis depuis un siècle. Au contraire, il est certain que l'orbite de Neptune n'enferme pas le domaine solaire, puisqu'un grand nombre de comètes ont leur aphélie fort au delà, et la science future reconnaîtra qu'une ou plusieurs planètes gravitent dans ces régions ultimes. Notre ignorance à leur égard ne prouve en rien leur absence.

De ces planètes inconnues, nous ne pouvons naturellement rien dire, et il en est de même des *milliers de comètes* qui circulent à travers le système solaire dans toutes les directions et à toutes les distances. Parmi ces fumées errantes, les unes sont uniquement formées de vapeurs dans la composition desquelles le carbone, ce premier élément de la vie, entre pour la majeure partie, et les autres sont des agrégations d'astéroïdes qu'elles sèment dans leur cours au sein de l'immensité. Ces astres mystérieux jouent-ils un rôle dans la diffusion de la vie à travers les mondes? On serait autorisé à le croire d'après leur constitution chimique. Mais quant à être eux-mêmes le séjour de la vie organique, l'imagination la plus téméraire ne saurait se le figurer; leurs variations incessantes de forme, leurs métamorphoses si rapides, leurs changements inouïs de température, depuis le feu jusqu'à la glace et au delà, paraissent s'opposer invinciblement à toute manifestation organique... Mais, après tout, où finit la matière? où commence l'esprit?

La théorie cosmogonique la plus probable, celle de Kant, de Laplace et d'Herschel, d'après laquelle le système solaire serait dû à la

condensation progressive d'une immense nébuleuse et au détachement successif de fragments enlevés de l'équateur de cette nébuleuse
lenticulaire par la force centrifuge due au mouvement de rotation ;
cette théorie, dis-je, rend parfaitement compte de la situation comme
des mouvements des planètes, mais elle n'explique ni la naissance, ni
la nature, ni les orbites des comètes, de sorte que nous sommes encore
conduits aujourd'hui à les considérer, avec Laplace, comme de petites
nébuleuses étrangères à notre système, voyageant à travers l'immensité en suivant des hyperboles ou des paraboles, et errant de systèmes en systèmes. Toute comète périodique, décrivant autour du
Soleil une ellipse déterminée, a, dans cette théorie, été saisie au
passage par l'attraction d'une planète, qui a courbé sa trajectoire
primitive, et qui, en forçant la comète à revenir à cette région après
son passage au périhélie, lui impose désormais comme orbite, une
ellipse dont le Soleil occupe un des foyers et dont l'aphélie se ferme
vers l'orbite même de la planète perturbatrice. Tel est, du reste, le
résultat des observations : toutes les comètes périodiques dont le
retour a été observé, ont leur aphélie situé vers l'orbite d'une grosse
planète, et montrent ainsi que leur introduction dans le système
solaire est due à telle ou telle influence planétaire. Ainsi, les huit
comètes périodiques, d'Encke, de Tempel 1873, de Brorsen, de Winnecke, de Tempel 1867, de d'Arrest, de Biéla et de Faye, ont leurs
aphélies situés vers l'orbite de Jupiter, quatre en deçà et quatre au
delà ; leur mouvement est direct et l'on s'accorde à attribuer leur
introduction dans le système à l'influence prépondérante de ce géant
des mondes. L'aphélie de la comète de Tuttle est situé sur l'orbite
de Saturne. Celui de la première comète de 1866 et de l'orbite des
étoiles filantes qui rencontrent la Terre du 13 au 14 novembre,.
ainsi que celui de la première comète de 1867, est situé sur l'orbite
d'Uranus. L'aphélie de la comète de Halley et ceux de sept autres
comètes, se trouvent sur l'orbite de Neptune. Le fait le plus
remarquable est que tous ces aphélies sont groupés précisément aux
distances de chacune de ces planètes, et que, dans l'intervalle qui
sépare les orbites planétaires, il n'y a aucun aphélie cométaire. La
théorie est donc sinon absolument démontrée, du moins excessivement probable.

Parlons un instant de la comète de 1812, qui vient précisément

de nous revenir (1883). Le demi grand axe de l'orbite de cette comète est de 17,095 et sa distance aphélie de 33,414. Ainsi, cette
nébulosité s'est éloignée jusqu'à 1 236 millions de lieues du Soleil ;
elle était arrivée dans ce désert glacé de l'espace, invisible boule de
vent, au mois de mai 1848, et là, rappelée par l'attraction, elle est
revenue visiter les parages où gravitent nos planètes ensoleillées.
Lorsqu'elle passa près de nous, en 1812, un soldat qui avait pris le
trône de Charlemagne — et qui avait distribué les royautés de l'Europe
à ses frères régnait — en souverain sur la meilleure partie de notre planète, et il semblait qu'une telle gloire ne dût jamais s'éteindre. Un
an plus tard, le moderne César ne possédait plus ni un empire, ni
un royaume, ni une province, ni une cité ; à l'endroit même où
j'écris ces lignes [Juvisy, *la Cour de France*] (¹), et d'où j'observais,
il n'y a qu'un instant encore (octobre 1883), l'astre de 1812 revenu
des profondeurs célestes, l'empereur, abandonné, recevait (30 mars
1814) les envoyés de Paris lui annonçant l'écroulement complet de
ses ambitions, préparait d'inutiles projets de défense, et décidait son
départ pour les adieux de Fontainebleau. L'Europe politique de
1812 a disparu depuis longtemps avec les pompes retentissantes des
grands de la Terre. Et la pauvre solitaire du ciel est là, de nouveau, sous nos yeux, nous montrant la vanité des choses humaines
et la permanente grandeur de l'Astronomie.

Elle a été fixée, comme comète périodique, dans notre système
solaire, par l'attraction de Neptune, non loin duquel elle est passée
vers l'an 695 avant notre ère. Neptune a amené huit comètes dans
notre famille : celle de Halley ; celle de 1812, qui doit s'appeler désormais la *Comète de Pons ;* celle de 1815 ; celles (1ʳᵉ et 3ᵉ) de 1846 ;
celle de 1847 (5ᵉ) ; celle de 1852 (2ᵉ), et celle de 1873 (2ᵉ). Neptune a
retenu sûrement les deux premières. L'avenir nous instruira sur
les autres.

La 3ᵉ comète de 1862, et l'orbite aujourd'hui parfaitement déterminée des étoiles filantes du 10 août nous prouvent que *Neptune n'est pas la dernière planète*, et qu'il y en a une au delà,
vers la distance 48, c'est-à-dire gravitant à 1 780 millions de lieues
du Soleil. Cette planète ultraneptunienne est incomparablement

<hr>

(¹) Onzième édition des *Terres du Ciel.*

plus certaine, à nos yeux, que la prétendue planète intramercu-
rielle.

Les comètes périodiques ayant pour origine de leur introduction
dans le système solaire l'attraction d'une planète, il n'est donc pas
douteux que ces planètes perturbatrices existent au delà de Neptune.

L'orbite des étoiles filantes du 10 août est absolument sûre, aussi
sûre, en réalité, que celle de toute comète périodique dont le retour
a été observé. L'orbite de la troisième comète de 1862, apparition
dont tout le monde se souvient et qui a été visible à l'œil nu pendant trois semaines en août et septembre, est aussi l'une des plus
sûrement déterminées. Une autre comète remarquable, celle de
1532, qui est revenue en 1661, mais n'a pas été revue en 1789 (sans
doute à cause de son passage en juillet en de mauvaises conditions
d'observation), est attendue pour l'an 1919. Selon toute probabilité,
la planète extérieure à Neptune a été la cause déterminante de
l'orbite de la comète de 1862, et doit décrire son cours autour du
Soleil vers la distance de l'aphélie de cette comète et de l'essaim
classique des étoiles filantes du mois d'août. On sait que Le Verrier
attribuait à Uranus l'introduction, dans notre système, de l'essaim
des étoiles filantes du 13 novembre et pensait que la perturbation
s'était opérée vers l'an 126 de notre ère.

D'autres aphélies cométaires se présentent aux distances 70,107,
et au delà; mais nul n'ignore que plus l'aphélie est éloigné, plus
l'ellipse se rapproche de la parabole et moins l'orbite est sûre. On
ne sait pas au juste où ces orbites lointaines se ferment, tandis qu'il
est absolument certain que l'orbite des étoiles filantes d'août est
fermée à la distance 49. Nous ne tirerons donc, en ce moment, aucune conséquence relative à la position des planètes plus lointaines
encore.

Lorsqu'on examine la figure de l'orbite de la comète de Halley
et qu'on se souvient qu'à l'époque où elle a été tracée pour la première fois, Saturne marquait les frontières du système du monde,
on est étonné de la hardiesse du jet de cet orbite qui semble s'élancer
dans l'infini pour aller toucher la place où Neptune sommeillait dans
l'attente du progrès des découvertes astronomiques ([1]). Il y a moins

___

[1] Voy. l'*Astronomie populaire*, p. 610.

COMÈTES PÉRIODIQUES

ET PLANÈTES

PREMIER GROUPE

Orbite de Jupiter. Distance	= 4,9 à 5,5 (1)
Comète d'Encke ; aphélie	= 4,1
Tempel, 1873	= 4,7
Tempel, 1867	= 4,8
Brorsen	= 5,6
Winnecke	= 5,6
D'Arrest	= 5,8
Faye	= 5,9
Biéla (détruite)	= 6,2

DEUXIÈME GROUPE

Orbite de Saturne. Distance	= 9,0 à 10,1
Comète de Tuttle ; aphélie	= 10,5

TROISIÈME GROUPE

Orbite d'Uranus. Distance.	= 18,3 à 22,1
Comète I, 1867	= 19,3
Comète de 1866 et étoiles filantes du 13 novembre ; aphélie	= 19,7

QUATRIÈME GROUPE

Orbite de Neptune. Distance		= 20,8 à 30,3
Comète I	1846	= 28
II	1852	= 29
II	1852	= 32
	1812-1883	= 33
III	1846	= 34
	1815	= 34
V	1847	= 35
	Halley	= 35

CINQUIÈME GROUPE

Planète transneptunienne. Distance	= 48 à 49
Comète III, 1862, et étoiles filantes du 10 août..	= 49
Comète de 1532 et 1661	= 48

---

(1) La distance de la Terre étant 1.

de hardiesse à placer aujourd'hui en hypothèse une planète vers la
distance 48, à un milliard huit cent millions de lieues du Soleil,
qu'il n'y en eût eu, du temps de Halley, à supposer Neptune à la
distance à laquelle il gravite en réalité.

Ajoutons, en terminant, que la loi de Titius, qui avait conduit
Le Verrier à supposer Neptune à la distance 36, est démontrée erronée par ce seul fait que Neptune est beaucoup plus proche du
Soleil que le rapport numérique alors généralement adopté ne l'indiquait. Toute loi de proportion analogue serait donc imaginaire. Il
n'en est pas moins assez curieux de remarquer qu'à cette distance 48
correspond une révolution environ double de celle de Neptune, laquelle se trouve être aussi à peu près double de celle d'Uranus.

LIVRE XI

LA VIE DANS L'INFINI

LIVRE XI

LA VIE DANS L'INFINI

Nous venons de parcourir toute l'étendue du système solaire et d'étudier notre groupe de mondes au point de vue du temps comme au point de vue de l'espace. Mais ce n'est là qu'un archipel dans l'océan céleste. Moins encore, ce n'est qu'une île dans un archipel. Moins encore, ce n'est qu'une fourmilière dans une île. En effet, dans toutes nos excursions précédentes, nous ne sommes pas sortis du domaine d'*une* étoile. Et combien n'y a-t-il pas d'étoiles dans l'infini ?

Les auteurs de la Bible s'imaginaient que Jéhovah avait créé surtout (pour l'utilité de la Terre) *deux* luminaires : « Fecit que Deus duo luminaria... et stellas ». *Et les étoiles*, ajoutées pour ainsi dire « par-dessus le marché ». Ce n'était rien ou presque rien : des points brillants attachés au firmament. Et pourtant, si l'on en croit la peinture de Raphaël (*fig.* 328) qui complète notre galerie planétaire du même interprète, le Créateur paraît extraordinairement stupéfait de sa création : « Et vidit Deus quod esset bonum ». Que serait-ce *s'il avait su !...* car Raphaël ne se doutait pas plus que Moïse de la réalité céleste. Le rayonnement de Jéhovah eût été tel

que tous ces petits anges qui l'environnent se seraient évidemment
évanouis de frayeur.

Notre Soleil n'est qu'une étoile, et toutes les planètes, y compris
la Terre, ne sont que ses obscurs satellites. *Chaque étoile est un
soleil* volumineux et lourd comme celui qui nous éclaire : l'éloignement seul les réduit à l'aspect de points brillants. Si nous pouvions
nous approcher de l'une quelconque d'entre elles, nous éprouverions
la même impression qu'en allant de Neptune au Soleil : l'étoile
s'agrandirait à mesure que nous approcherions, elle offrirait bientôt
un disque circulaire, et irait se développant insensiblement jusqu'à
devenir aussi grande que notre Soleil vu de la Terre ; puis, ce
disque lumineux, continuant à s'agrandir en raison de notre
rapprochement, arriverait, un certain moment, à s'ouvrir *comme
une fournaise béante emplissant le ciel entier*, éblouissement
colossal devant lequel nous nous anéantirions, fondus comme de
la cire, vaporisés comme une goutte d'eau tombée sur un fer
rouge !... Ainsi est chaque étoile.

Chaque soleil de l'infini a sa sphère d'attraction particulière, sphère qui
s'étend jusqu'à la limite où elle est neutralisée par une autre. L'attraction
diminue en raison inverse du carré des distances, mais ne devient nulle
part absolument nulle. A la distance de Neptune, l'attraction solaire
est 900 fois moindre qu'à la distance de la Terre ; tandis que la Terre, si
elle était arrêtée dans son cours, tomberait vers le Soleil de $0^m,00294$ dans
la première seconde de chute (presque 3 millimètres), Neptune ne tomberait que de $0^m,00000327$. Cette attraction continue ainsi de décroître à
mesure qu'on s'éloigne. Mais, en même temps, si l'on marche dans la
direction d'une des étoiles voisines, on commence à sentir son
influence. La plus rapprochée de nous gît à une distance 210 000 fois
supérieure à celle qui nous sépare du Soleil ; à 8 trillions de lieues, c'est
l'étoile α du Centaure, brillante étoile double dont nous avons calculé
l'orbite et la masse. Cette masse est égale à la moitié de celle du Soleil ; il
en résulte que si l'on voyage d'ici à cette étoile, on arrive à un point
neutre où les deux attractions se contre-balancent, et que ce point se
trouve aux trois quarts de la distance qui nous en sépare, c'est-à-dire à
6 trillions de lieues d'ici, ou, ce qui revient au même, à 2 trillions de
lieues de l'étoile, puisque la distance est de 8 trillions. Là, un corps
céleste, une comète, sera dans l'indécision, ne pèsera plus rien, s'arrêtera ; mais la plus faible influence extérieure le fera pénétrer, soit dans
la sphère d'attraction de notre soleil, soit dans celle du soleil α du
Centaure.

Ce soleil du Centaure est situé dans le ciel austral, du côté du pôle antarctique; il nous apparaît sous la forme d'une éclatante étoile de première grandeur. Le soleil le plus proche de nous, après lui, est situé dans le ciel boréal, dans la constellation du Cygne : c'est la 61ᵉ étoile

Fig. 327.

Fecit Deus duo Luminaria &c et Stellas &c.
et vidit Deus quod esset bonum. Gen. 1.

de cette constellation. Sa distance est supérieure à 400 000 fois le rayon de l'orbite terrestre : elle est de près de 15 trillions de lieues. J'ai souvent observé cette étoile : elle est à peine visible à l'œil nu, mais au télescope elle est double, comme la précédente; seulement ses deux composantes ne tournent pas l'une autour de l'autre (conclusion qui m'a fort surpris, lorsque je l'ai trouvée, en 1874, en comparant toutes les observations faites depuis cent vingt ans, et d'où il résulte que sa masse ne peut pas être déterminée). Mais quoi qu'il en soit, le fait qui doit nous frapper, c'est que les distances qui séparent les uns des autres les soleils de l'infini se comptent non plus par millions ni même par milliards, mais par *trillions* de lieues.

La plus brillante étoile de notre ciel, Sirius, est un soleil dont le volume, si l'on en juge par sa lumière, doit être 2600 fois plus considérable que celui de notre soleil. Sa distance est de 897000 fois 37 millions, c'est-à-dire de 39 *trillions* de lieues.

Signalons encore parmi « nos voisines » la 70ᵉ d'Ophiuchus, située près de l'équateur. Nous avons calculé qu'elle pèse environ *trois fois plus que notre soleil*, c'est-à-dire 900000 fois plus que la Terre. Sa distance est de 1400000 fois le demi-diamètre de l'orbite terrestre, c'est-à-dire de 54 *trillions* de lieues (¹).

Les astronomes sont d'accord pour admettre, depuis plusieurs siècles déjà (depuis le temps de Kepler) que chacun de ces innombrables soleils qui peuplent l'infini est le centre d'un système analogue au système planétaire dont nous faisons partie. Chacune des étoiles que nous voyons au ciel nous montre de loin un foyer lumineux autour duquel d'autres familles humaines sont rassemblées. Nos yeux sont trop faibles pour apercevoir ces planètes inconnues ; nos télescopes les plus puissants n'atteignent pas encore à ces profondeurs. Mais la Nature ne s'inquiète ni de nos yeux, ni de nos télescopes, et par delà les bornes où s'arrête l'essor de nos conceptions fatiguées, elle continue de développer sa fécondité et sa magnificence.

Pourtant l'heure est sonnée où ces systèmes planétaires différents du nôtre cessent de sommeiller dans le domaine des hypothèses. A défaut du télescope, la mécanique céleste a déjà révélé l'existence d'astres obscurs, invisibles dans les rayons de ces lointains soleils, mais qui les troublent dans leurs mouvements à travers l'immensité ; — et déjà même, parmi les astres ainsi soupçonnés, les puissants télescopes contemporains en ont reconnu plusieurs.

(¹) Nous n'avons pas à nous étendre ici sur les systèmes stellaires, sur les univers différents du nôtre : ils font l'objet de notre ouvrage spécial *Les Étoiles et les Curiosités du Ciel*, où le lecteur trouvera réunies toutes les notions acquises à la science actuelle en astronomie sidérale.

Parmi ces systèmes stellaires, un grand nombre présentent non une brillante étoile accompagnée d'une ou de plusieurs petites, mais deux étoiles égales en éclat : de tels systèmes ne peuvent plus être comparés au nôtre, car ils sont composés de deux soleils. Ces deux soleils tournent l'un autour de l'autre, en des révolutions variées, dont quelques-unes embrassent des centaines et des milliers d'années. Souvent ils sont de deux couleurs différentes : un *soleil émeraude* tourne autour d'un *soleil rubis*, ou bien un soleil *saphir* tourne autour d'un soleil *grenat*. Quelles merveilleuses années, quelles singulières saisons, quels jours et quelles nuits fantastiques sont le partage des planètes inconnues qui gravitent autour de ces soleils colorés ! (¹).

Ce n'est donc plus maintenant par hypothèse que nous pouvons parler des systèmes solaires différents du nôtre, mais avec certitude, puisque nous en connaissons déjà un si grand nombre, de tout ordre et de toute nature. Les étoiles simples doivent être considérées comme des soleils analogues au nôtre, entourées de familles planétaires. Les étoiles doubles dont la seconde étoile est très petite peuvent être rangées dans la même classe, car cette seconde étoile peut être une planète opaque réfléchissant seulement l'éclat de la principale, ou une planète encore chaude et lumineuse. Les étoiles doubles dont les deux composantes offrent le même éclat sont des réunions de deux soleils conjugués, autour de chacun desquels peuvent graviter des planètes invisibles d'ici : ce sont là des mondes absolument différents de ceux qui ont fait l'objet du présent ouvrage, car *ils sont illuminés par deux soleils* tantôt simultanés, tantôt successifs, de différentes grandeurs, selon les distances de ces mondes à chacun d'eux, et ont reçu en partage des années doubles, dont l'hiver est réchauffé par un soleil supplémentaire, et des journées doubles, dont les nuits sont illuminées non seulement par des lunes de différentes couleurs, mais encore par un nouveau soleil, un soleil de nuit !

Ainsi *les étoiles sont de véritables soleils,* gigantesques et puis-

---

(¹) Le nombre des étoiles doubles ou multiples découvertes jusqu'à ce jour dans le ciel entier dépasse le chiffre de 11 000. Elles ont toutes été examinées et discutées séparément et analysées au point de vue des systèmes qu'elles peuvent offrir. Voy. mon *Catalogue des Etoiles doubles,* renfermant toutes les observations et les résultats conclus de l'analyse des mouvements. Paris, 1878.

sants, gouvernant, dans les domaines de l'espace éclairé par leur splendeur, des *systèmes différents de celui dont nous faisons partie.* Le Ciel n'est plus un morne désert, ses antiques solitudes sont devenues des régions peuplées comme celle où gravite la Terre : l'obscurité, le silence, la mort, qui régnaient en ces hauteurs, ont fait place à la lumière, au mouvement, à la vie ; des milliers et des millions de soleils versent à grands flots dans l'étendue, l'énergie, la chaleur et les ondulations diverses qui émanent de leurs foyers. Tous ces mouvements se succèdent, s'entrecroisent, se combattent ou s'unissent dans l'entretien et le développement incessant de LA VIE UNIVERSELLE. L'immensité est transfigurée devant nos regards : les soleils succèdent aux soleils, les mondes aux mondes, les univers aux univers ; des vitesses formidables emportent tous ces systèmes à travers les régions sans fin de l'immensité, et partout, jusqu'au delà des bornes les plus lointaines où l'imagination fatiguée puisse reposer ses ailes, partout se développe dans sa variété infinie la divine Création, dont notre microscopique planète n'est qu'une imperceptible province (¹).

Quelques réflexions encore sur la question spéciale des *humanités extra-terrestres.*

Nous avons conclu, en examinant les conditions d'habitabilité des diverses planètes de notre système, que notre type humain terrestre n'est pas arbitraire, qu'il est dû à l'état organique de notre planète elle-même, et que par conséquent, en thèse générale, les humanités des autres mondes n'ont pas notre forme, quoique

---

(¹) Lorsqu'on a vécu pendant quelque temps dans la contemplation, dans la connaissance de cette *réalité* si vaste, si belle, si grandiose, on ne peut s'empêcher de se demander parfois quel peut être l'état d'esprit des êtres humains qui vivent sans connaître les notions élémentaires de l'astronomie, sans avoir au moins une idée sommaire de la position de la Terre dans le système solaire et de l'état du système solaire relativement à l'univers sidéral? De quelle manière peuvent penser ces personnes, qui prennent notre monde et ses illusions antiques pour la réalité, qui habitent sur un globe sans savoir où elles sont, et qui s'imaginent que l'histoire de notre planète remplit l'histoire de la création? A coup sûr, toutes les idées qui naissent dans ces cerveaux sont incomplètes, fausses et plus ou moins absurdes, à part les idées qui se rattachent uniquement aux applications immédiates personnelles. Ces personnes peuvent admettre de très bonne foi le droit divin en politique, les miracles en religion, et s'imaginer que la création tient dans leur coquille. Combien il serait intéressant pour le philosophe de lire dans ces cerveaux étalés sur une table.

plusieurs puissent offrir avec nous une ressemblance plus ou moins approchée.

Nos lecteurs, esprits indépendants, ont su s'affranchir comme nous des préjugés anciens : ils préfèrent la lumière à la nuit, et recherchent librement la vérité, sans système et sans parti pris. Nous sommes certainement tous d'accord aujourd'hui pour admettre que l'homme n'a pas été créé à l'âge viril au milieu d'un jardin, et que la femme n'a pas été formée d'une côte supplémentaire arra-chée sans douleur au premier homme pendant son sommeil. Nous n'avons pas non plus de raisons hypocrites pour paraître croire que chaque espèce animale, depuis l'éléphant jusqu'à la puce et au delà, ait été l'objet d'une intervention directe d'un puissant ma-gicien, faisant sortir les couples de la terre et des eaux au signal d'une baguette féerique, les faisant ensuite tous pénétrer dans un bateau pour les sauver du déluge, et les remettant de nouveau en liberté après avoir déployé dans le firmament l'arc-en-ciel qui, avant cette époque, n'aurait pas existé. Cette manière de créer le monde, un peu trop humaine pour être divine, reflète dans ses phases les fantaisies, les caprices, les passions et les craintes du cerveau humain; elle n'a rien de *naturel*, est au contraire déclarée sur-naturelle et miraculeuse, et si elle était vraie, non seulement il nous serait interdit de jamais chercher à deviner l'état de la vie sur les autres mondes, puisque ce créateur volontaire l'aurait tout simplement fait éclore à sa fantaisie, mais encore il serait fort utile d'étudier les rapports que les espèces vivant sur notre planète peuvent offrir entre elles, et de chercher à découvrir leur succession naturelle et leur développement suivant l'histoire de la Terre, attendu que ces espèces ne devraient avoir entre elles aucun lien généalogique, et qu'elles seraient simplement le produit de miracles extra-naturels.

Mais la science contemporaine nous démontre au contraire que toutes les espèces vivantes, tant animales que végétales, ont entre elles des rapports évidents de parenté, et que les phases successives de l'histoire naturelle se succèdent comme les anneaux d'une même chaîne, comme le développement d'un même plan, comme les rameaux et les branches d'un même arbre. L'anatomie du corps humain est la même que celle des animaux dont la forme s'éloigne le moins de la nôtre, et l'ostéologie comme l'embryologie s'accordent avec la paléontologie pour démontrer que si nous avons notre squelette, notre système nerveux, notre forme, notre tête, notre cœur, nos poumons, etc., etc., c'est parce que les animaux qui nous ont précédés sur l'échelle de la création avaient les mêmes éléments, et, de proche en proche, nous remontons jusqu'aux organismes les plus rudimentaires, dont la vie terrestre tout entière est sortie par voie de développement. Si pour une raison ou pour une autre le nerf optique n'avait pas commencé de se former dans une certaine espèce animale il y a des millions d'années, il n'aurait pas été créé tout complet dans l'homme, et nous serions tous aveugles. Si par un autre cause les espèces étaient devenues sextupèdes au lieu d'être quadrupèdes, nous aurions quatre bras au lieu de deux. Si la respiration n'avait pu se faire qu'à l'aide de poumons dix fois plus développés que les nôtres, notre poitrine serait dix fois plus volumineuse, etc. La forme de l'humanité terrestre est la résultante de celle de l'animalité.

L'origine des autres planètes est la même que celle de la Terre. Elles ont toutes commencé par l'état gazeux; ont été d'abord de véritables soleils lumineux par eux-mêmes; se sont refroidies, condensées, recouvertes d'une écorce solide; ont passé par des transformations physico-chimiques analogues, et ont vu la vie élémentaire apparaître au sein des eaux tièdes à l'époque où les évolutions inorganiques ont fait place à la première formation organique. La grande nébuleuse solaire leur a successivement donné naissance par l'accroissement de son mouvement de rotation; successivement se sont détachés de l'équateur de l'immense lentille : Neptune, Uranus, Saturne, Jupiter, les petites planètes, Mars, la Terre, Vénus et Mercure, et successivement aussi, à des époques très différentes les unes des autres, chaque planète a passé par les mêmes procédés d'évolution.

L'origine est la même, la composition chimique primordiale est la même : mêmes substances, mêmes forces, mêmes lois, même famille, mêmes destinées. Filles du Soleil, restées sous son aile tutélaire et sous sa protection, régies d'un commun accord par sa force centrale, les planètes ne sont point étrangères l'une à l'autre, ni radicalement différentes l'une de l'autre. Leur formation lente est comparable à celle des espèces végétales et animales terrestres : sorties d'une même source, elles se sont lentement diversifiées suivant leurs différences de distance au Soleil, de volume, de masse, de mouvement, de température, et aujourd'hui leurs populations respectives ne doivent offrir à première vue aucune ressemblance, pas plus que le cheval ne ressemble en apparence à la carpe, l'homme au papillon, ou l'hippopotame au colibri, et pas plus que le chêne ne ressemble à la rose, ni la violette au sapin. Mais de même qu'en analysant la constitution organique de l'homme, du singe, du cheval, du requin, du crocodile, du moineau, on retrouve une même origine moléculaire, un même plan vital et une même parenté ; de même, si nous connaissions l'état de la vie sur chaque planète, nous retrouverions en principe une communauté d'origine qui a produit des divergences correspondantes aux conditions spéciales à la situation de chaque monde.

La composition matérielle ordinaire de chaque planète a donc différé dès l'origine, faiblement peut-être, mais enfin réellement, et les différences ont dû être d'autant plus grandes que les planètes étaient plus éloignées les unes des autres. Ainsi Neptune doit ressembler beaucoup plus à Uranus qu'à la Terre, Uranus beaucoup plus à Saturne et à Neptune qu'à la Terre, et Mercure, formée la dernière et restée dans le voisinage du Soleil, doit différer singulièrement de Saturne, Uranus et Neptune. Or cette probabilité est renforcée et rendue aujourd'hui certaine par l'analyse spectrale.

La conformation anatomique des êtres vivants s'étant développée en des conditions si différentes des nôtres, il est évident, sans entrer dans des détails puérils, que la plupart de nos organes n'existent pas en de tels corps ou existent autrement, tandis qu'au contraire ces êtres inconnus possèdent des sens dont nous ne pouvons nous former aucune idée, par ce seul fait que nous en sommes dépourvus.

On voit donc que l'interprétation simple, mais attentive et fidèle, libre et sans arrière-pensée étrangère, du mode d'action des forces de la Nature, nous conduit inévitablement à conclure que les espèces animales vivant sur les autres mondes diffèrent complètement des espèces terrestres. Or, comme nous avons vu que la race humaine ne diffère pas anatomiquement de ses devancières de la

série zoologique, et qu'elle ne forme pas plus qu'aucune autre une
création arbitraire indépendante, il en résulte aussi inévitablement
que les hommes des autres mondes, c'est-à-dire les êtres qui, là-bas,
sont ce que l'humanité est sur la Terre, la race conquérante, intellectuelle, morale, pensante, aimante, progressive, il en résulte,
dis-je, que les humains des autres mondes, n'ont pas notre type et
ne nous ressemblent point.

Telles sont les conclusions physiologiques que, dans l'état actuel
de la science, nous pouvons déduire de la connaissance du système
du monde. Ce sont là des conclusions *scientifiques* et *positives*,
qu'il ne faut pas confondre avec les jeux d'imagination qu'un grand
nombre de romanciers diversement inspirés se sont plu à faire
éclore au caprice de leur fantaisie sur ce même sujet des autres
mondes. Cet ouvrage est un livre de science et de philosophie, et
non pas un roman (¹).

Nous avons pris soin d'éviter les tentations que « la folle du
logis » a maintes fois essayé de nous tendre de part et d'autre de
notre chemin, et les sentiers fleuris qui s'ouvraient ici et là sur les
côtés de la grande route céleste; nous n'y avons jeté en passant
qu'un coup d'œil furtif, sans nous y engager même d'un seul pas,
de crainte de nous laisser égarer et d'oublier l'avenue des grandes
perspectives qui devait nous conduire aux cités planétaires et nous
découvrir les véritables horizons du vaste Ciel. Tout en marchant
librement en avant, en sortant des ornières anciennes, et en observant la Nature en face, nous avons voulu rester dans le domaine
de la science, et rester surtout l'interprète fidèle de ses sublimes
enseignements.

Ainsi se sont formées et développées sur tous les mondes les
manifestations variées de cette force vitale inextinguible qui remplit
l'Univers; ainsi se succèdent dans l'espace et dans le temps ces
Terres du Ciel, qui reproduisent, à travers l'infini et l'éternité, en
millions d'exemplaires, le livre de la vie que nous épelons ici-bas.

(¹) Quant aux *nombreux* voyages fantastiques dans les planètes que l'on a écrits,
depuis deux siècles surtout, les lecteurs que cet aspect de la question pourrait intéresser en trouveront la description et la comparaison dans notre ouvrage: *Les Mondes
imaginaires et les Mondes réels*, qui a été principalement consacré à l'examen de ces
romans astronomiques, dont les plus anciens datent des Grecs et des Romains, et dont
les derniers sont éclos cette année même.

Le spectacle de l'Univers est désormais transfiguré pour nos âmes. Ce n'est plus la solitude et la mort que le doigt d'Uranie nous montre dans la nuit étoilée : c'est la vie, universelle et éternelle.

Lorsque, semblables aux tendres accords d'une harpe lointaine, les harmonies du soir se font entendre dans les cieux; lorsque le dernier écho des solitudes a perdu sa voix; que la dernière note de l'oiseau qui s'endort s'est envolée, que le dernier soupir du vent dans le feuillage s'est éteint, et que le murmure lointain du ruisseau ou la plainte assoupie de la mer sur le rivage restent seulement comme les derniers vestiges du mouvement dans la nature; alors les gloires de l'occident qui s'humilient, l'azur profond du zénith qui s'assombrit et semble surélever insensiblement la voûte céleste, les étoiles qui s'allument l'une après l'autre, l'immensité de l'espace qui se développe en s'illuminant de points radieux multipliés, et l'arrivée glorieuse des constellations assises sur leurs trônes, forment comme une immense mélodie remplissant l'espace de ses divins accords, et transportent l'âme captivée en présence de l'Infini. Frémissant comme la corde harmonieuse qui vibre sous l'impression d'un son sympathique, l'âme écoute sans entendre, contemple sans voir, et se demande, étonnée, ce qu'elle est, pauvre sensitive du bosquet terrestre, en face de ces gigantesques soleils et de ces mondes innombrables... Ne serions-nous qu'une éphémère vibration, naissant et mourant comme un souffle au sein de l'immense harmonie qui l'ignore ? Passerions-nous sur notre planète comme ces pâles étincelles qui glissent un moment sous la voûte azurée? Nos sentiments d'admiration, de bonheur, de dévouement pour le vrai, d'attachement pour le beau, seraient-ils des illusions fragiles comme les couleurs irisées de la bulle de savon qui flotte dans l'air? Ou bien nos individualités font-elles, autant et plus que l'atome d'oxygène ou de fer, partie intégrante et indestructible de l'organisation de l'Univers? — Répondez, ô cieux?... Répondez, ô terres de l'infini !

Quand autrefois je vous contemplais, silencieux et pensif, au sein du calme profond de la nuit, ô douces étoiles de l'azur i je vous admirais dans votre beauté céleste, et mes prières s'élevaient vers vous comme l'encens d'un feu secret allumé par vos divins regards.

Il me semblait que vous me voyiez, malgré la distance, et qu'un étrange et doux lien de sympathie unissait mon cœur au vôtre; car vous viviez, me semblait-il, dans l'éther charmé de votre lumière, vous palpitiez dans votre scintillation, comme des esprits enflammés régnant au faîte de l'universelle splendeur.

Aujourd'hui, ce n'est plus du même regard que je vous contemple. Lorsque mes yeux te reconnaissent mollement couchée dans les vapeurs empourprées du crépuscule, ô blanche étoile du soir, je ne vois plus en toi un feu brillant de loin dans la nuit comme un céleste phare, mais je vois ta véritable forme planétaire, ta sphère géographique parsemée de continents et de mers, ton volume égal à celui de la Terre, ton atmosphère haute et dense, tes nuages et tes pluies, tes montagnes et tes plaines, tes rivages baignés par les ondes maritimes, tes pittoresques paysages encadrés de montagnes géantes, tes campagnes animées par le mouvement et par la vie, et ton humanité, sœur de la nôtre, agitée et passionnée, sous un climat plus varié et un soleil plus ardent. Oh! quels sentiments différents s'élèvent aujourd'hui en mon âme, lorsque dans le silence de la nuit je songe à un tel monde suspendu sur nos têtes! Et lorsque, non loin de toi, les perspectives changeantes des cieux amènent aussi devant mon regard attentif cet autre globe, notre voisin de destinée, Mars aux rayons fauves, devant lesquels ta blancheur s'accroît encore, ce n'est pas non plus un feu rouge allumé au bord de l'océan céleste que je salue dans sa flamme : c'est un monde inclinant dans l'espace ses pôles chargés de neiges, tournant sur son axe en se créant la succession des jours, des nuits, des saisons et des années, offrant de loin à ma vue les riants paysages de ses golfes équatoriaux et de ses rivages méditerranéens, les arbres dorés de ses forêts, les fleurs de ses prairies, les rivières fertilisantes de ses campagnes, et les villes populeuses assises au bord de ses grands fleuves. Ce n'est plus un pâle flambeau dans la main du Destin, allumé pour guider nos fatales destinées, que je vois dans ta calme clarté, lorsque tu parais, ô Saturne tant redouté par nos aïeux! et ce n'est plus même une merveille d'architecture céleste que j'admire en toi comme le faisaient nos pères : c'est un monde, — que dis-je un monde! — c'est un univers, immense, splendide, éblouissant, une création inénarrable devant laquelle celle de la

Terre s'efface comme un songe, un univers enfin si magnifique et
si étrange, si riche et si beau, si grand et si majestueux, que pour le
concevoir il faudrait que notre âme, s'enfuyant de notre crâne, s'in-
carnât dans un cerveau géant capable de supporter le poids d'une
pareille contemplation et d'une telle connaissance ! Et ces mondes
sont là, avec leurs habitants, suspendus au-dessus de nos têtes !.....
Étoiles, soleils de l'éternité, sans nombre et sans âge, lorsque l'une
d'entre elles s'éteint, dix autres nouvelles sont allumées, leur lumière est inextinguible ; toujours elles ont brillé, et toujours elles
brilleront dans l'infini. Les millions ajoutés aux millions s'épuisent
à les dénombrer. Ce sont là autant de foyers autour desquels des
familles humaines sont rassemblées, comme les familles de notre
système planétaire, qui vivent ensemble et sans se connaître dans le
rayonnement de notre petit soleil. Les mondes habités qui gravitent
autour de tous ces soleils, soleils doubles, soleils multiples, soleils
colorés de toutes les nuances du spectre lumineux, soleils variables,
soleils de toutes grandeurs, de toutes puissances ; ces mondes, ce ne
sont point des millions qu'il faudrait aligner pour les dénombrer,
mais des milliards et des milliards, car leur nombre surpasse encore
celui des étoiles, comme celui des enfants surpasse celui des pères.
L'infini tout entier est absolument peuplé de terres animées se
succédant par milliards dans toutes les directions de l'espace, jusqu'aux limites toujours fuyantes et éternellement inaccessibles du
vide incommensurable.....

Quelles sont les forces qui agissent à la surface de toutes ces
terres célestes ? Quels êtres vivent à travers toutes les conditions
imaginables et inimaginables de l'habitabilité ? Quelles âmes pensent, rêvent, aiment, chantent ou pleurent en ces lointains séjours ?
De quelles formes se sont revêtues, sur tous ces mondes, les expansions de l'intarissable Nature ? L'imagination des poètes a créé mille
métamorphoses étranges : elle a fait bondir des centaures sur les
montagnes, glisser des sirènes sur les flots, s'accroupir des sphinx
dans les déserts, voler des chimères dans les nues ; elle a inventé
les cyclopes, les gorgones, les harpies, les psylles, les griffons ; elle
a mis des gnomes dans les solitudes, des dieux lares dans les chau-
mières, des naïades dans les fontaines, des faunes et des satyres

dans les bois; mais qu'est-ce que toutes ces formes pseudo-ter-
restres à côté des procréations possibles de la mère universelle. Déjà
la résurrection des tombeaux antédiluviens a fait sortir de l'inconnu
les formidables productions des époques antérieures : ces ptérodac-
tyles aux larges ailes, qui apparaissent comme de sinistres fantômes ; ces plésiosaures, ces mégalosaures énormes et formidables,
qui secouaient leurs écailles sonores au bord des flots courroucés ;
ces monstres fantastiques qui ont peuplé la Terre longtemps avant
notre arrivée en ce séjour. Mais que doivent être les formes vivantes
de toutes dimensions, de tout caractère, de toute destination, écloses
sur les milliards de terres habitées qui peuplent l'Infini !

Si le plus beau couple humain qui ait paru sur la Terre pouvait
être transporté sur l'un quelconque de ces globes, il ne serait
reçu qu'avec une ironique curiosité, et serait examiné comme un
exemple extraordinaire des monstruosités et des bizarreries de la
Nature; de même que nous, en arrivant sur ce monde étranger,
nous pourrions à peine en croire nos yeux, et prendrions pour
des monstres les plus élégants des êtres humains habitant ce pays
céleste. Ils diraient : D'où venez-vous, fantômes? Nous répondrions :
Qui êtes-vous, satans?

Mais, quelles que soient leurs formes, ces humanités existent,
vivent, agissent, pensent; en un mot, sont là ce qu'ici nous sommes.
Et elles existaient avant que la nôtre fût éclose sur cette terre; et
elles continueront d'exister, sans fin, lorsque la dernière paupière
humaine se sera fermée sur notre planète errante... Ce n'est pas
seulement la vie universelle qui remplit l'immensité, c'est encore
la vie éternelle.

Oui, c'est la vie universelle et éternelle qui règne sur nos têtes,
c'est d'elle que nous faisons partie intégrante. Oui, nous entendons
maintenant le langage de la nuit, car nous sentons maintenant
rouler tout autour de nous des mondes vastes et lourds, peuplés
comme le nôtre. Planètes ou étoiles, ce sont des mondes, des
groupes de mondes, des systèmes, des univers; et du fond de notre
abime, nous entrevoyons par la pensée ces nations lointaines, ces
villes inconnues, ces peuples extra-terrestres!... Toutes ces lumières
nous montrent des humanités sœurs de la nôtre, dans la multitude
desquelles notre petite terre a moins d'importance que n'en offre

chez nous un modeste village comparé aux milliers de bourgs et de villes qui peuplent les continents.

Les humanités du ciel ne sont plus un mythe. Déjà le télescope nous met en relation avec leurs patries; déjà le spectroscope nous fait analyser l'air qu'elles respirent; déjà les uranolithes nous apportent les matériaux de leurs montagnes; déjà nous distinguons leurs frontières naturelles, et déjà sans doute, un grand nombre d'entre elles nous connaissent. Qui sait ce que l'avenir nous réserve? Qui sait si, bientôt, nous ne communiquerons pas ensemble par un télégraphe ni plus ni moins merveilleux que celui qui nous permet actuellement de causer à voix basse et instantanément d'un bout à l'autre du globe terrestre! Non! elles ne nous sont pas étrangères, elles ne peuvent pas nous être étrangères. D'où viennent les êtres qui les composent?

N'ont-ils pas déjà habité cette Terre où nous sommes? Est-ce que Newton est mort? Est-ce que Copernic, Galilée, Kepler, n'existent plus? Est-ce que Jésus n'est pas ressuscité ailleurs? Est-ce que Bouddha, Confucius, Zoroastre, Socrate, Platon, Descartes, Leibnitz, ont tout à fait disparu de l'Univers? Est-ce que les génies qui ont éclairé notre planète et l'ont fait avancer dans la voie de la vérité et de la liberté sont tombés pour ne plus se relever, comme les vulgaires animaux arrivés au terme de leur carrière, ou comme le fruit mûr secoué de l'arbre sous le souffle du vent d'automne? Non! ces astres de la pensée ne sont pas éteints. Ils brillent, ils vivent, ils agissent sur d'autres sphères; ils continuent en des mondes meilleurs l'œuvre interrompue; ils sont là, et peut-être leur génie, élevé à sa seconde ou à sa troisième puissance, a-t-il inventé sur ces sphères l'art de mieux distinguer la Terre que nous ne distinguons ces autres mondes, et peut-être, en ce moment, sourient-ils de nous voir balbutier ainsi avec tant de peine l'alphabet de l'Infini.

Les religions n'ont absolument rien démontré sur le problème assurément important pour nous de l'immortalité de l'âme. La science seule pourra nous instruire sur ce point comme sur tous les autres : on ne sait que ce que l'on sait. L'astronomie nous ouvre la voie. Que la psychologie la suive! La persistance de la vie intellectuelle, de la conscience et du souvenir s'associe merveilleusement à la réalité splendide des régions ultra-terrestres; mais lors même

qu'elle n'existerait pas, cette continuité de notre vie, cela n'empêcherait pas les autres mondes d'être habités par des êtres étrangers
à notre race intellectuelle (mais qui, probablement, se bercent aussi
des mêmes rêves). On peut avouer, néanmoins, que s'il n'y avait là
que des rêves, si nous devions mourir entièrement, si rien ne devait
persister, ni dans le monde de la pensée, ni dans le monde matériel,
l'existence même de l'univers deviendrait incompréhensible, puisqu'elle serait sans but; Dieu lui-même disparaîtrait; et, au fond de
l'analyse des phénomènes, on ne trouverait plus que *le néant*. De
telles conclusions nous paraissent logiquement inadmissibles. —
Pour moi, s'il est permis d'invoquer une impression personnelle,
chaque étoile verse avec sa lumière un rayon d'espérance dans mon
cœur.

Telle est la vie, la vie naturelle et non surnaturelle, *la vie universelle* épanouie sur toutes les sphères. Partout le Soleil brille, partout la fleur répand son parfum, partout l'oiseau chante, partout la
Nature déploie ses grâces et ses splendeurs. Les spectres de la mort
se sont enfuis de notre ciel comme les noirs phalènes à l'approche
du jour. Voilà la lumière, voilà la vérité. Salut, vastes campagnes
des terres célestes! Salut, montagnes sublimes et vallons solitaires.
Salut divins couchers de soleil! et vous, harmonies profondes de la
nuit étoilée, salut!... O paysages embaumés du printemps, rayons
éclatant de l'été, feuillages mélancoliques de l'automne, neiges
silencieuses de l'hiver : vous existez sur ces mondes comme sur le
nôtre, et le regard humain vous contemple là-bas comme en notre
terrestre séjour. Salut! ô divine Nature, mère éternellement jeune,
douce compagne de nos joies, confidente intime de nos cœurs! tu
es partout la même, ta beauté illumine l'Univers, et nous aimons
à laisser reposer sur ton sein l'essor palpitant de nos pensées. Salut
à vous tous, mondes innombrables de l'espace! vous déployez dans
les cieux les mêmes tableaux, les mêmes panoramas, les mêmes
beautés naturelles que nous admirons en ce monde, et, selon votre
grandeur, votre force, votre fécondité, vous les reproduisez en les
centuplant, à travers l'inépuisable variété d'une puissance infinie.
Plantes inconnues, êtres merveilleux, humanités, nos sœurs; vie
prodigieuse, vie immense, inextinguible; âmes, pensées, esprits
immortels, Infini vivant, salut!... Nous comprenons maintenant

l'existence de l'Univers, nous sommes sortis des ténèbres de l'ignorance, nous entendons les accords de l'harmonie immense, et c'est avec une conviction inébranlable, fondée sur la démonstration positive, que nous acclamons du fond de nos consciences cette vérité désormais impérissable : La vie *se développe sans fin dans l'espace et dans le temps; elle est universelle et éternelle; elle emplit* l'infini *de ses accords, et elle règnera à travers les siècles des siècles, durant l'interminable* éternité.

TABLE DES MATIÈRES

LIVRE III

LA PLANÈTE MERCURE

LIVRE IV

LA PLANÈTE QUE NOUS HABITONS

LIVRE V

LA LUNE, SATELLITE DE LA TERRE

PLACEMENT

DES PLANCHES A PART POUR CETTE ÉDITION (¹)

ERRATA

Sur un certain nombre d'exemplaires de la carte de Mars, le graveur a écrit *ouest* droite : c'est *est* qu'il faut lire.

Sur un certain nombre d'exemplaires de la page 193, le calcul fait en note commence par 327^{mm} et continue par 654, 1308 et 2616, pour l'espace parcouru pendant chaque *quart* de seconde : il faut lire 545^{mm} pour le premier *tiers*, 1635 pour le second et 2720 pour le troisième. On peut demander la bonne feuille aux éditeurs.

P. 293 et 294. Le correcteur de l'imprimerie ayant lu souvent le nom de Huygens (astronome du XVIIᵉ siècle) a cru qu'il s'agissait de lui dans les citations relatives à M. Huggins et a changé ce mot au moment de mettre sous presse. — C'est *Huggins* qu'il faut lire.

(¹) Onzième édition, 1ᵉʳ janvier 1881.

PARIS. — IMP. C. MARPON ET E. FLAMMARION, RUE RACINE, 26.

Lightning Source UK Ltd.
Milton Keynes UK
UKHW010858191218
334260UK00011B/1001/P